Chemie

Oberstufe

Allgemeine Chemie
Physikalische Chemie

Cornelsen

Autoren: Dr. Karin Arnold, Prof. Dr. Volkmar Dietrich, Andreas Eberle, Dr. Dr. Wolfram Felber †, Andreas Grimmer, Dr. Astrid Jenckel, Marianne Karohs, Dr. Bettina Labahn, Dr. Dietmar Lohmann, Dr. Eberhard Ludwig, Ralf Malz, Dr. Matthias Nüchter, Jörn Peters, Prof. Dr. Gerhard Röbisch, Steffen Schäfer, Kerstin Tischendorf, Prof. Dr. Erhard Uhlemann †

Berater: Jörn Peters, Hannes Rehm, Dr. Wilhelm Stamm
Leitende Beratung: Dr. Karin Arnold, Prof. Dr. Volkmar Dietrich

Redaktion: Volkmar Kolleck, Heidi Riens, Dr. Claudia Seidel, Dr. Ulrich Strunk
Bildrecherche: Susanne Finke
Grafik: Karin Mall
Umschlaggestaltung: V+I+S+K, Berlin
Vorsatzgestaltung: V+I+S+K, Berlin, Kerstin Zillmer-Benoit
Gesamtgestaltung und technische Umsetzung: V+I+S+K, Berlin

Das Umschlagbild zeigt eine rasterelektronenmikroskopische Aufnahme von Silberkristallen.

www.cornelsen.de/chemie-oberstufe
Unter dieser Adresse befinden sich multimediale Zusatzangebote.
Die Buchkennung ist: COS011176

www.cornelsen.de

1. Auflage, 1. Druck 2009

Alle Drucke dieser Auflage sind inhaltlich unverändert und können im Unterricht nebeneinander verwendet werden.

Druck: Druckhaus Thomas Müntzer, Bad Langensalza

ISBN 978-3-06-011176-3

Inhalt gedruckt auf säurefreiem Papier aus nachhaltiger Forstwirtschaft.

Inhalt

Erläuterung
Die mit L gekennzeichneten Experimente dürfen nur von einer Lehrerin oder einem Lehrer durchgeführt werden.
Bei allen Experimenten sind entsprechend der Gefahrenkennzeichnung von Stoffen die R-Sätze, S-Sätze und E-Sätze auf den Seiten 272 f. zu beachten.

1 Atombau und Ordnung der Elemente

Im Frühling des Jahres 1054 n. Chr. beobachteten die Astronomen einen neuen Stern im Sternbild Stier, der so hell leuchtete wie die Venus und über zwei Monate sogar am Taghimmel sichtbar war. Heute wissen wir, dass die Menschen damals Zeugen einer gigantischen Supernovaexplosion eines Sterns waren, deren Überreste jetzt als Krebsnebel zu beobachten sind. Aus theoretischen Modellen von Supernovaexplosionen konnte geschlossen werden, dass der Stern die acht- bis zehnfache Masse unserer Sonne gehabt haben musste. Gegenwärtig besteht der Krebsnebel aus einer expandierenden Gasmasse mit einem Pulsar als Zentralstern. Pulsare sind rotierende Neutronensterne, die über das gesamte elektromagnetische Spektrum von Radio- bis Röntgenstrahlen Impulse aussenden. Man bezeichnet sie deshalb auch als kosmisches Leuchtfeuer. Der Krebsnebel ist etwa 6300 Lichtjahre von uns entfernt.
Aus der Erforschung solcher kosmischen Ereignisse gewinnen die Wissenschaftler bedeutende Erkenntnisse über die Elementarteilchen und die Entstehung der Elemente.

Grundlagen der Atomtheorie

Entwicklung der Atomtheorie Überlegungen zur Struktur der Materie führten schon den griechischen Philosophen DEMOKRIT (460 bis 371 v. Chr.) zu der Feststellung, dass die Stoffe nicht unendlich teilbar, sondern aus kleinsten unteilbaren Einheiten, den **Atomen** (griech. atomos – unteilbar), aufgebaut sind. (Abb. 1). Diese Auffassung wurde 1803 von JOHN DALTON wieder aufgegriffen und theoretisch erweitert. Nach **DALTONS Atomvorstellungen** muss alle Materie aus kleinsten, kugelförmigen unveränderlichen Teilchen, den Atomen, bestehen (Abb. 2). Die Atome eines Elements sind untereinander gleich. Sie unterscheiden sich von den Atomen anderer Elemente in ihrer Masse und ihrer Größe. Bei chemischen Reaktionen werden Atome nicht verändert, sondern lediglich umgruppiert.

1 Atome nach DEMOKRIT

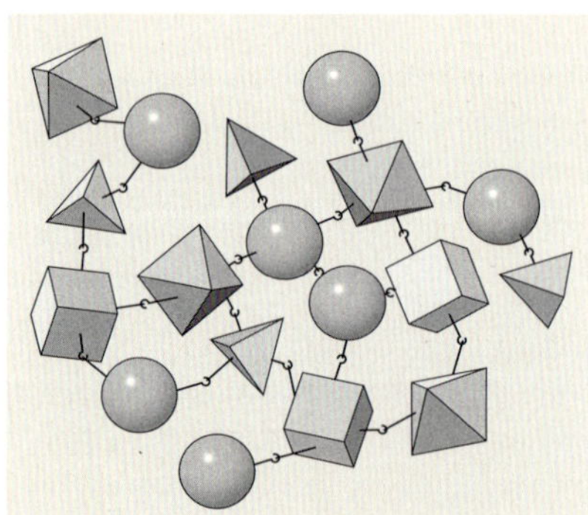

Mit DALTONS Atommodell lassen sich Phänomene wie die Aggregatzustände oder das Mischen von Stoffen, aber auch das von JOSEPH LOUIS PROUST im Jahr 1797 aufgestellte Gesetz der konstanten Proportionen gut erklären.
Bis zum Ende des 19. Jahrhunderts wurden die Atome tatsächlich als unteilbar angesehen. Dann aber entdeckte man bei Strahlungserscheinungen Teilchen, die kleiner und leichter als Atome sind und außerdem elektrische Ladungen tragen können.
Nach JOSEPH JOHN THOMSON stellen die Atome Kugeln dar, bei denen Masse und positive Ladung gleichmäßig über das gesamte Volumen verteilt sind (1897). Der Ausgleich der positiven Ladung sollte durch eingebettete negativ geladene Teilchen erfolgen (Abb. 3). Die Elektronen können aus dem Atom entfernt werden oder dazukommen. Dabei entstehen Ionen.
Weitere Aufklärung über die Verteilung von Ladungen im Atom wurde 1911 durch einen Versuch von ERNEST RUTHERFORD erreicht. RUTHERFORD bestrahlte eine dünne Goldfolie mit α-Teilchen (positive Heliumkerne) und stellte fest, dass nahezu alle α-Teilchen die Folie durchdrangen. Nur ein sehr geringer Teil wurde abgelenkt (Abb. 5). Daraus schloss er, dass fast die gesamte Masse des Atoms sowie die Träger der **positiven Ladung**, die **Protonen**, im Bereich des **Atomkerns** konzentriert ist, während der übrige Bereich fast massefrei vorliegt, aber negativ geladene **Elektronen** enthält. Die Elektronen bewegen sich in der **Elektronenhülle (Atomhülle)** mit hoher Geschwindigkeit um den Atomkern. Die Anzahl der Protonen im Atomkern und die Anzahl der Elektronen in der Elektronenhülle sind in den Atomen eines chemischen Elements immer gleich (Abb. 4). Deshalb ist ein Atom elektrisch neutral.
Alle diese Theorien besitzen den Charakter von Modellen, mit denen man versucht, die Struktur des Atoms zu erklären.

2 Atommodell von DALTON

3 Atommodell von THOMSON

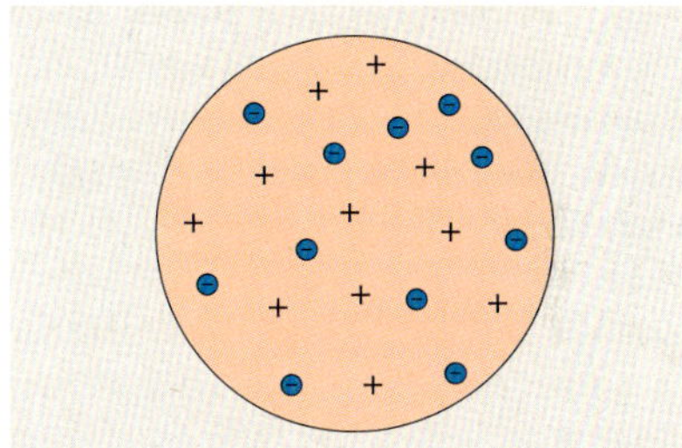

4 Kern-Hülle-Modell von RUTHERFORD

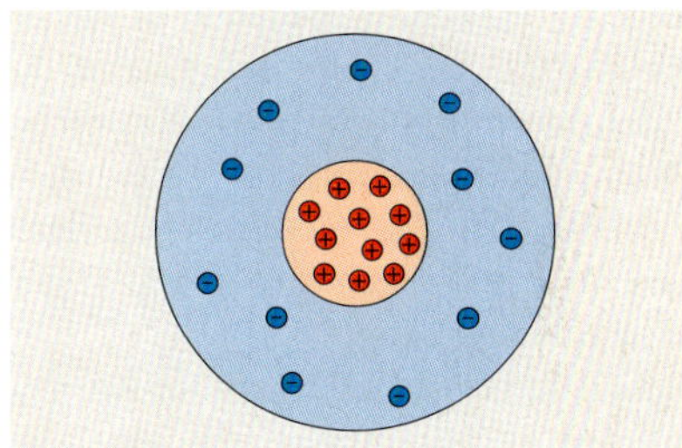

5 Streuversuch von RUTHERFORD: Apparatur und modellhafte Darstellung

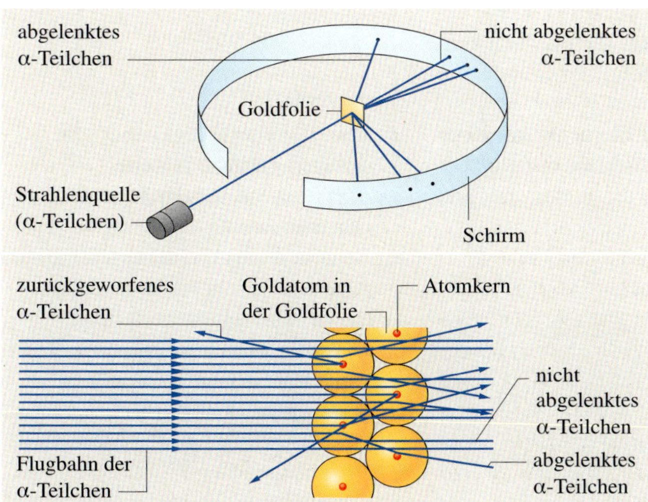

AUFGABEN

1 Erläutern Sie die Gesetze der konstanten und multiplen Proportionen.
2 Informieren Sie sich über die Größenverhältnisse von Atom und Atomkern.
3 Beschreiben Sie anhand der Abb. 5 den Streuversuch von RUTHERFORD und charakterisieren Sie das daraus abgeleitete Atommodell.

Bausteine des Atoms Für den Aufbau des Atoms sind von bisher über 400 nachgewiesenen Elementarteilchen insbesondere Elektronen, Protonen und Neutronen von Bedeutung. Die Kathodenstrahlen, die in einem Gasentladungsrohr aus einer Glühkathode austreten, bestehen aus **Elektronen**. Sie haben eine negative Ladung. Aus der Ablenkung der Teilchen in elektrischen und magnetischen Feldern konnte auf ein bestimmtes Verhältnis von Ladung und Masse dieser Teilchen geschlossen werden.
Beim Zusammenstoß von Elektronen mit Molekülen oder Atomen von Gasen in einem Gasentladungsrohr werden positiv geladene Teilchen der Kanalstrahlung gebildet. Das leichteste derartige Teilchen ist das **Proton**, das bei der Verwendung von Wasserstoff im Gasentladungsrohr entsteht.
Protonen besitzen eine positive, Elektronen eine negative elektrische **Elementarladung**. ROBERT MILLIKAN gelang 1909 erstmalig die Bestimmung der elektrischen Elementarladung. Beim Millikan-Versuch, auch Öltröpfchenmethode genannt, wird die Bewegung kleinster elektrisch aufgeladener Öltröpfchen im elektrischen Feld eines Plattenkondensators mit einem Mikroskop beobachtet. Die elektrostatische Aufladung der zuvor fein zerstäubten Öltröpfchen erfolgt mithilfe von Röntgenstrahlen (Abb. 1). Durch geeignete Wahl der Spannung gelingt es, einzelne Tröpfchen in der Schwebe zu halten. Nach Abschalten der Spannung sinken die Öltröpfchen. Aus den Fallgeschwindigkeiten der Öltröpfchen leitete MILLIKAN den Wert für die elektrische Elementarladung in Coulomb ab: $e = 1{,}602 \cdot 10^{-19}$ C. Es zeigte sich, dass unterschiedliche Ladungen der Öltröpfchen stets ein ganzzahliges Vielfaches der Elementarladung sind.
Neben den Protonen treten im Kern noch ungeladene Teilchen mit fast gleicher Masse, die **Neutronen**, auf. Sie wurden erst 1932 von JAMES CHADWICK bei der Bestrahlung von Beryllium mit α-Teilchen nachgewiesen (Tab. 1).
Der Atomkern besteht aus Protonen und Neutronen. Beide Teilchenarten werden auch als **Nukleonen** (lat. nucleus – Kern) bezeichnet. Allgemein wird jede Atomart eines chemischen Elements auch **Nuklid** genannt. Jedes Nuklid ist durch die Protonen- und Neutronenanzahl charakterisiert.
Isotope sind Atomsorten eines chemischen Elements mit einer bestimmten Neutronenanzahl. Isotope sind Nuklide mit gleicher Protonenanzahl, aber unterschiedlicher Neutronenanzahl und damit unterschiedlicher Massenzahl.

Tab. 1 Masse und Ladung von Elementarteilchen

Elementarteilchen	Masse absolut	Masse relativ*	Ladung
Proton	$1{,}67262 \cdot 10^{-27}$ kg	1,007261	$+1{,}60218 \cdot 10^{-19}$ C
Neutron	$1{,}67493 \cdot 10^{-27}$ kg	1,008650	
Elektron	$9{,}10939 \cdot 10^{-31}$ kg	0,0005486	$-1{,}60218 \cdot 10^{-19}$ C

* bezogen auf die Basis der atomaren Masseneinheit u

1 Versuchsanordnung zur Bestimmung der Elementarladung nach MILLIKAN

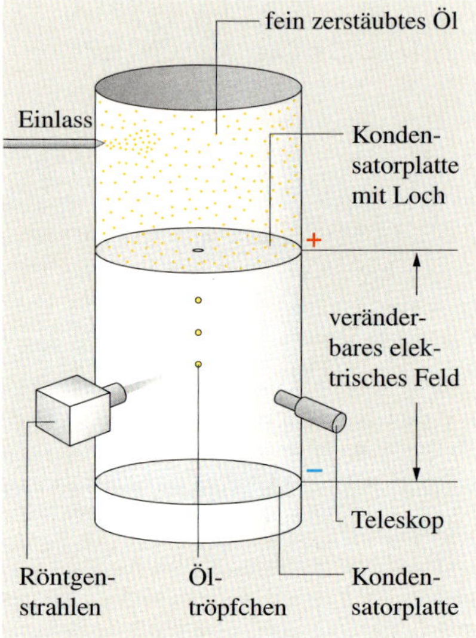

2 Isotope des Wasserstoffs

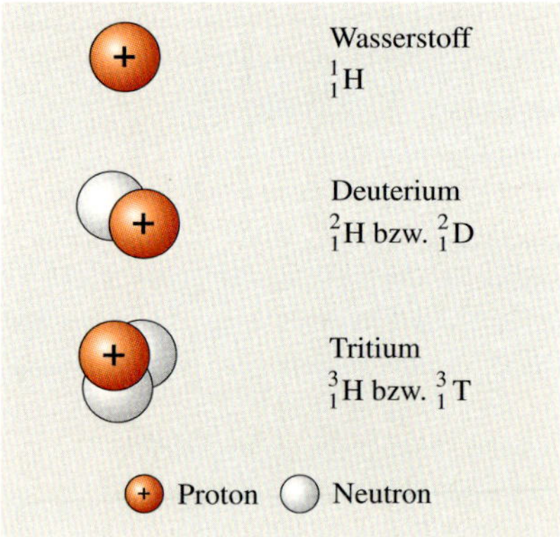

AUFGABEN

1 Vom Element Quecksilber gibt es sieben natürliche Isotope.
a Ermitteln Sie aus der Literatur den prozentualen Anteil dieser Isotope.
b Berechnen Sie die durchschnittliche Atommasse in u für Quecksilber aus der Häufigkeitsverteilung.
c Diskutieren Sie das Ergebnis.
2 Deuten Sie folgende Angaben: $^{20}_{10}Ne$, $^{120}_{50}Sn$, $^{39}_{19}K$, $^{28}_{14}Si$
3 Formulieren Sie für die Kernreaktion zwischen Berylliumatomen und α-Teilchen die Reaktionsgleichung.

Forschung

Entstehung der Elemente

Vom Urknall zu den leichten Elementen Nach heutigen Vorstellungen ist unser Universum vor etwa 15 Milliarden Jahren mit dem Urknall aus einem sehr heißen und unendlich dichten Zustand hervorgegangen. Seitdem dehnt sich der Raum mit der Materie aus. In einem Sekundenbruchteil nach dem Urknall entstanden die Elementarteilchen: Protonen, Neutronen und Elektronen. Nach 10 Sekunden vereinigten sich Protonen und Neutronen zu ersten Atomkernen. Später entstanden die Sterne aus einer Wolke interstellarer Materie, wobei sich auch die schwereren Elemente bildeten. Je nachdem, wie viel Masse sich zu einem Stern zusammenzieht, verläuft seine Entwicklung entsprechend unterschiedlich.

Die Entstehung der leichten Elemente aus Protonen (Wasserstoffatomkernen) spielt sich auch heute noch im Innern der Sterne ab. Durch Kernfusion werden die Protonen zu Heliumkernen vereinigt. Bei Kernfusionen nimmt die Masse der beteiligten Atome ab. Bei der Bildung von Helium aus Wasserstoff wird etwa 1 % der Masse in Energie umgewandelt. Dabei wird je Gramm Helium eine Energie von $7 \cdot 10^8$ kJ frei. Der Prozess der Fusion von Wasserstoff zu Helium lässt sich vereinfacht wie folgt darstellen:

Bei etwa 10^7 K: $4\,{}^{1}_{1}\mathrm{H} \rightarrow {}^{4}_{2}\mathrm{He}$

Dieser Prozess findet in unserer Sonne und in all den Sternen statt, die ungefähr eine Sonnenmasse haben. So werden z. B. auf unserer Sonne je Sekunde etwa sechs Tonnen Helium aus Wasserstoff gebildet. Kontrollierte Fusionsreaktionen werden in Forschungseinrichtungen mithilfe von Teilchenbeschleunigern erreicht (Abb. 1).

1 Simulation eines Zusammenstoßes von hochenergetischen Protonen im Teilchenbeschleuniger

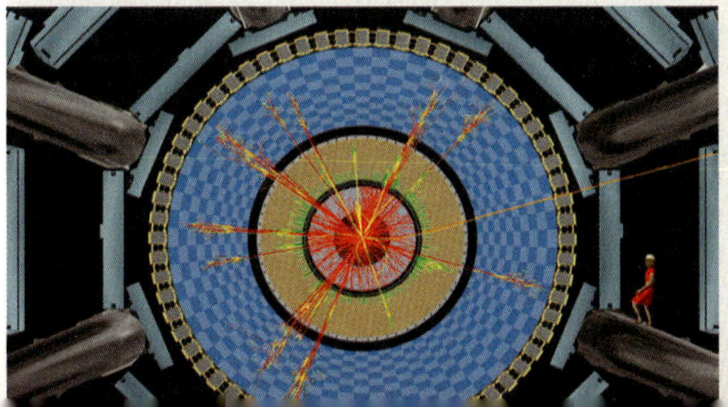

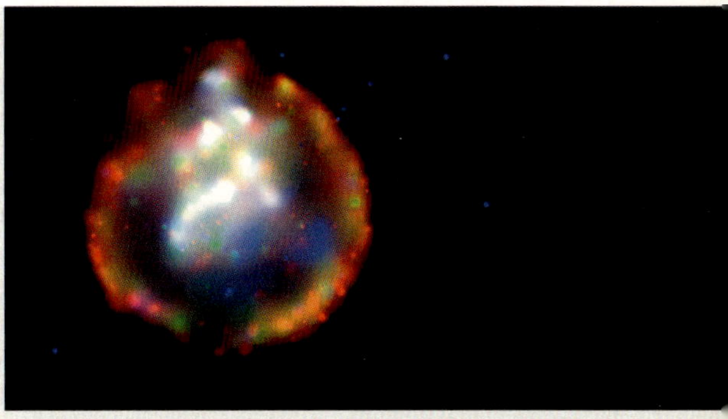

2 Supernova 1987A in der Großen Magellanschen Wolke

Massereiche Sterne durchlaufen nach dem Wasserstoffbrennen eine Folge von weiteren Brennphasen (Tab. 1). Diese Fusion stoppt mit der Entstehung von Elementen aus dem Massenbereich von Eisen. Danach kollabiert das Sternzentrum. Es entsteht eine Supernova (Abb. 2). Dabei stößt der Stern seine Hülle ab und schleudert die Nuklide ins Weltall.

Tab. 1 Kernfusionen in Sternen

Temperatur	Mögliche Reaktionen
etwa 10^8 K	$3\,{}^{4}_{2}\mathrm{He} \rightarrow {}^{12}_{6}\mathrm{C}$ ${}^{12}_{6}\mathrm{C} + {}^{4}_{2}\mathrm{He} \rightarrow {}^{16}_{8}\mathrm{O}$
etwa 10^9 K	$2\,{}^{12}_{6}\mathrm{C} \rightarrow {}^{20}_{10}\mathrm{Ne} + {}^{4}_{2}\mathrm{He}$ $2\,{}^{16}_{8}\mathrm{O} \rightarrow {}^{28}_{14}\mathrm{Si} + {}^{4}_{2}\mathrm{He}$
etwa $2 \cdot 10^9$ K	${}^{28}_{14}\mathrm{Si} + x\,{}^{4}_{2}\mathrm{He} \rightarrow$ Elemente bis ${}^{56}_{26}\mathrm{Fe}$

Schwere Elemente Fast alle Elemente, die schwerer sind als Eisen, sind bei einer Supernovaexplosion bei extrem hohen Energien entstanden. Durch den Einfang von Neutronen können sich kurzzeitig sehr massereiche Kerne bilden, die sich über Beta-Zerfall sofort weiter umwandeln, bis ein stabiles Element übrig bleibt. Das schwerste heute noch auf der Erde vorkommende Element ist Uran mit einer Atommasse von 238 u.

AUFGABEN

1 Bei der Entstehung von Sternen unterscheidet man u. a. zwischen Braunen Zwergen, Roten Riesen und Weißen Zwergen. Erläutern Sie diese Begriffe. Nutzen Sie dafür das Internet.

2 Um großtechnisch aus der Kernfusion Energie zu gewinnen, müssen Verhältnisse wie im Innern eines Sterns auf der Erde realisiert werden. Geben Sie drei wesentliche Bedingungen an, die dabei zu erfüllen sind.

Atomspektren Führt man einem Gas Energie zu, so beginnt es zu leuchten. Im ausgesandten Licht sind aber nicht alle Wellenbereiche des sichtbaren Lichts vertreten, sondern bei Betrachtung durch ein Spektroskop bemerkt man in Abhängigkeit von der Natur des Gases eine Reihe farbiger Linien, ein **Linienspektrum**. Die Spektren werden als **Atomspektren** bezeichnet. Im Gegensatz dazu senden glühende Festkörper ein **kontinuierliches Spektrum** aus, in dem alle Farben von Rot bis Violett vertreten sind (Abb. 2).
Bei den Gasen liegen im energiereichen (angeregten) Zustand freie Atome vor, deren Elektronen die zugeführte Energie aufnehmen, sie aber alsbald wieder in Form von Licht abgeben. Das Auftreten diskreter Linien im Spektrum zeigt, dass von den Elektronen stets nur bestimmte Energiebeträge aufgenommen oder abgegeben werden können. In der **Elektronenhülle** sind für die Elektronen demnach nur bestimmte Energiezustände, **Energieniveaus**, möglich. Jede Spektrallinie entspricht einem **Elektronenübergang** zwischen verschiedenen Energieniveaus der Elektronen eines Atoms. Die dabei umgesetzte Energie ist zur Wellenlänge des ausgesandten Lichts umgekehrt proportional. Die Spektrallinien sind in Form von Serien angeordnet (Abb. 1).

1 Balmer-Serie im Atomspektrum des Wasserstoffs

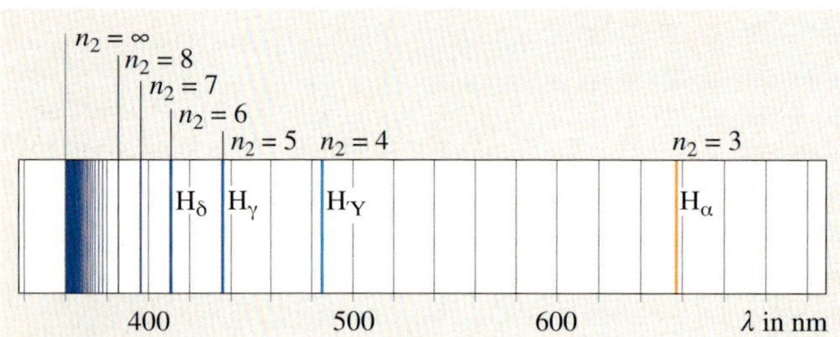

Für das Linienspektrum des Wasserstoffatoms im sichtbaren Bereich wurden die zugrunde liegenden Gesetzmäßigkeiten von JOHANN JAKOB BALMER im Jahr 1885 ermittelt und von JOHANNES RYDBERG 1888 verallgemeinert.

$$\frac{1}{\lambda} = R_H \frac{1}{n_1^2} - \frac{1}{n_2^2} \quad \text{mit } n_1 = 2; \quad n_2 = 3, 4, 5, \ldots$$

λ Wellenlänge
R_H Rydberg-Konstante
n Hauptquantenzahl

Die Zahlenwerte von n charakterisieren Energieniveaus, zwischen denen Elektronenübergänge stattfinden. Weitere Spektrallinienserien wurden im Infrarotbereich von PASCHEN ($n_1 = 3$), BRACKETT ($n_1 = 4$) und PFUND ($n_1 = 5$) sowie im ultravioletten Bereich von LYMAN ($n_1 = 1$) entdeckt.
Auf Grundlage der gewonnenen Erkenntnisse ist es möglich, ein

2 Kontinuierliches Spektrum und Linienspektrum einiger Gase

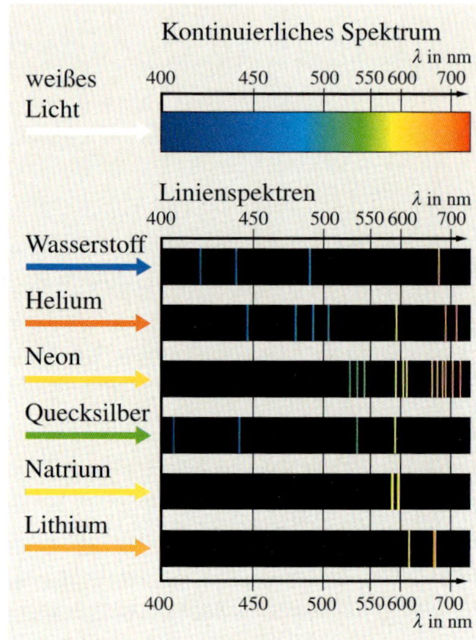

Tab. 1 Frequenzen und Wellenlängen im Wasserstoffspektrum nach der Balmer-Formel

Linie	n_2	Frequenz f in 10^{14} Hz	Wellenlänge λ in nm
H_α (rot)	3	4,566	657
H_β (grün)	4	6,165	487
H_γ (blau)	5	6,905	434
H_δ (violett)	6	7,307	411

3 Deutung von Atomspektren des Wasserstoffs

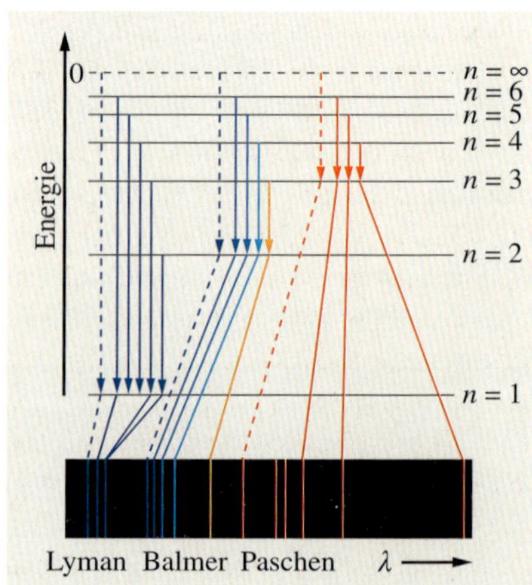

Energieniveaudiagramm für das Wasserstoffatom darzustellen (Abb. 3). Mit zunehmender Energie rücken die Energieniveaus immer dichter aneinander, bis schließlich die Seriengrenze bei $n_2 \rightarrow \infty$ erreicht wird. Jenseits der Seriengrenze kann das Elektron dann jede beliebige Energie annehmen. Dies entspricht einem Austritt des Elektrons aus dem Atom.

Das Bohr-Sommerfeld'sche Atommodell Aus den Atomspektren wurden von N. BOHR (Abb. 4) Vorstellungen über den Aufbau der Atome abgeleitet. BOHR postulierte für sein Atommodell, dass sich die Elektronen nur auf ganz bestimmten Bahnen um den Kern bewegen. Der Umlauf auf den Bahnen erfolgt strahlungslos mit konstanter Energie. Jede Bahn entspricht somit einem bestimmten Energieniveau. Die Elektronen absorbieren oder emittieren Energie nur beim sprunghaften Übergang zwischen zwei Energieniveaus. Die Stabilität der Bahnen wird durch ganzzahlige Vielfache des **Planck'schen Wirkungsquantums *h*** charakterisiert ($h = 6{,}6261 \cdot 10^{-34}$ J · s). Dieser Faktor des Planck'schen Wirkungsquantums wird als Quantenzahl bezeichnet und in der Balmer-Formel durch n symbolisiert. Durch die **Quantenzahl *n*** sind die Energieniveaus im Wasserstoffatom exakt beschrieben.

Ein großer Erfolg des **Bohr'schen Atommodells** war es, dass die Spektrallinien der Lyman-Serie mithilfe des Modells berechnet werden konnten, ehe sie experimentell nachgewiesen wurden. Nach dem Bohr'schen Atommodell kommen die Linien der Lyman-Serie durch Elektronenübergänge von äußeren Bahnen auf die kernnächste Bahn zustande, bei der Balmer-Serie sind es Übergänge zwischen der zweiten Bahn und weiter außen befindlichen usw. (Abb. 5). Die durch die Zahlenwerte von n charakterisierten Bahnen werden auch als Schalen ($n = 1$: K-Schale, $n = 2$: L-Schale usw.) bezeichnet. Das Bohr'sche Atommodell wird daher auch **Schalenmodell der Atomhülle** genannt.

In den Spektren von Atomen, die mehr als ein Elektron aufweisen, tritt eine größere Anzahl von Spektrallinien auf, als nach der einfachen Formel zu erwarten ist. Ursache dafür ist eine Vervielfachung der möglichen Energiezustände infolge zwischenelektronischer Wechselwirkungen. Um diese Energieniveaus der Elektronen eines Atoms charakterisieren zu können, wurden von ARNOLD SOMMERFELD 1915 neben der **Hauptquantenzahl *n*** drei weitere Quantenzahlen eingeführt. Im Atommodell sind nämlich für die Elektronenbewegung außer Kreisbahnen auch elliptische Bahnen möglich. Die Form dieser Ellipsen wird durch die **Nebenquantenzahl *l*** charakterisiert. Weiterhin ist dem Elektron eine Eigenrotation, der Spin, zuzuordnen, die zur Bahnbewegung in gleicher oder entgegengesetzter Richtung erfolgen kann. Sie wird durch die **Spinquantenzahl *s*** beschrieben. Die **magnetische Quantenzahl *m*** ist erforderlich, um die Aufspaltung von Spektrallinien in magnetischen und elektrischen Feldern zu erklären. Durch diese vier Quantenzahlen ist der energetische Zustand eines Elektrons im Atom eindeutig bestimmbar.

4 NIELS BOHR (1885 bis 1962), dänischer Physiker, schuf auf der Grundlage der Quantenhypothese von MAX PLANCK ein anschauliches Atommodell. Er trennte sich damit von den Vorstellungen der klassischen Physik. 1922 erhielt BOHR den Nobelpreis für Physik.

5 Zustandekommen der Spektralserie des Wasserstoffatoms nach dem Schalenmodell

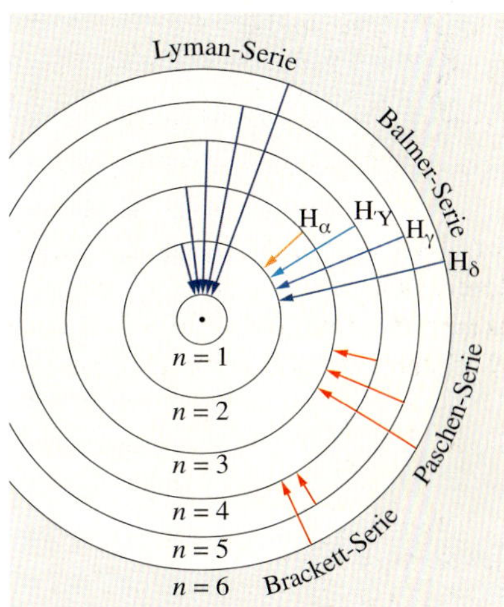

Das wellenmechanische Atommodell Nach einer von LOUIS DE BROGLIE im Jahr 1924 aufgestellten Hypothese ist ein Elektron nicht nur als kleines Masseteilchen zu betrachten, sondern besitzt gleichzeitig Welleneigenschaften. Diese Auffassung stieß zunächst auf scharfe Kritik, konnte aber im Jahr 1927 durch Beugung von Elektronenstrahlen an Kristallgittern von DAVISSON und GERMER experimentell bestätigt werden.

Betrachtet man das Elektron ausschließlich als Teilchen, so ist es nach HEISENBERG nicht möglich, gleichzeitig Ort und Geschwindigkeit genau anzugeben **(Unschärferelation)**. Bestimmbar ist lediglich die **Aufenthaltswahrscheinlichkeit** in einem bestimmten Bereich der Elektronenhülle. Auch dies deutet auf den **Welle-Teilchen-Dualismus** des Elektrons hin. Die Aufenthaltswahrscheinlichkeit eines Elektrons im Atom ist abhängig von den drei Raumkoordinaten und der Zeit. Sie wird durch eine Differenzialgleichung zweiter Ordnung, die Schrödinger-Gleichung, beschrieben. Zur Vereinfachung beschränkt man sich meist unter Vernachlässigung der Zeitabhängigkeit (stehende Welle) auf eine zeitunabhängige Form dieser Wellengleichung.

Lösungen der Schrödinger-Gleichung sind nur für bestimmte Reihen kleiner Zahlen möglich. Es sind dies die von BOHR und SOMMERFELD zur Deutung der Spektren angenommenen Quantenzahlen, die sich so mathematisch ableiten lassen. Die Lösungen dieser Wellengleichung sind selbst Funktionen. Ihre grafische Darstellung gibt die Ladungsdichteverteilung bzw. die Aufenthaltswahrscheinlichkeit eines Elektrons in einem bestimmten Bereich der Elektronenhülle wieder. Ein solcher Raum heißt **Orbital**. Meist begrenzt man die Orbitalräume so, dass die Aufenthaltswahrscheinlichkeit des Elektrons 90 % beträgt (Abb. 1). Die geometrische Ausrichtung der Orbitale wird durch die Quantenzahlen n, l und m bestimmt. Es ergeben sich kugelsymmetrische **s-Orbitale**, hantelförmige **p-Orbitale**, rosettenförmige **d-Orbitale** (Abb. 2).

1 Radiale Aufenthaltswahrscheinlichkeit des Elektrons im Wasserstoffatom

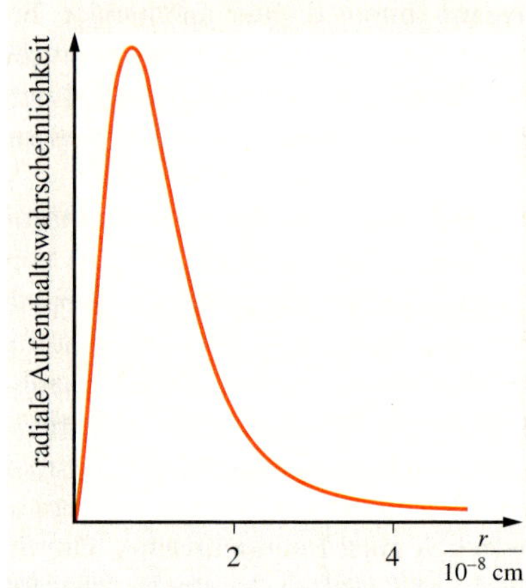

AUFGABEN

1 Erklären Sie die Entstehung eines Atomspektrums anhand der Abb. 2, S. 10. Interpretieren Sie dieses Spektrum und vergleichen Sie es mit dem Spektrum von weißem Licht.

2 Welchen Inhalt hat die Grundaussage der Planck'schen Quantentheorie?

3 Erläutern Sie das Bohr'sche Atommodell und geben Sie Grenzen dieses Modells an.

4 Erläutern Sie die Bedeutung der vier Quantenzahlen.

2 Modellvorstellungen von Atomorbitalen

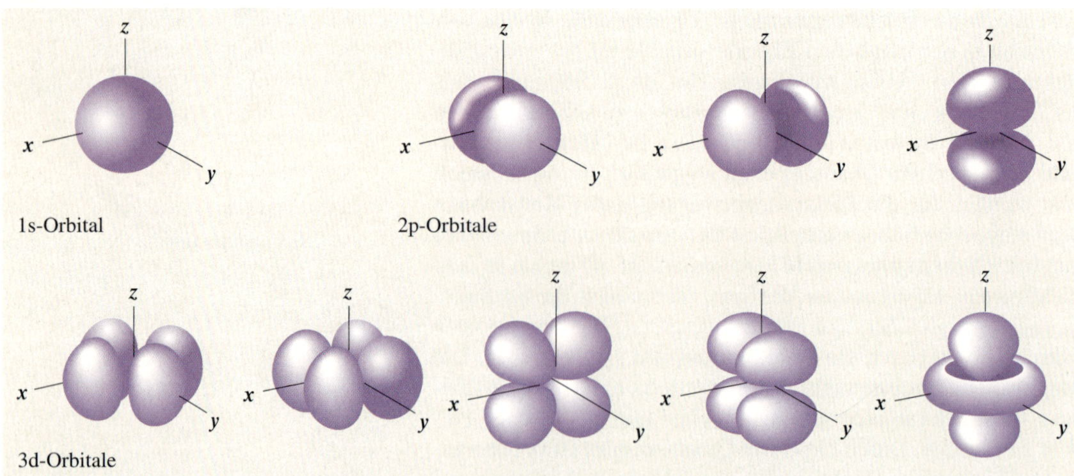

Elektronenkonfiguration der Atome

Besetzung der Orbitale mit Elektronen Die Besetzung der Orbitale eines Atoms mit Elektronen, die **Elektronenkonfiguration** des Atoms, wird durch die vier Quantenzahlen bestimmt. Die Quantenzahlen können jedoch keine beliebigen Werte annehmen. Für sie gelten bestimmte Auswahlregeln (Tab. 1).

Tab. 1 Beziehungen zwischen den Quantenzahlen

Quantenzahl	Regel	Werte
Haupt-quantenzahl n	kann ganzzahlige Werte mit $n \geq 1$ annehmen	$n = 1, 2, 3, ...$
Neben-quantenzahl l	ist ganzzahlig, muss aber kleiner n sein	$l = 0, 1, 2, ...$ $l \leq (n - 1)$
Magnet-quantenzahl m	kann alle ganzzahligen Werte zwischen $-l$ und $+l$ annehmen	$m = ..., -1, 0, 1, ...$ $-l \leq m \leq l$
Spinquanten-zahl s	zulässige Werte $+\frac{1}{2}$ und $-\frac{1}{2}$ je nach Spin	$s = +\frac{1}{2}$ oder $-\frac{1}{2}$

Aufgrund der Auswahlregeln ergeben sich für jede Hauptquantenzahl n und somit für jede Elektronenschale die dargestellten Kombinationsmöglichkeiten (Tab. 2). Entsprechend den unterschiedlichen Werten von m gibt es jeweils drei p-, fünf d- und sieben f-Orbitale, die untereinander energetisch gleich sind, sich aber in der räumlichen Orientierung unterscheiden.

Tab. 2 Mögliche Quantenzahlen der Atome von Elementen der K-, L-, M- und N-Schalen

Haupt-quanten-zahl n	Neben-quanten-zahl l	Orbitale	Magnetquantenzahl m	Anzahl der Orbitale	Spin-quanten-zahl s	Elek-tronen-anzahl	Maximale Besetzung	Schale
1	0	1s	0	1	$\pm\frac{1}{2}$	2	2	K
2	0	2s	0	1	$\pm\frac{1}{2}$	2	8	L
	1	2p	+1, 0, −1	3	$\pm\frac{1}{2}$	6		
3	0	3s	0	1	$\pm\frac{1}{2}$	2	18	M
	1	3p	+1, 0, −1	3	$\pm\frac{1}{2}$	6		
	2	3d	+2, +1, 0, −1, −2	5	$\pm\frac{1}{2}$	10		
4	0	4s	0	1	$\pm\frac{1}{2}$	2	32	N
	1	4p	+1, 0, −1	3	$\pm\frac{1}{2}$	6		
	2	4d	+2, +1, 0, −1, −2	5	$\pm\frac{1}{2}$	10		
	3	4f	+3, +2, +1, 0, −1, −2, −3	7	$\pm\frac{1}{2}$	14		

Prinzipien der Orbitalbesetzung Die Elektronenkonfiguration eines Atoms wird durch drei Prinzipien bestimmt.

Pauli-Prinzip: Die Elektronen im gleichen Atom müssen sich in mindestens einer Quantenzahl unterscheiden. Demnach kann ein Orbital nur mit 2 Elektronen entgegengesetzten Spins besetzt werden.

Energetisches Aufbauprinzip: Die Elektronenkonfiguration der Atome entspricht der energetischen Reihenfolge der Orbitale. Die Besetzung beginnt also mit dem Orbital mit der niedrigsten Energie, dem 1s-Orbital. Die energetische Reihenfolge ist bei Mehrelektronensystemen nicht immer mit der Reihenfolge der Hauptquantenzahlen identisch. So ist die Energie des 4s-Orbitals niedriger als die des 3d-Orbitals. Eine Abschätzung der Energieverhältnisse kann aus der Summe $n + l$ vorgenommen werden. Für das 4s-Orbital beträgt $n + l = 4$, für das 3d-Orbital gilt dagegen $n + l = 5$. Bei gleicher Summe $n + l$ ist das Orbital mit der kleineren Hauptquantenzahl das mit der niedrigeren Energie.

Hund'sche Regel: Orbitale gleicher Energie eines Atoms werden zunächst mit Elektronen parallelen Spins besetzt, bevor Doppelbesetzung unter Spinpaarung erfolgt.

Die Anordnung der Orbitale eines Atoms kann durch Kästchen, die Orientierung der Spins durch Pfeile symbolisiert werden. In vereinfachter Schreibweise gibt man nach den Orbitalbezeichnungen jeweils die Anzahl der Elektronen durch eine hochgestellte Zahl an (Tab. 1).

AUFGABEN

1 Beschreiben Sie die Phänomene Beugung und Interferenz von Wellen.

2 Erläutern Sie die Regeln, die bei der Besetzung der Orbitale mit Elektronen beachtet werden müssen.

3 Geben Sie die Elektronenkonfiguration für die Atome der Elemente mit den Ordnungszahlen 26, 38 und 54 wieder.

4 Erklären Sie, warum die Edelgase reaktionsträge sind.

5 Geben Sie die maximal mögliche Anzahl von Elektronen an, deren Energie durch die Hauptquantenzahl 4 bestimmt wird.

6 Ordnen Sie den folgenden Elektronenkonfigurationen die entsprechenden Atome zu:

a $1s^2\ 2s^2\ 2p^6\ 3s^2\ 3p^6\ 4s^2$

b $1s^2\ 2s^2\ 2p^6\ 3s^2\ 3p^6\ 3d^{10}\ 4s^2\ 4p^5$

c $1s^2\ 2s^2\ 2p^6\ 3s^2\ 3p^6\ 3d^{10}\ 4s^2\ 4p^6\ 4d^{10}\ 5s^2\ 5p^2$

Tab. 1 Elektronenkonfiguration von Atomen der Elemente der 1. bis 2. Periode

Atom (Symbol)	Besetzung der Orbitale in Kästchenschreibweise					Vereinfachte Schreibweise
	1s	2s	2p	3s	3p	
H	[↑]	[ ]	[ ][ ][ ]	[ ]	[ ][ ][ ]	$1s^1$
He	[↑↓]	[ ]	[ ][ ][ ]	[ ]	[ ][ ][ ]	$1s^2$
Li	[↑↓]	[↑]	[ ][ ][ ]	[ ]	[ ][ ][ ]	$1s^2\ 2s^1$
Be	[↑↓]	[↑↓]	[ ][ ][ ]	[ ]	[ ][ ][ ]	$1s^2\ 2s^2$
B	[↑↓]	[↑↓]	[↑][ ][ ]	[ ]	[ ][ ][ ]	$1s^2\ 2s^2\ 2p^1$
C	[↑↓]	[↑↓]	[↑][↑][ ]	[ ]	[ ][ ][ ]	$1s^2\ 2s^2\ 2p^2$
N	[↑↓]	[↑↓]	[↑][↑][↑]	[ ]	[ ][ ][ ]	$1s^2\ 2s^2\ 2p^3$
O	[↑↓]	[↑↓]	[↑↓][↑][↑]	[ ]	[ ][ ][ ]	$1s^2\ 2s^2\ 2p^4$
F	[↑↓]	[↑↓]	[↑↓][↑↓][↑]	[ ]	[ ][ ][ ]	$1s^2\ 2s^2\ 2p^5$
Ne	[↑↓]	[↑↓]	[↑↓][↑↓][↑↓]	[ ]	[ ][ ][ ]	$1s^2\ 2s^2\ 2p^6$

Tab. 2 Elektronenkonfiguration von Atomen der Elemente der 3. Periode

Atom (Symbol)	**Besetzung der Orbitale in Kästchenschreibweise**					**Vereinfachte Schreibweise**
	1s	2s	2p	3s	3p	
Na	[↑↓]	[↑↓]	[↑↓|↑↓|↑↓]	[↑]	[| |]	$1s^2\ 2s^2\ 2p^6\ 3s^1$
Mg	[↑↓]	[↑↓]	[↑↓|↑↓|↑↓]	[↑↓]	[| |]	$1s^2\ 2s^2\ 2p^6\ 3s^2$
Al	[↑↓]	[↑↓]	[↑↓|↑↓|↑↓]	[↑↓]	[↑| |]	$1s^2\ 2s^2\ 2p^6\ 3s^2\ 3p^1$
Si	[↑↓]	[↑↓]	[↑↓|↑↓|↑↓]	[↑↓]	[↑|↑|]	$1s^2\ 2s^2\ 2p^6\ 3s^2\ 3p^2$
P	[↑↓]	[↑↓]	[↑↓|↑↓|↑↓]	[↑↓]	[↑|↑|↑]	$1s^2\ 2s^2\ 2p^6\ 3s^2\ 3p^3$
S	[↑↓]	[↑↓]	[↑↓|↑↓|↑↓]	[↑↓]	[↑↓|↑|↑]	$1s^2\ 2s^2\ 2p^6\ 3s^2\ 3p^4$
Cl	[↑↓]	[↑↓]	[↑↓|↑↓|↑↓]	[↑↓]	[↑↓|↑↓|↑]	$1s^2\ 2s^2\ 2p^6\ 3s^2\ 3p^5$
Ar	[↑↓]	[↑↓]	[↑↓|↑↓|↑↓]	[↑↓]	[↑↓|↑↓|↑↓]	$1s^2\ 2s^2\ 2p^6\ 3s^2\ 3p^6$

ZUSAMMENFASSUNG

Atome
Die Atome sind aus dem Atomkern, dem Träger von Masse und positiver Ladung, und der Elektronenhülle (Atomhülle) aufgebaut. Die Struktur der Elektronenhülle kann aus den Atomspektren abgeleitet werden.

Atomspektren
Die Atomspektren bestehen aus Serien von Spektrallinien. Jede Spektrallinie entspricht einem Elektronenübergang zwischen zwei Energieniveaus der Elektronenhülle.

Bohr-Sommerfeld'sches Atommodell
Atome bestehen aus einem elektrisch positiv geladenen Atomkern und den elektrisch negativ geladenen Elektronen, die eine bestimmte Energie haben und sich ohne Energieverlust in der Atomhülle auf bestimmten Bahnen bewegen können.

Quantenzahlen
Im Atom sind nur bestimmte Energieniveaus möglich, die durch 4 Quantenzahlen n, l, m, s charakterisiert werden. Nach dem Pauli-Prinzip müssen sich Elektronen im gleichen Atom mindestens in einer Quantenzahl unterscheiden.

Orbitalmodell (wellenmechanisches Atommodell)
Elektronen haben zugleich Teilchen- und Welleneigenschaften. Atomorbitale beschreiben die Aufenthaltsorte der Elektronen in der Atomhülle als Räume, in denen sie sich gemäß ihrem Energiezustand mit hoher Wahrscheinlichkeit aufhalten.

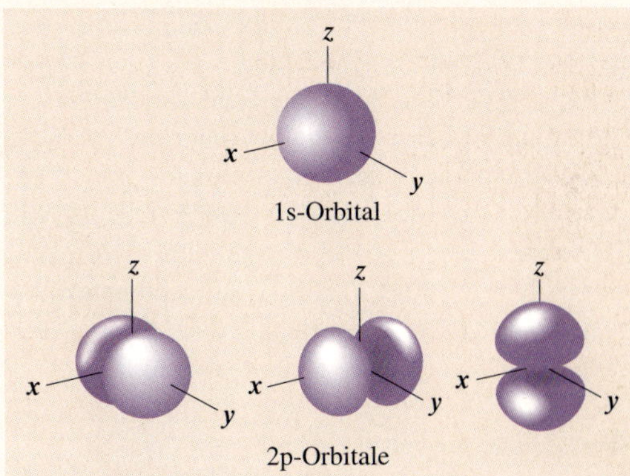

Elektronenkonfiguration eines Atoms
Die Besetzung der verfügbaren Orbitale eines Atoms nennt man Elektronenkonfiguration. Sie erfolgt nach dem Pauli-Prinzip, der Hund'schen Regel und dem energetischen Aufbauprinzip.

► Stoff-Teilchen-Konzept

Forschung

Die Kohlenstoffuhr

Die C-14-Methode Eine Altersbestimmung historischer Fundstücke ermöglicht die im Jahr 1949 von WILLARD FRANK LIBBY entwickelte Radiokarbonmethode, auch C-14-Methode genannt. Die Methode erlaubt die Datierung von 300 bis maximal 50000 Jahre alten Fundstücken. Für die Gletschermumie (Abb. 1) konnte mithilfe dieser Methode ein Alter von etwa 5300 Jahren bestimmt werden.
Die Methode beruht auf der Entstehung und dem Zerfall des radioaktiven Kohlenstoffisotops C-14. In den oberen Schichten der Erdatmosphäre setzt kosmische Strahlung Neutronen frei, die mit Stickstoffkernen reagieren. Diese wandeln sich unter Aussendung eines Protons in das radioaktive Kohlenstoffisotop C-14 um:

$$^{14}_{7}N + ^{1}_{0}n \rightarrow ^{14}_{6}C + ^{1}_{1}p$$

Da das Kohlenstoffisotop C-14 nicht stabil ist, zerfällt es wieder in das Element Stickstoff unter Abgabe eines Elektrons.

$$^{14}_{6}C \rightarrow ^{14}_{7}N + ^{0}_{-1}e^{-}$$

Das frei gewordene Elektron bewirkt β-Strahlung, eine Form radioaktiver Strahlung.
Die Zeit, in der bei Radionukliden die Hälfte der ursprünglich vorhandenen Atomkerne zerfällt, nennt man Halbwertszeit. Das radioaktive Kohlenstoffisotop C-14 besitzt eine Halbwertszeit von 5730 Jahren. Die C-14-Methode geht davon aus, dass Neubildung und Zerfall von Kohlenstoffatomen C-14 einander ausgleichen und damit deren Anteil in der Atmosphäre zeitlich konstant ist.

1 Von Bergsteigern 1991 in den Alpen gefundene mumifizierte Leiche des „Ötzi"

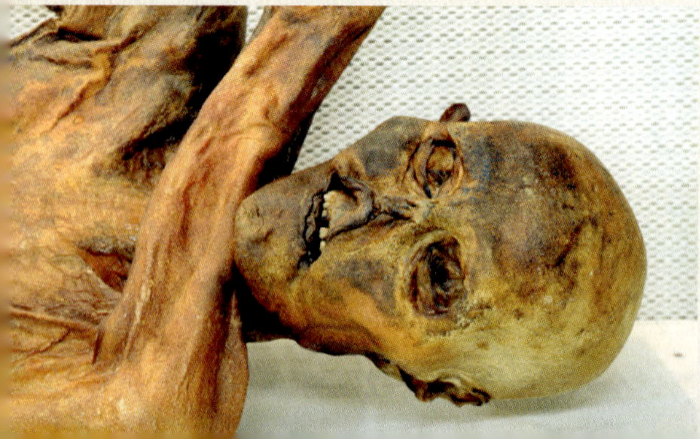

Der Gang der Kohlenstoffuhr Die Kohlenstoffatome C-14 reagieren in der Erdatmosphäre mit den Sauerstoffmolekülen zu Kohlenstoffdioxidmolekülen. Kohlenstoffdioxid wird von Pflanzen assimiliert und gelangt über die Nahrungskette auch in Tiere und Menschen. Beim Aufbau ihrer organischen Verbindungen unterscheiden die Lebewesen chemisch nicht zwischen den Kohlenstoffisotopen C-14 und C-12. Deshalb liegt in einem Organismus, solange er lebt, d.h. atmet, kohlenstoffhaltige Nahrung aufnimmt und wieder ausscheidet, ein konstantes Verhältnis von radioaktiven Kohlenstoffatomen C-14 und stabilen Kohlenstoffatomen C-12 vor. Auf etwa $2 \cdot 10^8$ Kohlenstoffatome C-12 kommt ein Kohlenstoffatom C-14. Mit dem Tod des Organismus endet der Austausch von Kohlenstoff mit der Biosphäre. Die „Uhr" beginnt zu ticken. Das radioaktive Kohlenstoffisotop C-14 zerfällt weiter, ohne dass es ersetzt wird.
Um das Alter einer Probe ermitteln zu können, ist es notwendig, den Anteil der noch vorhandenen Kohlenstoffatome C-14 zu bestimmen. Dies erfolgt über die konventionelle Zählrohrmethode nach LIBBY oder die neuere AMS-Methode (engl. Accelerator Mass Spectrometry – Beschleuniger-Massenspektrometrie).

2 Zeitlicher Verlauf des radioaktiven Zerfalls von Kohlenstoffatomen C-14. Deren prozentualer Anteil ist beim Start der „Uhr" auf 100 % gesetzt.

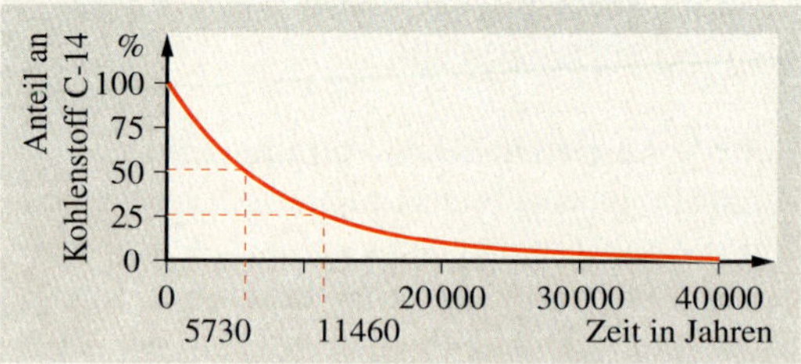

AUFGABEN

1 Informieren Sie sich über die Zählrohrmethode und die AMS-Methode in der Literatur bzw. im Internet. Erläutern Sie das Prinzip, das ihnen zugrunde liegt. Vergleichen Sie die beiden Verfahren.

2 In letzter Zeit hat der Anteil des radioaktiven Kohlenstoffisotops C-14 in der Atmosphäre leicht zugenommen. Nennen Sie Einflüsse, die dazu geführt haben können.

Atombau und Anordnung der Elemente im Periodensystem

Ordnung der Elemente Eine systematische Ordnung der Elemente wurde mit dem Aufstellen des Periodensystems vorgenommen. Als Ordnungsprinzip dienten zunächst die Atomgewichte (heute Atommassen) und die chemischen Eigenschaften (Abb. 1). Elemente mit ähnlichen Eigenschaften treten in periodischer Reihenfolge auf. Sie werden im Periodensystem in Gruppen zusammengefasst.
Die Stellung eines Elements im Periodensystem ist letztlich auf die Elektronenkonfiguration seiner Atome zurückzuführen. Danach unterscheidet man zwischen Haupt- und Nebengruppen.

Hauptgruppenelemente Die Elektronenkonfiguration der Atome ist aus dem **Periodensystem der Elemente** ablesbar. In den **Perioden** stehen Elemente, deren Atome die gleiche Anzahl Energieniveaus haben. Elemente mit Atomen ähnlicher Anordnung der äußeren Elektronen (Außenelektronen) sind in **Gruppen** zusammengefasst. Die niedrigste Energie im **Energieniveauschema** weist das 1s-Orbital auf. Diese Energie hat das Elektron des Wasserstoffatoms im Grundzustand. Danach wird die Elektronenkonfiguration für das Wasserstoffatom als $1s^1$ angegeben. Die Elektronenkonfiguration $1s^2$ entspricht der im Heliumatom. Mit dem Element Helium wird die 1. Periode abgeschlossen (Abb. 2).
Die 2. Periode beginnt mit dem Element Lithium, dessen Atome die Elektronenkonfiguration $1s^2\,2s^1$ haben, und schließt mit dem Element Neon mit Atomen der Elektronenkonfiguration $1s^2\,2s^2\,2p^6$ ab. In der 3. Periode sind die Elemente vom Natrium ($1s^2\,2s^2\,2p^6\,3s^1$) bis zum Argon ($1s^2\,2s^2\,2p^6\,3s^2\,3p^6$) angeordnet. Charakteristisch für die Atome der Edelgase Helium, Neon, Argon ist eine Elektronenkonfiguration, bei der alle vorhandenen Energieniveaus und Unterniveaus besetzt sind. Zur Beschreibung komplizierterer Elektronenkonfigurationen werden daher häufig diese Anordnungen als **Edelgasrümpfe** zugrunde gelegt, z. B. **[Ar]** für die Elektronenkonfiguration des Argonatoms.
Zum Energieniveau der Hauptquantenzahl $n = 3$ gehören noch fünf 3d-Orbitale, denen zehn Elemente zuzuordnen sind. Energetisch günstiger ist aber das 4s-Orbital. Deshalb haben die Atome der dem Argon folgenden Elemente Kalium und Calcium die Elektronenanordnungen [Ar] $4s^1$ und [Ar] $4s^2$ (Abb. 2). Bei allen bisher betrachteten Elementen sind s- oder p-Orbitale der Atome die energetisch höchsten besetzten Orbitale. Derartige Elemente werden als **Hauptgruppenelemente** bezeichnet.

Nebengruppenelemente Im Energieniveauschema folgt auf das 4s-Niveau das 3d-Niveau. Die Elektronenbesetzung der fünf 3d-Orbitale ist für die Atome der zehn Elemente von Scandium [Ar] $4s^2\,3d^1$ bis Zink [Ar] $4s^2\,3d^{10}$ charakteristisch. Elemente, deren Atome als energetisch höchste besetzte Orbitale d-Orbitale haben, werden als **Nebengruppenelemente** bezeichnet.

1 Periodensystem der Elemente nach DMITRI I. MENDELEJEW (1834 bis 1907)

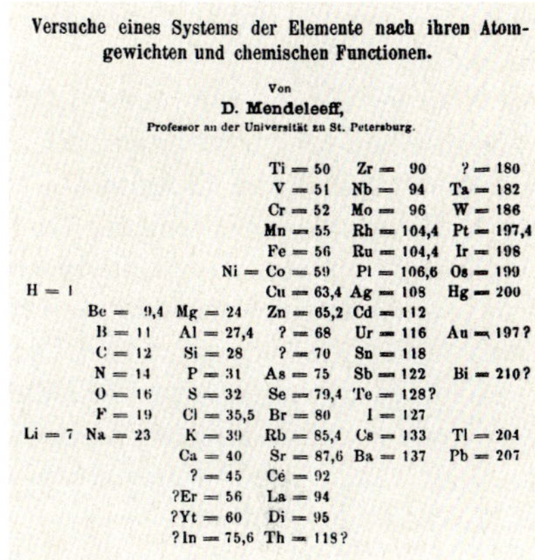

Versuche eines Systems der Elemente nach ihren Atomgewichten und chemischen Functionen.

Von

D. Mendeleeff,

Professor an der Universität zu St. Petersburg.

			Ti = 50	Zr = 90	? = 180
			V = 51	Nb = 94	Ta = 182
			Cr = 52	Mo = 96	W = 186
			Mn = 55	Rh = 104,4	Pt = 197,4
			Fe = 56	Ru = 104,4	Ir = 198
			Ni = Co = 59	Pl = 106,6	Os = 199
H = 1			Cu = 63,4	Ag = 108	Hg = 200
	Be = 9,4	Mg = 24	Zn = 65,2	Cd = 112	
	B = 11	Al = 27,4	? = 68	Ur = 116	Au = 197?
	C = 12	Si = 28	? = 70	Sn = 118	
	N = 14	P = 31	As = 75	Sb = 122	Bi = 210?
	O = 16	S = 32	Se = 79,4	Te = 128?	
	F = 19	Cl = 35,5	Br = 80	I = 127	
Li = 7	Na = 23	K = 39	Rb = 85,4	Cs = 133	Tl = 204
		Ca = 40	Sr = 87,6	Ba = 137	Pb = 207
		? = 45	Ce = 92		
		?Er = 56	La = 94		
		?Yt = 60	Di = 95		
		?In = 75,6	Th = 118?		

2 Energieniveauschema von Mehrelektronensystemen

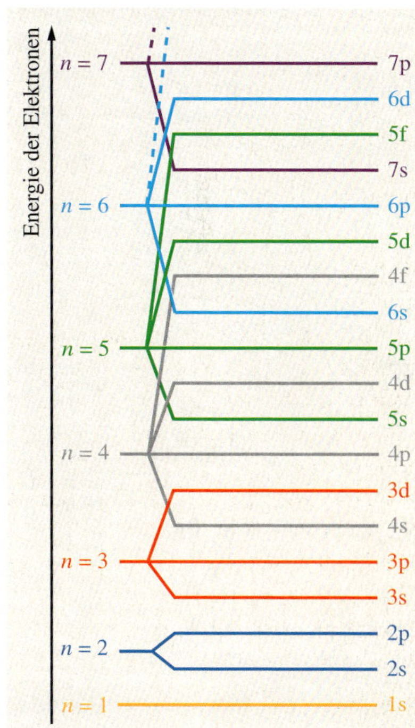

Infolge von Wechselwirkungen zwischen den Elektronen sinkt mit steigender Elektronenzahl die Energie der 3d-Orbitale unter die des 4s-Orbitals ab (Tab. 1), sodass bei der Bildung von Ionen zunächst die beiden 4s-Elektronen abgegeben werden. Daher bilden die meisten dieser Nebengruppenelemente zweiwertige Ionen (Tab. 2).
Der Existenz von 3d-, 4d- und 5d-Orbitalen entsprechend gibt es drei Reihen von Nebengruppenelementen: die 3d-Reihe von Scandium bis Zink, die 4d-Reihe von Yttrium bis Cadmium und die 5d-Reihe, die die Elemente Lanthan sowie Hafnium bis Quecksilber umfasst. Die Unterbrechung der 5d-Reihe nach dem Lanthan kommt zustande, weil hier im Energiediagramm sieben 4f-Orbitale angeordnet sind. Die Besetzung dieser Orbitale erfolgt bei den Atomen der 14 Elemente, die als **Lanthanoide** bezeichnet werden. Ähnliches wiederholt sich nach dem Actinium. Hier werden die 14 folgenden 5f-Orbitale bei den Atomen der Elemente der **Actinoide** besetzt (↑PSE im Anhang).

Tab. 2 Elektronenkonfigurationen einiger Ionen von Nebengruppenelementen

Ion	Elektronenkonfiguration
Mn^{2+}	[Ar] $3d^5\ 4s^0$
Ni^{2+}	[Ar] $3d^8\ 4s^0$
Cr^{2+}	[Ar] $3d^4\ 4s^0$
Cd^{2+}	[Kr] $4d^{10}\ 5s^0$
Tc^{2+}	[Kr] $4d^5\ 5s^0$

Tab. 1 Zusammenhänge zwischen den Energieniveaus der Atome und der Einordnung der Elemente in das Periodensystem

Energieniveau	Elemente und Ordnungszahlen		
5p		In Sn Sb Te I Xe 49 50 51 52 53 54	
5s	Rb Sr 37 38		
4d			Y Zr Nb Mo Tc Ru Rh Pd Ag Cd 39 40 41 42 43 44 45 46 47 48
4p		Ga Ge As Se Be Kr 31 32 33 34 35 36	
4s	K Ca 19 20		
3d			Sc Ti V Cr Mn Fe Co Ni Cu Zn 21 22 23 24 25 26 27 28 29 30
3p		Al Si P S Cl Ar 13 14 15 16 17 18	
3s	Na Mg 11 12		
2p		B C N O F Ne 5 6 7 8 9 10	
2s	Li Be 3 4		
1s	H He 1 2		

Anordnung der Elemente im Periodensystem Für die Einordnung der Nebengruppenelemente in das Periodensystem gibt es verschiedene Möglichkeiten. Im meistens verwendeten **Langperiodensystem** stehen alle Elemente einer Periode nebeneinander. Haupt- und Nebengruppenelemente sind voneinander getrennt. Elemente mit Atomen gleichartiger Orbitale sind in Blöcken zusammengefasst. Aus Gründen der Übersichtlichkeit ist es üblich, die Lanthanoide und Actinoide in besonderen Zeilen als Anfügung anzuordnen (↑PSE im Anhang).

Im weniger gebräuchlichen **Kurzperiodensystem** werden die Elemente von der 4. Periode an in zwei Spalten so angeordnet, dass Haupt- und Nebengruppenelemente in einer Gruppe nebeneinander stehen. Diese Darstellung hat den Nachteil, dass in einer Gruppe unterschiedliche Elemente zusammengefasst sind (z. B. Alkalimetalle und Kupfer, Silber, Gold). Gemeinsamkeiten bestehen in der Anzahl der Außenelektronen der Atome und im Vorhandensein gleicher Oxidationszahlen (↑ S. 22).

Beziehungen zwischen Atombau und Periodensystem Zwischen der Stellung eines Elements im Periodensystem und der Elektronenkonfiguration seiner Atome bestehen folgende Beziehungen.

Die **Ordnungszahl** eines Elements gibt die Gesamtzahl der Elektronen im Atom an. Die Nummer der Periode entspricht der Anzahl der in den Atomen vorhandenen Energieniveaus. Die Nummer der Gruppe gibt die Anzahl der Valenzelektronen an. Als **Valenzelektronen** bezeichnet man Elektronen, die auf unvollständig besetzten Energieniveaus angeordnet sind. Sie bewirken bei chemischen Reaktionen in erster Linie die Veränderungen der Bindungsverhältnisse. Valenzelektronen befinden sich bei den Atomen der Hauptgruppenelemente in s- und p-Orbitalen, bei den Atomen der Nebengruppenelemente in s- und d-Orbitalen, in manchen Fällen auch in f-Orbitalen.

Als Beispiel für die Einordnung eines Elements in das Periodensystem soll das Element Zink betrachtet werden. Zinkatome haben die Elektronenkonfiguration [Ar] $3d^{10}\ 4s^2$, die neben zwei s-Valenzelektronen die maximal mögliche Anzahl von d-Elektronen aufweist. Demnach ist Zink ein Nebengruppenelement der II. Nebengruppe. Weiterhin gehört es zur 4. Periode, da Zinkatome über vier Energieniveaus verfügen. Umgekehrt kann aus der Stellung eines Elements im Periodensystem die Elektronenkonfiguration seiner Atome abgeleitet werden. Dabei sind zunächst aus der Nummer der Gruppe Anzahl und Art der Valenzelektronen zu ermitteln. Aus der Nummer der Periode ergibt sich dann die Anzahl der Energieniveaus.

Im Folgenden soll die Elektronenkonfiguration des Aluminiumatoms abgeleitet werden. Das Aluminiumatom hat drei Valenzelektronen. Nach der Stellung des Hauptgruppenelements Aluminium in der 3. Periode kommen drei Energieniveaus in Betracht. Für die Elektronenkonfiguration ergibt sich:

Al: $1s^2\ 2s^2\ 2p^6\ 3s^2\ 3p^1$

Voll und halb besetzte Energieniveaus zeichnen sich durch besondere Stabilität aus. Daher haben Kupfer- und Chromatome die Elektronenkonfiguration

Cu: [Ar] $3d^{10}\ 4s^1$		Cr: [Ar] $3d^5\ 4s^1$
anstatt	und	anstatt
Cu: [Ar] $3d^9\ 4s^2$		Cr: [Ar] $3d^4\ 4s^2$

AUFGABEN

1 Geben Sie die Elektronenkonfigurationen der Atome für die Elemente mit den Ordnungszahlen 21 bis 30 an. Stellen Sie gemeinsame Merkmale dieser Elemente zusammen.

2 Ermitteln Sie Ähnlichkeiten, die in der Elektronenkonfiguration der Atome bei den Elementen mit den Ordnungszahlen 9, 17, 35 und 53 bestehen.

3 Erklären Sie, warum die 1. Periode des Periodensystems nur 2 Elemente enthält, in der 4. Periode aber 18 Elemente stehen.

4 Die Atome der Elemente in der 3. Periode des Periodensystems verfügen nicht über d-Elektronen. Erklären Sie diesen Sachverhalt.

5 Begründen Sie, warum die Elemente Sauerstoff, Schwefel, Selen, Tellur und Polonium in der VI. Hauptgruppe stehen.

6 Begründen Sie nach der angegebenen Elektronenkonfiguration der Atome, ob es sich um Haupt- oder Nebengruppenelemente handelt:

a $1s^2\ 2s^2\ 2p^5$

b $1s^2\ 2s^2\ 2p^6\ 3s^1$

c $1s^2\ 2s^2\ 2p^6\ 3s^2\ 3p^6\ 3d^5\ 4s^2$

d $1s^2\ 2s^2\ 2p^6\ 3s^2\ 3p^6\ 3d^{10}\ 4s^2\ 4p^6,\ 4d^{10}\ 5s^2\ 5p^2$

7 Die Elektronenkonfiguration des Arsenatoms ist:
$1s^2\ 2s^2\ 2p^6\ 3s^2\ 3p^6\ 3d^{10}\ 4s^2\ 4p^3$
Ermitteln Sie aus dieser Angabe die Stellung des Arsens im Periodensystem.

Atombau und Eigenschaften von Elementen

Periodizität von Eigenschaften Im Periodensystem ändern sich die Eigenschaften der Elemente in charakteristischer Weise. In den Perioden stehen Elemente, deren Atome sich in der Anordnung der Valenzelektronen unterscheiden, also auch chemisch recht unterschiedlich reagieren. Elemente in den Gruppen haben Atome mit analoger Anordnung der Valenzelektronen. Sie sind daher im chemischen Verhalten sehr ähnlich. Besonders charakteristisch ist dies in der Gruppe der Alkalimetalle (Elektronenkonfiguration ns^1) und in der Gruppe der Halogene (Elektronenkonfiguration $ns^2\ np^5$).

So sind die Änderung des Metall- und des Nichtmetallcharakters der Hauptgruppenelemente zwei sich periodisch ändernde Eigenschaften. Die charakteristischen Eigenschaften der **Metalle** beruhen im Wesentlichen darauf, dass die Atome dieser Elemente leicht Elektronen abgeben können, was wiederum eng mit der Ionisierungsenergie der betreffenden Elemente zusammenhängt (S. 21). Somit nimmt der Metallcharakter innerhalb der Periode mit steigender Ordnungszahl ab und innerhalb der Hauptgruppen zu.

Die Atome der **Nichtmetalle** weisen die Tendenz zur Elektronenabgabe nicht auf. Sie besitzen viele Valenzelektronen und nehmen deshalb bevorzugt Elektronen auf oder benutzen Elektronen mit Bindungspartnern gemeinsam, um eine stabile Elektronenkonfiguration zu erreichen. Die Elemente Francium und Fluor stellen die Extreme innerhalb dieser Klassifikation dar.

In der Kohlenstoffgruppe treten dagegen kontinuierliche Veränderungen der Eigenschaften vom Nichtmetall Kohlenstoff über die Halbmetalle Silicium und Germanium bis zu den Metallen Zinn und Blei auf.

Atom- und Ionenradien Die Größe von Atomen und Ionen haben ebenfalls einen direkten Einfluss auf die Eigenschaften von Elementen. So nimmt in den Gruppen der Atomradius zu, da mit jeder Periode eine neue Elektronenschale hinzukommt. Das gilt auch für die Ionen der Elemente einer Gruppe. Dabei sind die elektrisch positiv geladenen Ionen stets kleiner als die jeweiligen Atome aufgrund der höheren Anziehungskraft auf die Elektronen im Atom (Abb. 1). Die Radien von elektrisch negativ geladenen Ionen sind dagegen stets größer als die Radien der entsprechenden Atome, da die elektrische Anziehungskraft auf die Elektronen geringer ist als im Atom (Abb. 2).

Innerhalb einer Periode nehmen die Atomradien der Elemente ab, da die Elektronenhülle mit zunehmender Kernladungszahl stärker vom Kern angezogen wird.

In enger Beziehung zum Atomradius steht das molare Atomvolumen, d. h. der Raum, den ein Mol Atome eines Elements theoretisch bei 0 K einnehmen würde. Atome mit einem großen Radius nehmen also ein größeres Volumen ein als solche mit einem kleineren.

1 Atom- und Ionenradien der Elemente der I. Hauptgruppe

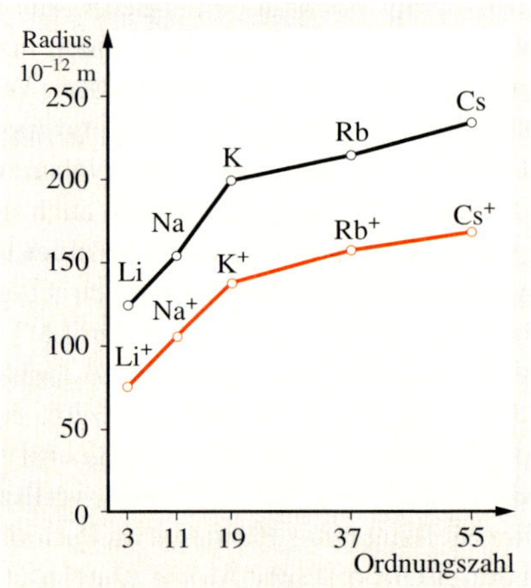

2 Atom- und Ionenradien der Elemente der VII. Hauptgruppe

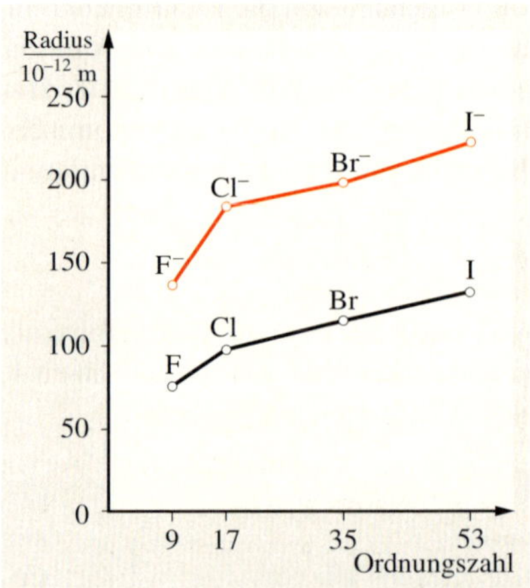

3 Abhängigkeit des molaren Atomvolumens von der Ordnungszahl

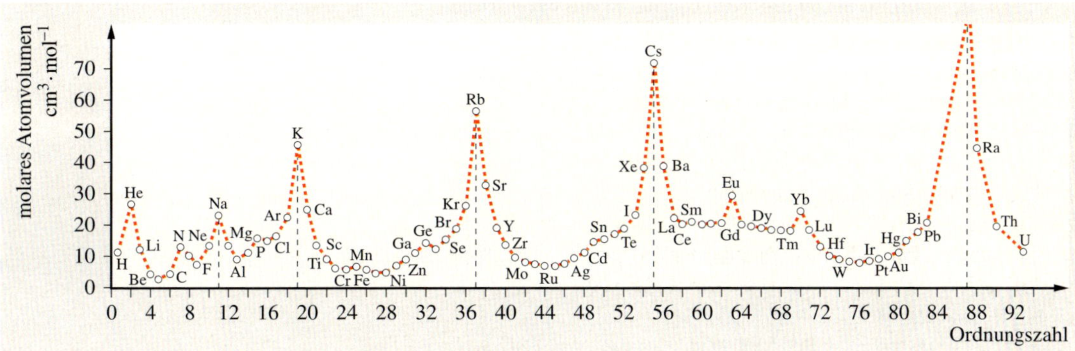

Die Abhängigkeit der Atomvolumen (Abb. 3) von der Kernladungszahl wird bei den Atomen mit 4f-(und 5f-)Niveaus besonders deutlich. Mit dem Atomvolumen eng verknüpft ist die Dichte der Elemente, deren grafische Darstellung ein Spiegelbild der Atomvolumenkurve darstellt.

Ionisierungsenergien, Elektronenaffinitäten, Elektronegativitäten Periodizitäten bestehen auch bei den Ionisierungsenergien, den Elektronenaffinitäten und den Elektronegativitäten. Unter der **Ionisierungsenergie** versteht man die Energie, die erforderlich ist, um aus Atomen eines Stoffs im gasförmigen Zustand Elektronen freizusetzen (Abb. 4).

4 Abhängigkeit der Ionisierungsenergie von der Ordnungszahl

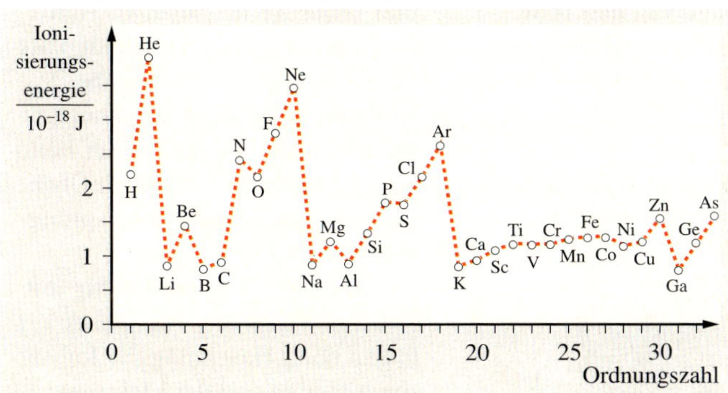

5 Abhängigkeit der Elektronenaffinität von der Ordnungszahl für die Elemente 1 bis 20

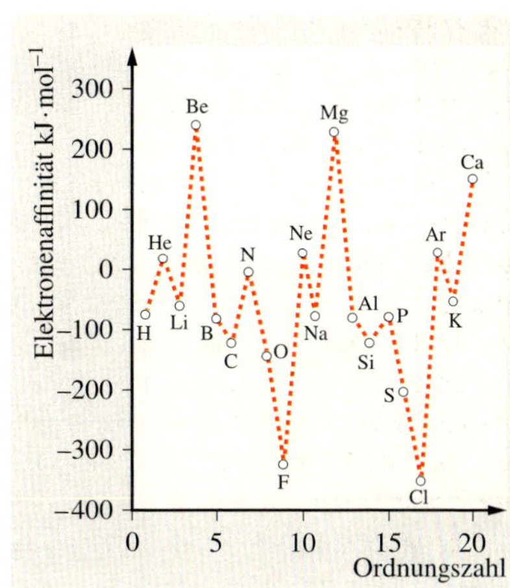

Die **Elektronenaffinität** ist die Energie, die bei der Aufnahme von Elektronen durch Atome eines im gasförmigen Zustand befindlichen Stoffes auftritt (Abb. 5). Die niedrigsten Ionisierungsenergien weisen die Alkalimetallatome auf, die höchsten Elektronenaffinitäten besitzen die Halogenatome. Unschwer ist die Tendenz zur Bildung positiver und negativer Ionen, die sich aus der Elektronenkonfiguration der Atome ergibt, zu erkennen.

Die **Elektronegativität** ist ein relatives Maß für die Anziehungskräfte von Atomen unterschiedlicher Elemente auf gemeinsame Elektronenpaare. Die höchste Elektronegativität besitzen die Elemente, die rechts oben im Periodensystem stehen (F, O, N, Cl), während unten links die Elemente mit der geringsten Elektronegativität angeordnet sind (Abb. 1).

1 Zusammenhang zwischen Elektronegativität und Stellung eines Elements im Periodensystem

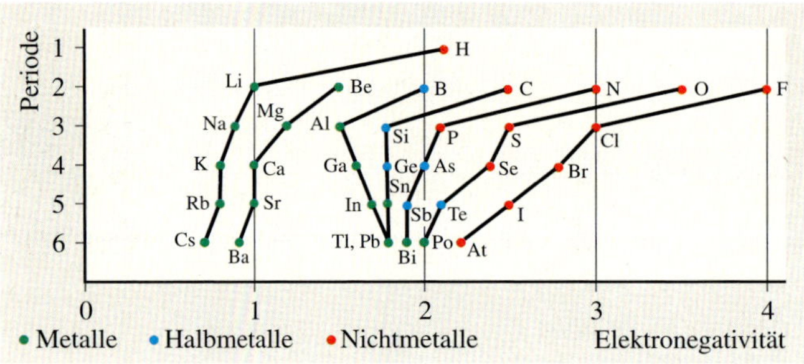

Oxidationszahlen Die Elektronenkonfiguration gibt auch Aufschluss darüber, welche Oxidationszahlen für die Elemente zu erwarten sind. Als **Oxidationszahl (Oxidationsstufe)** bezeichnet man die Ladung, die einem Atom in einer Verbindung zugeordnet ist, wenn man sich diese Verbindung aus einfachen Ionen aufgebaut denkt. Die Oxidationszahlen werden als arabische Ziffern mit positivem oder negativem Vorzeichen über dem Elementsymbol angegeben. Für das Phosphoratom gilt z. B. die Elektronenanordnung P: [Ne] $3s^2$ $3p^3$. Durch Abgabe oder Aufnahme von Elektronen kann das Phosphoratom die Konfigurationen [Ne], [Ne] $3s^2$ und [Ne] $3s^2$ $3p^6$ erreichen, die den Oxidationszahlen +5, +3 bzw. −3 entsprechen. Bei den Hauptgruppenelementen ergibt sich die höchste Oxidationszahl aus der Anzahl der Valenzelektronen und ist meist gleich der Gruppennummer im Periodensystem (Abb. 2).

2 Zusammenhang zwischen der Anzahl der Valenzelektronen und den Oxidationszahlen bei den Hauptgruppenelementen der 3. Periode

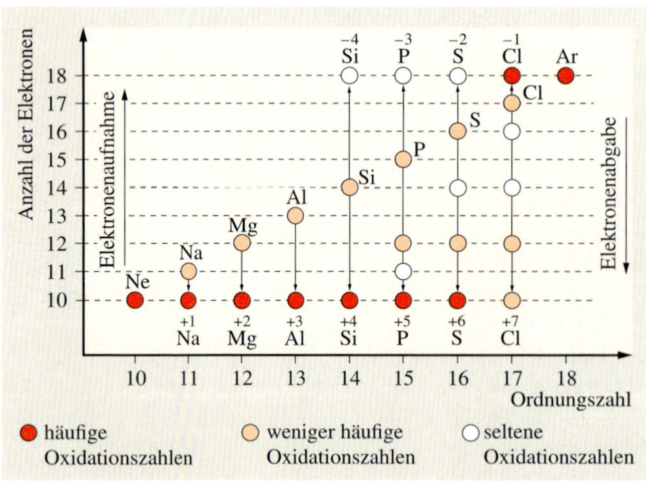

AUFGABEN

1 Die Elemente Bor, Silicium, Germanium, Arsen, Selen, Antimon und Tellur werden auch als Halbmetalle bezeichnet. Begründen Sie die Richtigkeit dieser Angabe.

2 Erklären Sie, warum Atomradien der Elemente innerhalb einer Periode abnehmen, aber mit dem Übergang zur nächsten Periode sprunghaft ansteigen.

3 Alkalimetalle reagieren heftig mit Sauerstoff. Erklären Sie dieses Verhalten unter Beachtung der Ionisierungsenergie und der Elektronegativitäten der Atome der Stoffe.

4 Geben Sie die Elektronenkonfigurationen der Atome der Elemente Wasserstoff, Sauerstoff, Stickstoff, Calcium und Eisen an. Leiten Sie daraus mögliche Oxidationszahlen für die genannten Elemente ab.

5 Begründen Sie das Auftreten von Mangan mit den Oxidationszahlen +2 und +7 anhand der Elektronenkonfiguration der Atome.

Meist tritt auch eine um zwei Einheiten niedrigere Oxidationszahl auf, die sich durch Abgabe des spingekoppelten s-Elektronenpaars ergibt. Es sind oft noch weitere Oxidationszahlen möglich. Die niedrigste Oxidationszahl ergibt sich aus der Differenz der Elektronenanzahlen der Atome des betreffenden Elements und des nächstfolgenden Edelgases. Niedrigere Oxidationszahlen als –4 sind nicht bekannt.
Für die Elemente der 3. Periode sind die Zusammenhänge in der Abbildung 2 dargestellt.
Bei den Nebengruppenelementen werden die chemischen Eigenschaften fast ausschließlich von den Elektronen der d- und s-Niveaus bestimmt. Da zwischen diesen nur geringe Energieunterschiede bestehen, existiert bei Nebengruppenelementen eine größere Vielfalt an Oxidationszahlen als bei entsprechenden Hauptgruppenelementen. Beispielsweise kann Mangan Oxidationszahlen von ±0 bis +7 haben. Bei chemischen Reaktionen tritt daher oft ein Wechsel der Oxidationszahl ein, der z. B. im Fall von Manganverbindungen besonders gut an der Änderung der Farbe zu erkennen ist (Tab. 1).
Für die Elemente der 4. Periode sind die Zusammenhänge in Abbildung 3 dargestellt. Die höchste Oxidationszahl entspricht auch hier der Elektronenkonfiguration der Atome des vorhergehenden Edelgases und steht in Bezug zur Gruppennummer.

3 Zusammenhang zwischen der Anzahl der Valenzelektronen und den Oxidationszahlen bei den Nebengruppenelementen der 4. Periode

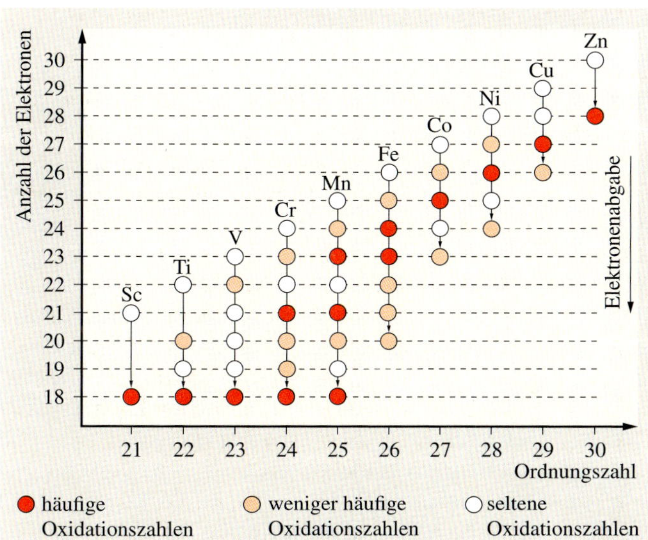

Tab. 1 Farbigkeit von Manganverbindungen

Formel der Verbindung	Oxidationszahl des Mangans	Farbe der Verbindung
$MnCl_2$	+2	
$MnO(OH)$	+3	
MnO_2	+4	
Na_3MnO_4	+5	
$BaMnO_4$	+6	
$KMnO_4$	+7	

Gruppennummerierung im Langperiodensystem Im Langperiodensystem der Elemente wurden Haupt- und Nebengruppen bisher in unterschiedlicher Art und Weise bezeichnet. Zur Vereinheitlichung wird daher von der IUPAC empfohlen, die Gruppen von 1 bis 18 durchzuzählen (↑PSE im Anhang). Die Elemente der Bor-, Kohlenstoff- und Stickstoffgruppe sowie die

Chalkogene und Halogene stehen dann in den Gruppen 13 bis 17. Die Gruppennummer der Edelgase wird 18. Kupfer- und Zinkgruppe erhalten die Gruppennummern 11 und 12. Für diese Elemente ergibt sich die Anzahl der Valenzelektronen als Differenz der Gruppennummer und 10. Danach hat ein Sauerstoffatom nach der Stellung des Sauerstoffs in Gruppe 16 eine Anzahl von (16–10 =) 6 Valenzelektronen ($2s^2\ 2p^4$).
Diese neue Bezeichnung erlaubt auch in den Triaden der VIII. Nebengruppe eine problemlose Ableitung der Valenzelektronenanzahl. So beträgt z. B. für Nickelatome (Gruppe 10) auch die theoretisch mögliche Anzahl der Valenzelektronen 10 ($3d^8\ 4s^2$).

ZUSAMMENFASSUNG

Hauptgruppenelemente
Elemente, deren Atome als energetisch höchste besetzte Orbitale s- oder p-Orbitale haben, werden als Hauptgruppenelemente bezeichnet.

Na: $1s^2\ 2s^2\ 2p^6\ 3s^1$

Nebengruppenelemente
Als Nebengruppenelemente werden Elemente zusammengefasst, deren Atome als energetisch höchste besetzte Orbitale d-Orbitale haben.

Zn: [Ar] $4s^2\ 3d^{10}$

Valenzelektronen
Valenzelektronen sind Elektronen, die sich auf unvollständig besetzten Energieniveaus befinden. Elemente, die in der gleichen Gruppe des Periodensystems stehen, haben Atome mit analoger Anordnung der Valenzelektronen und sind demzufolge im chemischen Verhalten sehr ähnlich.

Beziehungen Atom – Periodensystem
Nummer der Periode ≙ Anzahl vorhandener Energieniveaus der Atome
Nummer der Hauptgruppe ≙ Anzahl der Valenzelektronen der Atome

Zn: $1s^2\ 2s^2\ 2p^6\ 3s^2\ 3p^6\ 3d^{10}\ 4s^2$

4. Periode ≙ 4 Energieniveaus der Atome
II. Nebengruppe ≙ 2 Valenzelektronen und vollständig besetzte d-Niveaus der Atome

Viele Eigenschaften der Atome von Elementen, wie Atom- und Ionenradien, Ionisierungsenergien, Elektronenaffinitäten, Elektronegativitäten, und chemisches Verhalten der Elementsubstanzen ändern sich in periodischer Weise.

Atomradien
Die Atomradien nehmen in den Gruppen des Periodensystems zu, innerhalb einer Periode ab.

Ionisierungsenergie
Energie, die zur Freisetzung von Elektronen erforderlich ist. Sie ist bei den Alkalimetallen am niedrigsten.

Elektronenaffinität
Energie, die bei Aufnahme von Elektronen abgegeben wird. Sie ist bei den Halogenatomen am höchsten.

Elektronegativität
Relatives Maß für die Anziehungskräfte von Atomen unterschiedlicher Elemente auf gemeinsame Elektronenpaare. Sie ist bei den Elementen rechts oben im Periodensystem am höchsten, unten links am geringsten.

Oxidationszahl
Ladung eines Atoms in einer Verbindung unter der Annahme, dass die Verbindung aus einfachen Ionen aufgebaut ist. In vielen Fällen können auftretende Oxidationszahlen aus der Elektronenkonfiguration der Atome abgeleitet werden.

▶ Stoff-Teilchen-Konzept

KOMPLEX GEDACHT

1 Insbesondere Alkali- und Erdalkalimetalle bzw. deren Verbindungen weisen charakteristische Flammenfärbungen auf.

a Erklären Sie, worauf die Flammenfärbung beruht.

b Erläutern Sie, warum bei vielen Salzen keine Flammenfärbung zu beobachten ist.

2 Erklären Sie das Auftreten der Seriengrenzen in den Atomspektren des Wasserstoffs. Warum rücken die Spektrallinien vor dem Erreichen einer Seriengrenze immer dichter aneinander?

3 Abbildung 1 zeigt den Doppelspaltversuch. Informieren Sie sich zunächst über die Beugung von Licht am Doppelspalt. Interpretieren Sie auf der Grundlage Ihrer Erkenntnisse die Schirmbilder. Welche Aussagen lassen sich über die Natur des Elektrons treffen?

1 Doppelspaltversuch

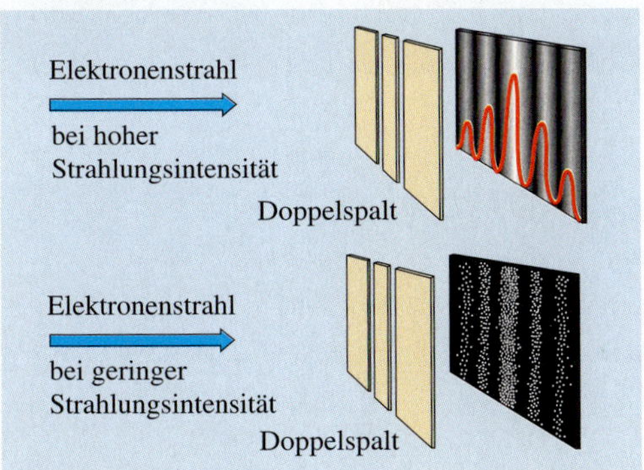

4 Nach DE BROGLIE haben Elektronen auch Welleneigenschaften. Das Elektron befindet sich aber nur in einem stabilen Zustand, wenn die „Elektronenwelle“ eine stehende Welle ist. Abbildung 2 zeigt zweidimensionale Wellen verschiedener Wellenlängen λ. Damit sich eine stehende Welle ausbilden kann, müssen bestimmte Bedingungen erfüllt sein.

a Zeichnen Sie Wellen verschiedener Wellenlängen λ zwischen zwei reflektierenden Wänden, die einen festgelegten Abstand l zueinander haben. Geben Sie an, unter welchen Bedingungen stehende Wellen entstehen.

b Formulieren Sie den mathematischen Zusammenhang zwischen der Wellenlänge λ und dem Abstand l der reflektierenden Wände beim Vorliegen einer stehenden Welle:
– mit keinem Knoten
– mit einem Knoten
– mit zwei Knoten

c Setzen Sie die Ergebnisse in Beziehung zur Hauptquantenzahl n. Begründen Sie, warum n nur ganzzahlige Werte annehmen kann.

2 Zweidimensionale Wellen

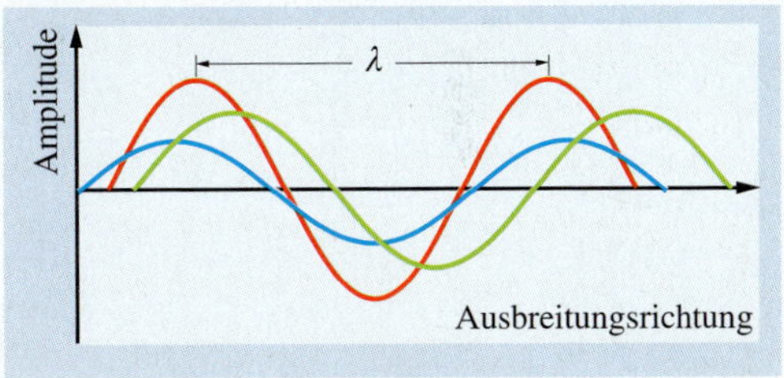

5 Aus dem Periodensystem kann man nicht nur die Elektronenkonfiguration der Elemente ablesen, sondern auch Aussagen über wichtige Eigenschaften der Elemente ableiten.

a Geben Sie für das Chromatom im Grundzustand das Energieniveauschema in Kästchenschreibweise an. Erläutern Sie den Zusammenhang zwischen der Elektronenkonfiguration des Chromatoms und der Anordnung des Elements im Periodensystem.

b Das zuletzt eingebaute Elektron eines Atoms besitzt die Quantenzahlen $n = 5$, $l = 2$, $m = -2$, $s = -\frac{1}{2}$. Um welches Element handelt es sich? Geben Sie die Elektronenkonfiguration dieses Elements in vereinfachter Schreibweise an.

c Leiten Sie aus dem Atombau die Stellung des Elements Phosphor im Periodensystem ab. Gehen Sie von der Elektronenkonfiguration aus. Begründen Sie mithilfe Ihrer Kenntnisse über stabile Elektronenkonfigurationen das häufige Auftreten der Oxidationszahlen −3 und +5 beim Element Phosphor.

d Im Periodensystem ändern sich die Eigenschaften der Elemente innerhalb der Periode allmählich, beim Übergang von einer Periode zur anderen jedoch sprunghaft. Erklären Sie diese Erscheinung anhand selbst gewählter Beispiele.

2 Chemische Bindungen – Struktur und Eigenschaften von Stoffen

Betrachten wir die stoffliche Vielfalt unserer Umwelt, so wird klar, dass sich die Stoffe in ihren Eigenschaften unterscheiden.
Am Beispiel des Wassers können wir uns verdeutlichen, dass uns viele Stoffe in den Aggregatzuständen fest, flüssig und gasförmig begegnen. Aber auch Stoffeigenschaften wie elektrische Leitfähigkeit, Wärmeleitfähigkeit, Löslichkeit in polaren oder unpolaren Lösemitteln nutzen wir im Alltag regelmäßig.
Mit der Kenntnis über die Struktur und der für sie typischen chemischen Bindung werden vor allem komplizierter aufgebaute Stoffe in ihren Eigenschaften und ihrem Reaktionsverhalten beurteilt und für technische Anwendungen nutzbar gemacht.

Vielfalt der Stoffe und ihrer Eigenschaften

Die unterschiedlichen Eigenschaften sind im Bau der Stoffe, vor allem in der Anordnung der Elektronen in den Teilchen der Stoffe begründet. Umgekehrt darf jedoch nicht bei Vorliegen gleicher Eigenschaften auf einen gleichen Bau der Stoffe geschlossen werden. Obwohl Natriumchlorid, Eisen, Iod, Diamant und Quarz (Abb. 1) bei Raumtemperatur fest sind, unterscheiden sie sich in der Art ihrer Teilchen und im Bau der Gitter. Um beide Aussagen belegen zu können, sind verschiedene Modellvorstellungen zum Bau der Stoffe entwickelt worden.

Beim Betrachten der submikroskopischen Struktur der Stoffe fällt auf, dass die Teilchen eine überwiegende Tendenz zur Ausbildung von Aggregaten (lat. se aggregare – sich anschließen) zeigen. Edelgase, die aus Atomen aufgebaut sind, stellen die einzige Ausnahme dar. In Aggregaten sind die Teilchen miteinander verbunden, zwischen den Teilchen liegt eine **chemische Bindung** vor. Die Art der chemischen Bindung ist dabei von der Atomsorte und den Bindungspartnern abhängig.

Es sind drei **Grenztypen der chemischen Bindung** bekannt: Ionenbindung, Elektronenpaarbindung (Atombindung, kovalente Bindung), Metallbindung. Dabei stellen alle Bindungsmodelle

1 Diamant und Quarz sehen sich sehr ähnlich und unterscheiden sich doch in ihrer molekularen Struktur und in ihren Eigenschaften.

Vereinfachungen dar, die lediglich Idealisierungen der realen Verhältnisse sind (↑ S. 54).
Durch die chemische Bindung allein sind die Eigenschaften der Stoffe häufig noch nicht zu erklären. Zusätzlich werden Kräfte zwischen Molekülen wirksam, die bestimmte Eigenschaften von Molekülsubstanzen wie Sauerstoff, Wasser, aber auch von polymeren Naturstoffen und Kunststoffen erklären. Diese Kräfte werden als **zwischenmolekulare Wechselwirkungen** bezeichnet (↑ S. 42 ff.).

Struktur und Eigenschaften von Ionensubstanzen – Ionenbindung

Bildung von Ionen durch Redoxreaktion Durch Abgabe oder Aufnahme von Elektronen werden aus Atomen elektrisch geladene Teilchen, die **Ionen**, gebildet. Dieser Vorgang ist eine chemische Reaktion, die in der Regel zwischen Atomen der Metalle und Atomen der Nichtmetalle erfolgt.
Metallatome sind **Elektronendonatoren**, durch Elektronenabgabe werden positiv geladene **Kationen** gebildet.

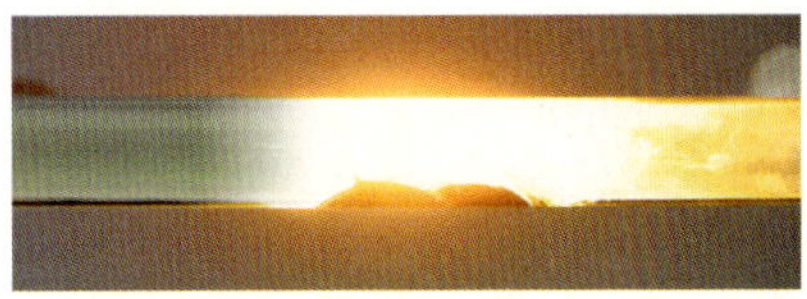

2 Bildung von Natriumchlorid aus den Elementsubstanzen

$$Na \rightarrow Na^+ + e^-$$

Nichtmetallatome fungieren als **Elektronenakzeptoren**, durch Elektronenaufnahme werden negativ geladene **Anionen** gebildet.

$$Cl + e^- \rightarrow Cl^-$$

Die Bildung von Natriumchlorid aus den Elementsubstanzen Natrium und Chlor ist eine **Redoxreaktion**, bei der Elektronenaufnahme und -abgabe gekoppelt auftreten (↑ S. 190 ff.). Die Elektronenübergänge zwischen den beteiligten Teilchen lassen sich als Teilreaktionen formulieren. Die Teilreaktion der Elektronenabgabe wird als **Oxidation** bezeichnet, die Teilreaktion der Elektronenaufnahme als **Reduktion**.

Oxidation

$$2\,Na + Cl_2 \rightarrow 2\,NaCl$$

Reduktion

Beim Elektronenübergang zwischen Teilchen der Reaktionspartner entstehen energetisch stabile Elektronenschalen. Die Anzahl der abgegebenen oder aufgenommenen Elektronen wird durch die 1915/16 unabhängig voneinander von WALTHER KOSSEL und GILBERT LEWIS formulierte **Oktettregel** bestimmbar: Danach ist das Erreichen der **Edelgaskonfiguration** mit acht Elektronen in der Außenschale (Ausnahme Heliumkonfiguration: zwei Elektronen) energetisch begünstigt (↑ S. 31 f.).

AUFGABE

1 Geben Sie die Teilgleichungen für Oxidation und Reduktion der Reaktionen an und formulieren Sie die Gesamtgleichungen:
a Magnesium und Sauerstoff
b Aluminium und Chlor
c Kalium und Phosphor

Wegen der veränderten Elektronenkonfiguration sind Natrium- und Chlorid-Ionen (jeweils 8 Außenelektronen) verglichen mit Natriumatomen (1 Außenelektron) und Chloratomen (7 Außenelektronen) reaktionsträge, stabile Teilchen. Die chemische Reaktionsfähigkeit der Stoffe wird demnach durch die Elektronenkonfiguration der sie aufbauenden Teilchen bestimmt. Stoffe, deren Teilchen die Elektronenkonfiguration von Edelgasatomen aufweisen, sind reaktionsträge.

Struktur von Ionensubstanzen Ein typischer Vertreter der **Ionensubstanzen** ist das Salz Natriumchlorid. Ionensubstanzen sind aus entgegengesetzt geladenen Ionen aufgebaut (Abb. 2). Das System entgegengesetzt geladener Ionen ist in der Summe elektrisch neutral.

Die regelmäßige räumliche Anordnung der entgegengesetzt geladenen Ionen im Natriumchloridkristall wird durch das Modell des **Ionengitters** veranschaulicht. Charakteristisch für die Symmetrie eines Ionengitters ist die **Koordinationszahl**. Sie gibt die Anzahl der nächsten Nachbarn eines Gitterbausteins an. Im Natriumchloridgitter (Abb. 2) hat jedes Natrium-Ion sechs Chlorid-Ionen als Nachbarn, die ein Oktaeder bilden. Ebenso ist jedes Chlorid-Ion von sechs Natrium-Ionen umgeben. Im Natriumchloridkristall haben beide Ionenarten die Koordinationszahl 6.

Neben dem Natriumchloridgitter existieren bei anderen Ionensubstanzen andere Typen von Ionengittern, die auch andere geometrische Formen und Koordinationszahlen aufweisen.

Ionenbindung Zwischen den entgegengesetzt geladenen Ionen des Natriumchloridgitters wirken starke elektrostatische Anziehungs- und Abstoßungskräfte. Dabei hängt die Stärke der elektrischen Anziehung vom Ionenradius und von der Ladung der beteiligten Ionen ab.

Um jedes Natrium-Ion und Chlorid-Ion bildet sich ein elektrisches Feld aus (Abb. 1). Das elektrische Feld bewirkt, dass sich die positiv geladenen Natrium-Ionen symmetrisch mit weiteren negativ geladenen Chlorid-Ionen und die negativ geladenen Chlorid-Ionen mit positiv geladenen Natrium-Ionen umgeben. Die dabei auftretenden elektrostatischen Anziehungs- und Abstoßungskräfte führen zu einer regelmäßigen Anordnung der Ionen in der festen Ionensubstanz. Es wird ein **Ionenkristall** gebildet. Das Wachstum eines Ionenkristalls kann besonders eindrucksvoll z. B. an Alaunkristallen (Kaliumaluminiumsulfat) beobachtet werden (Exp. 1).

Die durch Anziehungskräfte entgegengesetzt geladener Ionen und Abstoßungskräfte gleichartig geladener Ionen bewirkte chemische Bindung heißt **Ionenbindung**.

Die chemische Bindung anderer Ionensubstanzen wie Magnesiumoxid ist weniger polar als die des Natriumchlorids. Magnesiumoxid besitzt keine reine Ionenbindung. Um die Ladungsverteilung in einer polaren chemischen Bindung abschätzen zu

EXPERIMENT 1

Züchtung von Alaunkristallen

15 g $Al_2(SO_4)_3 \cdot 18\ H_2O$ werden in 65 ml Wasser gelöst. Aus 4 g Kaliumsulfat und 35 ml Wasser wird eine gesättigte Lösung hergestellt. Beide Lösungen werden bei 80 °C vereinigt und in einer Kristallisierschale langsam abgekühlt. Die abgeschiedenen Kristalle werden von der Mutterlauge abfiltriert und zwischen Filterpapier getrocknet.

1 Feldlinien zwischen einem positiv geladenen und einem negativ geladenen Ion mit gleich großer Ladung. Da die elektrischen Felder in alle Raumrichtungen wirken, sind zwischen allen Kationen und Anionen Anziehungskräfte wirksam.

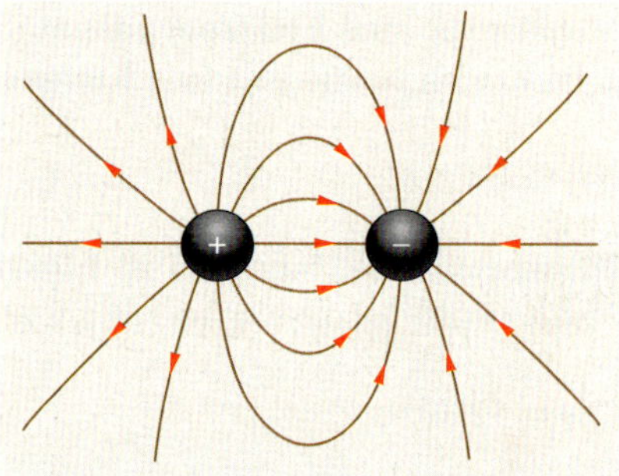

2 Ionengitter des Natriumchlorids

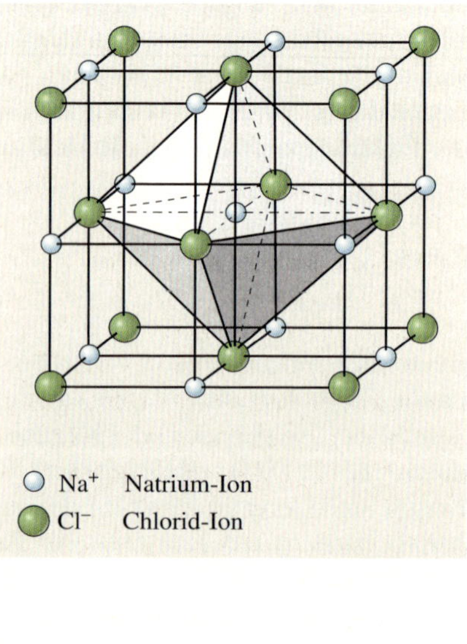

können, hat LINUS PAULING 1932 den Begriff der Elektronegativität eingeführt (↑S. 21).
Dabei ist die Elektronegativitätsdifferenz zweier Bindungspartner ein Maß für die Polarität der chemischen Bindung und ermöglicht abzuschätzen, wie hoch der sogenannte Ionenanteil einer chemischen Bindung ist. Je größer die Elektronegativitätsdifferenz zweier Bindungspartner ist, umso stärker polar ist die Bindung zwischen ihnen.
Nach PAULING liegt bei $\Delta EN > 1{,}7$ eine Ionenbindung vor (↑Abschätzung der Polarität einer Bindung, S. 34).

Eigenschaften von Ionensubstanzen Bei Einwirken einer Kraft auf den Ionenkristall verschieben sich die Ionen entlang einer bestimmten Gitterebene (Abb. 3). Dabei besteht die Möglichkeit, dass sich Ionen entgegengesetzter elektrischer Ladung berühren. Es kommt zur Abstoßung und zur Spaltung des Ionenkristalls. Ionenkristalle sind daher spröde, hart und nicht plastisch verformbar. Ihre **Härte** wird von der Gitterenthalpie mitbestimmt (Tab. 1; ↑Gitterenthalpie, S. 176 f.).
Aluminiumoxid, eine Ionensubstanz mit extrem hoher Gitterenthalpie von $\Delta_G H = -15\,000\ \text{kJ} \cdot \text{mol}^{-1}$, ist sehr hart. Es wird daher als Schleifmittel verwendet.

Tab. 1 Ionenabstand, molare Gitterenthalpie, Schmelztemperatur und Härte von Erdalkalimetalloxiden

Ionensubstanz	Ionenabstand R in pm	Molare Gitterenthalpie $\Delta_G H$ in $\text{kJ} \cdot \text{mol}^{-1}$	Schmelztemperatur ϑ_S in °C	Ritzhärte nach MOHS
MgO	212	−3850	2800	6
CaO	240	−3461	2570	4,5
SrO	253	−3283	2430	3,5
BaO	276	−3114	1920	3,3

Beim **Schmelzen** der Ionensubstanzen müssen die elektrostatischen Anziehungskräfte zwischen den Ionen überwunden werden. Im Vergleich zu den Molekülsubstanzen wie Iod sind wegen der sehr viel größeren Gitterenthalpien auch höhere Schmelz- und Siedetemperaturen zu erwarten. Es besteht bei gleichem Gittertyp ein Zusammenhang zwischen den Schmelztemperaturen der Ionensubstanzen und den Gitterenthalpien.
Die Schmelztemperaturen der Alkalimetallhalogenide und Erdalkalimetalloxide nehmen gesetzmäßig mit der Zunahme des **Ionenabstands *R*** ab. Der Einfluss der Ionenladung auf die Schmelztemperatur wird an den Ionensubstanzen NaF und CaO sowie NaCl und BaO, Ionensubstanzen mit annähernd gleichem Ionenabstand R, deutlich (Tab. 2).
Die Schmelzen der Ionensubstanzen haben wegen der bestehenden Anziehungskräfte zwischen den Teilchen hohe Siedetemperaturen. Nur im gasförmigen Zustand liegen freie Ionen vor.

Tab. 2 Einfluss des Ionenabstands auf die Schmelztemperatur der Ionensubstanz

Ionensubstanz	Ionenabstand R in pm	Schmelztemperatur ϑ_S in °C
NaF	233	992
CaO	240	2570
NaCl	276	801
BaO	276	1920

3 Einwirken einer Kraft auf einen Ionenkristall

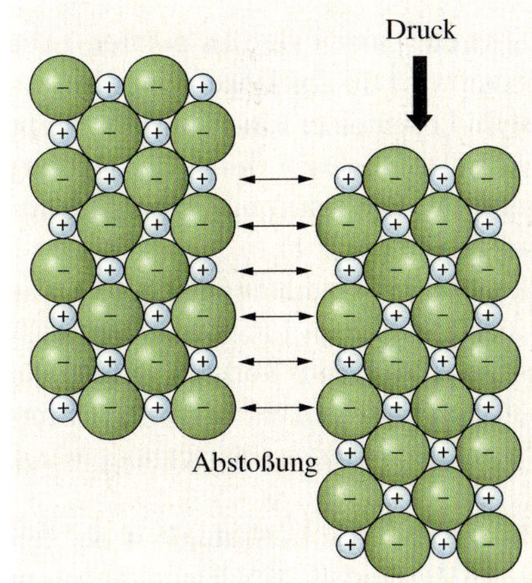

1 Auflösen eines Ionenkristalls

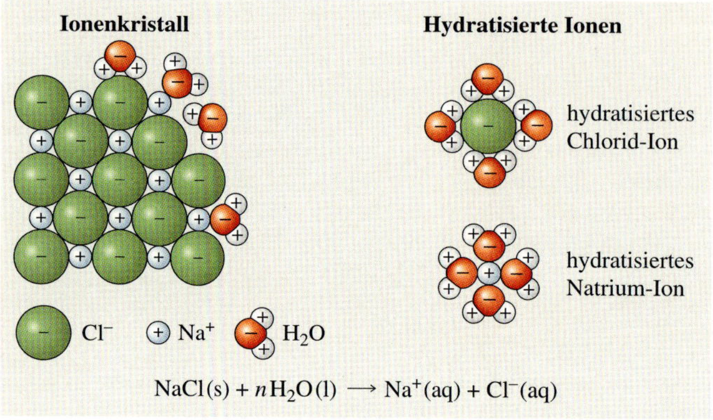

Ionensubstanzen sind in polaren Lösemitteln (↑S. 45) löslich. Dabei wird für das **Lösen** eines Ionenkristalls Energie benötigt. Beim Lösen einer Ionensubstanz im polaren Lösemittel Wasser wird diese Energie durch die Hydratationsenthalpie $\Delta_H H$ aufgebracht. Die Ionen umgeben sich mit einer Hülle aus Wassermolekülen (Abb. 1).

Ursache der Hydratation (↑S. 45) von Ionen sind Wechselwirkungen zwischen Ionen und den Wassermolekülen, die Ionen-Dipol-Kräfte. Eine Vorhersage über die Löslichkeit einer Ionensubstanz lässt sich bei Kenntnis der molaren Gitterenthalpie und der molaren Hydratationsenthalpie treffen (↑S. 176 f.).

Die **elektrische Leitfähigkeit** der Ionensubstanzen hängt von ihrem Zustand ab: Bei Raumtemperatur sind die Ionen an ihren Gitterplätzen im Ionenkristall nicht frei beweglich. Daher zeigen Ionensubstanzen im festen Zustand keine elektrische Leitfähigkeit. In Schmelzen von Ionensubstanzen sind die Ionen dagegen frei beweglich und können als elektrische Ladungsträger den elektrischen Strom leiten (↑Schmelzflusselektrolyse, S. 237 f.).

Auch in wässrigen Lösungen von Ionensubstanzen liegen frei bewegliche Ionen vor, Salzlösungen sind daher elektrische Leiter (↑Elektrolyse, S. 230 f.).

AUFGABEN

1 Erläutern Sie die Abstufungen der Ritzhärte nach MOHS in der Reihe der Erdalkalimetalloxide.

2 Begründen Sie, ob in den folgenden Stoffen eine Ionenbindung vorliegt: $BeCl_2$, MgO, CaO, $SrCl_2$
Ermitteln Sie dazu mithilfe des PSE (↑Anhang) die Elektronegativitätsdifferenzen.
Informieren Sie sich im Internet oder in der Literatur über die Eigenschaften dieser Stoffe. Beziehen Sie diese Informationen in Ihre Zuordnungen mit ein.

3 In Abb. 2 ist die Struktur des Caesiumchloridgitters gezeigt. Ermitteln Sie die Koordinationszahl der Caesium- und Chlorid-Ionen und begründen Sie die geometrische Struktur dieses Gittertyps.

2 Caesiumchloridgitter

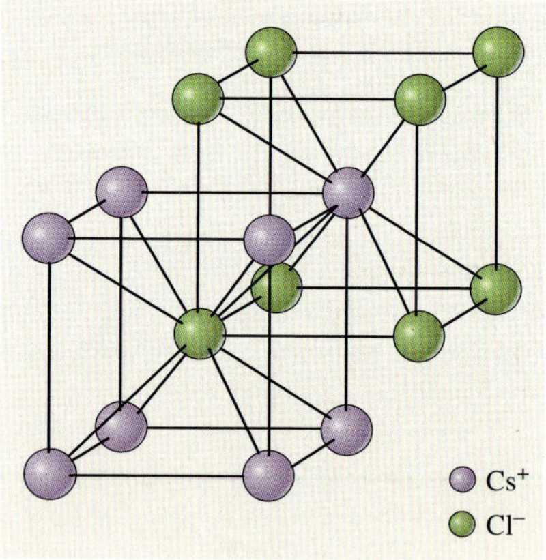

ZUSAMMENFASSUNG

Ionensubstanzen bestehen aus **Ionenkristallen.** Die elektrostatischen Anziehungskräfte zwischen den Ionen bewirken die **hohen Schmelz- und Siedetemperaturen**. Bei gleichem Ionengitter und gleicher Ionenladung nehmen die Schmelztemperaturen mit zunehmendem Ionenabstand ab. Dagegen steigt die Schmelztemperatur bei gleichem Ionenabstand und zunehmender Ionenladung.

Ionenkristalle leiten den elektrischen Strom nicht. Ionensubstanzen sind in polaren Lösemitteln, z. B. Wasser, löslich.
Schmelzen und wässrige Lösungen von Ionensubstanzen leiten den elektrischen Strom. In ihnen sind die Ionen frei beweglich.

▶ Stoff-Teilchen-Konzept
▶ Struktur-Eigenschafts-Konzept

Struktur von Molekülsubstanzen – Elektronenpaarbindung

Im Gegensatz zu Ionen sind Moleküle elektrisch neutrale Teilchen, die aus mindestens zwei Atomen (Nichtmetallatomen) aufgebaut sind. Zur Beschreibung der chemischen Bindung und der Molekülstrukturen können verschiedene Konzepte bzw. Modelle verwendet werden.

Lewis-Konzept

Elektronenpaarbindung Das von GILBERT N. LEWIS im Jahre 1916 entwickelte einfache Konzept beschreibt die chemische Bindung zwischen Atomen eines Moleküls durch **gemeinsame Elektronenpaare**, die **bindenden Elektronenpaare**. Die Bildung des Elektronenpaars entsteht durch ungepaarte Elektronen der äußeren Elektronenschale der Atome der Bindungspartner. Der Bindungstyp wird als **Elektronenpaarbindung** (Atombindung, kovalente Bindung) bezeichnet. Die übrigen Elektronenpaare heißen **freie** (nicht bindende) **Elektronenpaare**.

Oktettregel Im Wasserstoffmolekül sind zwei Wasserstoffatome durch ein gemeinsames Elektronenpaar miteinander verbunden. Beide Wasserstoffatome haben dadurch die Elektronenkonfiguration eines Edelgasatoms, die des Heliumatoms. In vereinfachten **Lewis-Formeln** werden Elektronen als Punkte und Elektronenpaare als Striche dargestellt.
In einem Chlormolekül sind zwei Chloratome ebenfalls durch ein gemeinsames Elektronenpaar miteinander verbunden. Jedes Chloratom hat damit die Elektronenkonfiguration des Argonatoms.

H:H oder H–H   :Ċ̤l:Ċ̤l: oder |C̄l–C̄l|

In einem Kohlenstoffdioxidmolekül sind die beiden Sauerstoffatome durch zwei gemeinsame Elektronenpaare (**Doppelbindung**), in einem Stickstoffmolekül sind die Stickstoffatome durch drei gemeinsame Elektronenpaare (**Dreifachbindung**) miteinander verbunden (Abb. 3).
Auf diese Weise können Atome des Sauerstoffs und des Stickstoffs die Elektronenkonfiguration des Neonatoms erreichen. Mit den gemeinsamen bindenden Elektronenpaaren verfügen die im Molekül verbundenen Atome in ihrer Außenschale jeweils über 8 Elektronen und damit über eine Elektronenkonfiguration, die nach LEWIS als besonders stabil gilt und durch Molekülbildung angestrebt wird.
Dieses Bestreben der Atome, eine stabile Außenschale von 8 Elektronen zu erreichen, kommt in der **Oktettregel** zum Ausdruck (Abb. 3).

3 Lewis-Formeln und Oktettregel

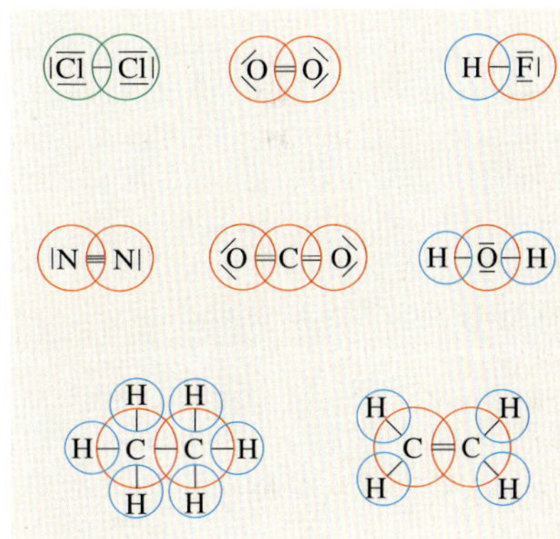

AUFGABEN

1 Bestimmen Sie die Anzahl der bindenden und freien Elektronenpaare in den Molekülen von Wasser, Ammoniak und Methan (Lewis-Formeln).
2 Begründen Sie mithilfe der Oktettregel die Formeln der folgenden Wasserstoffverbindungen: PH_3, CH_2, SiH_4, H_2S, HCl
3 Beschreiben Sie mithilfe der Oktettregel die Bindungsverhältnisse im Kohlenstoffmonooxidmolekül.
4 Geben Sie die Lewis-Formeln für die Moleküle bzw. Ionen folgender Stoffe an: Brom, Bromwasserstoff, Schwefelsäure, Ammonium-Ion, Ethanol, Kohlensäure, Schwefel (S_8).
5 Zeigen Sie anhand der Lewis-Formel des Aluminiumbromidmoleküls, dass die Oktettregel erfüllt wird.

Damit lässt sich die maximale Anzahl der Elektronenpaarbindungen, die von einem Atom im Molekül ausgehen können, bestimmen: Jedem Atom werden 4 Elektronenpaare zugeordnet (Edelgaskonfiguration). Bindungselektronenpaare werden beiden Bindungspartnern zugeordnet. Die Oktettregel gilt für die Atome der Elemente der IV. bis VII. Hauptgruppe der 2. Periode. In Molekülen, die Wasserstoffatome gebunden haben, gilt: Wasserstoffatomen wird ein Elektronenpaar zugeordnet, sie erreichen damit die Elektronenkonfiguration des Heliumatoms.

Grenzen der Oktettregel Die Oktettregel wird nicht bei allen Molekülen erfüllt. Im Stickstoffmonooxidmolekül NO ist die Anzahl der Außenelektronen ungerade.

|Ṅ=O〉

Die Lewis-Formel des Bortrifluoridmoleküls BF_3 zeigt, dass dem Boratom nur 6 Außenelektronen zugeordnet werden können (Abb. 1). In Molekülen, die Atome der 3. oder einer höheren Periode aufweisen, können bei einzelnen Bindungspartnern auch mehr als 4 Elektronenpaare auftreten. So ist im Schwefelhexafluoridmolekül SF_6 die Anzahl der dem Schwefelatom zuzuordnenden Elektronenpaare 6.

Mesomerie Einige Moleküle und Molekül-Ionen lassen sich durch mehr als eine Lewis-Formel darstellen. So ergeben sich für das Distickstoffoxidmolekül N_2O oder das Salpetersäuremolekül HNO_3 mehrere Möglichkeiten, wobei jede der dargestellten Formeln als **mesomere Grenzformel** bezeichnet wird (Abb. 2). Keine der Grenzformeln stellt die Bindungsverhältnisse angemessen dar. Die tatsächliche Elektronenverteilung wird nicht korrekt wiedergegeben, sondern sie liegt zwischen den einzelnen Grenzformeln. Dies wird als **Mesomerie** bezeichnet. Der Mesomeriepfeil ↔ symbolisiert, dass jede der Grenzformeln nur einen hypothetischen Zustand beschreibt.
In vielen mesomeren Grenzformeln wird den im Molekül gebundenen Atomen eine fiktive **Formalladung** zugeordnet. Man ermittelt die Formalladung des isoliert betrachteten Atoms aus der Differenz der Außenelektronen gemäß der Stellung des Atoms im PSE und der *Hälfte* der Bindungselektronen plus den freien Elektronen des betrachteten Atoms. Die Summe aller Formalladungen ergibt bei Molekül-Ionen die Ionenladung.

Räumlicher Bau von Molekülen

Elektronenpaar-Abstoßungsmodell Über den räumlichen Bau eines Moleküls, seine Molekülstruktur, macht die Lewis-Formel keine Aussage. Deshalb entwickelten 1957 Ronald J. Gillespie und Sir Ronald Nyholm, ausgehend von der Lewis-Formel, das **Elektronenpaar-Abstoßungsmodell** (kurz: EPA-Modell, *Valence Shell Electron Pair Repulsion Theory, VSEPR-Theory*).

1 Grenzen der Oktettregel

2 Mesomere Grenzformeln des Distickstoffoxidmoleküls und des Salpetersäuremoleküls.
Die zur Unterscheidung von Ionenladungen in einen Kreis gestellten Formalladungen sind rot gekennzeichnet.

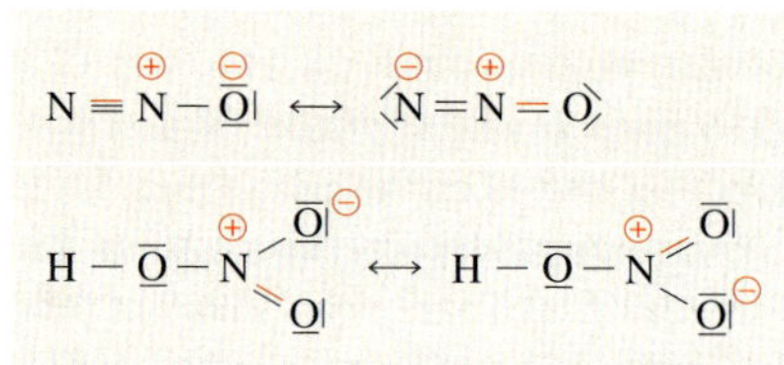

AUFGABEN

1 Stellen Sie jeweils die Lewis-Formeln für das Kohlenstoffmonooxidmolekül CO und das Stickstoffdioxidmolekül NO_2 auf.
Geben Sie die Formalladungen der Bindungspartner an.
2 Erläutern Sie den Begriff Formalladung am Beispiel des Silicat-Ions SiO_4^{4-}.
3 Sulfat-Ionen wandern im elektrischen Feld zur Anode. Begründen Sie, weshalb sie dort schwer entladbar sind.
4 Bestimmen Sie die Formalladungen der Atome in folgenden Ionen: SO_3^{2-}, PO_4^{3-}
5 Zeichnen Sie für folgende Moleküle und Ionen die mesomeren Grenzformeln und geben Sie die Formalladungen an: CO_2, O_3, CO_3^{2-}

Es beschreibt den räumlichen Bau von einfachen Molekülen und Ionen, wobei für die Aufenthaltsräume der Elektronen kugelförmige **Ladungswolken** angenommen werden, die mit höchstens zwei Elektronen entgegengesetzten Spins besetzt werden können. Dabei berücksichtigt das Modell die Ladungswolken der Außenelektronen in unmittelbarer Nähe des zentralen Atoms, und zwar von bindenden und freien Elektronen.

Am Beispiel des Methanmoleküls, das ausschließlich *bindende Elektronenpaare* besitzt, kann das Prinzip verdeutlicht werden: Im Methanmolekül CH_4 ist das zentrale Kohlenstoffatom über 4 Elektronenpaare mit 4 Wasserstoffatomen verbunden. Die Molekülstruktur ergibt sich aus den abstoßenden Kräften, die zwischen den elektrisch negativen Ladungswolken wirken, sodass sich die Ladungswolken möglichst weit voneinander anordnen und einen möglichst großen Raum um den Atomkern des zentralen Atoms einnehmen. Angewandt auf das Methanmolekül weisen die vier Ladungswolken also in die Ecken eines **Tetraeders** mit einem Bindungswinkel von 109,5° am Kohlenstoffatom. Diese Struktur konnte experimentell bestätigt werden.

Für alle Molekülstrukturen gilt, dass sich die Anordnung der Ladungswolken aus ihrer Anzahl ergibt (Abb. 3):

Zwei Ladungswolken ordnen sich gegenüber an und ergeben eine **lineare** Molekülstruktur, z. B. im Berylliumchloridmolekül $BeCl_2$. Der Bindungswinkel beträgt 180°. Drei Ladungswolken ordnen sich **trigonal-planar** (in einem ebenen Dreieck) an, z. B. im Bortrifluoridmolekül BF_3. Die Bindungswinkel betragen 120°. Sechs Ladungswolken weisen in die Eckpunkte eines **Oktaeders** mit einem Bindungswinkel von 90° am Atomkern des zentralen Atoms, z. B. im Schwefelhexafluoridmolekül SF_6.

In Molekülen, die neben bindenden auch *freie Elektronenpaare* aufweisen, wurden experimentell andere Bindungswinkel festgestellt. So wurde der Bindungswinkel im Ammoniakmolekül mit 107° bestimmt.

Das Elektronenpaar-Abstoßungsmodell liefert dafür eine Erklärung, indem es freie Elektronenpaare wie bindende Elektronenpaare behandelt. Auch im Ammoniakmolekül ordnen sich die 4 Ladungswolken tetraedrisch an. Dabei wirken auf die Ladungswolke, die die Bindung zwischen dem Stickstoff- und dem Wasserstoffatom bildet, die Anziehungskräfte des Wasserstoffatomkerns und des Stickstoffatomkerns. Auf die Ladungswolke des freien Elektronenpaars am Stickstoffatom wirken dagegen nur die Anziehungskräfte des Stickstoffatomkerns. Diese Ladungswolke befindet sich daher dichter am Stickstoffatomkern und hat einen größeren Raumbedarf als die anderen Ladungswolken. Durch den größeren Raumbedarf der Ladungswolke freier Elektronenpaare wird der Bindungswinkel am zentralen Atomkern, hier dem Stickstoffatomkern, verkleinert. Die *Atome* des Ammoniakmoleküls besitzen eine **trigonal-pyramidale** Struktur mit dem Stickstoffatom an der Spitze der Pyramide mit dreieckiger Basisfläche (Abb. 4).

3 Anordnung von Ladungswolken um den Atomkern des zentralen Atoms

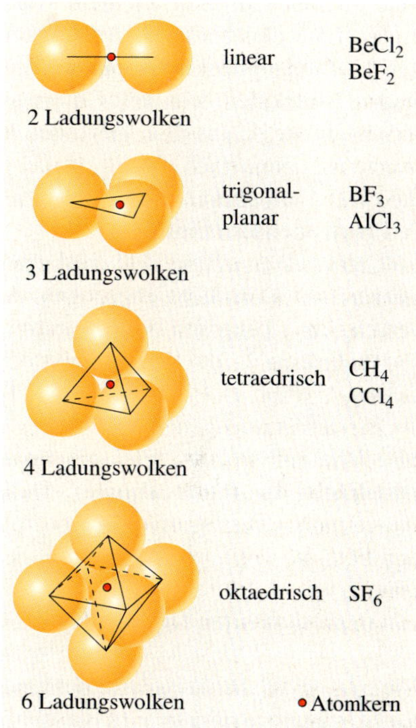

4 Moleküle mit freien Elektronenpaaren, nur die Ladungswolken freier Elektronenpaare werden gezeigt

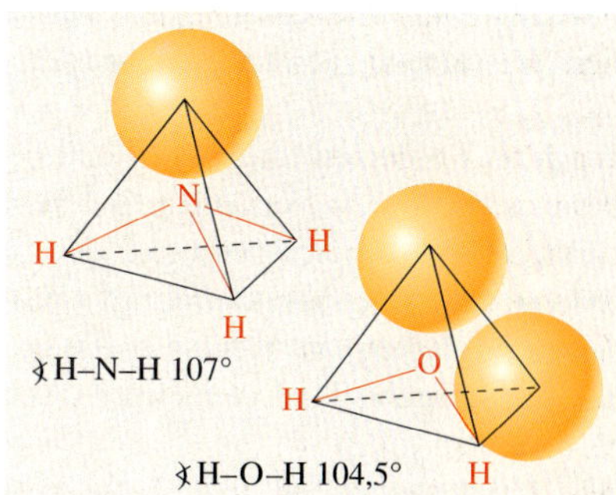

AUFGABEN

1 Begründen Sie die gewinkelte Struktur und den Bindungswinkel von 104,5° im Wassermolekül.

2 Geben Sie für folgende Ionen und Moleküle Lewis-Formeln an und leiten Sie aus der Anzahl der bindenden und freien Elektronenpaare die Molekülstrukturen ab: NH_4^+, CO_3^{2-}, SO_2, IF_5

Polare Elektronenpaarbindung – Dipolmoleküle

Sind in einem Molekül wie dem Wasserstoff- oder Sauerstoffmolekül nur gleichartige Atome gebunden, so sind die Elektronen des Bindungselektronenpaars symmetrisch verteilt. Dagegen sind in Molekülen, wie dem Chlorwasserstoffmolekül, die unterschiedliche Atomsorten gebunden haben, die Bindungselektronen unsymmetrisch verteilt, wobei der eine Bindungspartner die Elektronen stärker zu sich heranzieht. Es entsteht eine **polare Elektronenpaarbindung**.
Im Chlorwasserstoffmolekül wird das bindende Elektronenpaar stärker vom Chloratom angezogen. Aufgrund der Elektronenverschiebung bekommt das Chloratom eine elektrisch negative **Partialladung** δ^-, das Wasserstoffatom hat eine positive Partialladung δ^+ (Abb. 1). Partialladungen (Teilladungen) sind kleiner als Elementarladungen.
Moleküle mit polaren Elektronenpaarbindungen sind häufig **Dipolmoleküle** (kurz: **Dipole**). Dabei bilden die Ladungsschwerpunkte der negativen und positiven Partialladung die beiden Pole des Dipolmoleküls. Sind die beiden Ladungsschwerpunkte im Molekül ständig vorhanden, so spricht man von einem **permanenten Dipolmolekül**.

Viele Moleküle besitzen nicht nur eine, sondern mehrere polare Elektronenpaarbindungen. In diesem Fall müssen die Ladungsschwerpunkte aus den Teilladungen ermittelt werden. Durch den gewinkelten Bau des Wassermoleküls (↑Abb. 4, S. 33) befindet sich der Ladungsschwerpunkt der negativen Partialladung beim Sauerstoffatom, der Ladungsschwerpunkt der positiven Partialladung ist zwischen den Wasserstoffatomen lokalisiert. Das Wassermolekül ist ein Dipol (Abb. 1).

Auch im Kohlenstoffdioxidmolekül liegen zwei polare Elektronenpaarbindungen vor. Aufgrund seines symmetrischen Baus fällt jedoch der Schwerpunkt der beiden negativen Partialladungen an den Sauerstoffatomen mit dem Zentrum der positiven Partialladung am Kohlenstoffatom zusammen. Das Kohlenstoffdioxidmolekül ist kein Dipol (Abb. 1).

Abschätzung der Polarität einer Bindung Nach PAULING ist die **Elektronegativität (EN)** ein Vergleichswert für die Anziehungskräfte von Atomen unterschiedlicher Elemente auf gemeinsame Elektronenpaare (↑Ionenbindung, S. 28; ↑Atombau und Eigenschaften von Elementen, S. 21 f.). Damit kann die Elektronegativität als Maß für die Polarität einer Bindung dienen, wobei der Übergang von unpolarer zu polarer Elektronenpaarbindung bis hin zur Ionenbindung eingeordnet werden kann.

EN-Differenz < 1,7 bedeutet überwiegend Elektronenpaarbindung.
EN-Differenz > 1,7 bedeutet überwiegend Ionenbindung.

EXPERIMENT 1
Ablenkung eines Wasserstrahls
Nähern Sie einen durch Reibung elektrisch negativ geladenen Hartgummistab einem aus einer Bürette fließenden Wasserstrahl und erklären Sie Ihre Beobachtung mit der Molekülstruktur des Wassers.

1 Polare Elektronenpaarbindung

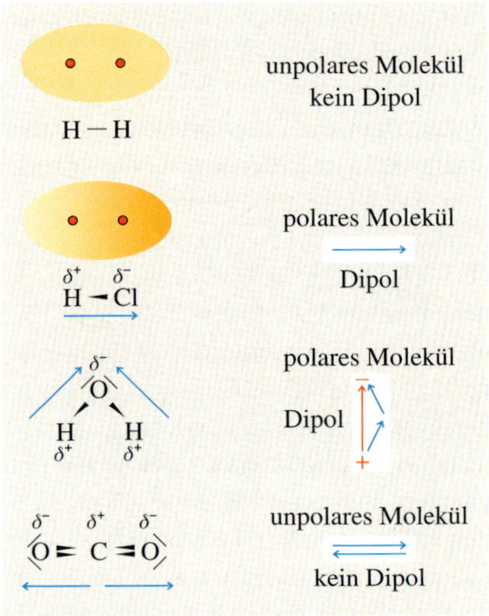

AUFGABEN

1. Ordnen Sie die Elektronenpaarbindungen zwischen folgenden Atomen nach wachsender Polarität: H–O, H–F, N–Cl, P–I, C–Br, C–F
2. Beschreiben und begründen Sie die Struktur des Schwefeldioxidmoleküls.
3. Obwohl zwischen Kohlenstoff und Fluor die Elektronegativitätsdifferenz 1,6 beträgt, ist das Tetrafluorkohlenstoffmolekül kein Dipol. Erläutern Sie diesen Sachverhalt.
4. Begründen Sie, warum die Moleküle der Monohalogenalkane Dipole sind.
5. Deuten Sie Experiment 1 unter der Annahme, dass Decan anstelle von Wasser verwendet wird.

Molekülorbitaltheorie

Mithilfe des Lewis-Konzepts können einfache Bindungsverhältnisse in Molekülen beschrieben werden. Über energetische Aspekte bei der Bildung von gemeinsamen Elektronenpaaren sagt dieses Konzept nichts aus. Dies wurde erst durch das wellenmechanische Bindungsmodell von LINUS PAULING möglich. Darüber hinaus können auch mit diesem Modell Aussagen über die Molekülstruktur erzielt werden.
Der Grundgedanke dieses Modells besagt, dass bei der Bildung eines Moleküls aus Atomen die Atomorbitale (↑ S. 12) zu neuen Orbitalen, den **Molekülorbitalen**, kombiniert werden.

Bindung im Wasserstoffmolekül Nach dem Orbitalmodell besitzt ein Wasserstoffatom ein 1s-Atomorbital, das durch ein Elektron besetzt ist (↑ S. 14). Zwei Wasserstoffatome reagieren miteinander unter Bildung eines Wasserstoffmoleküls. Das Wasserstoffmolekül nimmt einen energieärmeren Zustand ein als die Wasserstoffatome. Dabei treten die beiden 1s-**Atomorbitale** der Wasserstoffatome in Wechselwirkung. Es entstehen ein **bindendes** und ein **antibindendes** Molekülorbital (Abb. 2).
Das bindende Molekülorbital wird durch **Überlappung** der beiden 1s-Atomorbitale gebildet (Abb. 2). Es ist rotationssymmetrisch zur Kernverbindungsachse der beiden Atomkerne und wird **σ-Molekülorbital** genannt (σ – sprich: Sigma). Die auf diese Weise entstandene Bindung heißt **σ-Bindung**. Die Elektronendichte ist dadurch zwischen den beiden Atomkernen am größten. Beim antibindenden Molekülorbital ist die Elektronendichte geringer. Es wird σ*-Molekülorbital genannt (Abb. 2).
Der Übergang der Atomorbitale zum Molekülorbital ist mit Energieabgabe verbunden. Diese wird als **Bindungsenergie** bezeichnet. Sie entspricht der Energie, die aufgewendet werden muss, um die beiden miteinander verbundenen Atome wieder zu trennen (↑ S. 37). Der Übergang der Atomorbitale zum Molekülorbital ist der Übergang von einem energiereicheren in einen bevorzugten energieärmeren Zustand (Abb. 3).

Bindung im Chlormolekül Im Chlormolekül sind zwei Chloratome miteinander verbunden. Durch Überlappung der jeweils mit einem Elektron besetzten 3p-Atomorbitale der Chloratome (Abb. 4) entsteht das p-p-σ-Molekülorbital. Die auf diese Weise entstandene Bindung ist ebenfalls eine σ-Bindung (Abb. 5). Die doppelt besetzten 3s- und 3p-Orbitale sind nicht an der Bindung beteiligt. Auch im Chlormolekül ist die Elektronendichte im p-p-Molekülorbital zwischen den Atomkernen am größten. Das σ-Molekülorbital ist bezogen auf die Kernverbindungsachse rotationssymmetrisch. Um eine σ-Bindung ausreichend zu kennzeichnen, werden auch die an der Bindung beteiligten Atomorbitale in die Namensgebung einbezogen. Folglich heißt die Bindung in einem Wasserstoffmolekül **s-s-σ-Bindung**, die in einem Chlormolekül **p-p-σ-Bindung**.

2 Bildung des bindenden σ-Molekülorbitals und antibindenden σ*-Molekülorbitals im Wasserstoffmolekül

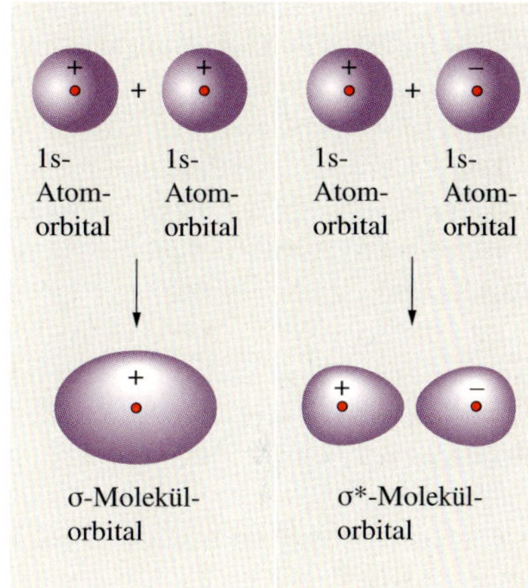

3 Energieniveauschema der Molekülorbitale (MO-Schema) für das Wasserstoffmolekül

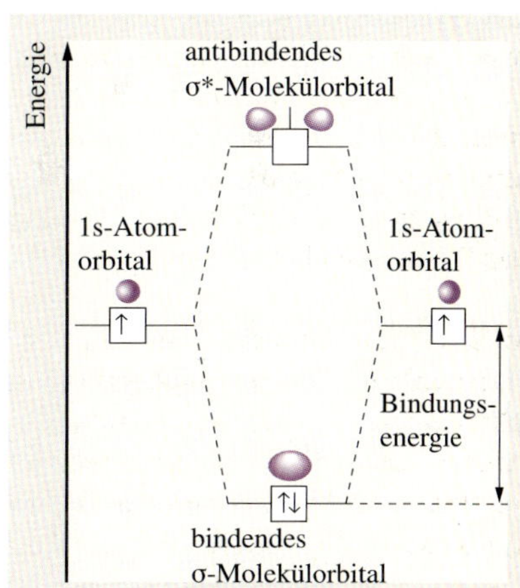

4 Elektronenkonfiguration des Chloratoms

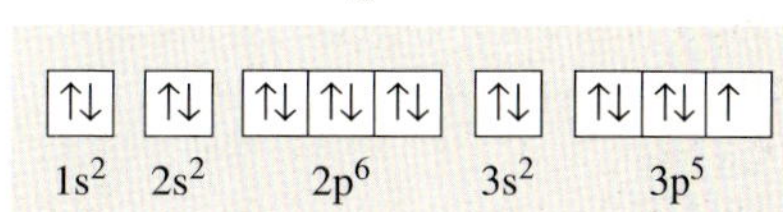

5 p-p-σ-Bindung im Chlormolekül

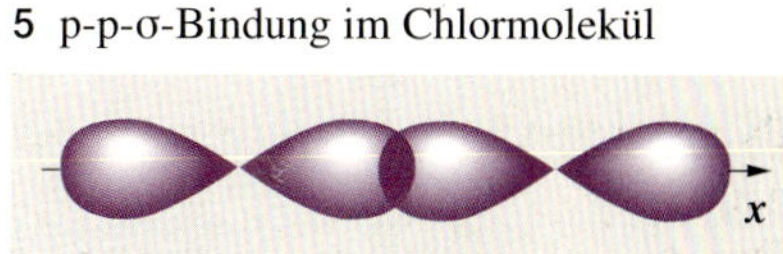

Valenzbindungsmodell Wird die Molekülorbitaltheorie auf Moleküle mit mehr als zwei Atomen angewandt, so wird die exakte Berechnung der Molekülorbitale kompliziert. Man nimmt daher zur Vereinfachung ein Modell zu Hilfe, das nur die **Valenzelektronen** (↑S. 19) zur Beschreibung der chemischen Bindung berücksichtigt. Dieses Modell wird als **Valenzbindungsmodell (VB-Modell)** bezeichnet und führt, anders als die Molekülorbitaltheorie, auch zur Beschreibung des räumlichen Baus von Molekülen. Dabei besagt das Valenzbindungsmodell in seiner Kernaussage, dass durch Umwandlung von Atomorbitalen unterschiedlicher Energieniveaus und unterschiedlicher Form **Hybridorbitale** entstehen – äquivalente Orbitale gleicher Energie und gleicher Form.

Bindung und Struktur im Methanmolekül Das Methanmolekül hat die Formel CH_4. Nach dem Elektronenpaar-Abstoßungsmodell ist der räumliche Aufbau der eines regulären Tetraeders, in dem sich die Wasserstoffatome in den Ecken und das Kohlenstoffatom im Zentrum befinden (↑S. 33). Die Bindungswinkel betragen 109,5°.
Zwischen dem Kohlenstoffatom und den Wasserstoffatomen bestehen jeweils Elektronenpaarbindungen mit gleicher Bindungsenergie. Im Methanmolekül liegen folglich vier gleichwertige Bindungen zwischen dem Kohlenstoffatom und den vier Wasserstoffatomen vor, obwohl die Elektronenkonfiguration des **Kohlenstoffatoms im Grundzustand** durch energetisch unterschiedliche Orbitale gekennzeichnet ist (Abb. 1).
Das Kohlenstoffatom hat im Grundzustand nur zwei einfach besetzte p-Atomorbitale zur Verfügung. Die vier gleichwertigen Elektronenpaarbindungen im Methanmolekül können aber nur durch das Vorhandensein von vier einfach besetzten Atomorbitalen erklärt werden. Durch Energieaufnahme geht eines der beiden 2s-Elektronen in das unbesetzte 2p-Atomorbital über. Damit sind im **angeregten Zustand** des Kohlenstoffatoms vier Orbitale mit ungepaarten Elektronen besetzt (Abb. 1).
Das 2s-Atomorbital unterscheidet sich energetisch und räumlich von den 2p-Atomorbitalen. Die Ausbildung der Bindungen im Ergebnis der Gesamtreaktion liefert die Energie für eine energetische und räumliche Angleichung der Atomorbitale. Diese Angleichung wird **Hybridisierung** genannt.

1 Energieniveauschema der sp^3-Hybridisierung beim Kohlenstoffatom

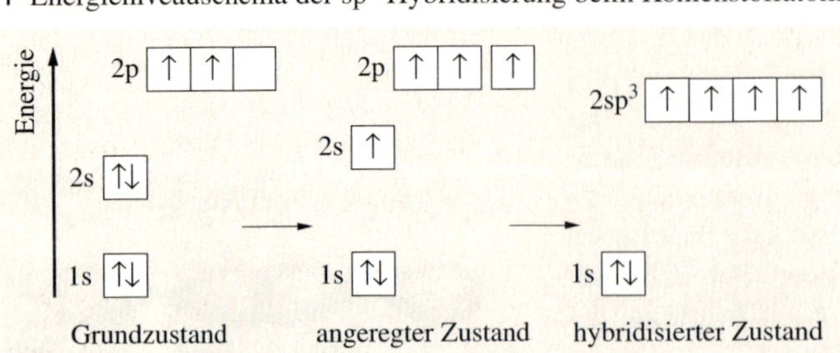

2 Modell des Methanmoleküls und sp^3-Hybridisierung im Methanmolekül

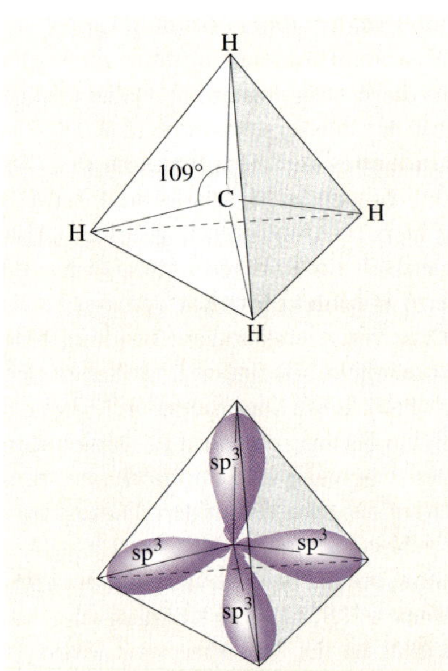

AUFGABEN

1 Nennen Sie Beispiele für Moleküle, in denen eine p-p-σ-Bindung auftritt. Geben Sie jeweils die Nummer des Energieniveaus an, zu der die p-Orbitale gehören.
2 Erstellen Sie das Molekülorbitalschema für ein (hypothetisches) He_2-Molekül. Versuchen Sie zu begründen, warum He_2-Moleküle nicht existieren.

An der hier beschriebenen Hybridisierung aus dem angeregten Zustand des Kohlenstoffatoms sind ein 2s- und drei 2p-Atomorbitale beteiligt. Die entstehenden Orbitale werden deshalb **$2sp^3$-Hybridorbitale** genannt. Die vier $2sp^3$-Hybridorbitale sind nach den Eckpunkten eines Tetraeders angeordnet (Abb. 2).
Die sp^3-s-σ-Molekülorbitale der Kohlenstoff-Wasserstoff-Bindungen im Methanmolekül sind rotationssymmetrisch zur Kernverbindungsachse angeordnet.

Bindung und Struktur im Ethenmolekül Das **Ethenmolekül** hat die Formel C_2H_4. Seine Struktur ist durch die Lewis-Formel darstellbar.

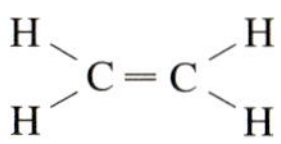

Das Ethenmolekül ist eben (planar). Alle Bindungswinkel im Molekül betragen 120°. Zwischen den Kohlenstoffatomen und Wasserstoffatomen bestehen Elektronenpaarbindungen mit gleicher Bindungsenergie. Die beiden Kohlenstoffatome sind durch eine Doppelbindung miteinander verbunden, die eine höhere Bindungsenergie als eine Einfachbindung hat (Abb. 3).
Da die molare Bindungsenergie einer Doppelbindung nicht gleich der Summe der molaren Bindungsenergie zweier Einfachbindungen ist, kann angenommen werden, dass die zweite Bindung zwischen den Kohlenstoffatomen schwächer ist als die Einfachbindung. Das ist experimentell belegbar. Die Bindungsverhältnisse im Ethenmolekül lassen sich auch mit dem Hybridisierungsmodell beschreiben. Im angeregten Zustand der Kohlenstoffatome entstehen drei Hybridorbitale aus einem 2s- und zwei 2p-Atomorbitalen, die als **$2sp^2$-Hybridorbitale** bezeichnet werden können (Abb. 4).
Das dritte 2p-Atomorbital ist nicht in die Hybridisierung einbezogen und unterscheidet sich folglich von den $2sp^2$-Hybridorbitalen energetisch und räumlich.
Die drei $2sp^2$-Hybridorbitale liegen im Ethenmolekül in einer Ebene und sind nach den Ecken eines gleichseitigen Dreiecks gerichtet. Senkrecht zu dieser Ebene steht das dritte, unveränderte 2p-Atomorbital (Abb. 5).
Zwei der $2sp^2$-Hybridorbitale eines Kohlenstoffatoms bilden mit den 2s-Atomorbitalen der Wasserstoffatome **sp^2-s-σ-Molekülorbitale** aus. Das dritte $2sp^2$-Hybridorbital bildet mit dem $2sp^2$-Hybridorbital des zweiten Kohlenstoffatoms ein **sp^2-sp^2-σ-Molekülorbital** aus. Die σ-Molekülorbitale zwischen den Kohlenstoffatomen und Wasserstoffatomen sowie den Kohlenstoffatomen liegen rotationssymmetrisch zu den Kernverbindungsachsen. Sie sind also σ-Bindungen. Die nicht an der Hybridisierung beteiligten 2p-Atomorbitale der beiden Kohlenstoffatome bilden ebenfalls ein bindendes Molekülorbital, das senkrecht zur Ebene der $2sp^2$-Hybridorbitale angeordnet ist. Solche Orbitale heißen **π-Orbitale**, die durch sie gebildete Bindung heißt **π-Bindung** (Abb. 6).

3 Molare Bindungsenergien

CH_3–CH_3 Einfachbindung:
molare Bindungsenergie 348 kJ · mol^{-1}

CH_2=CH_2 Doppelbindung:
molare Bindungsenergie 614 kJ · mol^{-1}

4 Energieniveauschema der sp^2-Hybridisierung beim Kohlenstoffatom

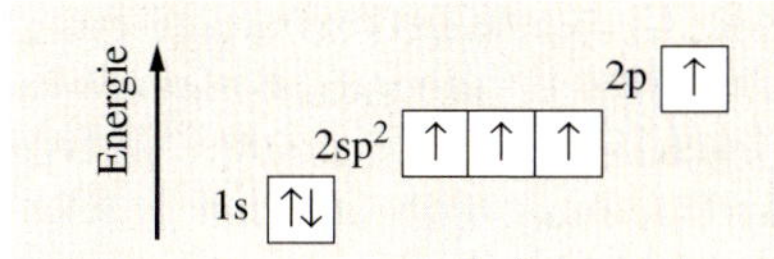

5 $2sp^2$-Hybridorbitale im Ethenmolekül

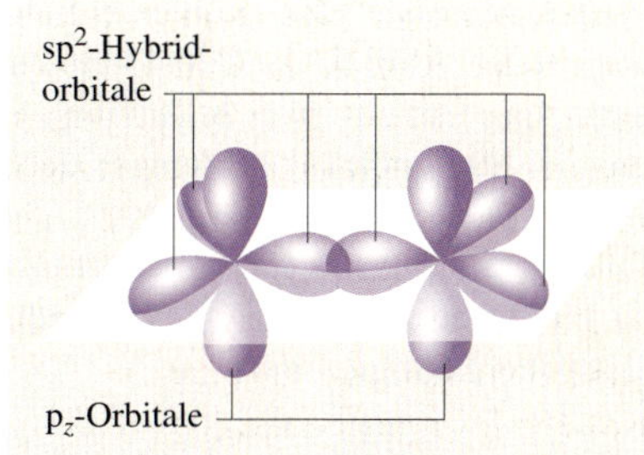

6 π-Orbital im Ethenmolekül

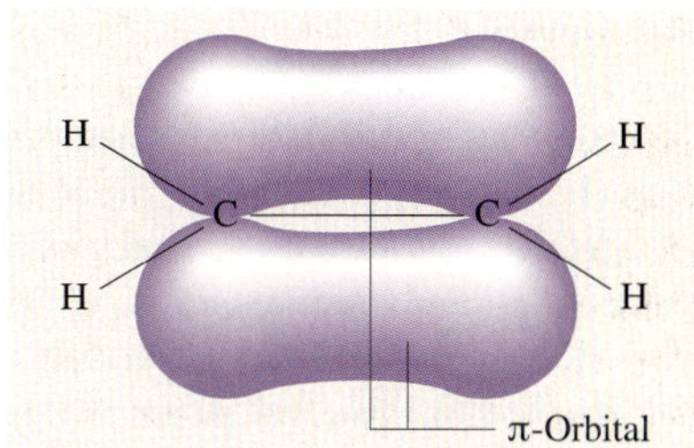

AUFGABEN

1 Wodurch unterscheiden sich die drei möglichen p-Atomorbitale eines Energieniveaus?
2 Geben Sie den Hybridisierungszustand der an Einfachbindungen beteiligten Kohlenstoffatome in Alkanmolekülen an.
3 Zeigen Sie in Abb. 6 und Abb. 2 (↑ S. 38) die Lage der σ-Bindungen.

Bindung und Struktur im Ethinmolekül Das **Ethinmolekül** hat die Formel C_2H_2. Seine Struktur ist durch die Lewis-Formel H–C≡C–H darstellbar. Die Atome im Molekül sind linear angeordnet. Die beiden Kohlenstoffatome sind durch eine **Dreifachbindung** miteinander verbunden. Die molare Bindungsenergie zwischen den beiden Kohlenstoffatomen beträgt $839\ kJ \cdot mol^{-1}$, der Bindungswinkel 180°. Aus dem angeregten Zustand der Kohlenstoffatome entstehen aus jeweils einem 2s- und einem 2p-Atomorbital zwei **2sp-Hybridorbitale**. Zwei der 2p-Atomorbitale sind nicht an der Hybridisierung beteiligt (Abb. 1). Ein 2sp-Hybridorbital eines Kohlenstoffatoms bildet mit einem 1s-Atomorbital eines Wasserstoffatoms ein **sp-s-σ-Molekülorbital**, das zweite 2sp-Hybridorbital mit dem 2sp-Hybridorbital eines anderen Kohlenstoffatoms ein **sp-sp-σ-Molekülorbital**. Die dadurch entstandenen Bindungen sind σ-Bindungen.
Aus nicht an der Hybridisierung beteiligten 2p-Atomorbitalen werden zwischen zwei Kohlenstoffatomen zwei π-Bindungen ausgebildet (Abb. 2). Die C≡C-Dreifachbindung besteht aus einer σ-Bindung und aus zwei π-Bindungen. Auch die zweite π-Bindung im Ethinmolekül ist weniger stabil als eine σ-Bindung.

Bindung und Struktur im Wassermolekül Das Sauerstoffatom hat im Grundzustand bzw. im hybridisierten Zustand folgende Elektronenkonfiguration:

Grundzustand			sp³-hybridisierter Zustand	
↑↓	↑↓	↑↓ ↑ ↑	↑↓	↑↓ ↑↓ ↑ ↑
$1s^2$	$2s^2$	$2p^4$	$1s^2$	$2sp^3$

Grundzustand — sp^3-hybridisierter Zustand

Bei der Hybridisierung entstehen aus 2s- und drei 2p-Atomorbitalen vier $2sp^3$-Hybridorbitale, die in die vier Ecken eines Tetraeders gerichtet sind. Davon sind zwei $2sp^3$-Hybridorbitale einfach besetzt. Sie überlappen mit je einem 1s-Atomorbital eines Wasserstoffatoms und bilden die zwei **sp^3-s-σ-Molekülorbitale** des Wassermoleküls. Da dieser Vorgang nur in die Richtung zweier Tetraederecken erfolgen kann, entsteht ein Molekül mit gewinkeltem Bau. Die beiden anderen, zweifach besetzten $2sp^3$-Hybridorbitale erstrecken sich in Richtung der verbleibenden Tetraederecken. Zwei der $2sp^3$-Hybridorbitale enthalten je ein nicht an der Bindung beteiligtes Elektronenpaar. Durch die Abstoßung der Elektronen entsteht ein Bindungswinkel von 104,5° (Abb. 3). Damit entsteht eine Verzerrung des Tetraeders.
Aufgrund der Differenz zwischen den Elektronegativitäten des Wasserstoffatoms und des Sauerstoffatoms liegen im Wassermolekül polare Elektronenpaarbindungen vor. Durch den gewinkelten Bau des Moleküls fallen die Schwerpunkte der positiven Partialladung der beiden Wasserstoffatome und der negativen Partialladung des Sauerstoffatoms nicht zusammen. Wasser ist ein Dipolmolekül (↑S. 34; ↑Exp. 1, S. 34).

1 Energieniveauschema der sp-Hybridisierung beim Kohlenstoffatom

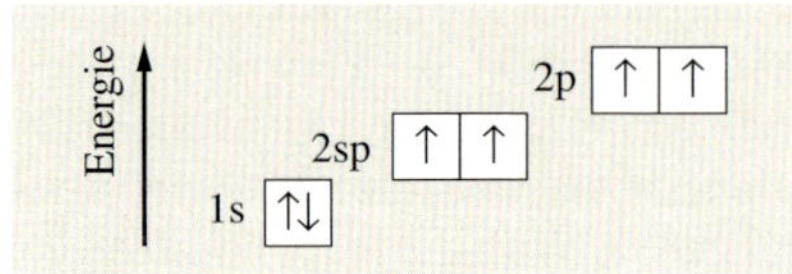

2 π-Bindungen im Ethinmolekül

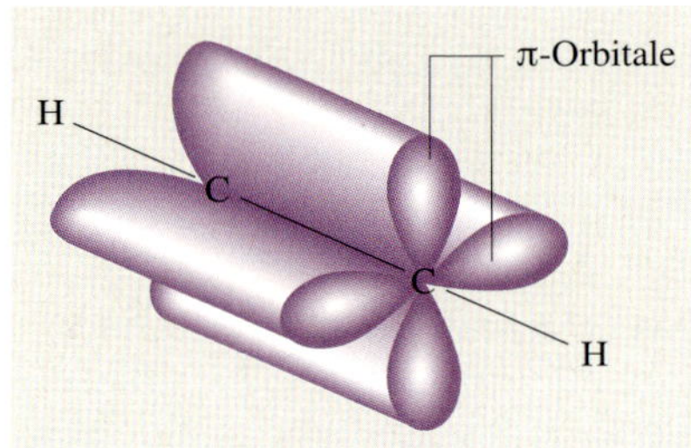

3 Struktur des Wassermoleküls

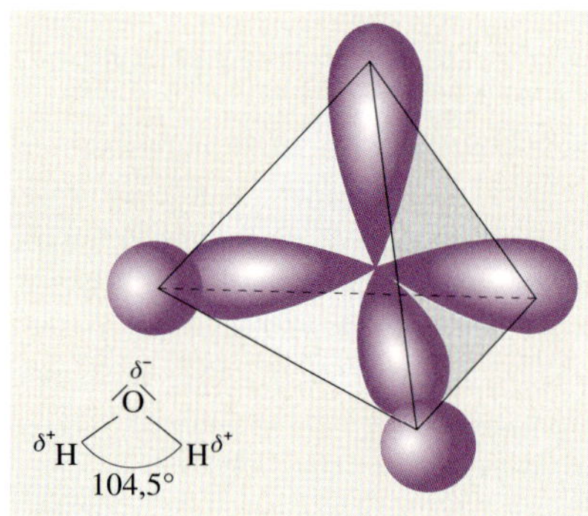

AUFGABEN

1. Erläutern Sie ausgehend vom Grundzustand des Kohlenstoffatoms die Teilschritte der sp^3-Hybridisierung.
2. Nennen Sie die Anzahl der π-Bindungen, die in einem Molekül des Propens C_3H_6, des Propins C_3H_4 und des 1,3-Butadiens C_4H_6 vorliegen.
3. Kennzeichnen Sie die Atomorbitale, die an der Bindung im Iodmolekül und im Iodwasserstoffmolekül beteiligt sind.
4. Erstellen Sie das Energieniveauschema der Molekülorbitale für das Wassermolekül (↑S. 35, Abb. 3).

ZUSAMMENFASSUNG

Aussagen des Lewis-Konzepts

Atome zeigen das Bestreben, eine stabile Außenschale mit Edelgaskonfiguration (8 Außenelektronen bzw. 2 Außenelektronen) zu erreichen. Dies führt zur Bildung von Molekülen.
Mithilfe von Lewis-Formeln lässt sich die Anordnung von bindenden und freien Elektronen in Verbindungen und isolierten Atomen darstellen.

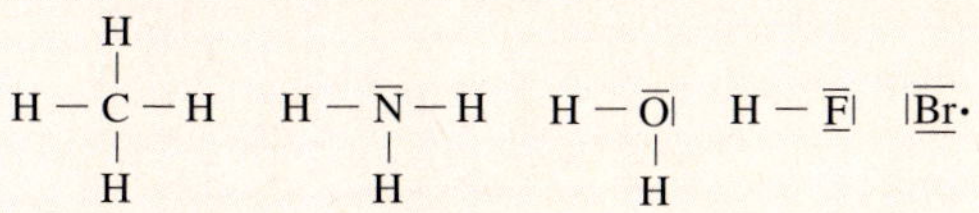

Die Polarität von Molekülen kann mithilfe der Elektronegativitätswerte der Bindungspartner erklärt werden.

Über den räumlichen Bau macht dieses Modell keine Aussagen.

Aussagen des Elektronenpaar-Abstoßungsmodells (EPA-Modell)

Das Elektronenpaar-Abstoßungsmodell macht Aussagen zur räumlichen Gestalt von einfachen Molekülen und Ionen.

Aussagen der Molekülorbitaltheorie und des Valenzbindungsmodells

Atome zeigen das Bestreben, durch Hybridisierung einen energetisch begünstigten (energieärmeren) Zustand zu erreichen. Dadurch kommt es zur Bildung von Molekülen.
Die zur Molekülstruktur ableitbaren Aussagen sind mit denen des Elektronenpaar-Abstoßungsmodells übereinstimmend.

► Stoff-Teilchen-Konzept
► Struktur-Eigenschafts-Konzept

Struktur einiger Moleküle und Ionen

Struktur		Beispiele	Bindungswinkel
linear		HC≡CH CO_2	180°
gewinkelt	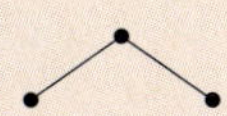	H_2O H_2S SO_2 O_3 NO_2	104,5° 92° 119,5° 117° 134°
trigonal-planar	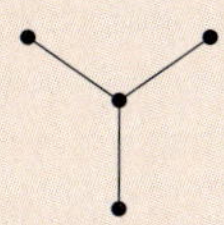	SO_3 CO_3^{2-} NO_3^-	120° 120° 120°
trigonal-pyramidal	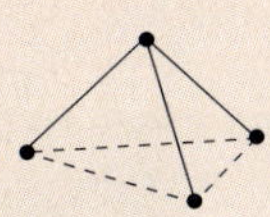	NH_3 PCl_3	107° 100°
tetraedrisch	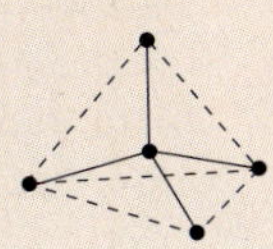	CH_4 NH_4^+ CCl_4	109,5° 109,5° 109,5°

Forschung

Nanotechnologie

Die Nanotechnologie umfasst alle Methoden, Prozesse und Werkzeuge, die zur Herstellung von Materialien dienen, deren Partikel kleiner als 100 nm (10^{-7} m) sind. Dazu gehören Teilchen, Fasern und Schichten, aber auch Strukturen auf Körpern und in Hohlräumen, die diese Bedingung erfüllen. Methoden zur Analyse dieser Materialien sind ebenfalls in dieses Gebiet einbezogen. Damit ist die Nanotechnologie eine Querschnittstechnologie, die auf bekanntem Wissen der Naturwissenschaften aufbaut und dieses bewusst anwendet und erweitert.
Durch die gezielte Vergrößerung der Oberfläche eines Materials bei konstantem Volumen können Effekte erzeugt werden, die die Materialeigenschaften grundlegend ändern und die deshalb als Nanoeffekte bezeichnet werden.
Zur Veranschaulichung der Oberflächenvergrößerung kann modellhaft das Verhältnis von Volumen zu Oberfläche bei unterschiedlichen Kantenlängen von Würfeln mit einem Gesamtvolumen von 1 cm^3 dienen (Tab. 1).

Entscheidend ist, dass bei einem Würfel von 10 nm Kantenlänge bereits ein bedeutender Anteil der Atome an der Oberfläche liegt, die andere Bindungseigenschaften haben als die im Innern verborgenen Atome. Es wird angenommen, dass ab einer bestimmten Größe der Partikel (< 10 nm) diese Eigenschaften annehmen, die sich mehr und mehr den Eigenschaften der Einzelatome bzw. Moleküle annähern.
Im Modell kann man sich vorstellen, dass ein Teil der normalerweise für Elektronenpaarbindungen genutzten Elektronen der Oberflächenatome keine Bindungen ausbilden können, da ihnen an der Oberfläche die Partneratome fehlen. Besonders ausgeprägt ist dieser Zustand an Ecken und Kanten der Würfel. Eine große Zahl freier (nicht bindender) Elektronen erhöht aber die Reaktivität des entsprechenden Stoffes stark. Daraus folgt, dass eine starke Vergrößerung der Oberfläche auch eine bedeutende Erhöhung der Reaktivität und damit der Wechselwirkungen mit Reaktionspartnern oder elektromagnetischer Strahlung nach sich zieht. Damit verhalten sich die Nanopartikel annähernd wie einzelne Atome bzw. Moleküle.

Herstellung, Verwendung und Eigenschaften von Nanomaterialien Bereits seit vielen Jahrhunderten wurden Nanomaterialien, natürlich ohne das theoretische Wissen um diese Stoffe, verwendet, z. B. Goldnanopartikel zur Erzeugung einer rubinroten Färbung im Glas. Heute werden Nanomaterialien gezielt und mit spezifisch konstruierten Eigenschaften hergestellt. Ihre Herstellung kann aus der Gasphase, aus Lösungen durch gezieltes Wachstum von Partikeln oder durch den Abbau größerer Strukturen durch unterschiedliche Zerkleinerungsprozesse erfolgen. Dabei ist die durchschnittliche Größe der Partikel durch Reaktions- und Prozessbedingungen einstellbar. Die Größe von Titandioxid-Nanopartikeln lässt sich bei der Fällung aus Lösungen unterschiedlicher Titanalkoxylate durch den pH-Wert, die Temperatur und die Reaktionszeit sowie durch die Viskosität des Lösemittels einstellen. Die entstehenden Titandioxid-Nanopartikel werden z. B. in Wandfarben genutzt, um fotokatalytisch Schadstoffe aus der Raumluft abzubauen oder um in Sonnenschutzcremes den UV-Anteil des Lichts zu adsorbieren.

1 Kohlenstoffnanoröhren (CNTs) mit verschiedenen Eigenschaften. Die Struktur 7,10 ist metallisch leitend, 10,10 und 0,10 sind dagegen halbleitend.

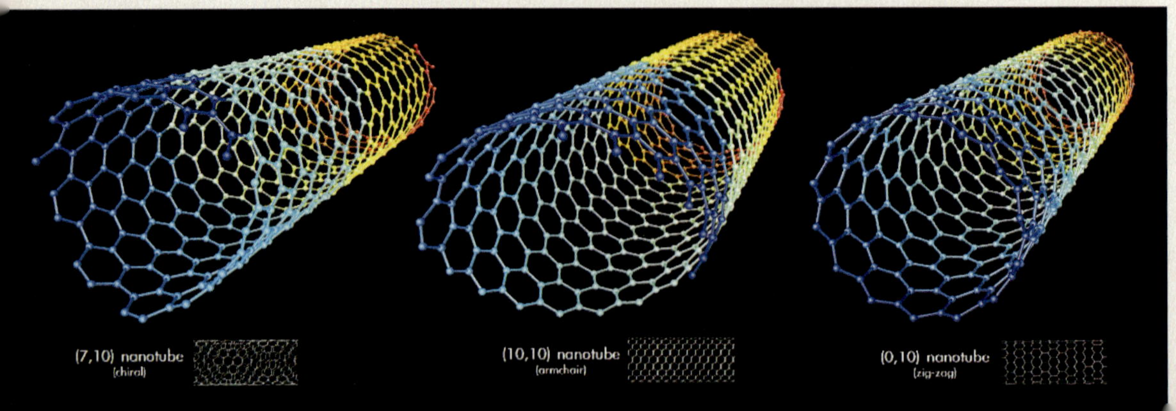

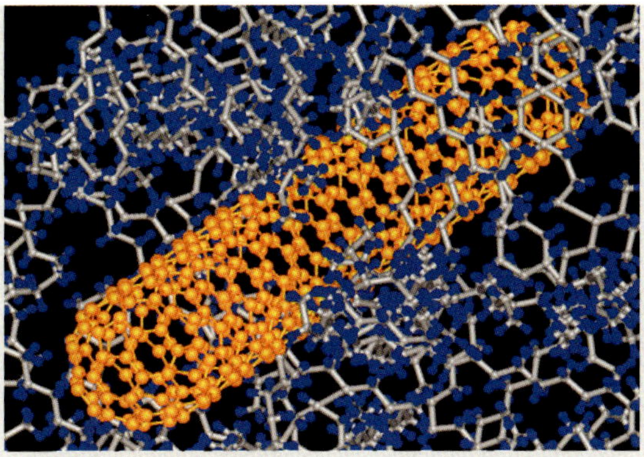

2 CNT-Polymer-Komposite

Die Herstellung von Kohlenstoffnanoröhren (engl. carbon nanotubes, CNT) erfolgt durch Zersetzung unterschiedlicher Kohlenwasserstoffe (z. B. Ethin) in der Gasphase bei Temperaturen um 800 °C an Eisen- oder Nickelkatalysatoren. Dabei ist es möglich, durch die Temperatur, die Verweilzeit des Gases in der Reaktionszone, den Katalysator und die Gaszusammensetzung unterschiedliche Erscheinungsformen (Morphologien) von CNTs herzustellen. Interessanterweise kann auch die Bildung unterschiedlicher Arten von CNTs durch die Gaszusammensetzung bestimmt werden. So können bei Einsatz von Kohlenstoffmonooxid als Reaktionsgas und in Gegenwart von Eisenpentacarbonyl als Katalysator fast ausschließlich einwandige CNTs erzeugt werden, während bei Verwendung von Kohlenwasserstoffen mehrwandige, nach dem Zwiebelprinzip aufgebaute CNTs entstehen.
CNTs zeigen eine Reihe von Eigenschaften, die nur im Bereich der Nanomaterialien erreicht werden können und die für die Herstellung von Verbundmaterialien von höchstem Interesse sind. CNTs leiten den elektrischen Strom (Abb. 1) und haben eine hohe Wärmeleitfähigkeit. Die aus Modellen errechneten und real ermittelten Werte für mechanische Eigenschaften wie Zugfestigkeit und Elastizität von einwandigen CNTs liegen weit über den für Stahl und Kohlefasern gefundenen Werten.
CNTs werden derzeit vor allem zur Modifizierung von Kunststoffteilen eingesetzt, um elektrostatische Aufladungen zu vermeiden und gleichzeitig die Festigkeit der Bauteile zu erhöhen (Abb. 2). Solche Bauteile kommen in Tankanlagen und in Pkw-Tanks zum Einsatz. Anwendungen in der Elektronik werden intensiv entwickelt, haben aber noch keine größere Verbreitung gefunden bzw. befinden sich noch im Versuchsstadium.

Risiken Intensiv diskutiert werden derzeit mögliche Risiken der Nanotechnologie. Dabei ist wichtig zu wissen, dass die Menschheit seit ihrer Existenz von Ultrafeinstäuben umgeben ist, die aus vielen natürlichen Quellen stammen können und die die gleiche Größe haben, wie die hier vorgestellten Nanopartikel, z. B. kosmischer Staub, Meerwasseraerosol, Kohlenstoffpartikel aus natürlichen Verbrennungsprozessen, mineralischer Staub. Zusätzlich entstehen durch menschliche Aktivitäten unbeabsichtigt ultrafeine Partikel, z. B. bei Verbrennungsprozessen (Kerze, Zigarette, Kraftwerke), durch Abrieb von Reifen und Bremsen sowie aus Verbrennungsmotoren im Straßenverkehr und anderes mehr. Derzeit wird intensiv an Methoden gearbeitet, um diese Partikel zu erfassen und zu klassifizieren.
Trotzdem und dem Vorsorgeprinzip folgend werden eine Vielzahl von Untersuchungen vorgenommen, um Aussagen zu möglichen Risiken beim Einsatz von hergestellten Nanopartikeln in unterschiedlichsten Anwendungen zu erhalten. Die derzeit veröffentlichten Ergebnisse sind noch widersprüchlich und erlauben keine einheitliche Aussage zu möglichen Gefahren. Wie ernst dieses Problem genommen wird, zeigt die stark ansteigende Zahl von Publikationen zu diesem Thema. Allein zu möglichen toxikologischen Wirkungen von CNTs sind zwischen 2005 und 2008 weltweit etwa 500 Veröffentlichungen erschienen.

Tab. 1 Verhältnis von Volumen zu Oberfläche bei unterschiedlichen Kantenlängen von Würfeln mit einem Gesamtvolumen von 1 cm^3

1 cm^3 = 1 Würfel mit 1 cm Kantenlänge	Oberfläche 6 cm^2
1 cm^3 = 10^3 Würfel mit 1 mm Kantenlänge	Oberfläche 60 cm^2
1 cm^3 = 10^{12} Würfel mit 1 µm Kantenlänge	Oberfläche 60000 cm^2 = 6 m^2
1 cm^3 = 10^{18} Würfel mit 10 nm Kantenlänge	Oberfläche 6 000 000 cm^2 = 600 m^2

AUFGABE

1 Bestimmen Sie die Anzahl der Atome an der Oberfläche und im Innern eines Würfels bei einem Atomdurchmesser von 0,2 nm und kubisch-flächenzentrierter Anordnung der Atome.

Zwischenmolekulare Wechselwirkungen – Eigenschaften von Molekülsubstanzen

Schmelz- und Siedetemperaturen von Stoffen werden direkt von der Struktur der Stoffe beeinflusst. Überführt man feste bzw. flüssige Stoffe in den gasförmigen Aggregatzustand, so wird zur Überwindung der Anziehungskräfte zwischen den Teilchen Energie benötigt. Einen Hinweis auf die Größe der Anziehungskräfte zwischen den Teilchen in festen und flüssigen Stoffen können die Schmelz- und Siedetemperaturen geben.

Van-der-Waals-Kräfte In Molekülsubstanzen wirken neben den Elektronenpaarbindungen, durch die die Atome jedes einzelnen Moleküls zusammengehalten werden, noch Anziehungskräfte zwischen den Molekülen. Diese Anziehungskräfte sind schwach. Sie werden **zwischenmolekulare Kräfte** oder auch **Van-der-Waals-Kräfte** genannt. Sie bewirken, dass feste Molekülsubstanzen Molekülkristalle ausbilden (Abb. 1). Die Molekülkristalle haben wegen der schwachen zwischenmolekularen Kräfte niedrige Schmelztemperaturen (Tab. 1). Manche Molekülsubstanzen, z. B. Iod, sublimieren beim Erhitzen (Exp. 1).
Die Anziehungskräfte zwischen den Molekülen von flüssigen Molekülsubstanzen sind ebenfalls schwach. Flüssige Molekülsubstanzen haben deshalb niedrige Siedetemperaturen und lassen sich leicht in den gasförmigen Zustand überführen.
Die Van-der-Waals-Kräfte zwischen unpolaren Molekülen sind auf kurzfristige Elektronenverschiebungen in der Elektronenhülle der Moleküle zurückzuführen. Man kann annehmen, dass die Symmetrie der Ladungsverteilung in einem unpolaren Molekül gestört wird und ein **kurzzeitiger Dipol** entsteht. Dieser induziert in seinen Nachbarmolekülen weitere Dipole. Zwischen jedem kurzzeitigen Dipol und den **induzierten Dipolen** bestehen elektrostatische Anziehungskräfte, die **Dispersionskräfte** (lat. dispersio – Verteilung) genannt werden (Abb. 2).
In großen Molekülen lassen sich die Elektronenhüllen der Atome leichter deformieren, weil sich ihre Elektronen in größerer Entfernung vom Atomkern befinden. Die Dispersionskräfte hängen von der Anzahl der vorhandenen Elektronen ab. Ihre Größe ist der molaren Masse proportional. Das erklärt den stetigen Anstieg der Siedetemperaturen in der Reihe der Halogene und der Kohlenwasserstoffe (Tab. 1).
Die Moleküle von Fluor und von Chlorwasserstoff haben je 18 Elektronen. Folglich sollte erwartet werden, dass die Dispersionskräfte zwischen den Molekülen gleich groß sind. Die Siedetemperatur des Chlorwasserstoffs ($\vartheta_V = -85\,°C$) ist aber sehr viel höher als die des Fluors ($\vartheta_V = -188\,°C$). Die höhere Siedetemperatur lässt darauf schließen, dass neben den Dispersionskräften zusätzliche Anziehungskräfte zwischen den $^{\delta+}H\text{–}Cl^{\delta-}$-Dipolmolekülen wirken. Diese zusätzlichen Anziehungskräfte werden als **Dipol-Dipol-Kräfte** bezeichnet (Abb. 3).

1 Molekülgitter des Iods, Schichtstruktur aus zweiatomigen Iodmolekülen

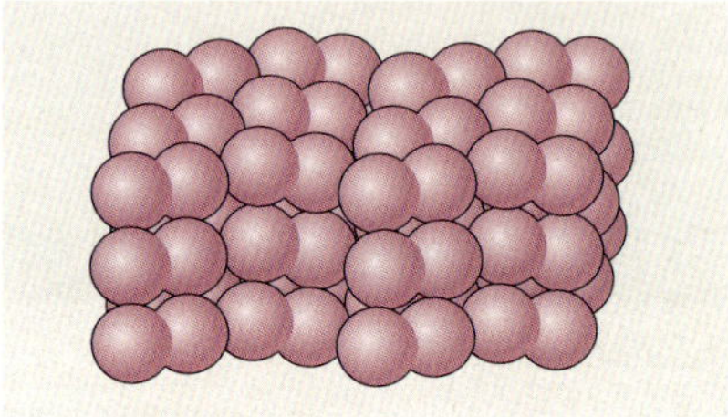

2 Induzierte Dipole

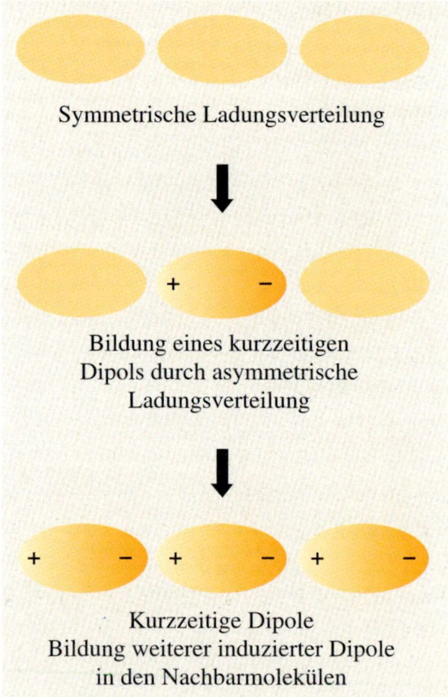

3 Dipol-Dipol-Kräfte

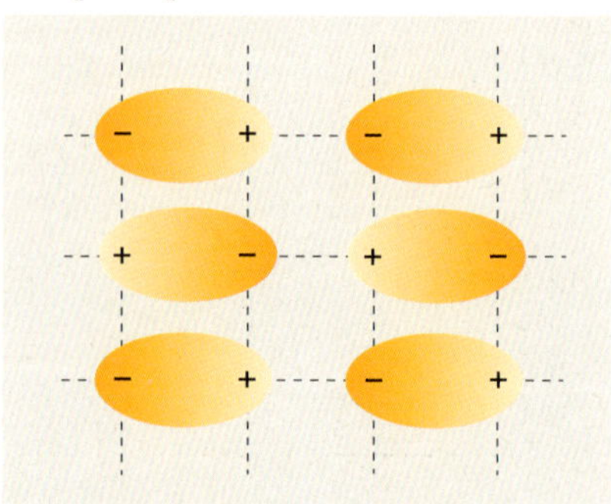

Tab. 1 Schmelz- und Siedetemperaturen einiger Molekülsubstanzen

Molekül-substanz	Schmelztempe-ratur ϑ_S in °C	Siedetemperatur ϑ_V in °C	Molekül-substanz	Schmelztempe-ratur ϑ_S in °C	Siedetemperatur ϑ_V in °C
Fluor	−220,0	−188,0	Methan	−182,5	−161,4
Chlor	−101,0	−35,0	Ethan	−183,2	−88,5
Brom	−7,0	+58,7	Propan	−187,1	−42,1
Iod	+114,0	+182,8	Butan	−135,0	−0,5

Die Van-der-Waals-Kräfte sind größer, wenn außer den Dispersionskräften Anziehungskräfte zwischen **permanenten Dipolmolekülen** wirken. Deshalb sind die Siedetemperaturen von polaren Molekülsubstanzen höher als die von unpolaren Molekülsubstanzen mit gleicher Elektronenanzahl im Molekül. Auch die Schmelztemperaturen steigen in der Regel mit zunehmender molarer Masse der Stoffe. Diese Abhängigkeit ist z. B. in der Reihe H_2S, H_2Se, H_2Te erkennbar (Abb. 4). Wasser hat dagegen eine ungewöhnlich hohe Siede- und Schmelztemperatur. Es liegt bei Zimmertemperatur flüssig vor. Ähnliche Ausnahmen sind auch in der Reihe der Wasserstoffverbindungen der Elemente der V. und VII. Hauptgruppe, bei Ammoniak und Fluorwasserstoff, festzustellen. Es ist anzunehmen, dass besondere Anziehungskräfte zwischen den Molekülen dieser Stoffe wirken.

EXPERIMENT 1
Sublimation von Iod
Fein verteiltes Iod (Xn, N) wird in ein Becherglas gebracht, mit einem mit Eiswürfeln und Wasser gefüllten Uhrglas bedeckt und erwärmt.

Wasserstoffbrückenbindung In den Molekülen der genannten Stoffe ist das Wasserstoffatom jeweils mit einem Atom mit großer Elektronegativität verbunden. Deshalb sind diese Atombindungen besonders stark polar. Das Wasserstoffatom hat eine positive Partialladung (δ^+), das mit ihm verbundene Atom eine negative Partialladung (δ^-). Zwischen den Wasserstoffatomen eines polaren Moleküls und Atomen mit einer negativen Partialladung eines anderen Moleküls bildet sich eine Bindung aus, die **Wasserstoffbrückenbindung** genannt wird.

4 Schmelz- und Siedetemperaturen der Wasserstoffverbindungen der Elemente der VI. Hauptgruppe des Periodensystems

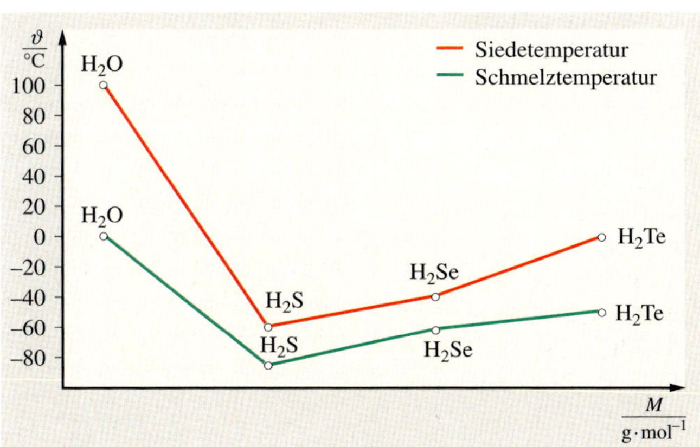

AUFGABEN

1 Interpretieren Sie Abb. 4. Nehmen Sie besonders zur hohen Schmelz- und Siedetemperatur von Wasser Stellung.

2 Vergleichen Sie die unterschiedlichen Siedetemperaturen der Edelgase (↑Tafelwerk) und begründen Sie die Unterschiede.

3 Begründen Sie die Abstufung der Siedetemperaturen der Luftbestandteile Sauerstoff und Stickstoff. In welcher Reihenfolge werden sie bei der fraktionierten Destillation von flüssiger Luft gewonnen?

4 Formulieren Sie Aussagen hinsichtlich des Aggregatzustands nachfolgender Molekülsubstanzen bei Raumtemperatur (25 °C) und im Normzustand (273 K, 101,3 kPa): P_4O_{10}, S_8, Cl_2
Begründen Sie Ihre Aussage.

5 Begründen Sie die Abstufung der Siedetemperaturen von Fluormethan und Fluor.

Die Wasserstoffbrückenbindung bewirkt die elektrostatische Anziehung zwischen dem Dipol einer X–H-Bindung und dem freien Elektronenpaar eines stark elektronegativen Atoms (X = F, O, N) in einem Nachbarmolekül.
Die Wasserstoffbrückenbindung wird in den chemischen Formeln als gestrichelte Linie gekennzeichnet.

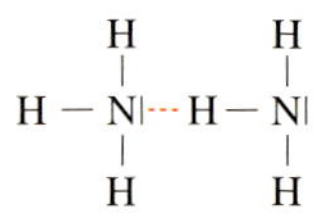
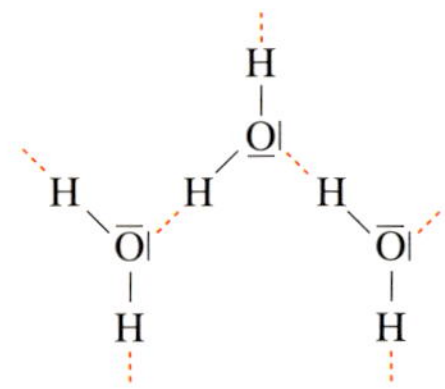

Die molare Bindungsenergie einer Wasserstoffbrückenbindung beträgt etwa 4 bis 25 $kJ \cdot mol^{-1}$. Sie ist damit bedeutend geringer als die von Elektronenpaarbindungen (↑S. 37), jedoch größer als die der Van-der-Waals-Kräfte (Dispersions- und Dipol-Dipol-Kräfte). Die hohen Schmelz- und Siedetemperaturen von Fluorwasserstoff, Wasser, Ammoniak, Alkoholen, Carbonsäuren und Aminen sind auf Wasserstoffbrückenbindungen zurückzuführen.

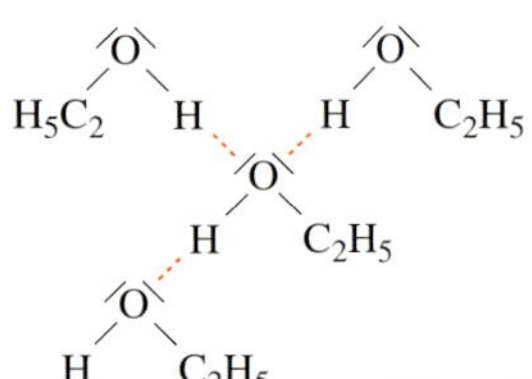
Ethanol

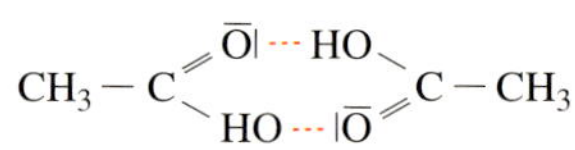
Ethansäure

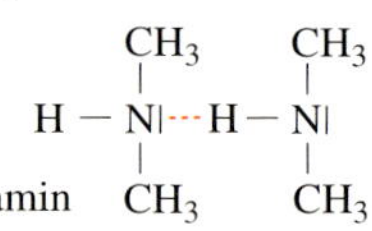
Dimethylamin

Molekülgitter im Eis Molekülgitter, in denen zwischen den Molekülen Wasserstoffbrückenbindungen vorliegen, sind relativ stabil und weisen charakteristische Strukturen auf. Die Wasserstoffbrückenbindungen im Eis sind für dessen lockere Hohlraumstruktur und damit für die gegenüber flüssigem Wasser geringere Dichte verantwortlich. Im **Molekülgitter** von **Eis** (Abb. 1) bildet jedes Sauerstoffatom eines Wassermoleküls zwei Elektronenpaarbindungen zu seinen Wasserstoffatomen und zwei Wasserstoffbrückenbindungen zu Wasserstoffatomen benachbarter Wassermoleküle aus. Die vier Bindungen sind tetraedrisch um das Sauerstoffatom angeordnet. Diese Struktur erlaubt die Bildung einer größtmöglichen Anzahl von Wasserstoffbrückenbindungen und führt zur Ausbildung eines netzartigen Gitters mit hexagonalen Hohlräumen.
Der große Raumbedarf der im Gitter zusammengelagerten Moleküle ist die Ursache dafür, dass Eis eine geringere Dichte als flüssiges Wasser hat. Schmilzt das Eis, bricht das Gitter zusammen. Die Dichte des Wassers nimmt zu. Bei 4 °C hat das Wasser die größte Dichte. Diese Erscheinung wird **Dichteanomalie des Wassers** genannt. Bei weiterer Temperaturerhöhung dehnt sich das Wasser wie jede andere Flüssigkeit aus.

AUFGABEN

1 Stellen Sie die Siedetemperaturen der Wasserstoffverbindungen von Elementen der IV, V. und VII. Hauptgruppe in Abhängigkeit von der molaren Masse dar. Erläutern Sie die Abweichungen bei den ersten Gliedern dieser Reihen.

2 Begründen Sie, ob zwischen den folgenden Molekülen Wasserstoffbrückenbindungen auftreten können: H_2O, NH_3, N_2, CO_2 und CH_3–COOH.

3 Prüfen Sie, welche der nachfolgenden Moleküle NH_3, I_2, CH_3–COOH, CH_3–CH_2–OH, HCl Wasserstoffbrückenbindungen mit Wassermolekülen ausbilden können.

4 Erläutern Sie, was unter der Dichteanomalie des Wassers verstanden wird. Geben Sie eine Erklärung für diese Erscheinung.

5 Erläutern Sie die Dichteunterschiede in einem stehenden Gewässer im Sommer und im Winter. Welche biologische Bedeutung ergibt sich aus diesen Dichteunterschieden?

6 Aceton (Propanon) und 1-Propanol sieden bei 56 °C bzw. bei 97 °C. Erklären Sie die unterschiedlichen Siedetemperaturen.

1 Gitterstruktur im Eiskristall

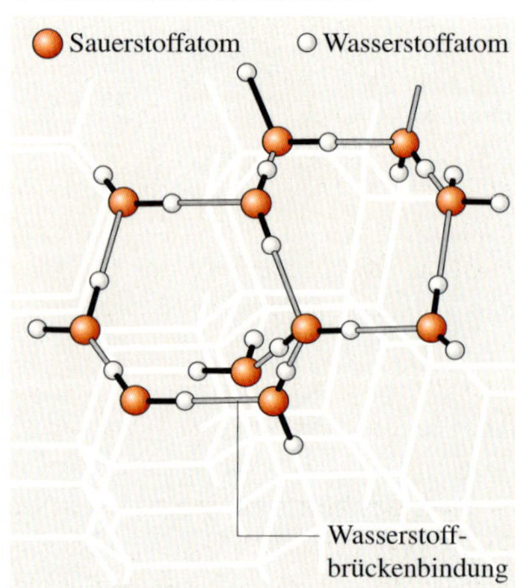

Löslichkeit von Stoffen Eine **Lösung** besteht aus dem **Lösemittel** und dem **gelösten Stoff**.
Eine Lösung, die trotz Berührung mit noch ungelöstem Stoff (Bodenkörper) nichts mehr von diesem Stoff aufnehmen kann, ist eine **gesättigte Lösung**. Die Konzentration der gesättigten Lösung ist die **Löslichkeit**. Polare bzw. unpolare Molekülsubstanzen können als Lösemittel verwendet werden.
- Beispiele für polare Lösemittel sind: Wasser, Ethanol.
- Beispiele für unpolare Lösemittel sind: Hexan, Benzin, Aceton, Tetrachlormethan, Toluol.

Beim **Lösen** einer festen Molekülsubstanz werden die Moleküle aus dem Molekülkristall abgespalten und gehen in das Lösemittel über. Sie werden im Lösemittel von den Molekülen des Lösemittels umschlossen. Dieser Vorgang wird als **Solvatation** bezeichnet.
Ist das Lösemittel Wasser, wird der Vorgang **Hydratation** genannt. Zwischen den Molekülen des zu lösenden Stoffes und den Molekülen des Lösemittels wirken Anziehungskräfte, durch die die im Kristallgitter wirkenden zwischenmolekularen Kräfte überwunden werden können.
Die Löslichkeit einer Molekülsubstanz ist von der Stärke der Gitterkräfte und von der Stärke der Anziehungskräfte zwischen den gelösten Molekülen und den Lösemittelmolekülen abhängig. Dieser Sachverhalt wurde schon sehr früh erkannt und von den Alchimisten in der folgenden Regel ausgedrückt: „Ähnliches wird durch Ähnliches gelöst" („Similia similibus solvuntur").

Polare Molekülsubstanzen Je ähnlicher die Moleküle des Lösemittels und des zu lösenden Stoffs in Bezug auf ihre Polarität sind, umso besser lösen sich die Stoffe ineinander. Soll beim Mischen zweier Flüssigkeiten eine homogene Lösung entstehen, müssen zwischen den verschiedenen Molekülen der Flüssigkeiten ähnliche zwischenmolekulare Bindungskräfte vorliegen. Die in der Lösung vorhandenen Moleküle können sich dann in der Lösung frei bewegen. Ethanol und Essigsäure mit *hydrophilen* (wasserfreundlichen) Gruppen (–OH und –COOH) in den Molekülen sind in Wasser gut löslich (Exp. 2).
Auch die Löslichkeit von gasförmigen Molekülsubstanzen wird durch die Stärke der Dipolkräfte beeinflusst. In 1 l Wasser lösen sich bei 0 °C 70 l Schwefeldioxid, dagegen werden von Ammoniak 727 l bei 15 °C in 1 l Wasser gelöst. Die unpolare Molekülsubstanz Kohlenstoffdioxid löst sich erst unter Druck in größeren Volumenanteilen im Wasser.

Unpolare Molekülsubstanzen Unpolare Molekülsubstanzen wie Hexan, Heptan und Toluol sind in Wasser nicht löslich. Es bilden sich zwei nicht mischbare Phasen aus (Exp. 3). Die Anziehungskräfte zwischen den **unpolaren Molekülen** und den Dipolmolekülen des Wassers sind zu schwach, um eine gegenseitige Durchmischung der Moleküle zu bewirken.

EXPERIMENT 2
Lösen polarer Molekülsubstanzen
Im Reagenzglas werden jeweils 2 ml Ethanol (F) bzw. 2 ml Essigsäure (Eisessig; C) mit 8 ml Wasser gemischt.

EXPERIMENT 3
Mischen von polaren mit unpolaren Molekülsubstanzen
Mischen Sie im Reagenzglas 2 ml n-Heptan (F, Xn, N) mit 8 ml Wasser. Vergleichen Sie mit Experiment 2.

EXPERIMENT 4
Lösen unpolarer Molekülsubstanzen
In ein Reagenzglas mit 5 ml n-Heptan (F, Xn, N) wird ein Tropfen Öl gegeben.
Anschließend werden in je ein Reagenzglas 3 bis 5 ml destilliertes Wasser und n-Heptan (F, Xn, N) sowie ein kleiner Kristall Iod (Xn, N) gegeben.

AUFGABEN
1 Ethanol ist mit Wasser gut, 1-Pentanol jedoch nur wenig mischbar. Worauf beruht dieser Unterschied?
2 Schwefel ist in Kohlenstoffdisulfid CS_2 löslich, in Wasser jedoch nicht löslich. Begründen Sie.
3 Begründen Sie, weshalb Aceton (Propanon CH_3–CO–CH_3) zu den unpolaren Lösemitteln zählt, obwohl die Acetonmoleküle freie Elektronenpaare am Sauerstoffatom aufweisen.
4 Geben Sie Ihre erwarteten Beobachtungen zum Experiment 4 an und deuten Sie diese.

Stoffe, die sich nicht in Wasser lösen, werden **hydrophobe** (Wasser meidende) Stoffe genannt. Dagegen sind Hexan, Heptan und Toluol gute Lösemittel für unpolare feste und flüssige Molekülsubstanzen, z. B. Öle und Fette (Exp. 4). Diese Molekülsubstanzen werden deshalb auch **lipophile** (fettfreundliche) Stoffe genannt. Die Termini *hydrophob* und *lipophil* haben die gleiche Bedeutung.
Die Wasserlöslichkeit von Alkanolen nimmt mit steigender Kettenlänge der Moleküle ab, weil die Dispersionskräfte zwischen den Molekülen größer werden und die hydrophoben Eigenschaften damit zunehmen. Folglich ist die Wasserlöslichkeit der Alkanole mit langkettigen Molekülen sehr gering (Abb. 1). Alkanole mit mehr als sieben Kohlenstoffatomen im Molekül lösen sich nur noch in unpolaren (lipophilen) Lösemitteln.

1 Löslichkeit von n-Alkanolen in Wasser

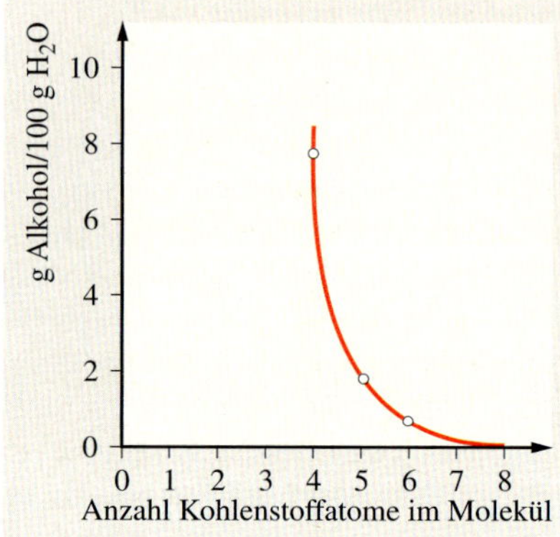

ZUSAMMENFASSUNG

Zwischenmolekulare Wechselwirkungen in Molekülsubstanzen

Van-der-Waals-Kräfte
- Unpolare Molekülsubstanzen – Dispersionskräfte
- Polare Molekülsubstanzen – Dispersions- und Dipol-Dipol-Kräfte

Wasserstoffbrückenbindung

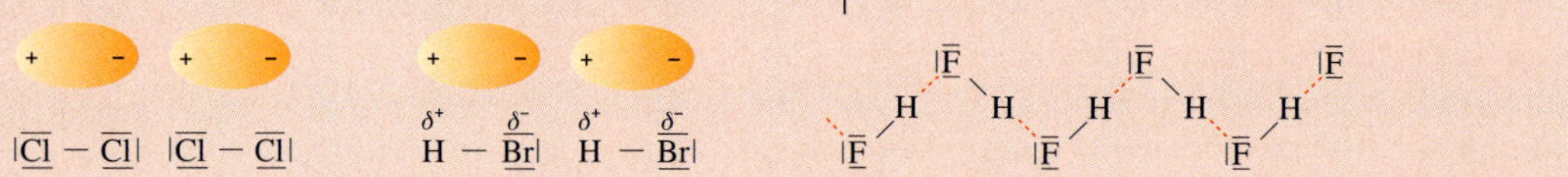

Die Molekülsubstanzen aufbauenden Moleküle werden durch **Van-der-Waals-Kräfte** zusammengehalten.
Zwischen Molekülen, bei denen Wasserstoffatome an Atome von Elementen mit hoher Elektronegativität gebunden sind, treten **Wasserstoffbrückenbindungen** auf.

Löslichkeit
Die Löslichkeit einer Molekülsubstanz ist von der Größe der Gitterenthalpie (↑ S. 176 f.) und von der Stärke der Anziehungskräfte zwischen den gelösten Molekülen und den Lösemittelmolekülen abhängig.

► Stoff-Teilchen-Konzept

Polare Lösemittel
Polare Lösemittel lösen polare Molekülsubstanzen.
Molekülsubstanzen, deren Moleküle **hydrophile** Gruppen wie –OH, $-NH_2$, $-NH_3^+$, –COOH, –COO– enthalten, lösen sich in polaren Lösemitteln, z. B. Wasser.

Unpolare Lösemittel
Unpolare Lösemittel lösen unpolare Molekülsubstanzen.
Molekülsubstanzen, deren Moleküle hydrophobe Gruppen, z. B. lange Alkylreste, enthalten, lösen sich in unpolaren (lipophilen) Lösemitteln, z. B. Heptan.

► Struktur-Eigenschafts-Konzept

Struktur und Eigenschaften der Metalle – Metallbindung

Bau und Eigenschaften Der Bau der Metalle aus gleichartigen Atomen wird durch das Modell der **Metallbindung** beschrieben: Ein Metallkristall besteht aus positiv geladenen Metall-Ionen, zwischen denen sich frei bewegliche Elektronen befinden. Ein Metallkristall kann demnach als Makromolekül aufgefasst werden, der durch ungerichtete elektrostatische Kräfte zusammengehalten wird.
Metalle haben gemeinsame Eigenschaften wie gute elektrische Leitfähigkeit, gute Wärmeleitfähigkeit, metallischen Glanz und plastische Verformbarkeit. Mit steigender Temperatur nimmt die elektrische Leitfähigkeit der Metalle ab. Die gute plastische Verformbarkeit und die relativ hohe Festigkeit der Metalle sind die Ursache für deren frühe Verwendung als Werkstoffe. Die Eigenschaften der Metalle können mit dem Elektronengasmodell erklärt werden.

Elektronengasmodell Die gute elektrische Leitfähigkeit der Metalle wird durch Elektronen als bewegliche Ladungsträger verursacht. Schon um 1900 wurde eine Modellvorstellung über die metallische Bindung entwickelt, nach der in Metallkristallen die Gitterplätze durch positiv geladene Atomrümpfe (Metall-Ionen) besetzt sind und sich die Valenzelektronen der Atome frei im Metallgitter bewegen. Im Unterschied zu den Nichtmetallatomen haben Metallatome kleinere Ionisierungsenergien und weniger Valenzelektronen. Im Metall sind daher die Valenzelektronen der Metallatome nicht wie bei den Atomen von Molekül- und Ionensubstanzen an ein bestimmtes Atom gebunden, sondern können sich im gesamten **Metallgitter** frei bewegen. Diese Ansammlung leicht verschiebbarer Elektronen wird als **Elektronengas** bezeichnet. Es bewirkt den Zusammenhalt der positiven Atomrümpfe (Metall-Ionen) im Metallgitter (Abb. 2). Mit diesem Modell lassen sich viele Eigenschaften der Metalle erklären.
Die Bindungskräfte zwischen den positiven Atomrümpfen und dem Elektronengas sind ungerichtet. Metallatome lagern sich daher zu dicht gepackten Strukturen zusammen (Abb. 2). Die plastische **Verformbarkeit** der Metalle ist aus dem Aufbau der Metallgitter ersichtlich. Die einzelnen Gitterebenen können leicht gegeneinander verschoben werden, da die positiven Atomrümpfe stets wieder in die gleiche Umgebung treten (Abb. 3). Der Einbau von Fremdatomen in das Metallgitter, wie es bei **Legierungen** der Fall ist, beeinträchtigt das Gleiten der Gitterebenen wesentlich. So ist reines Eisen weich und seine Festigkeit gering. Erst der Einbau von Kohlenstoffatomen in das Metallgitter des Eisens ergibt einen festen Werkstoff, z. B. den Stahl (↑ S. 200). Die Existenz des Elektronengases erklärt die gute elektrische und thermische Leitfähigkeit der Metalle. Unter dem Einfluss eines elektrischen Feldes bewegen sich die freien Elektronen im Metallkristall in Richtung der Anode.

2 Metallgitter, Elektronengas

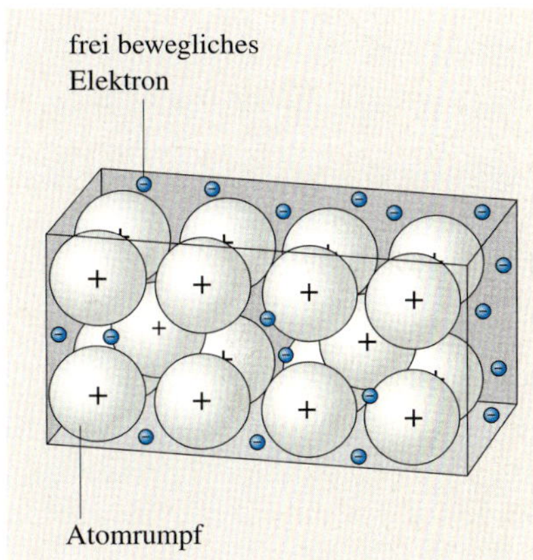

3 Verschieben der Gitterebenen im Metallgitter

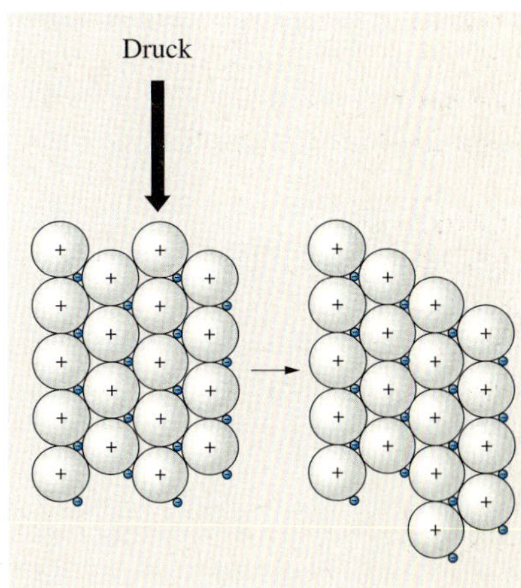

Tab. 1 Physikalische Eigenschaften einiger Metalle

Metall	Schmelztemperatur ϑ_S in °C	Siedetemperatur ϑ_V in °C	Farbe	Dichte ϱ in $g \cdot cm^{-3}$
Natrium	98	892	silberglänzend	0,97
Eisen	1540	3000	silberweiß	7,86
Kupfer	1083	2600	rotbraun	8,96
Aluminium	660	2450	silberweiß	2,70

Die **elektrische Leitfähigkeit** hängt von der Anzahl der freien Elektronen und vom Aufbau des Metallgitters ab (Abb. 1). Mit wachsender Temperatur sinkt die elektrische Leitfähigkeit, da die Anzahl der Schwingungen der Atomrümpfe zunimmt und eine Störung der freien Beweglichkeit der Elektronen erfolgt. Zwischen elektrischer Leitfähigkeit und Wärmeleitfähigkeit besteht eine direkte Proportionalität. Die Übertragung von Wärme erfolgt durch Stöße der freien Elektronen auf die Atomrümpfe. Dabei nimmt der elektrische Widerstand des Metalls zu.
Der grauweiße **Glanz** der meisten Metalle ist durch die Reflexion von Licht aller Wellenlängen an der Oberfläche bedingt. Die frei beweglichen Elektronen nehmen Energie des Lichts mit beliebiger Frequenz auf und geben sie beim Zusammenstoß mit anderen frei beweglichen Elektronen wieder ab. Bei Kupfer und Gold dringt grünes Licht in das Innere der Metallgitter ein und wird absorbiert. Die Mischfarbe des reflektierten Lichts von Kupfer und Gold lässt diese Metalle farbig erscheinen.
Beim Verdampfen der Metalle verändern sich deren Eigenschaften, denn Metalldämpfe bestehen aus Atomen und Molekülen. So enthält Natriumdampf Natriumatome und Natriummoleküle Na_2. Der Übergang vom flüssigen Metall zum Metalldampf erfordert viel Energie, da die elektrostatischen Kräfte zwischen den positiven Atomrümpfen und den Elektronen überwunden werden müssen. Deshalb haben alle Metalle relativ hohe **Siedetemperaturen** (Tab. 1). Die **Schmelztemperatur** von Eisen und Kupfer ist höher als die des Natriums, weil die zusätzliche Anwesenheit von d-Elektronen in den Atomen dazu führt, dass die positiven Atomrümpfe stärker zusammengehalten werden.

1 Elektrische Leitfähigkeit

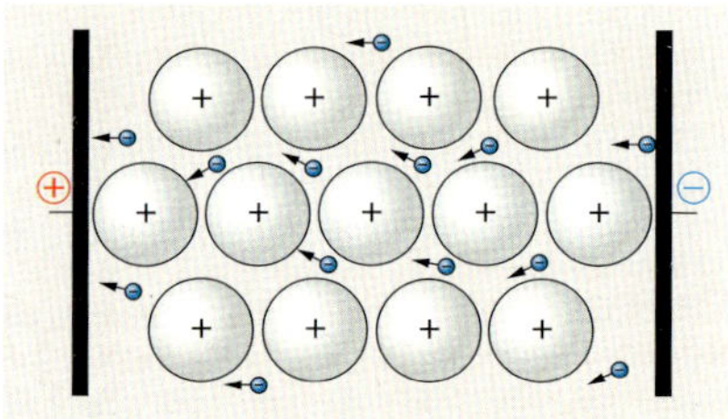

AUFGABEN

1 Vergleichen Sie die Ionisierungsenergien und die Anzahl der Valenzelektronen der Atome der Elemente Natrium und Chlor.
2 Erklären Sie mit dem Elektronengasmodell die gute elektrische Leitfähigkeit und die Wärmeleitfähigkeit der Metalle.
3 Vergleichen Sie die Schmelz- und Siedetemperaturen von Lithium, Beryllium und Nickel.
Erklären Sie mithilfe Ihrer Kenntnisse über das Elektronengasmodell und die Elektronenkonfiguration der entsprechenden Atome die unterschiedlichen Schmelz- und Siedetemperaturen.

ZUSAMMENFASSUNG

Nach dem **Elektronengasmodell** ist ein Metall aus positiv geladenen Atomrümpfen (Metall-Kationen) und frei beweglichen Elektronen aufgebaut.

Mit diesem Modell lassen sich die charakteristischen Eigenschaften wie Verformbarkeit, elektrische Leitfähigkeit und Glanz erklären.

► Stoff-Teilchen-Konzept
► Struktur-Eigenschafts-Konzept

Struktur und Eigenschaften anorganischer polymerer Stoffe

Neben den Molekülsubstanzen, bei denen nur wenige Atome miteinander verbunden sind, gibt es **polymere Stoffe**, die aus großen Atomverbänden aufgebaut sind. In ihnen sind viele Atome durch Atombindungen in ein, zwei oder drei Richtungen des Raumes miteinander verbunden. Solche Atomverbände können als **Makromoleküle** angesehen werden, die entweder Ketten-, Schicht- oder Raumnetzstruktur aufweisen. Durch die unterschiedliche Struktur ihrer Makromoleküle sind die Eigenschaften der polymeren Stoffe sehr verschieden.

Kohlenstoffmodifikationen

Diamant Der **Diamant**, eine Modifikation des Kohlenstoffs, ist ein polymerer Stoff. Die ihn aufbauenden Kohlenstoffatome bilden ein Atomgitter, indem die vier sp^3-Hybridorbitale eines jeden Kohlenstoffatoms mit sp^3-Hybridorbitalen von benachbarten Kohlenstoffatomen überlappen. Dadurch ist jedes Kohlenstoffatom tetraedrisch von vier anderen Kohlenstoffatomen umgeben, es entsteht eine Raumnetzstruktur (Abb. 2). Die C–C-Bindungen haben eine hohe Bindungsenergie (↑S. 37), die die Festigkeit und außerordentliche Härte des Diamanten bewirken. Er ist extrem schwer flüchtig und unlöslich. Wird Diamant unter Luftabschluss auf über 1500 °C erhitzt, entsteht Graphit. In Anwesenheit von Luft verbrennt er bei 800 °C zu Kohlenstoffdioxid.
Reine Diamanten sind elektrische Nichtleiter. Farblose, geschliffene Naturdiamanten sind geschätzte Edelsteine. Wegen ihrer großen Härte und ihres geringen Verschleißes werden Diamanten zum Bohren und Schneiden harter Mineralien eingesetzt (Abb. 4). Dafür verwendet man heute überwiegend synthetisch hergestellte Diamanten, die aus Graphit bei hohen Drücken und bei hoher Temperatur entstehen. Neben Diamant sind Stoffe mit analoger Kristallstruktur und daher ähnlichen Eigenschaften bekannt. Sie werden **diamantartige Stoffe** genannt. Zu den technisch bedeutenden diamantartigen Stoffen zählen das Siliciumcarbid SiC und das Bornitrid BN. Sie sind fast so hart wie Diamant und werden als Schleifmittel eingesetzt. Aus Siliciumcarbid werden auch Heizelemente für Hochtemperaturöfen hergestellt. Als **Halbleiter** besitzt es auch bei hohen Temperaturen eine ausreichende elektrische Leitfähigkeit bei gleichzeitiger Korrosionsresistenz und geringer thermischer Ausdehnung.

Graphit Eine weitere Modifikation des elementaren Kohlenstoffs ist der **Graphit**. Die Struktur des Graphits besteht aus übereinandergelagerten ebenen Schichten, die aus sechsgliedrigen Kohlenstoffringen aufgebaut sind (Abb. 3).

2 Struktur von Diamant

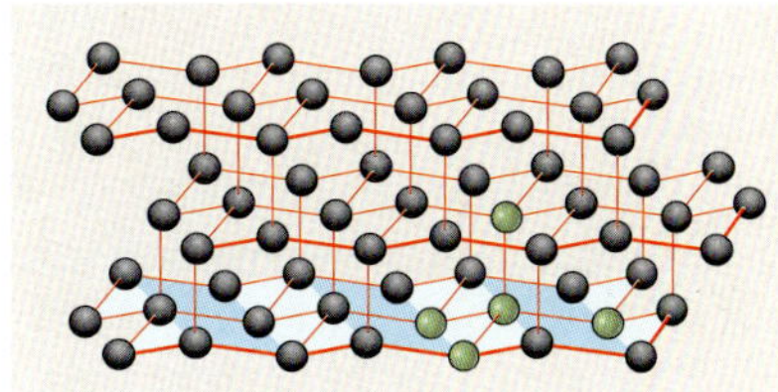

3 Struktur von Graphit

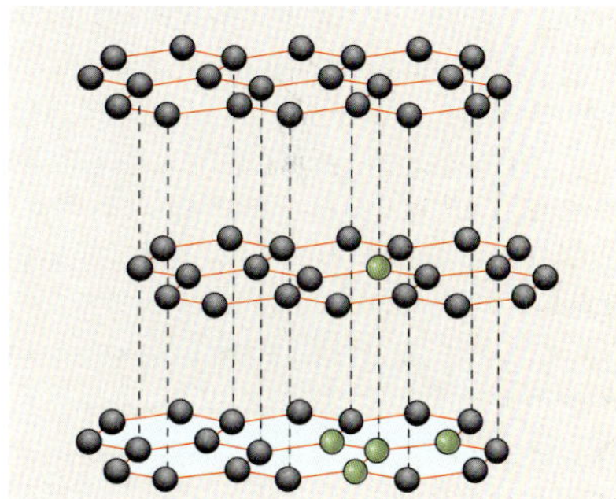

AUFGABEN

1 Vergleichen Sie die Bindungen in Ionen- und in Atomkristallen. Begründen Sie die unterschiedlichen Eigenschaften der Ionensubstanzen und der polymeren anorganischen Stoffe.
2 Vergleichen Sie die Struktur von Diamant und Graphit. Erläutern Sie die unterschiedliche Verwendung in der Technik.
3 Siliciumcarbid kann anstelle von Diamant zur Herstellung von Schleifpapier oder als Bohrkrone eingesetzt werden. Begründen Sie.

4 Diamantbohrkrone

Die Bindungsabstände innerhalb der Schicht sind kleiner als die Abstände zwischen den Schichten. Die Kohlenstoffatome sind sp^2-hybridisiert und bilden mit ihren jeweils drei Nachbaratomen innerhalb der Schicht σ-Bindungen aus. Der Bindungswinkel zwischen den Kohlenstoffatomen beträgt 120°. Die nicht an der Bindung beteiligten p-Atomorbitale stehen senkrecht zur Schichtebene und bilden p-p-π-Bindungen (↑Molekülorbitaltheorie, S. 35), die sich über die gesamte Schicht erstrecken. Die π-Elektronen sind innerhalb der Schicht delokalisiert. Sie verhalten sich wie Elektronen eines Metalls und verursachen den metallischen Glanz, die schwarze Farbe und die gute elektrische Leitfähigkeit. Im Graphit ist die elektrische Leitfähigkeit parallel zu den Schichten 104-mal höher als senkrecht zu den Schichten. Zwischen den Schichten wirken nur schwache Van-der-Waals-Kräfte. Deshalb liegen sie relativ weit auseinander und sind leicht gegeneinander verschiebbar. Wegen der leichten Spalt- und Verschiebbarkeit der Kohlenstoffschichten wird Graphit als Gleit- und Schmiermittel verwendet. Die gute elektrische Leitfähigkeit ermöglicht den Einsatz als Elektrodenmaterial. Durch thermische Zersetzung von synthetischen Fasern unter Luftausschluss (Pyrolyse) gelingt es, Graphit herzustellen, dessen Schichten parallel zur Faser ausgerichtet sind. Diese **Kohlenstofffasern** haben eine hohe Zugfestigkeit und Elastizität. Sie werden zum Beispiel im Flugzeugbau eingesetzt.

Fullerene Eine dritte Modifikation des Kohlenstoffs stellen die **Fullerene** dar, die erst 1985 von ROBERT CURL, SIR HAROLD KROTO und RICHARD SMALLEY beschrieben wurden. Fullerene sind Moleküle mit einer eindeutig begrenzten Anzahl an Kohlenstoffatomen. Sie zählen daher zu den Molekülsubstanzen. Die aus Fullerenmolekülen aufgebauten Stoffe heißen **Fullerite**. Die bekannteste Molekülstruktur der Fullerene ist das **C_{60}-Fulleren**, in dem 60 Kohlenstoffatome in Form einer fußballähnlichen Hohlkugel verbunden sind (Abb. 1). Der Name dieser Modifikation geht auf den geodätischen Kuppelbau auf der Weltausstellung 1967 in Montreal des Architekten RICHARD BUCKMINSTER FULLER zurück.

Alle Kohlenstoffatome des C_{60}-Fullerens sind sp^2-hybridisiert und bauen die Hohlkugel aus 12 ebenen Fünfecken und 20 Sechsecken auf. Diese symmetrische Anordnung erzielt eine sehr stabile Kugelstruktur. Neben den C_{60}-Molekülen sind auch Moleküle mit einer größeren Anzahl an Atomen isoliert worden. In den Kristallen des C_{60}-Fullerens werden die kugelförmigen Moleküle durch Van-der-Waals-Kräfte zusammengehalten. Sie sind deshalb weich und leicht spaltbar. In unpolaren Lösemitteln sind Fullerene gut löslich. Derzeit werden verschiedene Möglichkeiten zur Verwendung z. B. als Katalysator, als Schmiermittel, zur Herstellung künstlicher Diamanten, in der Medizin sowie als Halbleiter und Supraleiter erforscht. Moleküle mit solchen Käfigstrukturen bieten auch die Möglichkeit, Atome oder Verbindungen in den Hohlraum einzubringen.

1 Molekülmodell des C_{60}-Fullerens. Das C_{60}-Molekül besitzt einen Hohlraum mit einem Durchmesser von 700 pm, in den Atome oder Moleküle eingelagert werden können.

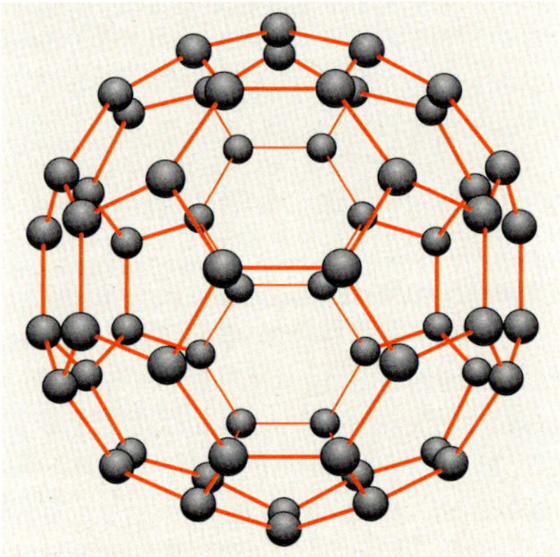

Tab. 1 Eigenschaften und Verwendungen der Kohlenstoffmodifikationen

Diamant
$\varrho = 3{,}51\ g \cdot cm^{-3}$ ϑ_S = ab 3550 °C Härte = 10
– Schneid- und Schleifmittel in Technik und Medizin (Mikroskalpelle) – Schmuck
Graphit
$\varrho = 2{,}26\ g \cdot cm^{-3}$ ϑ_S = ab 3730 °C Härte = 1 – 2
– Gleit- und Schmiermittel – Elektrodenmaterial – Kohlenstofffasern als Baumaterial
Fullerit
$\varrho = 1{,}9 - 2{,}0\ g \cdot cm^{-3}$ Sublimiert bei ϑ = 400 °C Härte = 3,5
– praktischer Einsatz bisher gering – Forschung: Katalysatoren, Schmiermittel, Halb- und Supraleiter

Silicate und Silicone

Siliciumdioxid – Quarz Die chemische Zusammensetzung des **Siliciumdioxids (Quarz)** wird durch die Formel SiO_2 wiedergegeben. Quarz kommt als Bestandteil vieler Gesteine (Quarzsand, Granit, Sandstein) vor. Er zeichnet sich durch große Härte (Härte nach MOHS 7) und eine hohe Schmelztemperatur von 1705 °C aus. Eine sehr reine Form des Quarzes ist der Bergkristall.
Im Gegensatz zur gasförmigen Molekülsubstanz CO_2 ist Siliciumdioxid SiO_2 ein polymerer Stoff, der sich von der Orthokieselsäure H_4SiO_4 ableiten lässt. Die Salze der Orthokieselsäure werden als **Silicate** bezeichnet. Andere Silicate haben weitere Metall-Kationen gebunden, sodass eine Vielzahl von Silicaten mit unterschiedlichen Eigenschaften resultieren. Sie bilden mit einem Anteil von 80 % in der Erdkruste die vielfältigste Gruppe der Mineralien.

Die Formel SiO_2 für Quarz ist eine Verhältnisformel. Sie gibt seine chemische Zusammensetzung exakt wieder, lässt aber keine Aussagen über die Struktur zu. Die Siliciumatome sind sp^3-hybridisiert. Jedes Siliciumatom kann vier Sauerstoffatome tetraedrisch binden. Im Quarzkristall liegt ein Atomgitter vor, das aus SiO_4-Tetraedern aufgebaut ist, die über gemeinsame Ecken verbunden sind. Die Sauerstoffatome sind „Brückenatome“ zu vier weiteren Siliciumatomen.

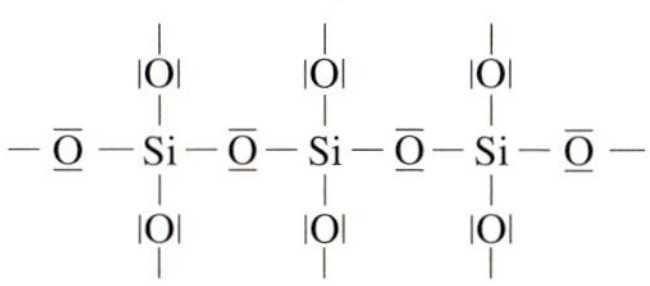

Dadurch entsteht eine ähnliche Raumnetzstruktur wie im Diamanten (Abb. 2). Die Stärke der Si–O-Bindung und die Raumnetzstruktur führen zu der großen Härte und der hohen Schmelztemperatur von Quarz. Er ist chemisch sehr widerstandsfähig und wird nur von Fluorwasserstoffsäure und starken Basen angegriffen.
Eine Besonderheit unter den Silicaten stellen die als **Zeolithe** bezeichneten Gerüstsilicate dar, die sowohl natürlich vorkommen als auch synthetisch hergestellt werden können. In ihren dem SiO_4-Raumnetz vergleichbaren Gittern kann eine unterschiedliche Anzahl an Siliciumatomen durch Aluminiumatome ersetzt sein. Dadurch entstehen Hohlräume, in denen Kationen eingelagert werden können (Abb. 3). Zeolithe werden deshalb als Ionenaustauscher verwendet.

Silicone Die polymeren **Silicone** (Polysiloxane) leiten sich von der Struktur des Quarzes ab. Weil die Siliciumatome jedoch mit organischen Resten verbunden sind, nehmen sie eine Stellung zwischen den anorganischen Polymeren und den organischen Kunststoffen ein.

2 Atomgitter des Quarzes SiO_2

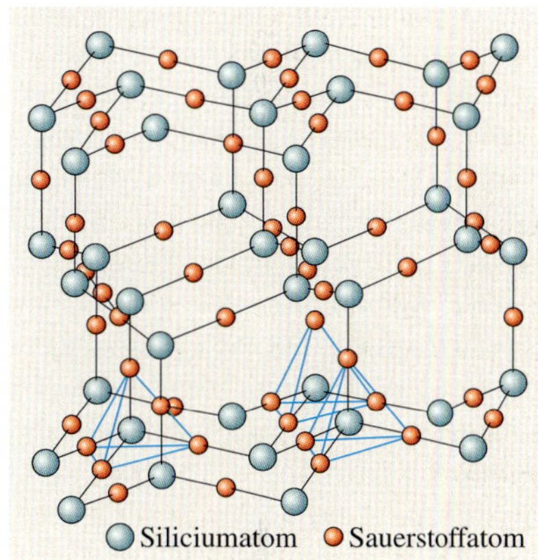

3 Struktur von Zeolith A

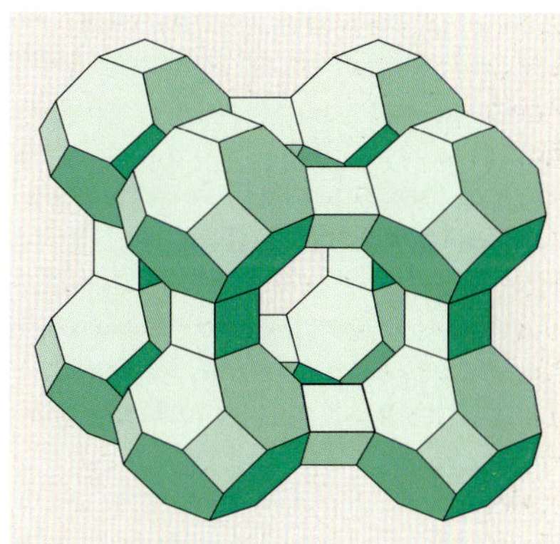

AUFGABE

1 Ordnen Sie den Stoffen NaCl, MgO, H_2O, N_2, CO_2, SiC, Cr die Art der chemischen Bindung und die Gitterart zu und begründen Sie jeweils Ihre Entscheidung.

Die für die Silicon-Herstellung benötigten Ausgangsstoffe sind Alkylchlorsilane, die durch Reaktion von Alkylhalogeniden wie Chlormethan und Silicium mit Kupfer als Katalysator gebildet werden. Versetzt man diese Alkylchlorsilane mit Wasser, erhält man in einer stark exothermen Reaktion Silandiole, die unter dem Einfluss von Salzsäure zu Siliconen (Abb. 1) reagieren. Die gebildeten polymeren Silicone zeigen, ähnlich den Bindungen im Quarz, Si–O-Bindungen (Abb. 1). Über die Anzahl der Chloratome im Silanmolekül kann der Vernetzungsgrad des Polymers variiert werden. In Abhängigkeit von der Molekülgröße und dem Vernetzungsgrad entstehen wasserabweisende **Siliconöle** (lineare Polysiloxane), harte **Siliconharze** (dreidimensional vernetzte Polysiloxane) oder elastische **Siliconkautschuke** (lineare, geringfügig vernetzte Polysiloxane).

Silicone zeichnen sich durch eine gute chemische und thermische Beständigkeit und hohe Flexibilität aus. Ihre besonderen Eigenschaften ergeben sich aus der molekularen Struktur. Die Wärme- und Kältebeständigkeit ist auf die gebundenen Siliciumatome zurückzuführen, die Elastizität und die wasserabweisende Wirkung auf die gebundenen Alkylgruppen.

Siliconöle werden als Brems- oder Hydraulikflüssigkeiten, in der Kosmetik und in der Medizin für Hautschutzsalben eingesetzt. Siliconkautschuk ist in einem Bereich von –100 bis 250 °C elastisch, beständig gegenüber Chemikalien und Verwitterungseinflüssen und wird zur Herstellung von z. B. Laborschläuchen, Backformen und Kabelummantelungen verwendet. Die harten Siliconharze kommen als Lacke, im Fassadenschutz oder als Dichtungsmasse zum Einsatz.

Quarzglas – Glaszustand Wenn eine Quarzschmelze schnell unter die Schmelztemperatur von 1705 °C abgekühlt wird, entsteht ein nicht kristalliner Feststoff, das **Glas**. Gläser sind ohne Kristallisation erstarrte Schmelzen. Beim Erwärmen schmelzen sie nicht wie der kristalline Feststoff bei einer bestimmten Temperatur, sondern erweichen allmählich. Der Glaszustand des Quarzes unterscheidet sich vom festen Zustand durch die Art der Verknüpfung der SiO_4-Tetraeder. Im Gegensatz zum kristallinen Quarz, in dem die Tetraedergruppen durch den ganzen Kristall regelmäßig miteinander verbunden sind, erfolgt beim Quarzglas die Verknüpfung der SiO_4-Tetraeder nur in kleinen Bereichen. Es bildet sich ein unregelmäßiges Raumnetz aus.

Da bei Gläsern die Bereiche mit intakter Quarzstruktur unterschiedlich groß sind, **erweichen** sie in einem bestimmten Temperaturbereich. Die Erweichungstemperatur von Quarz liegt bei 1500 °C. Für die Herstellung von technischen Gläsern werden dem Quarz Alkali- und Erdalkalimetalloxide zugesetzt. Die Oxid-Ionen sprengen einen Teil der Si–O–Si-Brücken. Dabei wird das Raumnetz weiter aufgelockert (Abb. 2) und die Erweichungstemperatur herabgesetzt. Normalglas, z. B. Fensterglas, erweicht ab 550 °C. Gläser können durch Zusätze gefärbt werden (Tab. 1).

1 Struktur eines Silicons (Polysiloxan), Prinzip der Synthese (Kondensation)

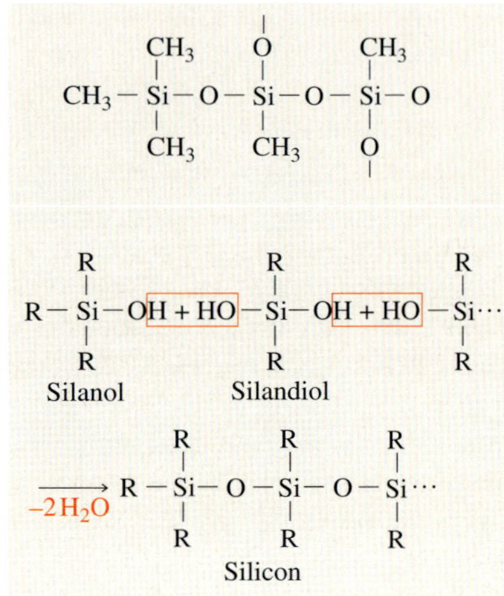

Tab. 1 Zusätze für die Färbung von Gläsern

Zusatzstoff	Farbe des Glases
FeO	grün
Fe_2O_2	braun
CoO	blau
Au	rubinrot
$Ca_3(PO_4)_2$	milchig

2 Strukturausschnitt von Normalglas

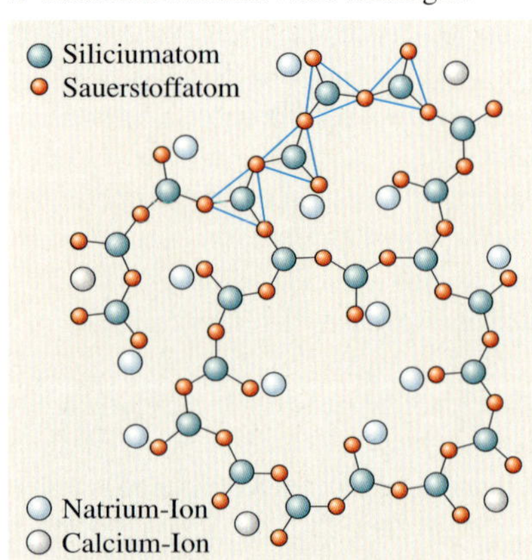

Technik

Spezialgläser

Gewünschte Eigenschaften lassen sich gezielt erzeugen. Glas wird in vielen technischen Bereichen eingesetzt und muss den jeweiligen Anforderungen in Bezug auf z. B. Temperaturbeständigkeit, Härte, Strahlendurchlässigkeit und chemische Beständigkeit entsprechen. Daher werden den meisten Glassorten Zusatzstoffe beigefügt, um die gewünschten Eigenschaften zu erzielen. Durch Variation der zugesetzten Stoffe und deren Anteile lässt sich Spezialglas für fast jeden Verwendungszweck herstellen, z. B. als Laborglas, optisches Glas oder Sicherheitsglas (Tab. 1).

Laborglas Das normale Gebrauchsglas (Natron-Kalk-Glas) ist klar und optisch durchlässig, vergleichsweise hart, aber spröde. Gegenüber Wasser und Basen ist es chemisch nicht resistent, es quillt auf. Laborgläser müssen aber spezielle Eigenschaften aufweisen. So erhöht die Beimischung von Bortrioxid die thermische und chemische Beständigkeit von Glas. Die Bruchfestigkeit des Glases wird durch die Zugabe von Aluminiumoxid erhöht. Beide Zusätze finden z. B. in dem in Laboren eingesetzten Jenaer Glas Anwendung. Aus solchen Gläsern werden Bechergläser oder Reagenzgläsern hergestellt, die über dem Gasbrenner stark erhitzt werden und gleichzeitig auch chemisch resistent und bruchfest sein sollen. Supremaxglas enthält einen größeren Anteil an Bortrioxid als Jenaer Glas und ist sogar bis 1000 °C beständig.

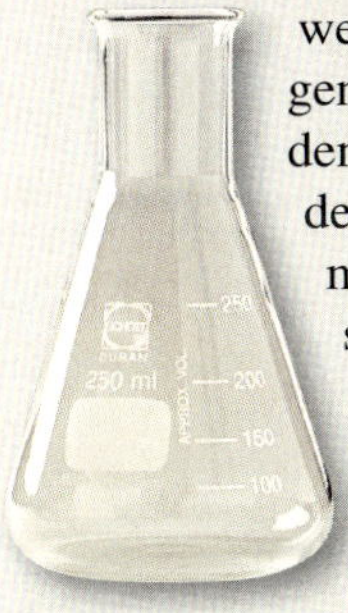

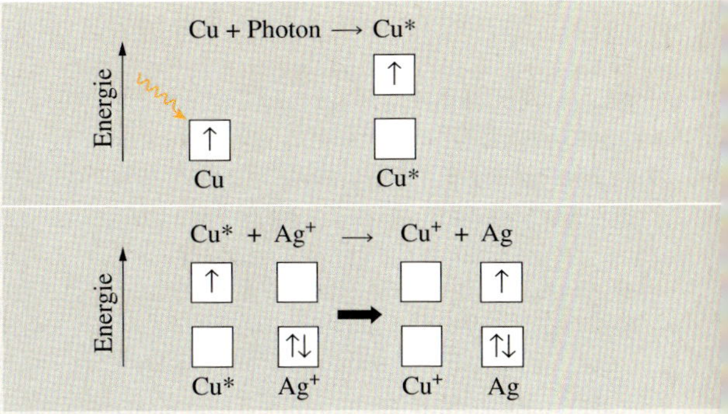

1 Funktionsprinzip von phototropem Glas

Phototropes Glas Bei phototropen Gläsern ändert sich deren Lichtdurchlässigkeit beim Bestrahlen. Diese Eigenschaft wird z. B. für selbsteinfärbende Brillengläser genutzt. Dazu sind im Glas kristalline Strukturen aus mit Kupfer dotierten Silberhalogeniden enthalten. Einfallendes UV- oder kurzwelliges sichtbares Licht regt in den Kupferatomen Elektronen an, die von Silber-Ionen aufgenommen werden (Abb. 1). Die auf diese Weise gebildeten Silberatome lagern sich zu Clustern zusammen, die sichtbares Licht absorbieren und deshalb das Glas dunkel färben. Nach Ende der Bestrahlung kehrt sich der Prozess um und das Glas entfärbt sich.

Chalkogenidglas Bei diesem Glas sind in die SiO_2-Grundstruktur die namensgebenden Chalkogene Schwefel-, Selen- und Telluratome bzw. Germanium- und Arsenatome eingebaut. Durch die höhere Masse dieser Atome und eine schwächere chemische Bindung verschiebt sich die Lichtdurchlässigkeit aus dem sichtbaren in den infraroten Spektralbereich: Chalkogenidgläser lassen Licht der Wellenlänge $\lambda = 0{,}9$ bis 12 µm durch. Diese Gläser können deshalb für Wärmebildkameras oder Nachtsichtgeräte verwendet werden.

AUFGABE

1 Glas reagiert mit Wasser. Stellen Sie unter Verwendung der Formel Na_2CaSiO_4 für Normalglas die Reaktionsgleichung auf und charakterisieren Sie die Reaktion.

Tab. 1 Chemische Zusammensetzung einiger Gläser

Glasart	Hauptbestandteile, Massenanteile in %							
	SiO_2	Na_2O	K_2O	CaO	Al_2O_3	MgO	B_2O_3	Sonstige
Normalglas	72	14,5	–	8,5	1,5	3,5	–	–
Jenaer Glas	75	6	1	1	6	–	7,5	1,75 BaO 1,75 As_2O_3
Supremaxglas	53	–	–	5	21	10	10	
Duranglas	81	4	Spuren	–	2	–	13	–

Chemische Bindungen im Vergleich

Die in den Stoffen enthaltenen Teilchen (Atome und Ionen) werden durch chemische Bindung zusammengehalten. Man unterscheidet zwischen Ionenbindung, Metallbindung, Elektronenpaarbindung. Der Bindungstyp bestimmt wesentlich die Eigenschaften der Stoffe. Zusätzlich werden die Stoffeigenschaften auch durch zwischenmolekulare Wechselwirkungen beeinflusst.

Chemische Bindung		Struktur des Stoffes		Eigenschaften der Stoffe
Art der chemischen Bindung; Stärke der Wechselwirkungen zwischen den Teilchen	→	Art und räumliche Anordnung der Teilchen (Atome, Ionen, Moleküle)	→	Chemisches Reaktionsverhalten, physikalische Eigenschaften

▶ Stoff-Teilchen-Konzept ▶ Struktur-Eigenschafts-Konzept

In den vorangegangenen Abschnitten wurden Ionenbindung, Metallbindung und Elektronenpaarbindung als **Grenztypen der chemischen Bindungen** charakterisiert. Zwischen allen Bindungstypen bestehen fließende Übergänge, sodass für viele Stoffe Anteile von zwei Bindungstypen charakteristisch sind.

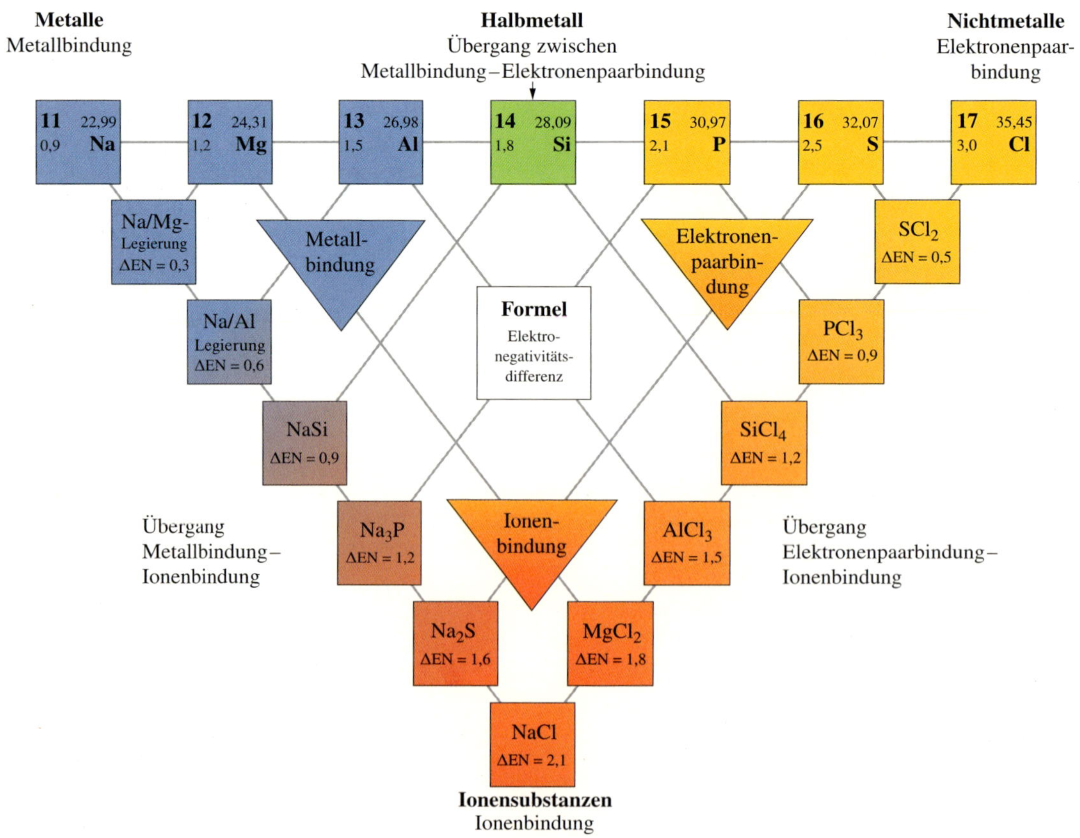

KOMPLEX GEDACHT

1 Begründen Sie mithilfe der Elektronenkonfiguration des Schwefelatoms, warum dieses im Schwefelhexafluoridmolekül SF_6 sechs Elektronenpaarbindungen zu den Fluorid-Ionen ausbilden kann.
Verallgemeinern Sie Ihre Aussage in Bezug auf die Elemente der 3. und höherer Perioden.

2 Das Zustandsdiagramm von Wasser (Abb. 1) zeigt, dass der Übergang von einem Aggregatzustand in einen anderen nicht nur von der Temperatur, sondern auch vom Druck abhängig ist.
a Interpretieren Sie das Diagramm. Gehen Sie dabei auf die unterschiedlichen Kurven und die Punkte S, V und P ein.
b Begründen Sie, warum Gletscherbewegungen trotz des tonnenschweren Gewichts der Eismassen möglich sind.

1 Zustandsdiagramm des Wassers

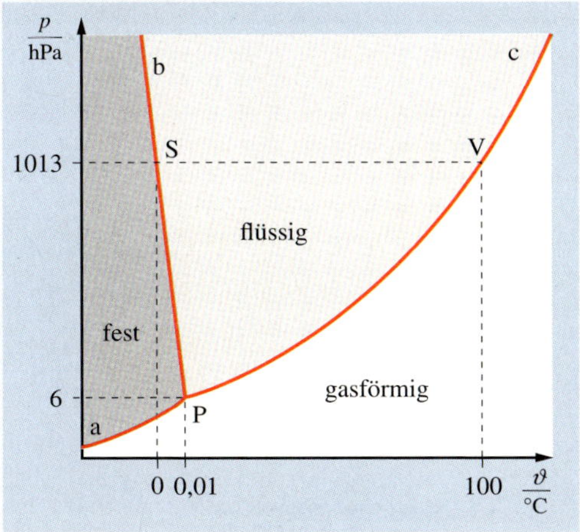

3 Halbmetalle, z. B. Silicium, besitzen bei 25 °C nur eine geringe elektrische Leitfähigkeit, die aber mit steigender Temperatur zunimmt. Halbmetalle kristallisieren im Gegensatz zu Metallen in Molekülgittern.
Deuten Sie die mit der Temperatur steigende Leitfähigkeit des Siliciums und begründen Sie das im Vergleich dazu verschiedene Verhalten von Metallen.

4 Das auf S. 54 abgebildete Schema wird auch als „Bindungsdreieck" bezeichnet.
a Charakterisieren Sie jeden der an den Ecken des Dreiecks aufgeführten Stoffe, indem Sie seine Stoffeigenschaften wie Schmelz- und Siedetemperatur, elektrische Leitfähigkeit, Wärmeleitfähigkeit sowie plastische Verformbarkeit nennen.
b Begründen Sie die unter a) aufgeführten Stoffeigenschaften mithilfe der zugrunde liegenden Bindungsarten und der Struktur der Stoffe.
c Recherchieren Sie in der Fachliteratur Stoffeigenschaften der auf den Dreiecksseiten mittig angeordneten Stoffe Silicium sowie für *einen* der Stoffe Natriumphosphid Na_3P bzw. Natriumsilicid NaSi und Siliciumchlorid $SiCl_4$ bzw. Aluminiumchlorid $AlCl_3$. Formulieren Sie Hypothesen zu den zugrunde liegenden Bindungsarten der genannten Stoffe.
d Formulieren Sie eine zusammenfassende Aussage zur Anordnung der Stoffe im abgebildeten Schema.

5 In festen Stoffen kann die Elektronendichteverteilung gemessen werden.
a Interpretieren Sie die Elektronendichteverteilung für Magnesium, Natriumchlorid und Diamant (Abb. 2).
b Begründen Sie die Richtigkeit der Aussage, dass Metallbindung, Ionenbindung und Elektronenpaarbindung nicht nur als Grundtypen, sondern auch als Grenztypen der chemischen Bindung zu bezeichnen sind.

2 Elektronendichteverteilung in verschiedenen Stoffen

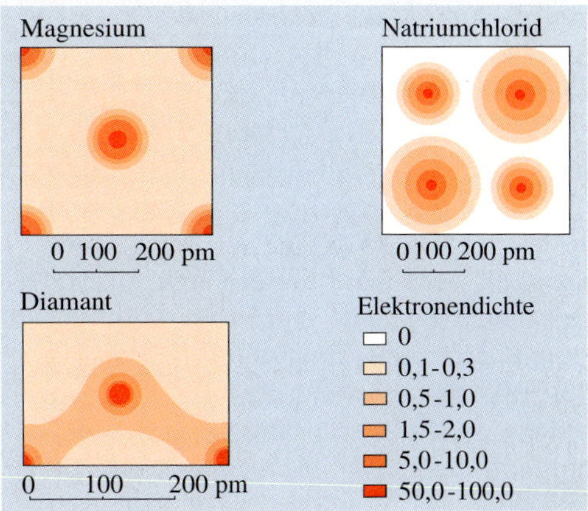

3 Stoffe und Reaktionen – quantitativ betrachtet

Stoffe und deren Umwandlungen spielen nicht nur in der Chemie, sondern auch im Alltag eine große Rolle. Damit Stoffe und chemische Reaktionen exakt beschrieben sowie in Technik und Alltag sinnvoll eingesetzt werden können, müssen sie qualitativ und quantitativ betrachtet werden.

Chemische Zeichensprache

Symbole und Formeln Stoffe werden durch international gültige Symbole und Formeln gekennzeichnet. Symbole werden für chemische Elemente und Formeln für chemische Verbindungen und Teile chemischer Verbindungen verwendet. Das Symbol bzw. die Formel eines Stoffs umfasst immer Aussagen sowohl aus dem stofflichen (makroskopischen) als auch aus dem teilchenmäßigen (submikroskopischen) Bereich. So kennzeichnen Symbole und Formeln einerseits jeweils einen Stoff und andererseits ein Atom eines chemischen Elements bzw. ein Molekül oder eine Baueinheit einer Verbindung sowie das Zahlenverhältnis der in der Verbindung gebundenen Teilchen. Ein Symbol steht auch für ein chemisches Element, eine Formel auch für eine chemische Verbindung und ihre Zusammensetzung aus chemischen Elementen.

In Abhängigkeit davon, was mit einer Formel verdeutlicht oder dargestellt werden soll, werden in der Chemie eine Reihe unterschiedlicher Formeln verwendet, z. B. Verhältnis-, Molekül-, Summen-, Struktur- und Halbstrukturformeln.

Die Verhältnisformel gibt die Art der in einer chemischen Verbindung vorhandenen chemischen Elemente sowie das Zahlenverhältnis der Atome, Atomgruppen oder Ionen in dieser Verbindung an. Die Verhältnisformel einer salzartigen Verbindung kennzeichnet deren Baueinheit.

1 Beispiele für chemische Zeichen

Symbole für ein Natriumatom und ein Natrium-Ion

Na Na^+

Verhältnisformeln für Natriumchlorid, Magnesiumchlorid, Wasser und Wasserstoffperoxid

$NaCl$ $MgBr_2$ H_2O HO

Summenformeln (Molekülformeln) für Wasser, Wasserstoffperoxid sowie Propansäure und Summenformel für das Sulfat-Ion

H_2O H_2O_2 $C_3H_6O_2$ SO_4^{2-}

Die Summenformel einer chemischen Verbindung oder eines Ions gibt die Art und die Anzahl der Atome an, die am Aufbau eines Moleküls der Verbindung oder eines Ions beteiligt sind. Die Summenformel einer aus Molekülen aufgebauten Verbindung ist mit deren Molekülformel identisch.
Strukturformeln werden für Moleküle mit Atombindungen (Elektronenpaarbindungen) verwendet. Strukturformeln machen Aussagen über die Zusammensetzung der Verbindung aus den Elementen und über die chemischen Bindungen zwischen den Atomen. In der Halbstrukturformel eines Moleküls werden bestimmte Atomgruppen des Moleküls zusammengefasst.

Reaktionsgleichungen Durch Reaktionsgleichungen werden chemische Reaktionen mithilfe chemischer Zeichen beschrieben. Eine Reaktionsgleichung enthält Aussagen über die qualitativen Veränderungen und die quantitativen Verhältnisse zwischen den Reaktionspartnern bei einer chemischen Reaktion.
Beispiel: Synthese von Chlorwasserstoff

$$H_2(g) + Cl_2(g) \rightarrow 2\,HCl(g)$$

Stoffliche Deutung: Wasserstoff und Chlor reagieren zu Chlorwasserstoff.
Teilchenmäßige Deutung: Je 1 Molekül Wasserstoff und 1 Molekül Chlor reagieren zu 2 Molekülen Chlorwasserstoff.

$$N(H_2) : N(Cl_2) : N(HCl) = 1 : 1 : 2$$

Häufig erfolgt auch eine Angabe der Aggregatzustände der an der Reaktion beteiligten Stoffe durch die Symbole s für fest (solid), l für flüssig (liquid) und g für gasförmig (gaseous), die den chemischen Zeichen in Klammern gesetzt nachgestellt werden. In wässriger Lösung hydratisiert vorliegende Ionen und Moleküle erhalten das Symbol aq. Sollen das Ausfällen eines Reaktionsprodukts aus einer Lösung oder das Ausgasen eines Reaktionsprodukts gekennzeichnet werden, erfolgt dies durch die Pfeile ↓ und ↑ direkt nach dem chemischen Zeichen des Stoffs.

Tab. 1 Schrittfolge zum Entwickeln einer Reaktionsgleichung

Formulieren der Wortgleichung	Eisen + Chlor → Eisen(III)-chlorid
Einsetzen der chemischen Zeichen	Fe Cl_2 $FeCl_3$
Ermitteln der Faktoren	2 Fe 3 Cl_2 2 $FeCl_3$
Überprüfen der Anzahl der Teilchen jedes Elements in den Ausgangsstoffen (As) und Reaktionsprodukten (Rp)	As Rp Eisen: 2 · 1 = 2 · 1 Chlor: 3 · 2 = 2 · 3
Reaktionsgleichung	$2\,Fe + 3\,Cl_2 \rightarrow 2\,FeCl_3$

2 Beispiele für Strukturformeln

Strukturformeln für das Wasserstoff- und das Propansäuremolekül

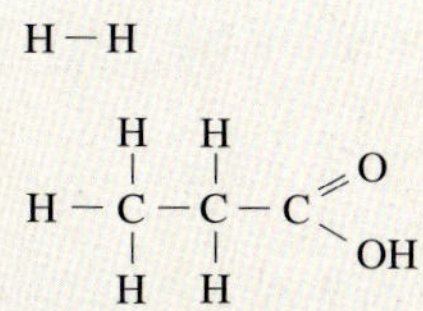

Halbstrukturformeln für das Propansäuremolekül

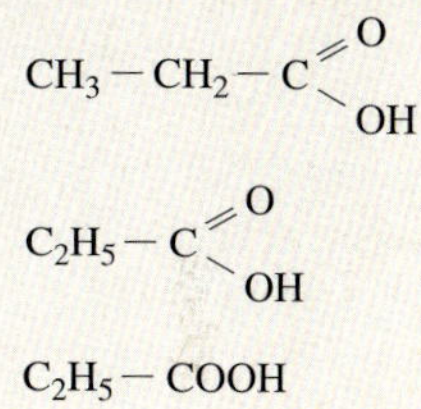

AUFGABEN

1 Notieren Sie die Summen- und die Verhältnisformeln folgender Stoffe:
a Bariumchlorid
b Kohlenstoffdioxid
c Ethin
d Benzol
e Oxalsäure

2 Notieren Sie die Summenformel und mindestens zwei mögliche Halbstrukturformeln für das Ethanolmolekül.

3 Entwickeln Sie für folgende chemische Reaktionen die Reaktionsgleichungen:
a Phosphorsäure reagiert mit Zink zu Zinkphosphat und Wasserstoff.
b Natriumoxid reagiert mit Wasser zu Natronlauge.
c Eisen(III)-oxid reagiert mit Kohlenstoffmonooxid zu Eisen(II)-oxid und Kohlenstoffdioxid.
d Ethanol reagiert mit Sauerstoff zu Kohlenstoffdioxid und Wasser.

Größen zur Beschreibung von Stoffen und Reaktionen

Größen in der Chemie Zur quantitativen Beschreibung stofflicher Systeme dienen verschiedene Größen. Die bereits bekannten Größen lassen sich bei genauer Betrachtung in zwei Gruppen einteilen.
Zu den Größen, die eine konkrete Stoffportion und deren Quantität kennzeichnen, gehören u. a. die Teilchenanzahl N, die Stoffmenge n, die Masse m und das Volumen V. Werden zwei völlig gleiche stoffliche Systeme, z. B. zwei gleiche Proben eines Stoffes vereinigt, so verdoppelt sich der Wert dieser Größen. Weitere Größen, auf die diese Eigenschaft zutrifft, sind z. B. die Enthalpie H, die Entropie S und die freie Enthalpie G.
Zu den Größen, die eine Stoffportion oder einen Stoff unabhängig von der Quantität einer bestimmten Probe dieses Stoffs kennzeichnen, gehören die Dichte ϱ, die Temperatur T, der Druck p, die molare Masse M, das molare Volumen V_m sowie die Zusammensetzungsgrößen von Stoffgemischen wie die Stoffmengenkonzentration c. Diese Größen ändern bei der Vereinigung von zwei völlig gleichen Stoffportionen ihren Wert nicht.
Weitere Größen, auf die diese Eigenschaft zutrifft, sind z. B. die weiteren molaren Größen molare Enthalpie H_m, molare Entropie S_m und molare freie Enthalpie G_m sowie spezifische Größen wie der Heizwert H_i oder der Brennwert H_s.

Tab. 1 Größen in der Chemie

Größe	Formelzeichen	Übliche Einheit	Definitionsgleichung
Teilchenanzahl	N	–	
Stoffmenge (= Objektmenge)	n	mol	
Volumen	V	m^3	
Masse	m	kg	
molares Volumen	V_m	$l \cdot mol^{-1}$	$V_m = \frac{V}{n}$
molare Masse	M	$g \cdot mol^{-1}$	$M = \frac{m}{n}$
Stoffmengenkonzentration	c	$mol \cdot l^{-1}$	$c = \frac{n}{V}$
Temperatur	T ϑ	K °C	 $\vartheta = \left(\frac{T}{K} - 273{,}15\right)°C$
Druck	p	Pa	
Dichte	ϱ	$g \cdot cm^{-3}$	$\varrho = \frac{m}{V} = \frac{M}{V_m}$

1 Zusammenhang zwischen Teilchenanzahl N und Stoffmenge n einer Stoffportion

$N = N_A \cdot n$

N_A Avogadro-Konstante
$N_A = 6{,}022\,1367 \cdot 10^{23}\ mol^{-1}$

Aufgabe: Die Stoffmenge eines Stücks Zink beträgt $n(Zn) = 1{,}5$ mol.
Wie groß ist die Anzahl der Zinkatome $N(Zn)$?

$N(Zn) = N_A \cdot n(Zn)$
$N(Zn) = 6 \cdot 10^{23}\ mol^{-1} \cdot 1{,}5\ mol$
$N(Zn) = 9 \cdot 10^{23}$

In dem Stück Zink sind $9 \cdot 10^{23}$ Zinkatome enthalten.

2 Beziehungen zwischen Größen

$$\boldsymbol{m}(\text{Stoffportion}) = \boldsymbol{M}(\text{Stoff}) \cdot \boldsymbol{n}(\text{Stoffportion})$$

$$\boldsymbol{M}(\text{Stoff}) = \frac{\boldsymbol{m}(\text{Stoffportion})}{\boldsymbol{n}(\text{Stoffportion})}$$

$$\boldsymbol{n}(\text{Stoffportion}) = \frac{\boldsymbol{m}(\text{Stoffportion})}{\boldsymbol{M}(\text{Stoff})}$$

$$\boldsymbol{n}(\text{Stoffportion}) = \frac{\boldsymbol{N}(\text{Stoffportion})}{\boldsymbol{N}_A}$$

$$\boldsymbol{M}(\text{Stoff}) = \boldsymbol{m}_a(\text{1 Atom des Stoffes}) \cdot \boldsymbol{N}_A$$

$$\boldsymbol{V}_m = \frac{V(\text{Stoffportion})}{n(\text{Stoffportion})}$$

$$\boldsymbol{V}(\text{Stoffportion}) = \boldsymbol{n}(\text{Stoffportion}) \cdot \boldsymbol{V}_m$$

$$\boldsymbol{\varrho}(\text{Stoff}) = \frac{\boldsymbol{m}(\text{Stoffportion})}{\boldsymbol{V}(\text{Stoffportion})}$$

3 Beziehungen zwischen Größen in der Chemie

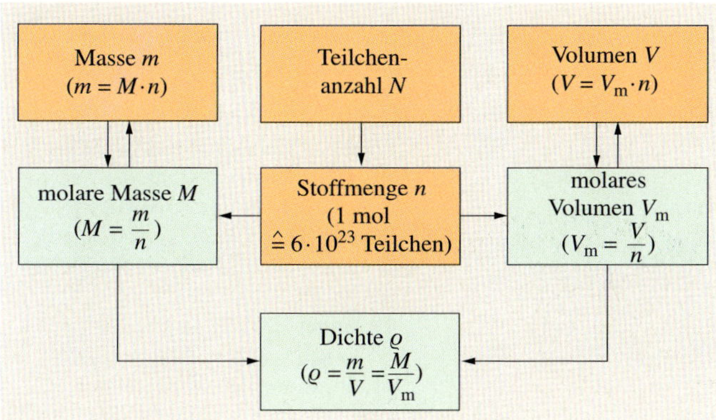

4 Ein Airbag kann in 20 bis 40 Millisekunden durch eine Reaktion von Natriumazid NaN_3 mit 60 bis 150 Liter Stickstoff gefüllt werden.

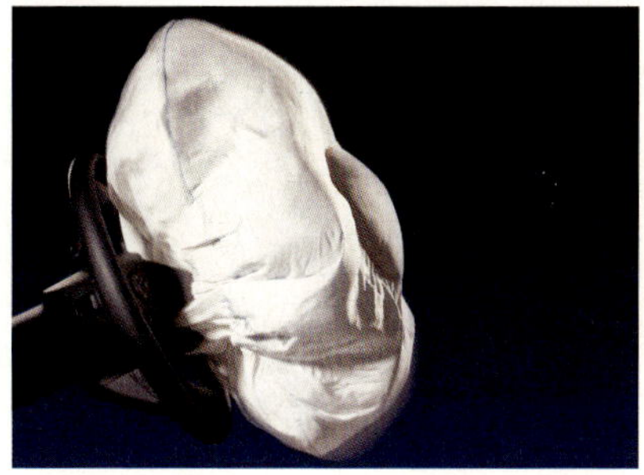

Berechnen der Masse, der Stoffmenge und des Volumens von Stoffportionen Durch Nutzen der Beziehungen zwischen den Größen lassen sich verschiedenste Berechnungen durchführen.

Aufgabe: 500 ml einer wässrigen Lösung sollen Natriumchlorid mit der Stoffmenge $n(\text{NaCl}) = 2$ mol enthalten. Welche Masse an Natriumchlorid muss abgewogen werden?

Gesucht: $m(\text{NaCl})$

Gegeben: $n(\text{NaCl}) = 2$ mol
$M(\text{NaCl}) = 58{,}5 \text{ g} \cdot \text{mol}^{-1}$ (↑Tabellenwerk)

Lösung: $M(\text{NaCl}) = \frac{m(\text{NaCl})}{n(\text{NaCl})}$ $\quad m(\text{NaCl}) = M(\text{NaCl}) \cdot n(\text{NaCl})$

$m(\text{NaCl}) = 58{,}5 \text{ g} \cdot \text{mol}^{-1} \cdot 2 \text{ mol}$
$m(\text{NaCl}) = 117 \text{ g}$

Ergebnis: Für die Herstellung der geforderten wässrigen Lösung muss eine Masse $m(\text{NaCl}) = 117$ g abgewogen werden.

Aufgabe: Zur Demonstration des aluminothermischen Schweißens werden 100 g Eisen(III)-oxid mit Aluminium umgesetzt. Berechnen Sie die Stoffmenge dieser Stoffportion.

Gesucht: $n(Fe_2O_3)$

Gegeben: $m(Fe_2O_3) = 100$ g
$M(Fe_2O_3) = 160 \text{ g} \cdot \text{mol}^{-1}$ (↑Tabellenwerk)

Lösung: $M(Fe_2O_3) = \frac{m(Fe_2O_3)}{n(Fe_2O_3)}$

$$n(Fe_2O_3) = \frac{m(Fe_2O_3)}{M(Fe_2O_3)} = \frac{100 \text{ g}}{160 \text{ g} \cdot \text{mol}^{-1}}$$

$n(Fe_2O_3) = 0{,}625$ mol

Ergebnis: 100 g Eisen(III)-oxid entsprechen einer Stoffmenge von $n(Fe_2O_3) = 0{,}625$ mol.

AUFGABEN

1 Berechnen Sie die Stoffmengen folgender Stoffportionen:
a 399 g Aluminiumchlorid
b 40 g Calciumbromid
c 96 g Citronensäure
d 448 m^3 Butan
e 5,6 ml Kohlenstoffmonooxid
f 112 l Ozon

2 Berechnen Sie das Volumen folgender Stoffproben:
a 100 g Ethan
b 100 g Ethanol (bei 25 °C)
c 3,2 mol Kohlenstoffdioxid
d 2 mol Gold (bei 25 °C)

3 6,1 l Kohlenstoffdioxid besitzen bei 0 °C eine Masse von 12,06 g. Berechnen Sie die Dichte.

4 82 ml Schwefelsäure haben bei 25 °C eine Masse von 150 g. Berechnen Sie die Dichte.

5 Berechnen Sie die Masse folgender Stoffportionen:
a 2,5 mol Ethanol
b 33,6 l Propan
c 5 l Salpetersäure

Aufgabe: Eine Kuh trägt durch Ausstoß von etwa 26 mol Methan täglich zur Luftverschmutzung bei. Berechnen Sie das freigesetzte Volumen an Methan.

Gesucht: $V(CH_4)$ *Gegeben:* $n(CH_4) = 26$ mol

$V_m = 22{,}4\ l \cdot mol^{-1}$

Lösung: $V_m = \frac{V(CH_4)}{n(CH_4)}$

$V(CH_4) = V_m \cdot n(CH_4) = 22{,}4\ l \cdot mol^{-1} \cdot 26\ mol$

$V(CH_4) = 582\ l$

Ergebnis: Eine Kuh trägt täglich durch Freisetzung von $V(CH_4) = 582\ l$ zur Luftverschmutzung bei.

Quantitative Betrachtung einer Reaktionsgleichung Aus jeder Reaktionsgleichung lassen sich neben den schon bekannten (↑S. 57) weitere quantitativen Aussagen ableiten, z. B.:

$C_6H_{12}O_6(s)$	→	$2\ C_2H_5OH(l)$	+	$2\ CO_2(g)$
1 Molekül Glucose	→	2 Moleküle Ethanol	+	2 Moleküle Kohlenstoffdioxid
$6 \cdot 10^{23}$ Moleküle Glucose	→	$2 \cdot (6 \cdot 10^{23})$ Moleküle Ethanol	+	$2 \cdot (6 \cdot 10^{23})$ Moleküle Kohlenstoffdioxid
1 mol Glucose	→	2 mol Ethanol	+	2 mol Kohlenstoffdioxid
180 g Glucose	→	92 g Ethanol	+	88 g Kohlenstoffdioxid
180 g Glucose	→	116,5 ml Ethanol	+	44,8 l Kohlenstoffdioxid

Berechnen der Massen von Reaktionspartnern Da bei chemischen Reaktionen die Massenverhältnisse der reagierenden Stoffe konstant sind, lassen sich bei bekannter Reaktionsgleichung die Massen der einzelnen Stoffe berechnen.

Tab. 1 Allgemeine Größengleichungen zu Massen- und Volumenberechnungen bei chemischen Reaktionen
(A) Stoff der gesuchten Größe
(B) Stoff der gegebenen Größe

Gesuchte und gegebene Größe	Größengleichung
Masse gesucht, Masse gegeben	$\frac{m(A)}{m(B)} = \frac{n(A) \cdot M(A)}{n(B) \cdot M(B)}$
Masse gesucht, Volumen gegeben	$\frac{m(A)}{V(B)} = \frac{n(A) \cdot M(A)}{n(B) \cdot V_m}$
Volumen gesucht, Masse gegeben	$\frac{V(A)}{m(B)} = \frac{n(A) \cdot V_m}{n(B) \cdot M(B)}$
Volumen gesucht, Volumen gegeben	$\frac{V(A)}{V(B)} = \frac{n(A)}{n(B)}$

1 Schrittfolge für Massenberechnungen bei chemischen Reaktionen

1. Analysieren der Aufgabe: Erfassen der gesuchten und gegebenen Größen, z. B. $m(A)$ gesucht, $m(B)$ gegeben. Molare Massen mithilfe eines Tabellenwerks oder des Periodensystems der Elemente ermitteln
2. Entwickeln der Reaktionsgleichung
3. Ermitteln der Stoffmengen der Stoffe aus der Reaktionsgleichung
4. Formulieren des Massenverhältnisses der gesuchten zu einer gegebenen Größe; Aufstellen der Gleichung unter Nutzung der allgemeinen Größengleichung $m = n \cdot M$
   $$\frac{m(A)}{m(B)} = \frac{n(A) \cdot M(A)}{n(B) \cdot M(B)}$$
5. Umformen dieser Gleichung nach der gesuchten Größe
   $$m(A) = \frac{n(A) \cdot M(A) \cdot m(B)}{n(B) \cdot M(B)}$$
6. Einsetzen der bekannten Größen und Berechnen des Ergebnisses
7. Formulieren eines Antwortsatzes

AUFGABE

1 Viele Pigmentfarben bestehen aus Eisenoxiden. Ein rotes Eisenoxid hat die Formel Fe_2O_3. Dieses Pigment wird aus Roheisen durch Reaktion mit Sauerstoff hergestellt. Roheisen besteht zu 96 % aus Eisen.

a Berechnen Sie die erforderliche Masse an Roheisen, wenn 100 kg dieses Pigments hergestellt werden sollen.

b Welche Masse an Sauerstoff wird für diese Reaktion benötigt?

Aufgabe: Eisen(III)-oxid kann durch Kohlenstoff zu Eisen reduziert werden. Berechnen Sie die Masse an Eisen(III)-oxid, die im Laborexperiment durch eine Masse von 7,2 g Kohlenstoff theoretisch reduziert werden kann.

Gesucht: $m(Fe_2O_3)$

Gegeben: $m(C) = 7{,}2\ g$
$M(C) = 12\ g \cdot mol^{-1}$; $M(Fe_2O_3) = 160\ g \cdot mol^{-1}$

Reaktionsgleichung:
$$3\ C(s) + 2\ Fe_2O_3(s) \rightarrow 4\ Fe(s) + 3\ CO_2(g)$$

Lösung: $$\frac{m(Fe_2O_3)}{m(C)} = \frac{n(Fe_2O_3) \cdot M(Fe_2O_3)}{n(C) \cdot M(C)}$$

$$m(Fe_2O_3) = \frac{n(Fe_2O_3) \cdot M(Fe_2O_3) \cdot m(C)}{n(C) \cdot M(C)}$$

$$m(Fe_2O_3) = \frac{2\ mol \cdot 160\ g \cdot mol^{-1} \cdot 7{,}2\ g}{3\ mol \cdot 12\ g \cdot mol^{-1}}$$

$$m(Fe_2O_3) = 64\ g$$

Ergebnis: 7,2 g Kohlenstoff können eine Masse $m(Fe_2O_3) = 64\ g$ zu Eisen reduzieren.

Volumenberechnungen bei chemischen Reaktionen Da bei chemischen Reaktionen neben den Massenverhältnissen auch die Volumenverhältnisse der reagierenden Stoffe konstant sind, lassen sich bei bekannter Reaktionsgleichung auch die Volumina der einzelnen Stoffe berechnen.

Aufgabe: Bei der Reaktion von Kupfer mit konzentrierter Salpetersäure entsteht neben einer Kupfer(II)-nitratlösung und Wasser auch das giftige Stickstoffdioxid. Berechnen Sie das entstehende Volumen an Stickstoffdioxid, wenn 2 g Kupfer umgesetzt werden.

Gesucht: $V(NO_2)$

Gegeben: $m(Cu) = 2\ g$
$M(Cu) = 63{,}5\ g \cdot mol^{-1}$; $V_m = 22{,}4\ l \cdot mol^{-1}$

Reaktionsgleichung:
$$Cu(s) + 4\ HNO_3(aq) \rightarrow Cu(NO_3)_2(aq) + 2\ NO_2(g) + 2\ H_2O(l)$$

Lösung: $$\frac{V(NO_2)}{m(Cu)} = \frac{n(NO_2) \cdot V_m}{n(Cu) \cdot M(Cu)}$$

$$V(NO_2) = \frac{n(NO_2) \cdot V_m \cdot m(Cu)}{n(Cu) \cdot M(Cu)}$$

$$V(NO_2) = \frac{2\ mol \cdot 22{,}4\ l \cdot mol^{-1} \cdot 2\ g}{1\ mol \cdot 63{,}5\ g \cdot mol^{-1}}$$

$$V(NO_2) = 1{,}4\ l$$

Ergebnis: Bei der Umsetzung von 2 g Kupfer mit konzentrierter Salpetersäure entsteht ein Volumen von $V(NO_2) = 1{,}4\ l$.

2 Schrittfolge für Volumenberechnungen bei chemischen Reaktionen

1. Analysieren der Aufgabe: Erfassen der gesuchten und gegebenen Größen, z. B. $V(A)$ gesucht, $m(B)$ gegeben: molare Massen mithilfe eines Tabellenwerks oder des Periodensystems der Elemente ermitteln
2. Entwickeln der Reaktionsgleichung
3. Ermitteln der Stoffmengen der Stoffe aus der Reaktionsgleichung
4. Formulieren des Verhältnisses zwischen Volumen der gesuchten Größe und Masse der gegebenen Größe; Aufstellen der Gleichung unter Nutzung der allgemeinen Größengleichungen $m = n \cdot M$ und $V = n \cdot V_m$
   $$\frac{V(A)}{m(B)} = \frac{n(A) \cdot V_m}{n(B) \cdot M(B)}$$
5. Umformen dieser Gleichung nach der gesuchten Größe
   $$V(A) = \frac{n(A) \cdot V_m \cdot m(B)}{n(B) \cdot M(B)}$$
6. Einsetzen der bekannten Größen und Berechnen des Ergebnisses
7. Formulieren eines Antwortsatzes

AUFGABEN

1 Eine Kerze mit der Masse $m = 56\ g$ besteht aus reinem Docosan $C_{22}H_{46}$. Berechnen Sie das Volumen an Kohlenstoffdioxid und die Masse an Wasser, wenn diese Kerze vollständig verbrennt.

2 In einer Chlor-Alkali-Elektrolyse werden 2 Tonnen Steinsalz mit einem Reinheitsgrad von 90 % umgesetzt. Berechnen Sie
a das Volumen an Chlor und
b das Volumen an Chlorwasserstoffgas, das aus dem erhaltenen Chlorgas hergestellt werden kann.

Größen zur Beschreibung von Stoffgemischen Stoffgemische werden in der Chemie durch sogenannte Zusammensetzungsgrößen quantitativ gekennzeichnet.
Soll der Anteil einer Komponente (eines Stoffes) im Stoffgemisch angegeben werden, geschieht das mithilfe der Anteilsgrößen. Zwei wichtige schon im Chemieunterricht verwendete **Anteilsgrößen** sind der Massenanteil w und der Volumenanteil φ.

Tab. 1 Anteilsgrößen in der Chemie

Anteilsgröße	Formel	Beispiel
Massenanteil w	$w(\mathrm{B}) = \frac{m(\mathrm{B})}{m(\mathrm{Gem})}$ $w(\mathrm{Fett}) = \frac{32{,}5\ \mathrm{g}}{250\ \mathrm{g}}$ $w(\mathrm{Fett}) = 0{,}13$	250 g Vanilleeis enthalten 32,5 g Fett. Der Massenanteil an Fett beträgt $w(\mathrm{Fett}) = 0{,}13$ bzw. $w(\mathrm{Fett}) = 13\,\%$.
Volumenanteil φ	$\varphi(\mathrm{B}) = \frac{V(\mathrm{B})}{\Sigma V}$ $\varphi(\mathrm{Alk.}) = \frac{78{,}75\ \mathrm{ml}}{750\ \mathrm{ml}}$ $\varphi(\mathrm{Alk.}) = 0{,}105$	0,75 l Sekt enthalten 78,75 ml Alkohol (Alk.). Der Volumenanteil an Alkohol beträgt $\varphi(\mathrm{Alk.}) = 0{,}105$ bzw. $\varphi(\mathrm{Alk.}) = 10{,}5\,\%$ Vol.

Besonders in der Chemie und in der Medizin sind zwei weitere Zusammensetzungsgrößen von Bedeutung. Diese werden als **Konzentrationsgrößen** bezeichnet. Wird die Masse eines in einem bestimmten Volumen einer Lösung gelösten Stoffes angegeben, erhält man die **Massenkonzentration β**. Wird dagegen die Stoffmenge eines in einem bestimmten Volumen einer Lösung gelösten Stoffes angegeben, heißt die Größe **Stoffmengenkonzentration c**.

Tab. 2 Konzentrationsgrößen in der Chemie

Konzentrationsgröße	Formel	Beispiel
Massenkonzentration β	$\beta(\mathrm{B}) = \frac{m(\mathrm{B})}{V(\mathrm{Ls})}$ $\beta(\mathrm{Ca^{2+}}) = \frac{24{,}3\ \mathrm{g}}{0{,}5\ \mathrm{l}}$ $\beta(\mathrm{Ca^{2+}}) = 48{,}6\ \mathrm{mg \cdot l^{-1}}$	500 ml des Mineralwassers enthalten 24,3 mg Calcium-Ionen. Die Massenkonzentration an Calcium-Ionen beträgt $\beta = 48{,}6\ \mathrm{mg \cdot l^{-1}}$.
Stoffmengenkonzentration c	$c(\mathrm{B}) = \frac{n(\mathrm{B})}{V(\mathrm{Ls})}$ $c(\mathrm{NaOH}) = \frac{0{,}025\ \mathrm{mol}}{0{,}5\ \mathrm{l}}$ $c(\mathrm{NaOH}) = 0{,}05\ \mathrm{mol \cdot l^{-1}}$	In 0,5 l Natronlauge sind 0,025 mol Natriumhydroxid enthalten. Die Stoffmengenkonzentration der Natronlauge beträgt $c = 0{,}05\ \mathrm{mol \cdot l^{-1}}$.

1 Bedeutung der Formelzeichen in Zusammensetzungsgrößen

$w(\mathrm{B})$	Massenanteil des Stoffes B
$m(\mathrm{B})$	Masse des Stoffes B
$m(\mathrm{Gem})$	Masse des Gemisches
$\varphi(\mathrm{B})$	Volumenanteil des Stoffes B
$V(\mathrm{B})$	Volumen des Stoffes B
ΣV	Summe der Volumina aller Stoffe des Stoffgemischs vor dem Mischen
$\beta(\mathrm{B})$	Massenkonzentration des Stoffes B
$m(\mathrm{B})$	Masse des Stoffes B
$V(\mathrm{Ls})$	Volumen der Lösung
$c(\mathrm{B})$	Stoffmengenkonzentration des Stoffes B
$n(\mathrm{B})$	Stoffmenge des Stoffes B
$V(\mathrm{Ls})$	Volumen der Lösung

AUFGABEN

1 Es sollen 70 g einer 15%igen Zuckerlösung hergestellt werden. Berechnen Sie, welche Masse an Zucker und an Wasser dafür bereitzustellen sind.

2 Berechnen Sie die benötigten Volumina an Tinte [$\varphi(\mathrm{Tinte}) = 100\,\%$] und an Wasser zur Herstellung von 30 ml einer 10%igen Tintenlösung.

Herstellen und Verdünnen von Lösungen Mithilfe der verschiedenen Größengleichungen lassen sich die zum Herstellen und Verdünnen von Lösungen erforderlichen Massen und Volumina berechnen.

Aufgabe: Berechnen Sie die Massen an Kupfersulfat-5-Wasser und Wasser, die zur Herstellung von etwa 300 ml einer 5%igen Kupfersulfatlösung benötigt werden.

Gesucht: $m(CuSO_4 \cdot 5\ H_2O)$, $m(H_2O)$ *Gegeben:* $w(CuSO_4) = 5\,\% = 0{,}05$; $V(Ls) \approx 300$ ml; $M(CuSO_4 \cdot 5\ H_2O) = 249{,}5\ g \cdot mol^{-1}$; $M(CuSO_4) = 159{,}5\ g \cdot mol^{-1}$

Lösung: $m(Ls) = V(Ls) \cdot \varrho(Ls) \approx 300\ ml \cdot 1\ g \cdot ml^{-1} = 300\ g$

$$w(CuSO_4) = \frac{m(CuSO_4)}{m(Ls)}$$

$$m(CuSO_4) = w(CuSO_4) \cdot m(Ls) = 0{,}05 \cdot 300\ g = 15\ g$$

$$\frac{m(CuSO_4 \cdot 5\ H_2O)}{m(CuSO_4)} = \frac{n(CuSO_4 \cdot 5\ H_2O) \cdot M(CuSO_4 \cdot 5\ H_2O)}{n(CuSO_4) \cdot M(CuSO_4)}$$

$$m(CuSO_4 \cdot 5\ H_2O) = \frac{n(CuSO_4 \cdot 5\ H_2O) \cdot M(CuSO_4 \cdot 5\ H_2O) \cdot m(CuSO_4)}{n(CuSO_4) \cdot M(CuSO_4)}$$

$$m(CuSO_4 \cdot 5\ H_2O) = \frac{1\ mol \cdot 249{,}5\ g \cdot mol^{-1} \cdot 15\ g}{1\ mol \cdot 159{,}5\ g \cdot mol^{-1}}$$

$$m(CuSO_4 \cdot 5\ H_2O) = 23{,}5\ g$$

$$m(H_2O) = m(Ls) - m(CuSO_4 \cdot 5\ H_2O) = 300\ g - 23{,}5\ g$$

$$m(H_2O) = 276{,}5\ g$$

Ergebnis: Zur Herstellung von etwa 300 ml einer 5%igen Kupfersulfatlösung werden 23,5 g Kupfersulfat-5-Wasser in 276,5 g Wasser gelöst.

Aufgabe: Berechnen Sie die Massen an 5%iger Kupfersulfatlösung und Wasser, die zu mischen sind, wenn etwa 200 ml einer 2%igen Kupfersulfatlösung benötigt werden.

Gesucht: $m_1(CuSO_4)$, $m(H_2O)$ *Gegeben:* $w_1(CuSO_4) = 5\,\% = 0{,}05$; $w(CuSO_4) = 2\,\% = 0{,}02$; $V(Ls) \approx 200$ ml

Lösung: $m(Ls) = V(Ls) \cdot \varrho(Ls) \approx 200\ ml \cdot 1\ g \cdot ml^{-1} = 200\ g$

$$m_1(CuSO_4) \cdot w_1(CuSO_4) = m(Ls) \cdot w(CuSO_4)$$

$$m_1(CuSO_4) = \frac{m(Ls) \cdot w(CuSO_4)}{w_1(CuSO_4)} = \frac{200\ g \cdot 0{,}02}{0{,}05}$$

$$m_1(CuSO_4) = 80\ g$$

$$m(H_2O) = m(Ls) - m_1(CuSO_4) = 200\ g - 80\ g = 120\ g$$

Ergebnis: Zur Herstellung von etwa 200 ml einer 2%igen Kupfersulfatlösung werden 80 g einer 5%igen Kupfersulfatlösung mit 120 g Wasser gemischt.

2 Herstellen von wässrigen Lösungen

– Herstellen einer wässrigen Lösung mit der Masse $m(Ls)$ und dem Massenanteil $w(B)$:

$$m(B) = w(B) \cdot m(Ls)$$
$$m(H_2O) = m(Ls) - m(B)$$

Lösen des Stoffes B mit der Masse $m(B)$ in Wasser mit der Masse $m(H_2O)$.

– Herstellen einer wässrigen Lösung mit dem Volumen $V(Ls)$ und der Stoffmengenkonzentration $c(B)$:

$$m(B) = c(B) \cdot V(Ls) \cdot M(B)$$

Lösen des Stoffes B mit der Masse $m(B)$ in Wasser in einem Messkolben mit dem Volumen $V(Ls)$.

– Herstellen einer wässrigen Lösung mit dem Volumen $V(Ls)$ und der Massenkonzentration $\beta(B)$:

$$m(B) = \beta(B) \cdot V(Ls)$$

Lösen des Stoffes B mit der Masse $m(B)$ in Wasser in einem Messkolben mit dem Volumen $V(Ls)$.

AUFGABEN

1 Berechnen Sie die Masse an Kochsalz, um 40 ml einer wässrigen Kochsalzlösung mit einer Massenkonzentration $\beta(\text{Kochsalz}) = 4\ g \cdot l^{-1}$ herzustellen. Beschreiben Sie die Herstellung der Lösung.

2 50 ml einer Magnesiumchloridlösung mit einer Stoffmengenkonzentration $c = 1\ mol \cdot l^{-1}$ sollen hergestellt werden.
Berechnen Sie die benötigte Masse an Magnesiumchlorid. Beschreiben Sie die Herstellung der Lösung.

4 Chemische Thermodynamik

Alle Stoffumwandlungen sind mit Energieumwandlungen gekoppelt. In der Technik werden Stoffumwandlungsprozesse sowohl zur Herstellung von Stoffen, z. B. von Metallen aus ihren Erzen, als auch zur Umwandlung von Energie, z. B. zum Antrieb von Motoren oder zur Wärmeerzeugung, genutzt. Gegenstand der chemischen Thermodynamik ist die Untersuchung von Gesetzmäßigkeiten der bei chemischen Reaktionen auftretenden Energieumwandlungen. Erkenntnisse der chemischen Thermodynamik gestatten unter anderem, chemische Prozesse ökonomisch und ökologisch günstig zu gestalten sowie vorauszusagen, ob eine chemische Reaktion bei bestimmten Bedingungen freiwillig stattfinden kann.

Energetische Beschreibung stofflicher Systeme

Innere Energie Jedes stoffliche System besitzt einen Vorrat an äußerer und innerer Energie. Die Energie, die sich aus der Lage eines stofflichen Systems in elektrischen, magnetischen und Gravitationsfeldern (potenzielle Energie) oder aus seiner Bewegung gegenüber anderen Systemen (kinetische Energie) ergibt, wird als **äußere Energie** bezeichnet. Die äußere Energie ist prinzipiell nicht bestimmbar, weil sich kein Nullpunkt festlegen lässt. Sie spielt bei chemischen Reaktionen keine Rolle.

Die durch innere Zusammenhänge in einem stofflichen System vorhandene Energie heißt **innere Energie**. Die innere Energie U umfasst vereinfacht drei Energieformen: Kernenergie U_K, chemische Energie U_{ch} und thermische Energie U_{th}.

$$\boldsymbol{U = U_K + U_{ch} + U_{th}}$$

1 Bei der Nutzung der Sonnenenergie durch Solarzellen treten auch Veränderungen der inneren Energie des Halbleitermaterials z. B. des Siliciums auf.

Die Existenz der verschiedenen Energieformen der inneren Energie lässt sich bei Änderungen der jeweiligen Energieform feststellen:

- Atomkernumwandlungsprozesse haben Änderungen der Kernenergie U_K zur Folge (Nutzung der Kernenergie erfolgt z. B. durch Umwandlung in elektrische Energie in Kernkraftwerken).
- Chemische Umwandlungsprozesse verändern die chemische Energie U_{ch} eines Systems bei Vorgängen in der Elektronenhülle der Atome und durch den Umbau chemischer Bindungen (chemische Energie kann z. B. durch Umwandlung in elektrische Energie in einem Bleiakkumulator genutzt werden).
- Austauschprozesse thermischer Energie U_{th} bewirken Veränderungen des Bewegungs- und Ordnungszustands der Teilchen eines Systems (Exp. 1).

Ein Absolutbetrag der inneren Energie U stofflicher Systeme lässt sich nicht angeben, weil sich kein Energienullpunkt festlegen lässt. Deshalb sind immer nur Änderungen der inneren Energie ΔU bestimmbar.

Energieumwandlungen bei chemischen Reaktionen Energieumwandlungen bei chemischen Reaktionen können sehr unterschiedlich sein. Von Einfluss sind dabei vor allem die Art der Reaktion, die Wahl der Reaktionspartner und die jeweiligen Reaktionsbedingungen (Druck, Temperatur).
Ein Teil der chemischen Energie der Ausgangsstoffe kann beim Ablauf chemischer Reaktionen in thermische, mechanische, elektrische oder auch Strahlungsenergie (Licht) umgewandelt werden und umgekehrt (Exp. 2; Exp. 3, S. 66).

2 Energieumwandlungen bei chemischen Reaktionen

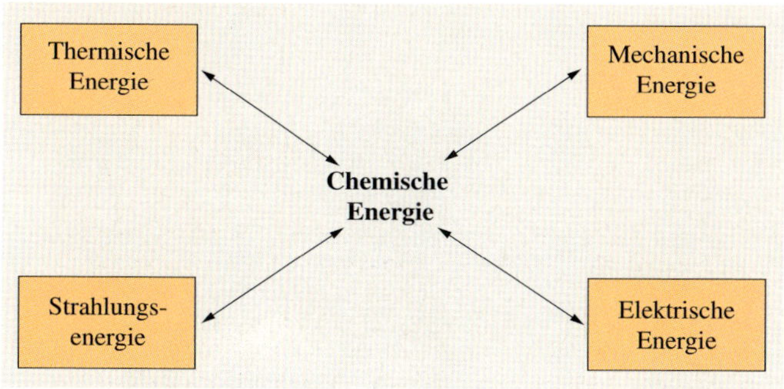

Meist laufen mehrere Umwandlungsprozesse parallel ab. Besonders deutlich wird dies beim Ablauf von Explosionen (Abb. 3): Chemische Energie der Ausgangsstoffe wird teils in thermische, teils in mechanische und teils in Strahlungsenergie umgewandelt.
Chemische Reaktionen können durch die Wahl der Reaktionsbedingungen so beeinflusst werden, dass eine bestimmte Energieumwandlung bevorzugt abläuft.

EXPERIMENT 1
Modellieren der Brown'schen Bewegung
1 ml H-Milch ist in einem Reagenzglas mit Wasser zu verdünnen, bis das Gemisch schwach durchscheinend ist. Ein Tropfen davon wird auf einen Objektträger gegeben und ein Deckglas daraufgelegt. Das Präparat ist unter einem Mikroskop bei 500- bis 1000-facher Vergrößerung zu betrachten.

EXPERIMENT 2
Bestimmen der Temperatur vor und nach dem Lösen von Salzen in Wasser
Jeweils 1 g Ammoniumchlorid (Xn) und wasserfreies Calciumchlorid (Xi) werden in verschiedenen Reagenzgläsern in je 10 ml Wasser gelöst. Die Temperatur des Wassers ist vor der Salzzugabe und nach dem Lösen zu messen (direkt nach dem Lösen, 1 min und 2 min nach dem Lösen).

3 Sprengung in einem Steinbruch

AUFGABE
1 Erläutern Sie die beim Verbrennen von Holz in einem Lagerfeuer auftretenden Energieumwandlungen.

1 Experiment zur Chemolumineszenz

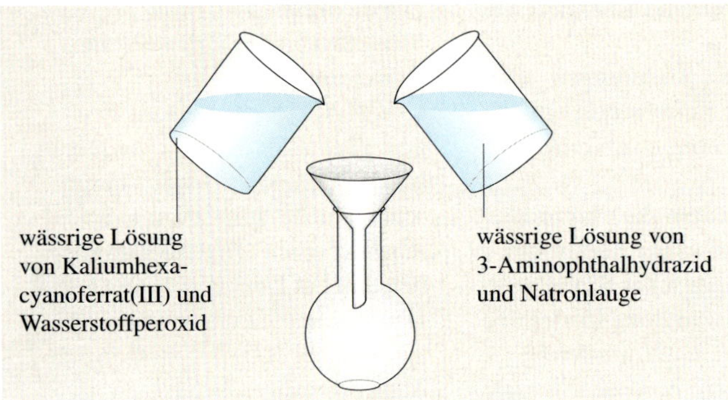

Beim Zusammengeben der wässrigen Lösung von Luminol und Natronlauge mit der wässrigen Lösung von rotem Blutlaugensalz und Wasserstoffperoxid ist eine blaue Lichterscheinung zu beobachten. Diese wird als Chemolumineszenz bezeichnet.
Die Reaktionsgleichung lautet:

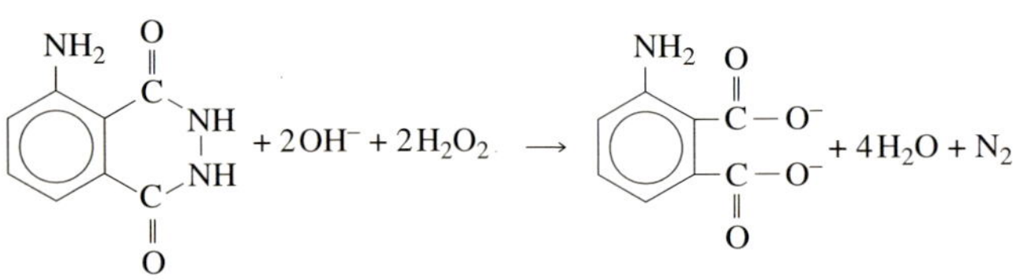

3-Aminophthalhydrazid 3-Aminophthalat

Praktische Bedeutung besitzen solche Reaktionen u. a. als optisches Signal zur Ortung von Seenotrettungsinseln, beim Sichtbarmachen von Blutspuren in der Kriminaltechnik oder auch in Knicklichtern, die von Anglern beim Nachtangeln oder auf Partys als Stimmungslichter verwendet werden.

Arten stofflicher Systeme Für thermodynamische Untersuchungen von Stoffen und Stoffumwandlungen ist es nützlich, **offene**, **geschlossene** und **abgeschlossene (isolierte) Systeme** zu unterscheiden (↑Tab. 1). Als System wird der jeweils untersuchte reine Stoff, die Stoffmischung oder das Stoffgemisch bezeichnet. Offene, geschlossene und abgeschlossene Systeme sind immer stoffliche Systeme.
Die quantitative Betrachtung abgeschlossener und geschlossener Systeme ist besonders einfach. Diese Systeme sind daher für Modelluntersuchungen gut geeignet. Die Thermodynamik konzentriert sich auf diese Systeme. In Natur und Technik handelt es sich meist um offene Systeme, bei denen kontinuierlich oder diskontinuierlich Stoffzufuhr und Stoffabgabe stattfinden. Aber die so interessanten offenen Systeme, zu denen auch alle Lebewesen gehören, sind kompliziert und lassen sich in ihren Wechselwirkungen mit der Umgebung nicht mit einfachen Mitteln quantitativ beschreiben.

EXPERIMENT 3 L

Chemolumineszenz

0,1 g 3-Aminophthalhydrazid (Luminol) sind in 10 ml Natronlauge ($c = 1\ mol \cdot l^{-1}$; C) zu lösen. Die Lösung wird in ein Becherglas mit 200 ml Leitungswasser gegeben. In einem weiteren Becherglas sind 0,1 g Kaliumhexacyanoferrat(III) (rotes Blutlaugensalz) in 200 ml Leitungswasser zu lösen und 20 ml Wasserstoffperoxidlösung ($w = 10\,\%$) hinzuzufügen. Im voll verdunkelten Raum werden nach etwa 3 min Adaptionszeit beide Lösungen gleichzeitig mithilfe eines Trichters in einen 500-ml-Stehkolben gegossen (Abb. 1).

AUFGABEN

1 Erklären Sie die Bewegungen, die mit dem Mikroskop an Fetttröpfchen beobachtet werden.
2 Erläutern Sie Vor- und Nachteile, Probleme und Gefahren der Erzeugung elektrischer Energie:
a in Kernkraftwerken
b durch chemische Reaktionen (z. B. in Kohlekraftwerken)
c durch die Umwandlung thermischer Energie (z. B. Nutzung der Erdwärme)
3 Benennen Sie die Energieformen, die in Wasser-, Wind- und Gezeitenkraftwerken in elektrische Energie umgewandelt werden?
4 Beschreiben Sie an selbst gewählten Beispielen chemischer Reaktionen die Möglichkeiten der Energieumwandlungen.
5 Nennen Sie Beispiele, bei denen aus gleichen Ausgangsstoffen unter verschiedenen Reaktionsbedingungen unterschiedliche Energieumwandlungen stattfinden.
6 Kennzeichnen Sie die Arten stofflicher Systeme und geben Sie für jede Art jeweils ein Beispiel an.

Tab. 1 Einteilung stofflicher Systeme

Art des stofflichen Systems	Beziehung zur Umgebung	Beispiele
Offenes System 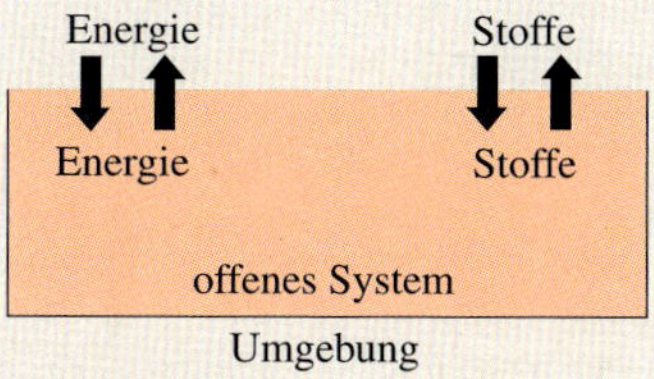 	Es finden Stoff- und Energieübergang über die Systemgrenzen statt.	Verbrennen von Erdgas in einem Heizkessel – Stoffübergang: ständige Zufuhr von Erdgas und Luft sowie ständige Abfuhr der Verbrennungsprodukte und Restgase (Kohlenstoffdioxid, Wasserdampf und Stickstoff) – Energieübergang: Wärme wird aus dem Heizkessel an die Umgebung abgegeben
Geschlossenes System 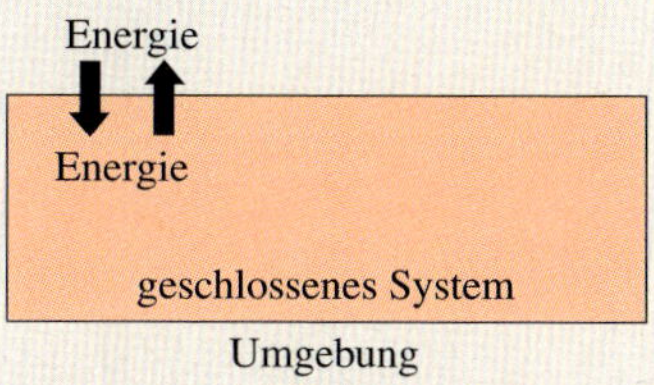 	Es findet kein Stoffübergang über die Systemgrenzen, aber Energieübergang in Form von z. B. mechanischer Arbeit, Wärme, elektrischer Arbeit und/oder Lichtstrahlung statt.	Reaktion von Schwefel- mit Eisenpulver in einem Reagenzglas: Energieübergang in Form von Wärme und Licht; Lade- und Entladevorgang eines Bleiakkumulators: Energieübergang in Form von elektrischer Arbeit und Wärme
Abgeschlossenes System (isoliertes System) 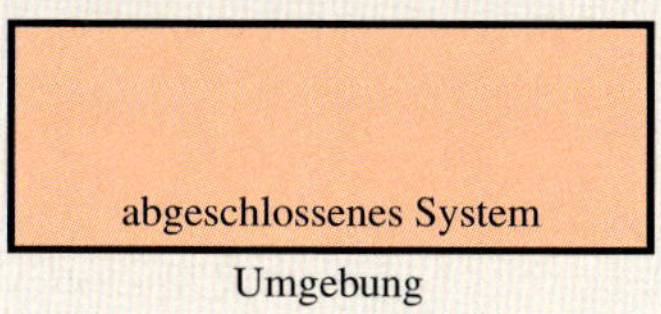 	Es finden kein Stoffübergang und kein Energieübergang über die Systemgrenzen statt.	Vorgang des Lösens eines Salzes in einem fest verschlossenen Gefäß mit wärmeisolierenden Wänden

AUFGABEN

1 Beschreiben Sie die Art der Energieumwandlung beim Lösen von Kohlenstoffdioxid in Wasser und bei der Umkehr dieses Vorgangs (z. B. beim Beschicken und beim Gebrauch eines Siphons).

2 Aus 1 mol Wasser (18 cm^3) soll durch ständiges Halbieren ein Wassermolekül erhalten werden. Berechnen Sie die Anzahl der notwendigen Teilungen aus der Avogadro-Konstante.

ZUSAMMENFASSUNG

Jedes stoffliche System besitzt einen Vorrat an innerer Energie. Die **innere Energie *U*** eines stofflichen Systems ist vereinfacht die Summe aus Kernenergie U_K, chemischer Energie U_{ch} und thermischer Energie U_{th}.

$$U = U_K + U_{ch} + U_{th}$$

Da sich für stoffliche Systeme kein Energienullpunkt festlegen lässt, sind jeweils nur Änderungen der inneren Energie ΔU bestimmbar.

Beim Ablauf chemischer Reaktionen kann die chemische Energie der Ausgangsstoffe in thermische, mechanische, elektrische und Strahlungsenergie umgewandelt werden und umgekehrt. Je nachdem, ob ein Stoff- und/oder Energieübergang über die Systemgrenzen stattfindet, wird zwischen **offenen**, **geschlossenen** und **abgeschlossenen (isolierten) Systemen** unterschieden.

► Energie-Konzept

1. Hauptsatz der Thermodynamik

Satz von der Erhaltung der Energie Bereits in der Mitte des 19. Jahrhunderts formulierte der deutsche Arzt JULIUS ROBERT VON MAYER (1814 bis 1878) eine Erkenntnis, die aus der Beobachtung vieler Naturphänomene gewonnen wurde – den **Satz von der Erhaltung der Energie**:

Bei einem Prozess kann Energie weder erschaffen noch vernichtet werden. Energie kann nur aus einer Form in andere Energieformen umgewandelt werden.

Dieser Erfahrungssatz wird auch als **1. Hauptsatz der Thermodynamik** bezeichnet. Wendet man diesen Satz auf ein abgeschlossenes System an, bei dem kein Stoffübergang und kein Energieübergang über die Systemgrenzen stattfinden, ergibt sich als Folgerung, dass die Summe der Energien in einem abgeschlossenen System immer gleich sein muss.
In einem geschlossenen System ändert sich aber während eines physikalischen und/oder chemischen Prozesses die innere Energie U des stofflichen Systems. Die Änderung der inneren Energie ΔU erfolgt von einem Anfangszustand mit der inneren Energie U_1 zu einem davon verschiedenen Endzustand mit der inneren Energie U_2. Daraus abgeleitet gilt:

$$\Delta U = U_2 - U_1$$

In der Thermodynamik wird davon ausgegangen, dass die Änderung der inneren Energie ΔU in einem geschlossenen System ihre Ursache im Energieübergang in Form von **Arbeit W** und von **Wärme Q** über die Systemgrenzen hat.

$$\Delta U = U_2 - U_1 = Q + W$$

Der 1. Hauptsatz der Thermodynamik ist ein Erfahrungssatz. Bisher ist keine Ausnahme bekannt, sodass er wie ein Gesetz betrachtet werden darf. Es hat im Laufe der Menschheitsgeschichte nicht an Versuchen gefehlt, Maschinen und Geräte zu erfinden, mit denen man hoffte, Energie aus dem „Nichts" zu erzeugen. Eine solche Einrichtung, die noch nirgends funktioniert hat, heißt **Perpetuum mobile erster Art**. Es gab viele interessante Versuche, den 1. Hauptsatz zu „überlisten".

Innere Energie als Zustandsgröße Aus dem 1. Hauptsatz der Thermodynamik folgt, dass die innere Energie U eines Systems in einem bestimmten Zustand auch einen bestimmten Wert hat. Dieser Wert ist unabhängig davon, auf welchem Weg dieser Zustand erreicht wurde. Die innere Energie eines Systems ist damit durch den Zustand dieses Systems (Temperatur, Druck, Volumen und Zusammensetzung) charakterisiert. Die innere Energie U ist eine **Zustandsgröße**.

1 Beispiel einer Energieumwandlungskette

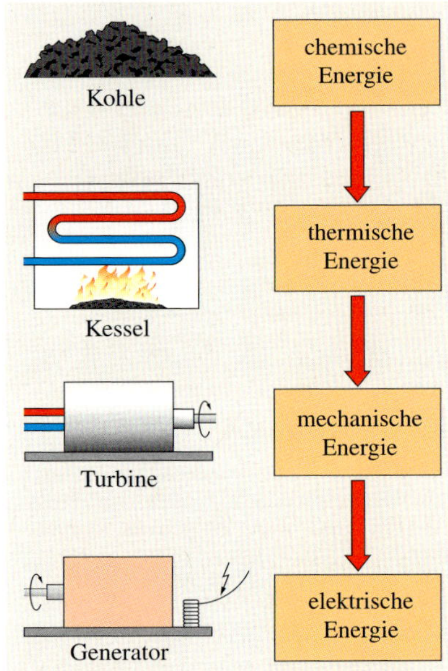

AUFGABEN

1 Interpretieren Sie die in Abb. 1 dargestellte Energieumwandlungskette.
2 Informieren Sie sich im Internet über Perpetua mobilia erster Art. Stellen Sie ein chemisches Perpetuum mobile vor und diskutieren Sie Gründe des Nichtfunktionierens solcher Maschinen.
3 Zink reagiert in einem Experiment mit Chlorwasserstoffsäure.
a Formulieren Sie die Reaktionsgleichung.
b Erläutern Sie am Beispiel dieser Reaktion den 1. Hauptsatz der Thermodynamik.
c Entwickeln Sie Experimentieranordnungen, damit diese Reaktion als offenes, als geschlossenes und als abgeschlossenes System charakterisiert werden kann.

Zustandsgrößen, zu denen neben der inneren Energie auch Größen wie das Volumen, die Temperatur und der Druck gehören, sind von der Vorgeschichte des Systems unabhängig. Es ist zum Beispiel gleichgültig, ob ein System von 50 °C oder von 0 °C auf 20 °C gebracht worden ist. Jede Zustandsgröße erreicht auf beiden Wegen den für 20 °C charakteristischen Wert.

Volumenarbeit bei chemischen Reaktionen Der 1. Hauptsatz der Thermodynamik gilt nach allen vorliegenden Erfahrungen auch für die Umwandlung chemischer Energie in andere Energieformen und umgekehrt, also auch für chemische Reaktionen.
Die Arbeit W in der Gleichung $\Delta U = Q + W$ ist bei chemischen Reaktionen häufig mechanische Arbeit, die im Allgemeinen als Volumenarbeit auftritt. Für isobare Prozessführung (p = konst.) gilt (Abb. 2):

$$W = W_{mech} = -p \cdot \Delta V$$

Das Minuszeichen ergibt sich aus der Überlegung, dass eine Volumenzunahme des stofflichen Systems gleichbedeutend mit einer Abgabe von Volumenarbeit des Systems an die Umgebung ist.
Dagegen wird bei Volumenabnahme dem System von der Umgebung Volumenarbeit zugeführt.
Damit gilt für solche Prozesse allgemein:

$$\mathbf{\Delta U = Q - p \cdot \Delta V}$$

Als Beispiel soll die Reaktion von Salzsäure mit Zink untersucht werden (Exp. 1).

Einfluss der Prozessführung auf übertragene Wärme und verrichtete Arbeit Die Änderung der inneren Energie eines Systems von einem Zustand 1 mit der inneren Energie U_1 in einen Zustand 2 mit der inneren Energie U_2 ist vom Weg und von der Art der Prozessführung unabhängig. Um zu untersuchen, ob die übertragene Wärme Q und die verrichtete bzw. aufgewendete mechanische Arbeit $W_{mech} = -p \cdot \Delta V$ ebenfalls unabhängig vom Weg und der Art der Prozessführung ist, sollen jeweils zwei Tropfen Benzin a) im Klassenraum und b) im verschlossenen Gefäß verbrannt werden (↑Exp. 2, S. 70).
Im Klassenraum erfolgt die Reaktion unter dem herrschenden Luftdruck. Bei der Verbrennung wird Wärme freigesetzt und wenig Volumenarbeit gegen einen konstanten Druck geleistet.
Im verschlossenen Gefäß erfolgt die Reaktion unter einem während der Reaktion zunehmenden Druck. Die Druckerhöhung ergibt sich aus der Zunahme der Anzahl der Gasmoleküle und dem Temperaturanstieg bei der Verbrennung des Benzin-Luft-Gemischs. Der aufgelegte Stopfen (Kolben) ermöglicht, dass das System nutzbare Volumenarbeit abgeben kann.

2 Volumenarbeit bei isobarer Prozessführung

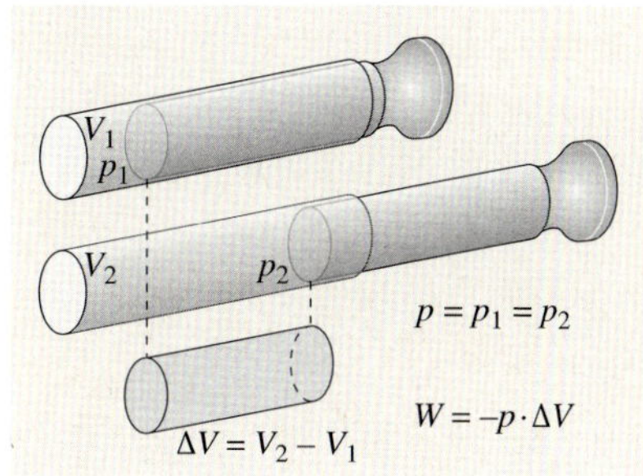

EXPERIMENT 1
Volumenermittlung bei der Reaktion von Zink mit Salzsäure
Das Experiment wird wie in Abb. 3 dargestellt durchgeführt. Ausgangsstoffe sind 10 ml Salzsäure (c = 5 mol·l^{-1}; Xi) und 250 mg Zink.

3 Reaktion von Zink mit Salzsäure

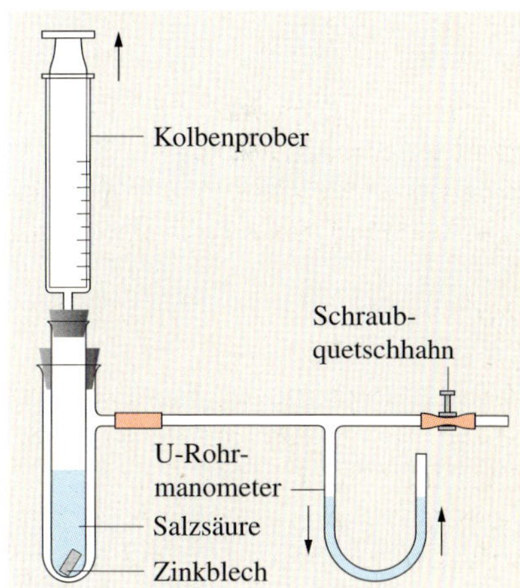

AUFGABEN

1 Berechnen Sie das bei Experiment 1 zu erwartende Volumen an Wasserstoff bei 298 K und 101,3 kPa.

2 Vergleichen Sie das theoretisch berechnete mit dem experimentell ermittelten Volumen und diskutieren Sie möglicherweise vorhandene Abweichungen.

Die vom System verrichtete Volumenarbeit und die an die Umgebung abgegebene Wärme unterscheiden sich bei den beiden Prozessführungen jeweils voneinander, obwohl die Änderung der inneren Energie ΔU in beiden Fällen gleich groß ist. Unter der Annahme, Benzin sei nur eine Mischung aus Alkanen, gilt für beide Varianten die allgemeine Reaktionsgleichung:

$$C_nH_{(2n+2)} + (1{,}5\,n + 1)\,O_2 \rightarrow n\,CO_2 + (n + 1)\,H_2O \quad (5 \leq n \leq 10)$$

Damit gilt:

$\Delta U_a = \Delta U_b$
$Q_a > Q_b$
$W_a < W_b$

Die Prozessführung bestimmt die Größe des Anteils an der Änderung der inneren Energie, der in Form von Wärme vom System an die Umgebung abgegeben oder als nutzbare Volumenarbeit vom System verrichtet wird. Wärme und Arbeit sind Größen, die von der Prozessführung und damit vom Weg einer Zustandsänderung abhängig sind. Wärme und Arbeit werden deshalb auch als **Prozessgrößen** bezeichnet. Die Änderung der inneren Energie ist keine Prozessgröße, da sie unabhängig von der Prozessführung ist. Sie ist die Änderung einer Zustandsgröße.
Die sehr vereinfachte Auswertung der beiden Varianten, Benzin zu verbrennen, führt zu der Erkenntnis: Bei einem Prozess wird der Anteil an nutzbarer Volumenarbeit mit steigendem Druck größer. So wird die Verdichtung des Benzin-Luft-Gemischs bei Ottomotoren möglichst hoch gewählt, um einen großen Anteil nutzbarer Volumenarbeit (mechanischer Arbeit) zu erhalten.
Dieses Prinzip zur Steigerung der nutzbaren Volumenarbeit wird generell bei Wärmekraftmaschinen angewendet. Eine größere nutzbare Volumenarbeit bedeutet einen höheren Wirkungsgrad der Maschine.

EXPERIMENT 2 L

Entzünden von Petroleumbenzin

a) Auf einen kopfstehenden Porzellantiegel werden 2 Tropfen Petroleumbenzin (F) gegeben und entzündet.
b) Nach Aufbau der Apparatur (Abb. 1) werden in den Trockenturm 2 Tropfen Petroleumbenzin (F) gegeben. Dabei ist der Trockenturm schräg zu halten, sodass das Benzin innen auf die Wandung tropft. Anschließend ist oben ein Gummistopfen aufzulegen (keinesfalls den Stopfen einpressen). Nach etwa 2 min wird durch Anlegen der elektrischen Spannung am Transformator das Benzin-Luft-Gemisch elektrisch gezündet.

1 Apparatur zum Zünden eines Petroleumbenzin-Luft-Gemischs

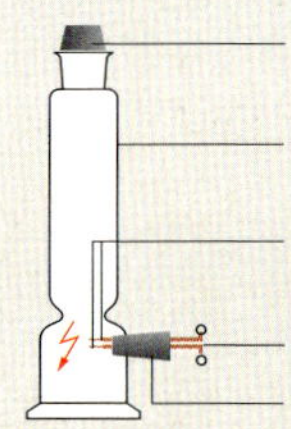

ZUSAMMENFASSUNG

Die innere Energie U ist eine **Zustandsgröße**.
Die **Änderung der inneren Energie ΔU** bei einem Prozess ist gleich der Summe der dem System in Form von Wärme und Arbeit zugeführten oder entnommenen Energie.
Sie hängt nur vom Anfangs- und Endzustand des Systems ab. Die Prozessführung – und damit der Weg, auf dem die Zustandsänderung erfolgt – hat keinen Einfluss auf die Größe der Änderung der inneren Energie.

$$\Delta U = U_2 - U_1 = Q - p \cdot \Delta V$$

Die Größe des jeweiligen Anteils an der Änderung der inneren Energie, die in Form von Wärme, mechanischer Arbeit, elektrischer Arbeit oder Lichtstrahlung zwischen dem System und der Umgebung ausgetauscht wird, ist aber von der Prozessführung und damit dem Weg der Zustandsänderung abhängig. Wärme, Arbeit usw. sind daher **Prozessgrößen**.

► Energie-Konzept

Reaktionsenergie und Reaktionsenthalpie

Reaktionsenergie – isochore Prozessführung Die Änderung der inneren Energie eines stofflichen Systems bei einer chemischen Reaktion wird als **Reaktionsenergie $\Delta_r U$** bezeichnet. Der Index r kennzeichnet den Bezug der Änderung einer Zustandsgröße (z. B. ΔU, ΔV) auf eine chemische Reaktion. Für die Reaktionsenergie gilt:

$$\Delta_r U = Q + W = Q - p \cdot \Delta_r V$$

Eine chemische Reaktion kann bei konstantem Volumen (V = konst.) ablaufen. Die Änderung des Volumens bei einer chemischen Reaktion, das **Reaktionsvolumen $\Delta_r V$**, ist bei einer solchen **isochoren Prozessführung** (Index: V) gleich null. Damit gilt für die Reaktionsenergie:

$$\mathbf{\Delta_r U = Q_V}$$

Bei konstantem Volumen ist die Reaktionswärme gleich der Reaktionsenergie.
Isochore Prozessführung lässt sich dadurch erreichen, dass die chemische Reaktion in einem Autoklaven (Abb. 2) durchgeführt wird. Dies gilt aber nur für Reaktionen, an denen ausschließlich gasförmige Stoffe teilnehmen.
Sind an einer chemischen Reaktion feste und flüssige Stoffe beteiligt, ist eine isochore Prozessführung nicht möglich, denn diese Stoffe ändern auch im Autoklaven ihre Volumen.

Reaktionsenthalpie – isobare Prozessführung Die meisten chemischen Reaktionen verlaufen in der Natur und in der Technik unter dem in der Umgebung oder im Reaktionsgefäß herrschenden konstanten Druck ab. Für die Reaktionsenergie $\Delta_r U$ bei **isobarer Prozessführung** (p = konst.; Index: p) gilt:

$$\Delta_r U_p = Q_p - p \cdot \Delta_r V$$

Mit

$$\Delta_r U = U_2 - U_1 \quad \text{und} \quad \Delta_r V = V_2 - V_1$$

folgt bei konstantem Druck:

$$U_2 - U_1 = Q_p - (p \cdot V_2 - p \cdot V_1)$$

und nach Umformung

$$Q_p = (U_2 + p \cdot V_2) - (U_1 + p \cdot V_1)$$

In dieser Gleichung ist die Reaktionswärme bei isobarer Prozessführung Q_p als Differenz zweier Terme dargestellt, die je-

2 Autoklav im Labor

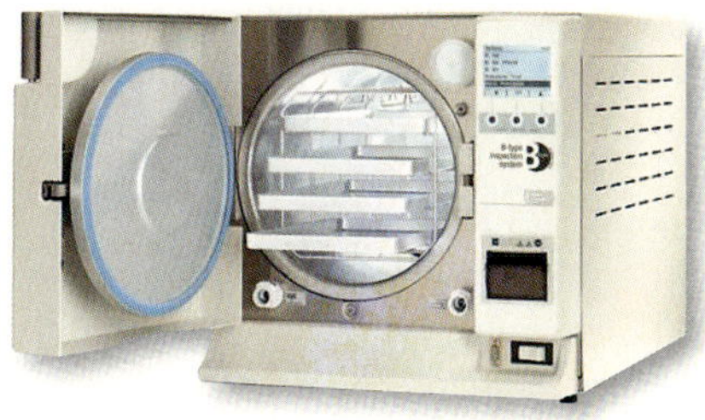

AUFGABEN

1 Bei den Varianten a und b der Verbrennung von Benzin beim Experiment 2 wird chemische Energie in Wärme und mechanische Arbeit umgewandelt.
a Vergleichen Sie die Reaktionen bezüglich der freigesetzten Wärme und mechanischen Arbeit bei beiden Varianten.
b Welche der beiden Verbrennungen verläuft unter isobarer Prozessführung? Begründen Sie.
2 Erläutern Sie, was unter isochorer Prozessführung verstanden wird. Nennen Sie Beispiele für nahezu isochor verlaufende chemische Reaktionen.

weils den Anfangszustand und den Endzustand der chemischen Reaktion mathematisch beschreiben. Der Term $U + p \cdot V$ ist nur aus Zustandsgrößen zusammengesetzt und damit selbst auch ein Ausdruck für eine Zustandsgröße. Diese Zustandsgröße wird als **Enthalpie *H*** (griech. enthalpein – erwärmen, Symbol *H*: engl. heat – Wärme) definiert.

$$\boldsymbol{H = U + p \cdot V}$$

Die Enthalpie H eines Systems ist die Summe aus der inneren Energie U und dem oft als Volumenenergie bezeichneten Produkt aus Druck p und Volumen V des Systems.
Da absolute Werte für die innere Energie U nicht angegeben werden können, kann auch die Enthalpie H eines Systems nicht absolut bestimmt werden. Bestimmbar ist jedoch wie bei der inneren Energie die Differenz zwischen den Enthalpien zweier Zustände.

$$\Delta H = H_2 - H_1 = (U_2 + p \cdot V_2) - (U_1 + p \cdot V_1)$$

Damit gilt für die **Reaktionsenthalpie $\Delta_r H$** einer chemischen Reaktion:

$$\boldsymbol{\Delta_r H = Q_p}$$

Bei konstantem Druck ist die Reaktionswärme gleich der Reaktionsenthalpie.
Da die meisten chemischen Reaktionen in der Praxis beim konstanten Druck der Umgebung ablaufen, haben die Berechnungen der Reaktionsenthalpie gegenüber denen der Reaktionsenergie besondere Bedeutung.
Eine chemische Reaktion, bei der die Reaktionswärme kleiner als null ist, wird als **exotherme Reaktion** bezeichnet. Bei einer exothermen Reaktion gibt das stoffliche System Energie in Form von Wärme an die Umgebung ab.
Eine chemische Reaktion, bei der die Reaktionswärme größer als null ist, wird als **endotherme Reaktion** bezeichnet. Das stoffliche System nimmt bei einer endothermen Reaktion Energie in Form von Wärme aus der Umgebung auf.

Exotherme Reaktion: $Q_p < 0$
Endotherme Reaktion: $Q_p > 0$

Molare Reaktionsgrößen Reaktionsenergie und Reaktionsenthalpie sind extensive Reaktionsgrößen, denn je größer die in der Reaktion umgesetzten Stoffmengen der Ausgangsstoffe sind, umso größer wird auch die jeweilige Reaktionsenergie $\Delta_r U$ bzw. Reaktionsenthalpie $\Delta_r H$. So werden für die Reaktion von Kupfer mit Schwefel zu Kupfersulfid (Exp. 1) in Abhängigkeit von der erhaltenen Stoffmenge des Reaktionsprodukts unterschiedliche Reaktionsenthalpien erhalten (Tab. 1).

EXPERIMENT 1 L

Reaktion von Kupfer und Schwefel

4 g Kupferpulver und 2 g Schwefelpulver werden durch mehrfaches Umschütten von einem Blatt Filterpapier auf ein anderes vermischt. *Vorsicht:* Kupfer und Schwefel nicht in einer Reibschale mischen! Es besteht Explosionsgefahr!
Nach dem Aufschütten des Gemisches zu einem Kegel auf einer hitzebeständigen Unterlage (Ziegelstein) wird die Reaktion mit einem glühenden Stahldraht eingeleitet.

AUFGABEN

1 30 g Kohlenstoff werden vollständig zu Kohlenstoffdioxid verbrannt. Berechnen Sie für diese Reaktion:
a die Stoffmenge der Formelumsätze
b die Stoffmengen der beteiligten Reaktionspartner

2 Vergleichen Sie die Experimente 1 und 2 hinsichtlich ihrer Reaktionswärme.

3 Bei der Reaktion von 8 g Zink mit 4 g Schwefel wird eine Reaktionswärme von 25,3 kJ an die Umgebung abgegeben. Berechnen Sie für diese Reaktion die molare Reaktionsenergie.

Tab. 1 Reaktionsenthalpie der Reaktion Cu + S → CuS in Abhängigkeit von der Stoffmenge des Reaktionsprodukts

$n(CuS) = n(Cu) = n(S)$	$\Delta_r H \cdot kJ^{-1}$
1 mol	–53,0
0,2 mol	–10,6
0,1 mol	–5,3

Durch Division der einzelnen Reaktionsenthalpien durch die jeweils erhaltene Stoffmenge des Reaktionsprodukts ergibt sich die **molare Reaktionsenthalpie $\Delta_r H_m$**. Die molare Reaktionsenthalpie ist eine Größe, die von der Quantität eines Stoffs unabhängig ist. Sie beträgt für die Reaktion:

$Cu + S \rightarrow CuS \quad \Delta_r H_m = -53\ kJ \cdot mol^{-1}$

Nicht immer sind die Stöchiometriezahlen der Reaktionsteilnehmer gleich 1, z. B. bei der Synthese von Wasser:

$2\ H_2 + O_2 \rightarrow 2\ H_2O$

Deshalb ist es sinnvoll, die molare Reaktionsenthalpie als den Quotienten aus der Reaktionsenthalpie und der **Stoffmenge der Formelumsätze n_F** zu definieren.

$$\Delta_r H_m = \frac{\Delta_r H}{n_F}$$

Analog gelten für die **molare Reaktionsenergie $\Delta_r U_m$** und für das **molare Reaktionsvolumen $\Delta_r V_m$**:

$$\Delta_r U_m = \frac{\Delta_r U}{n_F} \quad \text{und} \quad \Delta_r V_m = \frac{\Delta_r V}{n_F}$$

1 mol Formelumsatz bedeutet bezüglich oben genannter Reaktionsgleichung zur Wassersynthese, dass $6 \cdot 10^{23}$ (1 mol) Reaktionen von zwei Wasserstoffmolekülen mit einem Sauerstoffmolekül zu zwei Wassermolekülen ablaufen. Die molare Reaktionsenthalpie gibt die Reaktionsenthalpie je Mol formuliertem Teilchenprozess an. Deshalb muss zu den molaren Reaktionsgrößen die Reaktionsgleichung mit angegeben werden.

Molares Reaktionsvolumen chemischer Reaktionen Mit der Definitionsgleichung der Enthalpie gilt für die molare Reaktionsenthalpie einer chemischen Reaktion bei isobarer Prozessführung:

$$\boldsymbol{\Delta_r H_m = \Delta_r U_m + p \cdot \Delta_r V_m}$$

Bei Reaktionen ohne Beteiligung von Gasen (Exp. 2) ist:

$\Delta_r V_m \approx 0$ und dadurch $\Delta_r H_m \approx \Delta_r U_m$

Bei chemischen Reaktionen mit Beteiligung von Gasen ist das molare Reaktionsvolumen $\Delta_r V_m$ näherungsweise von der Änderung der Anzahl der Gasteilchen abhängig (Exp. 3, 4). Die Änderung der Anzahl der Gasteilchen lässt sich aus der Differenz der Stöchiometriezahlen $\Delta\nu$ gasförmiger Stoffe der Reaktionsprodukte B und der Ausgangsstoffe A berechnen:

$\Delta\nu(g) = \Sigma\nu_B(g) - \nu_A(g)$

EXPERIMENT 2

Ermitteln der Temperaturänderung beim Mischen von Salzen

16 g Natriumsulfat-10-Wasser $Na_2SO_4 \cdot 10\ H_2O$ werden in einer Reibschale zerkleinert und in einem kleinen Becherglas mit 7,5 g Kaliumchlorid gemischt. Die Temperaturänderung ist zu ermitteln.

EXPERIMENT 3

Aluminium und Salzsäure

25 bis 30 mg Aluminiumdraht werden in ein Reagenzglas mit 5 ml Salzsäure ($c = 5\ mol \cdot l^{-1}$; Xi) gegeben. Das Reagenzglas ist mit einem Stopfen, der mit einem 25-ml-Kolbenprober verbunden ist, zu verschließen.

EXPERIMENT 4 L

Chlorwasserstoff und Wasser

Vorsicht! Abzug! Ein trockener 250-ml-Rundkolben wird mit Chlorwasserstoff (T, C) gefüllt und der Kolben mit einem Stopfen mit Glasrohr und Hahn verschlossen (Abb. 1). Das Glasrohr ist vorher mit Wasser zu füllen. Das Glasrohr wird in ein mit Wasser gefülltes 500-ml-Becherglas getaucht und der Quetschhahn geöffnet.

1 Reaktion von Chlorwasserstoff mit Wasser

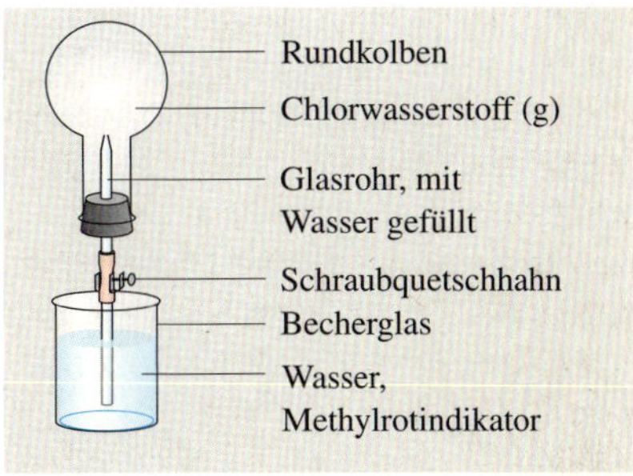

Für das molare Reaktionsvolumen gilt:

$\Delta_r V_m \approx \Delta\nu(g) \cdot V_m$	V_m = molares Volumen des idealen Gases Bei $T_n = 273$ K und $p_n = 101{,}3$ kPa ist $V_{m,n} = 22{,}4\ l \cdot mol^{-1}$.

Bei der Reaktion

$$CO(g) + H_2O(g) \rightarrow CO_2(g) + H_2(g)$$

ist $\Delta\nu(g) = 0$. Damit gilt für diese chemische Reaktion:

$$\Delta_r H_m \approx \Delta_r U_m$$

Dagegen ist bei der Reaktion

$$2\,H_2(g) + O_2(g) \rightarrow 2\,H_2O(g)$$

mit $\Delta\nu(g) = \nu(H_2O) - [\nu(H_2) + \nu(O_2)] = -1$
$\Delta_r V_m \approx \Delta\nu(g) \cdot V_m = -V_m$

Mit der Zustandsgleichung des idealen Gases

$$p \cdot V = n \cdot R \cdot T$$
$$p \cdot V_m = R \cdot T$$

folgt für die molare Reaktionsenthalpie:

$$\Delta_r H_m = \Delta_r U_m + p \cdot \Delta_r V_m \approx \Delta_r U_m - p \cdot V_m$$
$$\Delta_r H_m \approx \Delta_r U_m - R \cdot T$$

AUFGABEN

1 Ermitteln Sie qualitativ das Reaktionsvolumen und das Verhältnis zwischen Reaktionsenthalpie und Reaktionsenergie für die in den Experimenten 3 und 4 (↑S. 73) untersuchten Reaktionen.

2 Für die thermische Zersetzung von Calciumcarbonat (Kalkbrennen)
$CaCO_3(s) \rightarrow CaO(s) + CO_2(g)$
beträgt $\Delta_r H_m = 178{,}4\ kJ \cdot mol^{-1}$.
Berechnen Sie die molare Reaktionsenergie $\Delta_r U_m$ der Zersetzung des Calciumcarbonats unter Normdruck ($p_n = 101{,}3$ kPa). Der Zersetzungsdruck des Calciumcarbonats erreicht den Druck $p = 101{,}3$ kPa bei $\vartheta = 897\,°C$. Die Temperaturabhängigkeit von $\Delta_r H_m$ und $\Delta_r U_m$ kann vernachlässigt werden.
Berechnen Sie den Anteil der zur Zersetzung benötigten Reaktionswärme ($\hat{=} \Delta_r H_m$), der zur Änderung der inneren Energie des Systems ($\Delta_r U_m$) benötigt wird, sowie den Anteil, der zur Verrichtung der Volumenarbeit erforderlich ist.

ZUSAMMENFASSUNG

Die Änderung der inneren Energie eines stofflichen Systems im Verlauf einer chemischen Reaktion wird als **Reaktionsenergie $\Delta_r U$** bezeichnet. Die Reaktionswärme einer chemischen Reaktion ist bei **isochorer Prozessführung** (V = konst.) gleich der Reaktionsenergie.
Die Reaktionswärme ist bei **isobarer Prozessführung** (p = konst.) gleich der **Reaktionsenthalpie $\Delta_r H$**. Die Reaktionsenthalpie ist die Differenz der Enthalpien von End- und Anfangszustand des stofflichen Systems, wobei die **Enthalpie H** eines Systems als Summe aus innerer Energie und Volumenenergie des Systems definiert ist.

$$H = U + p \cdot V$$

Die wichtigen molaren Reaktionsgrößen, molare Reaktionsenthalpie $\Delta_r H_m$ und molare Reaktionsenergie $\Delta_r U_m$, werden durch Division der extensiven Reaktionsgrößen durch die Stoffmenge der Formelumsätze n_F erhalten.

$$\Delta_r H_m = \frac{\Delta_r H}{n_F}\ ; \quad \Delta_r U_m = \frac{\Delta_r U}{n_F}$$

Das **molare Reaktionsvolumen** ist bei einer chemischen Reaktion ohne Beteiligung von Gasen näherungsweise null. Mit Beteiligung von Gasen an einer chemischen Reaktion gilt:

$$\Delta_r V_m = \frac{\Delta_r V}{n_F} \approx \Delta\nu(g) \cdot V_m$$

► Energie-Konzept

Molare Bildungsenthalpie und molare Verbrennungsenthalpie

Molare Bildungsenthalpie Die Angabe von Reaktionsenthalpien ist nur eindeutig, wenn zugleich die Reaktionsgleichung angegeben wird. Je nach der formulierten Reaktionsgleichung reagieren bei 1 mol Formelumsatz ganz unterschiedliche Stoffmengen an Ausgangsstoffen miteinander (Tab. 1).
Dieses Ergebnis widerspricht dem 1. Hauptsatz der Thermodynamik nicht, da er die Aussage einschließt, dass der Energieumsatz bei chemischen Reaktionen den eingesetzten Stoffmengen der Ausgangsstoffe proportional ist.
Um Reaktionsenthalpien beliebiger chemischer Reaktionen einfach berechnen zu können (↑ S. 84), ist es erforderlich, geeignete charakteristische Größen für die einzelnen an den Reaktionen beteiligten Stoffe zur Verfügung zu haben. Solche charakteristischen Größen sind die **molaren Bildungsenthalpien $\Delta_f H_m$** der Stoffe (engl. form – bilden). Sie gelten für die Bildungsreaktion der Stoffe. Für das Aufstellen der Reaktionsgleichung der Bildungsreaktion eines Stoffes wurde festgelegt:
- Auf der rechten Seite der Reaktionsgleichung steht nur der gebildete Stoff mit der Stöchiometriezahl 1.
- Auf der linken Seite der Reaktionsgleichung stehen nur die Elementsubstanzen in der unter den Reaktionsbedingungen stabilen Form, aus denen der gebildete Stoff besteht.

Durch diese Festlegungen ist es möglich, bei der Angabe der Bildungsenthalpie eines Stoffes auf die zugehörige Reaktionsgleichung zu verzichten. Zum Beispiel stellt die Reaktionsgleichung 2 der Tabelle 1 die Bildungsreaktion des Aluminiumoxids dar, die molare Bildungsenthalpie des Aluminiumoxids beträgt $\Delta_f H_m(Al_2O_3) = -1676\ kJ \cdot mol^{-1}$.
Die Reaktionsgleichung für die Bildungsreaktion vieler Stoffe entspricht nicht einer real durchführbaren Synthese dieser Substanz. Dies ist besonders bei organischen Verbindungen der Fall.

Molare Verbrennungsenthalpie Eine weitere wichtige Reaktion ist die **Verbrennungsreaktion** eines Stoffes. Als Festlegungen für das Aufstellen der Reaktionsgleichung einer Verbrennungsreaktion eines Stoffes gelten:
- Auf der linken Seite der Reaktionsgleichung stehen der zu verbrennende Stoff mit der Stöchiometriezahl 1 und Sauerstoff.
- Auf der rechten Seite stehen die bei der Verbrennung des Stoffes mit einem Überschuss an Sauerstoff entstehenden Reaktionsprodukte.

Die molare Reaktionsenthalpie einer Verbrennungsreaktion wird als **molare Verbrennungsenthalpie $\Delta_V H_m$** eines Stoffes bezeichnet.
Die Reaktionsgleichung 3 der Tabelle 1 symbolisiert die Verbrennungsreaktion des Aluminiums, die molare Verbrennungsenthalpie des Aluminiums beträgt $\Delta_V H_m(Al) = -838\ kJ \cdot mol^{-1}$.

Tab. 1 Oxidation von Aluminium

Reaktionsgleichung	$\frac{\Delta_r H_m}{kJ \cdot mol^{-1}}$
$4\,Al + 3\,O_2 \rightarrow 2\,Al_2O_3$	(1) −3352
$2\,Al + \frac{3}{2}\,O_2 \rightarrow Al_2O_3$	(2) −1676
$Al + \frac{3}{4}\,O_2 \rightarrow \frac{1}{2}\,Al_2O_3$	(3) −838

AUFGABEN

1 Begründen Sie, warum die Angabe einer molaren Reaktionsenthalpie ohne zugehörige Reaktionsgleichung nicht ausreicht. Erläutern Sie die Größe Stoffmenge der Formelumsätze n_F.

2 Entwickeln Sie die Reaktionsgleichung für die Bildung von:
a Kaliumpermanganat
b Ethanol
c Chlorbenzol
Entscheiden Sie, ob die Bildungsreaktionen praktisch durchführbar sind.

3 Entscheiden Sie, ob die Reaktion
$H_2O + SO_3 \rightarrow H_2SO_4$
die Bildungsreaktion von Schwefelsäure ist. Begründen Sie Ihre Entscheidung.

4 Die Reaktionsenthalpie einer chemischen Reaktion kann gleichzeitig Bildungs- und Verbrennungsenthalpie sein, z. B.
$Cl_2 + 3{,}5\,O_2 \rightarrow Cl_2O_7$
$\Delta_r H_m = \Delta_f H_m(Cl_2O_7) = \Delta_V H_m(Cl_2)$
Geben Sie die Enthalpiearten an, die bei folgenden Reaktionen vorliegen:
a $C + 0{,}5\,O_2 \rightarrow CO$
b $C + O_2 \rightarrow CO_2$
c $CO + 0{,}5\,O_2 \rightarrow CO_2$
d $CH_4 + 2\,O_2 \rightarrow CO_2 + 2\,H_2O$

5 Vergleichen Sie die molaren Standardbildungsenthalpien der Halogenwasserstoffe mit den chemischen Eigenschaften dieser Substanzen. Berücksichtigen Sie die Stellung der Halogene im Periodensystem der Elemente.

Molare Standardbildungsenthalpie Durch die Festlegung von Regeln für die Formulierung der Reaktionsgleichungen von Bildungs- und Verbrennungsreaktionen können molare Bildungs- und Verbrennungsenthalpien auch ohne zugehörige Reaktionsgleichung tabelliert werden. Molare Reaktionsenthalpien sind aber von Temperatur, Druck, Aggregatzustand und Modifikation der Reaktionsteilnehmer abhängig. Deshalb müssen die Bedingungen angegeben werden, für die die Tabellierung vorgenommen wird. Tabelliert werden meist die Werte bei $\vartheta = 25\,°C$ ($T = 298$ K) und $p = 101{,}3$ kPa, und zwar die **molaren Standardreaktionsgrößen** (Tab. 1, 2). Standardgrößen werden mit dem Hochzeichen 0 („Null") gekennzeichnet.
Standardgrößen beziehen sich auf die Stoffe im sogenannten Standardzustand, der als der Zustand des reinen Stoffes beim Druck $p = 101{,}3$ kPa definiert wird.
Aufgrund der Festlegungen zum Aufstellen der Gleichung der Bildungsreaktion ist die **molare Standardbildungsenthalpie** $\Delta_f H_m^0$ der Elemente in ihrer stabilen Form gleich null. Die molare Standardbildungsenthalpie einer instabilen Form (bzw. Modifikation) eines Elements ist dagegen ungleich null.

Tab. 1 Molare Standardbildungsenthalpien einiger Stoffe
Tabellierungsbedingungen: $T = 298$ K, $p = 101{,}3$ kPa

Formel	$\frac{\Delta_f H_m^0}{kJ \cdot mol^{-1}}$	Formel	$\frac{\Delta_f H_m^0}{kJ \cdot mol^{-1}}$
$AgBr(s)$	−101	$KBr(s)$	−394
$AgCl(s)$	−127	$KCl(s)$	−437
$AlCl_3(s)$	−706	$K_2SO_4(s)$	−1438
$Al_2O_3(s)$	−1676	$MgO(s)$	−601
$BaCl_2(s)$	−859	$MnCl_2(s)$	−481
$Br_2(g)$	+31	$MnO_2(s)$	−520
$CO(g)$	−111	$NH_3(g)$	−46
$CO_2(g)$	−394	$NH_4Cl(s)$	−315
$CaCO_3(s)$	−1207	$NO(g)$	+90
$CaCl_2(s)$	−796	$NO_2(g)$	+33
$FeS(s)$	−102	$N_2O_4(g)$	+9
$Fe_2O_3(s)$	−824	$NaCl(s)$	−411
$HBr(g)$	−36	$NaBr(s)$	−361
$HCl(g)$	−92	$NaI(s)$	−288
$HI(g)$	+26	$NaOH(s)$	−426
$HNO_3(l)$	−174	$Na_2CO_3(s)$	−1131
$H_2O(l)$	−286	$PbS(s)$	−99
$H_2O(g)$	−242	$SO_2(g)$	−297
$H_2S(g)$	−21	$SO_3(g)$	−396
$H_2SO_4(l)$	−814	$ZnO(s)$	−350

AUFGABEN

1 Die molaren Standardreaktionsenthalpien für die Dissoziation der Halogene
$X_2(g) \rightarrow 2\,X(g)$
betragen für Chlor +242 kJ · mol^{-1}, für Brom +163 kJ · mol^{-1} und für Iod +90 kJ · mol^{-1}. Vergleichen Sie diese Werte mit der Stellung der Halogene im Periodensystem der Elemente.

2 Für ein Haus ist in der Heizperiode von Oktober bis März (182 Tage) eine durchschnittliche Heizleistung von 5 kW erforderlich. Berechnen Sie die für eine Heizperiode jeweils erforderliche Masse an a) Braunkohlenbriketts, b) Koks, c) Heizöl, d) Flüssiggas bzw. das erforderliche Volumen an e) Stadtgas und g) Erdgas, wenn der Wirkungsgrad der Heizanlagen 80 % (a und b) bzw. 95 % (c bis g) beträgt. Berechnen Sie die jeweiligen Kosten je Heizperiode anhand aktueller Handelspreise.

Tab. 2 Molare Standardverbrennungsenthalpien organischer Stoffe
($T = 298$ K, $p = 101{,}3$ kPa)

Formel	Name	$\frac{\Delta_v H_m^0}{kJ \cdot mol^{-1}}$
$CH_4(g)$	Methan	−889
$C_2H_4(g)$	Ethen	−1409
$C_2H_6(g)$	Ethan	−1557
$C_3H_8(g)$	Propan	−2217
$C_4H_{10}(g)$	Butan	−2874
$C_6H_6(l)$	Benzol	−3265
$C_2H_5OH(l)$	Ethanol	−1364
$C_6H_{12}O_6(s)$	Glucose	−2820

Kohlenstoff: $\Delta_f H_m^0$(Graphit) = 0
$\Delta_f H_m^0$(Diamant) = +1,897 $kJ \cdot mol^{-1}$

Sauerstoff: $\Delta_f H_m^0(O_2)$ = 0
$\Delta_f H_m^0(O)$ = +249 $kJ \cdot mol^{-1}$
$\Delta_f H_m^0(O_3)$ = +143 $kJ \cdot mol^{-1}$

Ebenso ist die molare Standardbildungsenthalpie vom Aggregatzustand abhängig.

Natrium: $\Delta_f H_m^0$(Na, s) = 0
$\Delta_f H_m^0$(Na, g) = +107 $kJ \cdot mol^{-1}$

Verwendung von Brennstoffen Bei der Wärme- und Energieerzeugung in der Industrie erweist sich die Verwendung von Bildungs- und Verbrennungsenthalpien der Brennstoffe für Berechnungen als unpraktisch. Für das Heizen einer Wohnung mit Erdgas oder für die Energieerzeugung im Kohlekraftwerk ist es interessanter zu wissen, welche Enthalpie bei der Verbrennung eines Kubikmeters Erdgas oder eines Kilogramms Kohle frei wird. In der Industrie finden deshalb **Brennwerte H_s** und **Heizwerte H_i** Verwendung (Tab. 3 bis 5).
Brenn- und Heizwerte fester und flüssiger Brennstoffe sind spezifische Größen. Im Gegensatz zu molaren Reaktionsenthalpien exotherm verlaufender Reaktionen werden Brenn- und Heizwerte mit positivem Vorzeichen angegeben.
Der **Heizwert H_i** eines Brennstoffs (früher als unterer Heizwert H_u bezeichnet) kennzeichnet die bei der Verbrennung abgegebene Wärme, wenn das durch die Verbrennung entstehende Wasser im gasförmigen Zustand vorliegt.
Der **Brennwert H_s** eines Brennstoffs (früher als oberer Heizwert H_o bezeichnet) kennzeichnet Verbrennungswärmen für den Fall, dass das bei der Verbrennung gebildete Wasser im flüssigen Zustand entsteht. Die bei der Kondensation des Wassers freigesetzte Kondensationswärme führt zu einem höheren Brennwert im Vergleich zum Heizwert $H_s > H_i$. Der Unterschied zwischen dem Heizwert und dem Brennwert eines Brennstoffs ist dabei umso größer, je größer der Anteil des gebundenen Wasserstoffs im Brennstoff ist. So liegt z. B. der Brennwert von Erdgas 11 % über dessen Heizwert.

Tab. 3 Heizwerte von Gasen

Name	$\frac{H_i}{MJ \cdot m^{-3}}$
Generatorgas	5,3
Wassergas	10,2
Stadtgas	16,3
Erdgas, nass	43,0

Tab. 4 Heizwerte flüssiger Brennstoffe

Name	$\frac{H_i}{MJ \cdot kg^{-1}}$
Methanol	19,5
Ethanol	26,9
Benzol	40,3
Petroleum	40,8
Dieselkraftstoff	41,7
Benzin	42,5
Heizöl	42,9
Flüssiggas (Propan-Butan-Gemisch)	45,9

Tab. 5 Heizwerte fester Brennstoffe

Name	$\frac{H_i}{MJ \cdot kg^{-1}}$
Holz, frisch	8
Holz, lufttrocken	15
Weichbraunkohle	8,5
Hartbraunkohle	17
Braunkohlenbriketts	20
Steinkohle	29
Steinkohlenkoks	29
Anthrazit	31

ZUSAMMENFASSUNG

Die molare **Bildungsenthalpie $\Delta_f H_m$** und die **molare Verbrennungsenthalpie $\Delta_V H_m$** eines Stoffes sind molare Reaktionsenthalpien, die für Reaktionen gelten, denen eine nach bestimmten Festlegungen formulierte Reaktionsgleichung zugrunde liegt.

Molare Bildungsenthalpien und molare Verbrennungsenthalpien von Stoffen können ohne zugehörige Reaktionsgleichungen angegeben werden. Für Brennstoffe werden in der Industrie auch **Heizwerte** und **Brennwerte** verwendet.

Energie

Heizwerte und Brennwerte in der modernen Heiztechnik

Viele Heizkessel zur Wohnraumheizung haben eine Abgastemperatur von etwa 200 °C, Heizungsanlagen mit Niedertemperaturkessel von etwa 160 °C. Damit haben diese Anlagen große Wärmeverluste über den Schornstein – Wärme, die zum Heizen und nicht zum Erwärmen der Außenluft erzeugt wurde. Bei einer Niedertemperaturheizung erfolgt eine etwa 90%ige Wärmeabgabe vom Gaskessel an den Heizungsvorlauf. Daraus folgt ein Wärmeverlust von 10 %. Von 100 m^3 Heizgas dienen also nur 90 m^3 dem Heizen der Wohnung. Welche Kosten das im Jahr verursacht, lässt sich leicht errechnen.

Brennwertheizkessel stellen die gegenwärtig modernste Generation an Heizkesseln dar. Die Werbung verspricht sogar Wirkungsgrade von über 100 % (Abb. 1).

Brennwertheizgeräte haben eine Abgastemperatur von etwa 50 °C, bei Fußbodenheizungen sogar nur von 30 °C. Damit wird eine nahezu 100%ige Wärmeübertragung vom Heizkessel an den Heizungsvorlauf erreicht. Grund für diese geringe Abgastemperatur ist, dass Brennwertkessel einen Kondensationswärmeaustauscher besitzen. Dieser bewirkt das Kondensieren des im Abgas enthaltenen Wasserdampfs und die Übertragung der Kondensationsenthalpie auf den Rücklauf der Heizung. Der Gaskessel benötigt weniger Energie, um das Wasser für den Heizungsvorlauf wieder über den Gasbrenner zu erwärmen.

Vorteile von Brennwertkesseln sind:

1 Wirkungsgrade von Heizkesseln bezogen auf den Heizwert H_i (links) und den Brennwert H_s (rechts)

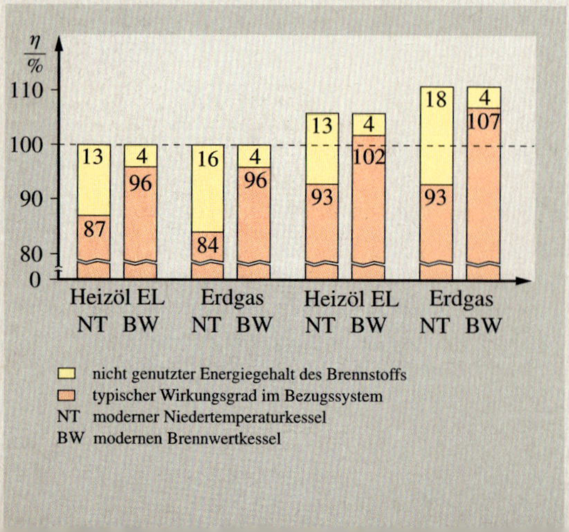

2 Schematische Darstellung der Arbeitsweise eines Brennwertheizkessels

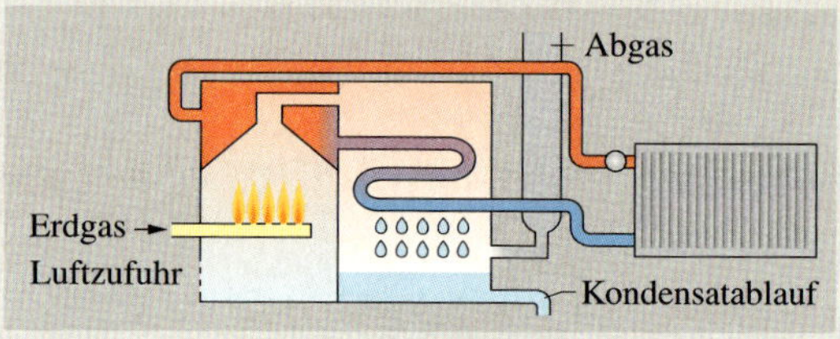

- 10 bis 20 % bessere Energieausnutzung als konventionelle Heizkessel
- höhere Wirkungsgrade als andere Heizkessel
- Kondensation von im Abgas befindlichen Schadstoffen, vor allem Stickoxide und Schwefeldioxid (bei Öl), sodass diese nicht in die Abluft gelangen
- Verminderung der Kohlenstoffdioxid-Emission durch die bessere Nutzung der Brennstoffe
- Einsparung von Brennstoffen. Die Brennstoffeinsparung gegenüber einem Niedertemperaturkessel beträgt für ein Einfamilienhaus in Niedrigenergiebauweise mit 130 m^2 Wohnfläche und einem Heizenergiekennwert von 70 $kWh \cdot m^{-2} \cdot a^{-1}$ 15 bis 25 Euro pro Jahr.

AUFGABEN

1 Diskutieren Sie, ob eine Angabe des Wirkungsgrades von über 100 % für den Verbraucher sinnvoll oder irreführend ist. Entscheiden Sie, welche Bezugsgröße (H_i oder H_s) für die Angaben geeignet ist.

2 Brennwertheizkessel sind gegenüber modernen Niedertemperaturkesseln bei Verwendung von bestimmten Brennstoffen besonders effizient. Ermitteln Sie aus Abb. 1, um welchen Brennstoff es sich handeln könnte, und begründen Sie Ihr Ergebnis.

3 Propan wird in einem Brennwertheizkessel verbrannt. Berechnen Sie die molare Verbrennungsenthalpie von Propan unter Normbedingungen und daraus den Brennwert von Propan. Diskutieren Sie das Ergebnis unter Nutzung des praktisch ermittelten Brennwerts von 101 $MJ \cdot m^{-3}$.

Bestimmung von Reaktionsenthalpien

Grundlagen der Kalorimetrie Für Wärme gibt es keine direkt anzeigende Messeinrichtung wie etwa ein Thermometer für die Temperatur oder einen Zähler für Elektroenergie.
Der Mensch besitzt auch kein Sinnesorgan, das Wärme anzeigt, sondern lediglich ein qualitatives Empfinden für Temperaturunterschiede.
Die Änderung der Temperatur eines stofflichen Systems hat ihre Ursache in der Aufnahme oder Abgabe von Wärme. Die übertragene **Wärme Q** ist dabei der **Temperaturänderung ΔT** proportional.

$$Q \sim \Delta T$$

Für eine bestimmte Temperaturänderung ΔT ist umso mehr Wärme erforderlich, je größer die Masse m des stofflichen Systems ist. Deshalb gilt auch:

$$Q \sim m \cdot \Delta T$$

Den Proportionalitätsfaktor bildet eine systemspezifische Größe, die als **spezifische Wärmekapazität c** bezeichnet und meist in der Einheit $J \cdot g^{-1} \cdot K^{-1}$ angegeben wird.

$$\boldsymbol{Q = c \cdot m \cdot \Delta T} \qquad [c] = 1\ J \cdot g^{-1} \cdot K^{-1}$$

Die spezifische Wärmekapazität c eines Stoffes entspricht der Wärme Q, die zur Erwärmung von 1 g dieses Stoffes um 1 K bei konstantem Druck auf diesen Stoff übertragen werden muss. Die spezifische Wärmekapazität des Wassers bei konstantem Druck beträgt $c_p(H_2O) = 4{,}19\ J \cdot g^{-1} \cdot K^{-1}$. Damit lässt sich durch die Bestimmung einer Temperaturdifferenz die auf eine bestimmte Masse Wasser $m(H_2O)$ übertragene Wärme Q_p berechnen.

$$Q_p = c_p(H_2O) \cdot m(H_2O) \cdot \Delta T$$

Diese Gleichung stellt die Grundlage für das Messverfahren **Kalorimetrie** dar (Kalorie: früher häufig verwendete, nicht SI-gerechte Einheit der Wärme; 1 cal = 4,19 J).
Wärme kann nur dann von einem stofflichen System auf ein anderes übertragen werden, wenn beide Systeme im Wärmekontakt miteinander stehen. Die Wärme wird dabei immer vom System mit der höheren auf das System mit der niedrigeren Temperatur übertragen, bis beide Systeme gleiche Temperatur haben. Aus dem 1. Hauptsatz der Thermodynamik folgt, dass die vom System 1 mit der höheren Temperatur abgegebene Wärme Q_1 entgegengesetzt gleich der vom System 2 aufgenommenen Wärme Q_2 ist.

$$Q_1 = -Q_2$$

1 Kalorimeter in einem Labor

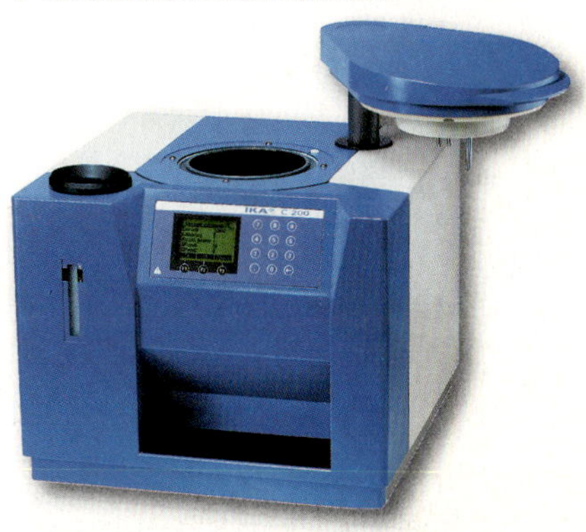

Die Wärmeübertragung zwischen zwei Systemen ist ein Prozess, durch den sich in den Systemen energetische Zustandsgrößen ändern:
Die Enthalpie H_1 des sich abkühlenden Systems nimmt ab und die Enthalpie H_2 des sich erwärmenden Systems nimmt zu.
Bei konstantem Druck ist die Reaktionsenthalpie $\Delta_r H$ gleich der Reaktionswärme Q_p. Unter der Voraussetzung, dass das stoffliche System 1, in dem die chemische Reaktion stattfindet, die Reaktionswärme vollständig auf eine bestimmte Masse Wasser (System 2) überträgt, gilt für die molare Reaktionsenthalpie:

$$\Delta_r H_m = \frac{Q_{p1}}{n_F} = -\frac{Q_{p2}}{n_F}$$

$$\boldsymbol{\Delta_r H_m = -\frac{c_p(H_2O) \cdot m(H_2O) \cdot \Delta T}{n_F}}$$

Kalorimetrische Bestimmung von Reaktionswärmen chemischer Reaktionen Experimentieranordnungen für die Kalorimetrie werden **Kalorimeter** (Abb. 1 bis 3) genannt.
Nicht für alle chemischen Reaktionen können die Reaktionswärmen mithilfe eines Kalorimeters bestimmt werden. Die chemischen Reaktionen müssen bestimmte Voraussetzungen erfüllen:
- Die chemische Reaktion muss schnell verlaufen.
- Die chemische Reaktion muss weitgehend vollständig ablaufen.
- Die chemische Reaktion muss eine ausreichend große Reaktionswärme haben.

So sind z. B. Reaktionen von Säuren mit Alkoholen (Veresterungen) für kalorimetrische Bestimmungen ungeeignet.
Für die experimentelle Durchführung wäre der Idealfall, dass zwischen dem Kalorimeter und der Umgebung keinerlei Wärmeübergang stattfindet. Praktisch ist dieser Wärmeübergang aber nicht vollständig vermeidbar. Der Wärmeübergang führt dazu, dass die Temperatur des sich im Kalorimeter befindenden Wassers während der Vorperiode und der Nachperiode einer chemischen Reaktion nicht konstant ist (Abb. 4).

2 Prinzip der Kalorimetrie: Das geschlossene System „chemische Reaktion“ überträgt Wärme auf die Umgebung, die Kalorimeterflüssigkeit.

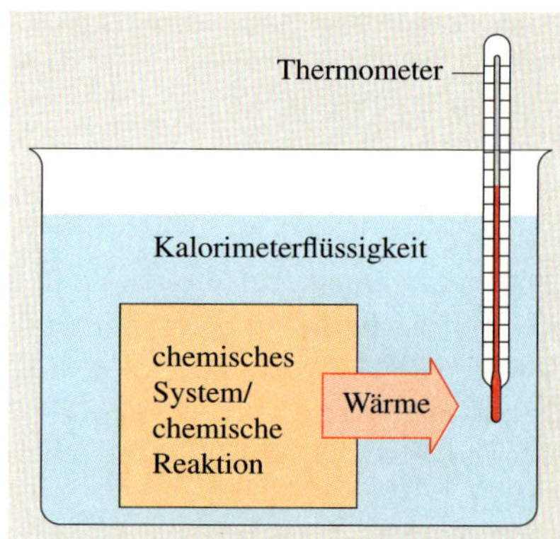

1 Laborkalorimeter zur Bestimmung von Reaktionsenthalpien mit hoher Genauigkeit

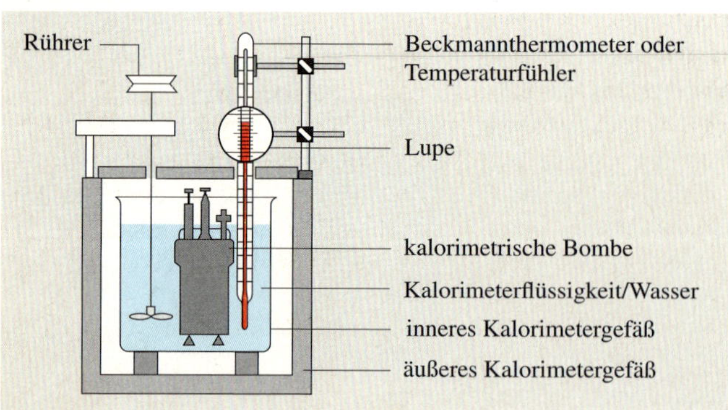

3 Einfaches Kalorimeter zur Bestimmung von Reaktionsenthalpien

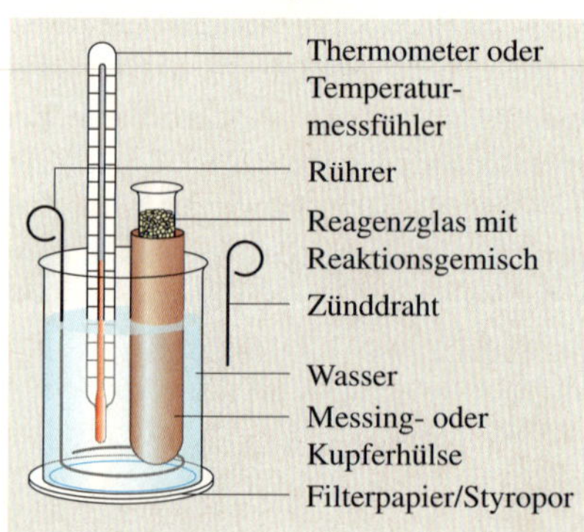

4 Diagramm zur Ermittlung der Temperaturdifferenz ΔT

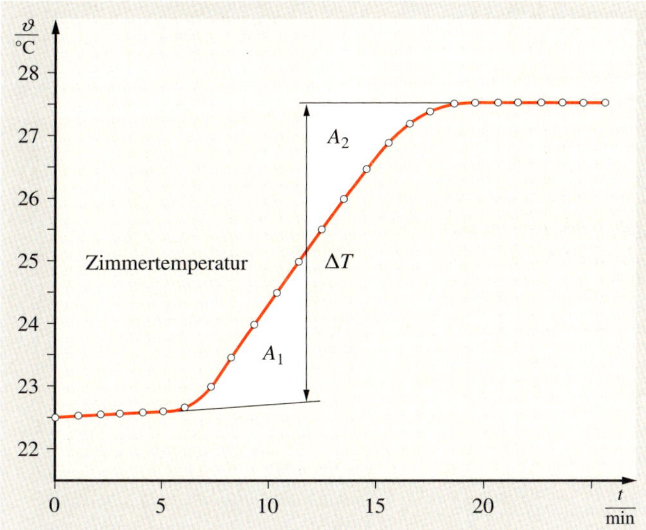

Als *Vorperiode* wird der Zeitabschnitt vor dem Beginn der chemischen Reaktion bezeichnet, die *Nachperiode* ist der Zeitabschnitt nach beendetem Wärmeübergang zwischen Reaktionssystem und Kalorimeterwasser. Der Zeitabschnitt vom Beginn der chemischen Reaktion bis zum Endpunkt des Wärmeübergangs wird als *Hauptperiode* bezeichnet.
Die Ermittlung der Temperaturdifferenz ΔT des Kalorimeterwassers erfolgt auf grafischem Weg (Abb. 4). Die hinreichend linear verlaufenden Abschnitte von Vor- und Nachperiode der Temperatur-Zeit-Kurve eines kalorimetrischen Experiments werden verlängert. Anschließend wird in das Diagramm eine Senkrechte so eingezeichnet, dass die Flächen A_1 und A_2 gleich groß sind. Die Differenz der Temperaturen T_2 und T_1 entspricht der durch die chemische Reaktion bewirkten Temperaturänderung ΔT des Kalorimeterwassers.

Bestimmung von molaren Bildungsenthalpien Zur Bestimmung der molaren Bildungsenthalpie eines Stoffes werden bestimmte Massen der zu dem Stoff reagierenden Elementsubstanzen im Kalorimeter zur Reaktion gebracht. Im Fall des Aufstellens der Reaktionsgleichung einer Bildungsreaktion ist die Stoffmenge der Formelumsätze gleich der Stoffmenge des gebildeten Reaktionsprodukts n_{Rp} und mit der Definitionsgleichung der molaren Masse ergibt sich:

$$n_F = n(\text{Rp}) = \frac{m(\text{Rp})}{M(\text{Rp})}$$

Damit gilt für die molare Bildungsenthalpie:

$$\Delta_f H_m = -\frac{c_p(H_2O) \cdot m(H_2O) \cdot \Delta T \cdot M(\text{Rp})}{m(\text{Rp})} \qquad \text{(Exp. 1)}$$

EXPERIMENT 1 L

Kalorimetrische Bestimmung der molaren Standardbildungsenthalpie von Kupfersulfid

4 g Kupferpulver und 2 g Schwefelpulver werden durch mehrfaches Umschütten von einem Filterpapierblatt auf ein anderes vermischt. *Vorsicht:* Kupfer und Schwefel nicht in einer Reibschale mischen! Es besteht Explosionsgefahr!
Das Gemisch wird in ein mit 200 ml Wasser gefülltes Kalorimeter (Abb. 3) durch einen glühenden Eisendraht zur Reaktion gebracht. Die Temperatur des Wassers wird 5 min vor Beginn der Reaktion bis 5 min nach der Reaktion in 30-s-Schritten gemessen.

AUFGABEN

1 Bestimmen Sie die molare Standardbildungsenthalpie des Kupfersulfids (Exp. 1). Stellen Sie Fehlermöglichkeiten zusammen, die zur Abweichung vom tabellierten Wert führen.
2 Berechnen Sie die molare Standardverbrennungsenthalpie von Kohlenstoff aus folgenden durch Kalorimetrie erhaltenen Werten:
$m(H_2O) = 900$ g
$\vartheta_A = 22{,}4\,°C$; $\vartheta_E = 24{,}1\,°C$
$m(C) = 0{,}20$ g
3 100 ml Natronlauge ($c = 1\ mol \cdot l^{-1}$) wurden in einem nach außen isolierten Becherglas mit dem gleichen Volumen Salzsäure ($c = 1\ mol \cdot l^{-1}$) neutralisiert. Die errechnete molare Neutralisationsenthalpie beträgt $\Delta_r H_m = -54\ kJ \cdot mol^{-1}$. Berechnen Sie die ermittelte Temperaturdifferenz.

Aufgabe: Mit einem Kalorimeter, das mit 400 g Wasser gefüllt ist, wird bei der Reaktion von 4,48 g Eisen mit 2,56 g Schwefel eine Temperaturerhöhung des Kalorimeterwassers um 4,5 K ermittelt. Berechnen Sie die molare Bildungsenthalpie von Eisensulfid.

Lösung: Fe + S $\rightarrow$ FeS

$$\Delta_f H_m = -\frac{c_p(H_2O) \cdot m(H_2O) \cdot \Delta T \cdot M(FeS)}{m(FeS)}$$

Eisen und Schwefel wurden im stöchiometrischen Verhältnis zur Reaktion gebracht. Damit gilt:

$$m(FeS) = m(Fe) + m(S)$$

$$\Delta_f H_m = -\frac{c_p(H_2O) \cdot m(H_2O) \cdot \Delta T \cdot M(FeS)}{m(Fe) + m(S)}$$

$$= -\frac{4{,}19\ J \cdot g^{-1} \cdot K^{-1} \cdot 400\ g \cdot 4{,}5\ K \cdot 88\ g \cdot mol^{-1}}{4{,}48\ g + 2{,}56\ g}$$

$$\Delta_f H_m = -94\ kJ \cdot mol^{-1}$$

Die ermittelte molare Bildungsenthalpie des Eisensulfids beträgt $\Delta_f H_m = -94\ kJ \cdot mol^{-1}$ (tabellierter Wert: $\Delta_f H_m = -102\ kJ \cdot mol^{-1}$).

Bestimmung der molaren Reaktionsenthalpie von Neutralisationsreaktionen Die Neutralisation einer Base mit einer Säure verläuft exotherm und beginnt sofort bei der Vereinigung der Ausgangsstoffe. Die Neutralisation findet in wässriger Lösung statt. Die wässrige Lösung kann deshalb gleichzeitig als Kalorimeterflüssigkeit dienen. Die Reaktionswärme wird dabei direkt aus der Temperaturänderung des stofflichen Systems bestimmt, in dem die chemische Reaktion abläuft. Die spezifische Wärmekapazität c_p und die Dichte ϱ des stofflichen Systems sind etwa gleich denen des Wassers. Für die Masse des Kalorimeterwassers $m(H_2O)$ gilt mit den Volumen von Säure V_S und Base V_B:

$$m(H_2O) = \varrho(H_2O) \cdot (V_S + V_B)$$

Für die Reaktion

$$H^+(aq) + OH^-(aq) \rightarrow H_2O(l)$$

gilt damit für die molare Reaktionsenthalpie:

$$\Delta_r H_m = -\frac{c_p(H_2O) \cdot \varrho(H_2O) \cdot (V_S + V_B) \cdot \Delta T}{n_F}$$

Die Stoffmenge der Formelumsätze n_F ist bei der formulierten Reaktionsgleichung gleich der Stoffmenge des gebildeten Wassers. Werden die Ausgangsstoffe im stöchiometrischen Verhältnis eingesetzt, gilt für die Stoffmenge der Formelumsätze n_F:

$$n_F = n(H_2O) = n(OH^-) = V_B \cdot c_0(OH^-)$$

AUFGABEN

1 Begründen Sie, warum die Reaktionsenthalpie einer langsam verlaufenden chemischen Reaktion, z. B. des Rostens von Eisen, in einem Kalorimeter nicht bestimmt werden kann.

2 Beschreiben Sie, wie gehemmte Reaktionen im Kalorimeter in Gang gebracht werden können.

3 Leiten Sie Größengleichungen her, mit denen der Heizwert H_i
a fester Brennstoffe,
b flüssiger Brennstoffe und
c gasförmiger Brennstoffe
aus den bei einer kalorimetrischen Bestimmung ermittelten Größen berechnet werden kann.

4 Erklären Sie, warum es bei einer kalorimetrischen Bestimmung günstig ist, wenn die Zimmertemperatur jeweils zwischen der Anfangstemperatur und der zu erwartenden Endtemperatur des Kalorimeterwassers liegt (Rumford'scher Kniff).

5 In einem Kalorimeter wurden 2,5 g Glucose ($C_6H_{12}O_6$) zu Kohlenstoffdioxid und Wasser (l) verbrannt. Im Kalorimeter befanden sich 0,850 kg Wasser als Kalorimeterflüssigkeit. Die Temperatur änderte sich von $\vartheta_A = 22{,}1\ °C$ auf $\vartheta_E = 31{,}0\ °C$. Berechnen Sie die molare Verbrennungsenthalpie für Glucose.

Es ergibt sich:

$$\Delta_r H_m = -\frac{c_p(H_2O) \cdot \varrho(H_2O) \cdot (V_S + V_B) \cdot \Delta T}{V_B \cdot c_0(OH^-)} \qquad \text{(Exp. 2)}$$

Aufgabe: Die Reaktion von 40 ml Natronlauge ($c_0 = 1\ \text{mol} \cdot \text{l}^{-1}$) mit 40 ml Salzsäure ($c_0 = 1\ \text{mol} \cdot \text{l}^{-1}$) bewirkt eine Temperaturerhöhung der wässrigen Lösung um 6,7 K. Berechnen Sie die molare Reaktionsenthalpie der Neutralisation.

Gesucht: $\Delta_r H_m$

Gegeben: $V(\text{NaOH}) = 40\ \text{ml}$
$c_0(\text{NaOH}) = 1\ \text{mol} \cdot \text{l}^{-1}$
$V(\text{HCl}) = 40\ \text{ml}$
$c_0(\text{HCl}) = 1\ \text{mol} \cdot \text{l}^{-1}$
$\varrho(H_2O) = 1\ \text{g} \cdot \text{ml}^{-1}$
$c_p(H_2O) = 4{,}19\ \text{J} \cdot \text{g}^{-1} \cdot \text{K}^{-1}$
$\Delta T = 6{,}7\ \text{K}$

Lösung: $H^+(aq) + OH^-(aq) \rightarrow H_2O(l)$

$$\Delta_r H_m = -\frac{c_p(H_2O) \cdot \varrho(H_2O) \cdot [V(\text{NaOH}) + V(\text{HCl})] \cdot \Delta T}{V(\text{NaOH}) \cdot c_0(\text{NaOH})}$$

$$= -\frac{4{,}19\ \text{J} \cdot \text{g}^{-1} \cdot \text{K}^{-1} \cdot 1\ \text{g} \cdot \text{ml}^{-1} \cdot (40\ \text{ml} + 40\ \text{ml}) \cdot 6{,}7\ \text{K}}{40\ \text{ml} \cdot 1\ \text{mol} \cdot \text{l}^{-1}}$$

$$\Delta_r H_m = -56\ \text{kJ} \cdot \text{mol}^{-1}$$

Die ermittelte molare Reaktionsenthalpie der Neutralisation entsprechend oben formulierter Reaktionsgleichung beträgt $\Delta_r H_m = -56\ \text{kJ} \cdot \text{mol}^{-1}$ (tabellierter Wert: $\Delta_r H_m = -55\ \text{kJ} \cdot \text{mol}^{-1}$).

EXPERIMENT 2

Experimentelle Ermittlung einer Neutralisationsenthalpie

In zwei 150-ml-Bechergläser werden genau 50 ml Schwefelsäure ($c = 0{,}5\ \text{mol} \cdot \text{l}^{-1}$) bzw. 50 ml Kalilauge ($c = 1\ \text{mol} \cdot \text{l}^{-1}$; C) gegeben. Beide Lösungen müssen die gleiche konstante Temperatur haben. Unter Rühren wird die Schwefelsäure vorsichtig zur Kalilauge gegeben.
Ausgangs- und Endtemperatur der Neutralisation sind zu ermitteln.

AUFGABEN

1 Berechnen Sie aus den bei Experiment 2 gewonnenen Werten die molare Reaktionsenthalpie der Reaktion:
$H^+(aq) + OH^-(aq) \rightarrow H_2O(l)$

2 Beschreiben Sie die Grundlagen der Kalorimetrie und begründen Sie die Voraussetzungen an eine chemische Reaktion für die kalorimetrische Bestimmung der Reaktionsenthalpien.

ZUSAMMENFASSUNG

Molare Reaktionsenthalpien chemischer Reaktionen können mithilfe des Messverfahrens **Kalorimetrie** in einem **Kalorimeter** bestimmt werden. Grundlage dieses Messverfahrens ist die Gleichung:

$$Q_p = c_p(H_2O) \cdot m(H_2O) \cdot \Delta T$$

wenn als Kalorimeterflüssigkeit Wasser verwendet wird.

Im Fall einer exothermen Reaktion ist die vom Reaktionssystem abgegebene Reaktionswärme Q_1 entgegengesetzt gleich der vom Kalorimeterwasser aufgenommenen Wärme Q_2.

$$Q_1 = -Q_2$$

Unter isobaren Reaktionsbedingungen gilt für die **molare Reaktionsenthalpie**:

$$\Delta_r H_m = -\frac{c_p(H_2O) \cdot m(H_2O) \cdot \Delta T}{n_F}$$

▶ Energie-Konzept

Satz von Hess

Ermittlung der molaren Bildungsenthalpie von Kohlenstoffmonooxid Die molaren Reaktionsenthalpien vieler chemischer Reaktionen lassen sich experimentell nicht bestimmen. So ist es beispielsweise nicht möglich, die molare Bildungsenthalpie des Kohlenstoffmonooxids durch Verbrennung von Kohlenstoff im Kalorimeter zu ermitteln, denn bei der Kohlenstoffverbrennung mit einem Unterschuss an Sauerstoff entstehen stets Kohlenstoffmonooxid und Kohlenstoffdioxid nebeneinander.

$$C(s) + \tfrac{1}{2}\,O_2(g) \rightarrow CO(g)$$
$$C(s) + O_2(g) \rightarrow CO_2(g)$$

Experimentell können aber die molaren Reaktionsenthalpien für die Verbrennung von Kohlenstoff und Kohlenstoffmonooxid zu Kohlenstoffdioxid bestimmt werden.

$$C(s) + O_2(g) \rightarrow CO_2(g) \qquad \Delta_f H_m(CO_2) = -394\ kJ \cdot mol^{-1}$$
$$CO(g) + \tfrac{1}{2}\,O_2(g) \rightarrow CO_2(g) \qquad \Delta_V H_m(CO) = -283\ kJ \cdot mol^{-1}$$

Die Oxidation des Kohlenstoffs zu Kohlenstoffdioxid kann gedanklich in zwei Teilschritten erfolgen.

$$C(s) + \tfrac{1}{2}\,O_2 \rightarrow CO(g) \qquad \Delta_f H_m(CO)$$
$$CO(g) + \tfrac{1}{2}\,O_2(g) \rightarrow CO_2(g) \qquad \Delta_V H_m(CO) = -283\ kJ \cdot mol^{-1}$$

$$C(s) + O_2(g) \rightarrow CO_2(g) \qquad \Delta_f H_m(CO_2) = -394\ kJ \cdot mol^{-1}$$

Nach dem 1. Hauptsatz der Thermodynamik (Satz von der Erhaltung der Energie) gilt:

$$\Delta_f H_m(CO_2) = \Delta_f H_m(CO) + \Delta_V H_m(CO)$$

Folglich ist die molare Bildungsenthalpie $\Delta_f H_m(CO)$ des Kohlenstoffmonooxids:

$$\Delta_f H_m(CO) = \Delta_f H_m(CO_2) - \Delta_V H_m(CO)$$
$$= -394\ kJ \cdot mol^{-1} + 283\ kJ \cdot mol^{-1}$$
$$\underline{\underline{\Delta_f H_m(CO) = -111\ kJ \cdot mol^{-1}}}$$

Dieses Ergebnis beruht auf einem allgemeingültigen Gesetz: Die molare Reaktionsenthalpie hängt nur vom Anfangs- und Endzustand des Systems ab. Sie ist vom Reaktionsweg unabhängig.

Diese Gesetzmäßigkeit wurde bereits vor dem 1. Hauptsatz der Thermodynamik im Jahre 1840 von dem Chemiker HERMANN HEINRICH HESS (Abb. 2) erkannt und wird als **Satz von HESS** bezeichnet. Dieser Satz hat große Bedeutung für die Ermittlung von molaren Reaktionsenthalpien für solche chemische Reaktionen, die kalorimetrisch nicht untersucht werden können.

1 Schema möglicher Reaktionswege zur Darstellung von Kohlenstoffdioxid

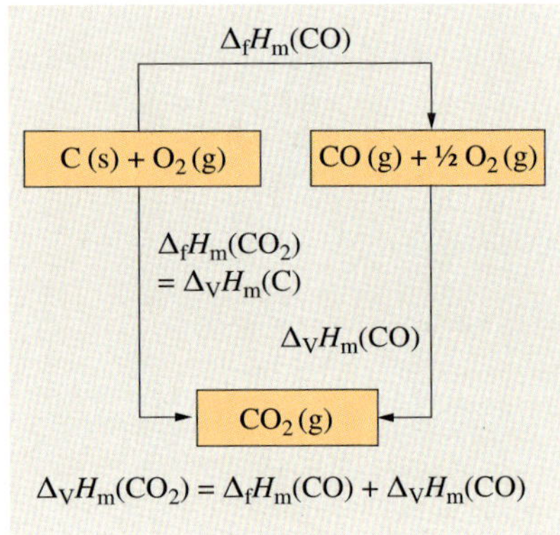

2 HERMANN HEINRICH (GERMAIN HENRI) HESS (1802 bis 1850), geboren in Genf, lebte ab 1805 in Russland. Der Arzt und Chemiker arbeitete auf den Gebieten der Mineralchemie, der organischen Chemie und der Thermochemie. Mit seinen Forschungsergebnissen zur Wärmebilanz chemischer Reaktionen gehört er zu den Begründern der chemischen Thermodynamik.

Molare Reaktionsenthalpie bei der Bildung und beim Zerfall eines Stoffes Für Bildung und Zerfall eines Stoffes gilt nach dem Satz von HESS:
Die molare Reaktionsenthalpie des Zerfalls eines Stoffes ist entgegengesetzt gleich der molaren Reaktionsenthalpie der Bildung dieses Stoffes.
Als Beispiel sei die Synthese von Ammoniak aus Stickstoff und Wasserstoff betrachtet. Sie verläuft exotherm. Der Zerfall des Ammoniaks ist dagegen eine endotherme chemische Reaktion mit entgegengesetzt gleicher molarer Reaktionsenthalpie:

$N_2(g) + 3\,H_2(g) \rightarrow 2\,NH_3(g)$
$\Delta_r H_m = 2 \cdot \Delta_f H_m(NH_3) = -92\ kJ \cdot mol^{-1}$
$2\,NH_3(g) \rightarrow N_2(g) + 3\,H_2(g)$
$\Delta_r H_m = -2 \cdot \Delta_f H_m(NH_3) = +92\ kJ \cdot mol^{-1}$

Berechnung molarer Standardreaktionsenthalpie aus Tabellenwerten Unter Anwendung des Satzes von HESS lässt sich die **molare Standardreaktionsenthalpie $\Delta_r H_m^0$** einer beliebigen chemischen Reaktion aus den tabellierten molaren Standardbildungsenthalpien $\Delta_f H_m^0$ der Ausgangsstoffe und Reaktionsprodukte berechnen.
So kann die molare Standardreaktionsenthalpie der allgemeinen chemischen Reaktion

$AB + CD \rightarrow AC + BD$

aus den molaren Standardbildungsenthalpien der Stoffe AB, CD, AC und BD ermittelt werden.
Die Reaktionsgleichungen der Bildung dieser Stoffe lauten allgemein:

$A + B \rightarrow AB$
$A + C \rightarrow AC$
$B + D \rightarrow BD$
$C + D \rightarrow CD$

Das folgende Schema zeigt zwei Wege, um von den Ausgangsstoffen zu den Reaktionsprodukten zu gelangen, und stellt die Anwendung des Satzes von HESS auf dieses System dar:

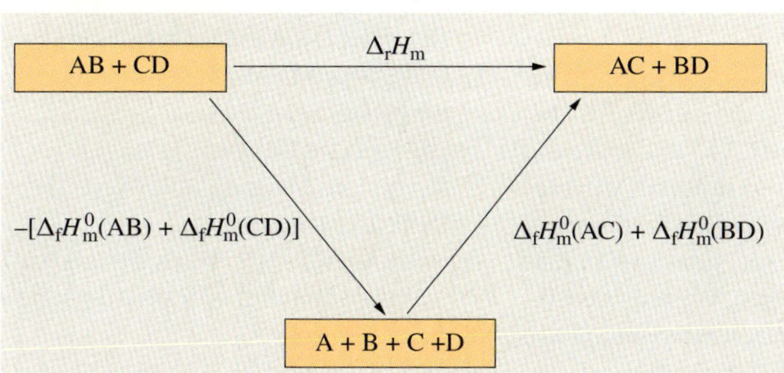

AUFGABEN

1 Begründen Sie, warum
a $\Delta_f H_m(Fe_2O_3) = 2\,\Delta_V H_m(Fe)$ und
b $\Delta_V H_m(S) = \Delta_f H_m(SO_3)$ ist.
2 Die molaren Standardverbrennungsenthalpien von Kohlenstoff, Wasserstoff und Methan betragen:
$C(s) + O_2(g) \rightarrow CO_2(g)$
$\Delta_V H_m^0(C) = -394\ kJ \cdot mol^{-1}$

$H_2(g) + \frac{1}{2}\,O_2(g) \rightarrow H_2O(l)$
$\Delta_V H_m^0(H_2) = -286\ kJ \cdot mol^{-1}$

$CH_4(g) + 2\,O_2(g) \rightarrow CO_2(g) + 2\,H_2O(l)$
$\Delta_V H_m^0(CH_4) = -889\ kJ \cdot mol^{-1}$
Skizzieren Sie mögliche Wege der Reaktionsführung und berechnen Sie daraus die molare Standardbildungsenthalpie von Methan.

Nach dem Satz von HESS ist die molare Standardreaktionsenthalpie gleich der Summe der molaren Standardbildungsenthalpien der Reaktionsprodukte vermindert um die Summe der molaren Standardbildungsenthalpien der Ausgangsstoffe:

$$\Delta_r H_m^0 = \Delta_f H_m^0(AC) + \Delta_f H_m^0(BD) - [\Delta_f H_m^0(AB) + \Delta_f H_m^0(CD)]$$

Mithilfe dieser Gleichung lassen sich die molaren Standardreaktionsenthalpien beliebiger chemischer Reaktionen, die der allgemeinen Reaktionsgleichung folgen, aus den tabellierten molaren Standardbildungsenthalpien der Reaktionsteilnehmer berechnen.

Aufgabe: Berechnen Sie die molare Standardreaktionsenthalpie $\Delta_f H_m^0$ für die Herstellung von Calciumcarbonat nach der folgenden Reaktionsgleichung:

$CaO(s) + CO_2(g) \rightarrow CaCO_3(s)$

Gesucht: $\Delta_r H_m^0$

Gegeben aus Tabelle:

$\Delta_f H_m^0(CaO) = -635\ kJ \cdot mol^{-1}$
$\Delta_f H_m^0(CO_2) = -394\ kJ \cdot mol^{-1}$
$\Delta_f H_m^0(CaCO_3) = -1207\ kJ \cdot mol^{-1}$

Lösung:

$\Delta_r H_m^0 = \Delta_f H_m^0(CaCO_3) - [\Delta_f H_m^0(CaO) + \Delta_f H_m^0(CO_2)]$
$= -1207\ kJ \cdot mol^{-1} - (-635\ kJ \cdot mol^{-1} - 394\ kJ \cdot mol^{-1})$
$\Delta_r H_m^0 = -178\ kJ \cdot mol^{-1}$

Die molare Standardreaktionsenthalpie der Bildung von Calciumcarbonat nach der oben angegebenen Reaktionsgleichung beträgt $\Delta_r H_m^0 = -178\ kJ \cdot mol^{-1}$.

Sind die Stöchiometriezahlen von Reaktionsprodukten (Rp) und/oder Ausgangsstoffen (As) in der Reaktionsgleichung ungleich 1, so sind die molaren Standardbildungsenthalpien mit den jeweiligen Stöchiometriezahlen zu multiplizieren. Die allgemeine Gleichung zur Berechnung molarer Standardreaktionsenthalpien nach dem Satz von HESS lautet damit:

$$\Delta_r H_m^0 = \Sigma[\nu(Rp) \cdot \Delta_f H_m^0(Rp)] - \Sigma[\nu(As) \cdot \Delta_f H_m^0(As)]$$

Die mit tabellierten molaren Standardbildungsenthalpien berechneten molaren Standardreaktionsenthalpien gelten für die Temperatur $T = 298$ K und den Druck $p = 101{,}3$ kPa. Die Reaktionsbedingungen in der chemischen Produktion, im chemischen Labor oder in der Natur sind meist von diesen tabellierten Bedingungen verschieden. Mithilfe weiterer thermodynamischer Gleichungen können die aus tabellierten Werten berechneten molaren Standardreaktionsenthalpien auf die Bedingungen in der chemischen Produktion umgerechnet werden.

AUFGABEN

1 Berechnen Sie die molare Standardreaktionsenthalpie für die chemische Reaktion
$SO_3(g) + H_2O(g) \rightarrow H_2SO_4(l)$
aus den molaren Standardbildungsenthalpien (↑Tab. 2, S. 76) und skizzieren Sie mögliche Wege der Reaktionsführung.

2 Methanol wird aus Kohlenstoffmonooxid und Wasserstoff hergestellt:
$CO(g) + 2\ H_2(g) \rightarrow CH_3OH(l)$
Berechnen Sie die molare Standardreaktionsenthalpie unter Tabellierungsbedingungen bezogen auf die angegebene Reaktionsgleichung. Skizzieren Sie mögliche Wege der Reaktionsführung.

3 Berechnen Sie die molare Standardreaktionsenthalpie für die folgende Reaktion:
$CO(g) + \frac{1}{2}\ O_2(g) \rightarrow CO_2(g)$

Aufgabe: Berechnen Sie die molare Standardreaktionsenthalpie $\Delta_r H_m^0$ für die Bildung von Salpetersäure nach der folgenden Reaktionsgleichung:

$4\ NO_2(g) + 2\ H_2O(l) + O_2(g) \rightarrow 4\ HNO_3(l)$

In der Technik wird diese Reaktion in Rieseltürmen durchgeführt.

Gesucht: $\Delta_r H_m^0$

Gegeben aus Tabelle:

$\Delta_f H_m^0(NO_2) = +33\ kJ \cdot mol^{-1}$
$\Delta_f H_m^0(H_2O) = -286\ kJ \cdot mol^{-1}$
$\Delta_f H_m^0(O_2) = 0$
$\Delta_f H_m^0(HNO_3) = -174\ kJ \cdot mol^{-1}$

Lösung:

$$\Delta_r H_m^0 = 4 \cdot \Delta_f H_m^0(HNO_3) - [4 \cdot \Delta_f H_m^0(NO_2) + 2 \cdot \Delta_f H_m^0(H_2O) + \Delta_f H_m^0(O_2)]$$

$$= 4 \cdot (-174\ kJ \cdot mol^{-1}) - (4 \cdot 33\ kJ \cdot mol^{-1} - 2 \cdot 286\ kJ \cdot mol^{-1} + 0\ kJ \cdot mol^{-1})$$

$$\Delta_r H_m^0 = -256\ kJ \cdot mol^{-1}$$

Die molare Standardreaktionsenthalpie der Bildung von Salpetersäure nach der oben angegebenen Reaktionsgleichung beträgt $\Delta_r H_m^0 = -256\ kJ \cdot mol^{-1}$.

ZUSAMMENFASSUNG

Die molaren Reaktionsenthalpien vieler chemischer Reaktionen lassen sich experimentell nicht bestimmen. Sie lassen sich nach dem **Satz von Hess** berechnen. Dieses Gesetz ist ein Spezialfall des 1. Hauptsatzes der Thermodynamik.
Im Satz von Hess kommt zum Ausdruck, dass die molare Reaktionsenthalpie einer chemischen Reaktion nur vom Anfangs- und Endzustand des Systems abhängt. Die molare Reaktionsenthalpie ist vom Reaktionsweg unabhängig.

Unter Anwendung des Satzes von Hess lassen sich die **molaren Standardreaktionsenthalpien $\Delta_r H_m^0$** beliebiger chemischer Reaktionen aus den tabellierten molaren Standardbildungsenthalpien $\Delta_f H_m^0$ der Reaktionsteilnehmer berechnen:
Die molare Standardreaktionsenthalpie $\Delta_r H_m^0$ ist gleich der Summe der molaren Standardbildungsenthalpien der Reaktionsprodukte $\Delta_f H_m^0(Rp)$ vermindert um die Summe der molaren Standardbildungsenthalpien der Ausgangsstoffe $\Delta_f H_m^0(As)$ unter Berücksichtigung der jeweiligen Stöchiometriezahlen:

$$\Delta_r H_m^0 = \Sigma[\nu(Rp) \cdot \Delta_f H_m^0(Rp)] - \Sigma[\nu(As) \cdot \Delta_f H_m^0(As)]$$

▶ Energie-Konzept

Energetische Aspekte chemisch-technischer Verfahren

Bedeutung von Reaktionsenthalpien Die meisten chemischen Produkte werden bei erhöhter Temperatur mithilfe von Katalysatoren hergestellt. Für eine effektive Produktion ist die Wahl günstiger Reaktionsbedingungen sehr wichtig. Oftmals kann die Reaktionswärme der chemischen Reaktionen zur Sicherung der notwendigen Reaktionstemperatur genutzt werden. Bei der Herstellung chemischer Produkte durch endotherme chemische Reaktionen ist die Kopplung von endothermen und exothermen chemischen Reaktionen ein wichtiges Prinzip für die effektive Gestaltung des chemisch-technischen Prozesses. Zur Ermittlung der **Energiebilanz** chemisch-technischer Verfahren werden die molaren Reaktionsenthalpien der ablaufenden chemischen Reaktionen benötigt (Tab. 1). In die Energiebilanz gehen auch das Erwärmen der Ausgangsstoffe und/oder das Abkühlen der Reaktionsprodukte ein. Wärmeverluste treten durch Strahlung, Wärmeleitung und Konvektion auf.

Tab. 1 Reaktionstemperatur und molare Standardreaktionsenthalpie ausgewählter chemisch-technischer Verfahren

Chemische Reaktion	Katalysator	Reaktionstemperatur $\frac{\vartheta}{°C}$	$\frac{\Delta_r H_m^0}{kJ \cdot mol^{-1}}$ (T = 298 K, p = 101,3 kPa)
$SO_2(g) + \frac{1}{2} O_2(g) \rightarrow SO_3(g)$	V_2O_5	480	−99
$CO + H_2O \rightarrow CO_2 + H_2$	Fe_2O_3/Cr_2O_3	360	−40
$N_2 + 3\,H_2 \rightarrow 2\,NH_3$	Fe_3O_4	470	−92
$C_2H_4 + H_2O \rightarrow C_2H_5OH$	H_3PO_4	300	−45
$C_6H_{12} \rightarrow C_6H_6 + 3\,H_2$	Pt	500	+206
$C_6H_5\text{–}CH_2\text{–}CH_3 \rightarrow C_6H_5\text{–}CH{=}CH_2 + H_2$	Fe_2O_3	550	+228

Physiologie

Physikalische und physiologische Brennwerte

Energiebedarf des Menschen Zur Aufrechterhaltung der körperlichen Funktionen benötigt jedes Lebewesen ständig Energie. In Abhängigkeit von der körperlichen Aktivität können sich beim Menschen erhebliche individuelle Unterschiede im Energiebedarf ergeben, wobei sich der Energiebedarf als Summe aus Grundumsatz und Leistungsumsatz ergibt. Der Grundumsatz stellt den größten Teil des Gesamtenergieumsatzes dar. Der Grundumsatz beträgt bei Frauen etwa 3,8 $kJ \cdot kg^{-1} \cdot h^{-1}$ und bei Männern etwa 4,2 $kJ \cdot kg^{-1} \cdot h^{-1}$.

1 Ermitteln des energetischen Grundumsatzes eines Menschen

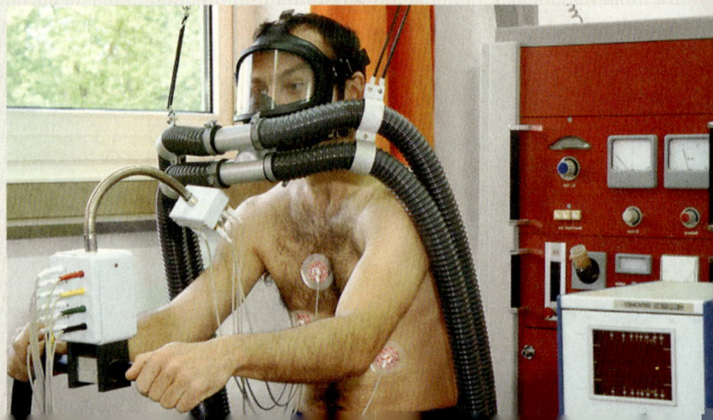

Die molaren Reaktionsenthalpien bei der Reaktionstemperatur können sich zum Teil merklich von den aus tabellierten molaren Standardbildungsenthalpien berechneten molaren Standardreaktionsenthalpien unterscheiden. Sie können mithilfe weiterer thermodynamischer Gleichungen aus den molaren Standardreaktionsenthalpien berechnet werden.
Beispielsweise beträgt die molare Reaktionsenthalpie für das Kalkbrennen bei 25 °C $\Delta_r H_m(298\ K) = +178\ kJ \cdot mol^{-1}$ und bei 750 °C $\Delta_r H_m(923\ K) = +160\ kJ \cdot mol^{-1}$.

Technische Herstellung von Stickstoffmonooxid Die molare Standardbildungsenthalpie des Stickstoffmonooxids, das als Ausgangsstoff für die Salpetersäureherstellung dient, beträgt $\Delta_f H_m^0 = +90\ kJ \cdot mol^{-1}$. Das bedeutet, dass Stickstoffmonooxid aus den Elementsubstanzen entsprechend der Bildungsreaktion bei sehr hoher Temperatur hergestellt werden muss. Die Ausbeute an Stickstoffmonooxid ist bei dieser Reaktion sehr gering. Die hohe Reaktionstemperatur und die geringe Ausbeute dieser Reaktion sind die Ursache dafür, dass die Herstellung des Stickstoffmonooxids auf diesem Weg nicht vertretbar ist.
Bei Verwendung von Ammoniak als Ausgangsstoff anstelle des Stickstoffs, verläuft die chemische Reaktion exotherm.

$$4\ NH_3(g) + 5\ O_2(g) \rightarrow 4\ NO(g) + 6\ H_2O(g) \quad \Delta_r H_m^0 = -908\ kJ \cdot mol^{-1}$$

Das Ammoniak wird an einem Platin-Rhodium-Katalysator bei 700 °C oxidiert. Die durch die Reaktionsenthalpie bedingte Temperaturerhöhung der Reaktorgasmischung kann dazu führen, dass das gebildete Stickstoffmonooxid zu Stickstoff und Sauerstoff zerfällt. In Wärmeaustauschern müssen daher die Reaktionsprodukte rasch abgekühlt werden. Als Kühlmittel dient das Gasgemisch der Ausgangsstoffe. Die Ausgangsstoffe werden dabei auf die Reaktionstemperatur von 700 °C erwärmt.

AUFGABEN

1 Die Ammoniaksynthese aus den Elementsubstanzen wird bei der Reaktionstemperatur $\vartheta = 470\ °C$ in Kontaktöfen, die nicht beheizt werden müssen, durchgeführt.
Erläutern Sie diese Verfahrensweise anhand der molaren Standardreaktionsenthalpie der betreffenden chemischen Reaktion.

2 Stellen Sie die Reaktionsgleichungen der beim Hochofenprozess gekoppelten exothermen und endothermen Reaktionen auf.

Brennwerte der Nahrung Über die Nahrung wird dem Körper die erforderliche Energie zugeführt. Die bei der vollständigen Verbrennung einer Nährstoffprobe frei werdende Energie lässt sich mit einem Kalorimeter (↑S. 79 ff.) ermitteln und daraus der Brennwert berechnen. Dieser Brennwert wird als **physikalischer Brennwert** bezeichnet.
Die Nahrungsumsetzung im Organismus lässt sich analog einer Verbrennung betrachten. Die bei der im Organismus stattfindenden Verbrennung von Nährstoffen frei werdende Energie wird als **physiologischer** Brennwert bezeichnet. Der physiologische Brennwert der Kohlenhydrate beträgt $17{,}16\ kJ \cdot g^{-1}$, der der Eiweiße $17{,}16\ kJ \cdot g^{-1}$, der der Fette $38{,}9\ kJ \cdot g^{-1}$ und der des Alkohols $29{,}3\ kJ \cdot g^{-1}$.
Der physiologische und der physikalische Brennwert der Fette und der Kohlenhydrate stimmen jeweils nahezu überein. Der physikalische Brennwert der Eiweiße ist mit $23\ kJ \cdot g^{-1}$ jedoch deutlich größer als der physiologische.

AUFGABEN

1 Erklären Sie, warum bei Eiweißen die Werte der physikalischen und physiologischen Brennwerte nicht übereinstimmen, bei Kohlenhydraten und Fetten aber nahezu gleich sind. Recherchieren Sie dazu in der Literatur und im Internet.

2 Berechnen Sie die physikalischen Brennwerte für Palmitinsäure ($\Delta_f H_m^0 = -903\ kJ \cdot mol^{-1}$) und Saccharose ($\Delta_f H_m^0 = -949\ kJ \cdot mol^{-1}$).

Kopplung von endothermen mit exothermen Reaktionen Besonders positive Auswirkungen auf die Energiebilanz hat die Kopplung exothermer und endothermer chemischer Reaktionen bei chemisch-technischen Verfahren.
Bei der Druckvergasung von Kohle wird ein Gasgemisch hergestellt, das Kohlenstoffmonooxid, Wasserstoff und Wasser enthält. Es wird als Heiz- und Synthesegas verwendet. Die beiden gekoppelten Hauptreaktionen sind:

$$C(s) + O_2(g) \rightarrow CO_2(g) \qquad \Delta_f H_m^0 = -394 \text{ kJ·mol}^{-1}$$
$$C(s) + H_2O(g) \rightarrow CO(g) + H_2(g) \qquad \Delta_r H_m^0 = +131 \text{ kJ·mol}^{-1}$$

Werden Sauerstoff und Wasserdampf gemeinsam eingeblasen, so verläuft der Prozess ohne Energiezufuhr. Die exotherme Reaktion bringt die Energie für die endotherme Reaktion auf.
Weitere Beispiele der Kopplung von endothermen mit exothermen Reaktionen sind das Kalkbrennen und die Herstellung von Metallen in Schachtöfen.
Endotherme und exotherme Reaktion können auch in zeitlicher Aufeinanderfolge miteinander gekoppelt werden. Diese Art der Kopplung findet bei der Luft- und Wassergasherstellung (Heiß- und Kaltblasen) Anwendung.

Bedeutung von Heizwerten Die Energie, die für die Durchführung chemisch-technischer Verfahren benötigt wird, wird meist aus der Verbrennung von Brennstoffen gewonnen. Da die Brennstoffe in der Regel Gemische vieler Einzelsubstanzen mit wechselnden Zusammensetzungen sind, werden bei Berechnungen in der Technik Heizwerte H_i und Brennwerte H_s verwendet (↑S. 77).
Für Heiz- und Brennwerte der Brennstoffe gilt:
- Je höher der Wasseranteil des Brennstoffs ist (Nässe), desto niedriger sind sein Heiz- und Brennwert.
- Je höher der Wasserstoffanteil des Brennstoffs ist (als molekularer Wasserstoff bzw. in organischen Verbindungen gebunden), desto höher sind sein Heiz- und Brennwert.

AUFGABEN

1 Erklären Sie, warum die Heizwerte von Rohbraunkohle, Steinkohle und Heizöl unterschiedlich sind.

2 Beim aluminothermischen Schweißen von Schienen nach der Reaktionsgleichung
$Fe_2O_3 + 2\,Al \rightarrow 2\,Fe + Al_2O_3$
wird die Reaktionsenthalpie zum Schmelzen des Eisens genutzt. Berechnen Sie die molare Reaktionsenthalpie bezüglich der angegebenen Reaktionsgleichung und die Reaktionsenthalpie für die Herstellung von 1,4 kg Eisen.

3 Die im Hochofen ablaufenden chemischen Prozesse können vereinfacht in einer Reaktionsgleichung zusammengefasst werden:
$Fe_2O_3 + 3\,C \rightarrow 2\,Fe + 3\,CO$
a Berechnen Sie die molare Reaktionsenthalpie für diese chemische Reaktion.
b Berechnen Sie die für die Herstellung von 1,00 t Eisen notwendige Masse an Kohlenstoff.

ZUSAMMENFASSUNG

Die chemische Industrie gehört zu den energieintensiven Wirtschaftszweigen. Zur ökonomischen Gestaltung der Energiebilanz werden in der chemischen Industrie eingesetzt:
- Wärmeaustauscher und Wärmespeicher zur Übertragung thermischer Energie von Reaktionsprodukten auf Ausgangsstoffe
- Kopplung endothermer Reaktionen mit exothermen Reaktionen
- Wärmedämmung

Die zur Durchführung chemisch-technischer Verfahren benötigte Energie wird meist aus der Verbrennung von Brennstoffen gewonnen. Bei Berechnungen wird anstelle der Reaktionsenthalpie der Verbrennung der **Heizwert** bzw. der **Brennwert** des Brennstoffs verwendet. Sie sind spezifische Größen. Heiz- und Brennwerte der Brennstoffe sind vom Wasseranteil und vom Wasserstoffanteil des Brennstoffs abhängig.

► Energie-Konzept

2. Hauptsatz der Thermodynamik

Gerichteter Verlauf von Prozessen Die Gültigkeit des 1. Hauptsatzes der Thermodynamik, des Satzes von der Erhaltung der Energie, ist unbestritten. Er vermag aber keine Aussage über die Richtung zu machen, in die ein Vorgang von allein verläuft. Alle Naturprozesse verlaufen gerichtet. So altern alle Lebewesen, niemand wird wieder jünger.
Zwei Gase vermischen sich miteinander. Es entsteht eine homogene Mischung. Die Umkehr dieses Vorgangs, eine spontane Gasentmischung, findet nicht statt (Exp. 1). Miteinander mischbare Flüssigkeiten bilden ebenfalls homogene Mischungen. Der Vorgang dauert, wenn nicht gerührt wird, nur wesentlich länger als bei Gasen. Auch dieser Vorgang kehrt sich von allein nicht um (Exp. 2). Nur unter Aufwand von Arbeit lassen sich solche Durchmischungen von Stoffen rückgängig machen, beispielsweise durch destillative Stofftrennung oder eine Stofftrennung durch Gaschromatografie.
Bei Wärmeübergangsprozessen wird allgemein beobachtet, dass Wärme stets vom System mit höherer Temperatur auf das System mit niedrigerer Temperatur übergeht.
Ein Wärmeübergang in umgekehrter Richtung wird nicht beobachtet, obwohl der 1. Hauptsatz der Thermodynamik die Möglichkeit eines solchen Wärmeübergangs nicht ausschließt. Er wird nur unter Aufwand von Arbeit erreicht. Beispielsweise wird der Wärmeübergang aus der Umgebung auf Lebensmittel in einem Kühlschrank mithilfe elektrischer Energie und dem Kühlaggregat rückgängig gemacht.
Die genannten spontan ablaufenden Prozesse sind Ausgleichsvorgänge.

Dissipative Vorgänge Bei einigen Vorgängen in Natur und Technik werden Energie und Arbeit aufgrund von Reibung in Wärme umgewandelt. Beispiele dafür sind:
- die Reibung von Rädern beim Rollen oder die Reibung in einer Bremsanlage
- die plastische Verformung von Knete mit den Händen oder von Stahlhalbzeugen in Walzwerken (Abb. 1)
- die Umwandlung elektrischer Energie in thermische Energie durch den elektrischen Strom in einem elektrischen Leiter (Reibungswärme bei der Bewegung von Elektronen durch das Metallgitter)

Solche Vorgänge, bei denen wertvolle mechanische, elektrische, auch Strahlungsenergie unwiederbringlich in Form von Wärme an die Umgebung abgegeben wird, werden als **dissipative Vorgänge** bezeichnet (lat. dissipare – zerstreuen). Dissipative Vorgänge sind nicht umkehrbar und Ursache dafür, dass bei allen real ablaufenden Prozessen die verrichtete Arbeit geringer ist als die theoretisch mögliche Arbeit. Zum Beispiel findet beim Entladen eines Akkumulators (↑Elektrochemie, S. 221 ff.; ↑Abb. 1, S. 92) eine Umwandlung der chemischen Energie in elektrische

EXPERIMENT 1 L

Herstellen eines Brom-Luft-Gasgemischs

Vorsicht! Unter einem Abzug werden vor weißem Hintergrund einige Tropfen Brom (T+, C, N) in einen Standzylinder mit gefettetem Schliffrand gegeben. Der Standzylinder wird sofort mit einem Glasdeckel verschlossen.

EXPERIMENT 2

Herstellen eines Kupfersulfatlösung-Wasser-Gemischs

Ein Standzylinder ist bis 20 mm unter den oberen Rand mit Wasser zu füllen. Mit einer Kolbenpipette wird das Wasser mit 30 ml Kupfer(II)-sulfatlösung (c = 0,5 mol · l^{-1}) unterschichtet. Der Standzylinder ist mit einem Glasdeckel zu verschließen und an einem ruhigen Ort vor weißem Hintergrund abzustellen.

1 Die beim Kaltwalzen von Stahl entstehende Wärme wird durch Abgabe an die Umgebung entwertet.

AUFGABEN

1 Beschreiben Sie die Beobachtungen von Experiment 1 und 2.
2 Erklären Sie die Ursache für die Vermischung von gasförmigem Brom und Luft, obwohl die molare Masse des Broms größer ist als die mittlere molare Masse der Luft.

Energie statt. Ein Teil der elektrischen Energie wird aufgrund des inneren Widerstands des Akkumulators in thermische Energie umgewandelt und in Form von Wärme an die Umgebung abgegeben. Beim Laden wird unter Aufwand von Arbeit elektrische Energie in chemische Energie umgewandelt. Bei diesem Prozess wird ein Teil der elektrischen Energie durch den inneren elektrischen Widerstand im Akkumulator in Form von Wärme an die Umgebung abgegeben. Um den Ausgangszustand des Akkumulators wiederherzustellen, ist ein größerer Arbeitsaufwand notwendig, als beim Entladen an Arbeit genutzt werden konnte.

Reversible Vorgänge Vorgänge in einem abgeschlossenen System, die nicht vollständig rückgängig gemacht werden können, werden in der Thermodynamik als **irreversible Vorgänge** bezeichnet. Im Gegensatz dazu lassen sich **reversible Vorgänge** vollständig rückgängig machen, wobei die übertragene Wärme und die verrichtete Arbeit des rückwärtsgerichteten Vorgangs lediglich das entgegengesetzte Vorzeichen der Wärme und der Arbeit des vorwärtsgerichteten Vorgangs haben. Die Beträge von Wärme und Arbeit beider Vorgänge sind gleich.
Aus den Erfahrungen der Natur ergibt sich, dass reale Vorgänge immer irreversible Vorgänge sind. Reversible Vorgänge sind vom Standpunkt der Thermodynamik idealisierte Grenzfälle realer Vorgänge. Betrachtet man die an irreversiblen Vorgängen beteiligte Wärme, ergibt sich die einfache Formulierung: Wärme fließt von selbst nur von warm nach kalt.
Das Entladen und Laden eines Akkumulators ist nur fast reversibel, weil ein Teil der Energie jeweils in Form von Wärme an die Umgebung übertragen wird. Die Übertragung von Wärme auf den Akkumulator führt nicht zur Umwandlung der thermischen in elektrische Energie. Anstelle der Wärmeübertragung muss Arbeit aufgewendet werden, um den Ausgangszustand wiederherzustellen. Soll das Entladen idealisiert als reversibler Vorgang ablaufen, müsste an den Akkumulator eine elektrische Gegenspannung angelegt werden, die bis auf eine unendlich kleine Differenz gleich der elektrischen Spannung des Akkumulators ist. Das führt zu einer unendlich kleinen Stromstärke, sodass keine Wärme durch dissipative Vorgänge entsteht. Das Entladen würde unendlich langsam ablaufen. Wird das Entladen des Akkumulators reversibel durchgeführt, kann die maximal mögliche Arbeit geleistet werden. Die an die Umgebung übertragene Wärme ist minimal.

Entropie Die Größen Arbeit und Wärme sind vom jeweiligen Weg eines Prozesses abhängig. Bei reversibler Durchführung eines Prozesses im geschlossenen System sind die verrichtete Arbeit W_{rev} und die übertragene Wärme Q_{rev} nur vom Anfangs- und Endzustand des Systems abhängig. RUDOLF JULIUS EMANUEL CLAUSIUS (deutscher Physiker, 1822 bis 1888) und SIR WILLIAM THOMSON (britischer Physiker, 1824 bis 1907) führten

1 Beim Laden eines Akkus mit elektrischer Energie wird ein Teil der Energie durch Wärmeabgabe an die Umgebung entwertet.

AUFGABEN

1 Entscheiden Sie, ob beim Laden eines Akkumulators eine Wärmezufuhr dazu führen kann, dass die zum Laden notwendige elektrische Energie gleich der beim Entladen genutzten ist. Begründen Sie Ihre Entscheidung.
2 Entscheiden Sie, ob sich ein Zimmer durch einen geöffneten Kühlschrank, der sich im Zimmer befindet, abkühlen lässt. Begründen Sie Ihre Entscheidung.
3 Beschreiben Sie das Prinzip einer Einrichtung, die zur Senkung der Raumtemperatur geeignet ist.

deshalb eine Zustandsgröße ein, die **Entropie *S*** (griech. entrepein – umkehren).
Die **Änderung der Entropie ΔS** beim Ablauf eines Prozesses im geschlossenen System ist gleich dem Quotienten aus der reversibel übertragenen Wärme Q_{rev} und der Austauschtemperatur T.

$$\Delta S = \frac{Q_{rev}}{T} \qquad [S] = 1\ J \cdot K^{-1}$$

Für die **molare Entropieänderung** gilt dann:

$$\Delta S_m = \frac{Q_{m,\,rev}}{T} \qquad [S_m] = 1\ J \cdot K^{-1} \cdot mol^{-1}$$

Einfache Vorgänge, bei denen bei konstanter Temperatur T Wärme nahezu reversibel übertragen wird, sind **Phasenumwandlungsprozesse** wie das Schmelzen und Erstarren, das Verdampfen und Kondensieren oder Modifikationswechsel.
Die molare Entropieänderung beim Verdampfen von Wasser lässt sich aus der spezifischen Verdampfungswärme und der molaren Masse des Wassers berechnen.

Aufgabe: Die spezifische Verdampfungswärme von Wasser beträgt 2,26 kJ · g⁻¹ bei 373 K.
Berechnen Sie die molare Entropieänderung bei der Verdampfung von Wasser.

Gesucht: ΔS_m

Lösung:

$$\Delta S_m = \frac{2{,}26\ kJ \cdot g^{-1} \cdot 18\ g \cdot mol^{-1}}{373\ K}$$

$$\Delta S_m = 109\ J \cdot K^{-1} \cdot mol^{-1}$$

Die molare Entropieänderung bei der Verdampfung von Wasser beträgt $109\ J \cdot K^{-1} \cdot mol^{-1}$.

Entropie und 2. Hauptsatz der Thermodynamik Eine statistische Interpretation der Entropie fand LUDWIG BOLTZMANN (deutscher Physiker, 1844 bis 1906) im 19. Jahrhundert. Nach BOLTZMANN ist die Entropie von der Statistik der Teilchen her ein Maß für die **Unordnung des Systems**. Je größer die Unordnung der Teilchen eines Systems ist, desto größer ist die Entropie des Teilchensystems.
Da die Entropieänderung realer Prozesse im abgeschlossenen System größer als null ist, verlaufen alle Prozesse von einem Zustand kleinerer zu einem Zustand größerer thermodynamischer Wahrscheinlichkeit:

Ein chemischer oder physikalischer Prozess verläuft in einem abgeschlossenen System stets in der Richtung, in der die Unordnung zunimmt.

2 Beim Lösen von Zucker in Tee nimmt die Entropie des Systems zu.

Tab. 1 Molare Standardentropien einiger Stoffe
Tabellierungsbedingungen:
$T = 298$ K, $p = 101{,}3$ kPa

Formel	$\frac{S_m^0}{J \cdot K^{-1} \cdot mol^{-1}}$
$AlCl_3(s)$	+109
$Br_2(g)$	+245
$Br_2(l)$	+152
$CaCO_3$	+93
CaO	+40
$CO(g)$	+198
$CO_2(g)$	+214
$Cl_2(g)$	+223
$H_2(g)$	+131
$HBr(g)$	+199
$HCl(g)$	+187
$H_2O(l)$	+70
$H_2O(g)$	+189
$I_2(g)$	+261
$I_2(s)$	+116
$KCl(s)$	+83
$N_2(g)$	+192
$NH_3(g)$	+193
$NO_2(g)$	+240
$N_2O_4(g)$	+304
$O_2(g)$	+205
$SO_2(g)$	+248
$SO_3(g)$	+257

Mit der Entropie lautet der 2. Hauptsatz der Thermodynamik:

Bei Vorgängen in einem abgeschlossenen System kann die Entropie niemals abnehmen. Bei ideal umkehrbarem (reversiblem) Verlauf bleibt die Entropie konstant ($\Delta S = 0$), beim tatsächlichen Ablauf in Natur und Technik nimmt sie stets zu ($\Delta S > 0$).

Entropieänderung beim Ablauf chemischer Reaktionen Der Grad der Unordnung nimmt allgemein von den Feststoffen über die Flüssigkeiten zu den Gasen zu (Abb. 1). Der Zustand größter Unordnung ist bei Gasen erreicht. Die Entropie von Gasen ist stets größer als die Entropie von Flüssigkeiten und deren Entropie ist stets größer als die von Feststoffen.
Bei einer Temperaturerhöhung steigt die Unordnung in einem stofflichen System, weil die Temperaturerhöhung eine stärkere und unregelmäßigere Bewegung der Teilchen zur Folge hat. Das führt zur Erhöhung der Entropie des Systems. Die Unordnung in einem System und damit dessen Entropie ist größer, je mehr Teilchen das System enthält.
Daraus ergibt sich für die Entropieänderung bei einer chemischen Reaktion, dass die Entropie des Reaktionssystems steigt, wenn im Reaktionsverlauf die Teilchenanzahl, insbesondere die von Gasteilchen, zunimmt. Die Reaktionsentropie ist dann größer als null. Nimmt dagegen die Teilchenanzahl ab, insbesondere die von Gasteilchen, so ist die Reaktionsentropie kleiner als null.
Diese Aussage, dass negative Reaktionsentropien möglich sind, steht nicht im Widerspruch zum 2. Hauptsatz der Thermodynamik. Der 2. Hauptsatz der Thermodynamik ist an die Bedingung geknüpft, dass ein abgeschlossenes System vorliegt. Meist erfüllt ein Reaktionssystem diese Bedingung nicht. Wird in die Betrachtung die Umgebung mit einbezogen und werden das Reaktionssystem und die Umgebung als Gesamtsystem betrachtet, ist die Entropieänderung des Gesamtsystems bei einer chemischen Reaktion mit negativer Reaktionsentropie größer als null.

Molare Standardreaktionsentropie Für chemische Reaktionen können **molare Standardreaktionsentropien $\Delta_r S_m^0$** in Analogie zum Satz von HESS aus den tabellierten molaren Standardentropien der Ausgangsstoffe und Reaktionsprodukte berechnet werden. Die molaren Standardentropien der Stoffe sind tabelliert (↑Tab. 1, S. 93). Absolute Werte für die Entropie können bestimmt werden, weil die Entropie aller Stoffe am absoluten Nullpunkt ($T = 0$) null gesetzt werden kann. Die meist verwendeten Tabellierungsbedingungen sind $T = 298$ K und $p = 101{,}3$ kPa.
Für die allgemeine chemische Reaktion $A + 2\,B \rightarrow C$ gilt:

$$\Delta_r S_m^0 = S_m^0(C) - [S_m^0(A) + 2 \cdot S_m^0(B)]$$

1 Abhängigkeit der Entropie des Chlorwasserstoffs und des Ordnungszustands der Teilchen von der Temperatur

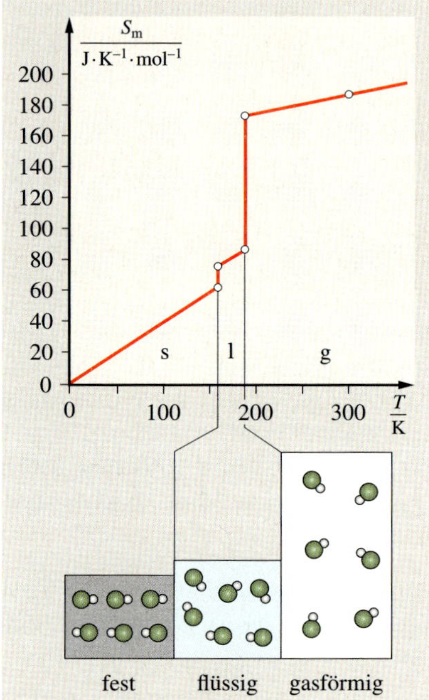

AUFGABEN

1 Vergleichen Sie die molaren Standardentropien von
a Br_2(g) und Br_2(l) sowie
b I_2(g) und I_2(s).
Begründen Sie die festgestellten Unterschiede.

2 Treffen Sie Voraussagen über die Entropieänderungen bei folgenden Vorgängen und begründen Sie:
a Kristallisieren einer Salzes aus Salzlösung
b Sublimieren von Schwefel
c Lösen von Kohlenstoffdioxid in Wasser
d Gefrieren einer Pfütze im Winter

3 Berechnen Sie die molare Schmelzentropie des Eises bei $T = 273$ K.
$H_2O(s) \rightarrow H_2O(l)$
Die spezifische Schmelzwärme des Eises beträgt 336 $J \cdot g^{-1}$.

4 Berechnen Sie die molare Standardreaktionsentropie bei $T = 298$ K und $p = 101{,}3$ kPa der Herstellung von Branntkalk.

Aufgabe: Berechnen Sie die molare Standardreaktionsentropie der Synthese von Wasser entsprechend der Reaktionsgleichung:

$2\,H_2(g) + O_2(g) \rightarrow 2\,H_2O(g)$

Gesucht: $\Delta_r S^0_m$

Gegeben: $S^0_m(H_2) = 131\ J \cdot K^{-1} \cdot mol^{-1}$
$S^0_m(O_2) = 205\ J \cdot K^{-1} \cdot mol^{-1}$
$S^0_m(H_2O, g) = 189\ J \cdot K^{-1} \cdot mol^{-1}$

Lösung:

$$\Delta_r S^0_m = 2 \cdot S^0_m(H_2O, g) - [2 \cdot S^0_m(H_2) + S^0_m(O_2)]$$

$$= 2 \cdot 189\ J \cdot K^{-1} \cdot mol^{-1} - (2 \cdot 131\ J \cdot K^{-1} \cdot mol^{-1} + 205\ J \cdot K^{-1} \cdot mol^{-1})$$

$$\Delta_r S^0_m = -89\ J \cdot K^{-1} \cdot mol^{-1}$$

Die molare Standardreaktionsentropie der Synthese von Wasser entsprechend der angegebenen Reaktionsgleichung beträgt $\Delta_r S^0_m = -89\ J \cdot K^{-1} \cdot mol^{-1}$.

Die molare Standardreaktionsenthalpie dieser Reaktion beträgt $\Delta_r H^0_m = 2 \cdot \Delta_f H^0_m(H_2O, g) = -484\ kJ \cdot mol^{-1}$, sie entspricht der bei isobarer Prozessführung je Mol Formelumsatz auf die Umgebung übertragenen Wärme $Q_m = -\Delta_r H^0_m$. Dies führt zu einer Entropieänderung der Umgebung U je Mol Formelumsatz von

$$\Delta S_{m,U} = \frac{Q_m}{T} = -\frac{\Delta_r H^0_m}{T} = -\frac{484\ kJ \cdot mol^{-1}}{298\ K}$$

$$\Delta S_{m,U} = 1773\ J \cdot K^{-1} \cdot mol^{-1}$$

Die Entropieänderung des abgeschlossenen Systems (A), das aus dem System der reagierenden Stoffe (S) und der Umgebung (U) besteht, ist damit in Übereinstimmung mit dem 2. Hauptsatz der Thermodynamik größer als null (Exp. 3 u. 4).

$$\Delta S_{m,A} = \Delta S_{m,S} + \Delta S_{m,U} > 0$$

EXPERIMENT 3

Ermitteln der Entropieänderungen beim Mischen von Natriumcarbonat und Eisen(III)-nitrat

In einem Reagenzglas werden 8,5 g Natriumcarbonat-10-Wasser $Na_2CO_3 \cdot 10\,H_2O$ (Xi) mit 8 g Eisen(III)-nitrat-9-Wasser $Fe(NO_3)_3 \cdot 9\,H_2O$ (O, Xi) vermischt. Die Temperaturänderung des Reaktionssystems wird ermittelt.

EXPERIMENT 4 L

Ermitteln der Entropieänderungen beim Mischen von Bariumhydroxid und Ammoniumthiocyanat

In einem Reagenzglas werden 14,5 g Bariumhydroxid-8-Wasser $Ba(OH)_2 \cdot 8\,H_2O$ (C) mit 7 g Ammoniumthiocyanat NH_4SCN (Xn) vermischt. Die Temperaturänderung des Reaktionssystems wird ermittelt.

AUFGABE

1 Vergleichen Sie die Entropieänderungen der Reaktionssysteme von Exp. 3 und Exp. 4 und der Umgebung.
Begründen Sie die Ergebnisse der beiden Vergleiche.

ZUSAMMENFASSUNG

Der **2. Hauptsatz der Thermodynamik** lautet: Bei Vorgängen in einem abgeschlossenen System bleibt die **Entropie S** bei ideal umkehrbarem (reversiblem) Verlauf konstant, beim tatsächlichen Ablauf in Natur und Technik nimmt sie stets zu.
Die Entropie S ist ein Maß für die **Unordnung eines Systems**: Je größer die Entropie eines Systems ist, desto größer ist die Unordnung.

Die molare **Standardreaktionsentropie $\Delta_r S^0_m$** einer chemischen Reaktion ist gleich der Differenz aus den Standardentropien der Reaktionsprodukte und den Standardentropien der Ausgangsstoffe.
Die Reaktionsentropie einer chemischen Reaktion kann auch kleiner als null sein, wenn das stoffliche System kein abgeschlossenes System ist.

▶ Energie-Konzept

Freie Enthalpie

Freiwilliger Ablauf chemischer Reaktionen Auf der Grundlage der Thermodynamik ist es möglich zu entscheiden, ob ein Prozess oder eine chemische Reaktion freiwillig ablaufen kann. Der deutsche Physikochemiker HERMANN ULICH (1895 bis 1945) formulierte: „Alles in unserer Welt strebt in Richtung abnehmender Enthalpie und zunehmender Entropie." Dieser Satz gilt als Prinzip des Energieminimums und der maximalen Unordnung. Mithilfe dieser Erkenntnis ist es bei Kenntnis der Reaktionsenthalpie und der Reaktionsentropie einer chemischen Reaktion möglich, eine Voraussage über den freiwilligen oder nicht freiwilligen Verlauf der Reaktion zu treffen. So ist z. B. die chemische Reaktion von Salzsäure mit Zink eine exotherme Reaktion. Wegen der Bildung von Wasserstoff verläuft die Reaktion unter Entropiezunahme. Bei dieser Reaktion nehmen also die Enthalpie ab und die Entropie zu. In Anwendung der Erkenntnis von ULICH lässt sich ableiten: Die Reaktion von Salzsäure und Zink verläuft freiwillig. Nur wenn für eine chemische Reaktion die Prüfung auf Enthalpieabnahme und Entropiezunahme übereinstimmen, ist eine sichere Aussage über den Verlauf der Reaktion möglich. Bei Nichtübereinstimmung lässt sich keine sichere Aussage ableiten.

Gibbs'sche Energie Die mathematischen Zusammenhänge, mit deren Hilfe sich berechnen lässt, ob eine chemische Reaktion freiwillig abläuft, wurden von JOSIAH WILLARD GIBBS (1839 bis 1903) erkannt. Er definierte eine weitere Zustandsgröße, die **Gibbs'sche Energie *G***, die auch als **freie Enthalpie *G*** bezeichnet wird.

$$G = H - T \cdot S$$

Wie die Enthalpie H, so kann auch die freie Enthalpie G eines Stoffes oder eines stofflichen Systems nicht mit einem konkreten Wert angegeben werden. Lediglich die Änderung der freien Enthalpie ΔG eines stofflichen Systems bei einer chemischen Reation kann bestimmt werden. Sie ist nur vom Anfangs- und Endzustand des Systems abhängig, nicht vom Reaktionsweg.
Die Änderung der freien Enthalpie ist die Größe, mit deren Hilfe die Richtung des freiwilligen Ablaufs eines Prozesses vorausgesagt werden kann. Bei isobarer Prozessführung gilt:

$$\Delta G = \Delta H - \Delta(T \cdot S)$$

Ist die Prozessführung isotherm-isobar (T = konst.; p = konst.), besteht für die Änderung der freien Enthalpie nur die Abhängigkeit von den Änderungen der Zustandsgrößen Enthalpie und Entropie.

$$\Delta G = \Delta H - T \cdot \Delta S$$

EXPERIMENT 1

Lösen von Natriumhydroxid in Wasser

Ein Plätzchen Natriumhydroxid (C) wird in 1 ml Wasser gelöst. Die Temperaturänderung ist zu messen.

EXPERIMENT 2

Auskristallisieren von Natriumthiosulfat

10 g Natriumthiosulfat-5-Wasser $Na_2S_2O_3 \cdot 5\ H_2O$ werden in 8 ml Wasser unter Erhitzen auf etwa 80 °C in einem Reagenzglas im Wasserbad gelöst.
Nach erschütterungsfreiem Abkühlen der Lösung auf 30 °C wird durch Einwerfen eines kleinen Kristallstücks Natriumthiosulfat die Kristallisation ausgelöst. Während der Kristallisation ist die Temperatur alle 30 s zu messen. Nach Beendigung der Kristallisation wird die Temperatur wieder erhöht.

AUFGABEN

1 Stellen Sie Enthalpie- und Entropiebetrachtungen für a) das Verbrennen von Ethanol, b) das Verdampfen einer Flüssigkeit und c) die Bildung eines Ammoniumchloridrauchs aus Ammoniak und Chlorwasserstoff an. Formulieren Sie eine Aussage über den freiwilligen oder nicht freiwilligen Ablauf dieser Reaktionen und Prozesse.

2 Stellen Sie Vermutungen über den freiwilligen/nicht freiwilligen Verlauf folgender Reaktionen auf:

a $C_4H_{10}(g) + 6{,}5\ O_2(g) \rightarrow 4\ CO_2(g) + 5\ H_2O(g)$ $\quad \Delta_r H_m < 0\ kJ \cdot mol^{-1}$

b $NH_4HCO_3(s) \rightarrow NH_3(g) + CO_2(g) + H_2O(l)$ $\quad \Delta_r H_m > 0\ kJ \cdot mol^{-1}$

c $2\ H_2(g) + CO(g) \rightarrow CH_3OH(l)$ $\quad \Delta_r H_m < 0\ kJ \cdot mol^{-1}$

Diese Größengleichung geht im Wesentlichen auf Arbeiten von Gibbs und dem deutschen Mediziner Hermann Ludwig Ferdinand von Helmholtz (1821 bis 1894) zurück. Sie wird deshalb auch als **Gibbs-Helmholtz-Gleichung** bezeichnet.
Für chemische Reaktionen lässt sich ableiten:

$$\Delta_r G_m = \Delta_r H_m - T \cdot \Delta_r S_m$$

Diese Gleichung verknüpft die molare Reaktionsenthalpie $\Delta_r H_m$ mit der molaren Reaktionsentropie $\Delta_r S_m$ zur **molaren Gibbs-schen Reaktionsenergie $\Delta_r G_m$**.
Bei konstantem Druck und konstanter Temperatur ist die molare Gibbs'sche Reaktionsenergie gleich der maximal möglichen Arbeit je Mol Formelsatz, die das Reaktionssystem im Reaktionsverlauf verrichten kann. Deshalb wird die molare Gibbs-sche Reaktionsenergie $\Delta_r G_m$ auch als **molare freie Reaktionsenthalpie** bezeichnet.
Der andere Anteil der molaren Reaktionsenthalpie $\Delta_r H_m$ entsprechend der Gleichung

$$\Delta_r H_m = \Delta_r G_m + T \cdot \Delta_r S_m$$

der unter keinen Umständen in nutzbare Energie umwandelbar ist, nämlich $T \cdot \Delta_r S_m$, kann als **molare gebundene Reaktionsenthalpie** bezeichnet werden. Dieser Teil kann nur in Form von Wärme abgegeben werden.
Eine reversible Reaktionsführung ist bei elektrochemischen Reaktionen in galvanischen Zellen möglich. Wenn an die galvanische Zelle eine der elektrischen Spannung der Zelle entgegengerichtete elektrische Spannung angelegt wird, die die elektrische Spannung der Zelle kompensiert, ist die Stromstärke $I = 0$ (stromloser Zustand). Mit der gemessenen angelegten Spannung ΔE lässt sich die molare freie Reaktionsenthalpie und damit die maximal mögliche Arbeit berechnen (↑Elektrochemie, S. 213):

$$\Delta_r G_m = -z \cdot F \cdot \Delta E$$

Mit der molaren freien Reaktionsenthalpie kann die Richtung einer chemischen Reaktion ermittelt werden:
Ist **$\Delta_r G_m < 0$**, so kann die chemische Reaktion entsprechend der Reaktionsgleichung freiwillig von links nach rechts ablaufen. Die Reaktion verläuft **exergonisch** (griech. ergon – Arbeit) unter Abgabe von Arbeit.
Ist **$\Delta_r G_m > 0$**, so kann die chemische Reaktion entsprechend der Reaktionsgleichung nur unter Aufwand von Arbeit entsprechend der Reaktionsgleichung ablaufen. Die Reaktion verläuft **endergonisch**.
Ist **$\Delta_r G_m = 0$**, so befindet sich das stoffliche System im **chemischen Gleichgewicht** (↑Chemisches Gleichgewicht – Massenwirkungsgesetz, S. 122 ff.).

EXPERIMENT 3
Reaktion von Oxalsäure und Natriumcarbonat
5,4 g Oxalsäure-2-Wasser $(COOH)_2 \cdot 2\,H_2O$ (Xn) werden mit der äquivalenten Masse an Natriumcarbonat-10-Wasser $Na_2CO_3 \cdot 10\,H_2O$ (Xi) gemischt. Die Temperatur des Gemischs während des Mischens ist zu prüfen.

EXPERIMENT 4
Elektrolyse von Schwefelsäure
Verdünnte Schwefelsäure ($c = 0{,}1\ mol \cdot l^{-1}$) ist mit Inertelektroden (Platinelektroden) in einer Elektrolyseapparatur (↑Abb. 1, S. 230) zu elektrolysieren.

AUFGABEN
1 Beschreiben Sie die Temperaturänderung beim Lösen von Natriumhydroxid in Wasser (Exp. 1).
2 Erläutern Sie die Vorgänge, die beim Erwärmen nach dem Auskristallisieren von Natriumthiosulfat stattfinden (Exp. 2).
3 Stellen Sie die Reaktionsgleichungen für die Elektrodenreaktionen und die Gesamtreaktion der Elektrolyse von Schwefelsäure auf und berechnen Sie für die Gesamtreaktion die molare freie Standardreaktionsenthalpie mithilfe der Gibbs-Helmholtz-Gleichung (Exp. 3).
4 Berechnen Sie mithilfe der Gibbs-Helmholtz-Gleichung die molare freie Reaktionsenthalpie für die Reaktionen der Aufgabe 1 (↑S. 96) bei Standardbedingungen und bewerten Sie die Richtigkeit Ihrer Aussagen über den Verlauf der Reaktionen.

Tab. 1 Die molare freie Reaktionsenthalpie als Funktion von molarer Reaktionsenthalpie, molarer Reaktionsentropie und Temperatur

Fall	$\Delta_r H_m$	$\Delta_r S_m$	$\Delta_r G_m = \Delta_r H_m - T \cdot \Delta_r S_m$		Diagramm
1 (Exp. 1)	$\Delta_r H_m < 0$	$\Delta_r S_m > 0$	$\Delta_r G_m < 0$	exotherme, bei allen Temperaturen exergonische Reaktion	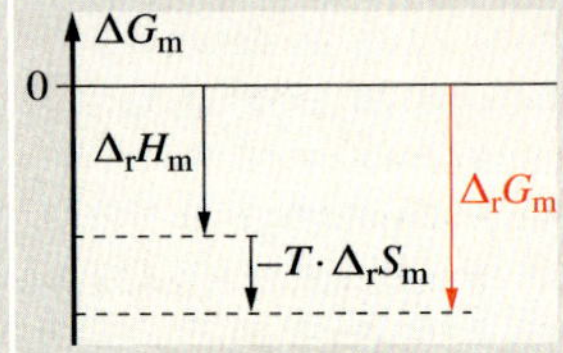
2 (Exp. 2)	$\Delta_r H_m < 0$	$\Delta_r S_m < 0$	bei niedrigen Temperaturen: $\Delta_r G_{m1} < 0$; bei hohen Temperaturen: $\Delta_r G_{m2} > 0$	exotherme, in Abhängigkeit von der Temperatur exergonische oder endergonische Reaktion	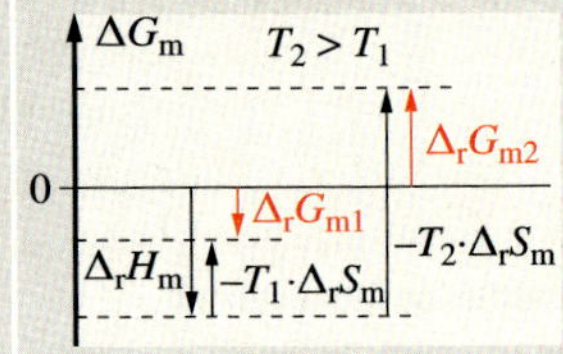
3 (Exp. 3)	$\Delta_r H_m > 0$	$\Delta_r S_m > 0$	bei niedrigen Temperaturen: $\Delta_r G_{m1} > 0$; bei hohen Temperaturen: $\Delta_r G_{m2} < 0$	endotherme, in Abhängigkeit von der Temperatur endergonische oder exergonische Reaktion	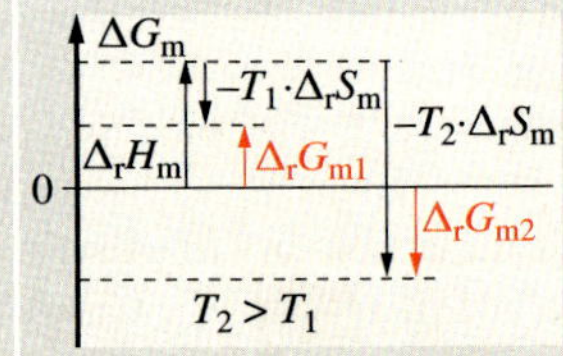
4 (Exp. 4)	$\Delta_r H_m > 0$	$\Delta_r S_m < 0$	$\Delta_r G_m > 0$	endotherme, bei allen Temperaturen endergonische Reaktion	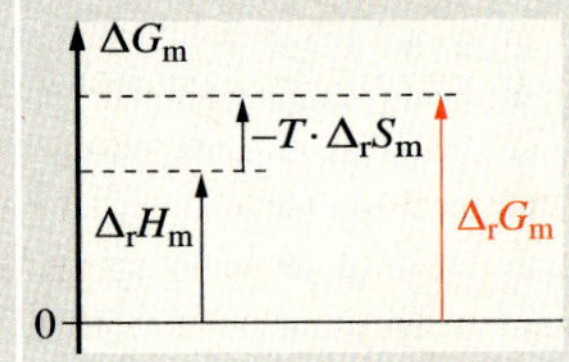

Beeinflussung des freiwilligen Ablaufs chemischer Reaktionen Eine chemische Reaktion kann dann entsprechend der Reaktionsgleichung ablaufen, wenn die molare freie Reaktionsenthalpie $\Delta_r G_m < 0$ ist. Diese Bedingung kann erfüllt sein, wenn $\Delta_r H_m < 0$ und/oder $\Delta_r S_m > 0$ ist (Tab. 1).
Für den Fall $\Delta_r H_m < 0$ und $\Delta_r S_m > 0$ ist die molare freie Reaktionsenthalpie immer negativ: $\Delta_r G_m < 0$.
Ein Beispiel für eine solche Reaktion ist die Bildung von Chlorwasserstoff aus den Elementsubstanzen:

$$H_2(g) + Cl_2(g) \rightarrow 2\,HCl(g)$$
$$\Delta_r H_m^0 = -92\ \text{kJ} \cdot \text{mol}^{-1};\ \Delta_r S_m^0 = 20\ \text{J} \cdot \text{K}^{-1} \cdot \text{mol}^{-1}$$

Für die molare freie Standardreaktionsenthalpie gilt bei 298 K:

$$\Delta_r G_m^0 = \Delta_r H_m^0 - T \cdot \Delta_r S_m^0$$
$$= -92\ \text{kJ} \cdot \text{mol}^{-1} - 298\ \text{K} \cdot 20\ \text{J} \cdot \text{K}^{-1} \cdot \text{mol}^{-1}$$
$$\Delta_r G_m^0 = -98\ \text{kJ} \cdot \text{mol}^{-1}$$

Die molare freie Standardreaktionsenthalpie $\Delta_r G_m^0$ ist kleiner als null: Die Synthese von Chlorwasserstoff aus den Elementsubstanzen ist bei Raumtemperatur ohne Aufwand von Arbeit möglich. Für die Thermodynamik ist es dabei ohne Bedeutung, dass die Reaktion wegen einer Reaktionshemmung (↑Reaktionskinetik, S. 109) erst ausgelöst werden muss.
In dem Fall, dass $\Delta_r H_m < 0$ und $\Delta_r S_m < 0$ ist, ist es von der Temperatur abhängig, ob $\Delta_r G_m < 0$ ist.
Ein Beispiel für eine solche Reaktion ist die Synthese von Wasser aus den Elementsubstanzen:

$$2\,H_2(g) + O_2(g) \rightarrow 2\,H_2O(g)$$
$$\Delta_r H_m^0 = -484\ \text{kJ} \cdot \text{mol}^{-1};\ \Delta_r S_m^0 = -89\ \text{J} \cdot \text{K}^{-1} \cdot \text{mol}^{-1}$$

Für die molare freie Standardreaktionsenthalpie gilt bei 298 K:

$$\Delta_r G_m^0 = \Delta_r H_m^0 - T \cdot \Delta_r S_m^0$$
$$= -484\ \text{kJ} \cdot \text{mol}^{-1} - 298\ \text{K} \cdot (-89\ \text{J} \cdot \text{K}^{-1} \cdot \text{mol}^{-1})$$
$$\Delta_r G_m^0 = -457\ \text{kJ} \cdot \text{mol}^{-1}$$

Die molare freie Standardreaktionsenthalpie $\Delta_r G_m^0$ ist kleiner als null: Die Wassersynthese aus den Elementsubstanzen ist bei 298 K ohne Aufwand von Arbeit möglich.
Mit zunehmender Temperatur wird die molare freie Reaktionsenthalpie der Wassersynthese größer, weil die molare Reaktionsentropie kleiner als null ist. Bei sehr hohen Temperaturen wird die molare freie Reaktionsenthalpie schließlich größer als null, die Wassersynthese läuft nicht mehr ab. Die molare freie Reaktionsenthalpie der Rückreaktion, also des Zerfalls der Wassermoleküle, ist dann kleiner als null. Bei sehr hohen Temperaturen, z. B. an einem glühenden Platindraht, verläuft die Reaktion in die Richtung des Zerfalls von Wassermolekülen.
Endotherm verlaufende Reaktionen ($\Delta_r H_m > 0$) können ablaufen, wenn die molare Reaktionsentropie größer als null ist ($\Delta_r S_m > 0$) und eine Reaktionstemperatur gewählt wird, sodass $\Delta_r G_m < 0$ ist.
Ein Beispiel einer solchen Reaktion ist die thermische Zersetzung von Calciumcarbonat.

$$CaCO_3(s) \rightarrow CaO(s) + CO_2(g)$$
$$\Delta_r H_m^0 = 178\ \text{kJ} \cdot \text{mol}^{-1};\ \Delta_r S_m^0 = 161\ \text{J} \cdot \text{K}^{-1} \cdot \text{mol}^{-1}$$

Für die molare freie Standardreaktionsenthalpie gilt bei 298 K:

$$\Delta_r G_m^0 = \Delta_r H_m^0 - T \cdot \Delta_r S_m^0$$
$$= 178\ \text{kJ} \cdot \text{mol}^{-1} - 298\ \text{K} \cdot 161\ \text{J} \cdot \text{K}^{-1} \cdot \text{mol}^{-1}$$
$$\Delta_r G_m^0 = 130\ \text{kJ} \cdot \text{mol}^{-1}$$

Die molare freie Standardreaktionsenthalpie der Zersetzung von Calciumcarbonat ist bei 298 K größer als null. Die Zersetzung läuft freiwillig nicht ab.

AUFGABEN

1 Interpretieren Sie die Terme $\Delta_r H_m$ und $T \cdot \Delta_r S_m$ in der Gibbs-Helmholtz-Gleichung.
2 Was bedeuten $\Delta_r G_m < 0$, $\Delta_r G_m = 0$ und $\Delta_r G_m > 0$?
3 Unter welchen Bedingungen verlaufen endotherme chemische Reaktionen freiwillig?
4 Unter welchen Bedingungen finden chemische Reaktionen freiwillig statt, bei denen die Reaktionsentropie $\Delta_r S_m$ kleiner wird – der Ordnungszustand zunimmt? Begründen Sie Ihre Aussage.
5 Berechnen Sie die Temperatur in °C, ab welcher das Kalkbrennen (thermische Zersetzung von Calciumcarbonat) freiwillig verläuft.
6 Graphit kann in einer chemischen Reaktion mit Kohlenstoffdioxid zu Kohlenstoffmonooxid umgesetzt werden. Berechnen Sie, ob diese Reaktion bei Standardbedingungen durchführbar ist.

Eine Erhöhung der Reaktionstemperatur auf etwa 1200 K, wie in der Technik praktiziert, führt dazu, dass die molare freie Reaktionsenthalpie kleiner als null ist (die Temperaturabhängigkeit der molaren Reaktionsenthalpie und -entropie bleibt unberücksichtigt):

$$\Delta_r G_m^0 = \Delta_r H_m^0 - T \cdot \Delta_r S_m^0$$
$$= 178 \text{ kJ} \cdot \text{mol}^{-1} - 1200 \text{ K} \cdot 161 \text{ J} \cdot \text{K}^{-1} \cdot \text{mol}^{-1}$$
$$\Delta_r G_m^0 = -15 \text{ kJ} \cdot \text{mol}^{-1}$$

Bei 1200 K ist die thermische Zersetzung von Calciumcarbonat möglich.
Chemische Reaktionen, bei denen $\Delta_r H_m > 0$ und $\Delta_r S_m < 0$ sind, können bei keiner Temperatur freiwillig ablaufen, weil immer gilt: $\Delta_r G_m > 0$.
Eine solche Reaktion kann nur unter Aufwand von Arbeit ablaufen. Ein Beispiel ist die Modifikationsumwandlung des Kohlenstoffs von Graphit zu Diamant:

$$\text{C(Graphit)} \rightarrow \text{C(Diamant)}$$
$$\Delta_r H_m^0 = 2 \text{ kJ} \cdot \text{mol}^{-1}; \Delta_r S_m^0 = -4 \text{ J} \cdot \text{K}^{-1} \cdot \text{mol}^{-1}$$

Weder Temperaturerhöhung noch Temperaturerniedrigung führen dazu, dass $\Delta_r G_m$ kleiner als null wird. Erst unter Aufwand von Volumenarbeit bei Anwendung von sehr hohem Druck gelingt die Modifikationsumwandlung und damit die Diamantsynthese.

AUFGABE

1 Eine Lösung von Wasserstoffperoxid soll über einen längeren Zeitraum in der Sammlung des Chemieraums aufbewahrt werden. Einige Schüler behaupten, Wasserstoffperoxid ist unbegrenzt lagerfähig. Andere behaupten, Wasserstoffperoxid ist wegen der Reaktion
$H_2O_2(l) \rightarrow H_2O(l) + 0{,}5\ O_2(g)$
thermodynamisch instabil. Werten Sie die Behauptungen in Bezug auf ihre Richtigkeit.

ZUSAMMENFASSUNG

Die Änderung der **freien Enthalpie** eines stofflichen Systems im Verlauf einer chemischen Reaktion ist die Größe, aus der abgeleitet werden kann, ob eine chemische Reaktion entsprechend der Reaktionsgleichung freiwillig ablaufen kann.
Die **molare freie Reaktionsenthalpie $\Delta_r G_m$** ist bei isotherm-isobarer Prozessführung entsprechend der **Gibbs-Helmholtz-Gleichung** die Differenz aus der molaren Reaktionsenthalpie und dem Produkt aus Temperatur und molarer Reaktionsentropie.

$$\Delta_r G_m = \Delta_r H_m - T \cdot \Delta_r S_m$$

Dabei sind die molare Reaktionsenthalpie und die molare Reaktionsentropie zwei Größen, die in Abhängigkeit von der Temperatur den Ablauf einer Reaktion beeinflussen. Ist die molare freie Reaktionsenthalpie einer chemischen Reaktion kleiner als null ($\Delta_r G_m < 0$), so kann die chemische Reaktion entsprechend der Reaktionsgleichung von links nach rechts **exergonisch** (unter Abgabe von Arbeit) ablaufen.
Bei positiver molarer freier Reaktionsenthalpie ($\Delta_r G_m > 0$) ist die chemische Reaktion nur **endergonisch** (unter Aufwand von Arbeit) möglich.
Ist die molare freie Reaktionsenthalpie gleich null ($\Delta_r G_m = 0$), so liegt ein chemisches Gleichgewicht vor.

► Energie-Konzept

KOMPLEX GEDACHT

1 Bei der alkoholischen Gärung wird Glucose unter Einwirkung von Enzymen zu Ethanol und Kohlenstoffdioxid vergoren:

$C_6H_{12}O_6(s) \rightarrow 2\ C_2H_5OH(l) + 2\ CO_2(g)$

Diese Reaktion wird in einem Schulexperiment unter Einsatz von 45 g Glucose in einem verschlossenen Glaskolben mit seitlichem Ansatzrohr durchgeführt. Zum Auffangen des Kohlenstoffdioxids wird an das Ansatzrohr ein Kolbenprober angebracht. Folgende molare Enthalpien sind bekannt:

$\Delta_f H_m(C_2H_5OH) = -277\ kJ \cdot mol^{-1}$

$\Delta_V H_m(CO_2) = -394\ kJ \cdot mol^{-1}$

$\Delta_f H_m(C_6H_{12}O_6) = -1274\ kJ \cdot mol^{-1}$

a Berechnen Sie die Reaktionsenthalpie für diese Reaktion nach dem Satz von HESS unter Nutzung der Werte und zeichnen Sie die möglichen Wege der Teilreaktionen schematisch auf.

b Ordnen Sie die oben beschriebene Reaktion einem chemischen System zu und begründen Sie Ihre vorgenommene Zuordnung.

c Berechnen Sie die Volumenarbeit für diese Reaktion bei Normaldruck und ermitteln Sie rechnerisch, ob ein 100-ml-Kolbenprober bei diesem Experiment verwendet werden kann.

d Formulieren Sie eine begründete Vermutung über den Verlauf der Reaktion und berechnen Sie die Temperatur, ab der die alkoholische Gärung freiwillig verläuft.

2 In einem Kalorimeter wurde eine Masse von 5 g Oxalsäure $(COOH)_2(s)$ zu Kohlenstoffdioxid (g) und Wasser (l) verbrannt. Im Kalorimeter befanden sich 0,900 kg Wasser als Kalorimeterflüssigkeit. Die Temperatur änderte sich von $\vartheta_A = 21{,}10\ °C$ auf $\vartheta_E = 24{,}66\ °C$.

a Erläutern Sie die Grundlagen der Kalorimetrie.

b Nennen Sie die Bedingungen, die bei der Durchführung der Kalorimetrie eingehalten werden müssen, und begründen Sie sie.

c Berechnen Sie die molare Verbrennungsenthalpie für Oxalsäure.

3 In Benzin ist Cyclohexan C_6H_{12} enthalten. Bei bestimmten Temperaturen kann Cyclohexan in das krebserregende, giftige Benzol C_6H_6 und in Wasserstoff zerfallen.

Ermitteln Sie, ob bei der Verbrennung von Benzin in einem Pkw bei einer Motortemperatur von 350 °C giftiges Benzol entstehen kann.

4 Beim Schneidbrennen wird Ethin mit reinem Sauerstoff verbrannt.

$C_2H_2(g) + 2{,}5\ O_2(g) \rightarrow 2\ CO_2(g) + H_2O(g)$

Dabei entsteht eine so heiße Flamme, dass Stahlbleche zerschnitten werden können. Bei einem Schneidvorgang wurden 130 g Ethin verbrannt und eine Verbrennungsenthalpie von 6,5 GJ ermittelt. Folgende weitere Verbrennungsenthalpien sind bekannt (bezogen auf die Entstehung gasförmigen Wassers):

$\Delta_V H_m^0(C) = -394\ kJ \cdot mol^{-1}$

$\Delta_V H_m^0(H_2) = -242\ kJ \cdot mol^{-1}$

Zeigen Sie mögliche Reaktionen auf und berechnen Sie die molare Standardbildungsenthalpie von Ethin aus den gegebenen Werten.

5 Beurteilen Sie, ob bei folgenden Vorgängen eine Entropiezunahme oder eine Entropieabnahme erfolgt.

a Wasser verdunstet in einem offenen Gefäß.

b Ein Kochsalzkristall wird in Wasser gelöst.

c Ein Liter Meerwasser wird mit einem Liter destilliertem Wasser vermischt.

d Calciumcarbonat zerfällt bei hoher Temperatur in Calciumoxid und Kohlenstoffdioxid.

e Bromdampf und Luft vermischen sich.

f Stickstoff reagiert mit Wasserstoff zu Ammoniak.

g Aus Ammoniak und Chlorwasserstoff entsteht Ammoniumchlorid.

6 Der praktisch ermittelte Brennwert H_s von Methanol beträgt $22{,}310\ MJ \cdot kg^{-1}$. Er liegt immer unter dem theoretisch möglichen Brennwert, da die Kondensationswärme des Wassers nicht vollständig zur Wärmeerzeugung zur Verfügung steht.

Der Heizwert H_i von Methanol beträgt $19{,}510\ MJ \cdot kg^{-1}$.

a Berechnen Sie aus der molaren Verbrennungsenthalpie von Methanol den theoretischen Brennwert H_s.

b Begründen Sie, warum der Heizwert kleiner als der Brennwert ist.

5 Reaktionskinetik

Die chemische Thermodynamik gibt Auskunft darüber, ob eine chemische Reaktion stattfinden kann und in welcher Richtung ein freiwilliger Verlauf chemischer Reaktionen erwartet werden kann. Die Reaktionskinetik beschäftigt sich indessen mit den Grundlagen des zeitlichen Verlaufs chemischer Reaktionen. Im Mittelpunkt der Untersuchungen steht dabei die Geschwindigkeit chemischer Reaktionen. Da die Reaktionsgeschwindigkeit von verschiedenen Faktoren, z. B. der Temperatur oder der Anwesenheit eines Katalysators, abhängig ist, lässt sich der zeitliche Verlauf chemischer Reaktionen beeinflussen.

Reaktionszeit und Reaktionsgeschwindigkeit

Schnell und langsam verlaufende Reaktionen Es sind viele chemische Reaktionen bekannt, die trotz stark negativer freier Standardreaktionsenthalpie mit geringer Geschwindigkeit ablaufen. So ist zum Beispiel das Rosten von Eisen eine langsam ablaufende Reaktion (Exp. 1).

$$4\,Fe + 3\,O_2 + 2\,H_2O \rightarrow 4\,FeO(OH)$$

Demgegenüber laufen andere chemische Reaktionen spontan mit unvorstellbar hoher Geschwindigkeit ab, z. B. die Neutralisation von Säuren und Basen oder viele Fällungsreaktionen (Exp. 2; Abb. 1).

$$Ag^+ + Cl^- \rightarrow AgCl\downarrow$$

EXPERIMENT 1

Rosten von Eisen

Ein Reagenzglas wird innen mit Wasser befeuchtet. Auf der feuchten Innenwand ist eine Spatelspitze blanke, fettfreie Eisenfeilspäne zu verteilen. Das Reagenzglas wird mit einem Stopfen mit etwa 5 cm langem Kapillarrohr verschlossen und mit dem Kapillarrohr nach unten in ein Becherglas gestellt, das ca. 1 cm hoch mit Wasser gefüllt ist.

Reaktionsgeschwindigkeit Für die Geschwindigkeit einer chemischen Reaktion ist es zunächst naheliegend, die in einem bestimmten Zeitabschnitt $\Delta t = t_2 - t_1$ gebildete Stoffmenge eines Reaktionsprodukts B

$$\Delta n(\mathrm{B}) = n_2(\mathrm{B}) - n_1(\mathrm{B})$$

als Maß zu benutzen. Für das Zeitintervall Δt ergibt sich eine **durchschnittliche Reaktionsgeschwindigkeit $\bar{v}$**:

$$\bar{v} = \frac{n_2(\mathrm{B}) - n_1(\mathrm{B})}{t_2 - t_1} = \frac{\Delta n(\mathrm{B})}{\Delta t}$$

Anstelle der Stoffmengenänderung eines Reaktionsprodukts $\Delta n(\mathrm{B})$ kann auch die eines Ausgangsstoffs $\Delta n(\mathrm{A})$ betrachtet werden.
Die Stoffmengenänderung für den Ausgangsstoff $\Delta n(\mathrm{A})$ ergibt wegen des Verbrauchs dieses Stoffes einen negativen Wert $[n_2(\mathrm{A}) < n_1(\mathrm{A})]$. Um sinnvollerweise immer einen positiven Wert für die Reaktionsgeschwindigkeit zu erhalten, wurde festgelegt:

$$\bar{v} = -\frac{\Delta n(\mathrm{A})}{\Delta t}$$

Bei Berechnungen werden die Beträge verwendet.

$$\bar{v} = \left|\frac{\Delta n(\mathrm{A})}{\Delta t}\right| = \left|\frac{\Delta n(\mathrm{B})}{\Delta t}\right|$$

Messtechnisch ist die Stoffmenge meist nicht direkt zugänglich. An ihrer Stelle können vielmehr Größen gemessen werden, die der Stoffmenge proportional sind (Exp. 3). Für Lösungen ist das in der Regel die Stoffmengenkonzentration $c(\mathrm{i})$ eines Reaktionspartners i.

Mit $n(\mathrm{i}) = c(\mathrm{i}) \cdot V$ gilt bei $V = \text{konst.}$: $c(\mathrm{i}) \sim n(\mathrm{i})$

Daraus folgt

$$\bar{v} = \left|\frac{\Delta c(\mathrm{i})}{\Delta t}\right| \qquad [\bar{v}] = 1\ \mathrm{mol \cdot l^{-1} \cdot s^{-1}}$$

Bei Gasgemischen wird zweckmäßigerweise der Partialdruck $p(\mathrm{i})$ eines Reaktionspartners i eingesetzt. Mit der Zustandsgleichung des idealen Gases

$$p(\mathrm{i}) \cdot V = n(\mathrm{i}) \cdot R \cdot T$$

erhält man: $p(\mathrm{i}) \sim n(\mathrm{i})$

Daraus folgt

$$\bar{v} = \left|\frac{\Delta p(\mathrm{i})}{\Delta t}\right| \qquad [\bar{v}] = 1\ \mathrm{kPa \cdot s^{-1}}$$

EXPERIMENT 2

Fällung von Silberchlorid

In ein Reagenzglas werden 5 ml destilliertes Wasser und 1 ml Silbernitratlösung ($c = 0{,}1\ \mathrm{mol \cdot l^{-1}}$) gegeben und tropfenweise mit Natriumchloridlösung ($c = 0{,}1\ \mathrm{mol \cdot l^{-1}}$) versetzt.

1 Fällung von Silberchlorid

EXPERIMENT 3

Modellexperiment

Ein Messzylinder ($V = 250$ ml) wird mit 250 ml gefärbtem Wasser gefüllt und eine 25-ml-Messpipette auf den Boden des Messzylinders gestellt. Wenn die Wassersäule in der Pipette mit dem Wasserstand im Zylinder übereinstimmt, wird der Pipetteninhalt in ein Becherglas überführt. Das im Messzylinder verbleibende Wasservolumen wird gemessen und in ein Diagramm (Abszisse: Anzahl der Hebevorgänge, Ordinate: Wasservolumen im Messzylinder) eingetragen. Der Hebevorgang ist zu wiederholen, bis der Messzylinder nur noch etwa 25 ml Wasser enthält.

AUFGABEN

1 Vergleichen Sie die Reaktionsgeschwindigkeit mit der Geschwindigkeit für eine geradlinige Bewegung.
2 Begründen Sie die Vorzeichensetzung bei der Gleichung für die Reaktionsgeschwindigkeit.

Für die allgemeine chemische Reaktion

$\nu(A)\,A + \nu(B)\,B \rightarrow \nu(C)\,C + \nu(D)\,D$

ist die durchschnittliche Reaktionsgeschwindigkeit:

$$\overline{v} = -\frac{1}{\nu(A)} \cdot \frac{\Delta c(A)}{\Delta t} = -\frac{1}{\nu(B)} \cdot \frac{\Delta c(B)}{\Delta t}$$

$$\overline{v} = \frac{1}{\nu(C)} \cdot \frac{\Delta c(C)}{\Delta t} = \frac{1}{\nu(D)} \cdot \frac{\Delta c(D)}{\Delta t}$$

Durch die Berücksichtigung der Stöchiometriezahlen ν aus der Reaktionsgleichung erhält man unabhängig vom betrachteten Reaktionspartner immer die gleiche Reaktionsgeschwindigkeit.

Durchschnittliche Reaktionsgeschwindigkeit und momentane Reaktionsgeschwindigkeit In geschlossenen und abgeschlossenen Systemen ist die Reaktionsgeschwindigkeit nicht konstant, sie wird während des Reaktionsverlaufs ständig kleiner, da die Konzentrationen der Ausgangsstoffe ständig abnehmen. Deshalb ergeben Berechnungen nach der Beziehung

$$\overline{v} = \left| \frac{\Delta c(i)}{\Delta t} \right|$$

stets nur die für das Zeitintervall Δt **durchschnittliche Reaktionsgeschwindigkeit $\overline{v}$** (Abb. 1). Soll die **momentane Reaktionsgeschwindigkeit v** für eine chemische Reaktion bestimmt werden, so muss das Zeitintervall Δt im Differenzenquotienten möglichst klein gewählt werden. Das Zeitintervall Δt muss gegen null gehen (Abb. 2, 3).

$$v = \lim_{\Delta t \to 0} \left| \frac{\Delta c(i)}{\Delta t} \right| = \left| \frac{dc(i)}{dt} \right|$$

Um auch die Geschwindigkeit langsamer Reaktionen angeben zu können, bestimmt man häufig die **Halbwertszeit** von Reaktionen. Das ist die Zeit, in der genau die Hälfte der ursprünglichen Stoffmenge umgesetzt wurde.

EXPERIMENT 4

Reaktion von Zink mit Salzsäure

In den Erlenmeyerkolben (Abb. 1) werden 40 ml Salzsäure ($c = 2\ \text{mol} \cdot l^{-1}$) gegeben. Nach dem Starten des Magnetrührers gibt man 10 g Zinkpulver zu, verschließt den Kolben rasch mit dem Stopfen, öffnet den Dreiwegehahn zum Kolbenprober und startet die Uhr. Bestimmen Sie das Wasserstoffvolumen in Abhängigkeit von der Zeit. Berechnen Sie jeweils $c(H_3O^+)$ und $c(Zn^{2+})$. Zeichnen Sie ein Konzentrations-Zeit-Diagramm der Reaktion.

1 Aufbau von Experiment 4

2 Durchschnittliche Reaktionsgeschwindigkeit im Konzentrations-Zeit-Diagramm einer Reaktion

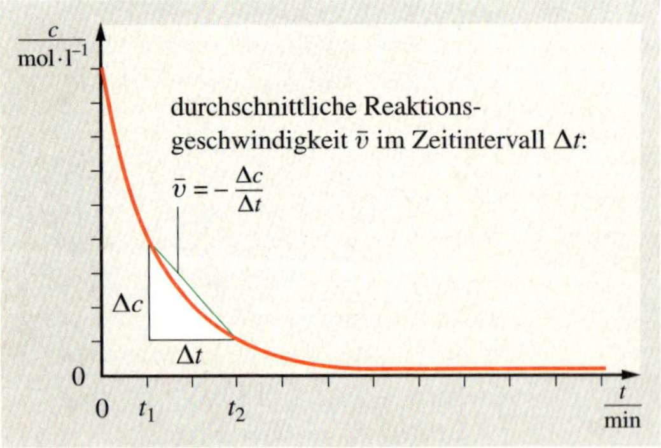

3 Momentane Reaktionsgeschwindigkeit im Konzentrations-Zeit-Diagramm einer Reaktion

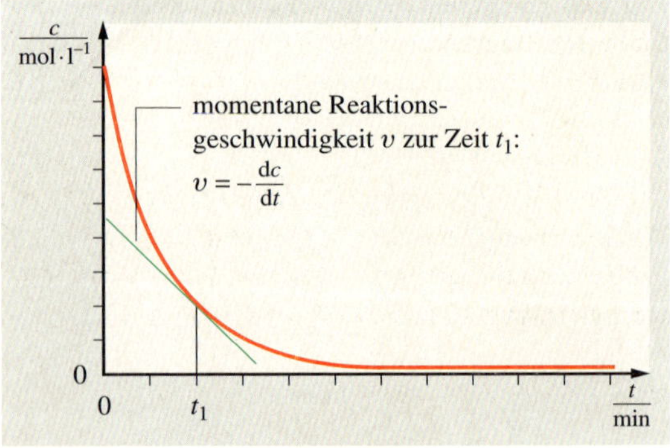

ZUSAMMENFASSUNG

Chemische Reaktionen verlaufen unterschiedlich schnell. Die **durchschnittliche Reaktionsgeschwindigkeit** $\overline{v}$ der chemischen Reaktion ist der negative Quotient aus der Änderung der Stoffmengenkonzentration $\Delta c(\mathrm{A})$ oder des Partialdrucks $\Delta p(\mathrm{A})$ eines Ausgangsstoffs A und dem Produkt aus der Stöchiometriezahl $\nu(\mathrm{A})$ und dem jeweils zugehörigen Zeitintervall Δt.

$$\overline{v} = -\frac{\Delta c(\mathrm{A})}{\nu(\mathrm{A}) \cdot \Delta t} \quad \text{bzw.} \quad \overline{v} = -\frac{\Delta p(\mathrm{A})}{\nu(\mathrm{A}) \cdot \Delta t}$$

Die **momentane Reaktionsgeschwindigkeit** v einer chemischen Reaktion wird durch den Differenzialquotienten definiert.

$$v = -\frac{1}{\nu(\mathrm{A})} \cdot \frac{\mathrm{d}c(\mathrm{A})}{\mathrm{d}t} \quad \text{bzw.} \quad v = -\frac{1}{\nu(\mathrm{A})} \cdot \frac{\mathrm{d}p(\mathrm{A})}{\mathrm{d}t}$$

Die Reaktionsgeschwindigkeit ist eine skalare Größe, sie hat immer ein positives Vorzeichen. Sie nimmt meistens im Verlauf der Reaktion ab.

▶ Konzept des chemischen Gleichgewichts und der Kinetik

Abhängigkeit der Reaktionsgeschwindigkeit von der Konzentration

Zeitgesetz Bekanntlich erfolgt die Verbrennung eines Stoffs in reinem Sauerstoff schneller als in Luft. Die Reaktionsgeschwindigkeit ist dabei offensichtlich von der Konzentration eines Ausgangsstoffs abhängig.
Die folgenden Überlegungen zur Abhängigkeit der Reaktionsgeschwindigkeit von der Konzentration der Ausgangsstoffe gelten für homogene Systeme, bei denen sich alle Reaktionspartner in der gleichen Phase befinden.
Betrachtet man eine einfache Reaktion wie die Umwandlung eines Ausgangsstoffs A in ein Reaktionsprodukt B, die nach der Reaktionsgleichung

$$\mathrm{A} \rightarrow \mathrm{B}$$

verläuft, so ist anzunehmen, dass die Reaktionsgeschwindigkeit v ausschließlich von der Konzentration c des Ausgangsstoffs A abhängig ist. Es besteht ein proportionaler Zusammenhang zwischen der Reaktionsgeschwindigkeit und der Konzentration des Ausgangsstoffs A:

$$v = -\frac{\mathrm{d}c(\mathrm{A})}{\mathrm{d}t} \sim c(\mathrm{A})$$

Mit der Einführung der **Geschwindigkeitskonstante** k als Proportionalitätsfaktor wird die Gleichung für die Reaktionsgeschwindigkeit erhalten, die als **Geschwindigkeitsgleichung** oder **Zeitgesetz** bezeichnet wird.

$$v = -\frac{\mathrm{d}c(\mathrm{A})}{\mathrm{d}t} = k \cdot c(\mathrm{A})$$

EXPERIMENT 1

Konzentrationsabhängigkeit der Reaktionsgeschwindigkeit
In einem Becherglas werden Natriumthiosulfatlösung ($c = 0{,}2\ \mathrm{mol \cdot l^{-1}}$) und Salzsäure ($c = 2\ \mathrm{mol \cdot l^{-1}}$) gemäß den Versuchsreihen vermischt. Das Becherglas wird auf ein Blatt weißes Papier mit rotem Kreuz gestellt. Die Zeit, bis das Kreuz gerade nicht mehr sichtbar ist, wird bestimmt. Es werden das Konzentrations-Zeit- und das Reaktionsgeschwindigkeits-Konzentrations-Diagramm gezeichnet und die Reaktionsordnung bestimmt.

Nr.	Thiosulfatlösung	Wasser	Salzsäure
1	50 ml	–	5 ml
2	40 ml	10 ml	5 ml
3	50 ml	20 ml	5 ml
4	20 ml	30 ml	5 ml
5	10 ml	40 ml	5 ml
1	30 ml	–	25 ml
2	30 ml	15 ml	10 ml
3	30 ml	10 ml	15 ml
4	30 ml	20 ml	5 ml

Reaktionsordnung Bei einer Reaktion mit mehreren Reaktionspartnern, die nach $A + B \rightarrow C + D$ reagieren, könnte die Reaktionsgeschwindigkeit entweder nur von der Konzentration $c(A)$, nur von $c(B)$ oder von beiden abhängen.
Ist $v \sim c(A)$, lautet die Geschwindigkeitsgleichung:

$$v = k \cdot c(A)$$

Ist die Reaktionsgeschwindigkeit dagegen dem Quadrat der Konzentration eines Ausgangsstoffs proportional $[v \sim c^2(A)]$ oder den Konzentrationen zweier Ausgangsstoffe direkt proportional $[v \sim c(A) \cdot c(B)]$, lautet sie:

$$v = k \cdot c^2(A) \quad \text{bzw.} \quad v = k \cdot c(A) \cdot c(B)$$

Allgemein gilt folgende Geschwindigkeitsgleichung:

$$v = k \cdot c^a(A) \cdot c^b(B) \cdot \ldots$$

Die Summe der Exponenten a und b stellt die **Reaktionsordnung** dar. Sie gibt an, in welcher Potenz die Konzentrationen der Ausgangsstoffe der Reaktionsgeschwindigkeit proportional sind. Dabei ist a die Ordnung in Bezug auf den Ausgangsstoff A, b die Ordnung in Bezug auf den Ausgangsstoff B usw. Die Gesamtordnung einer Reaktion ergibt sich aus der Summe der Einzelordnungen $a + b + \ldots$
Ist die Summe der Exponenten eins, so handelt es sich um eine **Reaktion erster Ordnung**, ist die Summe zwei, so liegt eine **Reaktion zweiter Ordnung** vor usw. Einfache chemische Reaktionen haben meist Zeitgesetze erster oder zweiter Ordnung.
Die Reaktionsordnung lässt sich nicht aus der Reaktionsgleichung ableiten. Geschwindigkeitsgleichungen und damit die Reaktionsordnungen müssen immer experimentell bestimmt werden. Die ermittelten Messwerte können grafisch als Reaktionsgeschwindigkeits-Konzentrations-Diagramm aufgetragen und zur Beurteilung der Reaktionsordnung herangezogen werden (Abb. 1). Die Einheit der Geschwindigkeitskonstante k ist von der Reaktionsordnung abhängig.

1 Reaktionsgeschwindigkeits-Konzentrations-Diagramme von Reaktionen verschiedener Reaktionsordnungen

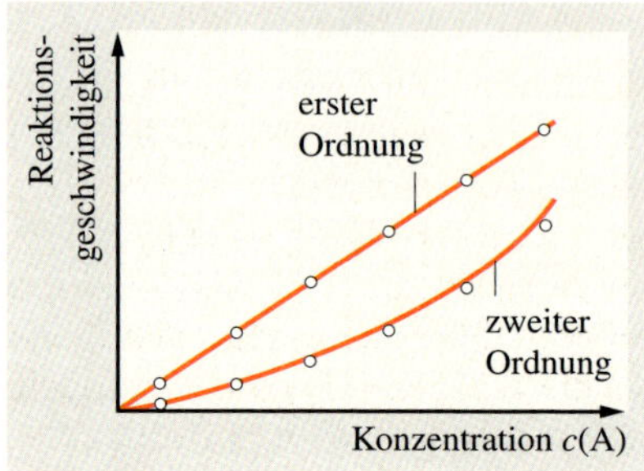

AUFGABEN

1 Formulieren Sie ein mögliches Zeitgesetz einer Reaktion vierter Ordnung, an der drei Ausgangsstoffe beteiligt sind. Geben Sie die Einheit der Geschwindigkeitskonstanten k einer solchen Reaktion an.

2 Für die Reaktion von Chlor mit Chloroform
$Cl_2 + CHCl_3 \rightarrow CCl_4 + HCl$
wurde experimentell folgendes Zeitgesetz ermittelt:

$$v = -\frac{dc(Cl_2)}{dt} = k \cdot c^{1/2}(Cl_2) \cdot c(CHCl_3)$$

Geben Sie die Gesamtordnung der Reaktion sowie die Ordnung in Bezug auf die einzelnen Reaktionspartner an.

3 Es gibt auch Reaktionen nullter Ordnung. Notieren Sie dafür die Geschwindigkeitsgleichung sowie die Einheit der Geschwindigkeitskonstante.

Tab. 1 Zeitgesetze und Reaktionsordnungen. A, B und C stehen für mögliche Ausgangsstoffe.

Ordnung und Summe Exponenten		**Zeitgesetz**	**Beispiel**	
erster	1	$v = k \cdot c(A)$	$N_2O \rightarrow N_2 + 0{,}5\ O_2$	$v = k \cdot c(N_2O)$ $[k] = s^{-1}$
zweiter	2	$v = k \cdot c(A) \cdot c(B)$	$2\ NO_2 \rightarrow 2\ NO + O_2$	$v = k \cdot c^2(NO_2)$ $[k] = l \cdot mol^{-1} \cdot s^{-1}$
zweiter	2	$v = k \cdot c^2(A)$		
zweiter	2	$v = k \cdot c^2(B)$		
dritter	3	$v = k \cdot c(A) \cdot c(B) \cdot c(C)$	$2\ NO + Br_2 \rightarrow 2\ NOBr$	$v = k \cdot c^2(NO) \cdot c(Br_2)$ $[k] = l^2 \cdot mol^{-2} \cdot s^{-1}$
dritter	3	$v = k \cdot c^2(A) \cdot c(B)$		
dritter	3	$v = k \cdot c^3(A)$		

Abhängigkeit der Reaktionsgeschwindigkeit von der Temperatur

Stoßtheorie Bei einer chemischen Reaktion werden aus Teilchen der Ausgangsstoffe Teilchen der Reaktionsprodukte gebildet. Voraussetzung dafür ist der Zusammenstoß von Teilchen der Ausgangsstoffe. Nicht jeder Zusammenstoß zweier Teilchen der Ausgangsstoffe bewirkt eine chemische Reaktion dieser Teilchen. Für einen **wirksamen Zusammenstoß** (Abb. 2) müssen die Teilchen eine **günstige räumliche Lage** zueinander haben, sodass die reaktiven Zentren der Teilchen beim Stoß zusammentreffen.
Außerdem ist eine bestimmte **Mindestenergie E_{min}** der Teilchen der Ausgangsstoffe für einen wirksamen Zusammenstoß notwendig. Diese Mindestenergie ist erforderlich, damit beim Ablauf einer chemischen Reaktion in den Teilchen der Ausgangsstoffe bestehende chemische Bindungen gelockert und gelöst und neue chemische Bindungen gebildet werden können. Sie ist die für die chemische Reaktion charakteristische **molekulare Aktivierungsenergie** . Sie muss aus der kinetischen Energie der zusammenstoßenden Teilchen aufgebracht werden.

2 Räumliche Lage der Teilchen der Ausgangsstoffe bei einem wirksamen und bei einem unwirksamen Zusammenstoß am Beispiel der Reaktion $NH_3(g) + HCl(g) \rightarrow NH_4Cl(s)$

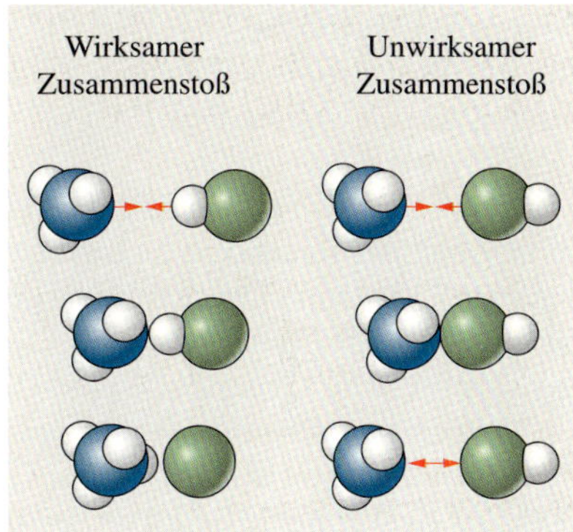

Energieverteilung nach Boltzmann Die Teilchen der Ausgangsstoffe haben bei einer bestimmten Temperatur T nicht alle die gleiche kinetische Energie. Der österreichische Physiker LUDWIG BOLTZMANN (1844 bis 1906) berechnete Energieverteilungskurven für verschiedene Temperaturen (Abb. 3). Die Kurven geben den Anteil der Teilchen an, die bei einer gegebenen Temperatur eine bestimmte Energie haben. Es ist erkennbar, dass auch bei niedriger Temperatur (z. B. $T = 100$ K) eine bestimmte Anzahl Teilchen die erforderliche Mindestenergie E_{min} für einen wirksamen Zusammenstoß besitzt. Bei hoher Temperatur ist die Anzahl solcher Teilchen größer. Die Wahrscheinlichkeit eines wirksamen Zusammenstoßes zweier Teilchen nimmt mit steigender Temperatur zu.

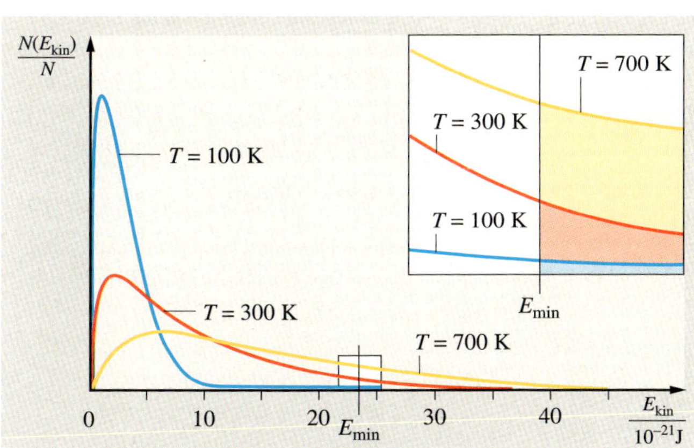

3 Anteil der Teilchen mit bestimmter kinetischer Energie E_{kin} bei verschiedenen Temperaturen (Energieverteilung nach BOLTZMANN). Nur ein kleiner Anteil der Teilchen hat die für eine Reaktion erforderliche Mindestenergie E_{min}. Dieser Anteil wächst exponentiell mit der Temperatur. Der Ausschnitt zeigt die Energieverteilungskurven vergrößert. Die Flächen entsprechen der Anzahl der Teilchen, die bei der jeweiligen Temperatur zu wirksamen Zusammenstößen fähig sind.

RGT-Regel Eine chemische Reaktion hat bei höherer Temperatur aufgrund der höheren Wahrscheinlichkeit wirksamer Zusammenstöße eine größere Reaktionsgeschwindigkeit. Auf der Grundlage empirisch gewonnener Erkenntnisse wurde von JACOBUS HENRICUS VAN'T HOFF Ende des 19. Jahrhunderts eine Regel gefunden, die als **RGT-Regel** (RG = Reaktionsgeschwindigkeit, T = Temperatur) bezeichnet wird:
Eine Temperaturerhöhung um 10 K bewirkt eine Erhöhung der Reaktionsgeschwindigkeit einer chemischen Reaktion auf das Doppelte bis Vierfache.
Die RGT-Regel gibt den qualitativen Zusammenhang zwischen der Temperatur und der Reaktionsgeschwindigkeit wieder.

Arrhenius-Gleichung Der Zusammenhang zwischen der Temperatur und der Reaktionsgeschwindigkeit wird durch das Experiment 1 bestätigt: Die Reaktionsgeschwindigkeit hängt exponentiell von der Temperatur ab.
Der schwedische Chemiker SVANTE ARRHENIUS untersuchte die Temperaturabhängigkeit von Reaktionen. In seinen Experimenten fand er 1889 heraus, dass die Geschwindigkeitskonstante k einer Reaktion wie folgt von der Temperatur abhängt:

$$k = A \cdot e^{-\frac{E_A}{R \cdot T}}$$

k Reaktionsgeschwindigkeitskonstante
E_A Arrhenius-Aktivierungsenergie
A Arrhenius-Konstante
R Gaskonstante
T Temperatur

Diese Gleichung wird heute **Arrhenius-Gleichung** genannt. Die Arrhenius-Aktivierungsenergie E_A wird auch als **molare Aktivierungsenergie** (↑ S. 111) bezeichnet. Sie ist das Produkt aus der molekularen Aktivierungsenergie und der Avogadro-Konstante N_A und hat nur mathematische Bedeutung. Entscheidend für den Ablauf einer chemischen Reaktion zwischen zwei Teilchen ist nur deren kinetische Energie vor dem Zusammenstoß.

Der Term $e^{-\frac{E_A}{R \cdot T}}$ in der Arrhenius-Gleichung gibt den Bruchteil aller Zusammenstöße der Teilchen je Raum- und Zeiteinheit an, bei denen die Teilchen die für einen wirksamen Zusammenstoß erforderliche Mindestenergie erreicht oder überschritten haben. Die Arrhenius-Konstante A gibt den Bruchteil aller Zusammenstöße der Teilchen je Raum- und Zeiteinheit an, die aufgrund der günstigen räumlichen Lage der Teilchen zur chemischen Reaktion führen können.
E_A und A sind konstante Größen.

Die Arrhenius-Gleichung lautet in logarithmierter Form:

$$\ln\{k\} = \ln\{A\} - \frac{E_A}{R \cdot T}$$

EXPERIMENT 1

Temperaturabhängigkeit der Reaktionsgeschwindigkeit
50 ml Natriumthiosulfatlösung (c = 0,05 mol · l^{-1}) werden in einem Becherglas mit einem Wasserbad auf 60 °C temperiert.
Anschließend werden 5 ml Salzsäure (c = 2 mol · l^{-1}) zugegeben, eine Stoppuhr gestartet und der Inhalt durch Umschwenken gut vermischt. Das Becherglas wird auf ein Blatt weißes Papier mit rotem Kreuz gestellt. Die Zeit von der Zugabe der Salzsäure bis zu dem Moment, bei dem das Kreuz gerade nicht mehr sichtbar ist, wird bestimmt. Der Versuch wird anschließend fünfmal wiederholt, wobei die Temperatur der Natriumthiosulfatlösung jeweils um 10 °C reduziert wird.

AUFGABEN

1 Tragen Sie in einem Diagramm die im Experiment 1 berechneten durchschnittlichen Reaktionsgeschwindigkeiten v gegen die Temperatur ϑ auf. Überprüfen Sie die Gültigkeit der RGT-Regel.
Tragen Sie in einem weiteren Diagramm die natürlichen Logarithmen der Zahlenwerte der durchschnittlichen Reaktionsgeschwindigkeiten $\ln\{\overline{v}\}$ gegen die Kehrwerte der Temperatur T^{-1} auf.
2 Weisen Sie die Richtigkeit der RGT-Regel für den Fall nach, dass eine Reaktion eine molare Aktivierungsenergie E_A = 80 kJ · mol^{-1} besitzt. Betrachten Sie eine Temperaturerhöhung von 20 auf 30 °C. Nutzen Sie die Arrhenius-Gleichung.

Durch Einsetzen der Arrhenius-Gleichung in das Zeitgesetz einer Reaktion erster Ordnung wird für die Reaktionsgeschwindigkeit erhalten (Abb. 1):

$$v = c(\mathrm{A}) \cdot A \cdot \mathrm{e}^{-\frac{E_\mathrm{A}}{R \cdot T}}$$

Mit der Arrhenius-Gleichung können gemessene Geschwindigkeitskonstanten chemischer Reaktionen auf beliebige andere Temperaturen umgerechnet werden. Auch können mit ihr die Aktivierungsenergien von chemischen Reaktionen berechnet werden, wenn man die Geschwindigkeitskonstanten bei verschiedenen Temperaturen bestimmt.
Die Arrhenius-Gleichung hat einen weiten Geltungsbereich. Es sind aber auch chemische Reaktionen bekannt, in denen eine völlig andere Temperaturabhängigkeit gilt.

1 Reaktionsgeschwindigkeits-Temperatur-Diagramm einer chemischen Reaktion

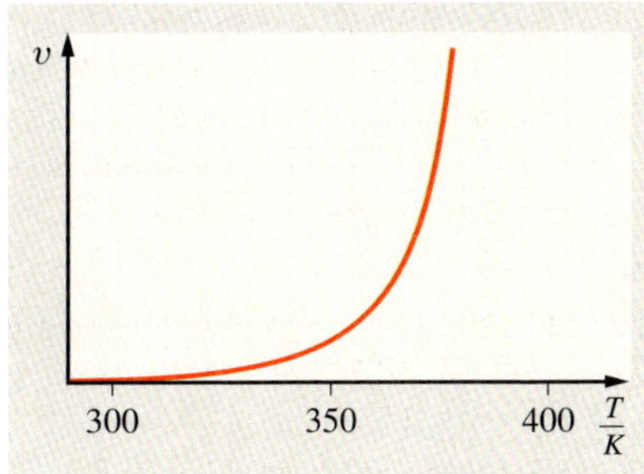

ZUSAMMENFASSUNG

Nur Zusammenstöße von Teilchen, die eine bestimmte Mindestenergie haben und die in einer günstigen räumlichen Lage zusammenstoßen, führen zu chemischen Reaktionen. Sie werden als **wirksame Zusammenstöße** bezeichnet. Die notwendige Mindestenergie der Teilchen entspricht der für eine chemische Reaktion charakteristischen **molekularen Aktivierungsenergie ε**.
Mit steigender Temperatur nimmt die Anzahl der Teilchen zu, die eine bestimmte kinetische Mindestenergie haben. Dadurch erhöht sich die Anzahl der wirksamen Zusammenstöße und die Reaktionsgeschwindigkeit nimmt zu.

Nach der **RGT-Regel** steigt die Reaktionsgeschwindigkeit bei einer Temperaturerhöhung um 10 K auf das Doppelte bis Vierfache.
Die Temperaturabhängigkeit der Geschwindigkeitskonstante *k* einer chemischen Reaktion kommt in der **Arrhenius-Gleichung** zum Ausdruck.

$$k = A \cdot \mathrm{e}^{-\frac{E_\mathrm{A}}{R \cdot T}}$$

► Konzept des chemischen Gleichgewichts und der Kinetik

Reaktionshemmung und Aktivierungsenergie

Hemmung einer chemischen Reaktion Viele chemische Reaktionen laufen nur sehr langsam ab – oft scheinbar gar nicht –, obwohl die freie Reaktionsenthalpie dieser Reaktionen negativ ($\Delta_r G < 0$) und damit die thermodynamische Voraussetzung für den freiwilligen Ablauf einer Reaktion erfüllt ist. Zum Beispiel reagiert ein Gasgemisch aus 1 mol Wasserstoff und 0,5 mol Sauerstoff bei 11 °C erst innerhalb von 10^{11} Jahren vollständig.

$$2\,H_2 + O_2 \rightarrow 2\,H_2O$$

Die Geschwindigkeitskonstante *k* für diese Reaktion ist bei 11 °C sehr klein. Ursache für diese Reaktionshemmung ist eine sehr große molekulare Aktivierungsenergie ($\varepsilon \approx 300 \cdot 10^{-21}$ J).

Dagegen ist bei der Reaktion von Hydronium-Ionen mit Hydroxid-Ionen die molekulare Aktivierungsenergie sehr klein ($\varepsilon < 1 \cdot 10^{-21}$ J), sodass die chemische Reaktion innerhalb von Bruchteilen einer Sekunde abläuft. Die Geschwindigkeitskonstante k ist sehr groß.

$H_3O^+ + OH^- \rightarrow 2\ H_2O$

Die molekulare Aktivierungsenergie charakterisiert die **Hemmung einer chemischen Reaktion**. Eine große Aktivierungsenergie bedeutet, dass der Ablauf der chemischen Reaktion stark gehemmt ist. Der Ablauf einer solchen chemischen Reaktion mit merklicher Reaktionsgeschwindigkeit ist erst bei höherer Temperatur zu beobachten. Bei niedriger Temperatur läuft eine solche chemische Reaktion nur mit einer meist nicht messbar kleinen Reaktionsgeschwindigkeit ab.
Diese zwei Extremfälle einer chemischen Reaktion können im Experiment 1 modellhaft verdeutlicht werden. Zunächst ist das Ablaufen des Wassers gehemmt, da die Barriere sehr groß ist. Ist die Barriere dagegen klein, läuft das Wasser mit großer Geschwindigkeit ab.

Energiediagramm einer chemischen Reaktion Die Hemmung einer chemischen Reaktion lässt sich anhand eines Energiediagramms verdeutlichen. In Abbildung 1 ist der energetische Verlauf der chemischen Reaktion zwischen einem Wasserstoffmolekül und einem Fluorradikal dargestellt.
Im Anfangszustand liegen die Teilchen H_2 und F• nebeneinander vor. Die Annäherung beider Teilchen beginnt. Hierbei sinkt die kinetische Energie der Teilchen. Sie wird in chemische Energie umgewandelt. Die chemische Energie wird in der sich lockernden Bindung des Wasserstoffmoleküls und der sich anbahnenden Bindung zwischen dem Fluoratom und einem Wasserstoffatom gespeichert.

1 Energiediagramm des Verlaufs der chemischen Reaktion zwischen einem Wasserstoffmolekül und einem Fluorradikal

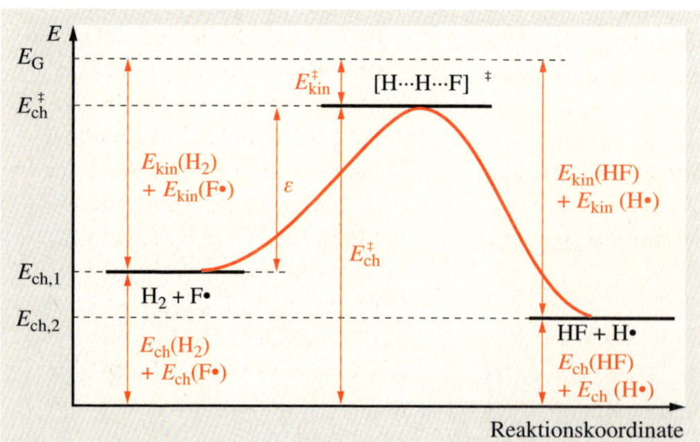

EXPERIMENT 1
Modellexperiment zur Reaktionshemmung
Auf das Auslaufrohr eines Scheidetrichters wird ein Schlauch gezogen (*Vorsicht!*). Der Scheidetrichter wird am Stativ befestigt und zur Hälfte mit gefärbtem Wasser gefüllt (Hahn geschlossen). Das Schlauchende wird in ein Becherglas gehalten, der obere Schlauchbogen befindet sich über dem Wasserstand im Scheidetrichter (Abb. 2). Öffnen Sie den Hahn des Scheidetrichters. Bewegen Sie den oberen Schlauchbogen langsam nach unten.
Notieren Sie Ihre Beobachtungen.

2 Aufbau zu Experiment 1

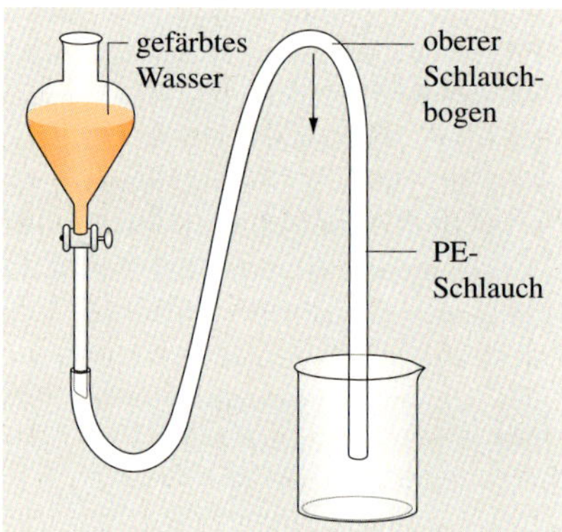

AUFGABE
1 Skizzieren Sie ein Energiediagramm für eine mit hoher Reaktionsgeschwindigkeit ablaufende Reaktion.

Übergangszustand Im **aktivierten Zustand**, auch Zustand des aktivierten Komplexes oder **Übergangszustand** genannt, liegt eine instabile Zwischenverbindung $[H\cdots H\cdots F]^{\ddagger}$ mit maximaler chemischer und minimaler kinetischer Energie vor (Kennzeichnung durch eckige Klammern und Doppelkreuz).
In dieser Zwischenverbindung erfolgt eine weitere Annäherung zwischen dem Fluoratom und einem Wasserstoffatom. Gleichzeitig vergrößert sich der Abstand der beiden Wasserstoffatome, die Bindung wird weiter gelockert. Dabei wird chemische Energie in kinetische Energie umgewandelt.
Im Endzustand liegen dann das Fluorwasserstoffmolekül und ein Wasserstoffradikal vor. Die chemische Energie der Teilchen hat ein Minimum erreicht.
Um die chemische Reaktion zwischen dem Wasserstoffmolekül und dem Fluorradikal zu ermöglichen, muss die Differenz zwischen der chemischen Energie der Teilchen der Ausgangsstoffe und der chemischen Energie des aktivierten Komplexes aufgebracht werden. Sie ist die für diesen Reaktionsschritt erforderliche **molekulare Aktivierungsenergie** ε. Diese Aktivierungsenergie wird dem System der mit bestimmter kinetischer Energie reagierenden Teilchen entnommen.

Aktivierungsenergie und Reaktionsgeschwindigkeit Beispiele für Reaktionen mit geringer Aktivierungsenergie und damit mit hoher Reaktionsgeschwindigkeit ablaufende Reaktionen sind Säure-Base-Reaktionen (Exp. 2) und viele Fällungsreaktionen, z. B. die Fällung von Silberchlorid.

$NH_3 + H_2O \rightarrow NH_4^+ + OH^-$
$Ag^+ + Cl^- \rightarrow AgCl\downarrow$

Auch Reaktionen zwischen Ausgangsstoffen, die in unterschiedlichen Phasen vorliegen (heterogene Reaktionen), können mit hoher Reaktionsgeschwindigkeit ablaufen. Voraussetzung hierfür ist eine sehr feine Verteilung der Ausgangsstoffe. Wird ein fester Ausgangsstoff pulverförmig in einem Gas verteilt, so liegt ein hoher Dispersionsgrad vor. Beispielsweise reagiert sehr fein verteiltes Eisen (pyrophores Eisen) mit Sauerstoff mit hoher Geschwindigkeit. Es entzündet sich von selbst (Exp. 3).

$3\,Fe + 2\,O_2 \rightarrow Fe_3O_4$

Damit aber stark gehemmte Reaktionen mit messbarer Reaktionsgeschwindigkeit ablaufen, ist eine Erhöhung der Temperatur notwendig. Meist ist es erforderlich, die Ausgangsstoffe zu erwärmen.

Wärmeexplosion Für den Fall, dass es sich wie bei der Reaktion von Wasserstoff mit Sauerstoff um eine stark exotherme Reaktion handelt, ist eine Erhöhung der kinetischen Energie der Teilchen nur in einem kleinen räumlichen Bereich notwendig.

EXPERIMENT 2 L

Reaktion von Ammoniak mit Wasser

Ein mit Ammoniak (T, N) gefüllter Rundkolben wird mit einem Stopfen mit Glasrohr verschlossen. Das Glasrohr wird in eine Kristallisierschale mit Wasser getaucht, dem einige Tropfen Universalindikatorlösung zugesetzt wurden. Die Reaktion wird gestartet, indem etwas Wasser mit einer Pipette in den Rundkolben eingespritzt wird.

3 Aufbau zu Experiment 2

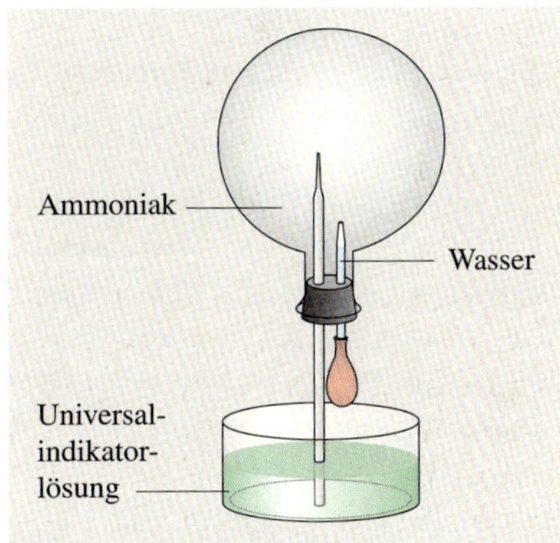

EXPERIMENT 3 L

Selbstentzündung von pyrophorem Eisen

Ein Reagenzglas wird zu einem Viertel mit Eisen(II)-oxalat gefüllt und mit einem Bausch Glaswolle verschlossen. Das Reagenzglas wird gleichmäßig und zügig unter gelegentlichem Bewegen und leichtem Anklopfen über der entleuchteten Brennerflamme erhitzt. Nach dem Abkühlen wird das entstandene pyrophore Eisen in einem abgedunkelten Raum aus ca. 50 cm Höhe langsam auf eine feuerfeste Unterlage geschüttet.
(*Vorsicht:* Pyrophores Eisen gibt schwer entfernbare braune Flecke!)

In diesem Bereich können dann viele Teilchen miteinander reagieren. Die frei werdende Reaktionswärme führt zu einer Temperaturerhöhung des stofflichen Systems, wenn diese Wärme nicht genügend schnell aus dem System abgeführt werden kann. Eine Temperaturerhöhung bewirkt gemäß der Arrhenius-Gleichung eine Vergrößerung der Geschwindigkeitskonstante k und damit eine Zunahme der Reaktionsgeschwindigkeit. Die dadurch bedingte weitere Temperaturerhöhung des Systems bewirkt ein explosionsartiges Ansteigen der Reaktionsgeschwindigkeit. Ein solcher Vorgang wird als **Wärmeexplosion** bezeichnet.
Die Verhinderung der Energieübertragung von den Reaktionsprodukten auf die Ausgangsstoffe wird praktisch als eine Möglichkeit der Brandbekämpfung neben der Trennung der Ausgangsstoffe (Brennstoff und Sauerstoff) genutzt.

AUFGABEN

1 Beschreiben Sie an Beispielen der Brandbekämpfung das Prinzip der Verhinderung der Energieübertragung von den Reaktionsprodukten auf die Ausgangsstoffe.

2 Überlegen Sie, welche Reaktionen bereits bei Zimmertemperatur innerhalb kurzer Zeit verlaufen. Nennen Sie Beispiele und erläutern Sie qualitativ, welche kinetischen Eigenschaften diese Reaktionen aufweisen.

ZUSAMMENFASSUNG

Die **Hemmung einer chemischen Reaktion** wird durch die Größe ihrer Aktivierungsenergie bestimmt.
Die **molekulare Aktivierungsenergie ε** ist die Differenz zwischen der chemischen Energie des aktivierten Komplexes (Übergangszustand) und der chemischen Energie der Teilchen der Ausgangsstoffe vor der Reaktion. Sie wird dem System der mit bestimmter kinetischer Energie reagierenden Teilchen entnommen.

Die **Arrhenius-Aktivierungsenergie E_A (molare Aktivierungsenergie)** ist das Produkt aus der Aktivierungsenergie ε und der Avogadro-Konstante N_A:

$$E_A = \varepsilon \cdot N_A$$

Im Fall einer stark exothermen Reaktion ist bei ungenügender Abfuhr der Reaktionswärme aus dem System eine **Wärmeexplosion** möglich.

► Konzept des chemischen Gleichgewichts und der Kinetik

Katalysator und Katalyse

Katalysator und Inhibitor Die Reaktionsgeschwindigkeit wird außer von den Konzentrationen der Ausgangsstoffe und der Reaktionstemperatur auch von Stoffen beeinflusst, die entsprechend der Reaktionsgleichung nicht zu den Ausgangsstoffen gehören. Jöns Jacob Berzelius glaubte zunächst, dass diese als **Katalysatoren** bezeichneten Stoffe durch ihre bloße Anwesenheit die Reaktionsgeschwindigkeit erhöhen. Ein Katalysator ist jedoch ein an der Reaktion beteiligter Reaktionspartner, der aber nach der Reaktion in unveränderter Form wieder vorliegt und daher in der Reaktionsgleichung meist nicht aufgeführt wird (Abb. 1). Der Katalysator bewirkt eine Erhöhung der Reaktionsgeschwindigkeit. Stoffe, die eine Verringerung der Reaktionsgeschwindigkeit bewirken, werden als **Inhibitoren** bezeichnet.

1 Schema einer chemischen Reaktion mit Katalysator

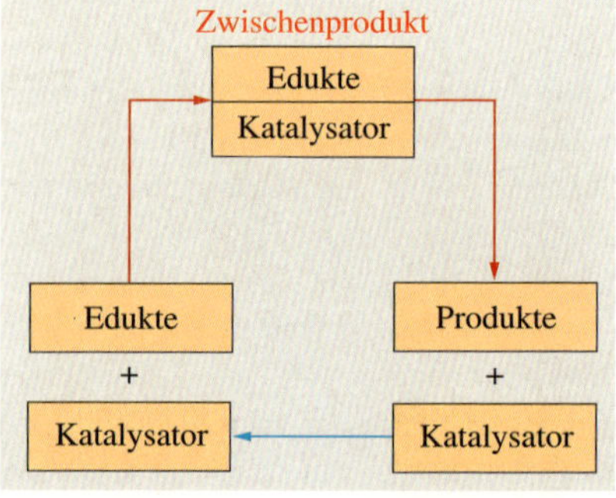

Eine chemische Reaktion, die unter der Einwirkung eines Katalysators abläuft, wird **Katalyse** genannt. Bei einer **positiven Katalyse** wird die Reaktionsgeschwindigkeit der chemischen Reaktion erhöht, bei einer **negativen Katalyse** erniedrigt.
Die Wirkung eines Katalysators bzw. Inhibitors im Vergleich zur unkatalysierten Reaktion lässt sich an der Zersetzung von Wasserstoffperoxid zeigen (Exp. 1; Katalysator: Kaliumiodid, Inhibitor: Phosphorsäure).

$2\,H_2O_2 \rightarrow 2\,H_2O + O_2$

Die Inhibitorwirkung der Phosphorsäure wird für die Stabilisierung der Wasserstoffperoxidlösung genutzt.

Wirkung des Katalysators im Reaktionsverlauf Bei oberflächlicher Anwendung der bisher gewonnenen Erkenntnisse auf die Katalyse könnte man zu der Aussage kommen, dass die Steigerung der Reaktionsgeschwindigkeit auf der Herabsetzung der Aktivierungsenergie durch den Katalysator beruht. Der Katalysator bewirkt aber, dass die chemische Reaktion auf einem anderen Reaktionsweg als die unkatalysierte Reaktion abläuft. Der Katalysator K bildet im einfachsten Fall mit einem Ausgangsstoff A ein Zwischenprodukt AK, aus dem der Katalysator K im weiteren Reaktionsverlauf wieder zurückgebildet wird.
Die allgemeine Reaktion

$A + B \rightarrow C$

hat ohne die Verwendung eines Katalysators den Reaktionsweg:

$A + B \rightarrow [A\cdots B]^{\ddagger} \rightarrow C$

Diese Reaktion nimmt bei Anwesenheit eines Katalysators einen anderen Reaktionsweg (Abb. 2).

$A + B + K \rightarrow [A\cdots K]^{\ddagger} + B \rightarrow AK + B \rightarrow [A\cdots K\cdots B]^{\ddagger} \rightarrow C + K$

2 Diagramm der molaren freien Enthalpie G_m im Verlauf einer chemischen Reaktion ohne und mit Katalysator

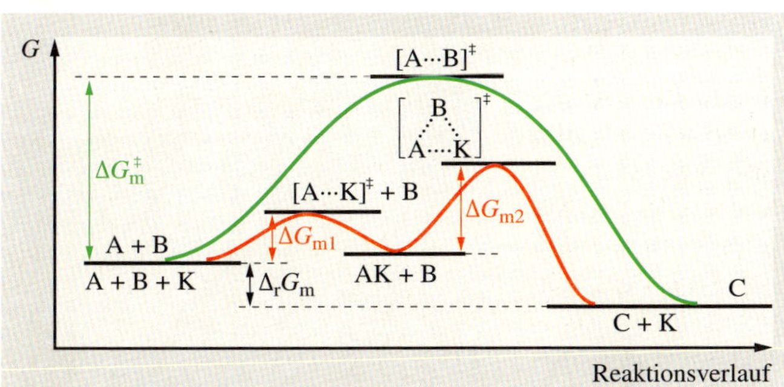

EXPERIMENT 1
Zersetzung von Wasserstoffperoxid
Wasserstoffperoxidlösung ist mit Phosphorsäure (Xi) stabilisiert.
50 ml 10%ige Wasserstoffperoxidlösung (Xi) werden mit Natronlauge ($c = 1\ \text{mol}\cdot l^{-1}$; C) neutralisiert (Indikator: Phenolphthalein). Je 15 ml dieser Lösung werden in einem Rundkolben (Abb. 3) versetzt:
a) ohne weitere Zusätze
b) mit 2 ml Kaliumiodidlösung ($c \approx 4\ \text{mol}\cdot l^{-1}$)
c) mit 2 ml Phosphorsäure ($c = 1\ \text{mol}\cdot l^{-1}$)
Die Kolben werden sofort mit einem Stopfen mit Gasableitungsrohr verschlossen, kurz geschüttelt und eine Stoppuhr gestartet.
Bestimmen Sie das innerhalb von 3 min entstehende Gasvolumen.

3 Aufbau zu Experiment 1

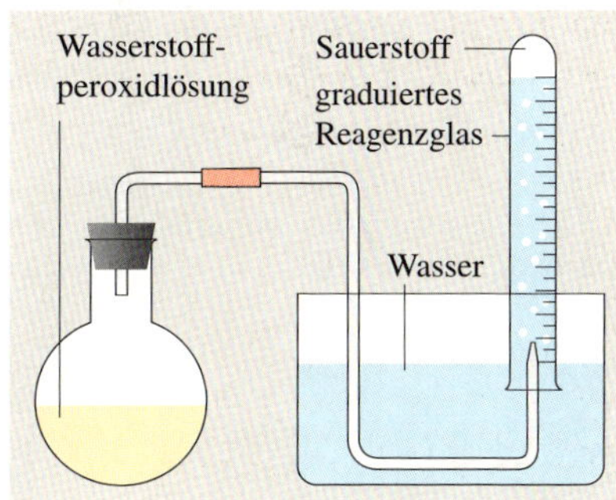

Für die Bildung der aktivierten Komplexe $[A \cdots K]^{\ddagger}$ und $[A \cdots K \cdots B]^{\ddagger}$ bei Verwendung eines Katalysators sind die molaren freien Aktivierungsenthalpien kleiner als die **molare freie Aktivierungsenthalpie $\Delta G_m^{\ddagger}$** für die Bildung des aktivierten Komplexes $[A \cdots B]^{\ddagger}$. Damit sind bei Anwendung der Arrhenius-Gleichung die Geschwindigkeitskonstanten und damit die Reaktionsgeschwindigkeiten für die Reaktionsschritte bei Anwesenheit des Katalysators größer. Dies gilt dann auch für die Reaktionsgeschwindigkeit der gesamten Reaktion.
Das Zwischenprodukt AK tritt tatsächlich in Erscheinung, wenn die Reaktionsgeschwindigkeit der Teilreaktion

$$AK + B \rightarrow C + K$$

kleiner ist als die der Bildung von AK (Exp. 2). Dies ist aber nur sehr selten der Fall, meist ist die Reaktionsgeschwindigkeit der Bildung von AK kleiner.

Oxidation des Wasserstoffs am Platinkatalysator Ein Katalysator kann im günstigsten Fall einen Reaktionsweg ermöglichen, bei dem die Energieniveaus der aktivierten Komplexe nur wenig über dem der Ausgangsstoffe liegen. Dann läuft eine chemische Reaktion mit einer sehr großen Reaktionsgeschwindigkeit ab. Zum Beispiel ist die Reaktion zwischen 1 mol Wasserstoff und 0,5 mol Sauerstoff bei Anwesenheit von fein verteiltem Platin nach etwa 10^{-4} Sekunden beendet (Exp. 3).
Die Reaktion verläuft am Platinkontakt so, dass zunächst Wasserstoffmoleküle an der Platinoberfläche adsorbiert und in Wasserstoffradikale (-atome) gespalten werden (Abb. 1).

1 Wirkungsweise des Platinkatalysators bei der Reaktion von Wasserstoffmolekülen mit Sauerstoffmolekülen

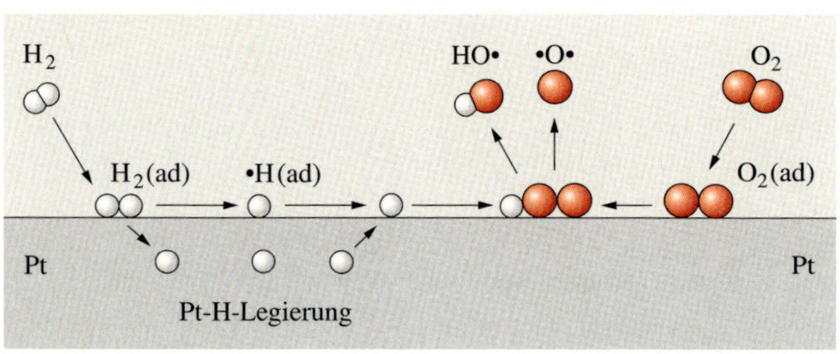

Die Wasserstoffradikale bilden mit dem Platin in der Nähe der Oberfläche eine Platin-Wasserstoff-Legierung. Die an der Platinoberfläche adsorbierten Wasserstoffradikale reagieren mit ebenfalls adsorbierten Sauerstoffmolekülen zu Hydroxylradikalen und Sauerstoffradikalen, die in die Gasphase diffundieren und eine sehr rasch verlaufende Kettenreaktion auslösen (Tab. 1).
Die dargestellte Wirkungsweise des Platinkatalysators liegt auch dem Döbereiner-Feuerzeug zugrunde.

EXPERIMENT 2 L

Nachweis des Zwischenprodukts bei der katalysierten Oxidation von Tartrat-Ionen
(Achtung: Darf nur als Lehrerdemonstrationsexperiment durchgeführt werden!)
In einem Reagenzglas (d = 16 mm, h = 160 mm) werden 10 ml Kaliumnatriumtartratlösung (c = 0,25 mol · l^{-1}) und eine Spatelspitze Cobalt(II)-nitrat (Xn) mit 4 ml 20%iger Wasserstoffperoxidlösung (C) versetzt.

EXPERIMENT 3 L

Reaktion von Wasserstoff mit Sauerstoff am Platinkontakt
Eine Gasentwicklungsapparatur für die Herstellung von Wasserstoff (F+) wird aufgebaut und über einen Schlauch mit einem zur Spitze ausgezogenen Glasröhrchen mit Kupfergaze als Rückschlagschutz verbunden (Abb. 2). Wenn der die Gasentwicklungsapparatur verlassende Wasserstoff sauerstofffrei ist (*Vorsicht:* Knallgasprobe durchführen!), wird in den Wasserstoffstrom mit einer Pinzette ein Platindrahtknäuel gehalten.

2 Aufbau zu Experiment 3

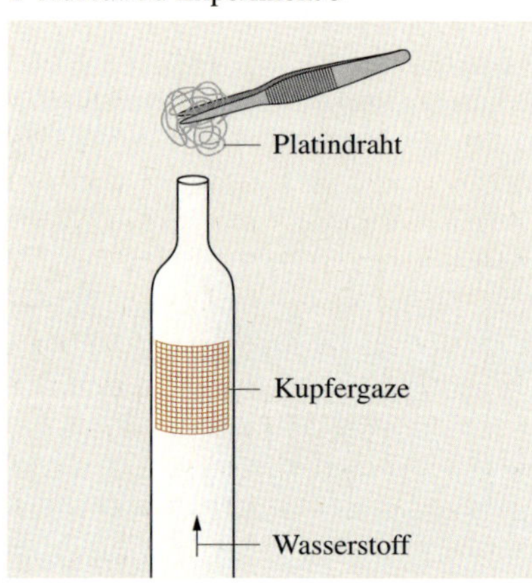

Tab. 1 Kettenreaktion bei der Oxidation des Wasserstoffs am Platinkatalysator

Startreaktion	H – H	$\xrightarrow{Pt}$	H• + H• adsorbiert
Reaktionskette	H• + O_2	→	•OH + •O•
	•O• + H_2	→	•OH + H•
	•OH + H_2	→	H_2O + H•
	H• + H_2O	→	•OH + H_2
	usw.		
Kettenabbruchreaktion	H• + •OH	→	H_2O

3 Mit Silber belegter Aluminiumoxid-Katalysator (rasterelektronenmikroskopische Aufnahme)

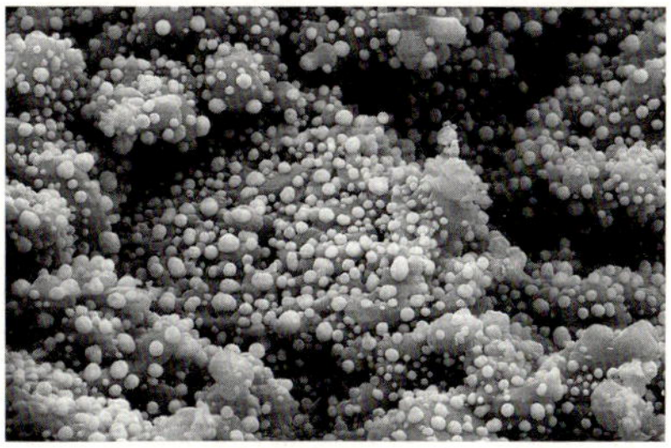

Selektivität von Katalysatoren Bei Verwendung von Katalysatoren wird der Reaktionsweg einer chemischen Reaktion durch den Katalysator verändert. Oft können aus gleichen Ausgangsstoffen in einer Reihe möglicher Reaktionen (Konkurrenzreaktionen) unterschiedliche Reaktionsprodukte gebildet werden. Durch entsprechende Auswahl von Katalysatoren ist es möglich, die Bildung ganz bestimmter Reaktionsprodukte zu begünstigen. Diese Eigenschaft eines Katalysators wird als **Selektivität** bezeichnet (Tab. 1).

Tab. 2 Selektive Wirkung von Katalysatoren auf Synthesegas

Katalysator	Bevorzugte Reaktionsprodukte
– Cu- oder Zn-Cr-Katalysator	– Methanol
– Cu- oder Zn-Cr-Katalysator mit Alkali-Ionen	– höhere Alkohole
– Ni-Katalysator (in Abhängigkeit vom Druck)	– Essigsäure oder Methan

Für die chemische Industrie ist dies von besonderem Interesse, weil dadurch Reaktionsgemische entstehen, in denen weniger unerwünschte Nebenprodukte vorliegen, und damit die Abtrennung des gewünschten Produkts einfacher zu erzielen ist. Gleichzeitig wird die Entsorgung der unerwünschten Nebenprodukte umgangen. Durch die Erhöhung der Reaktionsgeschwindigkeit wird zusätzlich eine höhere Ausbeute je Zeiteinheit erreicht.

Heterogene und homogene Katalyse Bei vielen technischen Synthesen befinden sich Ausgangsstoffe und Katalysatoren in unterschiedlichen Phasen. Es handelt sich um **heterogene Katalysen**. Der Katalysator ist ein Feststoff, an dem die gasförmigen Ausgangsstoffe vorbeiströmen. Die chemische Reaktion findet an der Katalysatoroberfläche statt. Deshalb werden solche Katalysatoren auch als **Kontakte** bezeichnet. Sie sind in hohem Maße empfindlich gegen Vergiftungen durch Verunreinigungen in den Ausgangsstoffen. In einigen Fällen wirken auch die Ausgangsstoffe oder die Reaktionsprodukte selbst als Katalysatorgifte, da sie auf der Katalysatoroberfläche adsorbiert werden. Dadurch wird die katalytisch wirksame Oberfläche verringert.

AUFGABEN

1 Charakterisieren Sie die Bedeutung des Einsatzes von Katalysatoren anhand einiger chemisch-technischer Prozesse.

2 Erläutern Sie das Prinzip der Vergiftung eines Katalysators.

3 Erklären Sie, warum Zündaussetzer eines Ottomotors zur Zerstörung der Katalysatoren der Abgasanlage führen können.

Katalysatoren benötigen für ihre Wirksamkeit oft eine über der Zimmertemperatur liegende Ansprechtemperatur. Andererseits werden sie oberhalb einer bestimmten Temperatur irreversibel zerstört. Bei technischen Prozessen liegen die Ansprechtemperaturen meist relativ hoch, sodass ein erheblicher Energieaufwand erforderlich ist. Die Ammoniaksynthese erfordert z. B. eine Temperatur von etwa 450 °C.
Die Katalysatoren in Abgasanlagen von Kraftfahrzeugen haben eine Ansprechtemperatur von etwa 400 °C, sie senken den Schadstoffausstoß um fast zwei Zehnerpotenzen. Der Kraftfahrzeugkatalysator wird bei Überhitzung zerstört.
Bei der **homogenen Katalyse** liegen die Katalysatoren in der gleichen Phase wie die Ausgangsstoffe vor. Ein Beispiel für eine homogene Katalyse ist die Säurekatalyse. Hierbei wirken Protonen als Katalysator. Die Protonierung von Ausgangsstoffen führt zur Bildung eines Zwischenprodukts und damit zu einem veränderten Reaktionsmechanismus mit geringerer Aktivierungsenergie. Problematisch bei homogenen Katalysen ist die Abtrennung des Katalysators nach der Reaktion.

AUFGABEN

1 Charakterisieren Sie den Unterschied zwischen einer homogenen und einer heterogenen Katalyse.
2 Erklären Sie, warum ein Trinkhalm, in eine Selterswasserflasche fallen gelassen, wieder nach oben steigt. Deuten Sie den Vorgang als heterogene Katalyse.

Forschung

Katalysatoren zugeschaut

Die Kenntnis des genauen Ablaufs katalysierter Reaktionen auf atomarer Ebene ist Voraussetzung dafür, technisch bedeutsame Reaktionen effizienter gestalten zu können.
Eine der wichtigsten Reaktionen der chemischen Industrie ist die Synthese von Ammoniak aus den Elementen Stickstoff und Wasserstoff nach dem Haber-Bosch-Verfahren. Lange Zeit war den Forschern der genaue Ablauf dieser Reaktion unklar. Heute weiß man, dass der Reaktionsmechanismus der katalysierten Ammoniaksynthese über den Zerfall des Stickstoffmoleküls in zwei Atome Stickstoff und die anschließende Hydrierung der Stickstoffatome verläuft. Aufgrund der hohen Bindungsenergie der N≡N-Bindung ist die Dissoziation des adsorbierten Stickstoffs der geschwindigkeitsbestimmende Schritt dieser Reaktion. Durch gezielte Beeinflussung dieses Schritts kann die Effizienz des gesamten Prozesses gesteigert werden.
Die Erforschung des genauen Reaktionsverlaufs der katalysierten Ammoniaksynthese trieb maßgeblich der deutsche Chemiker GERHARD ERTL in den 1970er Jahren voran. Für seine Arbeiten zur Wirkungsweise von Katalysatoren wurde ERTL im Jahr 2007 mit dem Nobelpreis für Chemie geehrt.

1 Schematische Darstellung des Mechanismus der katalysierten Ammoniaksynthese

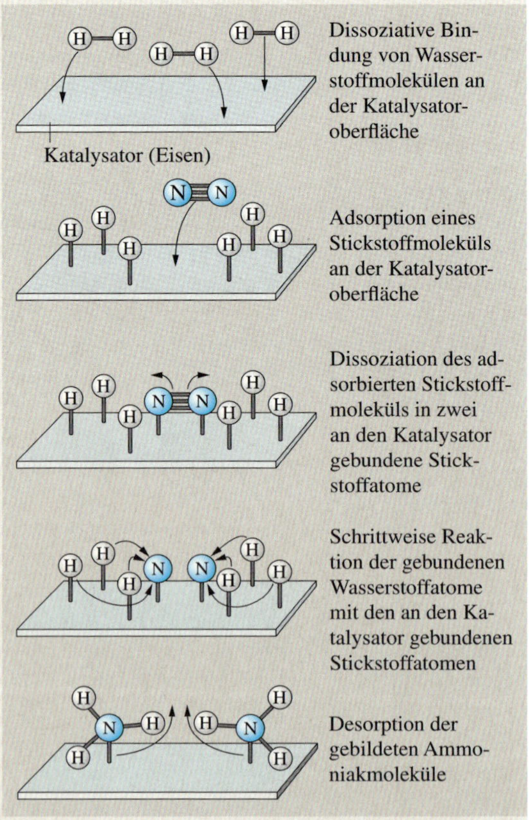

Autokatalyse Eine wichtige Reaktion in der quantitativen Analytik ist die von Oxalat-Ionen mit Permanganat-Ionen (Exp. 4).

$$5\ \begin{matrix} COO^- \\ | \\ COO^- \end{matrix} + 2\,MnO_4^- + 16\,H_3O^+ \rightarrow 2\,Mn^{2+} + 24\,H_2O + 10\,CO_2$$

Diese Reaktion liegt der Permanganometrie, einem Redoxtitrationsverfahren, zugrunde. Die reaktionskinetische Untersuchung zeigt, dass bei Zusatz von Mangan(II)-Ionen die Reaktionsgeschwindigkeit steigt. Mangan(II)-Ionen wirken als Katalysator. Sie werden im Verlauf der Reaktion durch die Reduktion der Permanganat-Ionen gebildet. Dieser Sonderfall, dass ein Reaktionsprodukt als Katalysator wirkt, heißt **Autokatalyse**.

1 Konzentrations-Zeit-Diagramm der Oxidation von Oxalsäure mit Kaliumpermanganat

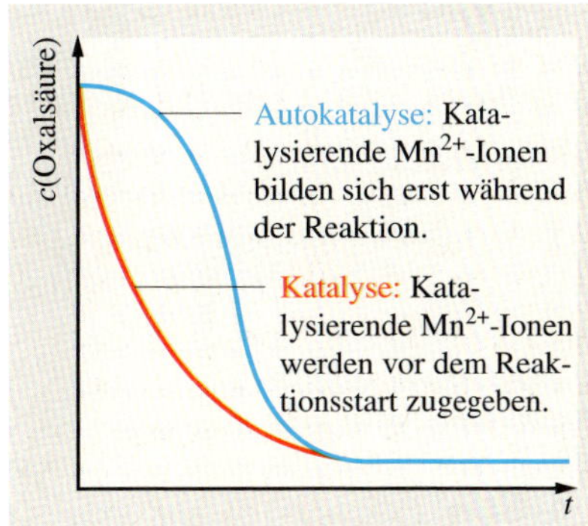

EXPERIMENT 4

Reaktion von Oxalsäure mit Kaliumpermanganat

Zwei Reagenzgläser (d = 16 mm, h = 160 mm) werden mit 20 ml Oxalsäurelösung ($c = 0{,}25\ mol \cdot l^{-1}$) gefüllt. In Reagenzglas 2 werden zusätzlich 5 Tropfen Mangan(II)-sulfatlösung ($c = 0{,}2\ mol \cdot l^{-1}$) gegeben. In die Reagenzgläser werden 4 Tropfen Kaliumpermanganatlösung ($c = 0{,}02\ mol \cdot l^{-1}$) gegeben, gerührt und eine Stoppuhr gestartet.
Bestimmen Sie die Zeiten bis zur Entfärbung der Lösungen.
Wiederholen Sie die Zugabe von Kaliumpermanganatlösung beim Reagenzglas 1.
Begründen Sie die gemessenen Reaktionszeiten.

Biokatalyse Enzyme, Hormone und Vitamine werden wegen ihrer katalytischen Wirkung auf biochemische Reaktionen als **Biokatalysatoren** bezeichnet. Biokatalysatoren ermöglichen bei der jeweiligen Körpertemperatur und Normaldruck hohe Reaktionsgeschwindigkeiten. Gegenüber Konkurrenzreaktionen wirken sie in starkem Maße selektiv (↑S. 118).

AUFGABE

1. Stellen Sie für die Grundreaktion der Permanganometrie die Reaktionsgleichungen der korrespondierenden Redoxpaare auf.

ZUSAMMENFASSUNG

Katalysatoren sind Reaktionsteilnehmer, die den Reaktionsweg verändern und nach der Reaktion in unveränderter Form wieder vorliegen. Durch den Verlauf der katalysierten Reaktion über Zwischenstufen gelingt eine Herabsetzung der notwendigen molaren Aktivierungsenergie E_A und der molaren freien Aktivierungsenthalpie $\Delta G_m^{\ddagger}$. Dadurch wird die Reaktionsgeschwindigkeit vergrößert: **positive Katalyse**.
Durch **Inhibitoren** kann die Reaktionsgeschwindigkeit einer Reaktion auch herabgesetzt werden: **negative Katalyse**.

Katalysatoren wirken selektiv. Sie beschleunigen unter verschiedenen möglichen Reaktionen der Reaktionsteilnehmer vornehmlich eine Reaktion. Katalysatoren ermöglichen Reaktionen mit hoher Reaktionsgeschwindigkeit bei niedrigeren Temperaturen als ohne Verwendung eines Katalysators.
Bei der **Autokatalyse** wirkt eines der im Reaktionsverlauf gebildeten Reaktionsprodukte als Katalysator auf die chemische Reaktion.

▶ Konzept des chemischen Gleichgewichts und der Kinetik

Physiologie

Enzymkinetik

Enzyme als Biokatalysatoren Enzyme beeinflussen biochemische Reaktionen in Organismen und werden daher auch als **Biokatalysatoren** bezeichnet. Sie zählen zu den am höchsten spezialisierten Substanzen in Organismen. In jedem Organismus wirken eine Vielzahl von Enzymen.

Bau der Enzyme Fast alle bekannten Enzyme zählen zur Stoffklasse der Proteine. Diese Makromoleküle bestehen aus Hunderten miteinander verbundenen Aminosäuren. Aufgrund der Reihenfolge der Aminosäuren (Primärstruktur) ergibt sich eine spezifische räumliche Struktur des jeweiligen Enzyms. Allen Enzymen gemeinsam ist das Vorhandensein einer katalytisch wirksamen Struktur, dem **aktiven Zentrum**. Das ist die Stelle, an der die Ausgangsstoffe (die Substrate) binden. Es entsteht ein Enzym-Substrat-Komplex. Das aktive Zentrum des Enzyms ist so gebaut ist, dass die Substrate exakt hineinpassen, so wie ein Schlüssel in ein Schloss **(Schlüssel-Schloss-Prinzip)**. Diese Eigenschaft der Enzyme wird als **Substratspezifität** bezeichnet.

1 Ablauf einer enzymatisch katalysierten Reaktion

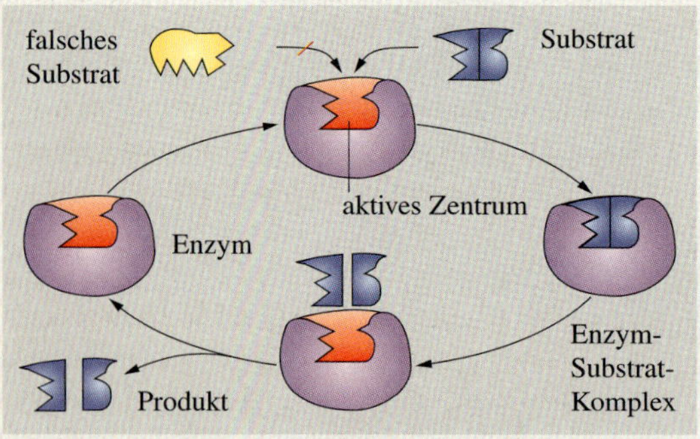

Wirkungsweise In das aktive Zentrum ragen Aminosäurereste, die teilweise elektrisch geladen sind. Diese Restgruppen richten Substrate aus, aktivieren sie und stabilisieren Übergangszustände. Hierdurch wird die Aktivierungsenergie der biochemischen Reaktion so weit abgesenkt, dass sie bereits bei Körpertemperatur optimal abläuft. Jedes Enzym katalysiert durch den charakteristischen Bau des aktiven Zentrums nur spezifische Reaktionen, eine Eigenschaft, die man **Wirkungsspezifität** nennt.

2 Temperaturabhängigkeit der Enzymreaktion

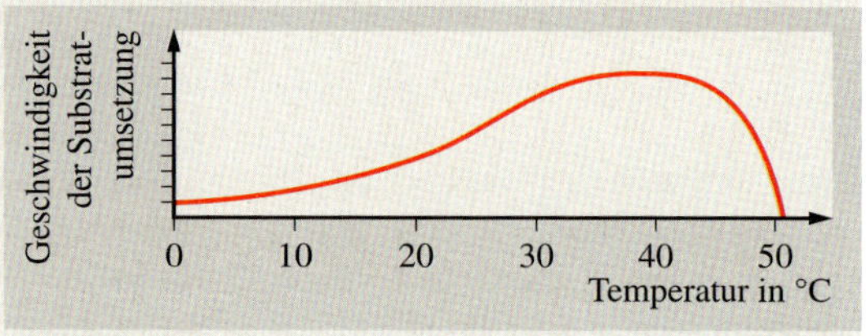

3 Enzymaktivität zweier Verdauungsenzyme des Menschen in Abhängigkeit vom pH-Wert

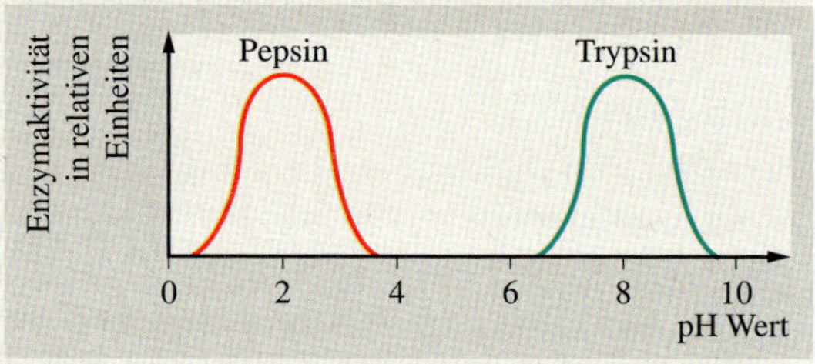

Enzyme wirken temperaturabhängig und pH-abhängig Die Wirksamkeit von Enzymen ist im Wesentlichen von der Temperatur abhängig. Bei niedrigen Temperaturen gilt die RGT-Regel (↑S. 108). Bei höheren Temperaturen wird die räumliche Struktur der Enzyme durch die thermische Bewegung der Moleküle verändert. Bei noch höheren Temperaturen wird das Enzym irreversibel zerstört, es denaturiert. Die Temperatur, bei der die Enzyme optimal katalysieren, ist vom jeweiligen Organismus abhängig. Enzyme des Menschen haben ihr Temperaturoptimum bei 37 °C, ab 42 °C beginnt die Denaturierung.
Enzyme besitzen auch ein pH-Optimum, sie wirken nur innerhalb eines sehr engen pH-Wert-Bereichs. Durch Zugabe von Säuren oder Basen verändert sich die räumliche Struktur der Enzyme, das aktive Zentrum verliert seine Wirksamkeit.

AUFGABEN

1 Die Reaktionsgeschwindigkeit einer enzymatisch katalysierten Reaktion erreicht bei gleichbleibender Enzymkonzentration auch dann einen Maximalwert, wenn die Substratkonzentration immer weiter erhöht wird. Erklären Sie.

2 In modernen Waschmitteln sind vier verschiedene Enzymarten enthalten. Ermitteln Sie, um welche es sich handelt. Erläutern Sie deren Wirkung aus chemischer und ökologischer Sicht.

KOMPLEX GEDACHT

1 Die Reaktion von Methyliodid (Iodmethan) mit Natronlauge ist eine Reaktion zweiter Ordnung.

$CH_3I + OH^- \rightarrow CH_3OH + I^-$

Die nachstehende Tabelle enthält für eine Messreihe die Änderung der Konzentration der Hydroxid-Ionen in der Lösung. In dem Experiment wurden Methyliodid und Natronlauge in gleicher Konzentration eingesetzt.

t [min]	5	15	25	40	50	60
$c(OH^-)$ [$mol \cdot l^{-1}$]	0,49	0,42	0,36	0,3	0,27	0,25

a Stellen Sie die Messwerte in einem Konzentrations-Zeit-Diagramm grafisch dar.

b Bestimmen Sie die durchschnittlichen Reaktionsgeschwindigkeiten in den Zeitintervallen $t_1 = 5$ min, $t_2 = 25$ min sowie $t_1 = 40$ min, $t_2 = 60$ min.

c Bestimmen Sie die Geschwindigkeitskonstante der Reaktion.

2 Glucose reagiert bis etwa 150 °C nicht mit Luftsauerstoff. Wird aber ein Katalysator (Methylenblau) verwendet, ist die Oxidation zu Gluconsäure bereits bei Zimmertemperatur möglich. Die Merkmale dieser Katalyse lassen sich im Blue-Bottle-Experiment untersuchen.
Für dieses Experiment benötigt man Glucose, Wasser, Natriumhydroxid und den Farbstoff Methylenblau, der in der oxidierten Form blau und in der reduzierten farblos ist. Die im Kolben angesetzte Lösung ist zunächst blau. Lässt man sie stehen, tritt Entfärbung ein. Schüttelt man den Kolben, so tritt schnell die intensive Blaufärbung wieder auf. Nach dem Schütteln entfärbt sich die Lösung erneut. Dieser Vorgang kann mehrfach wiederholt werden.

1 Das Blue-Bottle-Experiment

Folgende Reaktionen finden statt:

$O_2(g) \rightarrow O_2(aq)$ (A)

$2\ \underset{\text{farblos}}{MethH_2} + O_2(aq) \rightarrow 2\ \underset{\text{blau}}{Meth} + 2\ H_2O$ (B)

$\underset{\text{blau}}{Meth} + Glucose + H_2O \rightarrow \underset{\text{farblos}}{MethH_2} + Gluconsäure$ (C)

a Ordnen Sie den Beobachtungen in Abbildung 1 die o. g. Reaktionen zu.

b Skizzieren Sie auf der Grundlage der Beobachtungen ein ausführlich beschriftetes Energiediagramm der nicht katalysierten und der katalysierten Reaktion.
Überlegen Sie zuvor, welcher Stoff in der katalysierten Reaktion als Zwischenprodukt angesehen werden muss.

c Nehmen Sie begründet Stellung zu folgender Aussage:
- Es besteht ein direkter Zusammenhang zwischen der Dauer des Schüttelns und der Intensität der Blaufärbung bzw. zwischen der Dauer des Schüttelns und der Zeit, in der Methylenblau wieder entfärbt wird.

Leiten Sie eine allgemeine Aussage zur Abhängigkeit der Reaktionsgeschwindigkeit in heterogenen Systemen ab.

3 Katalysatoren sind nicht nur bei der Herstellung von Stoffen von Bedeutung. Sie werden auch eingesetzt, um Schadstoffe z. B. in Abgasen zu vernichten. Bekanntestes Beispiel hierfür sind die Abgaskatalysatoren in Kraftfahrzeugen. In ihnen ist auf einem wabenförmigen Keramik- oder Metallträger eine Platin-Rhodium-Legierung aufgebracht. An der Katalysatoroberfläche reagieren die im Abgas enthaltenen Schadstoffe.

a Formulieren Sie Reaktionsgleichungen für die Umsetzung der Motorabgase (CO, CO_2, C_mH_n, NO, O_2) zu schadstoffarmen Abgasen.

b Recherchieren Sie die Funktion der Lambdasonde im geregelten Autoabgaskatalysator und welchen Einfluss die Abgastemperatur auf die Katalyse hat. Leiten Sie daraus Aussagen zur Wirksamkeit des Autokatalysators bei verschiedenen Fahrsituationen (Kaltstart, Fahrt auf Landstraße, schnelle Autobahnfahrt) ab.

6 Chemisches Gleichgewicht – Massenwirkungsgesetz

Die flüchtige Beobachtung chemischer Reaktionen fördert meist unbewusst die Vorstellung, dass chemische Reaktionen vollständig in einer bestimmten „naturgegebenen" Richtung verlaufen. Diese Meinung ist auf die Durchführung chemischer Reaktionen in offenen Systemen zurückzuführen, bei denen meist auf eine quantitative Untersuchung der Reaktionsprodukte verzichtet wird.

Bei Ablauf chemischer Reaktionen in geschlossenen Systemen ist es wesentlich leichter möglich zu beobachten, dass nach dem Abklingen der Reaktion noch Ausgangsstoffe „übrig" sind. In diesem Zustand liegen Ausgangsstoffe und Produkte nebeneinander vor. Der unvollständige Verlauf chemischer Reaktionen ist ein Nachteil für die Stoffproduktion, z.B. bei der technischen Schwefeltrioxidherstellung, aber auch in der Analytik. Die Ausgangsstoffe werden ungenügend ausgenutzt. Die Abtrennung von Stoffen z.B. durch Fällung gelingt nicht restlos. Möglichkeiten der Einflussnahme auf solche Gleichgewichtszustände haben große Bedeutung bei natürlichen und technischen Prozessen.

Umkehrbarkeit chemischer Reaktionen

Vollständiger Stoffumsatz Bisher wurde bei der Betrachtung chemischer Reaktionen vorausgesetzt, dass sich die Ausgangsstoffe vollständig in die Reaktionsprodukte umwandeln. Bei der Wahl entsprechender Reaktionsbedingungen ist diese Betrachtungsweise auch berechtigt. Reagiert Zink in einem offenen Gefäß mit einem Überschuss Salzsäure, so ist die Reaktion erst beendet, wenn das Zink bei der Reaktion vollständig „verbraucht" wurde.

$$Zn + 2\,H^+ + 2\,Cl^- \rightarrow Zn^{2+} + 2\,Cl^- + H_2$$

Bei dieser Reaktion findet ein **vollständiger Stoffumsatz** in Bezug auf das Zink statt.

AUFGABEN

1 Geben Sie Beispiele für vollständig und unvollständig ablaufende Reaktionen an. Nennen Sie die jeweilige Ursache für den unvollständigen Ablauf.

2 Nennen Sie charakteristische Merkmale des Gleichgewichtszustands.

3 Beim Öffnen einer Mineralwasserflasche entweicht oft Kohlenstoffdioxid. Erklären Sie dieses Phänomen.

Unvollständiger Stoffumsatz Bei vielen chemischen Reaktionen werden nicht alle Ausgangsstoffe zu Reaktionsprodukten umgesetzt. Ursache für einen **unvollständigen Stoffumsatz** kann sein, dass im Reaktionsverlauf eine steigende Reaktionshemmung auftritt.

So entstehen bei der Oxidation von Zink und Kupfer an der atmosphärischen Luft auf der Metalloberfläche fest haftende und nahezu luftdichte Metalloxidüberzüge. Dadurch wird im Reaktionsverlauf der Sauerstoffzutritt zur Metalloberfläche immer mehr erschwert und schließlich ganz verhindert. Die Oxidation kommt zum Stillstand.

Ursache für unvollständigen Stoffumsatz kann aber auch die grundlegende Eigenschaft chemischer Reaktionen sein, dass sie im Prinzip umkehrbar sind. Chemische Reaktionen können entsprechend der Reaktionsgleichung in beiden Richtungen verlaufen.

$$CH_3-C\begin{matrix}\nearrow O \\ \searrow OH\end{matrix} + HO-C_2H_5 \underset{\text{Verseifung}}{\overset{\text{Veresterung}}{\rightleftharpoons}} CH_3-C\begin{matrix}\nearrow O \\ \searrow OC_2H_5\end{matrix} + H_2O$$

$$CH_2{=}CH_2 + H_2 \underset{\text{Dehydrierung}}{\overset{\text{Hydrierung}}{\rightleftharpoons}} CH_3{-}CH_3$$

Bei bestimmten Reaktionsbedingungen laufen Hin- und Rückreaktion gleichzeitig ab. Die in der Hinreaktion gebildeten Reaktionsprodukte können während der Reaktion in umgekehrter Reaktionsrichtung wieder zu den Ausgangsstoffen reagieren. Chemische Reaktionen, die in beiden Richtungen ungehemmt verlaufen können, werden auch **reversible Reaktionen** genannt.

Beispiele für reversible Reaktionen sind die Veresterung bzw. Verseifung, die Hydrierung von Alkenen bzw. Dehydrierung von Alkanen sowie die Protolyse von Ammoniak oder Chlorwasserstoff. Auch die Bildung der faszinierenden Tropfsteine in Tropfsteinhöhlen ist auf die Umkehrbarkeit der dabei ablaufenden chemischen Reaktionen zurückzuführen.

Zur Kennzeichnung des gleichzeitigen Ablaufs von Hin- und Rückreaktion in Reaktionsgleichungen dienen Doppelreaktionspfeile.

$$NH_3 + H_2O \rightleftharpoons NH_4^+ + OH^-$$

EXPERIMENT 1 L

Protolyse von Ammoniak

Auf einer Glastüpfelplatte mit erhöhtem Rand werden in eine Vertiefung eine Spatelspitze Ammoniumchlorid (Xn) und 2 Plätzchen Natriumhydroxid (C) gegeben. Eine zweite Vertiefung, von der ersten zwei bis drei Vertiefungen entfernt, wird mit Wasser gefüllt, dem man zwei Tropfen Universalindikatorlösung hinzufügt. Danach sind drei Tropfen Wasser in die Vertiefung 1 zu geben und die Tüpfelplatte ist mit einer Glasplatte abzudecken.

Vorsicht: Ammoniak (T, N)!

EXPERIMENT 2 L

Protolyse von Chlorwasserstoff

Die Durchführung erfolgt analog der des Experiments 1. In die erste Vertiefung wird eine Spatelspitze Ammoniumchlorid (Xn) gegeben, in der zweiten wird Wasser mit Indikatorlösung versetzt. In die Vertiefung 1 werden drei Tropfen konzentrierte Schwefelsäure (C) gegeben. Die Platte ist abzudecken.

Vorsicht: Chlorwasserstoff (T, C)!

AUFGABE

1 Erklären Sie die unterschiedlichen Zeiten vom Reaktionsstart (Zugabe des Wassers bzw. der Schwefelsäure) bis zum sichtbaren Reaktionsbeginn bei den Experimente 1 und 2.

ZUSAMMENFASSUNG

Die **Umkehrbarkeit chemischer Reaktionen** stellt eine grundlegende Eigenschaft chemischer Reaktionen dar. Entscheidend für die Umkehrbarkeit chemischer Reaktionen ist die Art der Prozessführung. Chemische Reaktionen, bei denen Hinreaktion und Rückreaktion ungehemmt ablaufen können, werden auch **reversible Reaktionen** genannt.

Chemisches Gleichgewicht

Einstellen eines dynamischen Gleichgewichts Anstelle einer chemischen Reaktion soll zunächst der gleichzeitige Ablauf von Hin- und Rückreaktion an einem Modellexperiment betrachtet werden. Es handelt sich dabei um einen wechselseitigen Transportvorgang von Wasser (Exp. 1). Das Experiment gibt modellhaft die Verhältnisse für eine chemische Reaktion A $\rightleftharpoons$ B wieder.

EXPERIMENT 1

Heberexperiment

Es werden zwei Messzylinder (V = 50 ml, h = 20 cm) und zwei Glasrohre (l = 30 cm, einseitig zur Spitze ausgezogen) mit verschiedenen Innendurchmessern (z. B. 5 und 8 mm) benötigt. Messzylinder 1 wird mit gefärbtem Wasser gefüllt. In die Messzylinder wird je ein Glasrohr auf den Zylinderboden gestellt (Abb. 1). Wenn die Wassersäulen in den Glasrohren den Wasserstand im jeweiligen Zylinder erreicht haben, werden diese Wassersäulen in den jeweils anderen Zylinder übertragen. Der Hebervorgang ist 20-mal zu wiederholen.

Die Wasservolumen in den Messzylindern sind nach jedem Hebervorgang in ein Diagramm einzutragen (Abszisse: Anzahl der Hebervorgänge; Ordinate: Wasservolumen/ml). Das Experiment wird wiederholt, jedoch wird zu Beginn der Messzylinder 2 mit Wasser gefüllt.

1 Versuchsaufbau zum Heberexperiment

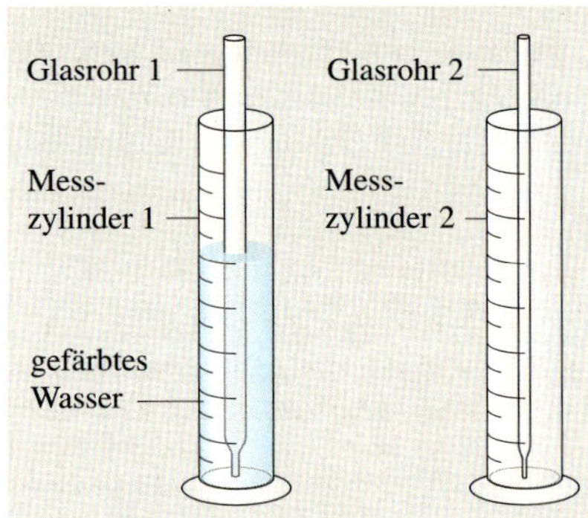

AUFGABE

1 Erörtern Sie, ob sich in einem offenen stofflichen System ein chemisches Gleichgewicht einstellen kann.

Umwelt

Die Ozonschicht

In 15 bis 40 km Höhe über der Erdoberfläche befindet sich eine Schicht, die das Spurengas Ozon O_3 in höherer Konzentration als andere Teile der Atmosphäre enthält. Sie schirmt Tiere und Pflanzen gegen den größten Teil der lebensgefährdenden energiereichen UV-B-Strahlung ab, wobei sich ein Gleichgewicht folgender fotochemischer Reaktionen einstellt:

$$O_2 \rightleftharpoons 2\,\dot{\underset{\cdot}{O}} \qquad \Delta_r H_m = +498\ \text{kJ} \cdot \text{mol}^{-1}$$

$$2\,\dot{\underset{\cdot}{O}} + 2\,O_2 \rightleftharpoons 2\,O_3 \qquad \Delta_r H_m = -212\ \text{kJ} \cdot \text{mol}^{-1}$$

$$3\,O_2 \underset{\lambda > 240\ \text{nm}}{\overset{\lambda < 240\ \text{nm}}{\rightleftharpoons}} 2\,O_3 \qquad \Delta_r H_m = +286\ \text{kJ} \cdot \text{mol}^{-1}$$

Würde das gesamte Ozon der Stratosphäre als reines Gas in einer Schicht mit Normdruck gesammelt, so wäre diese Schicht nur 3 bis 4 mm dick. Fiele der Schutz des stratosphärischen Ozons aus, so wären ernste pathologische Zellveränderungen sowie eine Verminderung der Ernteerträge die Folge. Die mögliche Störung der Fotosynthese des Phytoplanktons in den oberen Schichten der Weltmeere bewirkte eine weitere Verstärkung des Treibhauseffekts.

Der Ozonabbau erfolgt durch komplexe chemische Reaktionen, die vor allem von Fluorchlorkohlenwasserstoffen (FCKWs) und Stickstoffoxiden ausgehen. FCKWs fanden bis in die Mitte der 1990er Jahre zahlreiche Anwendungen als Treibgase für Aerosole und Schäume, als Kühlmedien in Klimaanlagen und Kühlschränken sowie als Lösemittel in der Mikroelektronik. Fluorchlorkohlenwasserstoffe gelangen, einmal in die Umwelt freigesetzt, als stabile chemische Verbindungen mit Verweilzeiten

Das Wasservolumen im Messzylinder 1 entspricht der Konzentration der Substanz A, das im Messzylinder 2 der Konzentration der Substanz B. Nach einer bestimmten Anzahl von Hebervorgängen bleiben die Wasserstände in beiden Messzylindern auf gleicher Höhe, obwohl die Hebervorgänge fortgesetzt wurden. Unter den gewählten Bedingungen hat sich ein Gleichgewicht eingestellt. Da das Gleichgewicht trotz Stofftransport bestehen bleibt, spricht man von einem **dynamischen Gleichgewicht** im Unterschied zum statischen Gleichgewicht einer Waage. Ein solches Gleichgewicht kann sich nur einstellen, wenn je Hebervorgang vom Messzylinder 1 das gleiche Wasservolumen in den Zylinder 2 transportiert wird wie umgekehrt. Wird das Modellexperiment vom gefüllten Messzylinder 2 aus begonnen, stellt sich ein Gleichgewicht ein, das mit dem ersten Gleichgewicht identisch ist.

Einstellen eines chemischen Gleichgewichts Wird eine chemische Reaktion in einem geschlossenen oder abgeschlossenen System durchgeführt und liegt keine Reaktionshemmung vor, laufen Hin- und Rückreaktion gleichzeitig ab.

$$CH_3-C(=O)-OH + HO-C_2H_5 \underset{\text{Rückreaktion}}{\overset{\text{Hinreaktion}}{\rightleftharpoons}} CH_3-C(=O)-OC_2H_5 + H_2O$$

Befinden sich in einem geschlossenen Reaktionsgefäß zu Reaktionsbeginn nur Essigsäure und Ethanol, kann zunächst nur die Veresterung ablaufen. Kurz danach liegen auch Reaktionsprodukte vor, sodass dann auch die Rückreaktion abläuft. Im

2 Konzentrations-Zeit-Diagramm für die Einstellung eines chemischen Gleichgewichts

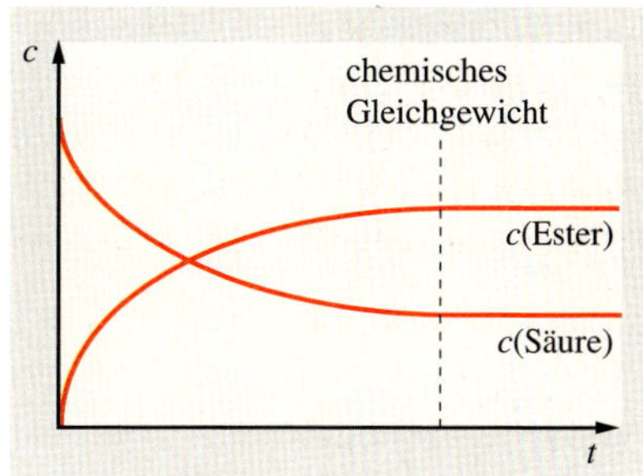

3 Reaktionsgeschwindigkeits-Zeit-Diagramm für die Einstellung eines chemischen Gleichgewichts

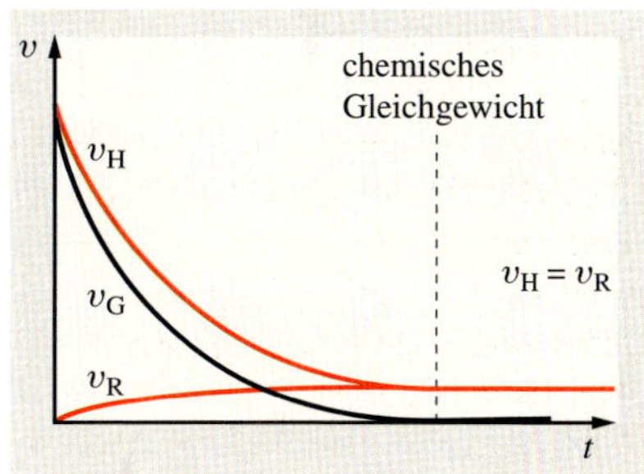

von bis zu mehreren hundert Jahren in der Atmosphäre unverändert in durchschnittlich 10 Jahren bis in die Stratosphäre. Dort werden sie durch die energiereiche UV-Strahlung zersetzt. Die dabei gebildeten Chlorradikale zerstören das Ozon. Ein Chlorradikal kann dabei katalytisch in Kettenreaktionen jeweils einige 10000 Ozonmoleküle spalten.

$$CCl_2F_2 \xrightarrow{h \cdot \nu} \cdot CClF_2 + Cl\cdot$$
$$Cl\cdot + O_3 \rightleftharpoons ClO\cdot + O_2$$
$$ClO\cdot + \cdot NO_2 \rightleftharpoons ClONO_2$$
$$ClONO_2 + HCl \longrightarrow Cl_2 + HNO_3$$
$$Cl_2 \overset{h \cdot \nu}{\rightleftharpoons} 2\,Cl\cdot$$

AUFGABE

1 Diskutieren Sie Vor- und Nachteile der Verwendung von FCKWs und der möglichen Ersatzstoffe.

4 Das Ozonloch über der Antarktis im Herbst 2008. Die Stärke der Ozonschicht wird in DU (Dobson Unit; Dobson-Einheiten) angegeben (1 DU ≙ 0,01 mm). Im globalen Mittel besitzt die Ozonschicht eine Stärke von etwa 300 DU. Sinkt die Stärke der Ozonschicht unter 220 DU, wird dies als Ozonloch bezeichnet.

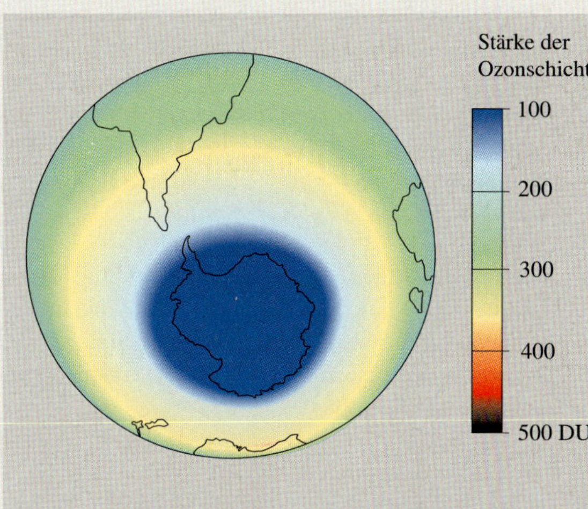

Reaktionsverlauf wird die Geschwindigkeit der Hinreaktion durch die Abnahme der Konzentrationen der Ausgangsstoffe ständig kleiner, die Geschwindigkeit der Rückreaktion wird durch die Zunahme der Konzentrationen der Reaktionsprodukte ständig größer. Nach einer bestimmten Zeit wird ein Zustand erreicht, bei dem genauso viel Ester gebildet wie in der Rückreaktion hydrolysiert wird. Die Konzentrationen der an der Reaktionbeteiligten Stoffe ändern sich nicht mehr (↑Abb. 2, S. 123):

$\boldsymbol{\Delta c = 0}$

Die Geschwindigkeiten von Hin- und Rückreaktion sind jetzt gleich groß $v_H = v_R \neq 0$. Während Hin- und Rückreaktion weiterhin ablaufen, ist die Gesamtreaktionsgeschwindigkeit v_G gleich null (↑Abb. 3, S. 123):

$\boldsymbol{v_G = v_H - v_R = 0}$

Auch bei diesem System hat sich ein dynamisches Gleichgewicht eingestellt. Diesen besonderen Zustand eines stofflichen Systems nennt man **chemisches Gleichgewicht**. Da im chemischen Gleichgewicht neben den Reaktionsprodukten auch noch Ausgangsstoffe vorliegen, fand nur ein unvollständiger Stoffumsatz statt. Die Zeit vom Beginn der Reaktion bis zum Vorliegen des chemischen Gleichgewichts wird **Einstellzeit** genannt. Wenn Ester und Wasser als Ausgangsstoffe eingesetzt werden, stellt sich bei gleichen Reaktionsbedingungen das gleiche chemische Gleichgewicht ein, als wären Essigsäure und Ethanol als Ausgangsstoffe verwendet worden. Das chemische Gleichgewicht ist von beiden Seiten einstellbar (Exp. 2).

EXPERIMENT 2 L

Bildung und Zerfall von Distickstofftetraoxid

Eine mit einem Gemisch aus Distickstofftetraoxid (T+) und Stickstoffdioxid (T+) gefüllte Ampulle wird in eine Eis-Wasser-Mischung (0 °C) gestellt (Abb. 1). Anschließend wird die Ampulle in ein Wasserbad von etwa 50 °C getaucht.

1 Gemisch aus Distickstofftetraoxid und Stickstoffdioxid bei 0 °C (links) und bei 50 °C (rechts)

ZUSAMMENFASSUNG

Das **chemische Gleichgewicht** ist ein besonderer, stabiler und zeitunabhängiger Zustand eines stofflichen Systems, der bei konstanten äußeren Bedingungen (Temperatur, Druck) beliebig lange bestehen bleibt. Konstante Konzentrationen der Reaktionsprodukte stellen sich ein, wenn die Reaktionsgeschwindigkeiten der Hin- und Rückreaktion gleich groß geworden sind. Das chemische Gleichgewicht ist ein stabiles dynamisches Gleichgewicht.

Voraussetzungen für die Herausbildung eines chemischen Gleichgewichts sind die Umkehrbarkeit chemischer Reaktionen und der Ablauf dieser Reaktion in einem geschlossenen oder abgeschlossenen System.

Das chemische Gleichgewicht besitzt folgende **Merkmale:**

- Hin- und Rückreaktion laufen gleichzeitig und mit gleicher Geschwindigkeit ab.
  $\boldsymbol{v_H = v_R \neq 0}$
- Die Reaktionsgeschwindigkeit für die umkehrbare chemische Reaktion ist null.
  $\boldsymbol{v_G = v_H - v_R = 0}$
- Die Ausgangsstoffe und Reaktionsprodukte liegen nebeneinander vor. Ihre Stoffmengenkonzentrationen bleiben unverändert, obwohl Hin- und Rückreaktion permanent ablaufen.
  $\boldsymbol{\Delta c = 0}$

► Konzept des chemischen Gleichgewichts und der Kinetik

Massenwirkungsgesetz

Kinetische Herleitung Für die Dissoziation von Distickstofftetraoxid N_2O_4 und dessen Bildung aus Stickstoffdioxid NO_2

$$N_2O_4 \rightleftharpoons 2\,NO_2$$

gelten die folgenden Zeitgesetze:

$$v_H = k_H \cdot c(N_2O_4)$$
$$v_R = k_R \cdot c^2(NO_2)$$

Im chemischen Gleichgewicht gilt für die Reaktionsgeschwindigkeiten der Hin- und Rückreaktion (↑Reaktionskinetik, S. 105 f.):

$$v_H = v_R$$
$$k_H \cdot c(N_2O_4) = k_R \cdot c^2(NO_2)$$

Durch Umstellen ergibt sich:

$$\frac{k_H}{k_R} = \frac{c^2(NO_2)}{c(N_2O_4)} = K_c$$

Weil der Quotient zweier Geschwindigkeitskonstanten wieder eine Konstante ergibt, muss auch K_c eine Konstante darstellen. K_c wird als **Gleichgewichtskonstante** bezeichnet. Der Index c weist darauf hin, dass die Gleichgewichtskonstante mit den Stoffmengenkonzentrationen der an der Reaktion beteiligten Stoffe berechnet wird.
Diese Gesetzmäßigkeit, die hier auf kinetischem Weg hergeleitet wurde, wurde 1867 von CATO MAXIMILIAN GULDBERG und PETER WAAGE als **Massenwirkungsgesetz** formuliert:

Im chemischen Gleichgewicht ist bei einer bestimmten Temperatur der Quotient des Produkts der Konzentrationen der Reaktionsprodukte und des Produkts der Konzentrationen der Ausgangsstoffe eine konstante Größe.

Für die chemische Reaktion

$$A + B \rightleftharpoons C + D$$

lautet die **Gleichung für das Massenwirkungsgesetz:**

$$K_c = \frac{c(C) \cdot c(D)}{c(A) \cdot c(B)}$$

Das Massenwirkungsgesetz ist ein fundamentales Gesetz zur quantitativen Betrachtung chemischer Reaktionen in Systemen, in denen sich aufgrund der Reaktionsbedingungen chemische Gleichgewichte ausbilden.

AUFGABEN

1 Begründen Sie, dass $\Delta c = 0$ ein notwendiges, aber kein hinreichendes Merkmal für ein chemisches Gleichgewicht ist.

2 Warum ist das chemische Gleichgewicht ein dynamisches Gleichgewicht? Begründen Sie.

3 Erläutern Sie Voraussetzungen und Merkmale eines chemischen Gleichgewichts am Beispiel des Systems N_2O_4/NO_2.

4 Begründen Sie, warum die Stöchiometriezahlen einer Reaktionsgleichung in der Gleichung des Massenwirkungsgesetzes die Exponenten der Konzentrationen sind.

5 Formulieren Sie das Massenwirkungsgesetz für die Reaktion:
$3\,A + B \rightleftharpoons 2\,C$
Geben Sie auch die Einheit der Gleichgewichtskonstante K_c an.

6 Formulieren Sie für folgende Reaktionen in der Gasphase das Massenwirkungsgesetz. Geben Sie auch die Einheiten der Gleichgewichtskonstante an.

a $2\,H_2 + O_2 \rightleftharpoons 2\,H_2O$
b $NO + CO_2 \rightleftharpoons NO_2 + CO$
c $CH_4 + H_2O \rightleftharpoons CO + 3\,H_2$

Die Gleichgewichtskonstante K_c charakterisiert bei einer vorgegebenen Temperatur das Konzentrationsverhältnis der reagierenden Stoffe und ist damit ein Maß für die **Lage des chemischen Gleichgewichts**.

Je größer die Gleichgewichtskonstante K_c ist, umso höher sind die Konzentrationen und damit die Stoffmengen der Reaktionsprodukte im chemischen Gleichgewicht und umgekehrt. Je größer die Gleichgewichtskonstante K_c ist, umso mehr liegt das chemische Gleichgewicht auf der Seite der Reaktionsprodukte.

Sollen Gleichgewichtskonstanten verschiedener Reaktionen miteinander verglichen werden, so ist das direkt nur bei solchen Reaktionen möglich, die dem gleichen Gleichungstyp angehören. Gleichungstypen können z. B. sein:

$$\mathrm{A} \rightleftharpoons \mathrm{C} + \mathrm{D} \qquad [K_c] = 1\ \mathrm{mol \cdot l^{-1}}$$
$$\mathrm{A} + \mathrm{B} \rightleftharpoons \mathrm{C} + \mathrm{D} \qquad [K_c] = 1$$
$$\mathrm{A} + \mathrm{B} \rightleftharpoons \mathrm{C} \qquad [K_c] = 1\ \mathrm{l \cdot mol^{-1}}$$

Die Größe der Gleichgewichtskonstante ist wie die der Reaktionsgrößen ($\Delta_r H_m$, $\Delta_r S_m$, $\Delta_r G_m$) an die Formulierung der jeweiligen Reaktionsgleichung gebunden.

$$\mathrm{N_2O_4} \rightleftharpoons 2\ \mathrm{NO_2} \qquad K_{c,1} = \frac{c_2(\mathrm{NO_2})}{c(\mathrm{N_2O_4})}$$

$$\tfrac{1}{2}\ \mathrm{N_2O_4} \rightleftharpoons \mathrm{NO_2} \qquad K_{c,2} = \frac{c(\mathrm{NO_2})}{\sqrt{c(\mathrm{N_2O_4})}} = \sqrt{K_{c,1}}$$

Werden in der Reaktionsgleichung die Ausgangsstoffe mit den Reaktionsprodukten getauscht, gilt eine neue Gleichgewichtskonstante, die gleich dem Kehrwert der ursprünglichen Gleichgewichtskonstante ist.

$$2\ \mathrm{NO_2} \rightleftharpoons \mathrm{N_2O_4} \qquad K_{c,3} = \frac{c(\mathrm{N_2O_4})}{c_2(\mathrm{NO_2})} = \frac{1}{K_{c,1}}$$

In der Gleichung des Massenwirkungsgesetzes werden nur die Reaktionspartner berücksichtigt, die in gleicher Phase vorliegen (homogene Reaktionssysteme). So wird z. B. bei Löslichkeitsgleichgewichten die Konzentration des sich lösenden Feststoffs in der Gleichung des Massenwirkungsgesetzes nicht berücksichtigt (↑Löslichkeitsgleichgewichte, S. 179):

$$\mathrm{AgCl} \rightleftharpoons \mathrm{Ag^+} + \mathrm{Cl^-}$$

$$K_c = K_L = c(\mathrm{Ag^+}) \cdot c(\mathrm{Cl^-})$$

Massenwirkungsgesetz bei Gasreaktionen Die Gleichgewichtskonstante K_c gilt, wenn für die Reaktionspartner i die Stoffmengenkonzentrationen c(i) in die Gleichung des Massenwirkungsgesetzes eingesetzt werden. Bei Reaktionen von Gasen werden anstelle der Stoffmengenkonzentrationen zweckmäßigerweise die Partialdrücke p(i) der Reaktionspartner i in das Massenwirkungsgesetz eingesetzt.

1 Massenwirkungsgesetz für eine allgemeine chemische Reaktion

In der Gleichung des Massenwirkungsgesetzes für die allgemeine chemische Reaktion

$$\nu(\mathrm{A})\ \mathrm{A} + \nu(\mathrm{B})\ \mathrm{B} \rightleftharpoons \nu(\mathrm{C})\ \mathrm{C} + \nu(\mathrm{D})\ \mathrm{D}$$

erscheinen die Stöchiometriezahlen ν in der Reaktionsgleichung als Exponenten der Konzentrationen.
Die Gleichung des Massenwirkungsgesetzes für eine solche allgemeine chemische Reaktion lautet:

$$K_c = \frac{c^{\nu(\mathrm{C})}(\mathrm{C}) \cdot c^{\nu(\mathrm{D})}(\mathrm{D})}{c^{\nu(\mathrm{A})}(\mathrm{A}) \cdot c^{\nu(\mathrm{B})}(\mathrm{B})}$$

$[K_c] = 1\ (\mathrm{mol \cdot l^{-1}})^{\Delta\nu}$
mit $\Delta\nu = [\nu(\mathrm{C}) + \nu(\mathrm{D})] - [\nu(\mathrm{A}) + \nu(\mathrm{B})]$

Man erhält dann für die Gasreaktion:

$A + B \rightleftharpoons C + D$

die **Gleichgewichtskonstante K_p:**

$$K_p = \frac{p(C) \cdot p(D)}{p(A) \cdot p(B)}$$

Die Relation zwischen den Gleichgewichtskonstanten K_c und K_p ergibt sich aus der thermischen Zustandsgleichung für das ideale Gas:

$$p \cdot V = n \cdot R \cdot T$$

$p = \frac{n}{V} \cdot R \cdot T$ Mit $\frac{n}{V} = c$ erhält man:

$p = c \cdot R \cdot T$ bzw. $c = \frac{p}{R \cdot T}$

Daraus folgt:

$$K_p = K_c \cdot (R \cdot T)^{\Delta\nu}$$

Für das Beispiel $N_2O_4 \rightleftharpoons 2\,NO_2$ gilt damit:

$$K_p = K_c \cdot R \cdot T$$

Zusammenhang zwischen Gleichgewichtskonstante und molarer freier Standardreaktionsenthalpie Die kinetische Herleitung des Massenwirkungsgesetzes ist im strengen Sinne insofern nicht exakt, als stillschweigend vorausgesetzt wird:
- Die Reaktion verläuft entsprechend der Reaktionsgleichung in einem Reaktionsschritt.
- Der Reaktionsverlauf ist für Hin- und Rückreaktion gleich.

Die thermodynamische Ableitung des Massenwirkungsgesetzes enthält solche Unsicherheiten nicht. Bei der thermodynamischen Herleitung des Massenwirkungsgesetzes wird berücksichtigt, dass für die molare freie Reaktionsenthalpie $\Delta_r G_m$ einer Reaktion im chemischen Gleichgewicht gilt: $\Delta_r G_m = 0$ (↑ Chemische Thermodynamik, S. 97). Aus dieser Herleitung ergeben sich noch interessante Zusammenhänge zwischen der molaren freien Standardreaktionsenthalpie $\Delta_r G_m^0$ und den Gleichgewichtskonstanten K_c und K_p:

$$\Delta_r G_m^0 = -R \cdot T \cdot \ln\{K_c\} \quad \text{mit } \{K_c\} = \frac{K_c}{(\text{mol} \cdot \text{l}^{-1})^{\Delta\nu}}$$

$$\Delta_r G_m^0 = -R \cdot T \cdot \ln\{K_p\} \quad \text{mit } \{K_p\} = \frac{K_p}{(101{,}3\ \text{kPa})^{\Delta\nu}}$$

Mithilfe dieser Gleichungen lassen sich Gleichgewichtskonstanten für chemische Reaktionen aus molaren freien Standardreaktionsenthalpien berechnen.

2 Massenwirkungsgesetz für eine allgemeine Gasreaktion

Die Gleichung des Massenwirkungsgesetzes für die allgemeine Gasreaktion

$\nu(A)\,A + \nu(B)\,B \rightleftharpoons \nu(C)\,C + \nu(D)\,D$

lautet:

$$K_p = \frac{p^{\nu(C)}(C) \cdot p^{\nu(D)}(D)}{p^{\nu(A)}(A) \cdot p^{\nu(B)}(B)}$$

$[K_p] = 1\ \text{kPa}^{\Delta\nu}$

ZUSAMMENFASSUNG

Das **Massenwirkungsgesetz** ermöglicht die quantitative Betrachtung chemischer Gleichgewichte.
Im chemischen Gleichgewicht ist bei einer bestimmten Temperatur der Quotient des Produkts der Konzentrationen oder der Partialdrücke der Reaktionsprodukte und des Produkts der Konzentrationen oder der Partialdrücke der Ausgangsstoffe jeweils eine konstante Größe. Diese konstanten Größen werden als **Gleichgewichtskonstanten** $\boldsymbol{K_c}$ und $\boldsymbol{K_p}$ bezeichnet.
Die Gleichgewichtskonstanten K_c und K_p sind von der Temperatur abhängig.

Für die chemische Reaktion
$$A + B \rightleftharpoons C + D$$

lautet die **Gleichung für das Massenwirkungsgesetz:**

$$\boldsymbol{K_c = \frac{c(C) \cdot c(D)}{c(A) \cdot c(B)}}$$

oder

$$\boldsymbol{K_p = \frac{p(C) \cdot p(D)}{p(A) \cdot p(B)}}$$

▶ Konzept des chemischen Gleichgewichts und der Kinetik

Berechnungen zum Massenwirkungsgesetz

Das Massenwirkungsgesetz bietet die Möglichkeit, bei bekannter Gleichgewichtskonstante die Konzentrationen der Reaktionspartner im Gleichgewicht und daraus die maximal mögliche Ausbeute zu berechnen.
Es lassen sich auch die für eine bestimmte Ausbeute an Reaktionsprodukten notwendigen Konzentrationen der Ausgangsstoffe ermitteln. Ebenso ist es möglich, aus experimentell ermittelten Gleichgewichtskonzentrationen die Gleichgewichtskonstante und daraus $\Delta_r G_m^0$ zu berechnen.
Bei chemischen Reaktionen ohne Änderung der Stöchiometriezahlen in der Reaktionsgleichung ($\Delta\nu = 0$) können in die Gleichung des Massenwirkungsgesetzes anstelle der Konzentrationen der Reaktionspartner die den Konzentrationen proportionalen Stoffmengen eingesetzt werden.

$$K_c = \frac{c(C) \cdot c(D)}{c(A) \cdot c(B)} = \frac{\frac{c(C)}{V} \cdot \frac{c(D)}{V}}{\frac{c(A)}{V} \cdot \frac{c(B)}{V}}$$

$$K_c = \frac{n(C) \cdot n(D)}{n(A) \cdot n(B)}$$

Für Berechnungen ergeben sich damit Vereinfachungen. In Abhängigkeit von den gegebenen und gesuchten Größen können weitere Gleichungen wie die Zustandsgleichung des idealen Gases genutzt werden.
Ist die Gleichgewichtskonstante für eine chemische Reaktion nicht bekannt, kann diese aus tabellierten thermodynamischen Größen berechnet werden (↑S. 127; ↑Kapitel Thermodynamik S. 97 f.).

1 Schrittfolge für Berechnungen mithilfe des Massenwirkungsgesetzes

1. Aufstellen der Reaktionsgleichung (RGl)
2. Angabe der Konzentrationen, Stoffmengen oder Partialdrücke der Reaktionspartner vor Beginn der Reaktion (Start)
3. Ermitteln der Konzentrationen, Stoffmengen oder Partialdrücke im chemischen Gleichgewicht (⇌)
4. Aufstellen der Gleichung des Massenwirkungsgesetzes (MWG)
5. Einsetzen der Konzentrationen, Stoffmengen oder Partialdrücke in die Gleichung des Massenwirkungsgesetzes
6. Berechnen der unbekannten Größe

Berechnen der Gleichgewichtskonstante K_c

Aufgabe: Bei der Reaktion von 5 mol Essigsäure und 3 mol Ethanol bei 25 °C sind bis zur Einstellung des chemischen Gleichgewichts 2,43 mol Essigsäureethylester entstanden. Berechnen Sie die Gleichgewichtskonstante K_c.

Lösung:

1. RGl	CH_3COOH	+	C_2H_5OH	$\rightleftharpoons$	$CH_3COOC_2H_5$	+	H_2O
2. Start	5 mol		3 mol		0 mol		0 mol
3. $\rightleftharpoons$	(5 – 2,43) mol		(3 – 2,43) mol		2,43 mol		2,43 mol
	2,57 mol		0,57 mol		2,43 mol		2,43 mol

4. MWG $K_c = \frac{n(CH_3COOC_2H_5) \cdot n(H_2O)}{n(CH_3COOH) \cdot n(C_2H_5OH)}$

5. $K_c = \frac{2{,}43 \text{ mol} \cdot 2{,}43 \text{ mol}}{2{,}57 \text{ mol} \cdot 0{,}57 \text{ mol}}$

6. $K_c = 4{,}03$

Bei 25 °C beträgt die Gleichgewichtskonstante für die Bildung von Essigsäureethylester $K_c = 4{,}03$.

Berechnen der Stoffmenge eines Reaktionsprodukts im chemischen Gleichgewicht

Aufgabe: Die Gleichgewichtskonstante für die Bildung von Essigsäureethylester aus Essigsäure und Ethanol beträgt bei 25 °C $K_c = 4$. Berechnen Sie die Stoffmenge an Ester, wenn von 5 mol Essigsäure und 3 mol Ethanol ausgegangen wird.

Lösung:

1. RGl	CH_3COOH	+	C_2H_5OH	$\rightleftharpoons$	$CH_3COOC_2H_5$	+	H_2O
2. Start	5 mol		3 mol		0 mol		0 mol
3. $\rightleftharpoons$	5 mol – n		3 mol – n		n		n

4. MWG $K_c = \frac{n(CH_3COOC_2H_5) \cdot n(H_2O)}{n(CH_3COOH) \cdot n(C_2H_5OH)}$

5. Einsetzen der bekannten Werte

$$4 = \frac{n^2}{(5 \text{ mol} - n) \cdot (3 \text{ mol} - n)}$$

6. Aufstellen und Lösen einer quadratischen Gleichung

$$n^2 = 4 \cdot n^2 - 32 \text{ mol} \cdot n + 60 \text{ mol}^2$$

$$0 = n^2 - \frac{32}{3} \text{ mol} \cdot n + 20 \text{ mol}^2$$

$$n_{1;2} = \frac{16}{3} \text{ mol} \pm \sqrt{\frac{256}{9} \text{ mol}^2 - 20 \text{ mol}^2}$$

$$n_{1;2} = \frac{16}{3} \text{ mol} \pm \sqrt{\frac{76}{9} \text{ mol}^2}$$

$n_1 = 8{,}24$ mol Mathematische Lösung, aber chemisch unsinnig, da dieser Wert größer als die Ausgangswerte ist

$n_2 = 2{,}43$ mol

Im chemischen Gleichgewicht enthält das Reaktionsgemisch 2,43 mol Essigsäureethylester.

AUFGABEN

1 Bei der Reaktion von 3 mol Essigsäure und 3 mol Ethanol in einem Lösemittel entstehen bei 25 °C 2 mol Essigsäureethylester. Das Volumen des Gemisches beträgt 500 ml.
Berechnen Sie die Stoffmengen und Konzentrationen aller Stoffe im Gleichgewicht und die Gleichgewichtskonstante K_c.

2 Welche Stoffmenge an Methanol muss eingesetzt werden, um 10 mol Essigsäure zu 90 % zu verestern? Die Gleichgewichtskonstante beträgt $K_c = 9$.

3 Wird Luft auf 2400 °C erhitzt, so reagieren Stickstoff und Sauerstoff zu Stickstoffmonooxid.
Aus a) 100 mol Luft bilden sich maximal 2,2 mol und aus b) 100 l Luft maximal 2,2 l Stickstoffmonooxid. Nehmen Sie an, die Luft enthalte 80 % Stickstoff und 20 % Sauerstoff.

a Berechnen Sie die Gleichgewichtskonstante K_c. Bleibt bei der Reaktion der Druck konstant?

b Begründen Sie die Möglichkeit der Berechnung der Gleichgewichtskonstante K_c aus den Volumina.

Berechnung der Ausbeute einer chemischen Reaktion Die Ausbeute ist bei der Herstellung eines bestimmten Stoffes eine wichtige Kenngröße für die Effektivität dieser Methode. Dies gilt sowohl für großtechnische Verfahren als auch für Verfahren im Labor. Die Ausbeute eines Reaktionsprodukts wird stets auf den Ausgangsstoff bezogen, der hinsichtlich der stöchiometrischen Verhältnisse der Reaktionsgleichung im Unterschuss eingesetzt wurde. Nur dieser Stoff kann praktisch vollständig umgesetzt werden.

Die **Ausbeute** η eines Reaktionsprodukts ist der Quotient aus der erhaltenen Stoffmenge n_e und der für den vollständigen Umsatz des im Unterschuss eingesetzten Ausgangsstoffs berechneten Stoffmenge n'_e dieses Produkts.

$$\eta = \frac{n_e}{n'_e}$$

Dabei handelt es sich immer um die unter diesen Bedingungen maximal mögliche Ausbeute. Die praktische Ausbeute liegt etwa 5 bis 20 % darunter, weil Nebenreaktionen stattfinden können, weil das Reaktionsprodukt nicht vollständig aus dem Reaktionsgemisch abgetrennt werden kann oder weil sich das chemische Gleichgewicht noch nicht einstellen konnte.

Aufgabe: Beim Umsatz von 5 mol Essigsäure mit 3 mol Ethanol bei 25 °C werden 2,43 mol Essigsäureethylester erhalten. Berechnen Sie die Ausbeute an Ester bezogen auf Ethanol.

Lösung:

1. RGl	CH_3COOH +	C_2H_5OH ⇌	$CH_3COOC_2H_5$ +	H_2O
2. Start	5 mol	3 mol	0 mol	0 mol
3. ⇌	2,57 mol	0,57 mol	2,43 mol	2,43 mol

$n_e = 2{,}43$ mol
$n'_e = 3$ mol

4. $\eta = \frac{n_e}{n'_e}$

5. $\eta = \frac{2{,}43 \text{ mol}}{3 \text{ mol}}$

6. $\eta = 0{,}81 = 81\,\%$

81 % der eingesetzten Stoffmenge Ethanol können zum Essigsäureethylester umgesetzt werden.

Berechnung eines Ausgangsstoffs im Konvertierungsgleichgewicht Synthesegas, ein Gemisch aus Kohlenstoffmonooxid und Wasserstoff, dient als Ausgangsstoff zur Herstellung einiger Grundchemikalien wie Ammoniak, Methan oder Methanol. Die chemische Reaktion zur Herstellung von Synthesegas durch Reaktion von Kohle mit Wasserdampf wird als Konvertierung (lat. convertere – umwandeln) bezeichnet.

$$CO(g) + H_2O(g) \rightleftharpoons CO_2(g) + H_2(g) \qquad \Delta_r H_m = -41 \text{ kJ} \cdot \text{mol}^{-1}$$

AUFGABEN

1 Berechnen Sie die maximal möglichen Ausbeuten an Essigsäureethylester bezogen auf Ethanol, wenn 1 mol Ethanol mit $n = x$ mol Essigsäure ($1 \leq x \leq 5$; $x \in$ N) bei 25 °C umgesetzt werden ($K_c = 4$). Stellen Sie die Abhängigkeit der Ausbeute von der eingesetzten Stoffmenge an Essigsäure grafisch dar.

2 Berechnen Sie die maximal mögliche Ausbeute beim Umsatz von 1 mol Essigsäure mit 1 mol Ethanol bei 25 °C ($K_c = 4$). Berechnen Sie die maximal mögliche Ausbeute, wenn den Ausgangsstoffen noch 1 mol Wasser zugesetzt wird. Vergleichen Sie beide Ergebnisse miteinander.

3 Berechnen Sie die Stoffmenge an Wasserdampf, die erforderlich ist, um aus einem Gasgemisch von 100 mol Kohlenstoffmonooxid und 100 mol Wasserstoff 98 % des Kohlenstoffmonooxids zu entfernen ($\vartheta = 427$ °C, $K_p = 10$).

4 Berechnen Sie das Volumen von 1 kmol Wasserdampf bei 427 °C und $p = 101{,}3$ kPa nach der allgemeinen Z ustandsgleichung des idealen Gases.

5 Bei einer Veresterung beträgt die Gleichgewichtskonstante $K_c = 4{,}5$.

a Berechnen Sie die Ausbeute an Ester bezogen auf 1 mol eingesetzte Säure, wenn 1 mol Säure und 1 mol Alkohol eingesetzt werden.

b Berechnen Sie die Ausbeute an Ester bezogen auf 1 mol eingesetzte Säure, wenn 1 mol Säure und 6 mol Alkohol eingesetzt werden.

Je nach Verwendung muss die Zusammensetzung des Synthesegases auf bestimmte Verhältnisse der Reaktionspartner eingestellt werden. Für die Methanolsynthese z.B. wird ein Synthesegas benötigt, dessen Stoffmengenverhältnis von Kohlenstoffmonooxid zu Wasserstoff etwa 1 : 2 beträgt. Für die Ammoniaksynthese muss das Kohlenstoffmonooxid möglichst vollständig entfernt werden, weil Kohlenstoffmonooxid als Katalysatorgift wirkt.

Aufgabe: Ein Synthesegasgemisch enthält 100 mol Kohlenstoffmonooxid und 100 mol Wasserstoff. Bei einer Temperatur von 700 K ($K_p = 10$) soll das Kohlenstoffmonooxid zu 90 % aus dem Gemisch entfernt werden. Berechnen Sie die einzusetzende Stoffmenge an Wasserdampf.

Lösung:

1. RGl	CO	+	$H_2O(g)$	$\rightleftharpoons$	CO_2	+	H_2
2. Start	100 mol		n		0 mol		100 mol
3. $\rightleftharpoons$	10 mol		$n - 90$ mol		90 mol		190 mol

4. MWG Da $\Delta\nu = 0$, ist $K_p = K_c = \dfrac{n(CO_2) \cdot n(H_2)}{n(CO) \cdot n(H_2O)}$

5. $10 = \dfrac{90\text{ mol} \cdot 190\text{ mol}}{10\text{ mol} \cdot (n - 90\text{ mol})}$

6. $n - 90\text{ mol} = \dfrac{90\text{ mol} \cdot 190\text{ mol}}{10\text{ mol} \cdot 10} = 171\text{ mol}$

$n = 261\text{ mol}$

261 mol Wasserdampf sind erforderlich, um aus dem gegebenen Synthesegasgemisch 90 % des Kohlenstoffmonooxids zu entfernen.

Prinzip von Le Chatelier und Braun

Einfluss von Temperaturänderungen auf chemische Gleichgewichte Bisher wurden Temperatur und Druck als äußere Bedingungen bei der Betrachtung chemischer Gleichgewichte konstant gehalten. Der Einfluss einer Temperaturänderung auf ein chemisches Gleichgewicht soll an der Bildung und dem Zerfall von Distickstofftetraoxid betrachtet werden.

$2\,NO_2 \rightleftharpoons N_2O_4 \quad \Delta_r H_m = -59\text{ kJ} \cdot \text{mol}^{-1}$
braun farblos

Die Farbintensität ist hierbei ein Maß für die Konzentration und damit für den Partialdruck des Stickstoffdioxids im Gasgemisch. Ein höherer Partialdruck des Stickstoffdioxids bewirkt eine intensivere Braunfärbung des Gemisches. Die Auswertung des Experiments zeigt, dass eine Temperaturänderung eine Veränderung des chemischen Gleichgewichts zur Folge hat. Bei Temperaturerhöhung ändert sich das chemische Gleichgewicht in Richtung Stickstoffdioxid, bei Temperaturerniedrigung in Rich-

EXPERIMENT 1 L

Temperaturabhängigkeit bei der Bildung und dem Zerfall von Distickstofftetraoxid

Zwei mit einem Gemisch aus Distickstofftetraoxid (T+) und Stickstoffdioxid (T+) gefüllte Ampullen werden in ein Wasserbad von 40 °C gestellt. Anschließend wird eine Ampulle in ein Eis-Wasser-Gemisch (0 °C) und die andere Ampulle in ein Wasserbad von 90 °C gestellt.

tung Distickstofftetraoxid. Es stellt sich ein neues chemisches Gleichgewicht mit veränderten Partialdruckverhältnissen der reagierenden Stoffe ein (Abb. 2). Allgemein gilt:

- Einer **Temperaturerhöhung** (äußerer Zwang) weicht ein sich im chemischen Gleichgewicht befindendes stoffliches System durch eine endotherme Reaktion aus, bis sich ein neues chemisches Gleichgewicht eingestellt hat.
- Einer **Temperaturerniedrigung** (äußerer Zwang) weicht ein solches stoffliche System durch eine exotherme Reaktion aus, bis sich ein neues chemisches Gleichgewicht eingestellt hat.

Einfluss von Druckänderungen auf chemische Gleichgewichte

Der Einfluss einer Druckänderung auf ein chemisches Gleichgewicht kann ebenfalls an der Bildung und am Zerfall von Distickstofftetraoxid untersucht werden (Abb. 1).
Bei Druckerhöhung verändert sich das chemische Gleichgewicht in Richtung Distickstofftetraoxid, bei Druckerniedrigung in Richtung Stickstoffdioxid (Abb. 5). Die Bildung des Distickstofftetraoxids verläuft unter Volumenabnahme.

$$2\,NO_2 \rightleftharpoons N_2O_4 \qquad \Delta_r V_m < 0$$

Allgemein lässt sich feststellen:

- Einer **Druckerhöhung** (äußerer Zwang) weicht ein sich im chemischen Gleichgewicht befindendes stoffliches System durch eine Reaktion aus, die unter Volumenabnahme verläuft, bis sich ein neues chemisches Gleichgewicht eingestellt hat.
- Einer **Druckerniedrigung** (äußerer Zwang) weicht ein solches System durch eine unter Volumenzunahme verlaufende Reaktion aus, bis sich ein neues chemisches Gleichgewicht eingestellt hat.

Die Volumenänderung ergibt sich aus der Änderung der Stoffmenge bzw. der Teilchenanzahl gasförmiger Reaktionspartner, die der Differenz ihrer Stöchiometriezahlen $\Delta\nu$ proportional ist.

1 Einfluss des Drucks auf das chemische Gleichgewicht
$2\,NO_2 \rightleftharpoons N_2O_4$

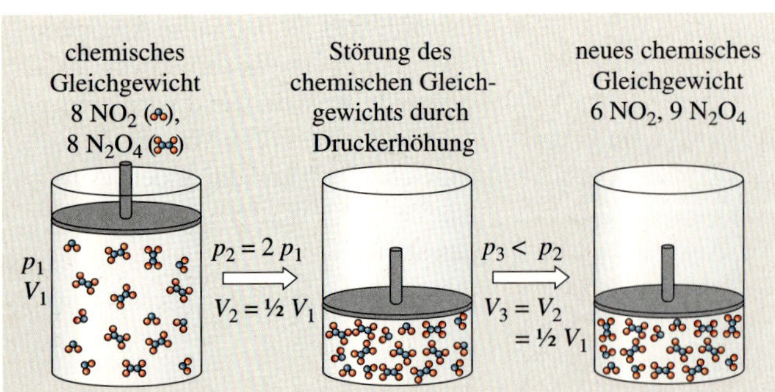

2 Gleichgewichtszusammensetzung in Abhängigkeit von der Temperatur

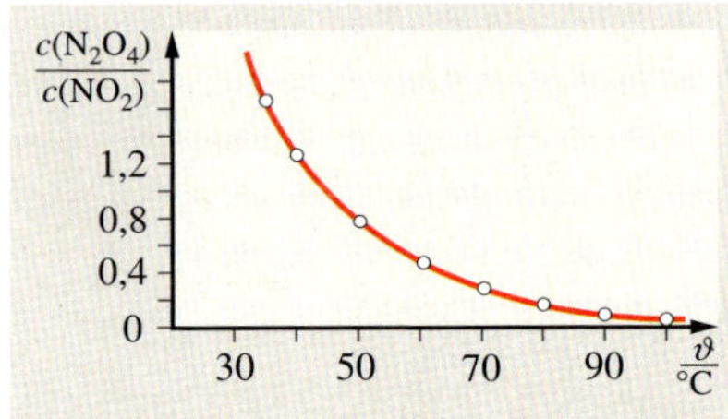

Tab. 1 Temperaturabhängigkeit des chemischen Gleichgewichts $N_2O_4 \rightleftharpoons 2\,NO_2$

T/K	K_p/kPa	$\varphi(NO_2)$	$\varphi(N_2O_4)$
298	11,4	28 %	72 %
373	1380	93,5 %	6,5 %

EXPERIMENT 2 L

Druckabhängigkeit der Bildung und des Zerfalls von Distickstofftetraoxid

Ein Kolbenprober wird unter dem Abzug etwa zur Hälfte mit einem Gemisch von Distickstofftetraoxid (T+) und Stickstoffdioxid (T+) gefüllt und mit einer Schlauchklemme verschlossen (Abb. 3). Die Darstellung des Gasgemischs erfolgt durch thermische Zersetzung von Blei(II)-nitrat (O, T, N). In Längsrichtung wird der Kolbenprober mit einem Bildwerfer durchleuchtet. Mit dem Kolbenprober werden verschiedene Drücke eingestellt. Notieren Sie Ihre Beobachtungen nach der Einstellung des Gleichgewichts. Erläutern Sie die Auswirkungen der Druckänderungen auf die Gleichgewichte.

3 Experimentaufbau zum Experiment 2

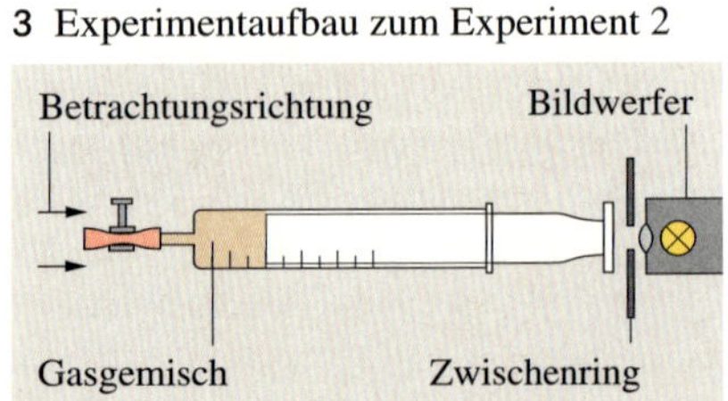

Einfluss von Konzentrationsänderungen auf chemische Gleichgewichte Der Einfluss einer Konzentrationsänderung auf ein chemisches Gleichgewicht lässt sich an der Bildung von Synthesegas verdeutlichen.

$$CO(g) + H_2O(g) \rightleftharpoons CO_2(g) + H_2(g)$$

Die Veränderung der Konzentration eines Reaktionspartners führt zur Veränderung des bestehenden und zur Einstellung eines neuen chemischen Gleichgewichts (Abb. 4).
Durch die Erhöhung der Konzentration eines Ausgangsstoffs oder die Erniedrigung der Konzentration eines Reaktionsprodukts verändert sich das chemische Gleichgewicht in Richtung der Reaktionsprodukte, durch die Erniedrigung der Konzentration eines Ausgangsstoffs oder die Erhöhung der Konzentration eines Reaktionsprodukts in Richtung der Ausgangsstoffe.
Allgemein gilt:

- Der **Zufuhr von Ausgangsstoffen** oder der **Entnahme von Reaktionsprodukten** (äußerer Zwang) weicht ein sich im chemischen Gleichgewicht befindendes stoffliches System durch die Reaktion aus, die unter Bildung der Reaktionsprodukte verläuft, bis sich ein neues chemisches Gleichgewicht eingestellt hat.
- Der **Entnahme von Ausgangsstoffen** oder der **Zufuhr von Reaktionsprodukten** (äußerer Zwang) weicht ein solches System durch die unter Bildung der Ausgangsstoffe verlaufende Reaktion aus, bis sich ein neues chemisches Gleichgewicht eingestellt hat.

4 Einfluss von Konzentrationsänderungen auf das chemische Gleichgewicht $CO(g) + H_2O(g) \rightleftharpoons CO_2(g) + H_2(g)$

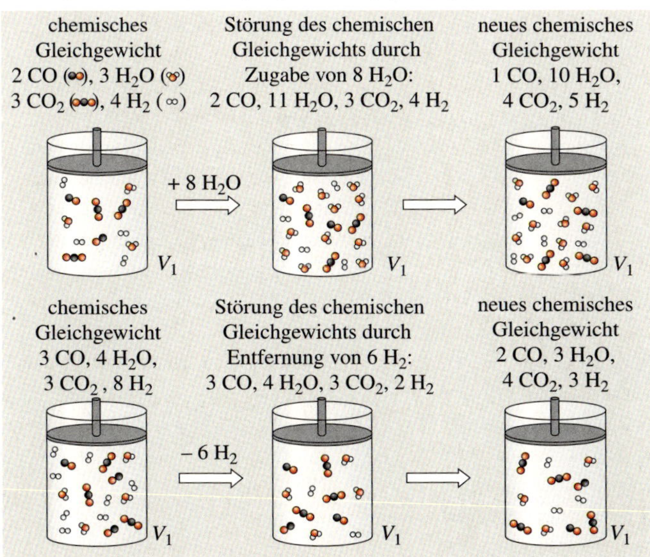

5 Gleichgewichtszusammensetzung in Abhängigkeit vom Druck

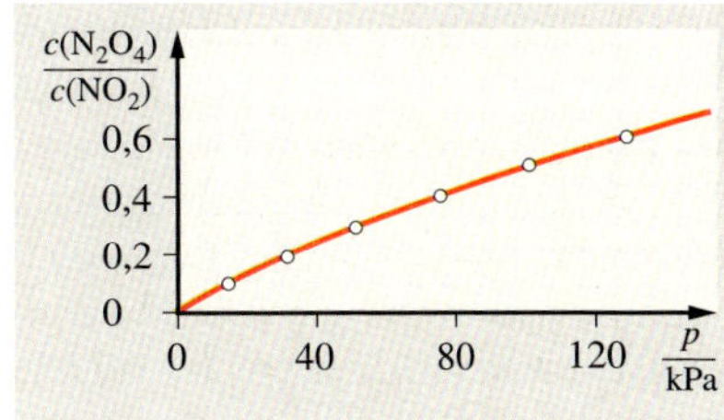

Tab. 2 Druckabhängigkeit des chemischen Gleichgewichts $N_2O_4 \rightleftharpoons 2\ NO_2$

Σp/kPa	K_p/kPa	$\varphi(NO_2)$	$\varphi(N_2O_4)$
101,3	11,4	28%	72%
202,6	11,4	21%	79%
405,2	11,4	15,4%	84,6%

EXPERIMENT 3

Temperaturabhängigkeit des Iod-Iodstärke-Gleichgewichts
Zwei Reagenzgläser werden zu drei Vierteln mit 0,5%iger frisch bereiteter Stärkelösung gefüllt.
In jede Probe ist unter Rühren tropfenweise so viel 0,3%ige Iod-Kaliumiodidlösung zu geben, dass die Lösung kräftig blau gefärbt erscheint. Die erste Probe wird abwechselnd in Bechergläser mit Wasser von etwa 20 und 60 °C getaucht. Die zweite Probe wird zunächst in das Becherglas mit Wasser von etwa 60 °C und anschließend bis zur Hälfte der Füllung in Wasser von 20 °C getaucht.

AUFGABEN

1 Erläutern Sie den Einfluss von Temperatur- und Druckänderungen auf die Reaktionen:
$2\ H_2O(l) + CO_2(g) \rightleftharpoons H_3O^+(aq) + HCO_3^-(aq) \quad \Delta_r H_m < 0$
$N_2O_4 \rightleftharpoons 2\ NO_2 \quad \Delta_r H_m = 59\ kJ \cdot mol^{-1}$
2 Notieren Sie Beispiele chemischer Reaktionen aus Natur und Technik, bei denen gilt: $\Delta\nu(g) \neq 0$.

Das Prinzip des kleinsten Zwangs Bei einer chemischen Reaktion stellt sich in stofflichen Systemen bei gleichen äußeren Bedingungen Temperatur und Druck stets das gleiche chemische Gleichgewicht ein. Werden die äußeren Bedingungen verändert, so beeinflusst dies den Verlauf von Hin- und Rückreaktion. Es stellt sich ein neues chemisches Gleichgewicht mit veränderten Konzentrationen der an der Reaktion beteiligten Stoffe ein.
Der Einfluss von Temperatur- und Druckänderungen auf chemische Gleichgewichte wurde im 19. Jahrhundert unabhängig von Henry Le Chatelier und von Karl Ferdinand Braun untersucht. Zur Temperatur- und Druckabhängigkeit chemischer Gleichgewichte gilt nach dem **Prinzip des kleinsten Zwangs:**

Wird auf ein sich im chemischen Gleichgewicht befindendes stoffliches System ein Zwang ausgeübt, dann weicht dieses System dem Zwang so aus, dass die Wirkungen des Zwangs verringert werden.

Dieses Prinzip wird nach seinen Entdeckern auch Prinzip von Le Chatelier und Braun genannt. Es kennzeichnet die qualitative Wirkung von Temperatur- und Druckänderungen sowie die qualitative Wirkung der Entnahme und Zufuhr von Reaktionspartnern auf chemische Gleichgewichte.
Das Prinzip gilt ebenfalls für physikalische Gleichgewichte (z. B. Verdampfen und Kondensieren).

AUFGABEN

1 Welche Reaktionsbedingungen müssen für folgende Reaktionen gewählt werden, um möglichst hohe Ausbeuten an Reaktionsprodukten zu erzielen? Wenden Sie das Prinzip des kleinsten Zwangs an.

Reaktionsgleichung	$\frac{\Delta_r H_m}{kJ \cdot mol^{-1}}$
$2\,SO_2 + O_2 \rightleftharpoons 2\,SO_3$	−196
$CO_2 + H_2 \rightleftharpoons CO + H_2O$	41
$C + CO_2 \rightleftharpoons 2\,CO$	172
$2\,H_2 + CO \rightleftharpoons CH_3OH$	−120

2 Erläutern Sie den Temperatureinfluss auf das Iod-Stärke-Gleichgewicht, wenn $\Delta_r H_m < 0$ (für I_2 + Stärke $\rightleftharpoons$ Iod-Stärke).

3 Begründen Sie, warum beim Experiment 2 (↑S. 132) eine Betrachtung des Kolbenprobers quer zur angegebenen Betrachtungsrichtung zu falschen Ergebnissen führt.

ZUSAMMENFASSUNG

Ein stoffliches System im chemischen Gleichgewicht lässt sich durch Änderungen der Temperatur, des Drucks und der Konzentration mindestens eines Reaktionspartners stören. Es stellt sich ein neues chemisches Gleichgewicht ein.

Nach Le Chatelier und Braun wirkt das „Prinzip des kleinsten Zwangs“.

► Konzept des chemischen Gleichgewichts und der Kinetik

Massenwirkungsgesetz und wichtige chemisch-technische Prozesse

Ammoniaksynthese (Haber-Bosch-Verfahren) Ammoniak ist eine der wichtigsten anorganischen Grundchemikalien. Es ist u. a. Ausgangsstoff zur Herstellung von Salpetersäure, Nitraten und Harnstoff. Damit bildet die Ammoniaksynthese die Grundlage für die Produktion von Düngemitteln, Kunst-, Farb- und Sprengstoffen sowie Kunstfasern (↑Tab. 1). Die jährliche Produktion beläuft sich weltweit auf etwa 150 Millionen Tonnen. Nahezu drei Viertel der Produktion werden zur Herstellung von Stickstoffverbindungen für Düngemittel verwendet.

Tab. 1 Verwendung von Ammoniak zur Herstellung von Stoffen

Reaktion	Produkt	Verwendung
$NH_3 \xrightarrow{+H_2O} NH_3(aq)$	Ammoniaklösung	Düngemittel
$NH_3 \xrightarrow{+CO_2} H_2N\text{–}CO\text{–}NH_2$	Harnstoff	Textilien, nassfestes Papier, Erdölverarbeitung, Kunststoffe (Aminoplaste), Schaumstoffe, Düngemittel, Medikamente, Futtermittel
$NH_3 \xrightarrow{+O_2} HNO_3$	Salpetersäure	Schädlingsbekämpfungsmittel, synthetische Fasern, Kunststoffe, Klebemittel, Filme, Arzneimittel, Farbstoffe, Kunstharzlacke
$\rightarrow$ Nitrate	Nitrate	Düngemittel, Sprengstoffe, Nitrocellulose, Nitrolacke, Raketenantriebsstoffe
$NH_3 \xrightarrow{+HNO_3} NH_4NO_3$	Ammoniumnitrat	Düngemittel
$NH_3 \xrightarrow{+H_2SO_4} (NH_4)_2SO_4$	Ammoniumsulfat	Düngemittel
$NH_3 \longrightarrow H_2N\text{–}NH_2$	Hydrazin	Antioxidans, Raketenantriebsstoff
$NH_3 \xrightarrow[+O_2]{+CH_2=CH\text{–}CH_3} CH_2=CH\text{–}CN$	Acrylnitril	Kunstfasern (Polyacrylnitril)

Anfang des 20. Jahrhunderts wuchs der Bedarf an Stickstoffverbindungen in der chemischen Industrie Deutschlands, wobei Deutschland über keine nennenswerten Rohstoffvorkommen verfügte. Lediglich in der Luft ist Stickstoff in praktisch unbegrenzter Menge vorhanden. Aber nur wenige Mikroorganismen wie Knöllchenbakterien können den Stickstoff der Luft direkt in Stickstoffverbindungen umwandeln.
Die Verwirklichung der Ammoniaksynthese nach der chemischen Gleichung

$$N_2 + 3\,H_2 \rightleftharpoons 2\,NH_3 \qquad \Delta_r H_m = -92\ \text{kJ} \cdot \text{mol}^{-1}$$

war in der chemischen Industrie ein außerordentlich bedeutsamer Entwicklungsschritt. Sie war das erste chemische Produktionsverfahren, bei dem die Forschungen zum Massenwirkungsgesetz eine entscheidende Rolle spielten. WALTHER NERNST war es gelungen, die Gleichgewichtskonstante

$$K_p = \frac{p^2(NH_3)}{p^2(N_2) \cdot p^3(H_2)}$$

für verschiedene Temperaturen aus thermodynamischen Größen zu berechnen (Abb. 1).
Da bei der Ammoniaksynthese eine Verminderung der Stoffmenge und damit des Volumens eintritt, ist das chemische Gleichgewicht druckabhängig (↑Abb. 3, S. 137).
Nach dem Prinzip von LE CHATELIER und BRAUN ergibt sich, dass der Gehalt an Ammoniak im chemischen Gleichgewicht und damit die Ausbeute umso höher wird, je höher der Druck und je niedriger die Temperatur gewählt werden. Die Reaktion zwischen Stickstoff und Wasserstoff ist aber bei tiefen Tempera-

1 Abhängigkeit der Gleichgewichtskonstante der Ammoniaksynthese von der Temperatur

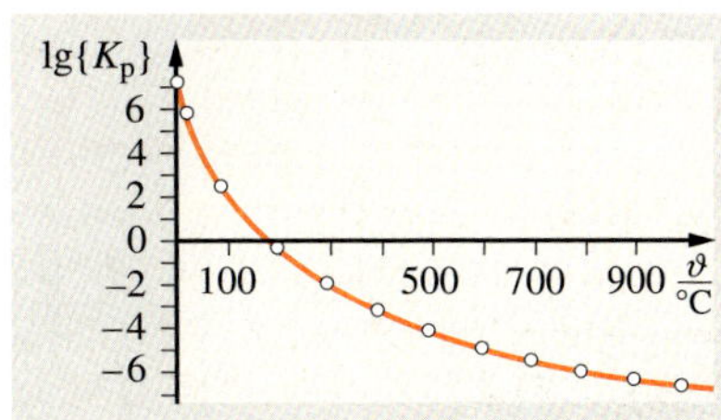

Geschichte

Frauen in der Wissenschaft – Clara Immerwahr

1 Clara Immerwahr

Geboren als jüngste Tochter des Chemikers Philipp Immerwahr und dessen Ehefrau Anna Krohn am 21. Juni 1870 in der Nähe von Breslau (heute Wrocław, Polen), zeigt Clara Immerwahr schon früh ihre Begeisterung für die Naturwissenschaften. Sie absolviert ein Chemiestudium, was einer Frau in der damaligen Zeit ein hohes Maß an Zivilcourage abverlangt. Nach dem Chemiestudium promoviert sie 1900 als erste Frau an der Universität Breslau mit „magna cum laude" im Fach Physikalische Chemie. Mehrere ihrer Arbeiten z. B. über elektrische Messungen an Schwermetallsalzen erscheinen in Fachzeitschriften.

1901 heiratet sie Fritz Haber (1868 bis 1934), ein Jahr später kommt ihr Sohn Hermann (1902 bis 1946) zur Welt. Immerwahr versucht, Ehe und Wissenschaft miteinander zu verbinden. So unterstützt sie fachlich Habers Forschungsarbeiten, ohne jedoch darin namentlich erwähnt zu werden. Immerwahr hält außerdem Vorträge über „Chemie und Physik im Haushalt" vor Frauen in Arbeiterbildungsvereinen, den Vorläufern der heutigen Volkshochschulen. Während Fritz Haber eine steile Karriere gelingt, sieht sich Clara Immerwahr immer stärker in die Rolle der Ehefrau und Mutter gedrängt. Ihre Versuche, wissenschaftlich tätig zu sein, scheitern immer wieder auch aufgrund der fehlenden Unterstützung ihres Mannes.

Fritz Haber entdeckt 1907 das Ammoniakgleichgewicht. Zusammen mit Carl Bosch entwickelt er zwischen 1909 und 1912 bei BASF in Oppau/Ludwigshafen die großtechnische Ammoniaksynthese aus der Luft (Haber-Bosch-Verfahren). Dieses Verfahren machte die deutsche Sprengstoffindustrie vom bis dahin als Rohstoff verwendeten Chile-Salpeter unabhängig. Ohne dieses Verfahren hätten in Deutschland ab Herbst 1914 keine Sprengstoffe mehr produziert werden können. Zunehmend beschäftigt sich Fritz Haber nun mit der Suche nach neuen Kampfgasen und übernimmt 1914 nach Beginn des 1. Weltkriegs als Abteilungsleiter im Kriegsministerium die wissenschaftliche Verantwortung für das gesamte Gaskampfwesen. In mehreren Briefen an ihren Ehemann äußert sich Immerwahr überaus kritisch zu seiner Forschung und bezeichnet sie als eine „Perversion der Wissenschaft". Haber wirft ihr dagegen „Landesverrat" und „antimilitärische Einstellung" vor. Ihre persönliche Beziehung zu Haber wird durch sein militärisches Engagement zunehmend belastet.

Am 22. April 1915 befehligt Haber persönlich an einem Abschnitt der Westfront bei Ypern (Belgien) den Einsatz von Chlor – mit verheerenden Folgen: 15 000 Engländer und Franzosen werden fast schutzlos überrascht, 5000 von ihnen sterben. Den zweiten deutschen Gasangriff soll Haber an der Ostfront vorbereiten. Clara Immerwahr möchte ihn davon abhalten und erschießt sich während seines Aufenthalts in Berlin am Morgen des 2. Mai 1915 mit der Dienstwaffe ihres Ehemanns auf dem Gelände des Kaiser-Wilhelm-Instituts in Berlin-Dahlem. Haber zeigt sich davon unbeeindruckt und fährt noch am gleichen Tag an die Ostfront.

AUFGABEN

1 Recherchieren Sie Möglichkeiten und Grenzen der beruflichen Tätigkeit von Frauen im deutschen Kaiserreich.

2 Nehmen Sie kritisch zur gesellschaftlichen Verantwortung eines Forschers in damaliger und in heutiger Zeit Stellung.

3 Erarbeiten Sie sich die Lebensläufe von Marie Curie, Maria von Linden und Margarete von Wrangell. Analysieren Sie deren Werdegänge vor dem Hintergrund persönlicher und gesellschaftspolitischer Gegebenheiten.

2 Deutsche Soldaten mit Gasmaske an der Westfront

turen gehemmt. Um Reaktionsgeschwindigkeiten zu erreichen, die ein wirtschaftliches Verfahren ermöglichen, muss ein Katalysator eingesetzt und bei Temperaturen um 450 °C gearbeitet werden.

Um den Arbeitsdruck nach ökonomischen Gesichtspunkten zu optimieren, müssen zwei Aspekte gegeneinander abgewogen werden. Je höher der Arbeitsdruck gewählt wird, desto höher ist die Ausbeute. Auf der anderen Seite erhöhen sich aber die Kosten für die Druckerzeugung. Der höhere Investitionsaufwand für die Drucksicherheit der Anlagen muss ebenfalls berücksichtigt werden. In Deutschland wird heute mit einem Druck von etwa 30 MPa gearbeitet. Der Volumenanteil an Ammoniak im Gleichgewicht beträgt bei diesen Reaktionsbedingungen (450 °C, 30 MPa) etwa 38 %. Das den Synthesereaktor aus wasserstoffbeständigem Spezialstahl verlassende Reaktionsgemisch enthält aber nur etwa 17 % Ammoniak. Die Ursache liegt in der Verweilzeit des Synthesegasgemischs im Reaktor von nur 1 bis 2 Minuten. Diese Zeit ist für die Einstellung des chemischen Gleichgewichts nicht ausreichend. Verluste werden durch die Durchführung der Ammoniaksynthese als Kreislaufprozess vermieden (Abb. 1).

Die Ammoniaksynthese ist insgesamt ein sehr energieintensiver Prozess. Die Wasserstoffgewinnung aus der Wasserdampfzerlegung mit Erdgas ist zwar die einzige endotherme Reaktion, die Nutzung der bei anderen Prozessen frei werdenden Energie ist aber nur begrenzt möglich.

Die Bildung von Ammoniak aus Stickstoff und Wasserstoff verläuft stark exotherm. Die frei werdende Energie bewirkt eine Temperaturerhöhung des Gasgemischs und der Katalysatoren (Kontakte). Jede Temperaturerhöhung führt aber zu einer Verringerung des Volumenanteils des Ammoniaks im Gleichgewicht und damit zur Verringerung der Ausbeute. Um diesem Effekt entgegenzuwirken, muss vor Ort die Reaktionswärme durch Kühlung des Reaktors abgeführt werden. Dies geschieht durch Wärmeaustausch mit frischem Synthesegas bzw. durch

1 Schematische Darstellung des Reaktors zur Herstellung von Ammoniak nach dem Kreislaufprinzip

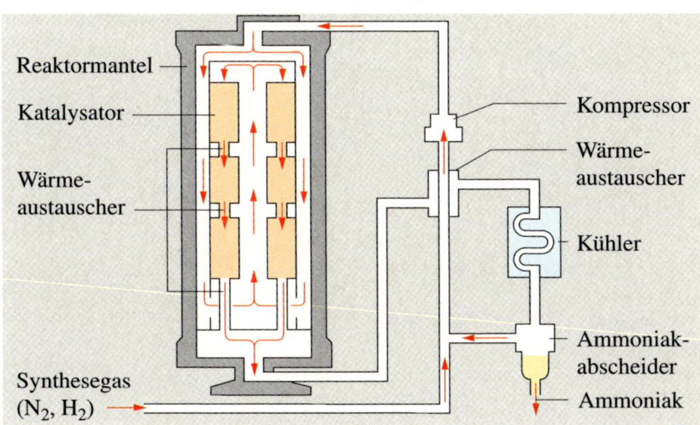

2 Fritz Habers erste Versuchsanlage zur Ammoniakherstellung

3 Abhängigkeit des Volumenanteils an Ammoniak von Temperatur und Druck

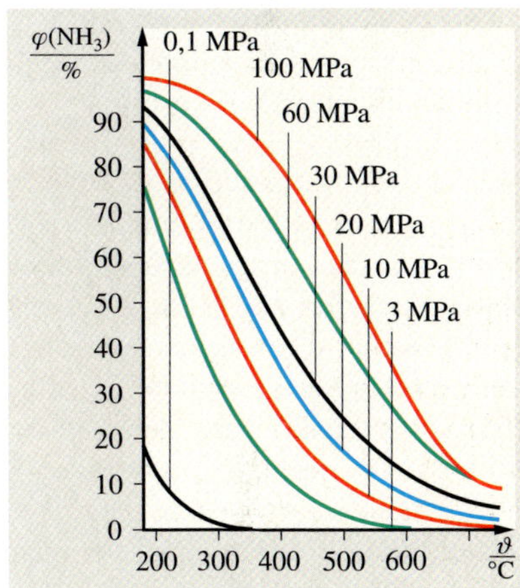

AUFGABEN

1 Informieren Sie sich über die Wasserstoffgewinnung aus der Wasserdampfzerlegung mit Erdgas.

2 Bei der Wasserdampfzerlegung mit Erdgas entsteht als ein Reaktionsprodukt Kohlenstoffmonooxid. Erläutern Sie, wie dieses Katalysatorgift aus dem Synthesegas für die Ammoniakherstellung entfernt wird.

3 In der Technik arbeitet man beim Haber-Bosch-Verfahren bei einer Temperatur von 450 bis 500 °C und einem Druck von 20 bis 30 MPa. Begründen Sie die gewählten Bedingungen. Vergleichen Sie diese Bedingungen mit den theoretisch günstigen und begründen Sie auftretende Unterschiede.

Zuführen kalten Synthesegases direkt in den Reaktor (Abb. 2). Das den Kontaktofen verlassende Reaktionsgemisch wird abgekühlt. Dabei kondensiert das gebildete Ammoniak.
Die Energiebilanz ist ein Faktor zur Bewertung der Wirtschaftlichkeit dieses Verfahrens. Weitere Faktoren sind die Lebensdauer und der Preis des eisenoxidhaltigen Mischkatalysators (enthält noch Kaliumcarbonat, Aluminiumoxid, Calciumoxid, Siliciumdioxid). Als Nebenprodukte der Ammoniaksynthese werden noch die in der Luft vorhandenen Edelgase gewonnen. Als Stickstofflieferant für die Synthese wird Luft verwendet, die neben Stickstoff und Sauerstoff noch Wasser, Kohlenstoffdioxid, Wasserstoff und Edelgase enthält. Während alle Gase außer den Edelgasen während der Synthesegasherstellung bzw. der Ammoniaksynthese entweder aus dem Gasgemisch abgetrennt oder in die Syntheseprodukte übergehen, werden die inerten Edelgase durch den Kreislaufprozess im Synthesegas angereichert. Sie können dann durch Kondensation nach dem Linde-Verfahren und anschließende fraktionierte Tieftemperaturdestillation gewonnen werden.

Schwefelsäureproduktion (Kontaktverfahren) Die am meisten produzierte Grundchemikalie ist die Schwefelsäure. Der größte Teil der auf der Welt produzierten Schwefelsäure wird für die Herstellung von Düngemitteln (Superphosphat) verwendet. Weiterhin dient sie als Ausgangsstoff bei der Produktion von Tensiden für Waschmittel, Medikamenten, Farbstoffen und Farbpigmenten. Die verdünnte Schwefelsäure wird als Elektrolyt in Bleiakkumulatoren verwendet (Tab. 1).
Für die technische Synthese der Schwefelsäure wird Schwefeltrioxid benötigt. Dieses wird vor allem nach dem Kontaktverfahren durch Oxidation von Schwefeldioxid mit Luftsauerstoff gewonnen.

$$2\,SO_2 + O_2 \rightleftharpoons 2\,SO_3 \qquad \Delta_r H_m = -197\ \text{kJ} \cdot \text{mol}^{-1}$$

AUFGABEN

1 Erläutern Sie, warum der niedrige Volumenanteil an Ammoniak im Reaktorgas nicht zur Vergeudung des eingesetzten Synthesegases führt.

2 Nennen und begründen Sie theoretisch günstige Bedingungen für die Durchführung der Ammoniaksynthese.

3 Stellen Sie den Verlauf der Ammoniaksynthese mit und ohne Katalysator in einem Energie-Reaktionsverlauf-Diagramm dar. Erläutern Sie in Auswertung des Diagramms die Wirkung des Katalysators auf diese Reaktion und auf das chemische Gleichgewicht.

Tab. 1 Verwendung der Schwefelsäure zur Herstellung von Stoffen

Reaktion	Produkt	Verwendung
$H_2SO_4 \xrightarrow{+NH_3} (NH_4)_2SO_4$	Ammoniumsulfat	Düngemittel
$H_2SO_4 \xrightarrow{+Ca_3(PO_4)_2} Ca(H_2PO_4)_2$	Superphosphat	Düngemittel
$H_2SO_4 \xrightarrow{+CaF_2} HF$	Fluorwasserstoff	Flusssäure
$H_2SO_4 \xrightarrow{+FeTiO_3} TiO_2$	Titandioxid	Farbstoffe (Weißpigment)
$H_2SO_4 \xrightarrow{+Al(OH)_3} Al_2(SO_4)_3$	Aluminiumsulfat	Gerbemittel („Weißgerberei"), Färbehilfsmittel
H_2SO_4 + R–⌬–H → R–⌬–SO_3^- Na^+	Sulfonate	Waschmittel
$H_2SO_4 \xrightarrow{+ROH}$ R–OSO_3^- Na^+	Alkylsulfate	Waschmittelherstellung, Netzmittel, Hilfsmittel in der Textilherstellung

Für die Herstellung des Schwefeldioxids existiert eine Vielzahl von Verfahren. Die Oxidation des Schwefeldioxids zum Schwefeltrioxid wird mit Vanadium(V)-oxid V_2O_5 als Katalysator (Kontakt) bei 450 °C und unter Normaldruck durchgeführt. Die Gleichgewichtskonstante

$$K_p = \frac{p^2(SO_3)}{p^2(SO_2) \cdot p(O_2)}$$

hat einen vergleichsweise großen und für die Schwefeltrioxidherstellung günstigen Wert ($K_p = 66\ kPa^{-1}$ bei 450 °C). Bei einer Temperaturerhöhung wird die Gleichgewichtskonstante aber kleiner, was die Ausbeute an Schwefeltrioxid verschlechtert. Deshalb wird die exotherme Reaktion an mehreren Kontaktschichten durchgeführt und das Gasgemisch zwischendurch in Wärmeaustauschern auf 420 °C abgekühlt (Abb. 1).
Ein höherer Schwefeldioxidumsatz wird auch durch eine Erhöhung des Sauerstoffpartialdrucks erreicht. Deshalb wird Sauerstoff gegenüber Schwefeldioxid im Überschuss eingesetzt [$\varphi(SO_2) = 7\,\%$, $\varphi(O_2) = 10\,\%$, $\varphi(N_2) = 83\,\%$]. Eine weitere Möglichkeit der Erhöhung des Schwefeldioxidumsatzes ist das Abtrennen des bereits gebildeten Schwefeltrioxids nach dem dritten Kontaktboden. Das Gasgemisch wird nach der Zwischenabsorption noch einmal über eine vierte Kontaktschicht geleitet (Doppelkontaktverfahren). So werden 99,5 bis 99,7 % des Schwefeldioxids umgesetzt (Abb. 2). Ein hoher Schwefeldioxidumsatz ist vor allem deshalb nötig, weil es üblich ist, das Restgas in die Atmosphäre zu leiten. Der Emissionsanteil der Schwefelsäureproduktion an der Gesamtschwefeldioxidemission beträgt 0,3 %.
Zur Herstellung von Schwefelsäure wird Schwefeltrioxid in Absorbertürme geleitet. Es bildet mit konzentrierter Schwefelsäure (98%ig) Oleum. Oleum (rauchende Schwefelsäure) ist ein Gemisch aus Schwefelsäure, gelöstem Schwefeltrioxid und Di-

1 Schematische Darstellung einer Kontaktanlage mit Wärmeaustauschern zur Herstellung von Schwefeltrioxid

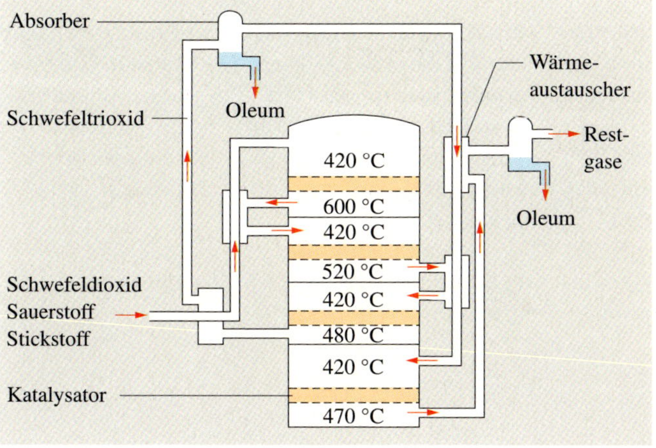

2 Ausbeute an Schwefeltrioxid im Kontaktapparat

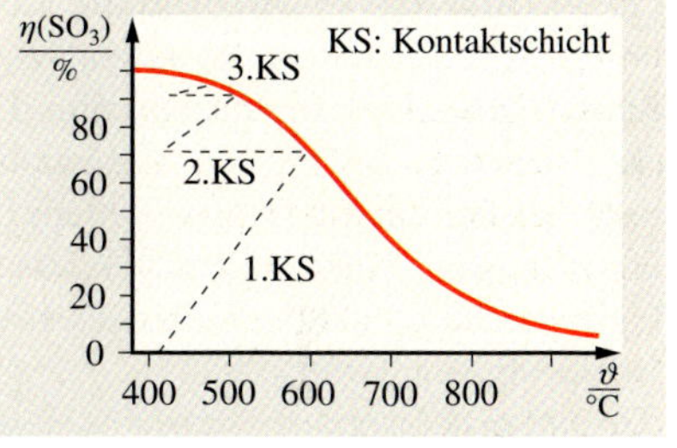

AUFGABEN

1 Informieren Sie sich über technische Verfahren der Schwefelgewinnung und der Schwefeldioxidherstellung.
2 Begründen Sie mithilfe des Prinzips von LE CHATELIER und BRAUN, warum dem technischen Gasgemisch zur Herstellung von Schwefelsäure Luftsauerstoff im Überschuss zugesetzt wird.
3 Erläutern Sie das Prinzip der Erhöhung des Schwefeldioxidumsatzes durch die Zwischenabsorption nach dem dritten Kontaktboden beim Doppelkontaktverfahren.
4 Verunreinigte Schwefelsäure wird beim Recyclingprozess thermisch zerlegt. Formulieren Sie die Reaktionsgleichung.

schwefelsäure $H_2S_2O_7$. Das Oleum wird dann unter Kühlen mit Wasser versetzt. Die Wasserzufuhr wird über Leitfähigkeitsmessungen so geregelt, dass konzentrierte Schwefelsäure als Endprodukt entsteht.

$$H_2SO_4 + SO_3 \rightleftharpoons H_2S_2O_7$$
$$H_2S_2O_7 + H_2O \rightleftharpoons 2\,H_2SO_4$$

Methanolsynthese Methanol ist eine organische Grundchemikalie mit vielseitigen Anwendungsmöglichkeiten. Trotz seiner Giftigkeit dient das Methanol als Lösemittel für Harze, Farbstoffe, Lacke und Polymere sowie in einigen Ländern als Kraftstoff oder Kraftstoffzusatz.
Technisch wird Methanol aus Synthesegas hergestellt.

$$2\,H_2 + CO \rightleftharpoons CH_3OH(g) \qquad \Delta_r H_m = -90\ \text{kJ} \cdot \text{mol}^{-1}$$

Der Gehalt an Methanol im Gleichgewicht wird umso größer, je niedriger die Temperatur und je höher der Druck gewählt werden. Es wird ein Chromoxid-Zinkoxid-Mischkatalysator (Cr_2O_3/ZnO) eingesetzt. Die Synthese wird bei einer Temperatur von etwa 400 °C durchgeführt. Der Arbeitsdruck beträgt 20 bis 30 MPa. Nicht umgesetztes Synthesegas wird nach dem Kondensieren des Methanols dem Prozess wieder zugeführt (Kreislaufprinzip). Da die Methanolsynthese eine exotherme Reaktion ist, erwärmen sich Synthesegas und Kontakte während der Synthese. Während des Prozesses muss gekühlt werden. Dies geschieht durch Wärmeaustauscher und Zufuhr kalten Synthesegases.
Aufgrund der sehr ähnlichen Reaktionsbedingungen wurden früher für die Methanolsynthese Reaktoren der gleichen Bauart wie bei der Ammoniaksynthese verwendet. Heute werden Spezialöfen eingesetzt.

AUFGABEN

1 Beschreiben Sie die Bedingungen der technischen Durchführung der Methanolsynthese (Chromoxid-Zinkoxid-Katalysator, $\vartheta \approx 400\,°C$, $p = 22$ MPa).

2 Erläutern Sie die Folgen mangelhafter Kühlung bei der Methanolsynthese.

ZUSAMMENFASSUNG

Bei der großtechnischen Herstellung von Stoffen kommt es darauf an, die Ausgangsstoffe möglichst vollständig und in möglichst kurzer Zeit in Reaktionsprodukte umzuwandeln. Deshalb ist bei der Wahl der **Reaktionsbedingungen Druck** und **Temperatur** nicht nur die Lage des chemischen Gleichgewichts zu berücksichtigen, sondern die Reaktion muss auch eine genügend hohe **Reaktionsgeschwindigkeit** haben. Dies wird vorwiegend durch den Einsatz von **Katalysatoren** erreicht. Bei Reaktionen mit einer ungünstigen Lage des Gleichgewichts kann die Ausbeute dadurch erhöht werden, dass die Reaktionsprodukte aus dem Reaktionsgemisch abgetrennt und die nicht umgesetzten Ausgangsstoffe dem Reaktor wieder zugeführt werden. Das **Kreislaufprinzip** wird angewendet.

▶ Konzept des chemischen Gleichgewichts und der Kinetik

KOMPLEX GEDACHT

1 Zur Untersuchung des Ablaufs einer Veresterung werden 19,7 ml Methanol ($n = 0{,}5$ mol) und 18,8 ml Methansäure ($n = 0{,}5$ mol) vermischt. In bestimmten Zeitabständen werden dem Reaktionsgemisch mit einer Pipette Proben ($V = 3$ ml) entnommen, die mit Natronlauge ($c = 1\ \text{mol} \cdot \text{l}^{-1}$) titriert werden (Tab. 1).

Tab. 1 Ergebnisse der Titration mit Natronlauge

t in min	*V*(NaOH) in ml
0	38,8
2	27,0
5	20,8
10	19,6
15	19,1
20	18,8
25	18,8

a Zeichnen Sie ein Diagramm, das die Veränderung des Anteils der Methansäure im Reaktionsgemisch darstellt.

b Beschreiben Sie mithilfe dieses Diagramms das Ergebnis des Experiments und werten Sie es allgemein hinsichtlich des Verlaufs chemischer Reaktionen insbesondere im Hinblick auf die Reaktionsgeschwindigkeit und das Massenwirkungsgesetz aus. Leiten Sie dabei das Massenwirkungsgesetz ab.

c Berechnen Sie die Gleichgewichtskonstante der Veresterung. Erläutern Sie deren Aussage.

2 Bei der Umsetzung von Kohlenstoffdioxid mit glühendem Kohlenstoff zu Kohlenstoffmonooxid stellt sich das „Boudouard-Gleichgewicht" ein. Die Reaktion wird technisch bei der Erzeugung von Generatorgas angewandt.

Tab. 2 Volumenanteile im Boudouard-Gleichgewicht

Temperatur ϑ in °C	Volumenanteil φ(CO) in %	Volumenanteil $\varphi(CO_2)$ in %
400	1	99
500	5	95
600	23	77
700	58	42
800	90	10
900	97	3
1000	99	1

a Tragen Sie die Messwerte in ein Diagramm ein, das den Zusammenhang zwischen der Reaktionstemperatur und den jeweiligen Volumenanteilen zeigt. Interpretieren Sie den Verlauf des Graphen.

b Berechnen Sie für $\vartheta_1 = 500\,°C$ und $\vartheta_2 = 900\,°C$ die Gleichgewichtskonstante K_p. Rechnen Sie K_p in K_c um. [*Hinweis:* Es gilt näherungsweise $K_c = K_p \cdot (R \cdot T)^{-1}$.] Bestimmen Sie aus K_c auch die freie Reaktionsenthalpie.

c Bei der technischen Eisengewinnung aus Eisenerzen im Hochofen werden häufig Kohlenstoff und Kohlenstoffmonooxid als Reduktionsmittel für Eisen(II)-oxid verwendet. Begründen Sie, dass Eisenoxide in der Reduktionsphase des Hochofens bei Temperaturen $\vartheta > 800\,°C$ hauptsächlich durch Kohlenstoffmonooxid reduziert werden.

3 Zwischen Wasser und Wasserdampf besteht ein temperatur- und druckabhängiges Gleichgewicht.

a Begründen Sie die unterschiedlichen Siedetemperaturen des Wassers an den genannten Orten.

b Erläutern Sie die Bildung und die Auflösung von Nebel als Folge einer Gleichgewichtsverschiebung.

Tab. 3 Siedetemperatur von Wasser an verschiedenen Orten der Erde beim jeweils herrschenden Umgebungsdruck

Ort	Höhe über NN	Luftdruck	Siedetemperatur
Berlin	50 m	1013 hPa	100 °C
Zugspitze	2962 m	701 hPa	90 °C
Mt. Everest	8850 m	326 hPa	70 °C

1 Zustandsdiagramm von Wasser

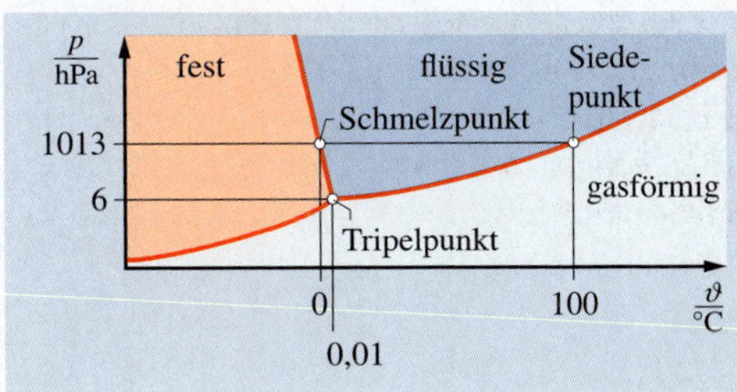

7 Säure-Base-Gleichgewichte in wässriger Lösung

Sehr viele chemische Reaktionen in Natur und Technik verlaufen in wässrigen Systemen. Wasser ist das wichtigste, das umweltfreundlichste und zugleich das preiswerteste Lösemittel. Die Chemie in wässriger Lösung hat deshalb erhebliche Bedeutung.

Wässrige Lösungen sind homogene Systeme. Aber auch für kolloide Systeme, die im biologischen Bereich eine dominierende Rolle spielen, sind die Gesetzmäßigkeiten, wie sie für homogene wässrige Lösungen gefunden werden, gültig. Die vielfältigen chemischen Zusammenhänge, die in einer wässrigen Lösung existieren, sind am Beispiel der Säure-Base-Gleichgewichte besonders gut überschaubar.

Säure-Base-Theorie von Brönsted

Saure Lösungen sind seit Jahrtausenden bekannt, ebenso wie das Phänomen, dass sich die sauren Eigenschaften durch Zugabe von basischen Lösungen aufheben lassen. Im Lauf der letzten Jahrhunderte wurden mehrere Theorien zur Erklärung der sauren und basischen Eigenschaften entwickelt – und auch wieder verworfen oder weiter entwickelt (↑S. 147). Eine heute allgemein anerkannte Definition von Säuren und Basen wurde 1923 von dem dänischen Chemiker JOHANNES NIKOLAUS BRÖNSTED und – unabhängig von ihm – von dem englischen Chemiker THOMAS LOWRY vorgeschlagen.

1 J. N. BRÖNSTED (1879 bis 1947)

Reaktionen mit Protonenübergang Die Molekülsubstanz Chlorwasserstoff leitet weder im festen, flüssigen noch gasförmigen Zustand den elektrischen Strom. Das gilt ebenso für die Lösungen von Chlorwasserstoff in unpolaren Lösemitteln, z. B. in Heptan. Dagegen zeigt die Lösung von Chlorwasserstoff im stark polaren Lösemittel Wasser gute elektrische Leitfähigkeit und färbt Universalindikatoren. Außerdem sind in der Lösung Chlorid-Ionen nachweisbar (Exp. 1).

Offensichtlich wurden Chlorwasserstoffmoleküle unter der Einwirkung von Wassermolekülen in Wasserstoff-Ionen und Chlorid-Ionen gespalten. Dieser Vorgang wird als elektrolytische Dissoziation des Chlorwasserstoffs bezeichnet.

$$HCl \rightleftharpoons H^+ + Cl^-$$

Diese Darstellung gibt aber das Wesen dieser chemischen Reaktion nur unvollkommen wieder. Ionen liegen in Wasser immer hydratisiert vor (↑ S. 205). Dies ist besonders bei kleinen Ionen von Bedeutung, wie z. B. beim H^+-Ion, das nur ein Proton darstellt, eine extrem hohe Ladungsdichte hat und die Dipolmoleküle des Wassers stark anzieht. Die Hydratisierung des Protons könnte man z. B. als $[H(H_2O)_4]^+$ formulieren. Üblicherweise wird es aber als $H_3O^+(aq)$ geschrieben und mit dem Begriff **Hydronium-Ion** bezeichnet, gelegentlich auch als Oxonium-Ion. Bei der Reaktion von Chlorwasserstoff mit Wasser geht ein Proton vom Chlorwasserstoffmolekül auf ein Wassermolekül über.

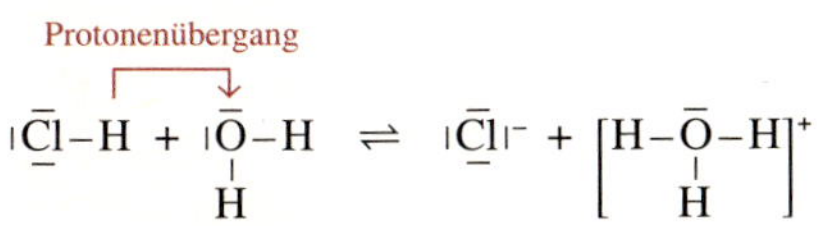

Hydronium-Ionen sind die Ursache für die saure Reaktion (Farbumschlag des Universalindikators). Die wässrige Lösung von Chlorwasserstoff wird als Salzsäure bezeichnet.
Auch bei organischen Säuren wie der Essigsäure läuft beim Lösen in Wasser eine Reaktion mit Protonenübergang ab (Exp. 2a).

Protonenübergang

$$CH_3COOH(g) + H_2O(l) \rightleftharpoons H_3O^+(aq) + CH_3COO^-(aq)$$

Die wässrige Lösung der Molekülsubstanz Ammoniak (Ammoniakwasser) leitet, wenn auch weniger gut als Salzsäure, ebenfalls den elektrischen Strom. Die Lösung bewirkt allerdings bei dem gleichen Universalindikator einen anderen Farbumschlag (Exp. 2b), sie reagiert basisch (alkalisch). Bei dieser Reaktion geben Wassermoleküle je ein Proton an die Ammoniakmoleküle ab. Die dadurch entstandenen Hydroxid-Ionen bewirken die basische Reaktion (Farbumschlag des Universalindikators).

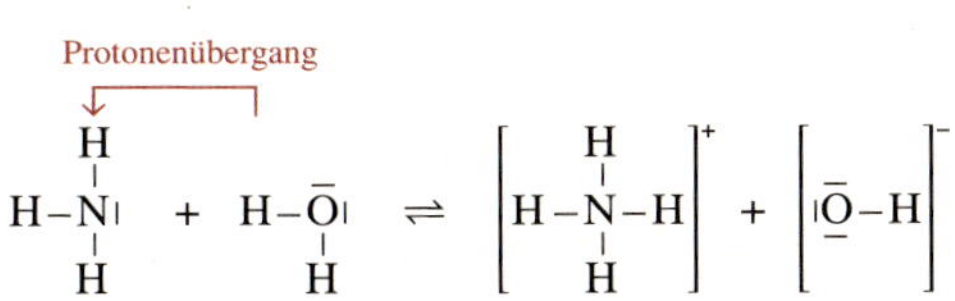

$$NH_3(g) + H_2O(l) \rightleftharpoons NH_4^+(aq) + OH^-(aq)$$

Wird das Salz Ammoniumchlorid in Wasser gelöst, entsteht eine saure Lösung (Exp. 2c). Das Ammonium-Ion gibt ein Proton an das Wassermolekül ab, die dadurch entstandenen Hydronium-

EXPERIMENT 1
Chlorwasserstoff in Wasser und Heptan
Chlorwasserstoff (T, C) wird in destilliertes Wasser, dem Universalindikator zugesetzt wurde, und in Heptan (F, Xn, N) eingeleitet. Die elektrische Leitfähigkeit der gebildeten Lösungen wird geprüft. Beobachten Sie auch die Indikatorfarbe und versetzen Sie die wässrige Lösung zusätzlich mit Silbernitratlösung (Xi).

EXPERIMENT 2
Säuren und Basen in Wasser
a) Die elektrische Leitfähigkeit von wasserfreiem Eisessig (C) wird geprüft. Dann wird etwas Eisessig in Wasser gegeben, das mit Universalindikator versetzt ist, und die elektrische Leitfähigkeit der Lösung geprüft.
b) *Vorsicht! Abzug!* Ammoniak (T, N) wird in Wasser, das Universalindikator enthält, gelöst. Beobachten Sie die Indikatorfarbe und prüfen Sie die elektrische Leitfähigkeit der Lösung.
c) In zwei Wasserproben, die jeweils einige Tropfen eines Farbindikators enthalten, werden Ammoniumchlorid (Xn) bzw. Natriumacetat gelöst.

AUFGABEN
1 Beim Lösen von Bromwasserstoff, Natriumcarbonat, Natriumsulfid, Lithiumoxid und Lithiumhydrid in Wasser laufen Reaktionen mit Protonenübergang ab. Entwickeln Sie die Reaktionsgleichungen.
2 Formulieren Sie die Ionengleichung für die Neutralisation von Salpetersäure mit Kalilauge.

Ionen sind die Ursache für die saure Lösung. Die Chlorid-Ionen spielen bei der Reaktion keine Rolle.

Protonenübergang

$$NH_4^+(aq) + H_2O(l) \rightleftharpoons H_3O^+(aq) + NH_3(aq)$$

Beim Auflösen des Salzes Natriumacetat entsteht eine basische Lösung (Exp. 2c). Bei dieser Reaktion findet ein Protonenübergang von Wassermolekülen auf Acetat-Ionen statt. Die Natrium-Ionen können keine Protonen aufnehmen oder abgeben und sind an der Reaktion unbeteiligt.

Protonenübergang

$$CH_3COO^-(aq) + H_2O(l) \rightleftharpoons CH_3COOH(aq) + OH^-$$

Die Neutralisation ist ebenfalls eine Reaktion mit Protonenübergang.

Protonenübergang

$$H_3O^+(aq) + OH^-(aq) \rightleftharpoons 2\,H_2O(l)$$

Ammoniumsalze sind gegenüber starken Laugen (z. B. Natronlauge) nicht beständig. Sie zersetzen sich unter Freisetzung von Ammoniak. Auch bei dieser Reaktion werden Protonen übertragen (Exp. 3).

Protonenübergang

$$NH_4^+(aq) + OH^-(aq) \rightleftharpoons NH_3(g) + H_2O(l)$$

Selbst die in der Gasphase ablaufende Reaktion von Ammoniak mit Chlorwasserstoff ist eine Reaktion mit Protonenübergang (Exp. 4).

Protonenübergang

$$NH_3(g) + HCl(g) \rightleftharpoons NH_4Cl(s)$$

In jedem der beschriebenen Fälle besteht die chemische Reaktion darin, dass ein Teilchen ein Proton abgibt und ein anderes Teilchen das Proton aufnimmt. Es handelt sich immer um eine **Reaktion mit Protonenübergang**. Viele chemische Reaktionen in natürlichen und technischen Systemen gehören zu dieser Reaktionsart.

Säure-Base-Definition von BRÖNSTED Auf der Grundlage der Erkenntnis, dass das Wesen aller Säure-Base-Reaktionen der Protonenübergang ist, entwickelte BRÖNSTED seine Säure-Base-Theorie.

Säuren sind nach BRÖNSTED Teilchen, die bei Reaktionen Protonen abgeben. Sie sind **Protonendonatoren**. Oft werden diese Teilchen als Brönsted-Säuren bezeichnet. Sie enthalten Wasserstoffatome mit einer positiven Partialladung.

EXPERIMENT 3

Freisetzen von Ammoniak

Vorsicht! Natronlauge (C) wird auf eine Portion eines Ammoniumsalzes (Xn) getropft. Das entstehende Gas (T, N) wird mit feuchtem Indikatorpapier geprüft (Abb. 1).

1 Durchführung von Experiment 3

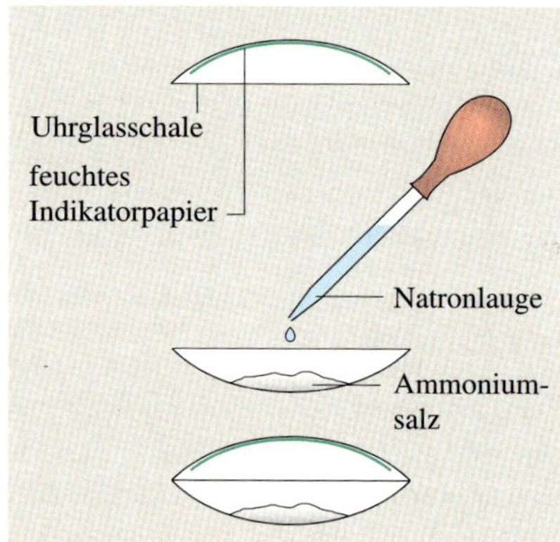

EXPERIMENT 4 L

Bildung von Ammoniumchlorid

Vorsicht! Abzug! Ein Stehkolben wird mit Chlorwasserstoff (T, C), ein zweiter mit Ammoniak (T, N) gefüllt. Beide Kolben werden mit Glasscheiben bedeckt und aufeinandergestellt. Danach werden die Glasscheiben entfernt.

AUFGABEN

1 Chlorwasserstoff lässt sich durch Auftropfen von konzentrierter Schwefelsäure auf Natriumchlorid herstellen. Entwickeln Sie die Reaktionsgleichung dieser Reaktion.

2 Eine Lösung von Perchlorsäure in Eisessig und eine Lösung von Chlorwasserstoff in Ethanol leiten den elektrischen Strom. Formulieren Sie die Reaktionsgleichungen und benennen Sie die in den Lösungen vorliegenden Ionen.

Basen sind nach BRÖNSTED Teilchen, die bei Reaktionen Protonen aufnehmen. Sie sind **Protonenakzeptoren**. Oft werden diese Teilchen als Brönsted-Basen bezeichnet. Alle Brönsted-Basen besitzen mindestens ein freies Elektronenpaar, das die Ausbildung einer koordinativen Bindung mit dem Proton ermöglicht.

Ampholyte sind nach BRÖNSTED Teilchen, die je nach Reaktionspartner Protonen abgeben oder aufnehmen können. Sie sind **Säure-Base-amphoter** (griech. amphoteros – beides zugleich). Das bekannteste Beispiel dafür sind Wassermoleküle, die je nach Reaktionspartner entweder als Base oder als Säure reagieren können.

Protonenübergang

$$HCl(g) + H_2O(l) \rightleftharpoons H_3O^+(aq) + Cl^-(aq)$$

Protonenübergang

$$NH_3(g) + H_2O(l) \rightleftharpoons NH_4^+(aq) + OH^-(aq)$$

Neben Wassermolekülen besitzen auch andere Teilchen Säure-Base-amphotere Eigenschaften, z. B. Hydrogen-Anionen wie HCO_3^-, HPO_4^{2-}, $H_2PO_4^-$ oder HSO_4^-.

Chemische Reaktionen mit Protonenübergang werden als **Säure-Base-Reaktionen** oder als **Protolysen** bezeichnet.

Säuren, Basen und Ampholyte lassen sich unter der Bezeichnung **Protolyte** zusammenfassen. Protolyte können sowohl Moleküle als auch Ionen sein. Sie können nach ihrer Teilchenladung eingeteilt werden (Tab. 1).

Säuren und Basen wurden früher als **Stoffklassen** angesehen. Nach BRÖNSTED charakterisieren diese Begriffe aber **Funktionen von Teilchen**, d. h. ihr vom Reaktionspartner mitbestimmtes Verhalten als Säure oder als Base. Umgangssprachlich sagt man: „Essigsäure ist eine Säure.“ Nach BRÖNSTED dagegen „reagiert Essigsäure gegenüber X als Säure (und in Aufgabe 2 von Seite 144 gegenüber Y als Base).“ Umgangssprachlich sagt man auch: „Calciumoxid ist eine Base“. Nach BRÖNSTED dagegen ist das Ca^{2+}-Ion im Calciumoxid keine Base, da es kein Proton aufnehmen wird. Nur das O^{2-}-Ion im Calciumoxid reagiert als Brönsted-Base.

AUFGABEN

1 Erläutern Sie, in welchen Molekülen eine positive Partialladung am Wasserstoff bestehen kann.

2 Ethan besitzt keine sauren Eigenschaften. Erklären Sie diese Tatsache.

3 Erläutern Sie anhand der Elektronenformeln von Diethylether und Anilin deren basische Eigenschaften.

4 Ordnen Sie folgende Teilchen nach ihrem sauren, basischen oder Säure-Base-amphoteren Verhalten: Schwefelsäure, Hydrogensulfat-Ion, Sulfat-Ion, Phosphat-Ion, Bromwasserstoff, Ammoniak, Essigsäure, Salpetersäure, Kohlensäure, Hydrogencarbonat-Ion, Carbonat-Ion, Fluorwasserstoff, Iodid-Ion, Sulfid-Ion, Cyanwasserstoff HCN, Hexaaquazink-Ion.

5 Ergänzen Sie zu folgenden Teilchen die korrespondierende Säure bzw. Base: Bromwasserstoffmolekül, Ameisensäuremolekül, Ammoniakmolekül, Aminobenzolmolekül, Schwefelsäuremolekül, Kohlensäuremolekül, Hydroxid-Ion, Chlorid-Ion, Nitrat-Ion, Iodid-Ion, Carbonat-Ion, Phosphat-Ion, Sulfid-Ion, Essigsäuremolekül.

Tab. 1 Einteilung der Protolyte nach ihrer Teilchenladung

Protolyte	Neutral-	Kation-	Anion-
Säuren	H_2O, $HClO_4$, HCl, H_2SO_4, CH_3COOH, HNO_3, H_3PO_4, H_2S	H_3O^+, NH_4^+, $R{-}NH_3^+$, $[Al(H_2O)_6]^{3+}$	$H_2PO_4^-$, HSO_4^-
Basen	H_2O, NH_3, $R{-}NH_2$	$[Fe(OH)(H_2O)_5]^{2+}$	OH^-, H^-, O^{2-}, CO_3^{2-}, PO_4^{3-}, CH_3COO^-
Ampholyte	H_2O, Eisessig, NH_3	$N_2H_5^+$, $[Al(OH)(H_2O)_5]^{2+}$	HCO_3^-, $H_2PO_4^-$, HPO_4^{2-}

Korrespondierende Säure-Base-Paare Die saure Eigenschaft des Chlorwasserstoffmoleküls lässt sich durch folgende Gleichung wiedergeben:

$$HCl(g) + H_2O(l) \rightleftharpoons Cl^-(aq) + H_3O^+(aq)$$

Aus der Säure Chlorwasserstoffmolekül entsteht durch Abgabe eines Protons die Base Chlorid-Ion. Betrachtet man die Rückreaktion, bildet sich bei Aufnahme eines Protons durch die Base Chlorid-Ion die Säure Chlorwasserstoffmolekül. Eine Säure und eine Base, die in dieser Weise miteinander in funktionellem Zusammenhang stehen, bezeichnet man als ein **korrespondierendes Säure-Base-Paar**. Das Chlorwasserstoffmolekül ist die korrespondierende Säure des Chlorid-Ions, das Chlorid-Ion die korrespondierende Base des Chlorwasserstoffmoleküls.
Die Abgabe des Protons durch die Säure Chlorwasserstoffmolekül kann allerdings nur erfolgen, wenn eine zweite Base vorhanden ist, die das Proton aufnehmen kann. Diese Aufgabe kommt hier dem Wassermolekül zu. An einer Reaktion mit Protonenübergang sind also immer zwei korrespondierende Säure-Base-Paare beteiligt.

$$\underset{S_1}{HCl} + \underset{B_2}{H_2O} \rightleftharpoons \underset{B_1}{Cl^-} + \underset{S_2}{H_3O^+}$$ Säure-Base-Reaktion

Da die Säure-Base-Reaktion meist nicht vollständig verläuft, stellt sich im Allgemeinen ein chemisches Gleichgewicht ein, das **Säure-Base-Gleichgewicht (Protolysegleichgewicht)**. Wegen der sehr niedrigen Aktivierungsenergie für den Protonenübergang ist eine Säure-Base-Reaktion immer reversibel. Das Säure-Base-Gleichgewicht stellt sich deshalb sehr schnell ein. Bei Redoxgleichgewichten ist das oft nicht der Fall.

AUFGABEN

1 Entwickeln Sie die Reaktionsgleichungen für die korrespondierenden Säure-Base-Paare folgender Stoffe in wässriger Lösung: Salpetersäure, Natriumcarbonat, Ammoniumnitrat, Kaliumacetat, Fluorwasserstoff und Natriumphenolat. (Die Ionen Na^+, K^+ und NO_3^- sind an den Reaktionen nicht beteiligt.)

2 Nennen Sie die korrespondierende Säure und die korrespondierende Base für die Ampholyte Wasser, Eisessig, Hydrogencarbonat-Ion, Monohydrogenphosphat-Ion, Pentaaquahydroxoaluminium-Ion.

3 Es reagieren miteinander in wässriger Lösung:
a verdünnte Essigsäure und Kalilauge
b Ammoniumchlorid und Natronlauge
c verdünnte Phosphorsäure und Ammoniak
Entwickeln Sie die Reaktionsgleichungen für diese Protolysen. Kennzeichnen Sie die korrespondierenden Säure-Base-Paare.

ZUSAMMENFASSUNG

Nach BRÖNSTED besteht das Wesen einer **Säure-Base-Reaktion**, also einer **Protolyse**, im Übergang von Protonen von einer Säure zu einer Base. Die Säure-Base-Reaktion ist also eine **Reaktion mit Protonenübergang**.
Säuren sind Protonendonatoren, **Basen** Protonenakzeptoren.
Ampholyte sind Teilchen, die je nach Reaktionspartner Protonen abgeben oder aufnehmen können.
Durch **Protonenabgabe** entsteht aus einer Säure HA deren korrespondierende Base A^-, durch **Protonenaufnahme** aus einer Base B deren korrespondierende Säure HB^+.

Die korrespondierenden Protolyte bilden ein **korrespondierendes Säure-Base-Paar**. An einer Protolyse sind immer zwei korrespondierende Säure-Base-Paare beteiligt. Meist stellt sich ein **Säure-Base-Gleichgewicht (Protolysegleichgewicht)** ein.

Korrespondierendes Säure-Base-Paar 1

$$HA + B \rightleftharpoons HB^+ + A^-$$

Korrespondierendes Säure-Base-Paar 2

▶ Donator-Akzeptor-Konzept

Geschichte

Weitere Säure-Base-Theorien

Sauer schmeckende Früchte oder Getränke kannte man schon vor Jahrtausenden. Von dieser Geschmacksempfindung her entstand der Begriff Säure. Neben dem Geschmack waren aber auch andere gemeinsame Eigenschaften dieser Stoffe bekannt. Zahlreiche Forscher befassten sich mit den Phänomenen sauer bzw. basisch und trugen zur Entwicklung der Begriffe Säuren und Basen bei. Eine sehr bekannte Definition der Begriffe Säure und Base geht auf den schwedischen Physikochemiker SVANTE **ARRHENIUS** zurück.

1 S. ARRHENIUS (1859 bis 1927)

ARRHENIUS erkannte, dass viele Stoffe (Elektrolyte) in wässriger Lösung in positiv und negativ geladene „Molekülteile" zerfallen, und bezeichnete diese Tatsache als **elektrolytische Dissoziation**. Gemäß seiner in den Jahren 1884–87 aufgestellten Theorie der elektrolytischen Dissoziation bezeichnet man diese geladenen „Molekülteile" als Ionen. Elektrolyte unterteilte er in drei Gruppen: die Säuren, die Basen und die Salze. Säuren im Sinne von ARRHENIUS sind Stoffe, die in wässriger Lösung Wasserstoff-Ionen bilden. Diese bedingen den „sauren Geschmack" der Säuren und färben blaues Lackmuspapier (Indikator für Säuren) rot. Basen sind dagegen Stoffe, die in wässriger Lösung Hydroxid-Ionen bilden. Die Bildung der Wasserstoff- und Hydroxid-Ionen erfolgt demnach durch elektrolytische Dissoziation, z. B.

$HCl \rightleftharpoons H^+ + Cl^-$ oder $NaOH \rightleftharpoons Na^+ + OH^-$

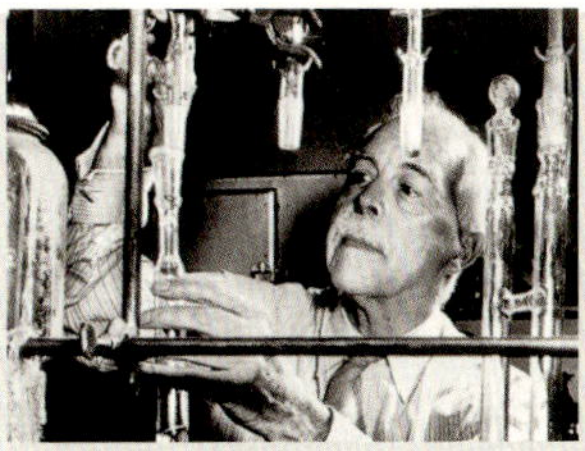

2 G. N. LEWIS (1875 bis 1946)

Der Amerikaner GILBERT NEWTON **LEWIS** erkannte, dass Stoffe wie Aluminiumchlorid $AlCl_3$ und Eisenbromid $FeBr_3$ auch in nichtwässrigen, polaren Lösemitteln Säure-Base-Indikatoren verfärben, wie herkömmliche Säuren es nur in wässriger Lösung tun. Er erweiterte daher im Jahr 1923 den Säure-Base-Begriff, um auch Lösemittel, die keine Protonen beinhalten, zu beschreiben.

LEWIS ging davon aus, dass es bei Säuren um Moleküle oder Ionen geht, die in ihrer äußeren Elektronenschale eine Elektronenpaarlücke aufweisen (z. B. H^+). Sie wirken dadurch als **Elektronenpaar-Akzeptoren**. Basen dagegen sind Teilchen, die mindestens ein freies Elektronenpaar besitzen (z. B. NH_3) und somit als **Elektronenpaar-Donatoren** wirken. Vereinigt sich eine Lewis-Säure mit einer Lewis-Base, bezeichnet man das Reaktionsprodukt als Säure-Base-Komplex oder Säure-Base-Addukt. Bei einer Säure-Base-Reaktion nach LEWIS kommt es zur Ausbildung einer koordinativen Elektronenpaarbindung. Die koordinative Bindung ist ein Sonderfall der Elektronenpaarbindung, da beide Elektronen des gemeinsamen Elektronenpaars nur von einem Bindungspartner geliefert werden.

AUFGABEN

1 Ordnen Sie Natriumhydroxid, Chlorwasserstoff und Ammoniak auf der Grundlage der drei Säure-Base-Theorien begründet einer Stoff- oder Teilchenklasse zu.

2 Formulieren Sie für das Permanganat-Ion eine mögliche Lewis-Formel und charakterisieren Sie die Bindungsart zwischen dem Mangan- und den Sauerstoffteilchen. Stellen Sie einen begründeten Bezug zu einer der drei Säure-Base-Theorien her.

3 Zwei Beispielmoleküle

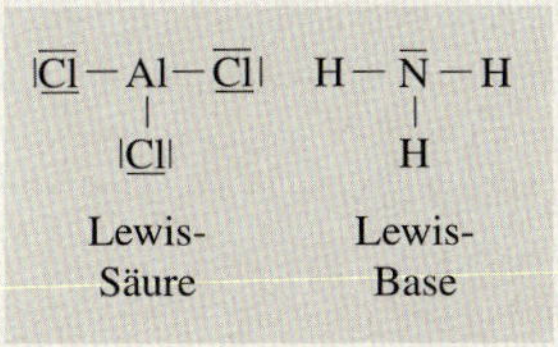

4 Beispiel für eine Säure-Base-Reaktion nach LEWIS

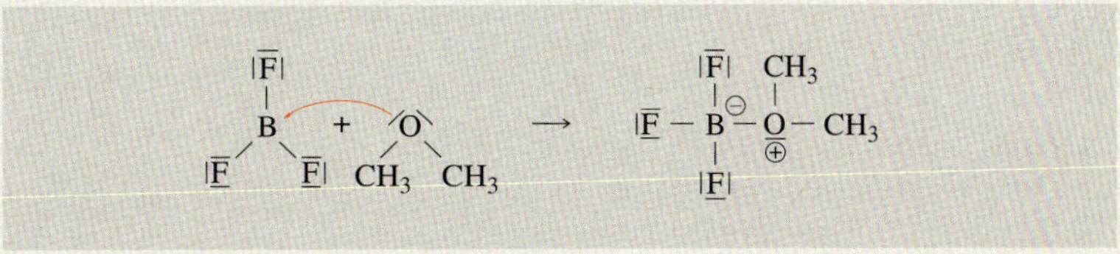

Autoprotolyse und pH-Wert

Autoprotolyse des Wassers Reinstes Wasser hat eine sehr geringe elektrische Leitfähigkeit. Es muss also Ionen in sehr niedrigen Konzentrationen enthalten. Zur Bildung dieser Ionen kommt es durch eine Säure-Base-Reaktion des Wassers mit sich selbst, eine **Autoprotolyse**. Das Wassermolekül H_2O als Ampholyt geht jeweils durch Protonenübergang in seine korrespondierende Säure Hydronium-Ion H_3O^+ und seine korrespondierende Base Hydroxid-Ion OH^- über. Es bildet sich ein chemisches Gleichgewicht aus. Dieses **Autoprotolysegleichgewicht des Wassers** liegt weit auf der Seite der Wassermoleküle.

$$H_2O\,(l) + H_2O\,(l) \rightleftharpoons H_3O^+\,(aq) + OH^-\,(aq); \qquad \Delta_R H = 57{,}4\ kJ \cdot mol^{-1}$$

Bei Anwendung des Massenwirkungsgesetzes auf dieses Gleichgewicht ergibt sich folgende Gleichgewichtskonstante:

$$K = \frac{c(H_3O^+) \cdot c(OH^-)}{c^2(H_2O)}$$

Aus der Reaktionsgleichung für die Autoprotolyse des Wassers geht hervor, dass in reinem Wasser die Konzentrationen der Hydronium-Ionen und der Hydroxid-Ionen gleich sind. Mithilfe sehr empfindlicher Leitfähigkeitsmessgeräte lassen sich diese Konzentrationen bestimmen. Sie betragen bei 25 °C jeweils $1 \cdot 10^{-7}\ mol \cdot l^{-1}$. Im Vergleich dazu ist die Konzentration des Wassers etwa 556 000 000-mal größer, sie beträgt:

$$c(H_2O) = \frac{1000\ g \cdot l^{-1}}{18\ g \cdot mol^{-1}} = 55{,}6\ mol \cdot l^{-1}$$

Ionenprodukt des Wassers Trotz geringer Autoprotolyse des Wassers kann die Konzentration der Wassermoleküle im Prinzip als konstant angesehen werden. Selbst wenn durch Zusatz einer Säure oder einer Base zu reinem Wasser die Konzentration der Hydronium- bzw. der Hydroxid-Ionen vervielfacht wird, bleibt wegen des sehr großen Wasserüberschusses die Konzentration der Wassermoleküle praktisch konstant. In der Gleichung des Massenwirkungsgesetzes kann deshalb die Konzentration des Wassers in die Gleichgewichtskonstante einbezogen werden. Damit ergibt sich folgender Ausdruck:

$$\boldsymbol{K_W = c(H_3O^+) \cdot c(OH^-)}$$

Die Gleichgewichtskonstante K_W für das Autoprotolysegleichgewicht des Wassers wird als das **Ionenprodukt des Wassers** bezeichnet. In reinem Wasser bei 25 °C ist die Gleichgewichtskonstante:

$K_W = 1 \cdot 10^{-7}\ mol \cdot l^{-1} \cdot 1 \cdot 10^{-7}\ mol \cdot l^{-1} = 1 \cdot 10^{-14}\ mol^2 \cdot l^{-2}$

Die Temperaturabhängigkeit zeigt Abbildung 1.

Das Ionenprodukt des Wassers gilt nicht nur für reines Wasser, sondern auch für jede verdünnte wässrige Lösung.

1 Temperaturabhängigkeit des Ionenprodukts von Wasser

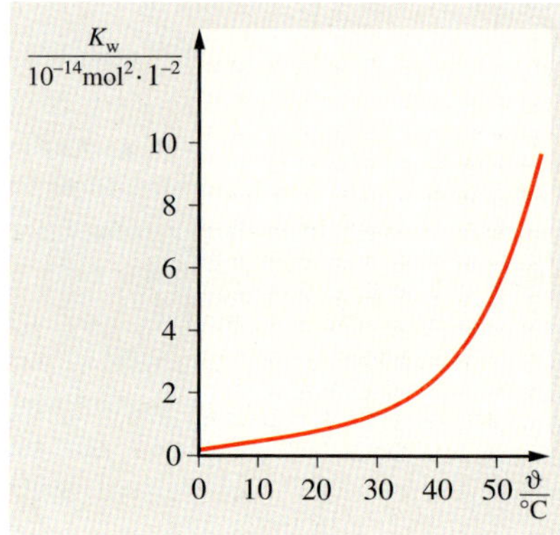

AUFGABEN

1 Berechnen Sie die Anzahl der Hydronium-Ionen in 1 Liter Wasser bei 25 °C.

2 Berechnen Sie die Masse der Hydronium- bzw. der Hydroxid-Ionen in einem Kubikmeter Wasser bei 25 °C.

3 Begründen Sie die Veränderung des Ionenprodukts des Wassers bei steigender Temperatur.

4 Berechnen Sie den pH-Wert von reinem Wasser bei 50 °C.

Daraus resultiert folgender Zusammenhang: In einer sauren Lösung mit einer hohen Hydronium-Ionenkonzentration muss die Hydroxid-Ionenkonzentration entsprechend niedrig sein, sodass das Produkt der beiden Konzentrationen wieder den Wert $K_W = 1 \cdot 10^{-14}\ mol^2 \cdot l^{-2}$ besitzt.
Neben Wasser zeigen alle Ampholyte in wässriger Lösung die Eigenschaft der Autoprotolyse. Demgemäß liegen in jeder Ampholytlösung immer (in geringem Ausmaß) die korrespondierende Säure und die korrespondierende Base des Ampholyten vor, in einer $H_2PO_4^-$-Lösung also auch H_3PO_4-Moleküle und HPO_4^{2-}-Ionen.

pH-Wert wässriger Lösungen Der Verlauf chemischer Reaktionen in wässriger Lösung kann häufig durch die Konzentration der Hydronium-Ionen beeinflusst werden (Exp. 1). Es ist also vorteilhaft, die Konzentration der Hydronium-Ionen angeben zu können. Da die Konzentration der Hydronium-Ionen auch die Konzentration der Hydroxid-Ionen festlegt und umgekehrt, reicht es, eine der beiden Konzentrationen anzugeben. Dabei hat man sich international auf die Hydronium-Ionen geeinigt.
Zur Vereinfachung von Berechnungen schlug der dänische Chemiker SÖREN SÖRENSEN im Jahr 1909 vor, nicht mit der Stoffmengenkonzentration der Hydronium-Ionen, sondern mit dem negativen dekadischen Logarithmus des Zahlenwerts dieser Stoffmengenkonzentration zu rechnen. Den negativen dekadischen Logarithmus des Zahlenwerts der Hydronium-Ionenkonzentration (angegeben in $mol \cdot l^{-1}$) nannte er den **pH-Wert** (lat. potentia hydrogenii – Kraft des Wasserstoffs) der Lösung. Für Berechnungen möglich ist auch die Verwendung des sinngemäß definierten **pOH-Werts**.

$$\mathbf{pH = -lg\frac{c(H_3O^+)}{mol \cdot l^{-1}} \qquad pOH = -lg\frac{c(OH^-)}{mol \cdot l^{-1}}}$$

In analoger Weise ist es oft vorteilhaft, auch bei Gleichgewichtskonstanten mit den negativen dekadischen Logarithmen ihrer Zahlenwerte zu arbeiten. Für das Ionenprodukt des Wassers

$$K_W = c(H_3O^+) \cdot c(OH^-) = 1 \cdot 10^{-14}\ mol^2 \cdot l^{-2}$$

ergibt sich so der **Ionenexponent des Wassers pK_W**:

$$\mathbf{pK_W = -lg\frac{K_W}{mol^2 \cdot l^{-2}} \qquad pK_W = pH + pOH = 14}$$

In reinem Wasser ist, da $c(H_3O^+) = c(OH^-) = 1 \cdot 10^{-7}\ mol \cdot l^{-1}$, pH = pOH = 7. Solche Lösungen mit pH = 7 bezeichnet man als neutral, Lösungen mit pH < 7 als sauer, Lösungen mit pH > 7 als basisch bzw. alkalisch (Abb. 2). Ausgehend vom Ionenexponenten des Wassers $pK_W = 14$ umfasst die normale **pH-Skala** die Werte von pH = 0 bis pH = 14.

2 Zusammenhang zwischen pH- und pOH-Wert

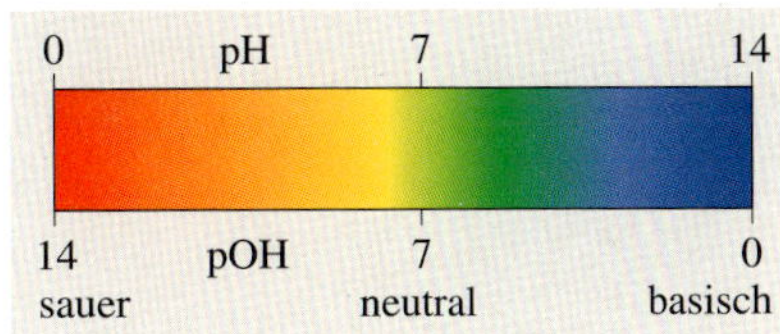

AUFGABEN

1 Entwickeln Sie die Reaktionsgleichungen für die Autoprotolysegleichgewichte folgender Ampholyte: HCO_3^-, $H_2PO_4^-$, HPO_4^{2-}, HS^-.
2 Begründen Sie die Tatsache, dass die Autoprotolyse nur eine Eigenschaft von Ampholyten ist.
3 In einer Lösung beträgt bei 25 °C die Konzentration der Hydroxid-Ionen $c(OH^-) = 1 \cdot 10^{-3}\ mol \cdot l^{-1}$. Berechnen Sie die Konzentration der Hydronium-Ionen.
4 Berechnen Sie für Salzsäure der Konzentration $c = 2 \cdot 10^{-2}\ mol \cdot l^{-1}$ den pH-Wert.
5 Bei verschiedenen wässrigen Lösungen sind folgende pH-Werte gemessen worden: 0; 1; 1,5; 3,5; 6; 11; 12,5 und 14. Berechnen Sie die entsprechenden Hydronium- und Hydroxid-Ionenkonzentrationen dieser Lösungen.

Tab. 1 Hydronium- und Hydroxid-Ionenkonzentrationen zur pH-Skala

$\frac{c(H_3O^+)}{mol \cdot l^{-1}}$	pH	Eigenschaft der Lösung	pOH	$\frac{c(OH^-)}{mol \cdot l^{-1}}$
$10^0 = 1$	0	sauer	14	10^{-14}
10^{-1}	1		13	10^{-13}
10^{-2}	2		12	10^{-12}
10^{-3}	3		11	10^{-11}
10^{-4}	4		10	10^{-10}
10^{-5}	5		9	10^{-9}
10^{-6}	6		8	10^{-8}
10^{-7}	7	neutral	7	10^{-7}
10^{-8}	8	alkalisch	6	10^{-6}
10^{-9}	9		5	10^{-5}
10^{-10}	10		4	10^{-4}
10^{-11}	11		3	10^{-3}
10^{-12}	12		2	10^{-2}
10^{-13}	13		1	10^{-1}
10^{-14}	14		0	$10^0 = 1$

Bedeutung des pH-Werts Für viele chemische Reaktionen ist der pH-Wert der Lösung eine wesentliche Reaktionsbedingung. Das trifft für Säure-Base-Reaktionen zu, aber auch für Fällungs-, Redox- oder Komplexreaktionen, wenn diese mit Säure-Base-Reaktionen gekoppelt sind. In vielen Fällen wird die Geschwindigkeit chemischer Reaktionen vom pH-Wert entscheidend mitbestimmt, es liegt dann eine **Säure-Base-Katalyse** vor.

Nicht anders ist es in der Natur. Das Gedeihen von Pflanzen hängt von einem bestimmten pH-Wert des Bodens ab. In der Landwirtschaft muss deshalb die Bodenreaktion optimiert werden. Kartoffeln und Lupinen benötigen z. B. schwach saure, Luzerne neutrale bis schwach alkalische Böden. Auch die Existenz der Mikroorganismen im Boden wird von dessen pH-Wert beeinflusst. So kommen in sauren Böden bevorzugt Pilze, in neutralen und schwach alkalischen Böden aber fast nur Bakterien zur Entwicklung. Beim Ausbringen von Mineraldünger verändert sich häufig der pH-Wert des Bodens, saure Böden werden durch Streuen von Kalk neutralisiert.

Regenwasser ist schon aufgrund des Kohlenstoffdioxidgehalts der Luft schwach sauer ($pH \approx 5{,}6$), bei **saurem Regen** wurden aber bereits Werte von $pH < 3$ gemessen. Fossile Brennstoffe wie Kohle und Erdöl enthalten meist Schwefelverbindungen. Das beim Verbrennen entstehende Schwefeldioxid ergibt mit dem Regenwasser schweflige Säure, die zum Versauern des Bodens beiträgt. Diese Umweltbelastung wurde in den letzten Jahrzehnten durch Entschwefelung der Brennstoffe, den Einbau von Rauchgasentwefelungsanlagen und die Verwendung von Abgaskatalysatoren in Kraftfahrzeugen erheblich vermindert.

Saurer Regen oder das Einleiten von ungereinigten Abwässern in natürliche Gewässer können zu erheblichen Veränderungen ihres pH-Werts führen. Die Gesundheit und das Leben von

EXPERIMENT 1

pH-Messung

Unter Verwendung von Indikatorpapier sowie unter Nutzung eines pH-Meters (Abb. 1) werden die pH-Werte von einigen verdünnten Lösungen, z. B. Regenwasser, Mineralwasser, Fensterputzmittel, Milch und Obstsäften ermittelt.

1 pH-Meter

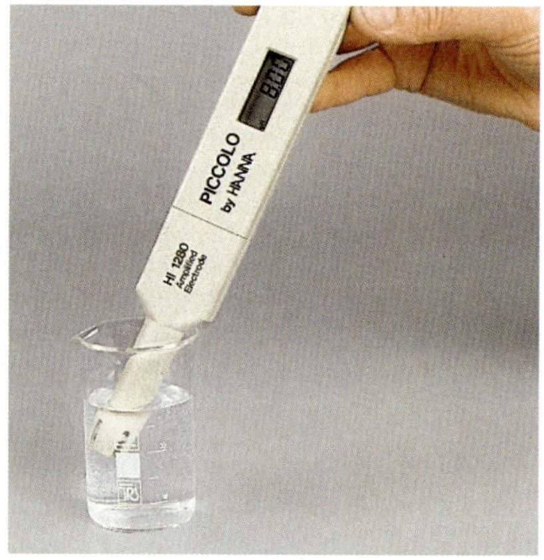

EXPERIMENT 2

Einfluss des pH-Werts

Drei Reagenzgläser werden mit je 2 ml verdünnter Kaliumpermanganatlösung aufgefüllt. In ein Reagenzglas werden 3–5 Tropfen verd. Salzsäure ($c = 0{,}1\ mol \cdot l^{-1}$) und in ein anderes Reagenzglas werden 3–5 Tropfen verd. Natronlauge ($c = 0{,}1\ mol \cdot l^{-1}$) zugetropft. Zu der Kaliumpermanganatlösung im dritten Reagenzglas wird nichts hinzugegeben.

Anschließend versetzt man die Lösungen nacheinander mit verd. Wasserstoffperoxidlösung (Xi). Werten Sie die Beobachtungsergebnisse aus und formulieren Sie die Reaktionsgleichungen.

Fischen und anderen Wassertieren ist dann sehr bedroht. Im Wasser von Aquarien ist für einen pH-Wert von 6,7 bis 7,5 zu sorgen. Die Lebensfunktionen bei Tier und Mensch sind an bestimmte, oft eng begrenzte pH-Wert-Bereiche der Körperflüssigkeiten gebunden. So muss z. B. Blut einen sehr konstanten pH-Wert haben, der nur zwischen pH = 7,38 und pH = 7,44 variieren darf (↑ S. 165).

Die Bestimmung von pH-Werten erfolgt entweder mit einem pH-Meter potentiometrisch unter Verwendung von Glaselektroden (↑ S. 243) oder mithilfe von Farbindikatoren (Exp. 1).

AUFGABEN

1 In einer Blutprobe ist bei 25 °C die Konzentration der Hydronium-Ionen $c(H_3O^+) = 4{,}6 \cdot 10^{-8}\ mol \cdot l^{-1}$. Berechnen Sie den pH-Wert.

2 Berechnen Sie für einen Orangensaft mit pH = 2,8 die Konzentration der Hydronium- und der Hydroxid-Ionen. Vergleichen Sie mit den Verhältnissen in reinem Wasser.

2 pH-Werte einiger Naturstoffe und Lebensmittel

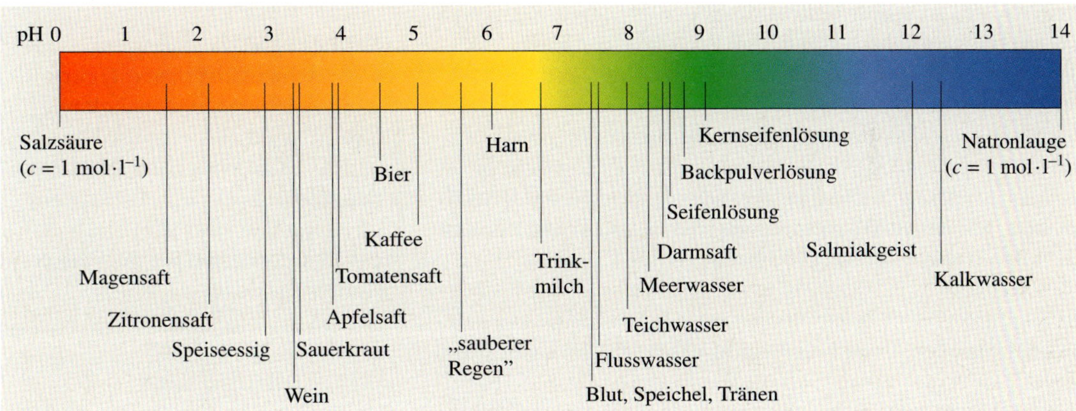

ZUSAMMENFASSUNG

Ein Protonenübergang zwischen gleichartigen Teilchen wird **Autoprotolyse** genannt. Sie ist nur bei Ampholyten möglich. Die Produkte der Autoprotolyse sind die korrespondierende Säure und die korrespondierende Base des Ampholyten. Das Gleichgewicht liegt jeweils weit auf der Seite des nicht protolysierten Ampholyten.

Praktisch sehr bedeutsam als Ampholyt ist das Wasser. Die Gleichgewichtskonstante für sein Autoprotolysegleichgewicht wird als **Ionenprodukt des Wassers** bezeichnet.

$$K_W = c(H_3O^+) \cdot c(OH^-) = 1 \cdot 10^{-14}\ mol^2 \cdot l^{-2}$$

Das Ionenprodukt gilt für reines Wasser und alle verdünnten wässrigen Lösungen. Daraus folgt: Eine hohe Konzentration an Hydronium-Ionen bedingt in derselben Lösung eine niedrige Konzentration an Hydroxid-Ionen (und umgekehrt).

Zur Kennzeichnung der sauren oder basischen Eigenschaften einer wässrigen Lösung wird der **pH-Wert** bzw. der **pOH-Wert** verwendet.

$$pH = -lg\ \{c(H_3O^+)\} \quad [c] = mol \cdot l^{-1}$$
$$pOH = -lg\ \{c(OH^+)\} \quad [c] = mol \cdot l^{-1}$$

Der pH-Wert einer wässrigen Lösung ist der negative dekadische Logarithmus des Zahlenwerts der Hydronium-Ionenkonzentration.

Der negative dekadische Logarithmus des Zahlenwerts einer Gleichgewichtskonstante ist deren **Gleichgewichtsexponent**. Für das Ionenprodukt des Wassers ist das der Ionenexponent des Wassers.

$$pK_W = -lg\ \{K_W\} \quad [K_W] = mol^2 \cdot l^{-2}$$

Für reines Wasser und jede verdünnte wässrige Lösung gilt: $pK_W = pH + pOH = 14$.

Stärke von Säuren und Basen

Säurekonstante und Basekonstante Die pH-Werte gleich konzentrierter Lösungen verschiedener Säuren oder Basen können unterschiedlich sein (Exp. 1). Die Salzsäure ist stärker sauer als die wässrige Lösung der Essigsäure gleicher Konzentration. Die Natronlauge ist stärker alkalisch als die Ammoniaklösung gleicher Konzentration. In der Salzsäure ist demnach die Konzentration der Hydronium-Ionen größer als in der Essigsäurelösung, in der Natronlauge die Konzentration der Hydroxid-Ionen größer als in der Ammoniaklösung. Die Konzentrationen der Hydronium- bzw. der Hydroxid-Ionen werden bei **gleichen Ausgangskonzentrationen der Protolyte** nur durch das **unterschiedliche Ausmaß der Protolyse** bestimmt.
Bezugswerte für den Vergleich der unterschiedlichen Ausmaße der Protolyse erhält man, wenn man verschiedene Säuren jeweils mit derselben Base, verschiedene Basen mit jeweils derselben Säure umsetzt. Als Bezugssäure bzw. Bezugsbase bietet sich der Ampholyt Wasser an. Die Gleichgewichte der **Reaktion einer Säure mit Wasser und einer Base mit Wasser** liefern dann die gewünschten vergleichbaren Werte.

Reaktion einer Säure HA mit Wasser	$HA + H_2O \rightleftharpoons H_3O^+ + A^-$
Reaktion einer Base B mit Wasser	$B + H_2O \rightleftharpoons OH^- + HB^+$

Liegt das Protolysegleichgewicht weit auf der Seite der Protolyseprodukte, ist der Protolyt stark, im anderen Fall schwach.
Eine quantitative Aussage über die **Stärke einer Säure** bzw. **Base** ist möglich, wenn auf diese Protolysegleichgewichte das Massenwirkungsgesetz angewendet wird. Dabei kann die Konzentration des Wassers wegen seines sehr großen Überschusses gegenüber den gelösten Stoffen wieder als konstant angesehen werden. Die Gleichgewichtskonstante für die Reaktion einer Säure (bzw. Base) mit Wasser bezeichnet man als **Säurekonstante K_S** (bzw. als **Basekonstante K_B**).

$$K_S = \frac{c(H_3O^+) \cdot c(A^-)}{c(HA)} \qquad K_B = \frac{c(OH^-) \cdot c(HB^+)}{c(B)}$$

Große K_S- bzw. K_B-Werte (z.B. $10^7\ mol \cdot l^{-1}$) charakterisieren sehr starke Säuren bzw. Basen, kleine (z.B. $10^{-14}\ mol \cdot l^{-1}$) sehr schwache Säuren bzw. Basen.
Vergleichbar mit der Stoffmengenkonzentration der H_3O^+- bzw. OH^--Ionen nehmen auch die Protolysekonstanten Werte über viele Zehnerpotenzen ein. Für Berechnungen ist es wieder vorteilhafter, anstelle der Protolysekonstanten die negativen dekadischen Logarithmen ihrer Zahlenwerte zu verwenden. Man erhält so den **Säureexponenten pK_S** bzw. den **Baseexponenten pK_B**.

$$pK_S = -\lg \{K_S\} \quad pK_B = -\lg \{K_B\}$$

EXPERIMENT 1
pH-Vergleich
Der pH-Wert wässriger Lösungen (Konzentration jeweils $c = 0{,}1\ mol \cdot l^{-1}$) von Salzsäure, Essigsäure, Natronlauge und Ammoniaklösung wird gemessen.

EXPERIMENT 2
Unterschiedliche Säurestärken
In einer Experimentieranordnung (Abb. 1) wird zu 10 ml Salzsäure und zu 10 ml Essigsäure (Konzentration jeweils $c = 1\ mol \cdot l^{-1}$) je ein gleich großes Stück Zinkblech gegeben. Beobachten Sie die Wasserstoffentwicklung.

1 Aufbau von Experiment 2

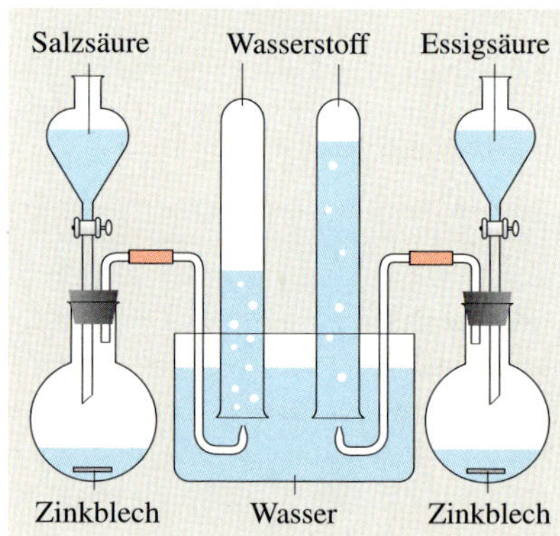

AUFGABEN

1 Formulieren Sie die Reaktionsgleichung für die Reaktion des Experiments 2.
2 Entwickeln Sie für folgende Protolysegleichgewichte die Reaktionsgleichungen und die Gleichungen für die Säurekonstanten:
a Konzentrierte Essigsäure wird verdünnt.
b Ammonium-Ionen reagieren mit Wasser.

Die Säureexponenten und Baseexponenten haben bei starken Säuren und Basen kleine Werte, bei schwachen Säuren und Basen große Werte.
Die Säurekonstante K_S bzw. der Säureexponent pK_S charakterisieren die Stärke einer Säure, die Basekonstante K_B bzw. der Baseexponent pK_B die Stärke einer Base.
Die Stärke der Protolyte lässt sich nach ihren pK-Werten einteilen (Tab. 1). Sehr schwache Säuren (z. B. HS^-) ergeben mit Wasser praktisch keine Säurereaktion, sehr schwache Basen (z. B. NO_3^-) mit Wasser praktisch keine Basereaktion. In Bezug auf Protolysen in wässrigen Lösungen dürfen sie deshalb jeweils unberücksichtigt bleiben.

Säure- und Basestärke bei korrespondierenden Säure-Base-Paaren Ist die Tendenz zur Abgabe des Protons bei einer Säure sehr groß, z. B. beim Chlorwasserstoffmolekül, folgt, dass die Tendenz zur Aufnahme eines Protons bei ihrer korrespondierenden Base, dem Chlorid-Ion, sehr klein sein muss.
Zwischen der Stärke einer Säure und der Stärke ihrer korrespondierenden Base besteht also ein Zusammenhang (↑S. 154). Die Multiplikation der Säurekonstante einer Säure mit der Basekonstante ihrer korrespondierenden Base ergibt das Ionenprodukt des Wassers.

$$K_S \cdot K_B = K_W$$

Analog ist die Summe aus dem Säureexponenten einer Säure und dem Baseexponenten ihrer korrespondierenden Base gleich dem Ionenexponenten des Wassers.

$$pK_S + pK_B = pK_W$$

Je stärker eine Säure ist, umso schwächer ist also ihre korrespondierende Base und umgekehrt. Ist z. B. der Säureexponent bekannt, kann der Baseexponent der korrespondierenden Base berechnet werden.

Säure- und Basestärke des Wassers Für die Säurekonstante der Hydronium-Ionen ergibt sich nach der Reaktionsgleichung

$$H_3O^+ + H_2O \rightleftharpoons H_2O + H_3O^+$$

$$K_S(H_3O^+) = \frac{c(H_3O^+) \cdot c(H_2O)}{c(H_3O^+)}$$

Für die Basekonstante der Hydroxid-Ionen ergibt sich nach der Reaktionsgleichung

$$OH^- + H_2O \rightleftharpoons H_2O + OH^-$$

$$K_B(OH^-) = \frac{c(OH^-) \cdot c(H_2O)}{c(OH^-)}$$

Tab. 1 Einteilung der Säuren und Basen nach ihren pK_S- bzw. pK_B-Werten

Bezeichnung	pK-Wert
sehr stark	$pK \leq -1{,}74$
stark	$-1{,}74 \leq pK \leq 4{,}5$
schwach	$4{,}5 \leq pK \leq 9{,}5$

AUFGABEN

1 Entwickeln Sie für die Reaktion von Ammoniak bzw. Acetat-Ionen mit Wasser die Reaktionsgleichungen. Formulieren Sie mithilfe des Massenwirkungsgesetzes die Gleichungen für die beiden Basekonstanten.
2 Berechnen Sie aus folgenden Protolysekonstanten K_S in $mol \cdot l^{-1}$ die Protolyseexponenten: $1 \cdot 10^{6,8}$; $1 \cdot 10^{-14,3}$; $5{,}6 \cdot 10^{-11}$ und $1{,}2 \cdot 10^{-2}$.
3 Berechnen Sie aus den folgenden Protolyseexponenten die Protolysekonstanten (mit ganzzahligen Potenzen): −5; 2,80; 4,75; 9,25.
4 Ordnen Sie die in den Aufgaben 2 und 3 durch ihre Protolysekonstanten bzw. Protolyseexponenten charakterisierten Protolyten nach ihrer Stärke.
5 Formulieren Sie für die Essigsäure und ihre korrespondierende Base die Gleichungen des Massenwirkungsgesetzes ihrer Protolyseexponenten. Beweisen Sie rechnerisch, dass es sich um ein korrespondierendes Säure-Base-Paar handelt.

Tab. 1 Stärke von Säuren und ihren korrespondierenden Basen

Säurestärke pK_S (zunehmend)	Säure	Korrespondierende Base	Basestärke pK_B (zunehmend)
−11	HI	I^-	25
−10	$HClO_4$	ClO_4^-	24
−9	HBr	Br^-	23
−7	HCl	Cl^-	21
−3	H_2SO_4	HSO_4^-	17
−1,74	H_3O^+	H_2O	15,74
−1,32	HNO_3	NO_3^-	15,32
1,81	H_2SO_3	HSO_3^-	12,19
1,92	HSO_4^-	SO_4^{2-}	12,08
2,12	H_3PO_4	$H_2PO_4^-$	11,88
2,22	$[Fe(H_2O)_6]^{3+}$	$[Fe(OH)(H_2O)_5]^{2+}$	11,78
3,14	HF	F^-	10,86
3,35	HNO_2	NO_2^-	10,65
3,75	HCOOH	$HCOO^-$	10,25
4,75	CH_3COOH	CH_3COO^-	9,25
4,85	$[Al(H_2O)_6]^{3+}$	$[Al(OH)(H_2O)_5]^{2+}$	9,15
6,52	H_2CO_3	HCO_3^-	7,48
6,92	H_2S	HS^-	7,08
7,04	HSO_3^-	SO_3^{2-}	6,96
7,20	$H_2PO_4^-$	HPO_4^{2-}	6,80
9,25	NH_4^+	NH_3	4,75
9,40	HCN	CN^-	4,60
9,60	$[Zn(H_2O)_6]^{2+}$	$[Zn(OH)(H_2O)_5]^+$	4,40
10,40	HCO_3^-	CO_3^{2-}	3,60
12,36	HPO_4^{2-}	PO_4^{3-}	1,64
13,00	HS^-	S^{2-}	1,00
15,74	H_2O	OH^-	−1,74
23	NH_3	NH_2^-	−9
24	OH^-	O^{2-}	−10

Daraus folgt:

$K_S(H_3O^+) = K_B(OH^-) = c(H_2O) = 55{,}6\ mol \cdot l^{-1}$ und

$pK_S(H_3O^+) = pK_B(OH^-) = -1{,}74$

Für das korrespondierende Säure-Base-Paar Hydronium-Ion/Wasser ergibt sich:

$pK_S(H_3O^+) + pK_B(H_2O) = pK_W$

für das korrespondierende Säure-Base-Paar Hydroxid-Ion/Wasser:

$pK_B(OH^-) + pK_S(H_2O) = pK_W$

Daraus resultiert:

$pK_S(H_2O) = pK_B(H_2O) = 15{,}74$

1 Nach Zugabe von Essigsäure zu einer wässrigen Lösung eines Hydrogencarbonats entweicht Kohlenstoffdioxid. Solche Reaktionen kann man anhand von Tab. 1 vorhersagen.

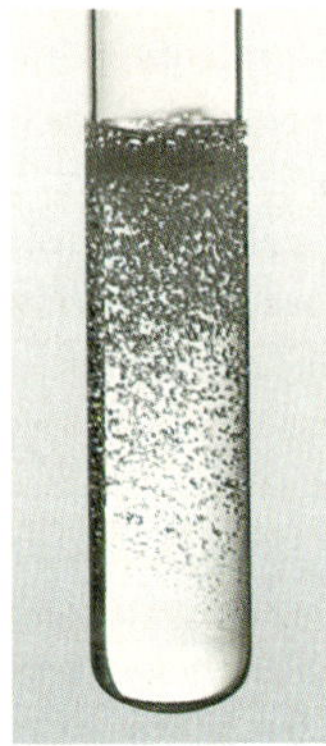

AUFGABEN

1. Vergleichen Sie bei den Ampholyten $H_2PO_4^-$ und HPO_4^{2-} die sauren bzw. basischen Eigenschaften.
2. Ammoniumhydrogensulfit wird in Wasser gelöst. Charakterisieren Sie das Milieu der entstandenen Lösung auch unter Angabe von Reaktionsgleichungen.
3. Erklären Sie das Verhalten von Hydrogensulfat-Ionen in wässriger Lösung.
4. Ein Mineralwasser hat einen pH-Wert von 5,1. Berechnen Sie die Konzentration der Hydronium- und Hydroxid-Ionen. Erklären Sie den kleineren pH-Wert des Mineralwassers im Vergleich zu Wasser.

Beim Ampholyten Wasser ist somit das Ausmaß seines sauren Verhaltens genauso ausgeprägt wie das seines basischen Verhaltens. Der Ampholyt Hydrogencarbonat-Ion dagegen (mit $pK_S = 10{,}40$ und $pK_B = 7{,}48$) ist stärker basisch als sauer, er nimmt also eher Protonen auf, als dass er sie abgibt.

Nivellierung der Stärke sehr starker Protolyte durch Wasser
Sehr starke Protolyte ($pK \leq -1{,}74$) reagieren mit Wasser vollständig. Das trifft z. B. auf die Säuren $HClO_4$, HI, HBr, HCl, H_2SO_4 und auf die Basen H^- (LiH), O^{2-} und NH_2^- ($NaNH_2$) zu.

$$HClO_4 + H_2O \rightleftharpoons H_3O^+ + ClO_4^-$$
$$Li_2O + H_2O \rightleftharpoons 2\,Li^+ + 2\,OH^-$$

Ein Protolysegleichgewicht liegt praktisch nicht mehr vor. In ihren Lösungen existieren neben ihren sehr schwach reagierenden korrespondierenden Partnern nur noch die stark sauer reagierenden Hydronium- bzw. die stark basisch reagierenden Hydroxid-Ionen ($pK = -1{,}74$).
Sehr starke Säuren und Basen erscheinen deshalb in wässriger Lösung jeweils gleich stark. Ihre unterschiedlichen Stärken werden durch das Lösemittel Wasser auf das Niveau der Hydronium- bzw. der Hydroxid-Ionen nivelliert. Daraus ergibt sich auch, dass gleich konzentrierte Lösungen verschiedener sehr starker Säuren denselben pH-Wert besitzen. Analog gilt dies auch für sehr starke Basen.

Mehrwertige Säuren und Basen Die Wertigkeit einer Säure oder Base wird bestimmt durch die Anzahl der Protonen, die sie abgeben oder aufnehmen kann. **Mehrwertige Säuren** wie H_2SO_4, H_3PO_4, H_2CO_3, H_2S und **mehrwertige Basen** wie SO_4^{2-}, PO_4^{3-}, CO_3^{2-} protolysieren stufenweise, z. B.:

1. Stufe: $H_3PO_4 + H_2O \rightleftharpoons H_3O^+ + H_2PO_4^-$ $\quad pK_{S1} = 2{,}12$
2. Stufe: $H_2PO_4^- + H_2O \rightleftharpoons H_3O^+ + HPO_4^{2-}$ $\quad pK_{S2} = 7{,}20$
3. Stufe: $HPO_4^{2-} + H_2O \rightleftharpoons H_3O^+ + PO_4^{3-}$ $\quad pK_{S3} = 12{,}36$

EXPERIMENT 3
Aluminiumchlorid als Säure
a) Etwas Aluminiumchlorid (C) wird in Wasser gelöst und der pH-Wert der Lösung ermittelt.
b) Eine Aluminiumchloridlösung (Xi) wird mit dem Indikator Bromphenolblau versetzt und Natronlauge (C) bis zur Wiederauflösung des ausgefallenen Niederschlags zugefügt. Beobachten Sie die Indikatorfarbe.
c) In ein Becherglas wird 1 ml Aluminiumchloridlösung ($c = 1\ mol \cdot l^{-1}$; Xi) gegeben. Unter ständigem Schwenken wird in 1-ml-Schritten Natronlauge ($c = 1\ mol \cdot l^{-1}$; C) bis zur Bildung einer klaren Lösung zugegeben.

AUFGABEN
1 In welcher Eigenschaft müsste sich ein Lösemittel von Wasser unterscheiden, damit die Perchlorsäure $HClO_4$ bzw. das Amid-Ion NH_2^- mit diesem Lösemittel jeweils ein Protolysegleichgewicht ergäbe?
2 Bei −33 °C ist die Autoprotolysekonstante von flüssigem Ammoniak $K = 1 \cdot 10^{-22}\ mol^2 \cdot l^{-2}$. Berechnen Sie die Konzentration der Ammonium-Ionen in flüssigem Ammoniak bei dieser Temperatur.
3 Bei 25 °C ist die Autoprotolysekonstante von flüssigem Eisessig $K = 1 \cdot 10^{-13}\ mol^2 \cdot l^{-2}$. Berechnen Sie die Konzentration der Acetat-Ionen in diesem Eisessig.
4 Entwickeln Sie die Reaktionsgleichungen für die Protolysestufen einer zweiwertigen Säure und einer zweiwertigen Base.
5 Begründen Sie, weshalb aufeinanderfolgende Protolysestufen mehrwertiger Säuren jeweils kleinere Säurekonstanten haben.
6 Einer Lösung von Orthophosphorsäure werden Hydronium-Ionen zugesetzt. Erläutern Sie die Auswirkung auf die Protolysegleichgewichte dieser Säure.

Hydratisierte Ionen in wässriger Lösung Ionen liegen in wässriger Lösung hydratisiert vor (Abb. 1). An die positiv geladenen **Kationen** sind die Wassermoleküle mit ihrem negativen Ladungsschwerpunkt, der sich am Sauerstoffatom befindet, gebunden. Die Elektronenpaarbindungen in diesen Wassermolekülen werden dadurch zusätzlich polarisiert, was mit einer Erhöhung der positiven Partialladung an den Wasserstoffatomen einhergeht. Solche Wasserstoffatome können dann leichter als Protonen abgegeben werden. Einige hydratisierte Metall-Kationen reagieren dadurch als Säure (↑S. 247).
Auch Hexaaquaaluminium-Ionen reagieren mit Wasser wie eine Säure (Exp. 3a).

$$[Al(H_2O)_6]^{3+} + H_2O \rightleftharpoons H_3O^+ + [Al(OH)(H_2O)_5]^{2+} \; ; pK_S = 4{,}85$$

Die Säurestärke des Hexaaquaaluminium-Ions entspricht der Säurestärke der Essigsäure.
Beim Zutropfen von Natronlauge (Exp. 3b) steigt trotz des Zusatzes der sehr starken Base Hydroxid-Ion der pH-Wert der Lösung zunächst nicht. Die Hydroxid-Ionen bewirken das weitere Fortschreiten der Protolyse des hydratisierten Ions und werden dabei „verbraucht".

$$[Al(OH)(H_2O)_5]^{2+} + H_2O \overset{OH^-}{\rightleftharpoons} H_3O^+ + [Al(OH)_2(H_2O)_4]^+$$

$$[Al(OH)_2(H_2O)_4]^+ + H_2O \overset{OH^-}{\rightleftharpoons} H_3O^+ + [Al(OH)_3(H_2O)_3]$$

Das Erreichen der dritten Protolysestufe ist erkennbar am schleimigen Niederschlag des hydratisierten Aluminiumhydroxids $[Al(OH)_3(H_2O)_3]$.
Bei weiterem Zusatz von Natronlauge löst sich der Niederschlag wieder auf, die nächste Protolysestufe, deren Produkt wieder löslich ist, wird erreicht.

$$[Al(OH)_3(H_2O)_3] + OH^- \rightleftharpoons [Al(OH)_4]^- + 3\,H_2O$$

Die saure Eigenschaft hydratisierter Metall-Kationen hängt von Größe und Ladung dieser Ionen ab. Kleine Metall-Kationen mit hoher Ladung sind starke Säuren. Die hydratisierten, großen und niedrig geladenen Alkali- und Erdalkali-Kationen sind sehr schwache Säuren und reagieren mit Wasser nicht als Säure.
Viele **Anionen** reagieren mit Wasser als Base.

$$CO_3^{2-} + H_2O \rightleftharpoons HCO_3^- + OH^-$$

Den negativ geladenen Anionen sind die partiell positiv geladenen Wasserstoffatome der Hydrat-Wassermoleküle zugewandt. Ein Mechanismus, wie für hydratisierte Metall-Kationen beschrieben, ist nicht möglich. Die Hydrathülle der Anionen kann deshalb bei der Betrachtung chemischer Vorgänge in wässrigen Salzlösungen vernachlässigt werden.

1 Hydratisiertes Aluminium-Ion $[Al(H_2O)_6]^{3+}$

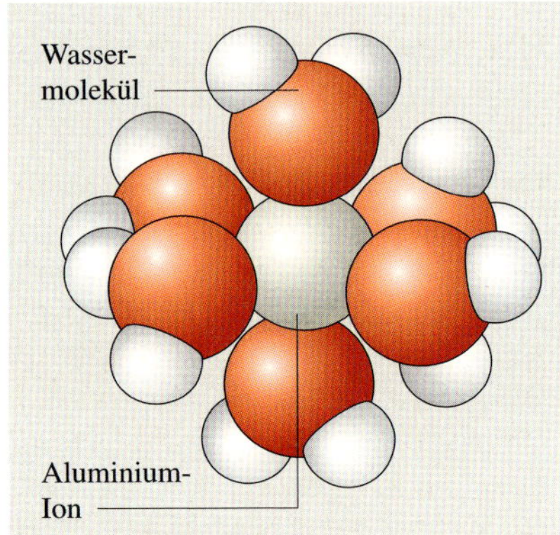

EXPERIMENT 4
Wirkung hydratisierter Kationen
Die pH-Werte wässriger Salzlösungen von Natriumchlorid, Kaliumsulfat, Zinkchlorid (C, N) und Eisen(III)-chlorid (Xn) werden bestimmt.

AUFGABE
1 Entwickeln Sie die Reaktionsgleichungen zu den im Experiment 4 untersuchten Lösungen und begründen Sie die ermittelten pH-Werte.

Medizin

Medikamentenaufnahme

Die Aufnahme von Medikamenten in die Blutbahn ist Voraussetzung dafür, dass sie ihre Wirkung entfalten können. Der Eintritt in das Blut kann z. B. durch intravenöse Injektion erfolgen oder – nach oraler Aufnahme – durch Resorption aus dem Magen-Darm-Trakt. An den Resorptionsorten (z. B. Magen, Dünndarm) ist die Zellmembran die Barriere, die der Arzneistoff überwinden muss. Ausmaß und Geschwindigkeit der Resorption hängen von vielen Faktoren ab (Tab. 1).

Tab. 1 Faktoren, die die Resorption von Pharmaka beeinflussen

Substanz-eigenschaften	– Hydrophilie/Lipophilie – Säure-Base-Charakter – Molekülmasse
Anatomie, Physiologie	– Oberfläche des Magen-Darm-Trakts – pH-Verhältnisse im Magen-Darm-Trakt – Magenentleerungszeiten – Passagezeit im Darm
Beeinflussung durch andere Stoffe	– andere Medikamente – aufgenommene Nahrung

Tab. 2 Die Abschnitte des Verdauungstrakts

Abschnitt	**Resorbierende Fläche in m^2 (geschätzt)**	**pH-Wert (Durchschnittswerte)**
Mundhöhle	0,02	6,8
Magen	0,2	1,8
Dünndarm	150,0	7,1
Dickdarm	0,8	7,7

Tab. 3 Ionisationsgrad von Acetylsalicylsäure (ASS®)

pH-Wert	Anteil an Acetylsalicylat-Anionen (in %)
1,5	1
2,5	9
3,5	50
4,5	91
5,5	99
6,5	99,9

1 Acetylsalicylsäure (ASS®) ist eine schwache Säure.

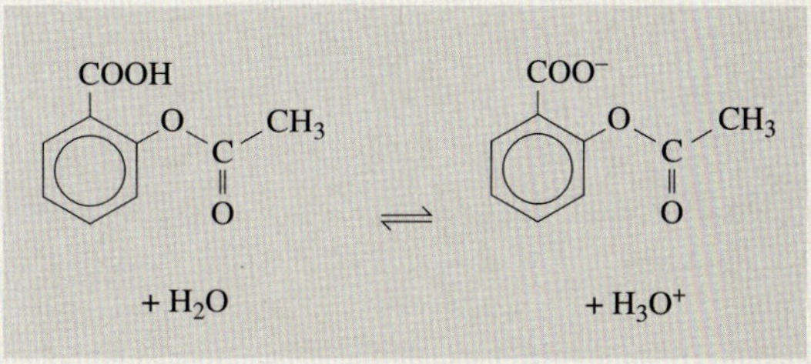

Der Übertritt in die Blut- und Lymphgefäße erfolgt in der Hauptsache passiv durch Diffusion und wird vorwiegend durch die Löslichkeitseigenschaften der Medikamente bestimmt. Hydrophile Medikamente gelangen kaum in den inneren, lipophilen Bereich der Membran. Sie können höchstens durch Poren der Darmtraktwände aufgenommen werden. Lipophile Medikamente werden in der Regel gut resorbiert. Nur nach fettreicher Nahrung kann es Schwierigkeiten geben, da sie sich im Fett des Darminhalts anreichern können.

Der pH-Wert im Magen-Darm-Trakt beeinflusst die Resorption bestimmter Arzneimittel immer dann, wenn es sich bei diesem um eine schwache Säure (z. B. das Analgetikum ASS® und das Antibiotikum Ampicillin®) oder um eine schwache Base (z. B. das Malariamittel Chinin®) handelt. Diese Stoffe werden bevorzugt in der nicht ionisierten Form resorbiert. Der Grad der Ionisierung einer Säure bzw. Base ist direkt vom pH-Wert der Lösung und dem pK_S- bzw. pK_B-Wert der Substanz abhängig.

AUFGABEN

1 ASS® ist ein bekanntes Mittel gegen Kopfschmerzen und zeichnet sich durch einen besonders schnellen Wirkungseintritt aus. Erklären Sie diese Tatsache.

2 Südamerikanische Indianer verwenden zum Jagen ein Pfeilgift namens „Curare“. Das Fleisch der durch ihre Pfeile tödlich vergifteten Beutetiere kann allerdings unbeschadet gegessen werden. Formulieren Sie dafür eine begründete Vermutung.

ZUSAMMENFASSUNG

Grundlage für die Bewertung der **Stärke eines Protolyten** ist die Lage des Gleichgewichts seiner Reaktion mit Wasser und die sich daraus ergebende **Protolysekonstante** bzw. der **Protolyseexponent**.

Reaktion einer **Säure** mit Wasser
$HA + H_2O \rightleftharpoons H_3O^+ + A^-$

Säurekonstante K_S

$$K_S = \frac{c(H_3O^+) \cdot c(A^-)}{c(HA)}$$

Säureexponent pK_S $pK_S = -\lg\{K_S\}$

Reaktion einer **Base** mit Wasser
$B + H_2O \rightleftharpoons OH^- + HB^+$

Basekonstante K_B

$$K_B = \frac{c(OH^-) \cdot c(HB^+)}{c(B)}$$

Baseexponent pK_B $pK_B = -\lg\{K_B\}$

Bei **Ampholyten** können sowohl eine Säurekonstante (bzw. ein Säureexponent) als auch eine Basekonstante (bzw. ein Baseexponent) angegeben werden. Für Wasser gilt:

$pK_S(H_2O) = pK_B(H_2O) = 15{,}74$

Für korrespondierende Säure-Base-Paare gilt:

$K_S \cdot K_B = K_W$ und $pK_S + pK_B = pK_W$

Je stärker also ein Protolyt ist, umso schwächer ist sein korrespondierender Partner.
Die unterschiedlichen Stärken sehr starker Protolyte werden in Wasser auf die Stärke des Hydronium- bzw. des Hydroxid-Ions nivelliert.
Mehrwertige Protolyte protolysieren stufenweise.
Hydratisierte kleine und mehrfach geladene **Kationen** können aus der Hydrathülle Protonen abgeben, sie sind Säuren im Sinne der Definition von BRÖNSTED. **Hydratisierte Anionen** sind entweder Ampholyte oder Basen.

► Stoff-Teilchen-Konzept

Berechnung des pH-Werts

Grundlage für die Berechnung des pH-Werts wässriger Lösungen sind die Gleichungen der Säure- und der Basekonstante (↑S. 152). Außerdem benötigt man die Ausgangskonzentrationen der Säuren $c_0(HA)$ bzw. der Basen $c_0(B)$. Da die Berechnung auch von der Lage des jeweiligen Protolysegleichgewichts abhängt, ist sie auch in Abhängigkeit von der Stärke des Protolyten vorzunehmen.

Wässrige Lösungen sehr starker Protolyte Sehr starke Säuren und Basen ($pK < -1{,}74$) sind in wässriger Lösung vollständig protolysiert, das heißt:
$c(H_3O^+) = c_0(HA)$ bzw. $c(OH^-) = c_0(B)$
Zur Berechnung des pH-Werts kann deshalb in die Definitionsgleichung für den pH- bzw. pOH-Wert die Ausgangskonzentration des sehr starken Protolyten eingesetzt werden:

$$pH = -\lg\{c_0(HA)\} \quad pOH = -\lg\{c_0(B)\}$$

Berechnung des pH-Werts sehr starker Protolyte

Aufgabe: Berechnen Sie den pH-Wert von Salzsäure mit der Konzentration $c_0(HCl) = 0{,}2\ mol \cdot l^{-1}$.

Lösung: $pH = -\lg\{c_0(HA)\}$
$pH = -\lg 2 \cdot 10^{-1} = 0{,}7$

Aufgabe: Berechnen Sie den pH-Wert einer Natronlauge mit der Konzentration $c_0(NaOH) = 0{,}05\ mol \cdot l^{-1}$.

Lösung: $pOH = -\lg\{c_0(B)\}$
$pOH = -\lg 5 \cdot 10^{-2} = 1{,}3$
$pH = 14 - pOH = 14 - 1{,}3 = 12{,}7$

Wässrige Lösungen schwacher Protolyte Schwache Säuren ($pK_S > 4{,}5$) sind in wässriger Lösung nur unvollständig protolysiert. Daher muss die Konzentration der Hydronium-Ionen erst einmal berechnet werden.
Im Protolysegleichgewicht sind die Konzentrationen der Hydronium-Ionen und der korrespondierenden Base aufgrund der stöchiometrischen Verhältnisse gleich.

$$HA + H_2O \rightleftharpoons H_3O^+ + A^- ; \quad c(H_3O^+) = c(A^-)$$

Wendet man das Massenwirkungsgesetz auf das Protolysegleichgewicht an und berücksichtigt diese Tatsache, ergibt sich folgende Gleichung:

$$K_S = \frac{c^2(H_3O^+)}{c_0(HA) - c(H_3O^+)}$$

Weiterhin gilt mit $c(H_3O^+) << c_0(HA)$:

$$K_S = \frac{c^2(H_3O^+)}{c_0(HA)} \quad \text{und} \quad c(H_3O^+) = \sqrt{K_S \cdot c_0(HA)}$$

Zur Berechnung des pH-Werts wendet man auf diese Gleichung den negativen dekadischen Logarithmus unter Berücksichtigung der Produktregel beim Logarithmieren an. Für den pH-Wert von Lösungen schwacher Säuren ergibt sich dadurch:

$$\mathbf{pH = ½\,(p}K_S \mathbf{- lg}\,\{c_0(\mathbf{HA})\})$$

Analog gilt für den pOH-Wert von Lösungen schwacher Basen:

$$\mathbf{pOH = ½\,(p}K_B \mathbf{- lg}\,\{c_0(\mathbf{B})\})$$

Wässrige Lösungen starker Protolyte Im Protolysegleichgewicht einer starken Säure ($-1{,}74 < pK_S < 4{,}5$) gilt wieder:

$$K_S = \frac{c^2(H_3O^+)}{c_0(HA) - c(H_3O^+)}$$

Hier ist aber die Näherung $c(H_3O^+) << c_0(HA)$ nicht möglich. Es muss mit der quadratischen Gleichung

$$0 = c^2(H_3O^+) + K_S \cdot c(H_3O^+) - K_S \cdot c_0(HA)$$

gearbeitet werden, deren chemisch sinnvolle Lösung lautet:

$$c(H_3O^+) = -\frac{K_S}{2} + \sqrt{\frac{K_S^2}{4} + K_S \cdot c_0(HA)}$$

$$pH = -lg\,\{c(H_3O^+)\}$$

Für starke Basen gilt analog:

$$c(OH^-) = -\frac{K_B}{2} + \sqrt{\frac{K_B^2}{4} + K_B \cdot c_0(B)}$$

Berechnung des pH-Werts schwacher Protolyte

Aufgabe: Berechnen Sie den pH-Wert einer Essigsäurelösung mit der Konzentration $c_0 = 0{,}5\ mol \cdot l^{-1}$.

Lösung: $pH = ½\,(pK_S - lg\,\{c_0(HA)\})$
$pH = ½\,(4{,}75 - lg\,0{,}5)$
$pH = 2{,}5$

Aufgabe: Berechnen Sie den pH-Wert einer Natriumacetatlösung mit der Konzentration $c_0 = 0{,}03\ mol \cdot l^{-1}$.
$pK_B(CH_3COO^-) = 9{,}25$

Lösung: $pOH = ½\,(pK_B - lg\,\{c_0(B)\})$
$pOH = ½\,(9{,}25 + 1{,}52) = 5{,}4$
$pH = 14 - pOH = 14 - 5{,}4 = 8{,}6$

Berechnung des pH-Werts starker Protolyte

Aufgabe: Berechnen Sie den pH-Wert einer Lösung von salpetriger Säure mit der Konzentration $c_0 = 0{,}03\ mol \cdot l^{-1}$.
$pK_S(HNO_2) = 3{,}35$

Lösung: $K_S = 10^{-pK_S}\ mol \cdot l^{-1}$
$= 4{,}47 \cdot 10^{-4}\ mol \cdot l^{-1}$
$c(H_3O^+) = -2{,}23 \cdot 10^{-4}\ mol \cdot l^{-1} +$
$\sqrt{5{,}0 \cdot 10^{-8}\ \frac{mol^2}{l^2} + 1{,}34 \cdot 10^{-5}\ \frac{mol^2}{l^2}}$
$c(H_3O^+) = 3{,}44 \cdot 10^{-3}\ mol \cdot l^{-1}$
$pH = 2{,}46$

AUFGABEN

1 Der pH-Wert von Salzsäure der Konzentration $c_0 = 0{,}1\ mol \cdot l^{-1}$ beträgt pH = 1, der einer gleich konzentrierten Essigsäure pH = 2,9. Begründen Sie die unterschiedlichen pH-Werte.

2 Diskutieren Sie unter Verwendung von konkreten Beispielen die Tatsache, dass der pH-Wert der Lösung einer Säure auch < 0 und der einer Base > 14 sein kann.

Wässrige Lösungen mehrwertiger Protolyte Die Protolysekonstanten mehrwertiger Protolyte unterscheiden sich meist um etwa fünf Zehnerpotenzen. Die Differenz ist so groß, dass bei der Berechnung des pH-Werts wässriger Lösungen mehrwertiger Protolyte die jeweils folgenden Protolysestufen vernachlässigt werden können, die Protolyte also als einwertig angesehen werden dürfen. Ausnahmen zu dieser Regel treten vor allem bei organischen Säuren auf (z. B. Citronensäure, Weinsäure).
Auch die Schwefelsäure kann als einwertig angesehen werden. Das chemische Gleichgewicht der zweiten Protolysestufe wird durch das Protolysegleichgewicht der ersten Stufe erheblich zurückgedrängt. Für eine Lösung $c_0(H_2SO_4) = 0{,}1\ mol \cdot l^{-1}$ ist bei Nutzung der Näherung der Fehler $\Delta pH \approx 0{,}05$.

Wässrige Lösungen von Gemischen verschieden starker Protolyte Der stärkere Protolyt drängt die Protolyse des schwächeren Protolyten, die ohnehin nur in geringem Ausmaß erfolgt, praktisch völlig zurück. Der stärkere Protolyt bestimmt damit die Konzentration der Hydronium-Ionen in diesen Lösungen.

Wässrige Lösungen von Ampholyten Das saure Verhalten eines Ampholyten wird durch seinen Säureexponenten, das basische Verhalten durch seinen Baseexponenten charakterisiert. Der pH-Wert einer Lösung des Ampholyten HB^- kann nach folgender Näherungsgleichung berechnet werden:

$$\mathbf{pH = \tfrac{1}{2}\,[p\mathit{K}_W + p\mathit{K}_S(HB^-) - p\mathit{K}_B(HB^-)]}$$

Diese Gleichung gilt allerdings nur für Lösungen mit einer Konzentration $c \geq 0{,}1\ mol \cdot l^{-1}$ und wenn der pH-Wert der Lösung nicht zu weit von pH = 7 entfernt ist.
Der pH-Wert einer Ampholytlösung ist demnach weitgehend unabhängig von der Konzentration des Ampholyten. Durch Vergleich des pK_S-Werts mit dem pK_B-Wert eines Ampholyten ist außerdem sofort zu erkennen, ob seine wässrige Lösung sauer oder alkalisch ist. Im Fall des Hydrogencarbonat-Ions ist $pK_S > pK_B$, das basische Verhalten ist bei diesem Ion also stärker ausgeprägt als das saure, die Lösung muss insgesamt basisch reagieren.
Lösungen von Gemischen schwacher Säuren und schwacher Basen können bei der pH-Berechnung wie Ampholytlösungen behandelt werden.

Berechnung des pH-Werts von Ampholyten

Aufgabe: Berechnen Sie den pH-Wert einer wässrigen Lösung von Natriumhydrogencarbonat.
$pK_S(HCO_3^-) = 10{,}4$; $pK_B(HCO_3^-) = 7{,}5$

Lösung: $pH = \tfrac{1}{2}\,(pK_W + pK_S - pK_B)$
$pH = \tfrac{1}{2}\,(14 + 10{,}4 - 7{,}5) = 8{,}5$

AUFGABEN

1 Berechnen Sie die pH-Werte folgender Lösungen mit den Konzentrationen in $mol \cdot l^{-1}$:
– Essigsäure 0,1
– Ammoniak 0,01
– Fluorwasserstoffsäure 0,1
– Kaliumhydroxid 0,2
– Natriumcarbonat 0,08
– Natriumamid 0,1
– Natriumhydrogensulfat 1
– Ammoniumchlorid 0,1
– Eisen(III)-chlorid 1
– Trinatriumphosphat 1
– Zinksulfat 0,01
– Aluminiumchlorid 0,1

2 Berechnen Sie den pH-Wert einer verdünnten Salpetersäure:
$w(HNO_3) = 6{,}66\,\%$
$M(HNO_3) = 63\ g \cdot mol^{-1}$
$\varrho(\text{Lösung}) = 1{,}035\ g \cdot ml^{-1}$
$c_0(HNO_3) = c_0(H_3O^+)$

3 Berechnen Sie den pH-Wert einer 5%igen Kalilauge:
$w(KOH) = 5\,\%$
$M(KOH) = 56{,}1\ g \cdot mol^{-1}$
$\varrho(\text{Lösung}) = 1{,}044\ g \cdot ml^{-1}$

4 Von Salzsäure und Essigsäure sollen jeweils Lösungen mit pH = 3 hergestellt werden. Berechnen Sie die erforderlichen Ausgangskonzentrationen.

5 Berechnen Sie den pH-Wert einer wässrigen Lösung von Schwefelsäure ($c_0 = 0{,}6\ mol \cdot l^{-1}$) mit und ohne Berücksichtigung der zweiten Protolysestufe.

6 Begründen Sie, ob die wässrigen Lösungen von Natriumdihydrogenphosphat, Natriumhydrogenphosphat und Natriumphosphat sauer oder basisch sind.

7 Berechnen Sie die pH-Werte der wässrigen Lösungen ($c = 1\ mol \cdot l^{-1}$) von Orthophosphorsäure, Kaliumdihydrogenphosphat, Dikaliummonohydrogenphosphat und Trinatriumphosphat.

8 Berechnen Sie die pH-Werte einer Natriumhydrogensulfit- und einer Natriumhydrogensulfidlösung.

Protolysegrad Schwache Säuren protolysieren (dissoziieren) in Lösung meist nur zu einem geringen Anteil in Ionen. Der Begriff „schwach" bezieht sich also auf das Ausmaß der Protolyse. Zur Beurteilung des Anteils der durch die Protolysereaktion entstandenen Ionen wurde der **Protolysegrad der Säure α_S** (Dissoziationsgrad) eingeführt. Er bezieht sich auf das Protolysegleichgewicht der jeweiligen Säure und ist folgendermaßen definiert:

$$HA + H_2O \rightleftharpoons H_3O^+ + A^-$$

$$\alpha_S = \frac{c(H_3O^+)}{c_0(HA)} = \frac{c(A^-)}{c_0(HA)}$$

Analog ist für die chemische Reaktion einer schwachen Base B mit Wasser der **Protolysegrad der Base α_B** definiert:

$$B + H_2O \rightleftharpoons HB^+ + OH^-$$

$$\alpha_B = \frac{c(OH^-)}{c_0(B)} = \frac{c(HB^+)}{c_0(B)}$$

Schwache Protolyte liegen in der Lösung nur in geringem Ausmaß protolysiert vor. Der Protolysegrad wird daher immer einen Zahlenwert unter 1 annehmen. Im Vergleich dazu liegen starke Protolyte praktisch vollständig protolysiert vor, d.h., ihr Protolysegrad ist gleich 1.
Üblich ist auch die Angabe des Protolysegrads in Prozent:

$$\alpha_S = \frac{c(H_3O^+)}{c_0(HA)} \cdot 100\,\%$$

Berechnung des Protolysegrads

Aufgabe: Berechnen Sie den Protolysegrad α_S der Essigsäure in einer Essigsäurelösung ($c_0 = 0{,}01\ mol \cdot l^{-1}$).

Lösung: $CH_3COOH + H_2O \rightleftharpoons H_3O^+ + CH_3COO^-$

Im Protolysegleichgewicht der schwachen Säure Essigsäure gilt:

$$c(H_3O^+) = \sqrt{K_S \cdot c_0(HAc)}$$
$$c(H_3O^+) = 10^{-4,75}\ mol \cdot l^{-1} \cdot 0{,}01\ mol \cdot l^{-1}$$
$$c(H_3O^+) = 4{,}2 \cdot 10^{-4}\ mol \cdot l^{-1}$$

$$\alpha_S = \frac{c(Ac^-)}{c_0(HAc)} = \frac{c(H_3O^+)}{c_0(HAc)}$$
$$\alpha_S = \frac{4{,}2 \cdot 10^{-4}\ mol \cdot l^{-1}}{0{,}01\ mol \cdot l^{-1}}$$

$$\alpha_S = 0{,}042 = 4{,}2\,\%$$

Es haben also nur etwa 4 von 100 Essigsäuremolekülen Protonen an Wassermoleküle abgegeben.

EXPERIMENT 1

Protolysegrad und Verdünnung
Mithilfe eines Leitfähigkeitsmessgeräts wird die Veränderung der elektrischen Leitfähigkeit beim Verdünnen von Eisessig (C) mit Wasser verfolgt. Die Lösung muss ständig gut gerührt werden (Abb. 1).

1 Durchführung von Experiment 1

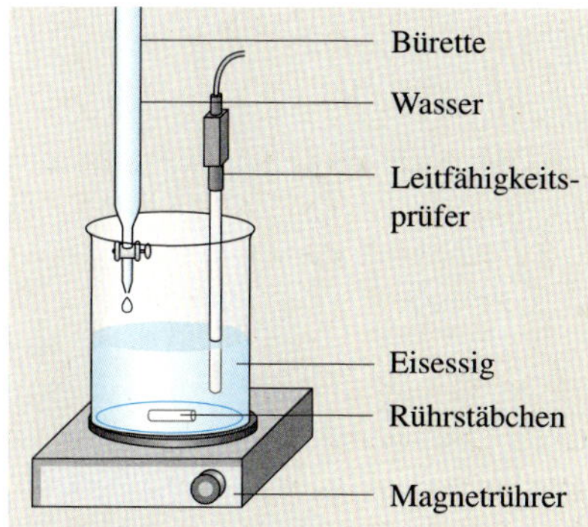

AUFGABEN

1. Erklären Sie die im Experiment 1 gemachten Beobachtungen.
2. Begründen Sie die Abnahme des Protolysegrads bei einer Erhöhung der Konzentration der Lösung.
3. Berechnen Sie die Protolysegrade von Ammoniaklösungen mit folgenden Konzentrationen [$mol \cdot l^{-1}$]: 1; 0,1; 0,01; 0,001.
4. Berechnen Sie den Protolysegrad einer wässrigen Ammoniaklösung mit dem pH-Wert 11,2.
5. Eine wässrige Lösung von Kaliumcyanid der Konzentration $c = 0{,}01\ mol \cdot l^{-1}$ hat den pH-Wert 10,76. Berechnen Sie den Protolysegrad α_B des CN^--Ions und den Säureexponenten pK_S der Cyanwasserstoffsäure.
6. Die wässrige Lösung einer einwertigen Säure der Konzentration $c = 0{,}1\ mol \cdot l^{-1}$ hat den pH-Wert 2,56. Berechnen Sie den Protolysegrad α_S der Säure und ihren Säureexponenten pK_S.

Ostwald'sches Verdünnungsgesetz Das Protolysegleichgewicht einer Säure HA

$$HA + H_2O \rightleftharpoons H_3O^+ + A^-$$

wird beim Verdünnen der Lösung durch Zusatz des Lösemittels Wasser in die Richtung der Protolyseprodukte verschoben, der protolysierte HA-Anteil nimmt also zu (Exp. 1). Dieser Zusammenhang ergibt sich auch aus dem **Ostwald'schen Verdünnungsgesetz**. Es zeigt, dass mit abnehmender Ausgangskonzentration des Protolyten der Protolysegrad der Lösung ansteigt.

$$K_S = \frac{\alpha_S^2}{1 - \alpha_S} \cdot c_0(HA)$$

Für Basen gilt ein analoger Zusammenhang.

$$K_B = \frac{\alpha_B^2}{1 - \alpha_B} \cdot c_0(B)$$

Die Abhängigkeit des Protolysegrads von der Ausgangskonzentration ist in Abbildung 1 an fünf Beispielen dargestellt.
Das Ostwald'sche Verdünnungsgesetz ermöglicht die Berechnung des Protolysegrads, wenn die Protolysekonstante und die Ausgangskonzentration des Protolyten bekannt sind.

1 Je geringer die Ausgangskonzentration, desto höher der Protolysegrad

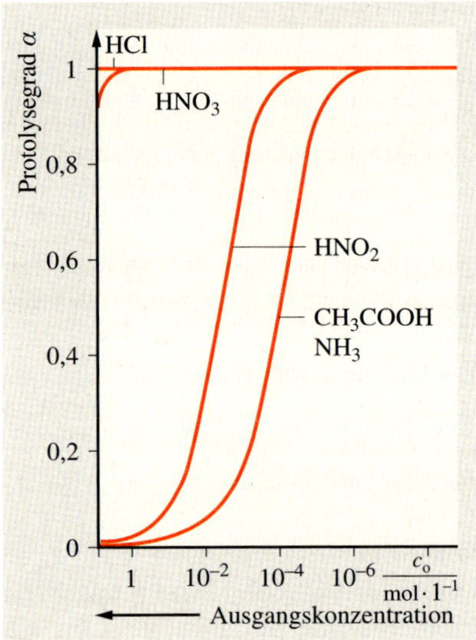

ZUSAMMENFASSUNG

Größengleichungen zur Berechnung des pH-Werts wässriger Lösungen

Sehr starke Säure
$pK < -1{,}74$ $\quad$ $\mathbf{pH = -lg\,\{c_0(HA)\}}$

Schwache Säure
$pK_S > 4{,}5$ $\quad$ $\mathbf{pH = ½\,(pK_S - lg\,\{c_0(HA)\})}$

Starke Säure
$-1{,}74 < pK_S < 4{,}5$

$$c(H_3O^+) = -\frac{K_S}{2} + \sqrt{\frac{K_S^2}{4} + K_S \cdot c_0(HA)}$$

$$pH = -lg\,\{c(H_3O^+)\}$$

Ampholyt $\quad$ $\mathbf{pH = ½\,[14 + pK_S - pK_B]}$

Für Basen ergeben sich analoge Größengleichungen. Außerdem gilt: pH = 14 – pOH.
In den Größengleichungen ist die Einheit der Ausgangskonzentration $[c_0] = mol \cdot l^{-1}$.

Der **Protolysegrad** charakterisiert das Ausmaß einer Protolyse. Er steigt mit zunehmender Verdünnung der Lösung.

$$\alpha_S = \frac{c(H_3O^+)}{c_0(HA)}$$

Dieser Sachverhalt kommt auch im **Ostwald'schen Verdünnungsgesetz** zum Ausdruck.

$$K_S = \frac{\alpha_S^2}{1 - \alpha_S} \cdot c_0(HA)$$

Puffersysteme

Säure-Base-Puffer Der Begriff Puffer wurde aus der Technik übernommen, wo er mechanische Vorrichtungen bezeichnet, z. B. die Puffer an Eisenbahnwagen zum Abfedern von Druckbelastungen. Der Brauereibesitzer FERNBACH führte diesen Begriff Ende des 19. Jahrhunderts als Bezeichnung von Lösungen in der Chemie ein, die eine schwache bis mittelstarke Säure oder Base (z. B. Essigsäure) und ein Salz ihres korrespondierenden Rest-Ions (z. B. Natriumacetat) enthalten.
Lösungen, die eine schwache Säure HA und die dazu korrespondierende Base A^- in etwa gleicher Konzentration enthalten, nennt man **Säure-Base-Puffer** oder **Pufferlösungen**. Die in der Lösung wirksame Säure wird als **Puffersäure** bezeichnet, die wirksame Base als **Pufferbase**. Beide zusammen bilden das **Puffersystem**. Puffersysteme haben die Fähigkeit, zugegebene H_3O^+- bzw. OH^--Ionen durch Gleichgewichtsreaktionen „abzufangen“ oder „abzufedern“.

Zufuhr von H_3O^+: $H_3O^+ + A^- \rightleftharpoons H_2O + HA$

Zufuhr von OH^-: $OH^- + HA \rightleftharpoons H_2O + A^-$

Das bedeutet, dass solche Lösungen bei Zugabe einer begrenzten Menge einer Säure oder einer Base den pH-Wert annähernd konstant halten bzw. nur geringfügig ändern.
In einer Lösung, die Essigsäuremoleküle und Acetat-Ionen enthält, liegt folgendes Gleichgewicht vor:

$CH_3COOH + H_2O \rightleftharpoons H_3O^+ + CH_3COO^-$

Werden dieser Lösung Hydronium-Ionen zugesetzt, so reagieren diese mit der Base Acetat-Ion unter Bildung von Essigsäure und Wasser, bis sich das gestörte Gleichgewicht neu eingestellt hat. Die zugesetzten Hydronium-Ionen werden also weitgehend gebunden, der pH-Wert sinkt nur sehr wenig.
Enthält der Zusatz Hydroxid-Ionen, so reagieren die Essigsäuremoleküle mit diesen Ionen unter Bildung von Acetat-Ionen und Wassermolekülen. Der pH-Wert bleibt konstant. Die Hydroxid-Ionen können auch die sich im Gleichgewicht befindenden Hydronium-Ionen neutralisieren. Das so gestörte Gleichgewicht stellt sich durch weitere Protolyse der Essigsäure wieder ein, wobei die Hydronium-Ionen im Wesentlichen nachgeliefert werden. Der pH-Wert ändert sich in diesem Fall nur sehr wenig.
Lösungen wie die Essigsäure/Acetat-Lösung können also gewisse Mengen von zugesetzten Hydronium- oder Hydroxid-Ionen abfangen, sodass sich ihr pH-Wert kaum ändert. Werden Hydronium-Ionen oder Hydroxid-Ionen dagegen reinem Wasser zugesetzt, verändert sich der pH-Wert sehr stark (Exp. 1).

Puffergleichung Durch einfache Umstellung der Definitionsgleichung für die Säurekonstante K_S der Puffersäure

$$K_S = c(H_3O^+) \cdot \frac{c(A^-)}{c(HA)} \quad \text{und} \quad c(H_3O^+) = K_S \cdot \frac{c(HA)}{c(A^-)}$$

EXPERIMENT 1

Pufferung

In Reagenzglas 1 werden 4 ml Wasser gefüllt, in Reagenzgläser 2 und 3 je 2 ml Essigsäurelösung ($c = 1\ mol \cdot l^{-1}$) und je 2 ml Natriumacetatlösung ($c = 1\ mol \cdot l^{-1}$).
Den 3 Reagenzgläsern werden je 2 Tropfen Bromphenolblaulösung zugesetzt (Abb. 2).
Die Lösungen in den Reagenzgläsern 1 und 2 werden mit je einem Tropfen Salzsäure ($c = 1\ mol \cdot l^{-1}$) versetzt. In Reagenzglas 1 werden 2 Tropfen Natronlauge ($c = 1\ mol \cdot l^{-1}$, C) gegeben, in Reagenzglas 3 ein Tropfen dieser Natronlauge.
Stellen Sie die Änderung des pH-Werts der Lösungen fest. Anschließend werden die Lösungen in den Reagenzgläsern 2 und 3 weiter tropfenweise mit Salzsäure bzw. Natronlauge versetzt, bis der Indikator deutlich seine Färbung ändert.

2 Durchführung von Experiment 1

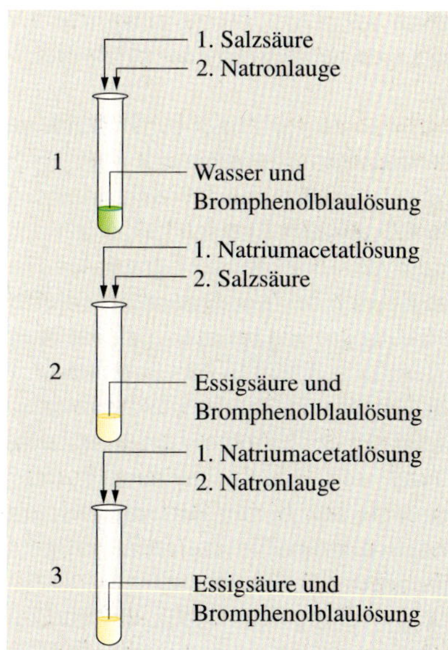

erhält man die **Puffergleichung**, auch **Henderson-Hasselbalch-Gleichung** genannt.

$$\mathbf{pH = p}K_\mathbf{S} + \mathbf{lg}\,\frac{c(\mathbf{A^-})}{c(\mathbf{HA})}$$

Sie ist Grundlage für quantitative Betrachtungen an Pufferlösungen. Aus der Puffergleichung ist erkennbar:

- Der pH-Wert der Pufferlösung wird hochgradig durch den pK_S-Wert der Puffersäure bestimmt.
- Der pH-Wert der Pufferlösung bestimmt das Konzentrationsverhältnis der Pufferbase zur Puffersäure, umgekehrt beeinflusst das (willkürlich eingestellte) Konzentrationsverhältnis der Pufferbase zur Puffersäure den pH-Wert der Pufferlösung.
- Sind die Konzentrationen von Pufferbase und Puffersäure gleich, dann ist der pH-Wert der Pufferlösung gleich dem Säureexponenten der Puffersäure, also $pH = pK_S$.

Da als Puffersäuren und Pufferbasen immer nur schwache Protolyte verwendet werden, deren geringe Protolyse durch den Zusatz des korrespondierenden Partners fast vollständig zurückgedrängt wird, dürfen in die Puffergleichung anstelle der Gleichgewichtskonzentrationen die Ausgangskonzentrationen der Puffersäure und Pufferbase eingesetzt werden.

Pufferungskurve Die grafische Darstellung der Puffergleichung wird **Pufferungskurve** genannt (Abb. 1). Am Wendepunkt der Pufferungskurve mit $c(A^-) = c(HA)$ und $pH = pK_S$ ist die Steigung der Kurve am kleinsten. Die Steigung ändert sich bei Vergrößerung oder Verkleinerung des Konzentrationsverhältnisses $c(A^-) : c(HA)$ zunächst nur wenig. Eine durch Säure- oder Basezusatz verursachte erhebliche Veränderung des Verhältnisses $c(A^-) : c(HA)$ entspricht in diesem Bereich einer nur geringen Veränderung des pH-Werts.

Pufferkapazität Unter der **Pufferkapazität $\boldsymbol{\beta}$** versteht man die Stoffmenge an Hydronium- oder Hydroxid-Ionen, die man zugeben muss, um den pH-Wert um eine Einheit zu verändern. Die Pufferkapazität ist erschöpft, wenn der größte Anteil der Puffersäure bzw. der korrespondierenden Base umgesetzt ist.
Im Bereich des Wendepunkts der Pufferungskurve ist die Pufferwirkung gut und bei $pH = pK_S$ am besten. Bei Überschreiten der Grenzen $c(A^-) : c(HA) < 0{,}1$ oder > 10 ($pH = pK_S \pm 1$) nimmt die Pufferkapazität der Lösung drastisch ab. Die Pufferkapazität steigt mit der Erhöhung der Konzentration des Puffersystems.
Durch den Einsatz mehrerer Puffersysteme in einer Lösung kann ein sehr breiter Pufferbereich erzielt werden. Das ist auch möglich beim Einsatz mehrwertiger Puffersäuren mit relativ ähnlichen pK_S-Werten, wie z. B. der Citronensäure ($pK_{S1} = 3{,}07$; $pK_{S2} = 4{,}77$; $pK_{S3} = 5{,}40$), da dann die Pufferbereiche der verschiedenen Protolysestufen der Puffersäure überlappen.

1 Pufferungskurve, pH-Wert als Funktion von $x(A^-) : x(HA)$

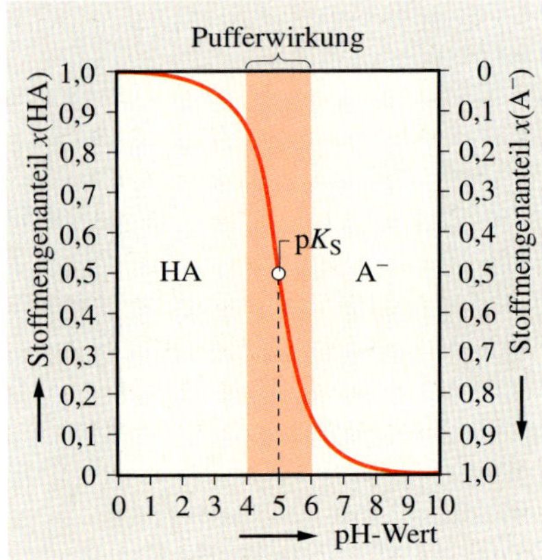

2 Pufferkapazität β einer Essigsäure/Acetat-Lösung der Gesamtkonzentration $c_0 = 0{,}4\ mol \cdot l^{-1}$

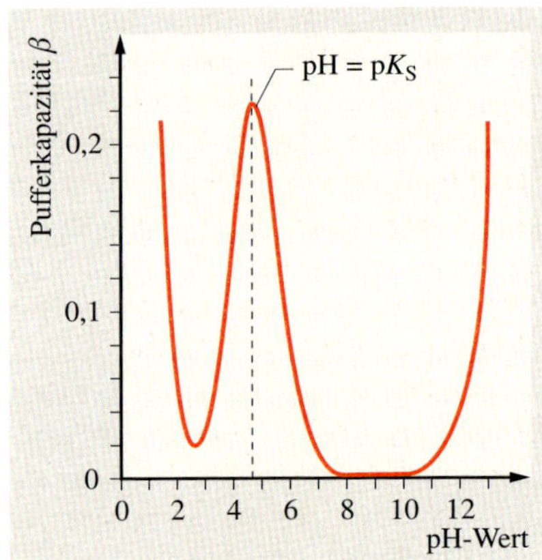

AUFGABE

1 Erläutern Sie:
a die Veränderung des Protolysegleichgewichts einer Säure bei Zusatz von Hydronium- bzw. Hydroxid-Ionen
b die Änderung des pH-Werts der wässrigen Lösung einer schwachen Säure bei Zusatz des Natriumsalzes derselben Säure
c die Pufferwirkung der Systeme Essigsäure/Natriumacetat und Ammoniak/Ammoniumchlorid bei Zusatz von Hydronium- bzw. Hydroxid-Ionen

Physiologie

Bedeutung von Pufferlösungen

1 Schema der Atmung (HbH^+ = Hämoglobin, HbO_2 = Oxyhämoglobin)

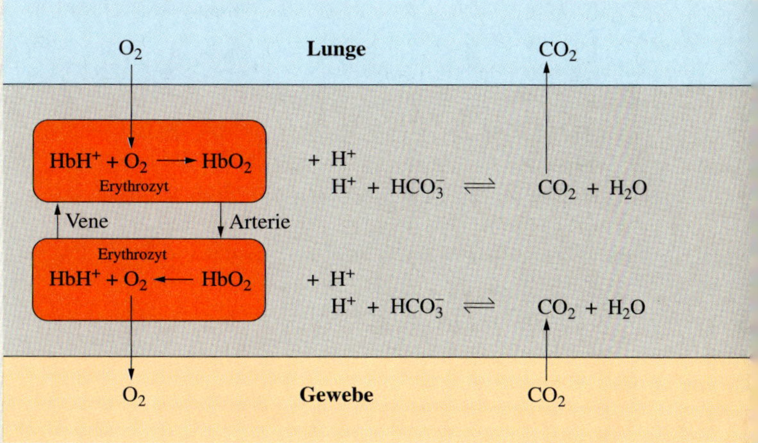

Das Blut ist das einzige „flüssige Organ" des menschlichen Körpers. Für eine stets ausgeglichene physikalische, chemische und biologische Zusammensetzung des Bluts müssen Nieren, Lunge, Leber und blutbildendes Knochenmark sorgen. Das macht das Organ sehr störanfällig. So muss das Blut z.B. einen ziemlich konstanten pH-Wert haben, der lediglich zwischen den pH-Werten 7,38 und 7,44 variiert. Mehrere Puffersysteme halten den pH-Wert innerhalb dieses engen Bereichs.

Unter diesen Puffern hat der Kohlensäure-Hydrogencarbonat-Puffer H_2CO_3/HCO_3^- die größte Bedeutung. Der Körper regelt die Konzentration der beiden Komponenten mithilfe verschiedener Mechanismen. Über die Atemfrequenz und die Tiefe der Atmung wird die Kohlensäurekonzentration des Bluts geregelt. Die Konzentration der Hydrogencarbonat-Ionen wird über die Ausscheidung dieses Ions im Urin gesteuert. Das normale Verhältnis von HCO_3^- zu H_2CO_3 im Blut ist 20 : 1.

Bei Verbrennungen tritt Blutplasma aus dem Blutkreislauf in die Wunde ein. Das verursacht Schwellungen (Ödeme) und führt zu Blutverlusten. Bei großflächigen Wunden kann das die Sauerstoffversorgung des gesamten Körpers beeinträchtigen. Bei Sauerstoffmangel kommt es zur überschüssigen Freisetzung von Milchsäure, die mit den Hydrogencarbonat-Ionen zur Kohlensäure reagieren. In solchen Situationen atmet die verletzte Person schneller.

Da der pH-Wert eines Systems oft eine bestimmende Reaktionsbedingung oder generell eine grundlegende Bedingung für die Stabilität eines Systems ist, besitzen Pufferlösungen auch in vielen anderen biologischen Bereichen eine erhebliche Bedeutung. Das Leben auf der Erde wäre ohne die durchgehende Pufferung aller biologischen Systeme gar nicht möglich. So enthält der Erdboden in der Humusschicht mehrere Puffersysteme, die eine lebensnotwendige Bedingung für die Existenz bestimmter Pflanzen und Mikroorganismen sind, u.a. das System $CaCO_3/Ca(HCO_3)_2$. Auch Gewässer wie Seen oder Flüsse stellen sensible Puffersysteme dar. Wird die Pufferkapazität dieser Systeme, etwa durch sauren Regen, überschritten, verringert sich der pH-Wert z.B. des Bodens, er versauert. Dies führt zu erheblichen biologischen Veränderungen in Flora und Fauna.

AUFGABEN

1 Das Blut eines Menschen hat in der Regel einen pH-Wert von 7,4. Kurz nach einem Marathonlauf kann dieser kurzzeitig aber auch bei 7,1 liegen. Berechnen Sie für beide Beispiele das Konzentrationsverhältnis von HCO_3^- und H_2CO_3.

2 Berechnen Sie die pH-Wert-Veränderung, die der Zusatz von 1 ml Salzsäure ($c = 1\ mol \cdot l^{-1}$) zu 100 ml einer Lösung verursacht, die einen Kohlensäure-Hydrogencarbonat-Puffer mit $c(H_2CO_3) = 0{,}1\ mol \cdot l^{-1}$ und $c(HCO_3^-) = 1\ mol \cdot l^{-1}$ enthält.

3 Erklären Sie die Auswirkungen einer Hyperventilation, die durch Sauerstoffmangel hervorgerufen wurde. Entwerfen Sie in Anlehnung an Abb. 1 eine Skizze, in der die Auswirkung der Hyperventilation dargestellt wird.

4 Informieren Sie sich über weitere wichtige Puffersysteme, die an der Regulierung des pH-Werts im Blut beteiligt sind.

Existenzbereiche Die pH-abhängigen Existenzbereiche der Partner korrespondierender Säure-Base-Paare sind aus den Pufferungskurven ablesbar. Dazu einige Beispiele (Abb. 1):

- Das Paar Essigsäure/Acetat liegt bei pH < 2,75 fast ausschließlich in Form von Essigsäuremolekülen vor, Acetat-Ionen sind so gut wie nicht vorhanden.
- Eine Ammoniaklösung mit pH > 11,2 enthält praktisch keine Ammonium-Ionen mehr.
- Sulfid-Ionen existieren nur bei pH > 11, ein Salz „Ammoniumsulfid" $(NH_4)_2S$ lässt sich also aus wässriger Lösung nicht herstellen.
- In einer Phosphatlösung liegen bei pH = 7,2 die Ionen $H_2PO_4^-$ und HPO_4^{2-} in gleichen Konzentrationen vor.

1 pH-Bereiche, in denen korrespondierende Säuren und Basen überwiegend vorliegen

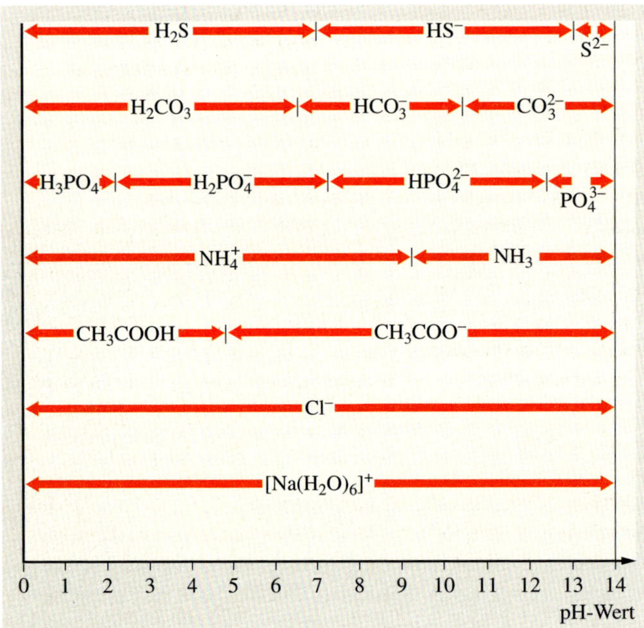

AUFGABEN

1 In 100 ml Essigsäure ($c = 0{,}1\ mol \cdot l^{-1}$) werden gelöst:
a 1,36 g bzw.
b 2,72 g Natriumacetat-3-Wasser $CH_3COONa \cdot 3\ H_2O$ ($M = 135{,}1\ g \cdot mol^{-1}$)
Berechnen Sie jeweils die pH-Wert-Veränderung.

2 In 50 ml Ammoniaklösung ($c = 1\ mol \cdot l^{-1}$) werden 2,67 g Ammoniumchlorid gelöst. Wie groß ist die pH-Wert-Veränderung?

3 Berechnen Sie das Stoffmengenverhältnis der Partner der jeweiligen korrespondierenden Säure-Base-Paare in verdünnten wässrigen Lösungen von $NaHCO_3$ bei pH = 9,8, von HCl bei pH = 3 und von NaH_2PO_4 bei pH = 5.

4 Erläutern Sie ausgehend von der Puffergleichung eine Möglichkeit, die Stärke einer Säure experimentell zu bestimmen.

ZUSAMMENFASSUNG

Pufferlösungen ändern bei Zusatz nicht zu großer Portionen beliebiger Säuren oder Basen oder beim Verdünnen in den Grenzen ihrer Pufferkapazität ihren pH-Wert fast nicht.
Quantitative Aussagen zu Pufferlösungen sind möglich mithilfe der **Puffergleichung** (Henderson-Hasselbalch-Gleichung).

$$\mathbf{pH = p}K_\mathbf{S} + \mathbf{lg}\ \frac{c(\mathbf{A^-})}{c(\mathbf{HA})}$$

Praktische Bedeutung haben Puffersysteme vor allem im Bereich 1,5 < pH < 12,5. Stärker saure oder stärker basische Lösungen puffern ohne Zusatz ihrer korrespondierenden Partner.

► Konzept des chemischen Gleichgewichts und der Kinetik

Säure-Base-Titration

Chemische Analyse Die auf den vorangegangenen Seiten diskutierten Gesetzmäßigkeiten bilden die Grundlage vieler maßanalytischer Bestimmungsmethoden. Bei einer **Maßanalyse** wird eine Substanz mit unbekannter Konzentration (Analysenlösung, Vorlage) einer definierten chemischen Reaktion unterworfen, deren Endpunkt leicht zu erkennen ist. Meist findet diese Reaktion unter Zugabe einer Lösung statt, deren Konzentration genau bekannt ist (Maßlösung).

Da die Maßlösung schrittweise zugegeben wird, bezeichnet man das Verfahren als **Titration**. Die Gesamtheit aller Verfahren zur Identifizierung und quantitativen Bestimmung der Zusammensetzung einer Substanzprobe bezeichnet man als **chemische Analyse**.

Eine hoch entwickelte Industriegesellschaft ist ohne eine leistungsfähige chemische Analytik nicht denkbar. Die Ergebnisse von solchen Analysen dienen als Grundlagen einer gezielten Stoffentwicklung in den unterschiedlichsten Bereichen. Dazu gehören Natur- und Technikwissenschaften, Landwirtschaft und Industrie sowie der Umwelt- und Gesundheitsschutz, z. B. mit der Reinheitskontrolle von Böden, Wasser, Luft, Nahrungsmitteln und Chemikalien. Die moderne Diagnostik nutzt die chemische Analyse in Medizin und Kriminalistik. Wesentliche neue Erkenntnisse und deren Anwendung in Chemie, Biochemie, Biologie, Medizin und Umweltwissenschaften haben oft ihren Ursprung in Fortschritten der chemischen Analytik. Die chemische Analyse und Synthese sind ferner Voraussetzung für die Entwicklung von Pharmaka und neuen Werkstoffen.

Grundlagen der Säure-Base-Titration Die Säure-Base-Titration ist ein maßanalytisches Verfahren zur Bestimmung der Konzentration einer Säure (Base) in Lösung auf der Grundlage einer Neutralisationsreaktion. Die Neutralisation zwischen einer sauren und basischen Lösung verläuft sehr schnell. Der Endpunkt der Neutralisation kann anhand des Farbumschlags von Indikatoren oder mit elektrochemischen Verfahren (↑ S. 243) ziemlich genau festgestellt werden.

Der Endpunkt einer Säure-Base-Titration, der Äquivalenzpunkt, ist erreicht, wenn z. B. alle Hydronium-Ionen der titrierten Säure durch die Hydroxid-Ionen einer basischen Maßlösung neutralisiert wurden. Am Äquivalenzpunkt liegt somit eine Salzlösung vor.

Bei einer Säure-Base-Titration kommt es in der Umgebung des Äquivalenzpunkts zu einer sprunghaften Veränderung des pH-Werts. Ein besonders großer pH-Sprung tritt jedoch nur bei der Titration starker Säuren mit starken Basen auf.

Aus dem verbrauchten Volumen und der genau bekannten Konzentration der Maßlösung sowie dem vorgelegten Volumen der Analysenlösung lässt sich die Konzentration der Analysenlösung ermitteln.

EXPERIMENT 1

Säure-Base-Titration

25 ml Salzsäure bzw. Essigsäure ($c = 0{,}1\ \mathrm{mol \cdot l^{-1}}$) werden mit Natronlauge ($c = 0{,}1\ \mathrm{mol \cdot l^{-1}}$) gegen Methylrot bzw. Phenolphthalein titriert.

2 Titration mit Farbindikator

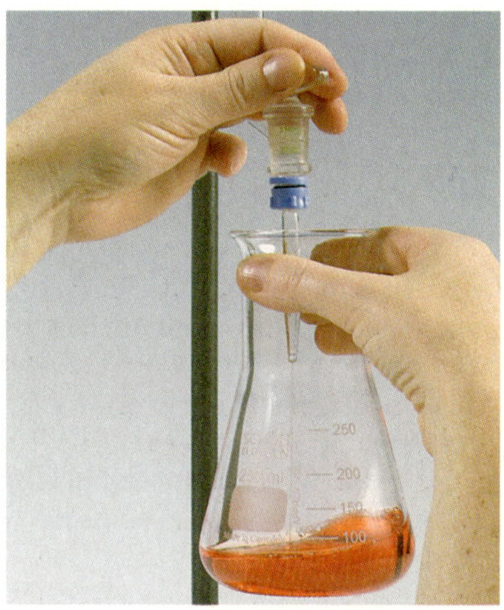

3 Prinzip der Wirkung eines Säure-Base-Indikators

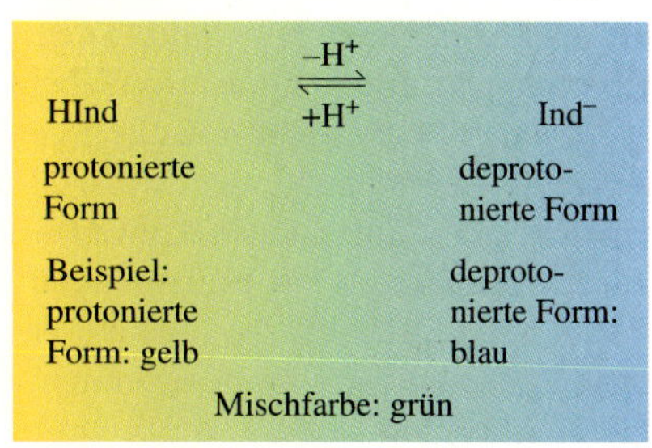

Für maßanalytische Bestimmungen sind neben Säure-Base-Reaktionen (Neutralisationsreaktionen) auch Redoxreaktionen, Fällungsreaktionen oder Komplexreaktionen geeignet.

Säure-Base-Indikatoren Säure-Base-Indikatoren sind schwache organische Säuren (Basen), die farbig sind und deren korrespondierender Partner eine andere Farbe aufweist.

$HIn + H_2O$	$\rightleftharpoons H_3O^+ + In^-$
Indikatorsäure	Indikatorbase
(z. B. gelb)	(z. B. blau)

Bei Zusatz von sauren Lösungen (Zufuhr von H_3O^+) verschiebt sich das Indikatorgleichgewicht nach links, die Lösung zeigt die Farbe der Indikatorsäure. Bei Zusatz einer basischen Lösung verschiebt sich das Gleichgewicht nach rechts, die Lösung zeigt die Farbe der Indikatorbase (Exp. 2).

Die Farbänderung des Indikators ist auf Strukturveränderungen des Indikatormoleküls zurückzuführen, die mit der Protolysereaktion einhergehen. Die Intensität der Farbe von Säure-Base-Indikatoren wie z. B. Bromthymolblau ist so groß, dass die Färbung der Lösung leicht erkannt werden kann, selbst dann, wenn die zugesetzte Indikatormenge zu gering ist, um einen Einfluss auf den pH-Wert ausüben zu können. In Abhängigkeit der Lage des pH-abhängigen Protolysegleichgewichts des Indikators, d. h. vom Verhältnis $c(In^-) : c(HIn)$, zeigt sich die eine oder andere Farbe der Indikatorlösung.

Es gilt die Puffergleichung:

$$\mathbf{pH = p}K_\mathbf{S}\mathbf{(HIn) + lg}\ \frac{c\mathbf{(In^-)}}{c\mathbf{(HIn)}}$$

Wenn die Konzentration der Indikatorsäure und die der korrespondierenden Base gleich sind, also $c(HIn) = c(In^-)$, ist **$pH = pK_S(HIn)$**. Dies ist der **Umschlagpunkt** des Indikators. Am Umschlagpunkt liegt eine Mischfarbe vor (z. B. Grün). Die verschiedenen Säurestärken (pK_S-Werte) der Indikatoren führen zu deren unterschiedlichen Umschlagpunkten.

Die reine Farbe der Indikatorsäure (z. B. Gelb) nimmt das menschliche Auge meist dann wahr, wenn $c(HIn) = 10\ c(In^-)$ ist, also bei $pH = pK_S - 1$, die Farbe der Indikatorbase (z. B. Blau) entsprechend bei $pH = pK_S + 1$. Der Bereich **$pH = pK_S(HIn) \pm 1$** wird als der **Umschlagbereich** des Indikators bezeichnet (Abb. 1).

Beispiele für Säure-Base-Indikatoren mit ihren Umschlagbereichen und Farbänderungen zeigt Tabelle 1.

Eine zweiwertige Indikatorsäure H_2In (mit pK_{S1} und pK_{S2}) besitzt dementsprechend zwei Umschlagbereiche, z. B. Thymolblau bei pH 1,2 – 2,8 und bei pH 8,0 – 9,6.

Phenophthalein ist ein Einfarbenindikator: Die Indikatorsäure ($pH < 8{,}4$) ist farblos, die Indikatorbase violett. Bei Einfarbenindikatoren ist der Umschlagbereich von der Indikatorkonzentration abhängig.

EXPERIMENT 2

Farben der Indikatoren

Zu je 5 ml Wasser werden jeweils 3 Tropfen verschiedener Indikatorlösungen zugesetzt. Zu Proben dieser so erhaltenen Lösungen wird je ein Tropfen Natronlauge ($c = 0{,}1\ mol \cdot l^{-1}$) und zu weiteren Proben je ein Tropfen Salzsäure ($c = 0{,}1\ mol \cdot l^{-1}$) gegeben.

Stellen Sie die entstehenden Färbungen der Lösungen in einer Übersicht zusammen.

1 Umschlagbereich von Methylrot

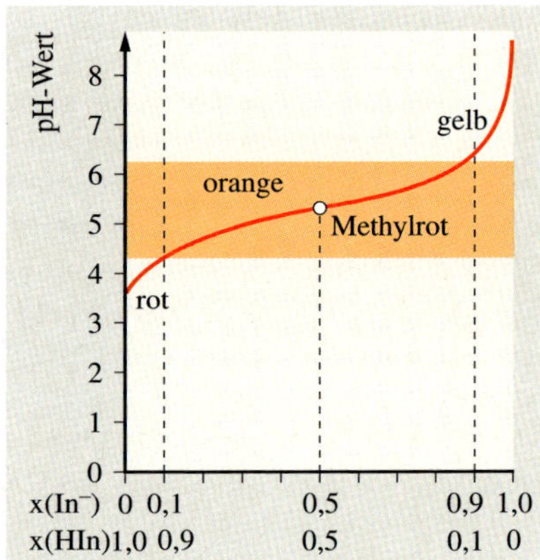

AUFGABEN

1 Nennen Sie die Farben von Methylrot in Lösungen mit folgenden pH-Werten: 2; 4,4; 5,3; 6,2; 8; 12.

2 Der Umschlagpunkt eines Indikators liegt bei pH = 6,1. Berechnen Sie die Säurekonstante K_S der Indikatorsäure.

3 Bewerten Sie den Einsatz von Methylorange als Indikator bei der Neutralisation von Salzsäure ($c = 0{,}001\ mol \cdot l^{-1}$) mit Kalilauge ($c = 0{,}1\ mol \cdot l^{-1}$).

Tab. 1 Umschlagbereiche einiger Säure-Base-Indikatoren

Indikator	Umschlagbereich pH	Farbänderung
Thymolblau, 1. Stufe	1,2– 2,8	rot – gelb
Methylorange	3,0– 4,4	rot – gelborange
Bromphenolblau	3,0– 4,6	gelb – blau
Methylrot	4,4– 6,2	rot – gelb
Lackmus	5,0– 8,0	rot – blauviolett
Bromthymolblau	6,0– 7,6	gelb – blau
Thymolblau, 2. Stufe	8,0– 9,6	gelb – blau
Phenolphthalein	8,4–10,0	farblos – violett

Universalindikatoren sind Gemische von Indikatoren mit unterschiedlichen, überlappenden Umschlagbereichen. Im Handel werden sie in Form von Lösungen, Indikatorpapieren oder Indikatorstäbchen verwendet.

EXPERIMENT 3

Herstellen eines Universalindikators

50 mg Thymolblau, 25 mg Methylrot und 600 mg Bromthymolblau werden in 15 ml Natronlauge ($c = 0{,}1\ \text{mol} \cdot \text{l}^{-1}$) gelöst. Die Lösung wird mit 500 ml Brennspiritus (F) versetzt und abschließend mit Wasser auf ein Gesamtvolumen von 1 Liter aufgefüllt.
Erstellen Sie eine Farbskala für diesen Universalindikator.

Auswertung einer Säure-Base-Titration Reagiert bei einer Neutralisationsanalyse eine Säure mit einer Base gleicher Wertigkeit (Exp. 1), so ist am Äquivalenzpunkt die Stoffmenge n_1 der in der Analysenlösung vorhandenen Säure oder Base gleich der Stoffmenge n_2 der in der verbrauchten Maßlösung vorliegenden Base bzw. Säure.
Am Äquivalenzpunkt gilt bei der Neutralisation von Protolyten gleicher Wertigkeit folgende Beziehung: $n_1 = n_2$
Da $n = c \cdot V$ ist, gilt auch: $c_1 \cdot V_1 = c_2 \cdot V_2$
Zur Berechnung von Größen bei der Auswertung einer Titration ergibt sich für die

- Stoffmengenkonzentration der zu bestimmenden Säure oder Base

$$c_1 = \frac{c_2 \cdot V_2}{V_1}$$

- Stoffmenge der zu bestimmenden Säure oder Base

$$n_1 = c_2 \cdot V_2$$

- Massenkonzentration der zu bestimmenden Säure oder Base

$$\beta_1 = \frac{M_1 \cdot c_2 \cdot V_2}{V_1}$$

AUFGABEN

1 Für die Neutralisation von 25 ml einer Natronlauge wurden 23,48 ml Salzsäure ($c = 0{,}1\ \text{mol} \cdot \text{l}^{-1}$) verbraucht. Berechnen Sie Stoffmenge und Masse des Natriumhydroxids in der Lösung.

2 Für die Neutralisation von 25 ml einer Salzsäure wurden 19,86 ml Kalilauge ($c = 0{,}1\ \text{mol} \cdot \text{l}^{-1}$) verbraucht. Berechnen Sie Stoffmenge und Masse des Chlorwasserstoffs in der Lösung.

Tab. 2 Erläuterungen zu den Größengleichungen zur Auswertung einer Titration

n_1	Stoffmenge der Analysenlösung
n_2	Stoffmenge der Maßlösung
V_1	Volumen der Analysenlösung
V_2	Volumen der Maßlösung
c_1	Stoffmengenkonzentration der Analysenlösung
c_2	Stoffmengenkonzentration der Maßlösung
M_1	molare Masse der Analysenlösung
β_1	Massenkonzentration der Analysenlösung
m_1	Masse der Säure in der Analysenlösung
$\overline{V}$	Mittelwert des Volumens

– Masse der zu bestimmenden Säure oder Base
$m_1 = M_1 \cdot c_2 \cdot V_2$

Wird allerdings die zweiwertige Schwefelsäure mit der einwertigen Natronlauge titriert, ist am Äquivalenzpunkt die Stoffmenge der verbrauchten Natronlauge doppelt so groß wie die Stoffmenge der zur Titration vorgelegten Schwefelsäure. Es gilt dann:
$n(\text{NaOH}) = 2n(\text{H}_2\text{SO}_4)$
$c(\text{NaOH}) \cdot V(\text{NaOH}) = 2c(\text{H}_2\text{SO}_4) \cdot V(\text{H}_2\text{SO}_4)$

Berechnungen zur Säure-Base-Titration

Aufgabe: Bei einer Neutralisationsanalyse werden drei Proben zu je 25 ml einer Salzsäure mit 15,29 ml, 15,33 ml und 15,34 ml einer Natronlauge (c = 0,1 mol · l^{-1}) neutralisiert. Berechnen Sie die Stoffmengenkonzentration der Salzsäure.

Gesucht: $c(\text{HCl})$

Gegeben: $\overline{V}(\text{NaOH}) = 15{,}32$ ml
$c(\text{NaOH}) = 0{,}1 \text{ mol} \cdot \text{l}^{-1}$
$V(\text{HCl}) = 25$ ml

Lösung:

$$c_1 = \frac{c_2 \cdot V_2}{V_1}$$

$$c(\text{HCl}) = \frac{0{,}1 \text{ mol} \cdot \text{l}^{-1} \cdot 15{,}32 \text{ ml}}{25 \text{ ml}}$$

$$c(\text{HCl}) = 0{,}0613 \text{ mol} \cdot \text{l}^{-1}$$

Die untersuchte Salzsäure hat eine Stoffmengenkonzentration von $c = 0{,}0613 \text{ mol} \cdot \text{l}^{-1}$.

Aufgabe: Zur Neutralisation von drei Proben einer Essigsäurelösung von je 25 ml werden 24,57 ml, 24,55 ml und 24,53 ml einer Natronlauge (c = 0,1 mol · l^{-1}) verbraucht. Berechnen Sie die Stoffmenge und die Masse der Essigsäure in 25 ml Lösung.

Gesucht: $n(\text{CH}_3\text{COOH})$
$m(\text{CH}_3\text{COOH})$

Gegeben: $\overline{V}(\text{NaOH}) = 24{,}55$ ml
$c(\text{NaOH}) = 0{,}1 \text{ mol} \cdot \text{l}^{-1}$
$V(\text{CH}_3\text{COOH}) = 25$ ml
$M(\text{CH}_3\text{COOH}) = 60 \text{ g} \cdot \text{mol}^{-1}$

Lösung:
$n_1 = c_2 \cdot V_2$
$n(\text{CH}_3\text{COOH}) = 0{,}1 \text{ mol} \cdot \text{l}^{-1} \cdot 24{,}55 \text{ ml} = 2{,}455 \text{ mmol}$
$m_1 = M_1 \cdot c_2 \cdot V_2$
$m(\text{CH}_3\text{COOH}) = 60 \text{ g} \cdot \text{mol}^{-1} \cdot 0{,}1 \text{ mol} \cdot \text{l}^{-1} \cdot 24{,}55 \text{ ml} = 147 \text{ mg}$

In 25 ml Essigsäurelösung sind 2,455 mmol bzw. 147 mg Essigsäure enthalten.

EXPERIMENT 4

Titration einer Base

In 100 ml Wasser wird ein Natriumhydroxidplätzchen (C) gelöst und diese Lösung mit Salzsäure (c = 0,1 mol · l^{-1}) gegen Bromthymolblau titriert. Berechnen Sie die Masse des Natriumhydroxids.

AUFGABE

1 10 ml Salzsäure werden in einem 100-ml-Messkolben mit Wasser bis zur Marke aufgefüllt. Vier Proben der Analysenlösung zu je 20 ml werden mit Natronlauge (c = 0,1 mol · l^{-1}) titriert. Der jeweilige Verbrauch an Maßlösung beträgt: 21,22 ml, 21,18 ml, 21,30 ml und 21,26 ml. Berechnen Sie die Masse und die Stoffmenge des Chlorwasserstoffs in der 10-ml-Probe.

Titrationskurven Der Verlauf einer Neutralisationsreaktion kann aus den Veränderungen des pH-Werts der Analysenlösung in Abhängigkeit vom Volumen der Maßlösung oder in Abhängigkeit vom Titrationsgrad ausgewertet werden.
Der **Titrationsgrad** τ für die Neutralisation, auch Neutralisationsgrad genannt, ist wie folgt definiert:

$$\tau = \frac{\text{Stoffmenge der zugesetzen Maßlösung}}{\text{Stoffmenge der zu titrierenden Säure (Base)}}$$

Die grafische Darstellung des pH-Werts der Probelösung in Abhängigkeit vom Volumen der Maßlösung oder vom Titrationsgrad bezeichnet man als Titrationskurve (Abb. 2).

EXPERIMENT 5
Titration von Säuren
100 ml Salzsäure bzw. Essigsäure (jeweils $c = 0{,}1\ \text{mol} \cdot \text{l}^{-1}$) werden mit Natronlauge ($c = 1\ \text{mol} \cdot \text{l}^{-1}$, C) titriert.
Messen Sie mit einem pH-Meter die pH-Werte in Abhängigkeit von der Zugabe der Natronlauge (Abb. 1). Stellen Sie die Ergebnisse grafisch dar.

Titration einer sehr starken Säure mit einer sehr starken Base Zur Ermittlung der Neutralisationskurve für die Titration einer sehr starken Säure mit einer sehr starken Base (Exp. 5) soll ein Volumen von 100 ml Salzsäure ($c = 0{,}1\ \text{mol} \cdot \text{l}^{-1}$) mit Natronlauge ($c = 1\ \text{mol} \cdot \text{l}^{-1}$) neutralisiert werden. Die Konzentration der Maßlösung wird so hoch gewählt, damit die durch Zusatz der Maßlösung verursachte Volumenveränderung der Analysenlösung gering ist und vernachlässigt werden kann.
Die Salzsäure hat vor Beginn des Zusatzes an Maßlösung den pH-Wert 1. Nach Zugabe von 9 ml Natronlauge sind 90 % der ursprünglich in der Analysenlösung vorhandenen Hydronium-Ionen neutralisiert, der Titrationsgrad ist 90 %. Die Konzentration der Hydronium-Ionen beträgt nur noch ein Zehntel der Ausgangskonzentration, nun ist pH = 2. Eine Zugabe von 9,9 ml Maßlösung entspricht einem Titrationsgrad von 99 % und pH = 3, ein Zusatz von 9,99 ml Maßlösung einem Titrationsgrad von 99,9 % und pH = 4.
Nach weiterem Zusatz von nur 0,01 ml Maßlösung – der Bruchteil eines Tropfens, was sich experimentell gar nicht realisieren lässt – wird der Äquivalenzpunkt erreicht. Die ursprünglich in der Analysenlösung vorhandenen Hydronium-Ionen sind jetzt vollständig neutralisiert, die Neutralisation ist zu 100 % erfolgt.

Tab. 1 Verlauf der Neutralisationstitration von 100 ml Salzsäure ($c = 0{,}1\ \text{mol} \cdot \text{l}^{-1}$) mit Natronlauge ($c = 1\ \text{mol} \cdot \text{l}^{-1}$)

Zugabe an Natronlauge in ml	Titrationsgrad in %	$c(H_3O^+)$ in $\text{mol} \cdot \text{l}^{-1}$	pH-Wert
0,00	0	10^{-1}	1
9,00	90	10^{-2}	2
9,90	99	10^{-3}	3
9,99	99,9	10^{-4}	4
10,00	100	10^{-7}	7
10,10	101	10^{-11}	11
11,00	110	10^{-12}	12
20,00	200	10^{-13}	13

1 Titration einer Säure mit Natronlauge

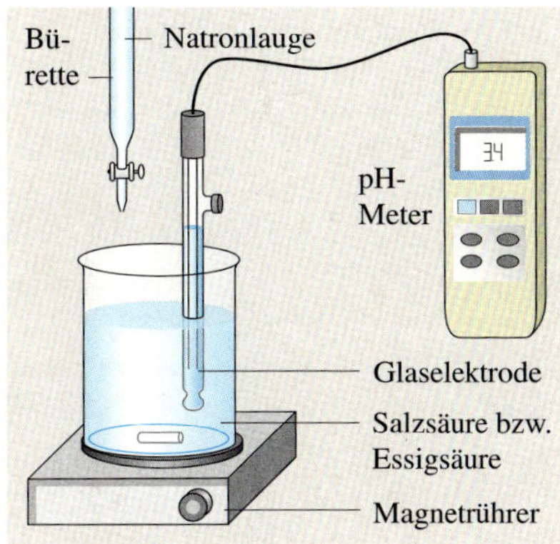

2 Titrationskurven verschieden starker Säuren ($c = 0{,}1\ \text{mol} \cdot \text{l}^{-1}$) mit Natronlauge ($c = 1\ \text{mol} \cdot \text{l}^{-1}$)

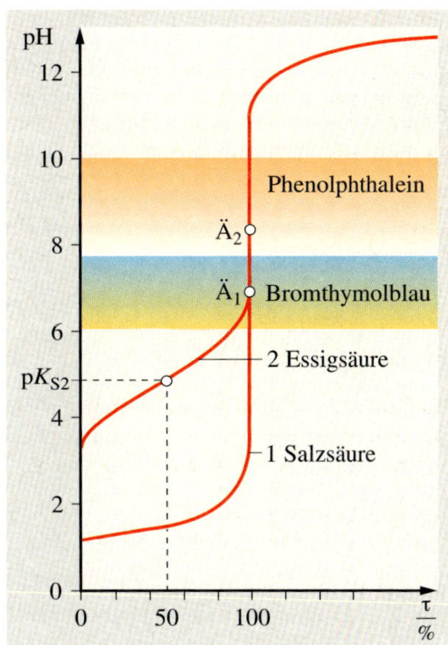

Es liegt nunmehr eine wässrige Natriumchloridlösung vor mit pH = 7.
Zugabe von Natronlauge im Überschuss führt zu einer weiteren Erhöhung des pH-Werts. Bei einer Zugabe von 0,1 ml der Natronlauge mit $c(NaOH) = 1\ mol \cdot l^{-1}$ wird diese auf etwa das 10^3-Fache verdünnt. Die Konzentration der Hydroxid-Ionen in der Lösung ist etwa $c(OH^-) = 10^{-3}\ mol \cdot l^{-1}$. Der pH-Wert beträgt dann 11, der Titrationsgrad 101 %. Aus diesen Zusammenhängen ergibt sich die Titrationskurve für die Neutralisation einer sehr starken Säure durch eine sehr starke Base (↑S. 171, Tab. 1; Abb. 2).
Zu Beginn der Titration steigt der pH-Wert sehr langsam an (die stark saure Lösung puffert!), in der Nähe des Äquivalenzpunkts bewirkt dagegen ein Tropfen der Maßlösung einen großen pH-Sprung, der mit einem geeigneten Säure-Base-Indikator genau erfasst werden kann. Geeignet ist ein Indikator, dessen Umschlagbereich innerhalb des pH-Sprungs liegt.
Vor dem Äquivalenzpunkt überwiegt die Konzentration der Salzsäure $c(H_3O^+) > c(OH^-)$ und nach dem Äquivalenzpunkt die der Natronlauge $c(OH^-) > c(H_3O^+)$. Am Äquivalenzpunkt liegt immer eine Salzlösung vor, in diesem Fall eine Natriumchloridlösung. Da die korrespondierenden Teilchen sehr starker Säuren bzw. Basen nur sehr schwache Protolyte sind, bilden sie mit dem Wasser der Salzlösung kaum zusätzliche Hydronium-Ionen bzw. Hydroxid-Ionen. Daher liegt z. B. bei der Titration einer einwertigen starken Säure mit einer einwertigen starken Base der Äquivalenzpunkt genau bei pH = 7. Der Äquivalenzpunkt ist in diesem Fall gleichzeitig auch der Neutralpunkt der Lösung.

Titration einer schwachen Säure mit einer sehr starken Base Im Ergebnis der Titration einer schwachen Säure mit einer sehr starken Base, z. B. von Essigsäure mit Natronlauge (Exp. 5), liegt am Äquivalenzpunkt eine Lösung von Natriumacetat vor. Das Acetat-Ion als korrespondierende Base einer nur schwachen Säure reagiert mit Wasser als Base, die Salzlösung ist also basisch. Der Äquivalenzpunkt stimmt dadurch nicht mit dem Neutralpunkt pH = 7 überein. Bei dieser Titration erhält man eine Titrationskurve, die sich in einigen Punkten von der Titrationskurve der Salzsäure unterscheidet (↑S. 171, Abb. 2).
Zu berechnen ist der Ursprung der Kurve bei Beginn der Titration ($\tau = 0\,\%$). Es liegt eine wässrige Lösung der mittelstarken Säure vor, ihr pH-Wert ist $pH = \frac{1}{2}\,(pK_S - \lg \{c_0(HA)\})$.
Am Äquivalenzpunkt ist der pH-Wert der gebildeten Natriumacetatlösung zu berechnen nach $pOH = \frac{1}{2}\,(pK_B - \lg \{c_0(B^-)\})$ und pH = 14 – pOH.
Im übrigen Titrationsbereich liegt in der Lösung, verursacht durch die fortschreitende Neutralisation der Essigsäure, immer ein Gemisch wechselnder Zusammensetzung aus der vorgelegten Essigsäure und ihrer korrespondierenden Base Acetat-Ion (also eine Pufferlösung) vor.

AUFGABEN

1 Salzsäure bzw. Essigsäure ($c = 0{,}1\ mol \cdot l^{-1}$) werden mit Natronlauge ($c = 1\ mol \cdot l^{-1}$) bis zum Überschuss der Lauge titriert. Vergleichen Sie markante Punkte der Titrationskurven. Tragen Sie die Ergebnisse in eine geeignete Tabelle ein.
2 Berechnen und zeichnen Sie die Neutralisationskurve für die Titration von Ammoniaklösung ($c = 0{,}1\ mol \cdot l^{-1}$) mit Salzsäure ($c = 1\ mol \cdot l^{-1}$). Nennen Sie einen geeigneten Indikator.

Tab. 1 Verlauf der Titration von 100 ml Essigsäure ($c = 0{,}1\ mol \cdot l^{-1}$) mit Natronlauge ($c = 1\ mol \cdot l^{-1}$)

τ in %	pH-Berechnung
0	$pH = 2{,}38 + 0{,}5 = 2{,}88$
10	$pH = 4{,}75 + \lg \frac{0{,}01}{0{,}1 - 0{,}01} = 4{,}75 - 0{,}95 = 3{,}80$
50	$pH = pK_S = 4{,}75$
90	$pH = 4{,}75 + \lg \frac{0{,}09}{0{,}1 - 0{,}09} = 4{,}75 + 0{,}95 = 5{,}70$
99	$pH = 4{,}75 + \lg \frac{0{,}099}{0{,}1 - 0{,}099} = 4{,}75 + 2 = 6{,}8$
100	$pOH = 4{,}63 + 0{,}5 = 5{,}13$; $pH = 14 - 5{,}13 = 8{,}87$
101	$pOH = -\lg 1 \cdot 10^{-3} = 3$; $pH = 14 - 3 = 11$
150	$pOH = -\lg 0{,}05 = 1{,}3$; $pH = 14 - 1{,}3 = 12{,}7$
200	$pOH = -\lg 0{,}1 = 1$; $pH = 14 - 1 = 13$

Ihr pH-Wert lässt sich mithilfe der Puffergleichung (↑S. 164) berechnen.
Das Ergebnis der Berechnungen ist für die Titration von 100 ml Essigsäure ($c = 0{,}1\ mol \cdot l^{-1}$) mit Natronlauge ($c = 1\ mol \cdot l^{-1}$) in Tabelle 1 zusammengefasst; die Titrationskurve ist auf Seite 171 in Abbildung 2 wiedergegeben.
Der pH-Sprung am Äquivalenzpunkt ist in diesem Fall kleiner als bei der Titration einer sehr starken Säure mit einer sehr starken Base. Eine Titration gegen den Indikator Bromthymolblau wäre hier nicht mehr sinnvoll. Besser geeignet ist ein Indikator, dessen Umschlagpunkt mit dem pH-Wert des Äquivalenzpunkts möglichst übereinstimmt, hier also z. B. Phenolphthalein oder Thymolblau in seiner zweiten Stufe gelb/blau.
Die maßanalytische Bestimmung einer sehr schwachen Säure mit einer sehr starken Base oder die einer schwachen Säure mit einer schwachen Base ist schwierig, da die Änderung des pH-Werts am Äquivalenzpunkt gering ist und nicht präzise erfasst werden kann.

EXPERIMENT 6

Bestimmung des Säureexponenten einer schwachen Säure durch Halbtitration

Die genau abgemessene Probe einer (unbekannten) schwachen Säure mit Natronlauge ($c = 0{,}1\ mol \cdot l^{-1}$) wird gegen einen geeigneten Indikator titriert. Eine zweite gleiche Probe der Säure wird mit der Hälfte der vorher verbrauchten Stoffmenge an Natronlauge versetzt.
Messen Sie den pH-Wert der Lösung. In der Lösung ist $c(HA) = c(A^-)$ und $pH = pK_S$ der unbekannten Säure.

Titration einer mehrwertigen Säure mit einer starken Base

Phosphorsäure ist eine dreiwertige Säure mit den Dissoziationsstufen

$H_3PO_4 + H_2O \rightleftharpoons H_2PO_4^- + H_3O^+ \quad pK_{S1} = 2{,}12$

$H_2PO_4^- + H_2O \rightleftharpoons HPO_4^{2-} + H_3O^+ \quad pK_{S2} = 7{,}20$

$HPO_4^{2-} + H_2O \rightleftharpoons PO_4^{3-} + H_3O^+ \quad pK_{S3} = 12{,}36$

Man würde daher bei der Titration von Phosphorsäure eine Titrationskurve mit drei pH-Sprüngen erwarten. Die pH-metrische Titration der Phosphorsäure mit Natronlauge liefert jedoch nur zwei deutlich erkennbare pH-Sprünge (Abb. 1), da die letzte Protolysestufe der Phosphorsäure, das Hydrogenphosphat-Ion, eine äußerst schwache Säure ist.
In einer Phosphorsäurelösung befinden sich sieben verschiedene Ionen- und Molekülarten gleichzeitig, die sich auch gegenseitig beeinflussen. Wenn eine mehrprotonige Säure protolysiert, stammt jedoch der größte Teil der vorhandenen Protonen aus der ersten Protolysestufe.

$H_3PO_4 + H_2O \rightleftharpoons H_2PO_4^- + H_3O^+ \quad pK_{S1} = 2{,}12$

Die Titrationskurve der Phosphorsäure verläuft bis zum ersten Äquivalenzpunkt wie die einer starken Säure. Da am ersten Äquivalenzpunkt in dieser Lösung vor allem die Brönsted-Säure Dihydrogenphosphat-Ion enthalten ist, befindet sich der erste Äquivalenzpunkt im sauren Bereich.
Danach ist die Titrationskurve vergleichbar mit der einer schwachen Säure. Bei dem pH-Wert, der gleich dem pK_{S2} ist, sind die beiden Formen der Teilchenarten ($H_2PO_4^-$ und HPO_4^{2-}) in gleicher Konzentration vorhanden. Zu diesem Zeitpunkt werden nur sehr wenig Moleküle H_3PO_4 vorhanden sein. Gleiches gilt für die Phophat-Ionen PO_4^{3-}. Die einzigen Säurerest-Ionen, die in der Nähe von pH = 7 Bedeutung haben, sind $H_2PO_4^-$ und HPO_4^{2-}. In ähnlicher Weise spielen im Bereich pH = 2–3 nur H_3PO_4 und $H_2PO_4^-$ eine Rolle.

1 Titrationskurve von Phosphorsäure mit Natronlauge

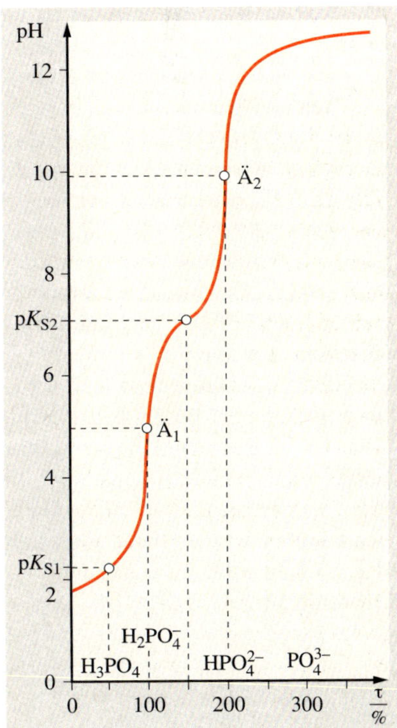

Am zweiten Äquivalenzpunkt der Phosphorsäuretitration liegt im Wesentlichen eine Hydrogenphosphatlösung vor. Da der Ampholyt Hydrogenphosphat stärker basisch als sauer reagiert, befindet sich der zweite Äquivalenzpunkt im basischen Bereich.
Da die dritte Protolysestufe der Phosphorsäure keinen eindeutig erkennbaren pH-Sprung liefert, kann sie bei der Auswertung der Titration vernachlässigt werden.

EXPERIMENT 7

Untersuchung von Lebensmitteln

a) Handelsüblicher Speiseessig wird mit Natronlauge ($c = 0{,}1\ \text{mol} \cdot \text{l}^{-1}$) gegen Phenolphthalein oder Thymolblau titriert. Berechnen Sie die Massenkonzentration der Essigsäure.
b) Cola-Getränke enthalten Phosphorsäure. 50 ml eines solchen Getränks werden mit Natronlauge ($c = 0{,}1\ \text{mol} \cdot \text{l}^{-1}$) unter Verwendung eines pH-Meters titriert. Berechnen Sie die Massenkonzentration der Phosphorsäure im Getränk unter Nutzung des ersten Äquivalenzpunkts der gewonnenen Titrationskurve.

AUFGABEN

1 Berechnen und zeichnen Sie die Titrationskurve für die Neutralisation eines Gemischs aus Salzsäure und Essigsäure, $c(HCl) = c(CH_3COOH) = 0{,}1\ \text{mol} \cdot \text{l}^{-1}$, mit Natronlauge ($c = 1\ \text{mol} \cdot \text{l}^{-1}$). Begründen Sie, welche Indikatoren man verwenden könnte, um die Bestimmung der Konzentrationen beider Säuren in zwei verschiedenen Proben zu ermöglichen.
2 Begründen Sie am Beispiel der Titration einer sehr starken Säure mit einer sehr starken Base, warum die Analysenlösung nicht zu stark verdünnt werden darf.

ZUSAMMENFASSUNG

Die Maßanalyse (Volumetrie) ist ein klassisches Verfahren der quantitativen chemischen Analyse. Der spezielle Fall der Säure-Base-Titration wird als **Neutralisationsanalyse** bezeichnet. Die gelöste Analysenprobe wird mit einer Maßlösung bekannter Konzentration quantitativ umgesetzt. Aus dem Verbrauch an Maßlösung lässt sich die Konzentration der Analysenlösung ermitteln.
Ziel jeder Titration ist die Ermittlung des **Äquivalenzpunkts**. Der Äquivalenzpunkt einer Neutralisation kann mithilfe von Säure-Base-Indikatoren bestimmt werden.
Säure-Base-Indikatoren sind schwache organische Säuren oder Basen, deren korrespondierende Teilchen sich strukturbedingt in ihren Farben unterscheiden. Das pH-abhängige Verhältnis der Stoffmengenkonzentrationen $c(In^-) : c(HIn)$ bestimmt die jeweilige Farbe einer Indikatorlösung.
Umschlagpunkt: $pH = pK_S(HIn)$
Umschlagbereich: $pH = pK_S(HIn) \pm 1$

Am Äquivalenzpunkt der Neutralisation ist bei Protolyten gleicher Wertigkeit die Stoffmenge der zu bestimmenden Säure (Base) gleich der Stoffmenge der in der verbrauchten Maßlösung enthaltenen Base (Säure):

$$\boldsymbol{n(\text{Analysenlösung}) = n(\text{Maßlösung})}$$
$$\boldsymbol{z(\text{Analysenlösung}) = z(\text{Maßlösung})}$$

Zur Berechnung von Größen in Auswertung einer Titration mit Protolyten gleicher Wertigkeit eignen sich folgende Größengleichungen:

$$n_1 = c_2 \cdot V_2 \qquad m_1 = M_1 \cdot c_2 \cdot V_2$$

$$c_1 = \frac{c_2 \cdot V_2}{V_1} \qquad \beta_1 = \frac{M_1 \cdot c_2 \cdot V_2}{V_1}$$

Der Verlauf einer Neutralisationsanalyse ist umso günstiger, je stärker die beteiligten Protolyte sind. Der Protolyt der Maßlösung sollte immer der stärkere Reaktionspartner sein.
Moderne Laboratorien arbeiten bei Routinebestimmungen mit Titrierautomaten.

KOMPLEX GEDACHT

1 Ammoniakmoleküle sind vor allem als Brönsted-Base bekannt. Sie können aber gegenüber bestimmten Reaktionspartnern auch als Brönsted-Säure reagieren, beispielsweise wenn man Ammoniak auf erhitztes metallisches Kalium einwirken lässt. Es entsteht dann Kaliumamid.
Formulieren Sie die Reaktionsgleichung für die Bildung von Kaliumamid. Berechnen Sie die Konzentrationen von H_3O^+, OH^-, NH_3 und K^+ in einer Kaliumamidlösung mit der Konzentration $c = 0{,}01\ mol \cdot l^{-1}$.

2 In einem Labor benötigt man eine saure Lösung, deren pH-Wert etwa bei pH = 4 liegt. Um diese Lösung herzustellen, mischt ein Laborant einfach gleiche Volumina einer Salpetersäurelösung ($c = 0{,}01\ mol \cdot l^{-1}$) und einer Natronlauge ($c = 0{,}005\ mol \cdot l^{-1}$).
Bewerten Sie das Vorgehen des Laboranten auf der Grundlage der pH-Werte vor und nach dem Mischen und korrigieren Sie gegebenenfalls sein Vorgehen.

3 Verdauungsbeschwerden und Sodbrennen treten häufig bei einer zu starken Säureproduktion des Magens auf. Eine erhöhte Magensaftproduktion kann zu einem Rückfluss des Magensafts in die Speiseröhre führen, deren Schleimhaut nicht gegen die Magensäure (vereinfacht gesagt eine Chlorwasserstoffsäurelösung mit $c \approx 0{,}1\ mol \cdot l^{-1}$) geschützt ist.
Dies ist ein Grund für die Anwendung von Medikamenten, die eine gewisse Neutralisationskapazität besitzen. Die meisten Wirkstoffe dieser Antazida, wie z. B. Aluminiumhydroxid, sind relativ schwerlösliche Verbindungen.
Bei Zugabe von verdünnter Chlorwasserstoffsäurelösung ($c = 0{,}1\ mol \cdot l^{-1}$) zu einer Aufschlämmung einer Tablette, die Aluminiumhydroxid enthält, beobachtet man zunächst eine Verringerung des pH-Werts, der sich dann aber relativ schnell wieder auf 3,5 einstellt. Dieser pH-Wert ändert sich auch bei erneuter Zugabe der Säure kaum.
Erklären Sie diese Beobachtungsergebnisse. Formulieren Sie entsprechende Reaktionsgleichungen.

4 Berechnen Sie die Konzentration der Hydronium- und der Hydroxid-Ionen in Wein. Geben Sie das Verhältnis dieser Ionen in reinem Wasser sowie in Wein an und beschreiben Sie die Auswirkungen auf das Autoprotolysegleichgewicht des Wassers.

Tab. 1 pH-Werte von einigen üblichen Getränken

Substanz	pH
Zitronensaft	2,1
Orangensaft	2,8
Wein	3,3
Tomatensaft	3,9
Bier	4,7
Schwarzer Kaffee	5,0
Milch	6,8

5 Natron (Natriumhydrogencarbonat) nutzten schon die alten Ägypter zum Einbalsamieren ihrer Toten. Ihnen war auch schon bekannt, dass man aus Natron Soda (Natriumcarbonat) herstellen kann. Sie nutzten bereits viele Eigenschaften der Soda, so z. B. die Wirkung der Basizität von Sodalösung beim Wäschewaschen.
In einer Zeitung ist folgende Schlagzeile zu lesen: „Natron hilft beim Kochen von Hülsenfrüchten und Gemüse". Erkunden Sie auch experimentell den Wahrheitsgehalt dieser Aussage. Recherchieren Sie weitere Informationen über Natron und beziehen Sie zusätzlich folgendes Experiment mit ein:
Ein Rundfilter wird mit Natronlösung wie mit einer „Geheimtinte" beschrieben, getrocknet und dann vorsichtig in die Nähe einer Wärmequelle gehalten.

1 Natronlösung als „Geheimschrift"

8 Löslichkeitsgleichgewichte

Bei vielen Vorgängen in der Natur lässt sich das Lösen oder das Fällen eines Stoffes aus einer Lösung beobachten. Die gleichzeitig stattfindenden Fällungs- und Löseprozesse führen zu einem heterogenen chemischen Gleichgewicht zwischen der Lösung und dem nicht gelösten Stoff, das häufig von weiteren chemischen Reaktionen oder Vorgängen beeinflusst wird.

So sind die faszinierenden Formen der während Jahrtausenden in Tropfsteinhöhlen gewachsenen Stalaktiten, Stalakmiten und Stalaknaten das Ergebnis von gestörten Löslichkeitsgleichgewichten. WALTHER NERNST wandte 1889 das Massenwirkungsgesetz auf heterogene Systeme an. So ist es möglich, experimentell erfasste Phänomene zu verstehen und zu beeinflussen.

Lösen von Salzen

Lösungsenthalpie Viele Salze lösen sich gut im Lösemittel Wasser. Beim Lösen werden die Ionen durch starke elektrostatische Wechselwirkungen mit den Dipolmolekülen des Wassers aus dem Ionengitter entfernt, bevorzugt an den Ecken und Kanten der Kristalle. Die Ionen liegen dann in der Lösung hydratisiert vor (↑Abb. 1, S. 30). Beim Abbau des Ionengitters muss die **Gitterenergie (-enthalpie) $\Delta_G H$** (Tab. 2) überwunden werden. Die dazu erforderliche Energie wird vor allem durch die **Hydratationsenthalpie $\Delta_H H$** (Tab. 3), die bei der Ausbildung der Hydrathülle der Ionen frei wird, geliefert. Ist der Betrag der Hydratationsenthalpie größer als der der Gitterenthalpie, verläuft der Lösevorgang exotherm, die Lösung erwärmt sich. Im umgekehrten Fall ist der Lösevorgang endotherm. Die „fehlende" Energie wird dann dem Lösemittel entzogen, die Lösung kühlt sich ab. Diese messbare Reaktionsenthalpie heißt **Lösungsenthalpie $\Delta_L H$** und kann also positiv oder negativ sein (Exp. 1; Tab. 1).
Für die Berechnung der **molaren Lösungsenthalpie $\Delta_L H_m$** gilt:

$$\Delta_L H_m = \Delta_H H_m - \Delta_G H_m$$

EXPERIMENT 1
Bestimmen der Temperaturänderung beim Lösen von Salzen
Unter gutem Umrühren werden zu jeweils 10 ml Wasser etwa 2 g der folgenden Salze gegeben: Ammoniumchlorid (Xn), Kaliumchlorid, Lithiumchlorid (Xn), Natriumchlorid, Calciumchlorid (Xi), Calciumchlorid-6-Wasser (Xi).

Tab. 1 Molare Lösungsenthalpie $\Delta_L H_m$ beim Lösen eines Salzes

Das Lösen eines Salzes ist ein exothermer Vorgang, wenn	Das Lösen eines Salzes ist ein endothermer Vorgang, wenn
$\lvert\Delta_H H_m\rvert < \lvert\Delta_G H_m\rvert$ Dann ist $\Delta_L H_m < 0$.	$\lvert\Delta_H H_m\rvert > \lvert\Delta_G H_m\rvert$ Dann ist $\Delta_L H_m > 0$.

Tab. 2 Molare Gitterenthalpien $\Delta_G H_m$ einiger Salze in $kJ \cdot mol^{-1}$ ($\vartheta = 25\,°C$)

Anion / Kation	F^-	Cl^-	Br^-	I^-
Li^+	−1039	−850	−802	−742
Na^+	−915	−780	−743	−699
K^+	−813	−710	−679	−643
Rb^+	−779	−686	−656	−624
Mg^{2+}	−2883	−2489	−2414	−2314
Ca^{2+}	−2617	−2231	−2134	−2043

Durch folgende Reaktionsgleichungen kann das Lösen von Natriumbromid in Wasser verdeutlicht werden:

$$NaBr(s) \xrightleftharpoons{\text{Abbau des Ionengitters}} Na^+(g) + Br^-(g) \qquad \Delta_r H_m = -\Delta_G H_m = 743\ kJ \cdot mol^{-1}$$

$$Na^+(g) \xrightleftharpoons{\text{Hydratation}} Na^+(aq) \qquad \Delta_H H_m = -400\ kJ \cdot mol^{-1}$$

$$Br^-(g) \xrightleftharpoons{\text{Hydratation}} Br^-(aq) \qquad \Delta_H H_m = -340\ kJ \cdot mol^{-1}$$

$$NaBr(s) \xrightleftharpoons{\text{Lösen}} Na^+(aq) + Br^-(aq) \qquad \Delta_L H_m = 3\ kJ \cdot mol^{-1}$$

Da auch die endothermen Lösevorgänge freiwillig ablaufen, ist das Lösen eines Salzes offensichtlich mit einer deutlichen Entropieerhöhung verbunden. Sie wird durch das Freisetzen der dann frei beweglichen Ionen aus dem hohen Ordnungszustand des Kristallgitters verursacht. Die Herabsetzung der Entropie durch den Einbau von relativ frei beweglichen Wassermolekülen in die zum Teil geordnete Hydrathülle ist demgegenüber gering.

1 Enthalpiediagramm für das Lösen von Natriumbromid

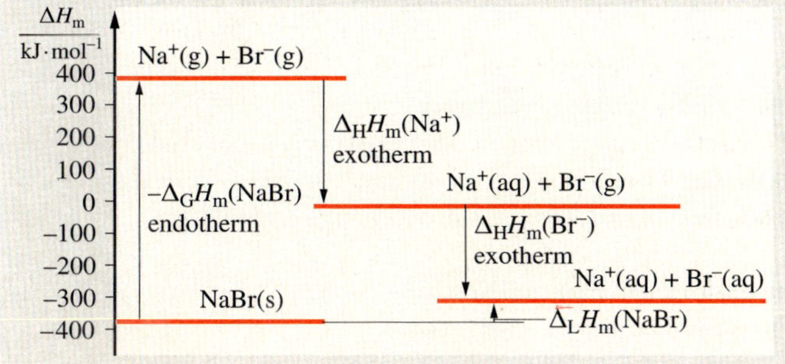

Tab. 3 Molare Hydratationsenthalpien $\Delta_H H_m$ einiger Ionen ($\vartheta = 25\,°C$)

Ion	$\Delta_H H_m$ in $kJ \cdot mol^{-1}$	Ion	$\Delta_H H_m$ in $kJ \cdot mol^{-1}$
H_3O^+	−1085	OH^-	−365
Li^+	−510	F^-	−510
Na^+	−400	Cl^-	−380
K^+	−325	Br^-	−340
Rb^+	−300	I^-	−300
Mg^{2+}	−1910	NO_3^-	−256
Ca^{2+}	−1580		
Fe^{2+}	−1946		
Fe^{3+}	−4430		

EXPERIMENT 2

Lösen von Kaliumnitrat

Unter ständigem Rühren werden kleine Portionen Kaliumnitrat (O) zu 50 ml Wasser bis zum Vorliegen eines Bodenkörpers gegeben. Erwärmen Sie dann, anschließend kühlen Sie wieder ab.

AUFGABEN

1 Berechnen Sie die molaren Lösungsenthalpien für Lithium-, Natrium- und Kaliumchlorid.

2 Erklären Sie die unterschiedlichen molaren Lösungsenthalpien von Calciumchlorid $CaCl_2$ und $CaCl_2 \cdot 6\ H_2O$.
Berechnen Sie die molare Lösungsenthalpie für Calciumchlorid $CaCl_2$.

Temperaturabhängigkeit der Löslichkeit Da der Lösevorgang exotherm oder endotherm sein kann, nimmt die Löslichkeit eines Salzes (Abb. 2) mit steigender Temperatur ab oder zu (↑Exp. 2, S. 177). Die Temperaturabhängigkeit der Löslichkeit nutzt man beim Reinigen von Stoffen durch **Umkristallisieren**. Der verunreinigte Stoff wird in einem geeigneten Lösemittel unter Erwärmen gelöst. Beim Abkühlen kristallisiert die reine Substanz aus, die Verunreinigungen bleiben in Lösung (Abb. 1).
Die unterschiedliche Temperaturabhängigkeit der Löslichkeiten von Natriumchlorid und Kaliumchlorid in Wasser wird in der Kaliindustrie genutzt, um den Kaliumchloridanteil des Rohsalzes zu erhöhen. Dadurch steigt die Qualität des Kalidüngers.
Trink- und Brauchwasser enthalten aufgrund ihrer Entstehung verschiedene gelöste Salze. Als Anionen sind häufig Hydrogencarbonat-Ionen vorhanden. Ist das Wasser durch kalkhaltige Böden gesickert, sind außerdem viele Calcium- und Magnesium-Ionen enthalten, das Wasser hat eine hohe **Wasserhärte**. Hartes Wasser bildet an heißen Teilen, z. B. der Heizspirale einer Waschmaschine, mit der Zeit Kalkablagerungen, den Kesselstein. Dieser behindert die Wärmeübertragung und kann sogar Rohrleitungen verstopfen. Ursache hierfür ist die Störung des Gleichgewichts zwischen Hydrogencarbonat-Ionen, Carbonat-Ionen und Kohlenstoffdioxid. Das schwer lösliche Calciumcarbonat fällt allmählich aus, es entsteht Kesselstein.

$$Ca^{2+}(aq) + 2\,HCO_3^-(aq) \rightleftharpoons CaCO_3(s) + H_2O(l) + CO_2(g)$$

1 Reinigen von Stoffen durch Umkristallisieren

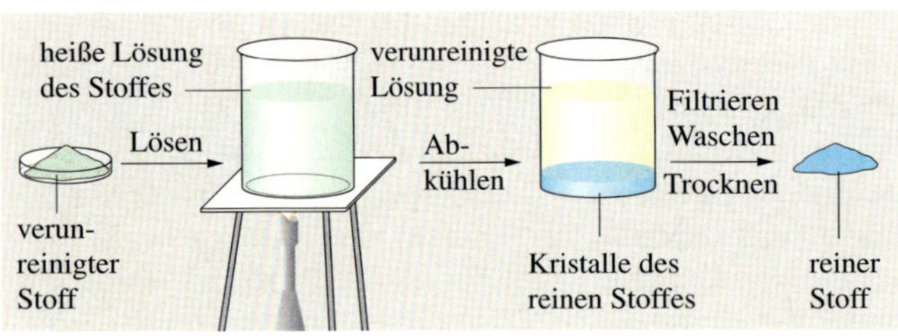

2 Abhängigkeit der Löslichkeit einiger Salze von der Temperatur

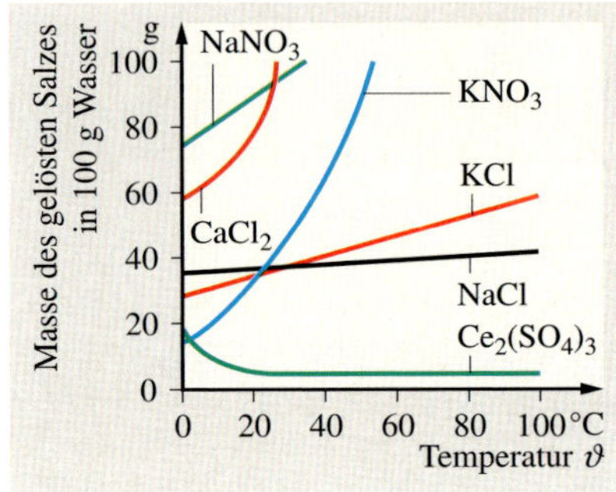

AUFGABEN

1 Entscheiden Sie anhand der Abb. 2, ob das Lösen von Kaliumchlorid KCl, Cer(III)-sulfat $Ce_2(SO_4)_3$ und Calciumchlorid $CaCl_2$ endotherm oder exotherm verläuft.

2 Entwickeln Sie mithilfe der Abb. 2 eine Arbeitsanleitung, mit der Kaliumchlorid im Kalirohsalz angereichert werden könnte.

3 Die molare Lösungsenthalpie für Magnesiumbromid in Wasser beträgt $\Delta_L H_m = -176\ kJ \cdot mol^{-1}$. Erklären Sie, wie sich Temperaturänderungen auf die Löslichkeit dieses Stoffs auswirken.

ZUSAMMENFASSUNG

Polare Stoffe wie Salze lösen sich in der Regel gut in polaren Lösemitteln wie Wasser. Die Ionen liegen in der Lösung hydratisiert vor.
Die **Lösungsenthalpie $\Delta_L H$** kann positiv oder negativ sein. Das wird vor allem durch die **Gitterenthalpie $\Delta_G H$** des Salzes und die **Hydratationsenthalpien $\Delta_H H$** der in Lösung gehenden Ionen bestimmt.
Das Lösen von Salzen erfolgt überwiegend endotherm. Deshalb nimmt die Löslichkeit der meisten Salze mit steigender Temperatur zu. Ist der Betrag der Hydratationsenthalpie viel kleiner als der der Gitterenthalpie, besitzt das Salz nur eine sehr geringe Löslichkeit.
Insgesamt ist der Lösevorgang mit einer Entropieerhöhung verbunden. Deshalb verlaufen auch endotherme Lösevorgänge freiwillig.

▶ Energie-Konzept

Löslichkeitsgleichgewicht, Löslichkeitsprodukt und Löslichkeit

Löslichkeitsgleichgewicht Tropft man Bariumchloridlösung in eine Sulfatlösung, so fällt schwer lösliches Bariumsulfat als Niederschlag aus (Exp. 1). Nach Beendigung der Fällung ist das System aber nicht zum Stillstand gekommen. Von der Oberfläche der Bariumsulfatkristalle gehen ständig Barium-Ionen und Sulfat-Ionen in Lösung, gleich viele Ionen werden aus der Lösung in die Oberfläche der Bariumsulfatkristalle eingebaut. Es liegt ein dynamisches Gleichgewicht vor (Abb. 3).

$$Ba^{2+}(aq) + SO_4^{2-}(aq) \rightleftharpoons BaSO_4(s)$$

Dieses Gleichgewicht stellt sich auch ein, wenn eine Aufschlämmung von Bariumsulfat in Wasser so lange gerührt wird, bis kein Bariumsulfat mehr in Lösung geht. Dann hat sich, wie bei der Fällung, eine gesättigte Lösung von Bariumsulfat gebildet, in der auch noch festes Bariumsulfat als Bodenkörper vorliegt. Dieses Gleichgewicht wird als das **Löslichkeitsgleichgewicht** bezeichnet. Das Löslichkeitsgleichgewicht ist temperaturabhängig. Der Niederschlag und die darüberstehende gesättigte Lösung bilden ein **heterogenes System** (Abb. 3).

Löslichkeitsgleichgewichte spielen auch in der Medizin eine Rolle. Etwa 5 % der Mitteleuropäer haben oder hatten Harnsteine. Obwohl deren Zusammensetzung variiert, enthalten jedoch über 70 % der Harnsteine schwerlösliche Calciumoxalate. Diese entstehen, wenn über die Niere zu viel Oxalat- bzw. Calcium-Ionen ausgeschieden werden. Das Löslichkeitsgleichgewicht von Calciumoxalat wird überschritten und es setzt eine Kristallbildung ein. Aufgrund des langsamen Kristallisationsprozesses und der wechselnden Zusammensetzung des Harns zeigen Harnsteine oft einen schichtartigen Aufbau mit verschiedenen Färbungen (Abb. 4).

Löslichkeitsprodukt Für das Löslichkeitsgleichgewicht eines Salzes A_mB_n kann folgende Reaktionsgleichung angegeben werden:

$$A_mB_n(s) \underset{\text{Fällen}}{\overset{\text{Lösen}}{\rightleftharpoons}} m\,A^{a+}(aq) + n\,B^{b-}(aq)$$

Für die Sättigung der Lösung ist es unerheblich, ob im System viel oder wenig Niederschlag vorhanden ist. Der Niederschlag A_mB_n braucht deshalb in der Gleichung des Massenwirkungsgesetzes nicht berücksichtigt zu werden. Die Gleichung des Massenwirkungsgesetzes für dieses Löslichkeitsgleichgewicht lautet demnach:

$$\boldsymbol{K_L(A_mB_n) = c^m(A^{a+}) \cdot c^n(B^{b-})} \qquad [K_L(A_mB_n)] = 1\ \text{mol}^{m+n} \cdot \text{l}^{-(m+n)}$$

EXPERIMENT 1

Fällung

Natriumsulfatlösung wird tropfenweise mit Bariumsulfatlösung (Xn) versetzt.

3 Dynamisches Gleichgewicht zwischen Bodensatz und gesättigter Lösung

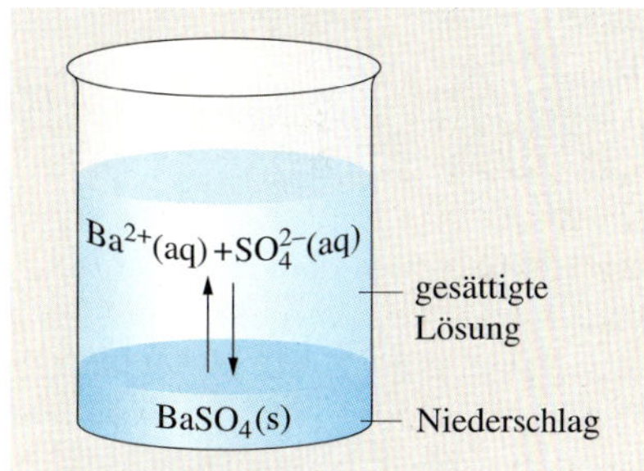

4 Harnstein

AUFGABE

1 Entwickeln Sie die Reaktionsgleichungen in Ionenschreibweise für das Ausfällen von Chlorid-, Bromid- und Iodid-Ionen mit Silbernitratlösung sowie von Carbonat-Ionen mit Bariumhydroxidlösung. Nennen Sie weitere Fällungsreaktionen, die zum Nachweis von Ionen dienen.

Umwelt

Abwasserreinigung

1 Klärwerk zur Abwasserreinigung

Von Haushalten und Industrie verunreinigtes Wasser darf nicht in natürliche Gewässer gelangen, da das Selbstreinigungsvermögen der Gewässer nicht ausreichen würde, um das Abwasser zu klären. Abwasser enthält neben groben Verunreinigungen und Schwebstoffen auch gelöste Stoffe.
In einer Kläranlage werden in einem ersten Schritt die groben Verunreinigungen mechanisch abgetrennt. In der folgenden biologischen Reinigungsstufe zersetzen Bakterien organische Verunreinigungen. Im Abwasser befinden sich nun noch weitere gelöste Substanzen, von denen einige in der folgenden chemischen Reinigungsstufe durch Fällung aus dem Abwasser entfernt werden.
So lassen sich gelöste Phosphate durch Zugabe von Eisen(III)-sulfat in schwer lösliches Eisen(III)-phosphat überführen.

$$Fe^{3+}(aq) + PO_4^{3-}(aq) \rightleftharpoons FePO_4(s)$$

Durch in den letzten Jahren entwickelte Verfahren gelingt das Recycling der gelösten Phosphate. Diesen Verfahren ist gemeinsam, dass durch Zugabe von Magnesiumverbindungen und Erhöhung des pH-Werts im Abwasser gelöste Ammonium- und Hydrogenphosphat-Ionen als Magnesiumammoniumphosphat (MAP) gefällt werden. Das Magnesiumammoniumphosphat wird abfiltriert, aufbereitet und als Düngemittel verwendet.

$$Mg^{2+}(aq) + NH_4^+(aq) + HPO_4^{2-}(aq) + OH^-(aq) + 5\,H_2O(l) \rightleftharpoons MgNH_4PO_4 \cdot 6\,H_2O(s)$$

Schwermetall-Ionen, deren Entfernung aus dem zu reinigenden Wasser besonders wichtig ist, können durch Zugabe von Lauge als schwer lösliches Hydroxid gefällt werden. So lassen sich gelöste Blei-Ionen durch Zugabe von Natronlauge aus dem Abwasser entfernen.

$$Pb^{2+}(aq) + 2\,OH^-(aq) \rightleftharpoons Pb(OH)_2(s)$$

Damit eine nahezu vollständige Fällung der Schwermetall-Ionen erfolgt, muss der pH-Wert an die jeweils zu fällenden Ionen angepasst werden (Tab. 1).
Im Fällungsbecken setzen sich die Feststoffe ab, das gereinigte Abwasser kann die Kläranlage verlassen.

Tab. 1 pH-Wert-Bereiche für die Fällung von Schwermetallhydroxiden

Metall-Ion	pH-Wert		
	Fällungsbeginn	Quantitative Fällung	Beginn der Wiederauflösung
Zn^{2+}	3,8	4,3	9,2
Cu^{2+}	5,8	7,6	–
Fe^{2+}	7,0	8,9	–
Ni^{2+}	7,8	9,9	–
Cd^{2+}	9,1	10,4	–
Pb^{2+}	6,5	10,3	–
Fe^{3+}	2,8	3,5	–

AUFGABEN

1 Recherchieren Sie, welche Fällungsmittel noch zur Phosphatfällung geeignet sind. Stellen Sie die Reaktionsgleichungen für die Fällungen auf.

2 Erläutern Sie, warum die Entfernung der Schwermetall-Ionen aus dem Abwasser besonders wichtig ist.

Die Gleichgewichtskonstante K_L hat die Bezeichnung **Löslichkeitsprodukt**. Das Löslichkeitsprodukt ist von der Temperatur abhängig. Aus der allgemeinen Formulierung ist ersichtlich, dass das Löslichkeitsprodukt verschiedene Einheiten hat (Tab. 1).
Diese vereinfachte Ableitung des Löslichkeitsprodukts gilt nur für schwer lösliche Salze. Nur bei einem schwer löslichen Salz ist die Konzentration der gesättigten Lösung so gering, dass die Ionen in der Lösung einander kaum beeinflussen und deshalb angenähert ideale Eigenschaften haben.
Es ist auch üblich, statt des Löslichkeitsprodukts den negativen dekadischen Logarithmus seines Zahlenwerts anzugeben, den **Löslichkeitsexponenten pK_L**.

$$pK_L = -\lg\{K_L\}$$

Der Löslichkeitsexponent pK_L verdeckt aber die Tatsache, dass die Löslichkeitsprodukte unterschiedliche Einheiten haben.
Das Erreichen des Löslichkeitsprodukts ist die allgemeine Bedingung für das Ausfällen eines Salzes aus seiner Lösung.

Aufgabe: Das Löslichkeitsprodukt des Salzes Calciumoxalat ist $K_L[Ca(COO)_2] = 8{,}5 \cdot 10^{-9}\ mol^2 \cdot l^{-2}$. Berechnen Sie die Stoffmengenkonzentration der Oxalat-Ionen, damit aus einer Calciumchloridlösung ($c = 1 \cdot 10^{-3}\ mol \cdot l^{-1}$) Calciumoxalat ausfällt.

Lösung:
$$c(Ca^{2+}) \cdot c[(COO)_2^{2-}] = K_L[Ca(COO)_2]$$

$$c[(COO)_2^{2-}] = \frac{K_L[Ca(COO)_2]}{c(Ca^{2+})} = \frac{8{,}5 \cdot 10^{-9}\ mol^2 \cdot l^{-2}}{1 \cdot 10^{-3}\ mol \cdot l^{-1}}$$

$$c[(COO)_2^{2-}] = 8{,}5 \cdot 10^{-6}\ mol \cdot l^{-1}$$
Die Fällung beginnt, wenn die Stoffmengenkonzentration der Oxalsäure den Wert von $8{,}5 \cdot 10^{-6}\ mol \cdot l^{-1}$ überschreitet.

Im vorstehenden Beispiel wird deutlich, dass in der gesättigten Lösung des schwer löslichen Salzes die Konzentrationen seiner Kationen und Anionen nicht gleich sein müssen.
Das Löslichkeitsprodukt ermöglicht es, vielfältige Fällungsreaktionen in der Technik und in der analytischen Chemie auch quantitativ zu beherrschen. In vielen chemischen Systemen liegen Löslichkeits- und Säure-Base-, Redox- oder Komplexbildungsgleichgewichte gleichzeitig vor.
Die Berechnung solcher chemischen Systeme, z. B. zur Optimierung, wird erst möglich, wenn neben der Protolysekonstante, dem Redoxpotenzial bzw. der Komplexstabilitätskonstante auch das Löslichkeitsprodukt berücksichtigt wird.

Löslichkeit Die Konzentration eines gelösten Stoffes in seiner gesättigten Lösung (Sättigungskonzentration c_s) wird als **Löslichkeit *l*** dieses Stoffes in dem Lösemittel bezeichnet.
Die Löslichkeit eines schwer löslichen Salzes in reinem Wasser lässt sich aus dem Löslichkeitsprodukt des Salzes berechnen.

Tab. 1 Löslichkeitsprodukte K_L einiger Salze

Salz	K_L bei 25 °C
AgCl	$1{,}6 \cdot 10^{-10}\ mol^2 \cdot l^{-2}$
AgBr	$6{,}3 \cdot 10^{-13}\ mol^2 \cdot l^{-2}$
AgI	$1{,}5 \cdot 10^{-16}\ mol^2 \cdot l^{-2}$
AgSCN	$1{,}0 \cdot 10^{-12}\ mol^2 \cdot l^{-2}$
$Al(OH)_3$	$1{,}0 \cdot 10^{-33}\ mol^4 \cdot l^{-4}$
$Ba(OH)_2$	$4{,}3 \cdot 10^{-3}\ mol^3 \cdot l^{-3}$
$Ca(OH)_2$	$5{,}5 \cdot 10^{-6}\ mol^3 \cdot l^{-3}$
$Mn(OH)_2$	$4{,}0 \cdot 10^{-14}\ mol^3 \cdot l^{-3}$
$BaCO_3$	$8{,}1 \cdot 10^{-9}\ mol^2 \cdot l^{-2}$
$CaCO_3$	$4{,}8 \cdot 10^{-9}\ mol^2 \cdot l^{-2}$
$FeCO_3$	$3{,}2 \cdot 10^{-11}\ mol^2 \cdot l^{-2}$
$BaSO_4$	$1{,}0 \cdot 10^{-10}\ mol^2 \cdot l^{-2}$

AUFGABEN

1 Entwickeln Sie die Reaktionsgleichungen für die Löslichkeitsgleichgewichte und die Größengleichungen für die Löslichkeitsprodukte folgender Salze: Bariumcarbonat, Calciumfluorid, Antimon(III)-sulfid, Natriumhydrogencarbonat. Geben Sie die Einheiten der Löslichkeitsprodukte an.
2 Berechnen Sie jeweils die Stoffmengenkonzentration der Silber-Ionen, die überschritten werden muss, damit aus folgenden Lösungen die Fällung des entsprechenden Silberhalogenids beginnt: Natriumchloridlösung ($c = 0{,}1\ mol \cdot l^{-1}$), Natriumchloridlösung ($c = 0{,}01\ mol \cdot l^{-1}$), Kaliumbromidlösung ($c = 0{,}1\ mol \cdot l^{-1}$), Kaliumiodidlösung ($c = 0{,}1\ mol \cdot l^{-1}$).
3 Fällt Silberchlorid aus, wenn gleiche Volumina von Silbernitratlösung und Salzsäure (jeweils $c = 2 \cdot 10^{-4}\ mol \cdot l^{-1}$) vermischt werden?
Beachten Sie die Volumenverdopplung beim Zusammengießen der Lösungen.
4 Berechnen Sie den pH-Wert, bei dem Mangan(II)-hydroxid gerade auszufallen beginnt, wenn konzentrierte Natronlauge in eine Mangan(II)-chloridlösung ($c = 0{,}01\ mol \cdot l^{-1}$) getropft wird.

In einer gesättigten Lösung von Calciumhydroxid liegt folgendes Löslichkeitsgleichgewicht vor.

$$Ca(OH)_2(s) \rightleftharpoons Ca^{2+}(aq) + 2\ OH^-(aq)$$

Das Löslichkeitsprodukt ist $K_L[Ca(OH)_2] = c(Ca^{2+}) \cdot c^2(OH^-)$. Die Reaktionsgleichung zeigt, dass die Konzentration der Hydroxid-Ionen doppelt so groß ist wie die der Calcium-Ionen (und die des Calciumhydroxids). Somit entspricht die Löslichkeit des Calciumhydroxids der Konzentration der Calcium-Ionen.

$$c_s(Ca^{2+}) = l[Ca(OH)_2]; \quad c_s(OH^-) = 2 \cdot l[Ca(OH)_2]$$

Für das Löslichkeitsprodukt des Calciumhydroxids erhält man:

$$K_L[Ca(OH)_2] = l[Ca(OH)_2] \cdot \{2 \cdot l[Ca(OH)_2]\}_2 \text{ und}$$

$$l[Ca(OH)_2] = \sqrt[3]{\frac{K_L[Ca(OH)_2]}{4}}$$

Allgemein gilt:

$$\mathbf{l(A_mB_n) = \sqrt[m+n]{\frac{K_L(A_mB_n)}{m_m \cdot n_n}}}$$

Umgekehrt lässt sich das Löslichkeitsprodukt eines schwer löslichen Salzes aus der Löslichkeit dieses Salzes berechnen.
Die Bestimmung von Löslichkeitsprodukten ist schwierig, da u.a. sehr kleine Ionenkonzentrationen zu messen sind.

AUFGABEN

1 Berechnen Sie die Löslichkeit von Bariumsulfat in $mg \cdot l^{-1}$.

2 Ein Niederschlag von Silberchlorid wird mit 400 ml destilliertem Wasser gewaschen. Berechnen Sie die Masse Silberchlorid, die beim Waschen in Lösung geht.

3 Folgende Sättigungskonzentrationen wurden experimentell ermittelt: $c_s[Ba(OH)_2] = 0{,}108\ mol \cdot l^{-1}$, $c_s[Al(OH)_3] = 2{,}47 \cdot 10^{-9}\ mol \cdot l^{-1}$. Berechnen Sie die Löslichkeitsprodukte dieser Substanzen.

4 Berechnen Sie die molare Löslichkeit von Calciumhydroxid in Wasser und den pH-Wert einer gesättigten Calciumhydroxidlösung.

5 Berechnen Sie das Stoffmengenverhältnis $n(Ca^{2+}) : n(Fe^{2+})$ in einem See, dessen Wasser sich im Gleichgewicht mit Ablagerungen von Calciumcarbonat und Eisen(II)-carbonat befindet.

ZUSAMMENFASSUNG

Zwischen dem Bodenkörper eines Salzes A_mB_n und der gesättigten Lösung dieses Salzes besteht ein chemisches Gleichgewicht, das **Löslichkeitsgleichgewicht**.

$$A_mB_n(s) \underset{\text{Fällen}}{\overset{\text{Lösen}}{\rightleftharpoons}} m\ A^{a+}(aq) + n\ B^{b-}(aq)$$

Die Gleichgewichtskonstante K_L, die sich bei Anwendung des Massenwirkungsgesetzes auf das Löslichkeitsgleichgewicht eines schwerlöslichen Salzes ergibt, ist das **Löslichkeitsprodukt** dieses schwerlöslichen Salzes.

$$\mathbf{K_L(A_mB_n) = c^m(A^{a+}) \cdot c^n(B^{b-})}$$

$$[K_L(A_mB_n)] = 1\ mol^{m+n} \cdot l^{-(m+n)}$$

Der negative dekadische Logarithmus des Zahlenwertes des Löslichkeitsproduktes ist der **Löslichkeitsexponent pK_L**.

$$pK_L(A_mB_n) = -lg\{K_L(A_mB_n)\}$$

Die **Löslichkeit l** eines schwerlöslichen Salzes lässt sich aus seinem Löslichkeitsprodukt

$$\mathbf{l(A_mB_n) = \sqrt[m+n]{\frac{K_L(A_mB_n)}{m_m \cdot n_n}}}$$

und umgekehrt sein Löslichkeitsprodukt aus der Löslichkeit berechnen:

$$K_L(A_mB_n) = m^m \cdot n^n \cdot l^{m+n}(A_mB_n)$$

► Konzept des chemischen Gleichgewichts und der Kinetik

Veränderung der Löslichkeit von Salzen

Erniedrigung der Löslichkeit durch gleichionige Zusätze In einer gesättigten Lösung von Kaliumperchlorat liegt das folgende Löslichkeitsgleichgewicht vor:

$$KClO_4(s) \rightleftharpoons K^+(aq) + ClO_4^-(aq)$$

Werden dieser Lösung Kalium-Ionen oder Perchlorat-Ionen zugesetzt, fällt Kaliumperchlorat aus (Exp. 1). Die Löslichkeit von Kaliumperchlorat wird durch **gleichionige Zusätze** erniedrigt.
Mithilfe des Löslichkeitsprodukts lässt sich die durch den gleichionigen Zusatz veränderte Löslichkeit des schwer löslichen Salzes berechnen, wenn die Konzentration des gleichionigen Zusatzes bekannt ist.
Wird z. B. Kaliumperchlorat in einer Kaliumchloridlösung gelöst, dann ist die Gleichgewichtskonzentration der Kalium-Ionen die Summe aus der Konzentration der Kaliumchloridlösung und der Konzentration des Kaliumperchlorats. Da die Konzentration der Kalium-Ionen aus dem Kaliumperchlorat sehr viel kleiner als die Konzentration der Kalium-Ionen aus dem Kaliumchlorid ist, kann die Konzentration der Kalium-Ionen aus dem Kaliumperchlorat bei der Berechnung vernachlässigt werden.
Die Konzentration der Perchlorat-Ionen $c(ClO_4^-)$ in der Lösung entspricht der Löslichkeit des Kaliumperchlorats $l(KClO_4)$.
In das Löslichkeitsprodukt

$$K_L(KClO_4) = c(K^+) \cdot c(ClO_4^-)$$

wird die Löslichkeit $l(KClO_4)$ eingesetzt.

$$K_L(KClO_4) = c(K^+) \cdot l(KClO_4)$$

Bei einem Überschuss von Kalium-Ionen gilt die Gleichung:

$$l(KClO_4) = \frac{K_L(KClO_4)}{c(K^+)}$$

Ist die Stoffmengenkonzentration der Kaliumchloridlösung $c = 1 \text{ mol} \cdot l^{-1}$, beträgt die Löslichkeit von Kaliumperchlorat:

$$l(KClO_4) = \frac{1 \cdot 10^{-2} \text{ mol}^2 \cdot l^{-2}}{1 \text{ mol} \cdot l^{-1}} = 1 \cdot 10^{-2} \text{ mol} \cdot l^{-1}$$

In reinem Wasser ist die Löslichkeit zehnmal größer:

$$l(KClO_4) = \sqrt{1 \cdot 10^{-2} \text{ mol}^2 \cdot l^{-2}} = 1 \cdot 10^{-1} \text{ mol} \cdot l^{-1}$$

Anders verhält es sich mit **fremdionigen Zusätzen**. Sie greifen nicht unmittelbar in das Löslichkeitsgleichgewicht ein, beeinflussen aber die Hydrathüllen und die Wechselwirkungen der

EXPERIMENT 1 L

Gleichionige Zusätze
Zu jeweils etwa 10 ml gesättigter Kaliumperchloratlösung wird
a) 60%ige Perchlorsäurelösung (O, C) und
b) Kaliumchloridlösung ($c = 2 \text{ mol} \cdot l^{-1}$) getropft.

AUFGABEN

1 Berechnen Sie die Löslichkeit von Bariumsulfat in reinem Wasser und in einer Schwefelsäure ($c = 0{,}2 \text{ mol} \cdot l^{-1}$).
2 Vergleichen Sie die Löslichkeit von Silberchlorid in reinem Wasser und in Silbernitratlösung ($c = 0{,}01 \text{ mol} \cdot l^{-1}$).
3 Bei der Fällung von Calciumsulfat wird so viel Schwefelsäure im Überschuss zugesetzt, dass deren Stoffmengenkonzentration in der Suspension $c = 0{,}1 \text{ mol} \cdot l^{-1}$ ist. Berechnen Sie die Stoffmengenkonzentration an Calcium-Ionen nach der Fällung.
4 Ein Niederschlag von Eisen(II)-sulfid wird einmal mit 50 ml Wasser, zum anderen mit 50 ml Natriumsulfidlösung ($c = 1 \text{ mol} \cdot l^{-1}$) gewaschen. Berechnen Sie die Masse der jeweiligen Waschverluste an Eisen(II)-sulfid.
5 Berechnen Sie die molare Löslichkeit von Magnesiumhydroxid bei pH = 9 und pH = 11.

Ionen. Dadurch kann die Löslichkeit eines schwer löslichen Salzes in der wässrigen Lösung eines leicht löslichen (fremdionigen) Salzes größer als in reinem Wasser sein.

Erhöhung der Löslichkeit durch Komplexbildung (↑S. 256)

Im Löslichkeitsgleichgewicht von Silberchlorid sind Silber-Ionen und Chlorid-Ionen enthalten.

$$AgCl(s) \rightleftharpoons Ag^+(aq) + Cl^-(aq)$$

Bei Zusatz von Ammoniaklösung (Exp. 2) bilden sich Diamminsilber-Ionen des leicht löslichen Diamminsilberchlorids.

$$Ag^+(aq) + 2\,NH_3 \rightleftharpoons [Ag(NH_3)_2]^+(aq)$$

Silber-Ionen werden so aus dem Löslichkeitsgleichgewicht des Silberchlorids entfernt, sodass sich weiteres Silberchlorid lösen kann. Die Löslichkeit des Silberchlorids wird dadurch größer (Abb. 1).

Analog verläuft das Lösen von Silberbromid durch Zusatz von Natriumthiosulfat (Fixiersalz) unter Bildung von Dithiosulfatoargentat-Ionen (Exp. 2).

$$AgBr(s) \rightleftharpoons Ag^+(aq) + Br^-(aq)$$

$$Ag^+(aq) + 2\,S_2O_3^{2-}(aq) \rightleftharpoons [Ag(S_2O_3)_2]^{3-}(aq)$$

Gleiches ist zu beobachten, wenn das Fällungsreagens selbst mit dem Niederschlag einen leicht löslichen Komplex bildet. Zum Beispiel fällt bei Zusatz von wenig Salzsäure zu Silbernitratlösung schwer lösliches Silberchlorid aus (Exp. 3).

$$Ag^+(aq) + Cl^-(aq) \rightleftharpoons AgCl(s)$$

Wird das Fällungsreagens in geringem Überschuss zugesetzt, wirkt dieser als gleichioniger Zusatz löslichkeitserniedrigend, die Fällung wird verstärkt. Ein großer Überschuss an Salzsäure löst das ausgefallene Silberchlorid jedoch wieder auf, da sich bei höherer Konzentration der Chlorid-Ionen der Dichloroargentat-Komplex bildet, dessen Salze leicht löslich sind.

$$AgCl(s) + Cl^-(aq) \rightleftharpoons [AgCl_2]^-(aq)$$

Die Löslichkeitserhöhung durch Komplexbildung wird beim Fixieren eines fotografischen Films nach seiner Entwicklung genutzt.

Beim Nachweis von Ionen durch Fällung stören häufig andere ebenfalls in der Lösung vorliegende Ionen die Nachweisreaktion, da auch sie mit dem Fällungsreagens einen Niederschlag bilden. Diese Störung kann oft durch Überführung der störenden Ionen in einen löslichen Komplex beseitigt werden.

EXPERIMENT 2

Komplexbildung

a) In eine durch Fällung hergestellte Silberchloridsuspension wird Ammoniaklösung (C) getropft und gut geschüttelt.
b) Zu verdünnter Silbernitratlösung ($c = 0{,}1\ mol \cdot l^{-1}$) wird verdünnte Kaliumbromidlösung ($c = 0{,}1\ mol \cdot l^{-1}$) getropft, wobei Silberbromid ausfällt. Der gebildeten Suspension wird Natriumthiosulfatlösung zugesetzt.

1 Abhängigkeit der Löslichkeit von Silberchlorid (in $mol \cdot l^{-1}$) von der Konzentration der Chlorid-Ionen (in $mol \cdot l^{-1}$)

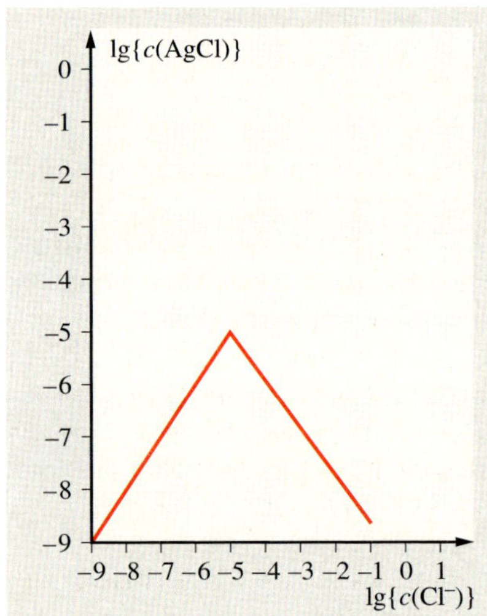

EXPERIMENT 3

Säureüberschuss

Zu wenig Silbernitratlösung ($c = 1 \cdot 10^{-3}\ mol \cdot l^{-1}$) wird konzentrierte Salzsäure (C) getropft, bis sich der gebildete Niederschlag von Silberchlorid wieder gelöst hat.

Die reinigende Wirkung vieler im Haushalt verwendeter Putzmittel beruht oft darauf, dass sie Schmutzteilchen oder etwa die Oxidschicht von Metallen unter Bildung von Komplexen lösen. Besondere Bedeutung haben hier die leicht löslichen Komplexe von Citrat- und Acetat-Ionen mit Metall-Kationen.

Erhöhung der Löslichkeit durch Säurezusatz Versetzt man eine Calciumchloridlösung mit einer Lösung von Natriumfluorid, so fällt das in Wasser schwer lösliche Calciumfluorid aus (Exp. 4).

$$CaCl_2(aq) + 2\,NaF(aq) \rightleftharpoons CaF_2(s) + 2\,NaCl(aq)$$

Bei Zusatz von Salzsäure löst sich das frisch gefällte Calciumfluorid wieder auf. Im Löslichkeitsgleichgewicht des Calciumfluorids

$$CaF_2(s) \rightleftharpoons Ca^{2+}(aq) + 2\,F^-(aq)$$

reagieren vorhandene Fluorid-Ionen mit den Hydronium-Ionen der Salzsäure unter Bildung von Fluorwasserstoff ($pK_S = 3{,}14$).

$$F^- + H_3O^+ \rightleftharpoons HF + H_2O$$

Das dadurch gestörte Löslichkeitsgleichgewicht stellt sich durch weiteres In-Lösung-Gehen von Calciumfluorid neu ein.
Die Löslichkeit eines schwer löslichen Salzes, dessen Anion deutlich basisch ist, nimmt also mit sinkendem pH-Wert zu.
Die pH-Wert-Abhängigkeit des Löslichkeitsgleichgewichts wird in vieler Weise genutzt, z. B. beim Lösen von in Wasser schwer löslichen Substanzen in Säuren, beim Trennen von in Lösung vorliegenden schwer löslichen Substanzen oder beim Fällen von Schwermetall-Ionen aus Abwasser (↑S. 180).
Die Löslichkeit von Salzen (z. B. Chloride, Sulfate, Nitrate), in deren Löslichkeitsgleichgewicht nur sehr schwache Basen vorliegen, ist vom pH-Wert der Lösung unabhängig.

EXPERIMENT 4
Säurezusatz
Eine Calciumchloridlösung wird mit einer Natriumfluoridlösung (Xn) und die gebildete Calciumfluoridsuspension mit Salzsäure (Xi) versetzt.

AUFGABEN

1. Stellen Sie die Reaktionsgleichungen für das Lösen eines Niederschlags aus Cadmiumsulfid in Salzsäure auf. Erläutern Sie das Zusammenwirken des Löslichkeitsgleichgewichts des Cadmiumsulfids mit dem Protolysegleichgewicht des Schwefelwasserstoffs.
2. Erklären sie, warum die Löslichkeit von schwer löslichen Chloriden und Sulfaten pH-unabhängig ist.
3. Begründen Sie, welche der folgenden Salze in saurer Lösung deutlich besser löslich sind als in reinem Wasser: Silbercarbonat, Cer(III)-fluorid, Silbersulfat, Blei(II)-iodid, Cadmiumhydroxid.

ZUSAMMENFASSUNG

Die Löslichkeit schwer löslicher Salze lässt sich durch Zusätze verändern.
Ein **gleichioniger Zusatz** erniedrigt die Löslichkeit in starkem Maße, ein fremdioniger Zusatz kann sie geringfügig erhöhen.
Durch **Zusatz geeigneter Komplexbildner** kann die Löslichkeit durch Bildung leicht löslicher Komplexe stark erhöht werden. Es gibt aber auch Komplexbildner, die vor allem mit Kationen sehr schwer lösliche Komplexe bilden und deshalb als Fällungsreagenzien eingesetzt werden.
Die Löslichkeit von Salzen, in deren Löslichkeitsgleichgewicht deutlich basische Anionen vorliegen, wird durch **Zusatz von Säuren** stark erhöht.
Das Lösen schwer löslicher Salze durch Komplexbildung und Säurezusatz beruht auf dem Zusammenwirken der Lösereaktion mit einer Komplexbildung bzw. einer Säure-Base-Reaktion.

► Konzept des chemischen Gleichgewichts und der Kinetik

Fraktionierte Fällung und Fällungstitration

Fraktionierte Fällung Wird zu einer Lösung, die Chlorid- und Sulfid-Ionen enthält, Bleinitratlösung zugetropft (Exp. 1), fällt zuerst das schwerer lösliche schwarze Bleisulfid aus, da dessen Löslichkeitsprodukt $K_L(PbS) = 1 \cdot 10^{-28}\ mol^2 \cdot l^{-2}$ praktisch schon bei Zusatz des ersten Tropfens der Bleinitratlösung überschritten wird. Weiterhin zugesetzte Blei-Ionen werden bei der Fällung des Bleisulfids verbraucht, daher nimmt die Konzentration der Blei-Ionen in der Lösung trotz ständiger Zugabe von Bleinitratlösung nicht zu.
Erst nach der Fällung des Bleisulfids führt eine weitere Zuführung von Blei-Ionen zur Erhöhung ihrer Konzentration in der Lösung. Dadurch wird dann auch das Löslichkeitsprodukt des Bleichlorids $K_L(PbCl_2) = 2 \cdot 10^{-5}\ mol^3 \cdot l^{-3}$ überschritten und es beginnt auch seine Fällung (weißer Niederschlag).
Dieses Verfahren wird als **fraktionierte Fällung** bezeichnet.
Am Beispiel der fraktionierten Fällung von Silberiodid und Silberchlorid soll die Trennung quantitativ verdeutlicht werden. Beim Zutropfen von Silbernitratlösung zu einer Lösung, die Iodid-Ionen und Chlorid-Ionen nebeneinander enthält, fällt zuerst das schwerer lösliche Silberiodid aus, danach das leichter lösliche Silberchlorid.

Die Fällung des Silberchlorids beginnt bei:

$$c(Ag^+) = \frac{K_L(AgCl)}{c(Cl^-)}$$

Ist diese Konzentration erreicht, gilt weiterhin für Silberiodid:

$$c(Ag^+) = \frac{K_L(AgI)}{c(I^-)}$$

Da in der Lösung die Konzentration der Silber-Ionen jeweils nur einen Wert annimmt, der für die Löslichkeitsprodukte von Silberchlorid und Silberiodid gleichermaßen gilt, ergibt sich

$$\frac{K_L(AgCl)}{c(Cl^-)} = \frac{K_L(AgI)}{c(I^-)}$$

$$\frac{c(Cl^-)}{c(I^-)} = \frac{K_L(AgCl)}{K_L(AgI)} = \frac{1 \cdot 10^{-10}\ mol^2 \cdot l^{-2}}{8 \cdot 10^{-17}\ mol^2 \cdot l^{-2}} \approx \frac{1}{10^{-6}}$$

Die Fällung des Silberchlorids beginnt demnach erst, wenn die Konzentration der Iodid-Ionen in der Lösung 10^6-mal kleiner ist als die der Chlorid-Ionen. Anfangs fällt also praktisch reines Silberiodid aus, danach fast reines Silberchlorid.
Die Trennung ist umso besser, je größer die Differenz zwischen den beiden Löslichkeitsprodukten ist.
In der qualitativen chemischen Analyse spielt die fraktionierte Fällung beim Kationentrennungsgang durch Nutzung der pH-Abhängigkeit der Fällung von Sulfiden, Hydroxiden und Carbonaten eine wesentliche Rolle (Abb. 1).

EXPERIMENT 1 L

Fraktionierte Fällung
Gleiche Volumina Natriumsulfidlösung ($c = 0{,}01\ mol \cdot l^{-1}$) und Natriumchloridlösung ($c = 0{,}1\ mol \cdot l^{-1}$) werden miteinander vermischt. Zu dieser Lösung wird tropfenweise Bleinitratlösung ($c = 0{,}01\ mol \cdot l^{-1}$; T) gegeben. Der Niederschlag muss sich nach kräftigem Schütteln jeweils absetzen, bevor weitere Bleinitratlösung zugesetzt wird.

AUFGABEN

1 Berechnen Sie die Konzentration der Blei(II)-Ionen in einer Bleisulfidsuspension am Endpunkt der Bleisulfidfällung. Welche Konzentration muss erreicht werden, damit die Blei(II)-chloridfällung beginnt?
2 Eine wässrige Lösung von Eisen(III)-chlorid ($c = 0{,}1\ mol \cdot l^{-1}$) wird beim Stehen trübe, eine von Eisen(II)-chlorid gleicher Konzentration aber nicht. Erläutern Sie.

1 Abhängigkeit der Fällung von Hydroxiden vom pH-Wert der Lösung und der Konzentration der Metall-Ionen

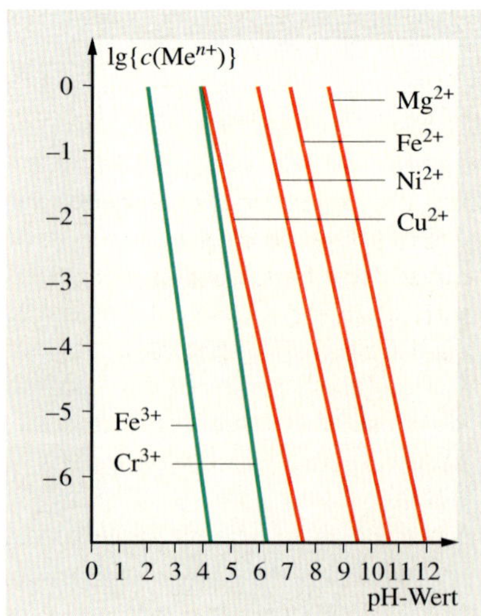

In der quantitativen chemischen Analyse werden derartige fraktionierte Fällungen z. B. zur Anzeige des Äquivalenzpunkts bei Fällungstitrationen genutzt.

Fällungstitration Ergibt eine Substanz (bzw. ein Ion eines Salzes) mit einer Maßlösung einen schwer löslichen Niederschlag, kann diese Substanz maßanalytisch bestimmt werden. Dieser Typ der Maßanalyse, dem eine Fällungsreaktion zugrunde liegt, wird als **Fällungstitration** bezeichnet.
Die wichtigsten Fällungstitrationen sind die argentometrischen Bestimmungen, bei denen mit einer Silbernitrat-Maßlösung gearbeitet wird. Durch solche Bestimmungen lassen sich z. B. die Konzentrationen von Chlorid-, Bromid- und Iodid-Ionen ermitteln.
Mithilfe des Löslichkeitsprodukts lässt sich die Änderung der Konzentrationen der an der Fällungsreaktion beteiligten Ionen berechnen und daraus die Titrationskurve (Abb. 2) konstruieren. Der Verlauf einer Fällungstitration ist dem der Neutralisation einer sehr starken Säure mit einer sehr starken Base analog (↑S. 171 f.).
Die Daten für die Fällungstritration von Silberchlorid aus einer Lösung von Natriumchlorid ($c = 0{,}01\ \text{mol} \cdot \text{l}^{-1}$) mit einer Lösung von Silbernitrat ($c = 1\ \text{mol} \cdot \text{l}^{-1}$) sind in der Tabelle 1 zusammengestellt.

2 Tritrationskurve zur argentometrischen Bestimmung von Natriumchlorid

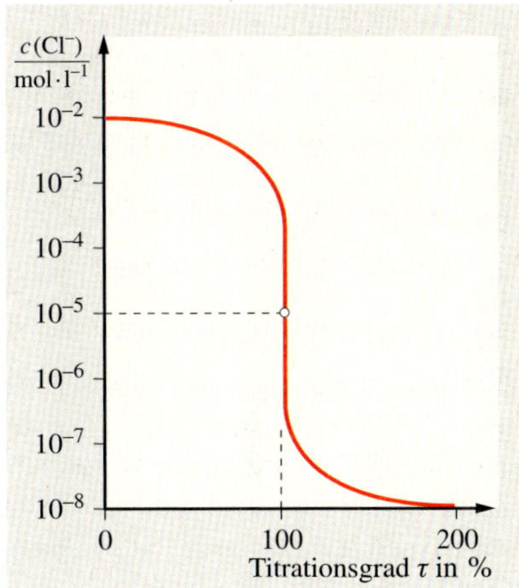

Tab. 1 Titration von 100 ml Natriumchloridlösung ($c = 0{,}01\ \text{mol} \cdot \text{l}^{-1}$) mit Silbernitratlösung ($c = 1\ \text{mol} \cdot \text{l}^{-1}$) (Der Volumenzuwachs durch Zugabe der Maßlösung ist vernachlässigt.)

Zugabe an $AgNO_3$-Lsg. in ml	**Titrationsgrad τ in %**	**$c(Cl^-)$ in mol · l⁻¹**	**$c(Ag^+)$ in mol · l⁻¹**
0,00	0	$1 \cdot 10^{-2}$	0
0,90	90	$1 \cdot 10^{-3}$	$1 \cdot 10^{-7}$
0,99	99	$1 \cdot 10^{-4}$	$1 \cdot 10^{-6}$
1,00	100	$1 \cdot 10^{-5}$	$1 \cdot 10^{-5}$
1,01	101	$1 \cdot 10^{-6}$	$1 \cdot 10^{-4}$
1,10	110	$1 \cdot 10^{-7}$	$1 \cdot 10^{-3}$
2,00	200	$1 \cdot 10^{-8}$	$1 \cdot 10^{-2}$

Auch bei dieser Titration ändern sich die Konzentrationen der an der Fällung beteiligten Ionen in der Nähe des Äquivalenzpunkts sprunghaft. Der Sprungbereich der Kurve ist umso größer, je kleiner das Löslichkeitsprodukt der ausgefallenen Substanz ist. Der Äquivalenzpunkt liegt für die Chloridbestimmung bei

$$c(\text{Cl}^-) = \sqrt{K_\text{L}(\text{AgCl})} = \sqrt{10^{-10}\ \text{mol}^2 \cdot \text{l}^{-2}} = 10^{-5}\ \text{mol} \cdot \text{l}^{-1}$$

und für die argentometrische Bromidbestimmung bei

$$c(\text{Br}^-) = \sqrt{K_\text{L}(\text{AgBr})} = \sqrt{5 \cdot 10^{-13}\ \text{mol}^2 \cdot \text{l}^{-2}} = 7{,}1 \cdot 10^{-7}\ \text{mol} \cdot \text{l}^{-1}$$

AUFGABEN

1 Erstellen Sie für die Titration von Natriumiodidlösung ($c = 0{,}01\ \text{mol} \cdot \text{l}^{-1}$) mit Silbernitratlösung ($c = 1\ \text{mol} \cdot \text{l}^{-1}$) die Titrationskurve. Der Volumenzuwachs ist zu vernachlässigen.
$K_\text{L}(\text{AgI}) = 1 \cdot 10^{-16}\ \text{mol}^2 \cdot \text{l}^{-2}$

2 Kaliumiodid in einer wässrigen Lösung wird argentometrisch bestimmt. Der Verbrauch an Silbernitrat-Maßlösung ($c = 0{,}01\ \text{mol} \cdot \text{l}^{-1}$) beträgt 21,8 ml.
Berechnen Sie die Stoffmenge und die Masse des Kaliumiodids in der Lösung.

Das Erkennen des Äquivalenzpunkts kann bei Fällungstitrationen durch Messen der elektrischen Leitfähigkeit (↑ S. 240 f.) oder mithilfe von **Farbindikatoren** erfolgen.
Als Farbindikatoren sind bei Fällungstitrationen Substanzen (bzw. deren Ionen) geeignet, die mit der Maßlösung einen farbigen Niederschlag oder auch eine lösliche gefärbte Verbindung ergeben.
Für die Bestimmung von Silber-Ionen mit Ammoniumthiocyanat-Lösung „nach VOLHARD" eignet sich als Farbindikator Ammoniumeisen(III)-sulfat, dessen Eisen(III)-Ionen mit Thiocyanat-Ionen das in Wasser lösliche rote Eisen(III)-thiocyanat bilden (Exp. 2).

$$Fe^{3+} + 3\,SCN^- \rightleftharpoons \underset{\text{rot}}{Fe(SCN)_3}$$

Während der Titration bleibt die Konzentration an gebildetem Eisen(III)-thiocyanat durch die Fällung des schwer löslichen Silberthiocyanats so gering, dass eine Rotfärbung der Lösung von unserem Auge nicht erkannt werden kann. Am Äquivalenzpunkt der Bestimmung der Silber-Ionen beträgt die Konzentration der Thiocyanat-Ionen:

$$c(SCN^-) = \sqrt{K_L(AgSCN)} = \sqrt{1 \cdot 10^{-12}\ mol^2 \cdot l^{-2}} = 1 \cdot 10^{-6}\ mol \cdot l^{-1}$$

Bereits bei einem sehr geringen Überschuss an Thiocyanat-Ionen lässt sich dann die rote Farbe des Eisen(III)-thiocyanats erkennen.
Beim Einsatz von Farbindikatoren bei der Fällungstitration muss die in der Titrationsvorschrift angegebene Konzentration des Indikators genau eingehalten werden. Eine von der Vorschrift stark abweichende Konzentration des Indikators führt zu falschen Titrationsergebnissen, da sich Fällungsgleichgewicht und Indikatorgleichgewicht beeinflussen.

EXPERIMENT 2

Fällungstitration

20 ml Silbernitratlösung ($c \approx 0{,}05\ mol \cdot l^{-1}$) werden mit destilliertem Wasser auf 100 ml verdünnt und mit 2 ml einer Indikatorlösung aus kalt gesättigter Ammoniumeisen(III)-sulfatlösung versetzt, zu der so lange konzentrierte Salpetersäure ($w = 65\,\%$; C) gegeben wurde, bis die anfangs entstehende Braunfärbung wieder verschwunden ist.
Mit Ammoniumthiocyanat-Maßlösung ($c = 0{,}1\ mol \cdot l^{-1}$) wird bis zum bleibenden Farbumschlag nach Orange titriert.

AUFGABE

1 120 mg eines weißen Chlorids werden in Wasser gelöst und argentometrisch titriert. Der Verbrauch an Silbernitrat-Maßlösung ($c = 0{,}1\ mol \cdot l^{-1}$) beträgt 20,7 ml. Berechnen Sie die molare Masse des Salzes.
Welches Salz könnte es sein?

ZUSAMMENFASSUNG

Eine Trennung leicht löslicher Substanzen durch **fraktionierte Fällung** ist aufgrund der unterschiedlichen Temperaturabhängigkeiten ihrer Löslichkeiten möglich (↑ S. 178).
Eine Stofftrennung schwer löslicher Substanzen durch fraktionierte Fällung ist dann möglich, wenn sich ihre Löslichkeiten deutlich unterscheiden.

In der qualitativen und quantitativen chemischen Analyse wird die fraktionierte Fällung in verschiedener Weise genutzt.
Die **Fällungstitration** ist ein weiteres Verfahren der klassischen Maßanalyse. Die Breite ihrer praktischen Anwendung ist deutlich geringer als die der anderen maßanalytischen Verfahren.

▶ Konzept des chemischen Gleichgewichts und der Kinetik

KOMPLEX GEDACHT

1 Die Herstellung von Salzen durch doppelte Umsetzung beruht auf der unterschiedlichen Löslichkeit der beteiligten Salze. Bei einem als Konversion bezeichneten Verfahren wird Kaliumnitrat (Konversionssalpeter) durch die Umsetzung von Kaliumchlorid mit Natriumnitrat hergestellt. Dazu werden beide Salze in heißem Wasser gelöst, anschließend wird die Lösung langsam abgekühlt.

a Welches weitere Salz entsteht neben dem gewünschten Kaliumnitrat?

b Ermitteln Sie die Kristallisationsreihenfolge der entstehenden Salze.

1 Abhängigkeit der Löslichkeit einiger Salze in Wasser von der Temperatur

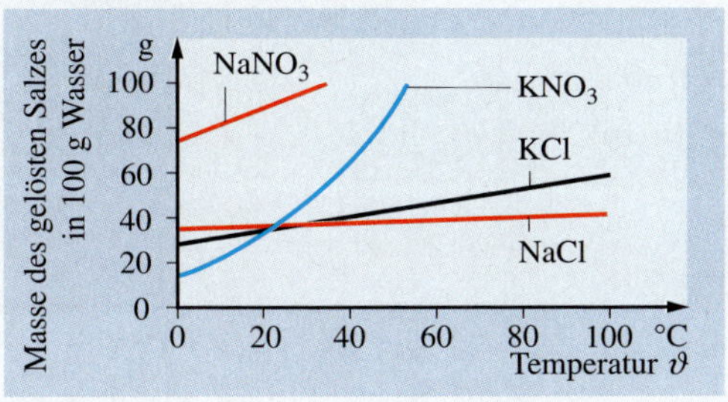

2 Menschen mit hohem Harnsteinrisiko erhalten folgende Ernährungsempfehlungen:
Eine wichtige Maßnahme zur Harnsteinvermeidung ist eine ausreichende Harnverdünnung. Dazu sollten täglich 2,5 bis 3 Liter Flüssigkeit gleichmäßig über den Tag aufgenommen werden. Bei hohem Schweißverlust sollte die aufgenommene Flüssigkeitsmenge erhöht werden. Geeignete Getränke sind mineralienarmes Mineral- bzw. Trinkwasser, Früchtetees und Apfelsaft.
Der tägliche Calciumbedarf eines Erwachsenen von 1000 mg sollte nicht überschritten werden. Achten Sie besonders auf den Calciumgehalt von Milch und Milchprodukten.
Auf Gemüse mit hohem Oxalatgehalt wie Spargel, Rhabarber und Spinat sollte verzichtet werden. Alle anderen pflanzlichen Lebensmittel können in normalen Mengen verzehrt werden.
Begründen Sie, warum die Einhaltung dieser Empfehlungen der Bildung von Harnsteinen vorbeugt.

3 Der Zahnschmelz ist eine fast reine Mineralschicht, die den Zahn umgibt und schützt. Er ist sehr hart und besteht im Wesentlichen aus dem schwer löslichen Calciumsalz Hydroxylapatit $Ca_5(PO_4)_3(OH)$.

a Erklären Sie, warum Hydroxylapatit von Säuren angegriffen wird.

b Bei der Zahnpflege kommt in der Regel fluoridhaltige Zahnpasta zum Einsatz. Hierdurch wird angegriffener Zahnschmelz gehärtet, indem Fluorapatit $Ca_5(PO_4)_3F$ gebildet wird. Erklären Sie, warum Fluorapatit deutlich säureunempfindlicher als Hydroxylapatit ist.

4 Das Löslichkeitsprodukt des Silberchromats ist dem Betrag nach kleiner als das Löslichkeitsprodukt des Silberchlorids, aber Silberchlorid ist schwerer löslich als Silberchromat. Erläutern Sie diesen Sachverhalt. Berechnen Sie die Löslichkeiten von Silberchlorid und Silberchromat.

5 Eine in der Analyse häufig angewandte Methode ist der Trennungsgang.
Der Trennungsgang für Metall-Ionen richtet sich nach der Löslichkeit der entsprechenden Metallchloride, -sulfide, -hydroxide und -carbonate bei verschiedenen pH-Werten.
Erläutern Sie das Prinzip eines Trennungsgangs.

2 Schema des Trennungsgangs für Metall-Ionen

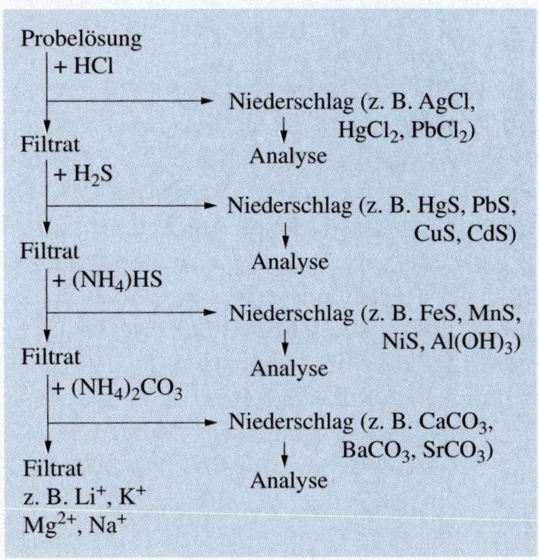

9 Redoxreaktionen

Beim Thermitverfahren wird Eisen in kleinen Mengen aus Eisenoxid und Aluminium hergestellt. Auf diese Weise werden noch heute oftmals Straßenbahnschienen verschweißt. Man nutzt dabei eine wichtige Reaktionsart in Natur und Technik – die Redoxreaktion. Redoxreaktionen finden in jedem Augenblick unseres Lebens statt – als Energie liefernder Prozess des Citronensäurezyklus oder der Atmungskette in unserem eigenen Körper, als Grundlage allen Lebens in Form der Fotosynthese, bei jeder gewünschten oder unerwünschten Verbrennung. Auch die Gewinnung von Metallen aus ihren Erzen sowie die Herstellung vieler chemischer Produkte, die unseren Alltag bestimmen, verläuft über Redoxreaktionen.

Redoxreaktionen von Haupt- und Nebengruppenelementen

Oxidation – Reduktion – Redoxreaktionen Ursprünglich wurde unter **Oxidation** die Reaktion eines Stoffs mit Sauerstoff (Oxygenium), unter **Reduktion** die Rückführung in den ursprünglichen Zustand verstanden. Viele Oxidationen laufen unter Licht- und Wärmeentwicklung als Verbrennung ab. Bei der Verbrennung von Magnesium entsteht Magnesiumoxid, eine aus Ionen aufgebaute Verbindung. Bei der Betrachtung der Redoxreaktionen als Elektronenübergang bedeutet Oxidation des Magnesiums demnach Abgabe von Elektronen durch die Magnesiumatome, sie sind das **Reduktionsmittel** (Abb. 1). Atome des Sauerstoffs als **Oxidationsmittel** nehmen diese Elektronen auf. Bei der Reduktion eines Metalloxids erhalten die Metall-Ionen die bei der Oxidation abgegebenen Elektronen wieder zurück.
Elektronenabgabe kann also nur erfolgen, wenn Atome oder Ionen eines Reaktionspartners diese Elektronen aufzunehmen vermögen. *Oxidation* und *Reduktion* sind daher immer *gekoppelt*. Sie werden als **Redoxreaktionen** bezeichnet. Redoxreaktionen sind **Reaktionen mit Elektronenübergang**.
Diese Kennzeichnung von Oxidations- und Reduktionsvorgängen sind unabhängig vom Sauerstoff und können auf viele andere Stoffe angewendet werden.

1 Verbrennung von Magnesium

Oxidation (Elektronenabgabe)
$2\,Mg \rightarrow 2\,Mg^{2+} + 4\,e^-$

Reduktion (Elektronenaufnahme)
$O_2 + 4\,e^- \rightarrow 2\,O^{2-}$

Redoxreaktion (Elektronenübergang)
$2\,Mg + O_2 \rightarrow 2\,MgO$

Tab. 1 Beispiele für Oxidationsmittel und Reduktionsmittel

Oxidationsmittel	Reduktionsmittel
$Br_2 + 2\,e^- \rightarrow 2\,Br^-$	$Na \rightarrow Na^+ + e^-$
$Fe^{3+} + e^- \rightarrow Fe^{2+}$	$Cr^{2+} \rightarrow Cr^{3+} + e^-$

Da sich bei Elektronenabgabe und -aufnahme auch die Oxidationszahlen ändern, kann man definieren:

Eine **Redoxreaktion** ist eine chemische Reaktion, bei der zwischen den Teilchen der Reaktionspartner **Elektronen übertragen** werden. Oxidation und Reduktion laufen gleichzeitig und abhängig voneinander ab.
Bei der Oxidation erfolgt eine Elektronenabgabe, die Oxidationszahl steigt. Bei der Reduktion erfolgt eine Elektronenaufnahme, die Oxidationszahl sinkt.
Das Teilchen, das Elektronen abgibt, heißt **Elektronendonator** bzw. **Reduktionsmittel**.
Das Teilchen, das Elektronen aufnimmt, heißt **Elektronenakzeptor** bzw. **Oxidationsmittel**.
Elektronenabgabe und -aufnahme sind umkehrbare Vorgänge.

Aus einem Reduktionsmittel (Red) entsteht durch Elektronenabgabe ein Oxidationsmittel (Ox). So haben Zink(II)-Ionen oxidierende, Zinkatome dagegen reduzierende Eigenschaften. Allgemein gilt die Beziehung:

$$\text{Red} \rightleftharpoons \text{Ox} + z \cdot e^-$$

Eine solche Kombination heißt **korrespondierendes Redoxpaar**. Die vom Reduktionsmittel abgegebenen Elektronen werden vom Oxidationsmittel aufgenommen. An einer Redoxreaktion sind stets zwei korrespondierende Redoxpaare beteiligt.

Korrespondierendes Redoxpaar 1

$$\text{Red 1} + \text{Ox 2} \rightleftharpoons \text{Ox 1} + \text{Red 2}$$

Korrespondierendes Redoxpaar 2

Redoxreihe der Metalle Metalle zeigen ein unterschiedliches Bestreben, Elektronen abzugeben. Sie unterscheiden sich in ihrer reduzierenden Wirkung gegenüber den Elektronenakzeptoren. Auch die oxidierende Wirkung von Metall-Ionen ist verschieden. Beides kommt in der **Redoxreihe** der Metalle zum Ausdruck (Abb. 2). Mithilfe der Redoxreihe können mögliche Redoxreaktionen abgeschätzt werden: Metall-Ionen lassen sich von den jeweils weiter links angeordneten Atomen unedlerer Metalle reduzieren.

2 Redoxreihe der Metalle

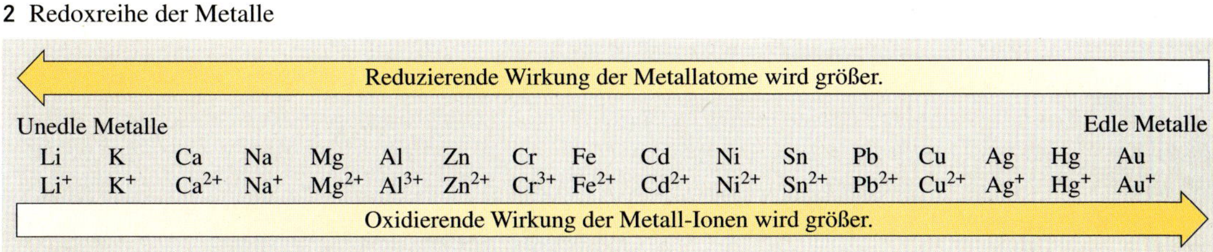

AUFGABEN

1 Kupfer(II)-Ionen werden von Zink zu metallischem Kupfer reduziert, wobei Zink-Ionen in Lösung gehen. Stellen Sie die Reaktionsgleichung auf.

2 Untersuchen Sie das Vorliegen einer Redoxreaktion bei den folgenden chemischen Reaktionen. Nennen Sie Oxidationsmittel und Reduktionsmittel.
a Synthese von Kochsalz aus den Elementen
b Knallgasreaktion
c Neutralisationsreaktion
d Verbrennung von Erdgas (Methan)

3 Formulieren Sie die Teilgleichungen für die Redoxreaktion von Eisen(III)-salzlösung mit Eisen.

Tab. 2 Kurzschreibweisen für Redoxgleichungen

Teilreaktion 1:
Red 1/Ox 1
$\text{Red 1} \rightleftharpoons \text{Ox 1} + z \cdot e^-$
Teilreaktion 2:
Ox 2/Red 2
$\text{Ox 2} + z e^- \rightleftharpoons \text{Red 2}$
Redoxreaktion:
Red 1/Ox 2// Ox 1/Red 2
$\text{Red 1} + \text{Ox 2} \rightleftharpoons \text{Ox 1} + \text{Red 2}$

1 Ermitteln von Oxidationszahlen mithilfe der Elektronegativitätswerte der Bindungspartner

Oxidationszahlen	−2 +4 −2	+1 −2 +1	−1 +2 −1
Struktur	O=C=O	H–O–H	F–O–F
Elektronegativitätswerte	3,5 2,5 3,5	2,1 3,5 2,1	4,0 3,5 4,0

2 Oxidationszahlen einiger organischer Verbindungen

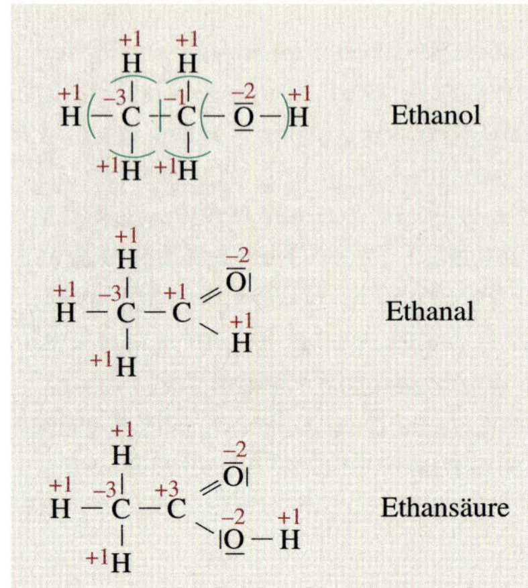

Aufstellen von Reaktionsgleichungen für Redoxreaktionen

Bei Redoxreaktionen sind die auftretenden Elektronenübergänge oft nicht leicht überschaubar. Zum besseren Verständnis betrachtet man die Veränderungen der **Oxidationszahlen** (↑S. 22). Die Oxidationszahlen werden über den Symbolen der Elemente angegeben, sie beziehen sich jeweils auf ein einzelnes Atom bzw. Ion. Für die Ermittlung der Oxidationszahlen und ihre Veränderungen werden die Elektronegativitäten der Elemente zugrunde gelegt. In einer polaren Elektronenpaarbindung ordnet man die Bindungselektronen formal dem elektronegativeren Atom zu. Bei einer unpolaren Elektronenpaarbindung zwischen zwei gleichartigen Atomen werden die Elektronen den beiden Atomen zur Hälfte zugeordnet (Abb. 1, 2).

Bei der Bestimmung der Oxidationszahlen ist eine Reihe von Regeln zu beachten. Nach diesen Regeln ergeben sich beispielsweise für die Atome bzw. Ionen in nachfolgenden Verbindungen Oxidationszahlen von:

$$\overset{+2}{O}\,\overset{-1}{F_2} \qquad \overset{+1}{Li}\,\overset{-1}{H} \qquad \overset{+1}{H}\,\overset{-1}{Cl} \qquad \overset{+1}{H}\,\overset{+5}{Cl}\,\overset{-2}{O_3} \qquad \overset{\pm 0}{H_2} \qquad \overset{\pm 0}{O_2}$$

Bei der Benennung von Verbindungen kann die Oxidationsstufe eines Elements dieser Verbindung durch eine in Klammern gesetzte römische Ziffer nach dem Elementnamen angegeben werden, z. B. Eisen(III)-chlorid, Mangan(IV)-oxid.

Beim Aufstellen der Reaktionsgleichungen für eine Redoxreaktion sind die Stoffmengen der beteiligten korrespondierenden Redoxpaare so aufeinander abzustimmen, dass die Anzahl der abgegebenen Elektronen bei der Oxidation gleich der Anzahl der aufgenommenen Elektronen bei der Reduktion ist. Beide Teilgleichungen können dann miteinander kombiniert werden. Durch **Redoxgleichungen in Ionenschreibweise** werden die Verhältnisse bei Redoxreaktionen übersichtlich wiedergegeben. Für die Reaktion von Eisen(III)-chloridlösung mit Kaliumiodidlösung (Exp. 1) gilt beispielsweise:

Oxidation:	$2\,I^-$	$\rightleftharpoons$	$I_2 + 2\,e^-$	$\mid \cdot 1$
Reduktion :	$Fe^{3+} + e^-$	$\rightleftharpoons$	Fe^{2+}	$\mid \cdot 2$

Redoxreaktion: $2\,Fe^{3+} + 2\,I^- \rightleftharpoons 2\,Fe^{2+} + I_2$

Regeln für die Bestimmung von Oxidationszahlen

1. Die Oxidationszahl von Elementen beträgt immer ±0.
2. Die Summe der Oxidationszahlen in chemischen Verbindungen ist immer ±0.
3. Die Oxidationszahl von Fluor in Verbindungen beträgt immer −1.
4. Die Oxidationszahl von Metallen in Verbindungen ist immer positiv.
5. a) Die Oxidationszahl von Wasserstoff in Verbindungen mit Nichtmetallen beträgt stets +1.
   b) Die Oxidationszahl von Wasserstoff in Verbindung mit Metallen beträgt stets −1.
6. Die Oxidationszahl von Sauerstoff in Verbindungen beträgt meist −2. Ausnahmen (Beispiele): −1 in Peroxiden; +2 in OF_2
7. Die Oxidationszahl eines einfachen Ions entspricht der Ladung des Ions.
8. Die Summe der Oxidationszahlen in zusammengesetzten Ionen entspricht der Ladung des Ions.
9. In organischen Verbindungen beträgt die Summe der Oxidationszahlen eines Kohlenstoffatoms und der daran gebundenen Atome ±0.

Redoxreaktionen mit Halogenen Metallhalogenide können in wässriger Lösung mit Halogenen reagieren. Dabei dienen die Halogenid-Ionen als Reduktionsmittel, sie werden oxidiert; die Halogenatome dienen als Oxidationsmittel, sie werden reduziert (Exp. 2).

$$2\,Br^- + Cl_2 \rightarrow Br_2 + 2\,Cl^-$$

Zwischen einer Metallchloridlösung und Brom findet jedoch keine Reaktion statt. Innerhalb der VII. Hauptgruppe nimmt mit zunehmender Ordnungszahl die Bereitschaft zur Elektronenabgabe durch die Halogenid-Ionen zu.
Ursache dafür ist der größere Ionenradius und die damit verbundene geringer werdende Anziehungskraft des Atomkerns auf die Außenelektronen. In der gleichen Richtung nimmt die Bereitschaft zur Elektronenaufnahme durch die Halogenatome ab, weil sie unterschiedliches Bestreben zur Aufnahme eines Außenelektrons zeigen. Dies wird durch die **Elektronenaffinität** (↑S. 21) ausgedrückt, die innerhalb der VII. Hauptgruppe mit zunehmender Ordnungszahl abnimmt.
Die Reaktion von Halogenen mit Halogeniden ist somit nur möglich, wenn das zu reduzierende Halogen im Periodensystem über dem zu oxidierenden Halogenid steht.

pH-Wert-abhängige Redoxreaktionen – Reaktionen mit Kaliumpermanganat Sehr häufig werden Redoxreaktionen durch andere Reaktionen beeinflusst. So ist bei vielen Reaktionen der Elektronenübergang mit einem Protonenübergang gekoppelt. Der Ablauf der Redoxreaktion ist dann vom pH-Wert der Lösung abhängig.
Ein Beispiel sind Redoxreaktionen mit Kaliumpermanganat. In saurer Lösung werden Permanganat-Ionen bis zu Mangan(II)-Ionen reduziert. Dabei ändert sich die Oxidationszahl der Manganatome von +7 nach +2 entsprechend der Aufnahme von 5 Elektronen (Exp. 3, 4, 5; Tab. 1). In neutraler und schwach basischer Lösung entstehen Mangan(IV)-Verbindungen, in stark basischer Lösung werden Manganat(VI)-Ionen gebildet (↑Exp. 6, S. 196).
Aber nicht nur der Übergang zu einer bestimmten Oxidationszahl wird vom pH-Wert beeinflusst, sondern auch die Stärke des Oxidations- oder Reduktionsmittels.
In stark saurer Lösung besitzt Kaliumpermanganat ein stärkeres Oxidationsvermögen als in schwach saurer Lösung. Die pH-Wert-Abhängigkeit von Redoxreaktionen wird beim Aufstellen der Reaktionsgleichungen für die korrespondierenden Redoxpaare durch Hydronium-Ionen H_3O^+, im Folgenden vereinfacht als Wasserstoff-Ionen H^+ geschrieben, zum Ausdruck gebracht. Dabei bilden die Wasserstoff-Ionen mit frei werdenden Oxid-Ionen Wassermoleküle.

Für das Aufstellen von Redox-Reaktionsgleichungen hat es sich bewährt, die nachfolgende Schrittfolge einzuhalten:

EXPERIMENT 1

Redoxreaktionen mit Eisenverbindungen

a) Eisen(III)-chloridlösung (w = 5 %) wird mit Benzin (F) überschichtet und mit Kaliumiodidlösung (w = 5 %) versetzt.
b) Frisch bereitete Eisen(II)-sulfatlösung (w = 5 %) wird mit Chlorwasser versetzt.

EXPERIMENT 2

Reaktion von Halogenen mit Halogeniden

In je ein Reagenzglas wird zu 1 ml n-Hexan (F, Xn, N) 2 ml verdünnte Kaliumbromid- bzw. 2 ml Kaliumiodidlösung (w = 5 %) gegeben. Dann versetzt man portionsweise mit insgesamt 1 ml Chlorwasser (Xn). Nach jeder Zugabe wird geschüttelt und auf Farbänderung geprüft.

EXPERIMENT 3

Reduktion von Permanganat im sauren Milieu

Eine mit verdünnter Schwefelsäure (w = 10 %; Xi) angesäuerte Kaliumpermanganatlösung (w = 1 %) wird auf zwei Reagenzgläser verteilt und
- im ersten Reagenzglas tropfenweise mit frisch zubereiteter Eisen(II)-sulfatlösung (w = 5 %) versetzt,
- im zweiten Reagenzglas tropfenweise mit Kaliumiodidlösung (w = 5 %) versetzt. Diese Lösung wird mit etwas Benzin (F) ausgeschüttelt.

Schrittfolge zum Aufstellen einer Redoxgleichung
Für die Reaktion von Permanganat-Ionen mit Chlorid-Ionen in saurer Lösung wird die Reaktionsgleichung nach folgender Schrittfolge aufgestellt:

1. Ermitteln der Ausgangsstoffe und Reaktionsprodukte
Aus der Entfärbung der Lösung erkennt man die Reduktion der Permanganat-Ionen zu Mangan(II)-Ionen. Die Bildung von Chlor kann am charakteristischen Geruch erkannt werden.

2. Aufstellen der Teilgleichung für die Oxidation
Chlorid-Ionen werden durch Abgabe von Elektronen zu elementarem Chlor oxidiert.

$$2\,\overset{-1}{Cl^-} \rightleftharpoons \overset{\pm 0}{Cl_2} + 2\,e^-$$

3. Aufstellen der Teilgleichung für die Reduktion
– Angabe des Redoxpaars und Ermitteln der aufgenommenen Elektronen mithilfe der Oxidationszahlen

$$\overset{+7}{Mn}O_4^- + 5\,e^- \rightleftharpoons \overset{+2}{Mn^{2+}}$$

– Ausgleichen der Ladungen mithilfe der in saurer Lösung vorhandenen Wasserstoff-Ionen

$$\overset{+7}{Mn}O_4^- + 5\,e^- + 8\,H^+ \rightleftharpoons \overset{+2}{Mn^{2+}}$$

– Ausgleichen der Reaktion. Die im Permanganat-Ion gebundenen Oxid-Ionen reagieren mit Wasserstoff-Ionen zu Wassermolekülen.

$$\overset{+7}{Mn}O_4^- + 5\,e^- + 8\,H^+ \rightleftharpoons \overset{+2}{Mn^{2+}} + 4\,H_2O$$

4. Aufstellen der Gesamtgleichung
In den Teilgleichungen werden die kleinsten gemeinsamen Vielfachen der Anzahlen der abgegebenen bzw. aufgenommenen Elektronen bestimmt und die Teilgleichungen durch Multiplikation mit den entsprechenden Faktoren ausgeglichen. Durch Addition der Teilgleichungen wird die Gesamtgleichung erhalten:

Oxidation:	$2\,Cl^-$	$\rightleftharpoons$	$Cl_2 + 2\,e^-$	$\mid \cdot 5$
Reduktion:	$MnO_4^- + 5\,e^- + 8\,H^+$	$\rightleftharpoons$	$Mn^{2+} + 4\,H_2O$	$\mid \cdot 2$

Redoxreaktion: $2\,MnO_4^- + 10\,Cl^- + 16\,H^+ \rightleftharpoons 2\,Mn^{2+} + 5\,Cl_2 + 8\,H_2O$

Tab. 1 Reaktionsprodukte einer Reduktion von Permanganat-Ionen MnO_4^- in Abhängigkeit vom pH-Wert

Ausgangsstoff	Reaktionsprodukt bei pH-Wert				
	stark basisch	schwach basisch bis neutral			sauer
$\overset{+7}{Mn}O_4^-$ (violett)	$\overset{+6}{Mn}O_4^{2-}$ (grün)	$\overset{+5}{Mn}O_4^{3-}$ (blau)	$\overset{+4}{Mn}O_2$ (braun)	$\overset{+3}{Mn^{3+}}$ (rot)	$\overset{+2}{Mn^{2+}}$ (rosa bis farblos)

EXPERIMENT 4

Reduktion von Permanganat bei verschiedenen pH-Werten

Eine sehr stark verdünnte Kaliumpermanganatlösung ($w \approx 0{,}2\,\%$) wird auf drei Reagenzgläser verteilt und
– im ersten Reagenzglas mit verdünnter Schwefelsäure ($w \approx 10\,\%$; Xi) angesäuert,
– im dritten Reagenzglas mit konzentrierter Natronlauge ($w = 30\,\%$; C) stark basisch gemacht.

Alle drei Lösungen werden tropfenweise mit Natriumsulfitlösung ($w = 5\,\%$) versetzt.
Zur Lösung im zweiten Reagenzglas gibt man nach der Reaktion einige Tropfen Phenolphthaleinlösung.

AUFGABEN

1 Bestimmen Sie die Oxidationszahlen aller Atome in folgenden Verbindungen:
a H_2SO_3, $HClO$, $HClO_3$, $NaClO_4$, K_2MnO_4
b Aluminiumsulfat, Calciumhydrid, Wasserstoffperoxid, Propantriol

2 Die folgenden chemischen Reaktionen finden in saurer Lösung statt. Stellen Sie jeweils die Reaktionsgleichungen für die korrespondierenden Redoxpaare und die Gesamtreaktion in Ionenschreibweise auf.
a Bei der Reaktion von Kaliumpermanganat mit Wasserstoffperoxid bildet sich Sauerstoff.
b Kaliumdichromatlösung reagiert mit Kaliumiodidlösung.

Bei Reaktionen in *basischer* Lösung gleichen Hydroxid-Ionen die Stoff- und Ladungsbilanzen aus. Ein Beispiel dafür ist die Reaktion von Permanganat-Ionen mit Mangan(II)-Ionen:

Oxidation: $3\ \overset{+2}{Mn}^{2+} + 12\ OH^- \rightleftharpoons 3\ \overset{+4}{Mn}O_2 + 6\ H_2O + 6\ e^-$

Reduktion: $2\ \overset{+7}{Mn}O_4^- + 4\ H_2O + 6\ e^- \rightleftharpoons 2\ \overset{+4}{Mn}O_2 + 8\ OH^-$

Redoxreaktion: $2\ MnO_4^- + 3\ Mn^{2+} + 4\ OH^- \rightleftharpoons 5\ MnO_2 + 2\ H_2O$

Synproportionierung – Disproportionierung Die Reaktion von Permanganat-Ionen mit Mangan(II)-Ionen stellt eine besondere Form einer Redoxreaktion dar, die **Synproportionierung (Komproportionierung)**. Darunter versteht man eine Redoxreaktion, bei der die Atome eines Elements durch gleichzeitige Oxidation aus einer niedrigeren und Reduktion einer höheren in eine mittlere Oxidationsstufe übergehen.
Durch Änderung des pH-Werts kann auch die Lage des chemischen Gleichgewichts (↑S. 126) einer Redoxreaktion beeinflusst werden. So reagiert z. B. Chlor mit einer basischen Lösung wesentlich besser als mit reinem Wasser oder mit einer sauren Lösung, wobei Chlormoleküle mit Hydroxid-Ionen zu Chlorid-Ionen Cl^- und Hypochlorit-Ionen ClO^- reagieren:

Oxidation: $\overset{\pm 0}{Cl_2} + 4\ OH^- \rightleftharpoons 2\ \overset{+1}{Cl}O^- + 2\ H_2O + 2\ e^-$

Reduktion: $\overset{\pm 0}{Cl_2} + 2\ e^- \rightleftharpoons 2\ \overset{-1}{Cl}^-$

Redoxreaktion: $Cl_2 + 4\ OH^- \rightleftharpoons 2\ ClO^- + 2\ Cl^- + 2\ H_2O$

Verringert man nun durch Säurezusatz den pH-Wert, so verlagert sich das chemische Gleichgewicht durch die bei der Neutralisation stattfindende Konzentrationsverkleinerung der Hydroxid-Ionen auf die Seite des Chlors.
Die Reaktion von Chlor in wässriger Lösung stellt die Umkehrung der Synproportionierung dar. Eine Redoxreaktion, bei der die Atome eines Elements aus einer mittleren durch gleichzeitige Oxidation und Reduktion in eine höhere und eine niedrigere Oxidationsstufe übergehen, heißt **Disproportionierung**.

Wasserstoffperoxid als Redoxampholyt Einige Stoffe, in denen die Atome eines Elements eine mittlere Oxidationszahl besitzen, können in Abhängigkeit von ihrem Reaktionspartner bei einer Redoxreaktion entweder als Oxidationsmittel oder als Reduktionsmittel wirken. Diese Stoffe bezeichnet man als **Redoxampholyte** (Exp. 5). Ein solcher Redoxampholyt ist z. B. Wasserstoffperoxid. In saurer Lösung kann Wasserstoffperoxid oxidiert

$H_2\overset{-1}{O}_2 \rightleftharpoons \overset{\pm 0}{O}_2 + 2\ H^+ + 2\ e^-$ oder auch reduziert werden:

$H_2\overset{-1}{O}_2 + 2\ H^+ + 2\ e^- \rightleftharpoons 2\ H_2\overset{-2}{O}$

EXPERIMENT 5
Redoxamphoterie
Zu 2 ml einer mit 10%iger Schwefelsäure (Xi) angesäuerten 3%igen Wasserstoffperoxidlösung gibt man:
- einige Tropfen Kaliumpermanganatlösung ($w = 1\%$)
- einige Tropfen Kaliumiodidlösung ($w = 1\%$)

AUFGABEN

1 Formulieren Sie die Reaktionsgleichungen für die Oxidation bzw. die Reduktion von Wasserstoffperoxid in basischer Lösung.

2 Mit konzentrierter Salpetersäure reagieren bis auf Gold und Platin alle edlen Metalle. Dabei entsteht neben dem Metallnitrat das braune, giftige Gas Stickstoffdioxid. Stellen Sie zu dieser Aussage die Teilreaktionen für die korrespondierenden Redoxpaare und die Gesamtreaktionsgleichung (Ionen- und Summengleichung) für ein selbst gewähltes Beispiel auf.

3 Von einer wässrigen Lösung ist nicht genau bekannt, ob sie Nitrit- oder Nitrat-Ionen enthält. Beschreiben Sie ein Experiment zur eindeutigen Klärung dieses Problems und formulieren Sie die Reaktionsgleichung.

4 Beim Einleiten von Schwefelwasserstoff in eine Kaliumdichromatlösung entsteht eine gelb-grünliche Suspension, die auf die Bildung von elementarem Schwefel und Chrom(III)-Ionen hinweist. Formulieren Sie ausgehend von Teilgleichungen die Ionengleichung für diese chemische Reaktion.

5 Chlorreiniger enthalten Chlor in stark basischer Lösung. Begründen Sie den Sicherheitshinweis, dass man diesen Reiniger keinesfalls gleichzeitig mit einem Essigreiniger benutzen darf.

Quantitative Bestimmung eines Stoffs durch Redoxtitration Redoxreaktionen in wässriger Lösung können zur quantitativen Bestimmung der Stoffmenge eines in einer Analysenlösung enthaltenen Oxidations- oder Reduktionsmittels genutzt werden. Dabei wird eine Lösung mit einem Reduktionsmittel gegen eine Lösung mit einem Oxidationsmittel titriert (bzw. umgekehrt; ↑167 f.). Besonders günstig sind Redoxtitrationen, wenn der Äquivalenzpunkt der Reaktion anhand einer Farbveränderung erkannt werden kann. Ein Beispiel dafür ist die Bildung von nahezu farblosen Mangan(II)-Ionen bei der Reduktion von violetten Permanganat-Ionen in saurer Lösung (Exp. 6). Aus der Reaktionsgleichung ergibt sich das Stoffmengenverhältnis:

$MnO_4^- + 5\,Fe^{2+} + 8\,H_3O^+ \rightarrow 5\,Fe^{3+} + Mn^{2+} + 12\,H_2O$

$n(MnO_4^-) : n(Fe^{2+})_4^- = 1:5;$ $\quad 0{,}2\text{ mol } MnO_4^- \mathrel{\hat{=}} 1\text{ mol } Fe^{2+}$

$[c(MnO_4^-) \cdot V(MnO_4^-)] : [c(Fe^{2+}) \cdot V(Fe^{2+})] = 1:5;$ $\quad \text{mit } c = \frac{n}{V}$

Bei der Maßanalyse werden die Konzentrationen der Lösungen so gewählt, dass die umgesetzten Volumina einander entsprechen. Daher wird die Konzentration der Kaliumpermanganat-Maßlösung auf $0{,}02\text{ mol} \cdot l^{-1}$ $KMnO_4$ eingestellt. Es gilt dann:

$1\text{ ml } 0{,}02\text{ mol} \cdot l^{-1}$ Permanganatlösung
$\mathrel{\hat{=}} 1\text{ ml } 0{,}1\text{ mol} \cdot l^{-1}$ Eisen(II)-salzlösung
$\mathrel{\hat{=}} 0{,}1\text{ mmol } Fe^{2+} \mathrel{\hat{=}} 5{,}5847\text{ mg } Fe^{2+}$

EXPERIMENT 6

Manganatometrische Bestimmung von Eisen(II)-Ionen

Die zu analysierende Eisen(II)-sulfatlösung wird mit 5 ml 25%iger Schwefelsäure (C) versetzt und in einem 100-ml-Messkolben bis zur Eichmarke mit destilliertem Wasser aufgefüllt. Zur Titration werden mit der Pipette entsprechende Volumina entnommen. Dann wird mit Kaliumpermanganatlösung bekannter Konzentration titriert. Zweckmäßigerweise gibt man 1 bis 2 ml Phosphorsäure ($w = 5\,\%$) zu, um die gelbe Farbe der entstehenden Eisen(III)-Ionen durch Bildung farbloser Eisen(III)-Phosphatokomplexe zu unterdrücken (↑Komplexbildung, S. 247 ff.). Der Endpunkt der Titration ist erreicht, wenn die Lösung eine bleibende schwach rosaviolette Farbe zeigt.

AUFGABEN

1 20 ml einer wässrigen Schwefeldioxidlösung werden mit 0,1 molarer Iodlösung titriert. Bei der Titration werden 17,3 ml dieser Lösung verbraucht. Berechnen Sie die Masse an Schwefeldioxid, die zur Herstellung von einem Liter dieser Schwefeldioxidlösung benötigt wird.

2 Berechnen Sie das Volumen einer 35%igen Wasserstoffperoxidlösung ($\varrho = 1{,}15\text{ g} \cdot \text{cm}^{-3}$), das pro Tag 1000 m^3 Abwasser zugegeben werden muss, damit Schwefelwasserstoff [$\beta(H_2S) = 7\text{ mg} \cdot l^{-1}$] zu Schwefelsäure oxidiert wird.

1 Aufbau eines Schwarz-Weiß-Films

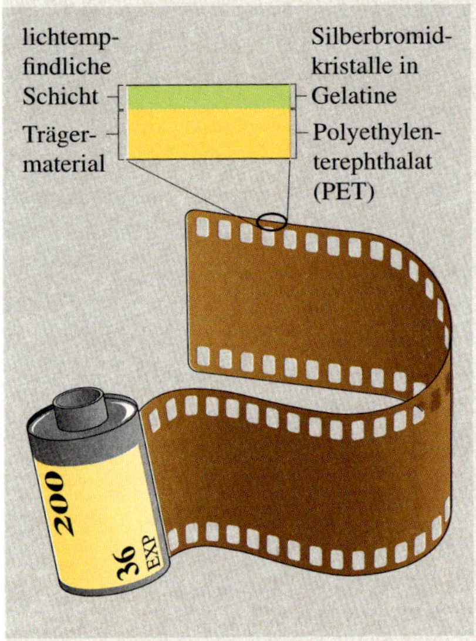

2 Vom belichteten Film zum fertigen Foto

Historische Verfahren

Schwarz-Weiß-Fotografie

Bilder aus dem letzten Urlaub – wer mag sich diese heute noch in Schwarz-Weiß ansehen?! Die digitale Fotografie hat zwar die Schwarz-Weiß-Fotografie aus dem privaten Gebrauch weitestgehend verdrängt, aber viele professionelle Fotografen schätzen die künstlerische Wirkung dieses alten Verfahrens noch heute.

Das heute noch genutzte Verfahren zur Erzeugung analoger Schwarz-Weiß-Bilder geht auf den Berliner Arzt JOHANN H. SCHULZE zurück, der 1727 die Lichtempfindlichkeit der Silberhalogenide entdeckte – bei Lichteinstrahlung färben sie sich schwarz. Verbunden mit der Entdeckung weiterer wichtiger chemischer Reaktionen der Silberhalogenide konnte das mehrstufige Verfahren der Schwarz-Weiß-Fotografie entwickelt werden.

Belichten Bei Sonnenschein reicht eine Belichtung des Films von 1/250 Sekunde für ein Foto aus. Dabei entstehen in den von einem Lichtstrahl getroffenen Silberbromidkristallen winzige submikroskopisch kleine Silberkeime. Da man selbst in der Dunkelkammer kein Bild sehen kann, spricht man von einem *latenten* Bild. Die bei der Zersetzung des Silberbromids entstehenden Bromatome werden in der Gelatineschicht absorbiert.

Entwickeln Um ein sichtbares Bild zu erzeugen, müssen alle Silber-Ionen eines Silberbromidkristalls, der durch das Belichten einen Silberkeim besitzt, zu elementarem Silber reduziert werden.

$Ag^+ + e^- \rightarrow Ag$

Als Reduktionsmittel können verschiedene organische Stoffe verwendet werden, z. B. 1,4-Dihydroxybenzol (Hydrochinon).

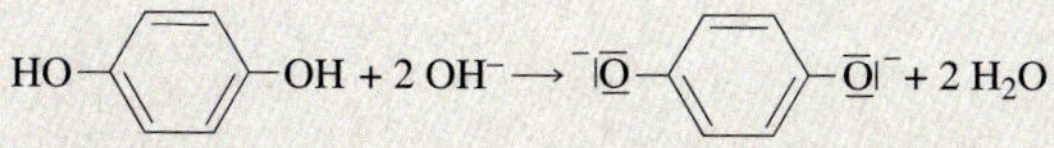

Hydrochinon   Hydrochinon-Anion

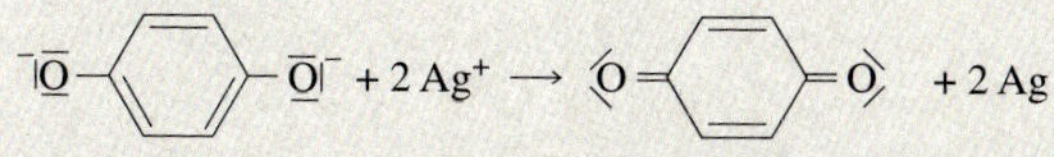

p-Benzochinon

Fixieren Das entstandene Bild stellt das **Negativ** der Aufnahme dar, da alle belichteten Stellen durch das entstandene Silber dunkel erscheinen, die unbelichteten Stellen durch das noch vorhandene Silberbromid hell. Würde man mit diesem Film die Dunkelkammer verlassen, wäre der Film nach kurzer Zeit völlig schwarz, da das gesamte Silberbromid durch Lichteinwirkung reduziert würde. Um dies zu verhindern, muss das im Film verbliebene Silberbromid entfernt werden. Dazu verwendet man eine Fixiersalzlösung. Beim Fixieren bilden die Thiosulfat-Ionen sehr stabile Komplex-Ionen (↑ Komplexverbindungen, S. 256).

$Ag^+ + 2\,S_2O_3^{2-} \rightleftharpoons [Ag(S_2O_3)_2]^{3-}$

Dadurch wird das im Film verbliebene Silberbromid vollständig aus dem Film herausgelöst. Nach gründlichem Spülen mit Wasser zum Entfernen sämtlicher Prozesschemikalien ist der Film entwickelt, fixiert und für die Erzeugung von Schwarz-Weiß-Fotos bereit.

Vom Negativ zum Positiv Strahlt durch das Negativ Licht auf ein sich darunter befindliches Fotopapier, gelangt durch die dunklen Stellen wenig, durch die hellen Stellen viel Licht. Das so behandelte Fotopapier wird nun den gleichen Prozessen unterzogen wie zuvor der Schwarz-Weiß-Film. Das Ergebnis ist das fertige Foto – das Positiv.

3 Negativ – Positiv

AUFGABEN

1 Begründen Sie die Notwendigkeit des Entwickelns beim fotografischen Prozess.

2 Begründen Sie den Hinweis eines Chemikalienversands, dass Silbernitratlösung vor Licht geschützt aufbewahrt werden muss.

3 Schlecht gewässerte ältere Schwarz-Weiß-Fotos werden oft gelblich. Formulieren Sie eine Hypothese für diese Erscheinung.

Herstellung von Metallen

Alle Nebengruppenelemente haben metallische Eigenschaften. Rohstoffe für die Herstellung dieser Metalle sind **Erze**. Sie enthalten außer Metallverbindungen wie Oxide, Sulfide oder Carbonate noch Begleitmineralien, **Gangart** genannt. Zur Herstellung der Metalle ist meist eine Anreicherung des Erzes durch ein als Flotation bezeichnetes Verfahren erforderlich (Abb. 1).
Sulfidische und carbonatische Erze werden durch **Abrösten**, Erhitzen unter Luftzufuhr, zunächst in die Oxide überführt. Oxide und oxidische Erze können durch Reduktionsmittel wie Kohlenstoff, Kohlenstoffmonooxid, Wasserstoff und unedle Metalle zum Metall reduziert werden (Tab. 1). Eine weitere Möglichkeit zur Herstellung von Metallen ist die **elektrolytische Abscheidung** aus Salzlösungen oder Salzschmelzen (↑ S. 233 ff.).

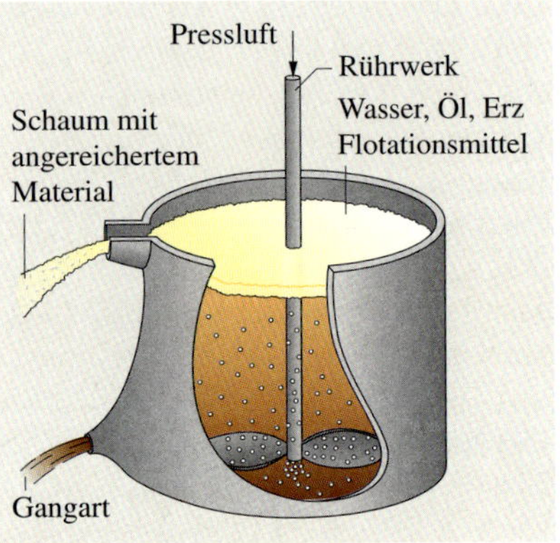

1 Anreicherung von Erz durch Flotation

Technische Herstellung von Eisen Ausgangsstoffe zur Herstellung von Roheisen sind **Eisenerze**, Koks und Zuschlagstoffe. Wichtige Eisenerze sind Magneteisenstein Fe_3O_4, Roteisenstein Fe_2O_3, Brauneisenstein $Fe_2O_3 \cdot n\ H_2O$, Spateisenstein $FeCO_3$ und Eisenkies FeS_2.
Als Reaktionsapparat dient der **Hochofen**. Um eine Verschlackung mineralischer Begleitstoffe zu gewährleisten, werden die Eisenerze mit Zuschlagstoffen wie Kalk oder Sand gemischt und der Hochofen mit Schichten von Koks sowie einem Eisenerz-Zuschlag-Gemisch beschickt. Von unten wird in den Hochofen Luft eingeblasen. Beim Verbrennen des Kokses entsteht Kohlenstoffmonooxid, das die Eisenoxide zu Eisen reduziert (Abb. 3). Aus einem Teil des Kohlenstoffmonooxids bildet sich fein verteilter Kohlenstoff, der im Roheisen einen Massenanteil von bis zu 4 % erreichen kann.

2 Abstich eines Hochofens

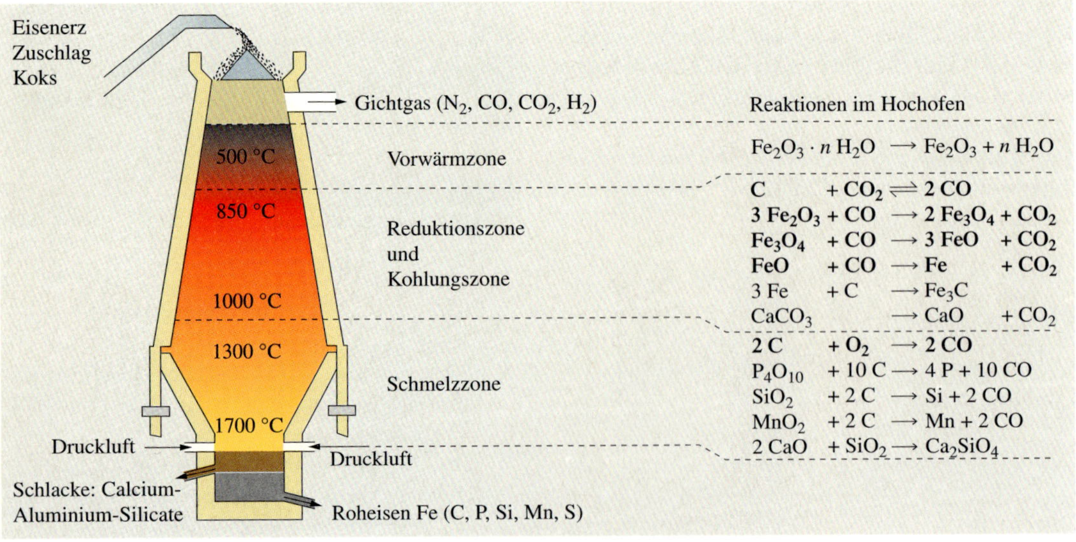

3 Reaktionen im Hochofen

Durch den Kohlenstoffanteil wird das Roheisen hart, spröde und brüchig. Seine Schmelztemperatur beträgt etwa 1200 °C (reines Eisen 1540 °C). Es kann nur durch Gießen zu **Gusseisenprodukten** verarbeitet werden.
Stahl, schmiedbares Eisen, erhält man, wenn durch Verblasen mit Sauerstoff in Konvertern, dem **Windfrischen**, der Kohlenstoffanteil auf 0,4 bis 1,7 % gesenkt und andere Verunreinigungen, z.B. Silicium und Phosphor, durch Oxidation beseitigt werden (Abb. 4).

4 Prinzip des Windfrischens.
Beim Windfrischen können bis zu 40 % Schrott eingesetzt werden.

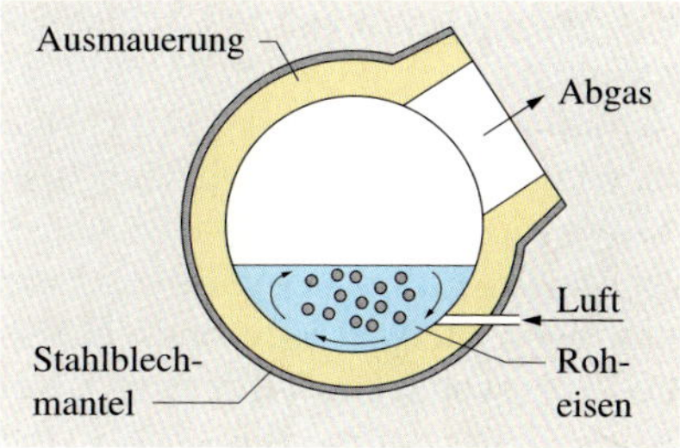

Herstellung von Kupfer Ein wichtiger Ausgangsstoff zur Herstellung von **Kupfer** ist **Kupferkies** $CuFeS_2$. Das angereicherte Erz wird zunächst abgeröstet. Dabei geht ein Teil des Erzes in verschiedene Eisenoxide über. Das ebenfalls entstehende Schwefeldioxid wird zu Schwefelsäure verarbeitet.

$$4\,CuFeS_2 + 5\,O_2 \rightarrow 2\,Cu_2S + 2\,FeS + 2\,FeO + 4\,SO_2$$
$$8\,CuFeS_2 + 11\,O_2 \rightarrow 4\,Cu_2S + 4\,FeS + 2\,Fe_2O_3 + 8\,SO_2$$

Das Röstprodukt wird zur Verschlackung der Eisenoxide mit Sand und Kohle verschmolzen. Verbleibender Kupferstein Cu_2S/FeS wird im Konverter verblasen.

$$Fe_2O_3 + C + SiO_2 \rightarrow Fe_2SiO_4 + CO$$
$$2\,FeS + 3\,O_2 \rightarrow 2\,FeO + 2\,SO_2$$
$$2\,FeO + SiO_2 \rightarrow Fe_2SiO_4$$

Nach Entfernen der Schlacke wird weiter mit Sauerstoff verblasen. Dabei geht Kupfer(I)-sulfid teilweise in Kupfer(I)-oxid über, das mit restlichem Kupfer(I)-sulfid zu Kupfer reagiert.

$$2\,Cu_2S + 3\,O_2 \rightarrow 2\,Cu_2O + 2\,SO_2$$
$$2\,Cu_2O + Cu_2S \rightarrow 6\,Cu + SO_2$$

Es entsteht Schwarzkupfer mit 98 % Kupferanteil. Zur Reinigung wird das Schwarz- oder **Rohkupfer** einer **elektrolytischen Raffination** unterzogen (↑Elektrolyse, S. 236).

EXPERIMENT 1
Reduktion von Kupfer(II)-oxid
Kupfer(II)-oxid (Xn, N) und fein pulverisierte, getrocknete Holzkohle werden im Massenverhältnis 14 : 1 gemischt und anschließend im Reagenzglas erhitzt.

AUFGABEN
1 Definieren Sie die Begriffe Erz, Gangart und Schlacke.
2 Beschreiben Sie anhand der Abb. 1 die Flotation als Verfahren zur Anreicherung von Erzen.
3 Berechnen Sie den Massenanteil an Eisen in Magneteisenstein Fe_3O_4, Roteisenstein Fe_2O_3 und Spateisenstein $FeCO_3$.
4 Begründen Sie, warum für die Verwendung von Kupfer in der Elektrotechnik das Metall einer elektrolytischen Raffination unterzogen werden muss.

Tab. 1 Metallherstellung durch Redoxreaktionen

Metall	Herstellung durch	Reaktionsgleichung
Nickel	Reduktion mit Wasserstoff	$NiO + H_2 \rightarrow Ni + H_2O$
Chrom	Reduktion mit unedlen Metallen (Mg, Al, Ca)	$Cr_2O_3 + 2\,Al \rightarrow 2\,Cr + Al_2O_3$
Silber	Zementation mit Zink	$2\,[Ag(CN)_2]^- + Zn \rightarrow 2\,Ag + [Zn(CN)_4]^{2-}$
Quecksilber	Röstreaktion	$HgS + O_2 \rightarrow Hg + SO_2$
Titan	thermische Zersetzung	$TiI_4 \rightarrow Ti + 2\,I_2$
Zink	Reduktion mit Koks (C)	$2\,ZnS + 3\,O_2 \rightarrow 2\,ZnO + 2\,SO_2$ $ZnO + C \rightarrow Zn + CO$

Umweltbelastung durch Schwermetalle Im Prinzip sind die meisten Schwermetallverbindungen toxisch (Tab. 1). Besonders hohe **Toxizität** weisen Cadmium, Quecksilber, Blei und Chrom auf. Verbindungen von Schwermetallen sind in vielen Produkten enthalten, z. B. als Bestandteil von Korrosionsschutz- und Schädlingsbekämpfungsmitteln sowie in Farbstoffen. Mit Industrie- und Haushaltsabfällen können Verbindungen von Schwermetallen in den Boden und in das Grund- und Oberflächenwasser kommen. Über die Nahrungskette gelangen sie in den menschlichen Organismus und beeinträchtigen hier wichtige Lebensvorgänge. Dabei wird ein Teil der Schwermetalle im Körper angereichert. Blei- und Cadmiumverbindungen gelangen zum großen Teil über die Atmosphäre in die Nahrungskette. Sie werden z. B. bei der Verbrennung von Materialien gebildet, die Farbpigmente dieser Metalle enthalten (Mehrfarbendrucke, farbige Kunststoffe).

Tab. 1 Toxizität einiger Schwermetalle und ihrer Verbindungen

Verbindungen des Metalls	Mögliche toxische Wirkung (Auswahl)
Cadmium	– krebserzeugend – erbgutverändernd – Beeinträchtigung der Fortpflanzungsfähigkeit – Schädigung von Wasserorganismen
Quecksilber	– Schädigung des Nervensystems – Schädigung des Immunsystems – Schädigung von Embryonen – Nierenschäden
Blei	– akute Vergiftung: Nierenversagen, Leberschäden – chronische Vergiftung: Schädigung des Nervensystems, Störungen der geistigen Entwicklung
Chrom(VI)	– Magen-Darm-Erkrankungen – Kontaktekzeme

AUFGABE

1 Informieren Sie sich mithilfe geeigneter Quellen (Umweltamt, Naturschutzverbände) über die derzeit bedeutendsten Quellen für Schwermetallbelastungen. Geben Sie Möglichkeiten zur Reduzierung der Emissionen an.

Metalle als Werkstoffe

Eisen und Stahl Aufgrund ihrer Eigenschaften werden Metalle als sehr vielseitige **Werkstoffe** verwendet. **Eisen** gehört zu den wichtigsten Gebrauchsmetallen. Es zeichnet sich durch große Festigkeit aus. Als Gusseisen (2 bis 4 % Kohlenstoff) dient es zur Herstellung maßgenauer Formstücke (Maschinenteile, Ofenplatten). Bei den schmiedbaren Eisenstählen unterscheidet man **Werkzeugstähle** (0,4 bis 1,7 % Kohlenstoff) und **Baustähle** (< 0,4 % Kohlenstoff). Aus Werkzeugstählen werden Werkzeuge, Federn, Seildrähte, Eisenbahnschienen usw. gefertigt; für Bleche, Nägel, Schweißdrähte, Rohre und Stahlträger kommt Baustahl zum Einsatz.

Durch Zugabe anderer Metalle können aus Stahl verschiedene **Stahllegierungen** hergestellt werden. Die Legierungszusätze können die Eigenschaften von Stahl gezielt verbessern. Zusätze von **Nickel** erhöhen die Zähigkeit und Reißfestigkeit. **Invarstahl** ist eine Eisen-Nickel-Legierung, die sich beim Erwärmen kaum ausdehnt und zur Herstellung von Präzisionsinstrumenten dient. Durch Chromanteile wird Stahl besonders hart. Chrom-Nickel-Stahl vereint Härte mit großer Zähigkeit und eignet sich zur Produktion von Eisenbahnrädern, Achsen, Panzerplatten u. a. **V2A-Stahl** ist ein Chrom-Nickel-Stahl, der eine beachtliche chemische Widerstandsfähigkeit aufweist und nicht rostet. Chemische Widerstandsfähigkeit und Säurebeständigkeit von Stahl kann auch durch **Siliciumanteile** erzielt werden.

Mangananteile verbessern die Verschleißfestigkeit des Stahls. **Wolframstähle** behalten ihre Härte auch bei beginnender Rotglut und sind daher für die Herstellung von Zerspanungswerkzeugen (Bohrer u. Ä.) geeignet. **Cobalt-Wolfram-Stähle** haben besonders gute magnetische Eigenschaften und werden daher zur Herstellung permanenter Magnete verwendet.

Kupfer Kupfer ist ein rötlich glänzendes, weiches, dabei aber sehr zähes Metall. Es lässt sich gut walzen, ziehen und schneiden. Die gute elektrische Leitfähigkeit wird in der Elektrotechnik und Elektronik genutzt. Als sehr guter Wärmeleiter hat Kupfer große Bedeutung beim Bau von Heizkesseln, Heiz- und Destillieranlagen. Dächer von historischen Gebäuden sind vielfach mit Kupferblech belegt. Seinem Elektrodenpotenzial entsprechend ist Kupfer ein relativ edles Metall. Bei Einwirkung von Kohlenstoffdioxid und feuchter Luft bildet sich dennoch ein grüner Überzug von Kupferhydroxidcarbonat, **Patina**, der das Metall vor weiterer Korrosion schützt (↑ Korrosion, S. 224 ff.).

$$2\,Cu + O_2 + H_2O + CO_2 \rightarrow Cu_2(OH)_2CO_3$$

Kupfer wird häufig als Legierungsmetall verwendet. Legierungen von Kupfer mit Zinn heißen **Bronze**, mit Zink **Messing**. Sie werden vorzugsweise im Maschinenbau eingesetzt.

Zink Dieses grau-weiße, unedle Metall wird vor allem als Überzugsmetall verwendet. Stahlbleche können mit einem korrosionsschützenden Zinküberzug versehen werden (↑ S. 228 f.). Das **Verzinken** kann entweder durch Eintauchen in eine Zinkschmelze, das **Feuerverzinken**, oder durch Aufspritzen von Zink vorgenommen werden. In Rohrsystemen aus Stahl lässt sich das Verrosten vermeiden, wenn Zinkplatten als **Opferanode** geschaltet werden. Weiterhin wird Zink in Trockenbatterien und als Zinkstaub in der Farbstoffindustrie verwendet.

1 Patina auf der aus Bronze bestehenden Himmelsscheibe von Nebra (etwa 1600 v. Chr.)

AUFGABEN

1 Begründen Sie die korrosionsverhindernde Wirkung der Verchromung.

2 Informieren Sie sich über Eigenschaften und Verwendung der Nebengruppenmetalle Vanadium und Wolfram und erstellen Sie eine tabellarische Übersicht.

Tab. 2 Eigenschaften und Verwendung einiger Nebengruppenmetalle

Metall	Eigenschaften/Verwendung (Auswahl)	Exemplarische Verwendung
Scandium	– silberglänzendes, seltenes Leichtmetall – in Aluminium-Lithium-Legierungen für Bauteile von Kampfflugzeugen	
Titan	– silberfarbenes Leichtmetall – Verwendung in Eisenlegierungen – als Werkstoff für Rahmen von Sportfahrrädern und Schmuckgegenständen	
Cobalt	– bläulich schimmerndes Schwermetall – als Legierungsbestandteil für Bauteile und Implantate, die hohen mechanischen Belastungen ausgesetzt sind	
Cadmium	– silberweiß glänzendes, weiches, niedrig schmelzendes Schwermetall – stark toxisch (T+), deshalb zunehmend durch andere Metalle ersetzt – bis 2008 in Ni-Cd-Akkus	
Quecksilber	– silberweiß glänzendes, bei Raumtemperatur flüssiges Schwermetall – verdunstet leicht, bildet giftige Dämpfe – Nutzung in Thermometern und als Amalgam in Zahnfüllungen rückläufig – als Kathodenmaterial im Amalgamverfahren (Chlor-Alkali-Elektrolyse)	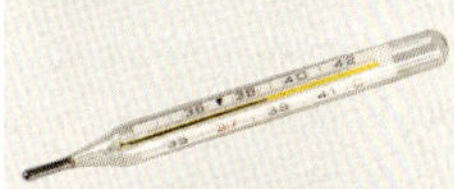
Chrom	– bläulichweiß glänzendes, hartes Schwermetall – als Legierungsbestandteil in Chromstählen – korrosionsbeständig – als Überzugsmetall (galvanische Verchromung)	

ZUSAMMENFASSUNG

Oxidation
Abgabe von Elektronen (Erhöhung der Oxidationszahl)

$$\overset{+2}{Fe}{}^{2+} \rightarrow \overset{+3}{Fe}{}^{3+} + e^-$$

$$2\,\overset{-1}{I}{}^- \rightarrow \overset{\pm 0}{I_2} + 2\,e^-$$

Reduktion
Aufnahme von Elektronen (Verringerung der Oxidationszahl)

$$\overset{\pm 0}{Cl_2} + 2\,e^- \rightarrow 2\,\overset{-1}{Cl}{}^-$$

$$\overset{+2}{Cu}{}^{2+} + 2\,e^- \rightarrow \overset{\pm 0}{Cu}$$

Oxidationsmittel
Teilchen, die Elektronen aufnehmen – Elektronenakzeptoren

Reduktionsmittel
Teilchen, die Elektronen abgeben – Elektronendonatoren

Korrespondierendes Redoxpaar
Kombination zwischen einem Oxidationsmittel und seinem korrespondierenden Reduktionsmittel

Korrespondierendes Redoxpaar 1: Zn/Zn^{2+}
Korrespondierendes Redoxpaar 2: H_3O^+/H_2

Reduktion

$$\overset{\pm 0}{Zn} + 2\,\overset{+1\,-2}{H_3O}{}^+ \rightleftharpoons \overset{+2}{Zn}{}^{2+} + \overset{\pm 0}{H_2} + 2\,\overset{+1\,-2}{H_2O}$$

Oxidation

Redoxreaktionen
Reaktionen mit Elektronenübergang.
Der Ablauf einer Redoxreaktion wird häufig vom pH-Wert der wässrigen Lösung beeinflusst.

Redoxgleichung in Ionenschreibweise
Oxidation:
$$5\,Fe^{2+} \rightleftharpoons 5\,Fe^{3+} + 5\,e^-$$
Reduktion:
$$MnO_4^- + 8\,H^+ + 5\,e^- \rightleftharpoons Mn^{2+} + 4\,H_2O$$

Redoxreaktion:
$$MnO_4^- + 5\,Fe^{2+} + 8\,H^+ \rightleftharpoons 5\,Fe^{3+} + Mn^{2+} + 4\,H_2O$$

Synproportionierung (Komproportionierung)
Redoxreaktion, bei der die Teilchen eines Elements von einer niedrigen und einer hohen Oxidationszahl in eine mittlere übergehen

$$\overset{+4}{S}O_2 + 2\,H_2\overset{-2}{S} \rightarrow 3\,\overset{\pm 0}{S} + 2\,H_2O$$

Disproportionierung
Redoxreaktion, bei der die Teilchen eines Elements von einer mittleren Oxidationszahl in eine höhere und eine niedrigere übergehen

$$2\,\overset{+2}{C}O \rightleftharpoons \overset{\pm 0}{C} + \overset{+4}{C}O_2$$

Redoxampholyt
Teilchen, das in Abhängigkeit von seinem Reaktionspartner sowohl als Oxidationsmittel als auch als Reduktionsmittel fungieren kann

Nebengruppenelemente – Metalle
Alle Nebengruppenelemente sind Metalle. Sie sind oft gut verformbar, haben aber andererseits eine hohe Festigkeit. Elektrischen Strom und Wärme leiten sie gut.
Metalle sind als Reinmetalle oder als Legierungen wichtige, vielseitig einsetzbare Werkstoffe.
Metalle werden technisch durch Reduktion von Oxiden hergestellt. Sulfidische und carbonatische Erze müssen durch Rösten erst in Oxide überführt werden. Reinstmetalle, z. B. Reinstkupfer, werden auf elektrolytischem Weg hergestellt.
Schwermetallverbindungen sind prinzipiell toxisch und dürfen nicht an die Umwelt (Abwasser, Boden, Atmosphäre) abgegeben werden. Besonders toxisch sind die Verbindungen von Quecksilber, Blei, Cadmium und Chrom.

KOMPLEX GEDACHT

1 Vor der Einführung digitaler Alkoholmessgeräte verwendete die Polizei bei Verkehrskontrollen sogenannte „Alcotest-Röhrchen". Diese enthielten in Schwefelsäure getränktes Kaliumdichromat. Beim Hineinblasen in das Röhrchen erkannte man einen positiven Alkoholtest an der Grünfärbung der Substanz, was auf die Bildung von Chrom(III)-Ionen hinweist.
Formulieren Sie die Ionengleichung für die Reaktion.
Berechnen Sie die Masse an Kaliumdichromat, die bei der Oxidation von 100 mg Ethanol im Röhrchen umgesetzt wird.

1 Alcotest-Röhrchen

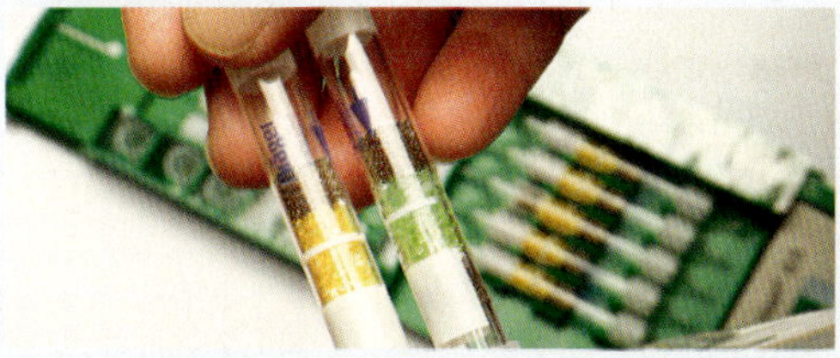

2 Der Prozess des Entwickelns von Schwarz-Weiß-Fotografien beruht auf einer Redoxreaktion. Die Silber-Ionen der lichtempfindlichen Schicht werden zu elementarem Silber umgewandelt. Als Entwickler verwendet man z. B. Hydrochinon, das dabei zu Chinon oxidiert wird.

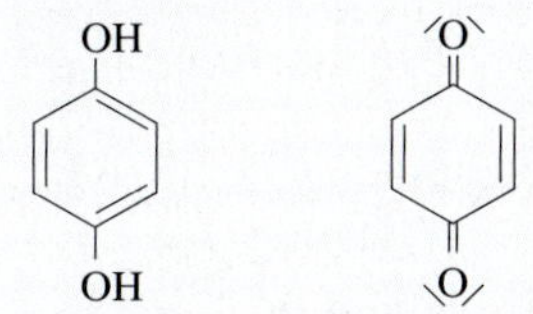

Hydrochinon p-Benzochinon

Formulieren Sie ausgehend von Teilreaktionen die Reaktionsgleichung und erklären Sie an diesem Beispiel die Kennzeichen einer Redoxreaktion.

3 Durch Tollens-Reagenz können reduzierende Zucker mit der Silberspiegelprobe nachgewiesen werden. Wird z. B. eine Glucoselösung mit (ammoniakalischer) Silbernitratlösung versetzt und im Wasserbad erhitzt, entsteht an der Wand des Glasgefäßes ein Silberspiegel.
Die Oxidation erfolgt an der Aldehydgruppe des reduzierenden Zuckers.
Formulieren Sie ausgehend von Teilgleichungen die Reaktionsgleichung für diese Reaktion.
Welche Bedeutung hat bei dieser Reaktion die Zugabe von Ammoniaklösung?

3 Silberspiegelprobe

4 Juweliere können für die Überprüfung der Echtheit von Goldschmuck eine einfache Methode nutzen: Ein kleiner Abrieb des Schmuckstücks, auf einer Schiefertafel mit einem Tropfen konzentrierter Salpetersäure versetzt, verschwindet, wenn es sich nicht um Gold handelt. Konzentrierte Salpetersäure ist ein starkes Oxidationsmittel, das außer Gold und Platin alle Metalle auflösen kann.
Formulieren Sie für die Auflösung von Silber die chemische Gleichung für diesen Prozess. Beachten Sie, dass hierbei Stickstoffdioxid entsteht.

4 Gold- oder Modeschmuck?

5 Dithionite, die Salze der dithionigen Säure $H_2S_2O_4$, sind starke Reduktionsmittel und in vielen Entfärbern für Textilien enthalten. Beim Entfärben wird der Farbstoff durch chemische Reaktionen in seine reduzierte – und somit meist farblose – Form umgewandelt. Die Dithionite werden dabei zu Sulfiten oxidiert.
Formulieren Sie die chemische Gleichung für die Reaktion einer solchen Entfärberlösung mit angesäuerter Kaliumpermanganatlösung.

10

Elektrochemie

Elektrochemische Anwendungen spielen im Alltag eine große Rolle, und zwar nicht nur bei Batterien oder Akkus. Selbst die Stromversorgung eines Handys, das mit einem Alkohol (Methanol) betrieben wird, beruht auf Erkenntnissen der Elektrochemie. Ganze Industriezweige würden ohne diesen Teilbereich der Chemie gar nicht existieren: Es gab z. B. vor 200 Jahren noch überhaupt kein Gebrauchsmetall Aluminium und ohne Fortschritte der Elektrochemie wäre das auch heute noch so. Auch für zahlreiche Berufstätige, die in Labors arbeiten, sind elektrochemische Kenntnisse wichtig: Die Messung von pH-Werten etwa beruht meist gar nicht auf Säure-Base-Reaktionen, sondern gelingt mit einem elektrochemischen „Trick".

Elektrolyte

In der Elektrochemie spielen Leitungsvorgänge, bei denen der Ladungstransport durch bewegliche Ionen erfolgt, eine große Rolle. Stoffe, die unter bestimmten Bedingungen in wässrigen Lösungen einen solchen Ladungstransport ermöglichen, heißen **Elektrolyte**.

Echte Elektrolyte

Struktur von Ionensubstanzen Als **echte Elektrolyte** werden solche Stoffe bezeichnet, die im festen Aggregatzustand aus Ionen aufgebaut sind. Der Zusammenhalt der Teilchen in Ionenkristallen beruht auf der Wirkung elektrostatischer Kräfte zwischen den entgegengesetzt geladenen Ionen. (↑ Kap. „Chemische Bindungen – Struktur und Eigenschaften von Stoffen").

AUFGABEN

1 Beschreiben Sie den Aufbau eines Ionenkristalls. Erläutern Sie den Begriff Ionenbindung.
2 Erklären Sie die elektrische Leitfähigkeit von Salzschmelzen.
3 Erklären Sie, warum Wasser ein gutes Lösemittel für Ionensubstanzen ist.
4 Erläutern Sie den Auflösungsvorgang eines Salzes in Wasser ausgehend von Abb. 2.

Ein ideal aufgebauter salzartiger Stoff hat keine elektrische Leitfähigkeit, weil die in ihm enthaltenen Ladungsträger nicht beweglich sind. Aufgrund von Baufehlern im Kristall kann allerdings in geringem Umfang eine Bewegung von Ionen erfolgen. Reale Ionenkristalle haben daher eine geringe elektrische Leitfähigkeit. Diese auch durch gezielten Einbau von Fremd-Ionen im Kristall erreichbare Eigenschaft wird z. B. bei der Fertigung von Halbleitern oder zur Herstellung elektrochemischer Spannungsquellen kleinster Abmessungen genutzt.

Schmelzen von Ionensubstanzen Bei Wärmezufuhr werden die Schwingungen der einzelnen Ionen im Ionenkristall allmählich immer weiter vergrößert. So kommt es nach und nach zu einer Auflockerung und schließlich zu einer Zerstörung des Ionenkristalls. Diese Zerstörung, die als Schmelzvorgang zu beobachten ist, beginnt an Ecken, Kanten und Baufehlern der Kristalle. Dort sind nämlich die Kraftwirkungen zwischen den Teilchen infolge der geringeren Anzahl an benachbarten Ionen kleiner.
In der Schmelze, die je nach der Temperatur aus einzelnen Ionen, Ionenpaaren oder größeren Ionenverbänden besteht, liegen bewegliche Kationen und Anionen vor. Schmelzen von salzartigen Stoffen leiten daher den elektrischen Strom (Exp. 1; Abb. 1).

Lösen von Ionensubstanzen in Wasser Wasser ist ein gutes Lösemittel für viele echte Elektrolyte, weil Wassermoleküle Dipole sind und zudem recht klein sind. Das Lösen eines Ionenkristalls beginnt mit dem Anlagern von Wassermolekülen an die Oberfläche. Dabei richten sich die Dipolmoleküle entsprechend ihren Ladungsschwerpunkten und den elektrischen Feldern des Ionenkristalls aus (Abb. 2). Die nach außen gerichteten elektrischen Felder sind an den Ecken und Kanten des Ionenkristalls besonders stark. Daher erfolgt die Anlagerung der Dipolmoleküle vor allem an diesen Stellen. Wegen der geringen Größe dringen Wassermoleküle auch zwischen die Ionen in den Kristall ein. Durch die Einlagerung von Wassermolekülen wird die Anziehung der entgegengesetzt geladenen Ionen stark herabgesetzt.

Hydratation Jedes aus dem Ionenkristall herausgelöste Ion wird von Wassermolekülen umhüllt. Dieser Teilvorgang heißt **Hydratation**. Je nach Ladung und Größe des Ions wird eine bestimmte Zahl von Wassermolekülen an das Ion angelagert. Durch die Hydrathülle sind die Anziehungskräfte zwischen Kationen und Anionen stark abgeschwächt. Nach dem Lösen eines salzartigen Stoffes sind in der Lösung hydratisierte bewegliche Ionen als Voraussetzung für die elektrische Leitfähigkeit vorhanden.

$$NaCl(s) \xrightarrow{H_2O(l)} Na^+(aq) + Cl^-(aq)$$

EXPERIMENT 1 L

Leitfähigkeit von Salzen
In ein Porzellanschiffchen werden 5 g Zinkchlorid (C, N) gegeben und nicht zu stark erhitzt. Im festen und im geschmolzenen Zustand wird der Stoff auf elektrische Leitfähigkeit geprüft (Abb. 1). Beobachten Sie die Veränderung der elektrischen Stromstärke während des Abkühlens der Schmelze.

1 Aufbau von Experiment 1

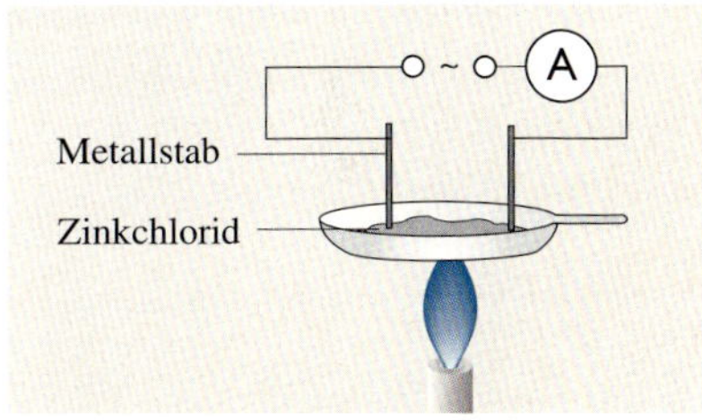

2 Lösen eines Salzkristalls in Wasser

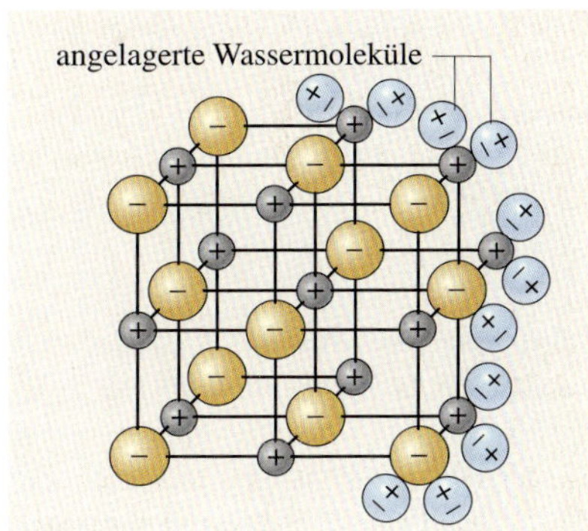

Potenzielle Elektrolyte

Stoffe, in deren Molekülen mindestens eine polare Elektronenpaarbindung vorhanden ist, können durch chemische Reaktionen mit Wasser hydratisierte Ionen bilden.

$HCl(g) + H_2O(l) \rightarrow H_3O^+(aq) + Cl^-(aq)$
$NH_3(g) + H_2O(l) \rightarrow NH_4^+(aq) + OH^-(aq)$

Molekülsubstanzen, bei denen erst durch chemische Reaktion mit Wasser Ionen entstehen, gehören zu den **potenziellen Elektrolyten**. Die chemische Reaktion eines potenziellen Elektrolyts mit Wasser verläuft meist exotherm.
Zu den potenziellen Elektrolyten zählen viele anorganische und organische Säuren, Ammoniak und einige organische Basen, wie Anilin. Lösungen echter und potenzieller Elektrolyte zeigen in der Teilchenanordnung und in den Eigenschaften keine Unterschiede.

EXPERIMENT 2
Leitfähigkeitsveränderung beim Lösen von Ionensubstanzen
In 20 ml destilliertes Wasser wird eine Spatelspitze Kaliumchlorid gegeben und die Leitfähigkeit während des Lösungsvorgangs gemessen.

Starke und schwache Elektrolyte

Im Lösemittel Wasser liegt ein Elektrolyt teilweise oder vollständig in Form beweglicher hydratisierter Kationen und Anionen vor. Die unter dem Einfluss des Lösemittels stattfindende Bildung hydratisierter Ionen wird **elektrolytische Dissoziation** genannt.

Starke Elektrolyte sind in wässriger Lösung praktisch vollständig in Ionen dissoziiert. Zu den starken Elektrolyten gehören die meisten echten Elektrolyte und viele potenzielle Elektrolyte, wie Chlorwasserstoff.

Schwache Elektrolyte sind potenzielle Elektrolyte, die bei der Reaktion mit Wasser nur teilweise in Ionen dissoziieren. Schwache Elektrolyte sind z. B. Essigsäure und Ammoniak.
Die Stärke der Dissoziation eines Elektrolyts kann durch den Dissoziationsgrad α (↑S. 161) angegeben werden.
Schwache Elektrolyte haben bei gleicher Konzentration eine geringere elektrische Leitfähigkeit als starke Elektrolyte, weil sie weniger hydratisierte bewegliche Ionen bilden als starke Elektrolyte.

Tab. 1 Dissoziationsgrad α in Wasser bei $c = 0{,}01\ mol \cdot l^{-1}$

Stoff	Dissoziationsgrad
HCl	1,00
NaCl	1,00
H_3PO_4	0,99
H_3CCOOH	0,04

Elektrolytische Leitfähigkeit

Neben Metallen leiten auch Lösungen und Schmelzen von Salzen, Säuren und Hydroxiden den elektrischen Strom. Während bei Metallen der Ladungstransport durch Elektronen erfolgt, wird in Elektrolyten die Leitfähigkeit durch Ionenwanderung hervorgerufen.

AUFGABEN

1 Erklären Sie, weshalb die Auflösung bei manchen Salzen endotherm, bei anderen exotherm verläuft.
2 Vergleichen Sie die Bildung einer Elektrolytlösung aus einem echten beziehungsweise einem potenziellen Elektrolyt.
3 Nennen Sie weitere Beispiele für die Bildung von Elektrolytlösungen aus Molekülsubstanzen. Stellen Sie dazu die Reaktionsgleichungen auf.

Modell der elektrischen Leitung in Elektrolytlösungen Wassermoleküle, Verbände von Wassermolekülen und hydratisierte Ionen bewegen sich in einer Elektrolytlösung regellos. Wirkt ein äußeres elektrisches Feld auf die Elektrolytlösung (Abb. 1), so wird aus der ungerichteten Bewegung der hydratisierten Ionen eine gerichtete. Im elektrischen Feld wandern die Ionen: die Kationen zur negativ geladenen Kathode, die Anionen zur positiv geladenen Anode.
Die Wanderung der Ionen im elektrischen Feld kann sichtbar gemacht werden, wenn die Ionen die Lösung farbig erscheinen lassen oder wenn sie in Verbindung mit Indikatoren eine Färbung der Lösung hervorrufen (Exp. 3).

1 Elektrolytlösung unter Einwirkung eines äußeren elektrischen Feldes

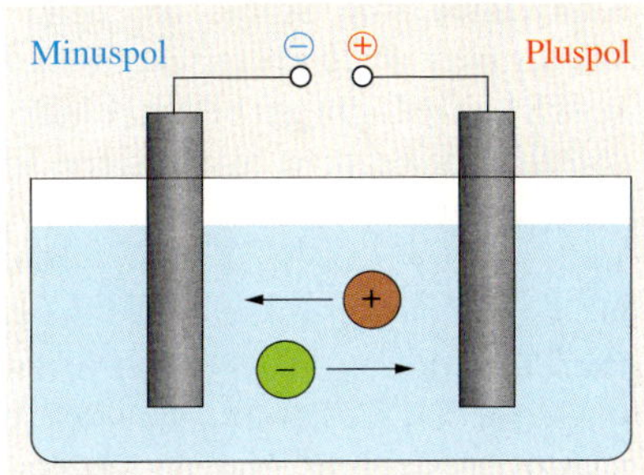

Leitfähigkeit von Elektrolytlösungen Der elektrische Widerstand und die elektrische Leitfähigkeit hängen eng zusammen. Ist der elektrische Widerstand der Elektrolytlösung groß, so ist die elektrische Leitfähigkeit gering.
Ausgehend von niedrigen Konzentrationen nimmt die Leitfähigkeit im Allgemeinen mit steigender Konzentration zu, da die Zahl der Ionen größer wird. Man kann jedoch oft beobachten, dass die Leitfähigkeit bei einer bestimmten Konzentration ein Maximum erreicht und danach wieder sinkt. Die Ursache liegt in den steigenden Wechselwirkungen zwischen den Ionen, wodurch sich der elektrische Widerstand erhöht.
Während Metalle im festen Zustand umso besser leiten, je tiefer die Temperatur ist, wächst in der Regel bei den Elektrolyten die elektrische Leitfähigkeit mit steigender Temperatur. Eine Erklärung hierfür ist die Abnahme der Viskosität des Lösemittels, wodurch die Wanderung der Ionen erleichtert wird. So nimmt die Viskosität des Wassers im Bereich von 10 °C bis 20 °C pro Grad um etwa 2,3 % ab; entsprechend nimmt die Leitfähigkeit um etwa diesen Betrag zu.

Die Leitfähigkeit von Elektrolytlösungen und Elektrolytschmelzen kann genutzt werden:
- zum Ionentransport im elektrischen Feld
- zur Stofftrennung und Stoffgewinnung bei technischen Prozessen (↑S. 233 ff.)
- als Grundlage verschiedener Analysemethoden (↑S. 240), z. B. der Leitfähigkeitstitration (Konduktometrie).

Eine negative Folge der Leitfähigkeit von Elektrolyten ist die elektrochemische Korrosion (↑S. 224 ff.).

EXPERIMENT 3
Ionenwanderung im elektrischen Feld
Auf einen Objektträger werden parallel zueinander 2 Streifen Universalindikatorpapier gelegt und mit Natriumchloridlösung ($c = 0{,}1\ mol \cdot l^{-1}$) getränkt. Auf die Mitte des einen Streifens wird ein Kristall Oxalsäure (Xn), auf den anderen ein Kristall Bariumhydroxid (C) gelegt – jeweils Pfefferkorngröße.
Nachdem sich auf den Universalindikatorpapierstreifen um die Kristalle herum Farbflecke gebildet haben, wird an den Enden beider Streifen eine Gleichspannung von $U = 20$ V angelegt.

EXPERIMENT 4
Bestimmung der Leitfähigkeit verschiedener Elektrolyte
In 20 ml destilliertes Wasser wird jeweils unter Rühren eine Spatelspitze folgender Stoffe gegeben und die Leitfähigkeit gemessen: Calciumsulfat, Citronensäure (Xi), Kaliumchlorid, Natriumhydroxid (C), Natriumnitrat (O, Xn).

AUFGABEN
1 Erklären Sie die Unterschiede der Leitfähigkeit der im Experiment 4 untersuchten Stoffe.
2 Welche beweglichen Ionen bilden sich durch Auflösen der Kristalle beim Experiment 3? Erklären Sie die Beobachtungen.
3 Vergleichen Sie die metallische und die elektrolytische Leitfähigkeit.

ZUSAMMENFASSUNG

Elektrolyte sind Stoffe, die beim Auflösen in Wasser oder durch chemische Reaktion mit Wasser Elektrolytlösungen bilden. Elektrolytlösungen enthalten bewegliche hydratisierte Ionen. Sie leiten daher den elektrischen Strom. Die Bildung hydratisierter Ionen wird **elektrolytische Dissoziation** genannt. Teilweise finden dabei Reaktionen mit Protonenübergang statt. In diesen Fällen ist die Dissoziation zugleich eine Protolyse.
Echte Elektrolyte sind im festen Aggregatzustand aus Ionen aufgebaut (z. B. salzartige Stoffe). Beim Schmelzen und durch Lösen von echten Elektrolyten wird der Ionenkristall zerstört. Dabei entstehen bewegliche Ionen.
Potenzielle Elektrolyte sind Molekülsubstanzen, die erst durch chemische Reaktion mit Wasser hydratisierte Ionen bilden (z. B. Chlorwasserstoff, Ammoniak).
Starke Elektrolyte sind Stoffe, die in wässriger Lösung praktisch vollständig als Ionen vorliegen (z. B. salzartige Stoffe, Chlorwasserstoff).
Schwache Elektrolyte liegen in wässriger Lösung nur zum Teil als Ionen vor (z. B. Essigsäure, Ammoniak).
Durch die Einwirkung eines äußeren elektrischen Feldes wandern die Ionen in Richtung der Elektroden. Die Kationen wandern im elektrischen Feld zur Kathode, die Anionen zur Anode. Die Wechselwirkungen zwischen den hydratisierten Ionen und den Wassermolekülen und bei steigender Konzentration die interionischen Wechselwirkungen sind die Ursache für den elektrischen Widerstand von Elektrolytlösungen.

▶ Stoff-Teilchen-Konzept
▶ Struktur-Eigenschafts-Konzept

Elektrodenpotenzial

In der Elektrochemie werden unter anderem Vorgänge untersucht, die an der Grenzfläche zwischen einer Elektrolytlösung und einem Metall stattfinden. Kenntnisse über diese Vorgänge sind für die Herstellung von Stoffen auf elektrochemischem Weg, für den Bau elektrochemischer Spannungsquellen und zur Verhinderung der Korrosion von Bedeutung.

Elektrochemische Elektrode

Aufbau einer Metall/Metall-Ionen-Elektrode Die Kombination zwischen einem elektronenleitenden Stoff, z. B. einem Metall, und einer Elektrolytlösung nennt man **elektrochemische Elektrode** oder **Halbzelle** (Abb. 1). Eine Halbzelle besteht also aus einer metallischen Phase und einer Elektrolytlösungsphase. Zwischen beiden Phasen finden Ladungsträgerübergänge statt. Diese Vorgänge lassen sich für eine Kupfer/Kupfer(II)-Ionen-Elektrode durch folgende Gleichung zusammenfassen:

$$Cu(s) \underset{\text{Reduktion}}{\overset{\text{Oxidation}}{\rightleftharpoons}} Cu^{2+}(aq) + 2\,e^-$$

Als Symbol für eine Kupfer/Kupfer(II)-Ionen-Elektrode wird Cu/Cu^{2+} geschrieben; der Schrägstrich bedeutet die Phasengrenze, an der ein Ladungsträgerübergang stattfindet.

1 Kupfer/Kupfer(II)-Ionen-Elektrode

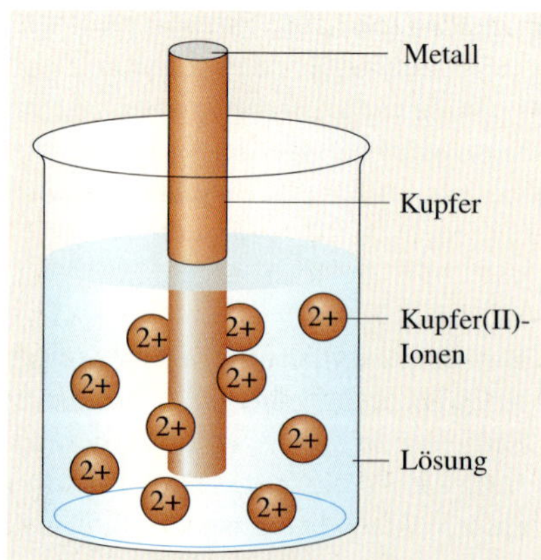

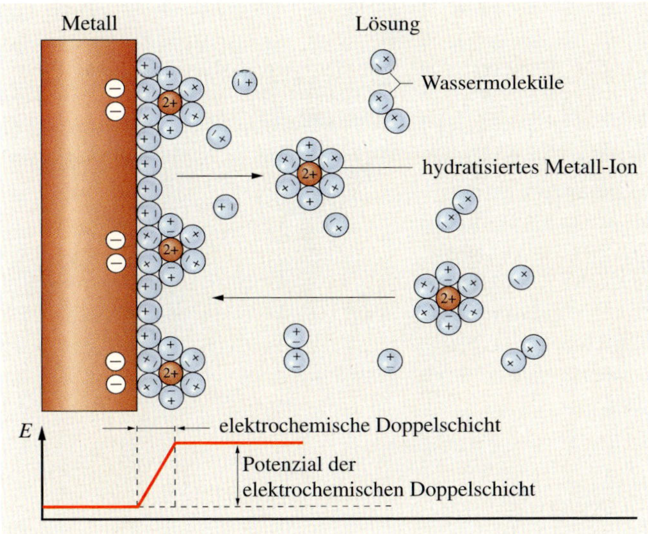

2 Elektrochemische Doppelschicht

Vorgänge an der Phasengrenzfläche Taucht ein Kupferstab in eine verdünnte Kupfersalzlösung, findet an der Oberfläche des Stabs eine chemische Reaktion statt, bei der Kupfer(II)-Ionen gebildet werden. Diese positiv geladenen Metall-Ionen werden hydratisiert, was zu einer Anreicherung positiver Ladungen in der ursprünglich elektrisch neutralen Salzlösung führt. Parallel entsteht im Kupferstab durch die frei gewordenen Elektronen ein negativer Ladungsüberschuss. Durch die Ladungstrennung zwischen Metall und Lösung bildet sich eine **elektrische Potenzialdifferenz** aus. Sie ist umso größer, je mehr hydratisierte Ionen sich an der Phasengrenzfläche gebildet haben.
Die Ausbildung einer elektrischen Potenzialdifferenz zwischen Metall und Lösung hat zur Folge, dass durch elektrostatische Anziehung ein Teil der gebildeten hydratisierten Kationen an der Oberfläche des Metalls festgehalten wird; es kommt an der Phasengrenze zwischen Metall und Lösung zur Ausbildung einer **elektrochemischen Doppelschicht** (Abb. 2). Dabei stellt sich ein elektrochemisches Gleichgewicht ein, in dem die Bildung hydratisierter Metall-Ionen (Hinreaktion) und die Bildung von Metallatomen (Rückreaktion) mit gleicher Geschwindigkeit erfolgt.

Vergleich der Metalle Bei einem unedlen Metall wie Zink ist die Tendenz zur Bildung von hydratisierten Ionen größer als bei einem edleren Metall wie Kupfer. Bis zum Erreichen des elektrochemischen Gleichgewichts bilden sich bei einer Zink/Zink-Ionen-Elektrode mehr hydratisierte Ionen als bei einer Kupfer/Kupfer(II)-Ionen-Elektrode. Dementsprechend besitzt das Zinkmetall eine größere negative Ladung als das Kupfer, sodass die elektrische Potenzialdifferenz zwischen der festen und der flüssigen Phase im elektrochemischen Gleichgewicht bei der Zink/Zink-Ionen-Elektrode größer ist.

AUFGABEN

1 Erläutern Sie die Bildung einer elektrischen Potenzialdifferenz bei einer Metall/Metall-Ionen-Elektrode.
2 Erklären Sie, warum sich beim Eintauchen eines Metalls in eine Elektrolytlösung eine elektrochemische Doppelschicht ausbildet.
3 Vergleichen Sie die Merkmale eines chemischen Gleichgewichts in einem homogenen System mit den Merkmalen eines elektrochemischen Gleichgewichts an einer Metall/Metall-Ionen-Elektrode.

Galvanische Zelle

Kombination von elektrochemischen Elektroden Die elektrische Potenzialdifferenz zwischen metallischer Phase und Elektrolytlösung ist nicht direkt messbar, weil zwar am Metall, nicht aber an der Elektrolytlösung ein Messkontakt angeschlossen werden kann. Ein *Vergleich* von Potenzialdifferenzen ist aber möglich, indem man z. B. zwei Metall/Metall-Ionen-Elektroden miteinander kombiniert und die zwischen den beiden Metallen auftretende elektrische Spannung misst. Eine solche Kombination aus zwei elektrochemischen Elektroden heißt **galvanische Zelle**, **galvanisches Element** oder **galvanische Kette**. Die einzelne elektrochemische Elektrode wird dementsprechend als Halbzelle, Halbelement oder Halbkette bezeichnet.
Beide Halbzellen sind über einen elektrischen Leiter (z. B. einen Metalldraht) miteinander verbunden. Die Elektrolytlösungen müssen ebenfalls miteinander verbunden werden, sodass ein Ladungsausgleich durch Ionenwanderung stattfinden kann. Dieser Ladungsaustausch kann durch ein **Diaphragma** oder einen elektrolytischen Stromschlüssel erfolgen.
Der Begriff galvanische Zelle dient bevorzugt zur Bezeichnung solcher Elektrodenkombinationen, die für die Lieferung oder Speicherung elektrischer Energie genutzt werden. Die elektrische Spannung zwischen den beiden Metallen einer galvanischen Zelle bezeichnet man als **Zellspannung** (*U*). Diese Zellspannung wird auch elektromotorische Kraft (EMK) genannt.

1 Prinzip einer galvanischen Zelle

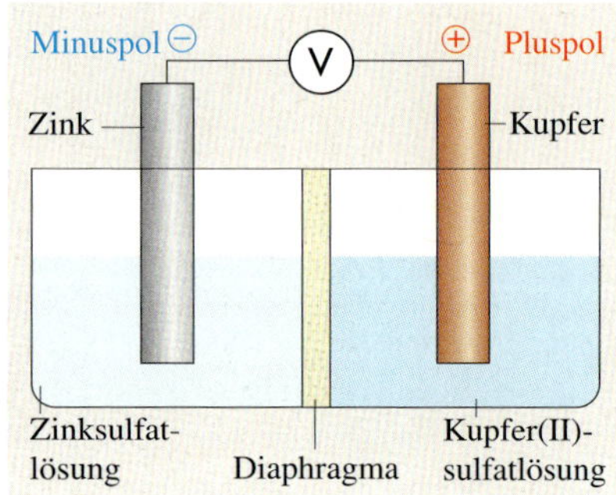

AUFGABE

1 Beschreiben Sie das Prinzip der Bestimmung von Standard-Elektrodenpotenzialen mithilfe der Standard-Wasserstoffelektrode.

Standard-Elektrodenpotenzial

Die elektrische Potenzialdifferenz einer elektrochemischen Elektrode gemessen als relative Elektrodenspannung gegen eine festgelegte Bezugselektrode heißt **Elektrodenpotenzial** (*E*) oder Redoxpotenzial.

Standard-Wasserstoffelektrode Nach internationaler Übereinkunft nimmt man als Bezugselektrode die **Standard-Wasserstoffelektrode**. Sie besteht aus einem platinierten Platinblech (Platinblech, dessen Oberfläche durch fein verteiltes Platin stark vergrößert wurde), das von Wasserstoff mit konstantem Druck (p = 101,3 kPa) bei ϑ = 25 °C umspült wird. Das fein verteilte Platin adsorbiert den Wasserstoff an der Elektrodenoberfläche, wodurch sich eine dichte Wasserstoffschicht bildet. Als Elektrolytlösung dient Salzsäure der Konzentration $c(HCl) = 1\ mol \cdot l^{-1}$ (Abb. 2). Dem Elektrodenpotenzial der Standard-Wasserstoffelektrode liegt folgende chemische Reaktion zugrunde:

$$H_2(g) + 2\ H_2O(l) \rightleftharpoons 2\ H_3O^+(aq) + 2\ e^-$$

Zu diesen Bedingungen wurde das **Standard-Elektrodenpotenzial** willkürlich mit $E^0(H_2/2\ H_3O^+) = 0{,}00$ V festgelegt.

2 Modell einer Standard-Wasserstoffelektrode

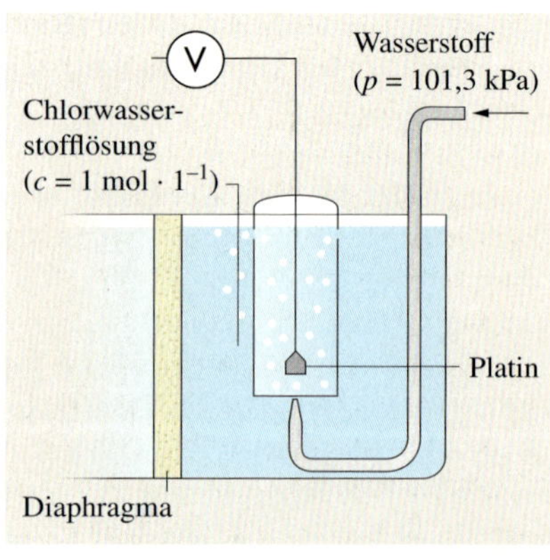

Geschichte

Galvanische Elemente

Der italienische Arzt und Naturforscher LUIGI GALVANI (1737 bis 1798) entdeckte, dass Froschschenkel kürzlich getöteter Tiere zucken, wenn Nerven und Muskeln von zwei unterschiedlichen, miteinander verbundenen Metalldrähten berührt werden (Abb. 1).
1791 veröffentlichte er dieses Phänomen und bezeichnete es als „tierische Elektrizität". Er erkannte nicht, dass er selbst eine Spannung erzeugt hatte, auf die der Froschschenkel lediglich reagierte. Ohne es zu wissen, konstruierte er mit seinen verschiedenen Metalldrähten eine elektrische Spannungsquelle, die man heute als „galvanisches Element" bezeichnet.

1 Historischer Versuch von GALVANI

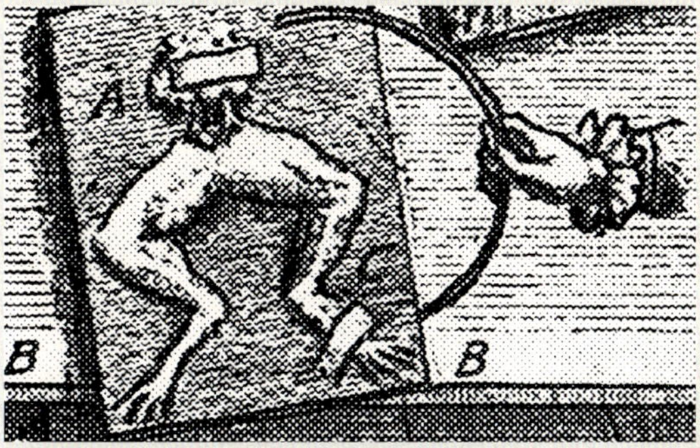

Eine Erklärung für GALVANIS Experimente fand wenig später der italienische Physiker ALESSANDRO VOLTA (1745 bis 1827). Er erkannte, dass die Froschschenkel nur den Elektrolyt darstellten. Indem er sie durch eine Salzlösung ersetzte, erhielt er durch Kombination verschiedener Metalle elektrochemische Spannungsquellen.
Praktisch brauchbar war aber erst die 1799 von ihm entwickelte und nach ihm benannte „Volta'sche Säule" (Abb. 2). Sie bestand aus abwechselnd aufeinandergestapelten Zink- und Kupferplättchen. Je ein Paar wurde durch eine mit verdünnter Schwefelsäure getränkte Filzscheibe voneinander getrennt. In den ersten Jahrzehnten des 19. Jahrhunderts war die „Volta'sche Säule" eine wichtige Spannungsquelle.
VOLTA zu Ehren wird die Spannung heute in der SI-Einheit „Volt" angegeben.

2 Volta'sche Säule

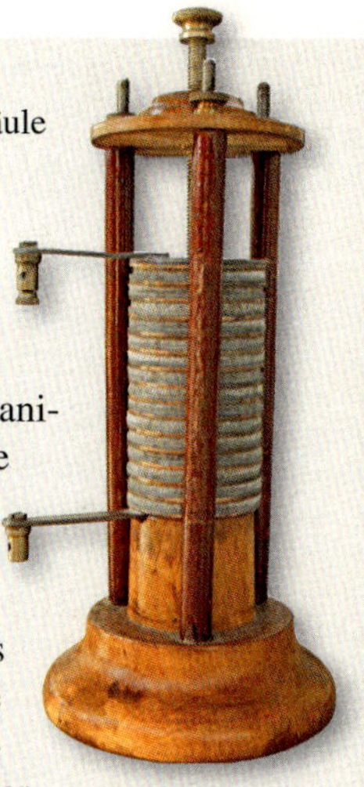

JOHN FREDERIC DANIELL entwickelte 1835/36 ein einfaches und technisch gut nutzbares galvanisches Element. Hierbei wurde die Schwefelsäure durch Zink(II)-sulfatlösung („Zinkvitriol"-Lösung) ersetzt. Das Daniell-Element besteht demnach aus einer Zink/Zink-Ionen-Elektrode und einer Kupfer/Kupfer(II)-Ionen-Elektrode (Abb. 3). Sobald der Stromkreis über die metallischen Phasen geschlossen wird, finden folgende Reaktionen an den Elektroden statt:

Zinkelektrode:
$Zn(s) \rightarrow Zn^{2+}(aq) + 2\,e^-$ Oxidation
Kupferelektrode:
$Cu^{2+}(aq) + 2\,e^- \rightarrow Cu(s)$ Reduktion

Gesamtreaktion:
$Cu^{2+}(aq) + Zn(s) \rightarrow Zn^{2+}(aq) + Cu(s)$ Redoxreaktion

Die Zinkelektrode ist der Minuspol des galvanischen Elements und zugleich die Anode. Die Kupferelektrode ist der Pluspol und zugleich die Kathode. Das Diaphragma (1836 ein Tonzylinder) verhindert das Vermischen der Elektrolytlösungen, da sonst Kupfer(II)-Ionen an das Zink gelangen und dort unerwünschte Redoxreaktionen auslösen würden.

3 Funktionsweise des klassischen Daniell-Elements

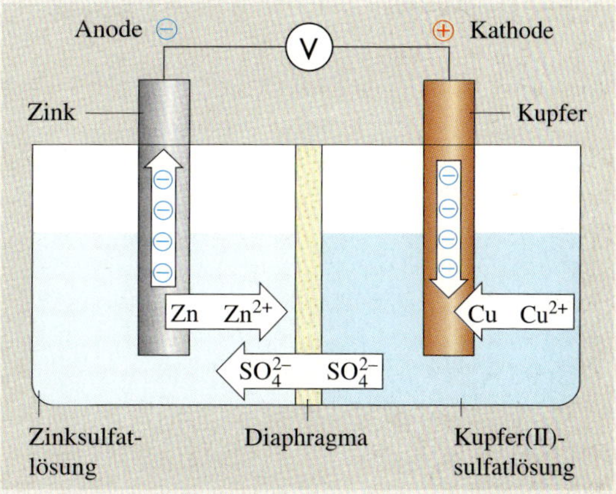

Elektrochemische Spannungsreihe Durch Ermitteln der elektrischen Spannung von galvanischen Zellen aus einer Halbzelle unter Standardbedingungen ($\vartheta = 25\,°C$, $p = 101{,}3$ kPa, Elektrolytkonzentration $c = 1\ mol \cdot l^{-1}$) und einer Standard-Wasserstoffelektrode ergeben sich direkt die Standard-Elektrodenpotenziale der Halbzellen (E^0). Die Standard-Elektrodenpotenziale der Halbzellen mit einer größeren elektrischen Potenzialdifferenz als die Bezugselektrode (Metall lädt sich negativer auf und wirkt als Elektronendonator) erhalten ein negatives Vorzeichen; mit kleinerer elektrischer Potenzialdifferenz (Metall lädt sich weniger negativ auf und wirkt als Elektronenakzeptor) ein positives. Das Standard-Elektrodenpotenzial beispielsweise für das Redoxpaar Cu/Cu^{2+} in der Kupfer/Kupfer(II)-Ionen-Elektrode beträgt $E^0(Cu/Cu^{2+}) = +0{,}35$ V.

Redoxpaar Cu/Cu^{2+}: $Cu(s) \rightleftharpoons Cu^{2+}(aq) + 2\,e^-$
Reduktionsmittel $\rightleftharpoons$ Oxidationsmittel + $2\,e^-$

Die Anordnung der Metall/Metall-Ionen-Elektroden in der Reihenfolge ihrer Standard-Elektrodenpotenziale ergibt die **elektrochemische Spannungsreihe** der Metalle (Abb. 1).

Halbzellen ohne metallische Phase Besitzt eine Halbzelle keine metallische Phase (z. B. $2\,Cl^-/Cl_2$), so wird wie bei der Standard-Wasserstoffelektrode ein Elektronenleiter zur Ableitung oder Zuleitung der Elektronen verwendet. Vorteilhaft sind Elektronenleiter, die chemisch praktisch inert (lat. iners – untätig) sind. Dazu zählen Platin- oder auch Graphitelektroden. Elementares Chlor bildet auf der Oberfläche der porösen Graphitelektrode die Chlorelektrode. Misst man nun die Spannung einer Standard-Chlorelektrode gegenüber der Standard-Wasserstoffelektrode, so erhält man einen Wert von $E^0(2\,Cl^-/Cl_2) = +1{,}36$ V (vgl. Tabelle 1).
Neben den Standard-Elektrodenpotenzialen von Metallen und Nichtmetallen lassen sich auch solche von komplizierten Redoxsystemen bestimmen (Tab. 1). Ausgewählte Standard-Elektrodenpotenziale für Halbzellen ohne metallische Phase sind in Tabelle 1 aufgeführt.

1 Elektrochemische Spannungsreihe der Metalle (und Wasserstoff)

Redoxpaar	Standardpotenzial E^0 in V
Li/Li^+	−3,04
K/K^+	−2,92
Ca/Ca^{2+}	−2,87
Na/Na^+	−2,71
Mg/Mg^{2+}	−2,36
Al/Al^{3+}	−1,66
Zn/Zn^{2+}	−0,76
Fe/Fe^{2+}	−0,41
Cd/Cd^{2+}	−0,40
Ni/Ni^{2+}	−0,23
Sn/Sn^{2+}	−0,14
Pb/Pb^{2+}	−0,13
$H_2/2\,H_3O^+$	**0,00**
Cu/Cu^{2+}	+0,35
Ag/Ag^+	+0,80
Hg/Hg^{2+}	+0,85
Pt/Pt^{2+}	+1,20
Au/Au^{3+}	+1,50

zunehmende Stärke als Elektronenakzeptor

2 Vorgänge an einer Chlorelektrode

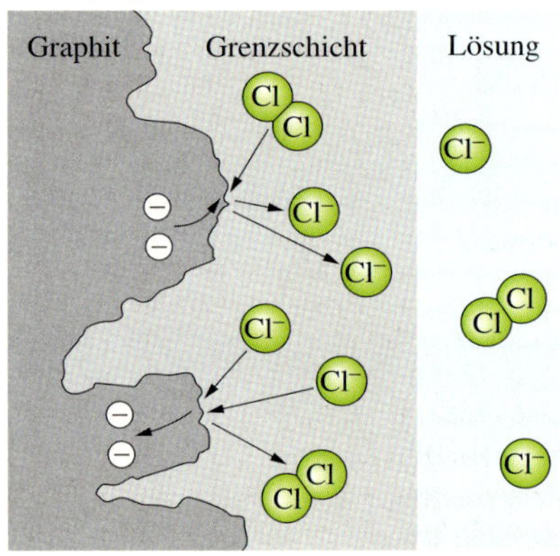

Tab. 1 Standard-Elektrodenpotenziale einiger Nichtmetalle und ausgewählter Redoxsysteme

Reduktionsmittel	$\rightleftharpoons$	Oxidationsmittel + $z \cdot e^-$	Standardpotenzial E^0 in V
$H_2(g) + 2\,H_2O(l)$	$\rightleftharpoons$	$2\,H_3O^+(aq) + 2\,e^-$	−0,41 (pH = 7)
$Cu^+(aq)$	$\rightleftharpoons$	$Cu^{2+}(aq) + e^-$	+0,17
$2\,I^-(aq)$	$\rightleftharpoons$	$I_2(s) + 2\,e^-$	+0,54
$Fe^{2+}(aq)$	$\rightleftharpoons$	$Fe^{3+}(aq) + e^-$	+0,77
$4\,OH^-(aq)$	$\rightleftharpoons$	$O_2(g) + 2\,H_2O(l) + 4\,e^-$	+0,82 (pH = 7)
$NO(g) + 6\,H_2O(l)$	$\rightleftharpoons$	$NO_3^-(aq) + 4\,H_3O^+(aq) + 3\,e^-$	+0,96 (pH = 0)
$6\,H_2O(l)$	$\rightleftharpoons$	$O_2(g) + 4\,H_3O^+(aq) + 4\,e^-$	+1,23 (pH = 0)
$2\,Cl^-(aq)$	$\rightleftharpoons$	$Cl_2(g) + 2\,e^-$	+1,36
$Mn^{2+}(aq) + 12\,H_2O(l)$	$\rightleftharpoons$	$MnO_4^-(aq) + 8\,H_3O^+(aq) + 5\,e^-$	+1,51

Zellspannung von galvanischen Zellen

Die Standard-Elektrodenpotenziale (kurz „Standardpotenziale“) können genutzt werden, um die Zellspannung zwischen zwei Elektroden zu berechnen (Abb. 3) und die Möglichkeit oder die Richtung des Ablaufs von Redoxreaktionen in wässriger Lösung vorherzusagen.

Berechnung von Standard-Zellspannungen (ΔE^0) Rechnerisch kann man die Standard-Zellspannung einer beliebigen galvanischen Zelle aus der Differenz der entsprechenden Standard-Elektrodenpotenziale bestimmen.

$$\Delta E^0 = E^0(\text{Kathode}) - E^0(\text{Anode})$$

Die elektrochemische Elektrode, an der die **Reduktion** (Elektronenaufnahme) stattfindet, wird immer als **Kathode** bezeichnet. Bei galvanischen Elementen ist die Kathode der Pluspol bzw. die Halbzelle mit dem positiveren Standard-Elektrodenpotenzial. Die **Anode**, an der die **Oxidation** erfolgt, ist bei galvanischen Zellen dementsprechend der Minuspol.
Hieraus ergibt sich für die Berechnung der Standard-Zellspannung der galvanische Zelle $Zn/Zn^{2+}//Cu^{2+}/Cu$:

$$\Delta E^0 = E^0(Cu/Cu^{2+}) - E^0(Zn/Zn^{2+}) = +0{,}35\ V - (-0{,}76\ V) = 1{,}11\ V$$

Berechnung von Zellspannungen unter Nichtstandardbedingungen Für die Berechnung der Zellspannung von galvanischen Zellen gilt allgemein:

$$U = \Delta E = E(\text{Kathode}) - E(\text{Anode})$$

Der deutsche Chemiker und Physiker Walther Nernst (Nobelpreis für Chemie 1920) stellte 1889 für die Abhängigkeit des **Elektrodenpotenzials (*E*) einer Halbzelle** von der Temperatur und den Konzentrationen der Reaktionspartner folgende mathematische Beziehung auf:

$$E = E^0 + \frac{R \cdot T}{z \cdot F} \cdot \ln \frac{c(\text{Ox})}{c(\text{Red})} \quad \textbf{(Nernst'sche Gleichung)}$$

Für die Berechnung des Elektrodenpotenzials des Redoxpaars (Fe^{2+}/Fe^{3+})

$$Fe^{2+}(aq) \rightleftharpoons Fe^{3+}(aq) + e^-$$
$$\text{Reduktionsmittel (Red)} \rightleftharpoons \text{Oxidationsmittel (Ox)} + z \cdot e^-$$

ergibt sich:

$$E(Fe^{2+}/Fe^{3+}) = E^0(Fe^{2+}/Fe^{3+}) + \frac{R \cdot T}{z \cdot F} \cdot \ln \frac{c(Fe^{3+})}{c(Fe^{2+})}$$

3 Ermittlung von Standard-Zellspannungen aus Standard-Elektrodenpotenzialen

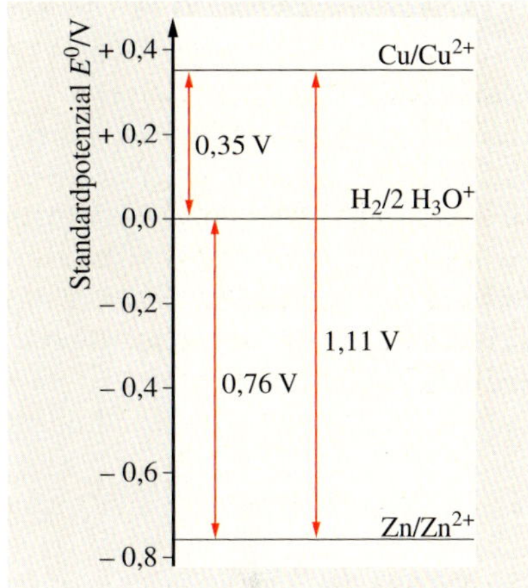

AUFGABEN

1 Berechnen Sie die Standard-Zellspannung für folgende galvanische Zellen:
a $Pb/Pb^{2+}//Cu^{2+}/Cu$
b $Zn/Zn^{2+}//Fe^{2+}/Fe$
c $Cu/Cu^{2+}//Ag^+/Ag$

2 Eine galvanische Zelle ist aus den Halbzellen Ni/Ni^{2+} und $2\ Cl^-/Cl_2$ aufgebaut.
a Ordnen Sie die Begriffe Anode, Elektronenakzeptor, Elektronendonator, Kathode, Minuspol, Oxidation, Pluspol und Reduktion zu.
b Formulieren Sie die Zellreaktionen und berechnen Sie die Standard-Zellspannung.

4 Erläuterungen zur Nernst'schen Gleichung

E	Elektrodenpotenzial der Halbzelle
E^0	Standard-Elektrodenpotenzial
R	algemeine Gaskonstante
T	Temperatur in Kelvin
z	Anzahl der übertragenen Elektronen
F	Faraday-Konstante
c	Konzentration des Oxidationsmittels c(Ox) bzw. des Reduktionsmittels c(Red)

Wird jedoch eine Metall/Metall-Ionen-Elektrode (z. B. Cu/Cu^{2+}) betrachtet, vereinfacht sich die Nernst'sche Gleichung.

$$Cu(s) \rightleftharpoons Cu^{2+}(aq) + 2\,e^-$$
$$\text{Reduktionsmittel (Red)} \rightleftharpoons \text{Oxidationsmittel (Ox)} + z \cdot e^-$$

Für das reine Metall wird $c(\text{Red}) = 1$ definiert. Damit ergibt sich bei $c(Cu) = 1$ für das Elektrodenpotenzial:

$$E(Cu/Cu^{2+}) = E^0(Cu/Cu^{2+}) + \frac{R \cdot T}{z \cdot F} \cdot \ln c(Cu^{2+})$$

Finden die elektrochemischen Vorgänge unter Standardtemperaturbedingungen statt, erhält man durch Einsetzen der Konstanten und der Standardtemperatur $T = 298$ K sowie Umformung des natürlichen in den dekadischen Logarithmus $\ln x = 2{,}3 \cdot \lg x$

$$E(Cu/Cu^{2+}) = E^0(Cu/Cu^{2+}) + \frac{0{,}059\ \text{V}}{z} \cdot \lg c(Cu^{2+})$$

Die Nernst'sche Gleichung gilt exakt nur für den Fall stark verdünnter Lösungen. Dabei wird angenommen, dass zwischen den einzelnen in der Lösung vorhandenen Ionen keine Wechselwirkungen stattfinden.

Konzentrationselemente Kombiniert man zwei Halbzellen, bei denen nur die Konzentrationen der Elektrolytlösungen verschieden sind, zu einer galvanischen Zelle, so ist allein aufgrund dieses Konzentrationsunterschieds eine Zellspannung messbar (Abb. 1). Diese Anordnung wird als **Konzentrationselement** bezeichnet. Durch die leitende Verbindung der Halbzellen fließt ein Strom, der dazu führt, dass Ionen in der Halbzelle mit der höheren Konzentration reduziert werden (Kathode), während Ionen in der Halbzelle mit der niedrigeren Elektrolytkonzentration durch Oxidation gebildet werden (Anode). Dadurch gleichen sich die Konzentrationen an. Ist der Konzentrationsausgleich erfolgt, kommt die Redoxreaktion zum Stillstand, und die Spannung ist auf 0 V gesunken.

Die verschiedenen Elektrodenpotenziale der beiden Halbzellen eines Konzentrationselements lassen sich damit erklären, dass ein Metall in einer verdünnteren Lösung ein größeres Bestreben hat, Ionen zu bilden (Oxidation), wodurch es sich stärker negativ auflädt. Dies führt zu einem negativeren Elektrodenpotenzial.

Die Berechnung der Zellspannung eines Konzentrationselements ist unter Nutzung der Nernst'schen Gleichung möglich. Ausgehend von

$$U = E(\text{Kathode}) - E(\text{Anode})$$

ergibt sich nach Umstellung für $c_1 > c_2$ bei 25 °C:

$$U = \frac{0{,}059\ \text{V}}{z} \cdot \lg \frac{c_1}{c_2}$$

1 Aufbau eines Konzentrationselements

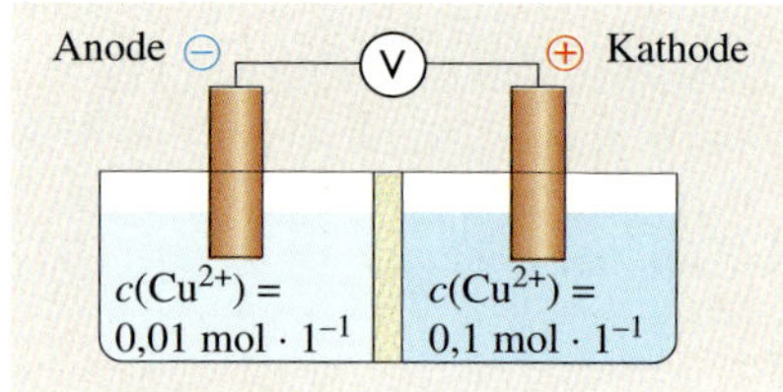

EXPERIMENT 1

Konzentrationsabhängigkeit des Elektrodenpotenzials

Kombinieren Sie folgende Ag/Ag^+-Halbzellen und messen Sie die Zellspannungen:
$Ag/AgNO_3$ ($c = 0{,}1$ mol · l^{-1})
$Ag/AgNO_3$ ($c = 0{,}01$ mol · l^{-1})
$Ag/AgNO_3$ ($c = 0{,}001$ mol · l^{-1})
Führen Sie entsprechende Versuche auch mit Cu/Cu^{2+}-Halbzellen durch. Vergleichen Sie Ihre Ergebnisse mit den theoretischen Werten.

AUFGABEN

1 Berechnen Sie die Elektrodenpotenziale folgender Halbzellen bei 25 °C:
a Cu/Cu^{2+} ($c = 0{,}2$ mol · l^{-1})
b Ag/Ag^+ ($c = 0{,}1$ mol · l^{-1})
c Ag/Ag^+ ($c = 0{,}01$ mol · l^{-1})

2 Berechnen Sie die Zellspannung einer galvanischen Zelle mit den Halbzellen Zn/Zn^{2+} ($c = 0{,}05$ mol · l^{-1}) und Cu/Cu^{2+} ($c = 1$ mol · l^{-1}) bei 25 °C.

3 Eine galvanische Zelle besteht aus den Halbzellen Sn/Sn^{2+} ($c = 0{,}1$ mol · l^{-1}) und Pb/Pb^{2+} ($c = 0{,}001$ mol · l^{-1}), eine zweite galvanische Zelle aus Sn/Sn^{2+} ($c = 0{,}001$ mol · l^{-1}) und Pb/Pb^{2+} ($c = 0{,}1$ mol · l^{-1}).
Diskutieren Sie die berechneten Zellspannungen.

4 An folgender galvanischer Zelle wurde eine Zellspannung von $U = 0{,}35$ V gemessen: Cu/Cu^{2+} ($c = 0{,}2$ mol · l^{-1})//Ag^+(c = ?)/Ag.
Berechnen Sie die Konzentration der Silber-Ionen der Ag/Ag^+-Halbzelle.

Einfluss der Temperatur auf das Elektrodenpotenzial In Analogie zur Temperaturabhängigkeit chemischer Gleichgewichte werden auch elektrochemische Gleichgewichte durch die jeweilige Temperatur bestimmt. Werden zwei Kupfer/Kupfer(II)-Ionen-Elektroden gleicher Kupfer(II)-Ionen-Konzentrationen miteinander kombiniert und eine davon erwärmt, lässt sich feststellen, dass das Elektrodenpotenzial beim Erwärmen größer wird (Exp. 2). Der Einfluss der Temperatur wird in der Nernst'schen Gleichung durch $R \cdot T / (z \cdot F)$ berücksichtigt.

pH-Wert-Abhängigkeit des Elektrodenpotenzials Einige Elektrodenpotenziale sind auch von der Konzentration der Hydronium- bzw. Hydroxid-Ionen abhängig.

$$Mn^{2+} + 12\,H_2O \rightleftharpoons MnO_4^- + 8\,H_3O^+ + 5\,e^-$$

Reduktionsmittel (Red) $\rightleftharpoons$ Oxidationsmittel (Ox) + $z \cdot e^-$

In diesem Redoxpaar wird das Gleichgewicht von der Konzentration der Mangan(II)-, der Permanganat- und der Hydronium-Ionen beeinflusst. Die Konzentration muss daher für alle gleichgewichtsbeeinflussenden Stoffe beachtet werden (↑ S. 125).

$$E = E^0 + \frac{R \cdot T}{z \cdot F} \cdot \ln \frac{c(MnO_4^-) \cdot c^8(H_3O^+)}{c(Mn^{2+})}$$

Da in diesem Beispiel die Hydronium-Ionenkonzentration zur achten Potenz in die Nernst'sche Gleichung eingeht, ist das Elektrodenpotenzial stark von dieser Konzentration abhängig. Die pH-Wert-Abhängigkeit des Elektrodenpotenzials verschiedener Elektroden (z. B. der Wasserstoffelektrode) kann zur pH-Wert-Messung genutzt werden.

Richtung elektrochemischer Reaktionen

Mithilfe der elektrochemischen Spannungsreihe lässt sich der mögliche Ablauf von Redoxreaktionen in wässrigen Systemen vorhersagen. Je positiver das Standard-Elektrodenpotenzial eines Redoxpaars ist, desto stärker ist die Neigung des Metall-Ions zur Elektronenaufnahme und somit zur Oxidation anderer Substanzen. Es wirkt daher bei einer Reaktion mit den Teilchen eines Redoxpaares niedrigeren Elektrodenpotenzials als Elektronenakzeptor und wird entsprechend reduziert.

Elektrochemische Fällung von Metallen Taucht man ein Metall mit einem niedrigen Standard-Elektrodenpotenzial in eine Elektrolytlösung, die Metall-Ionen eines Metalls mit einem höheren Standard-Elektrodenpotenzial enthält, so findet eine Redoxreaktion statt. Aus dem Metall mit dem niedrigen Elektrodenpotenzial bilden sich Metall-Ionen, die in Lösung gehen (Oxidation). Die Metall-Ionen aus der Lösung werden als Metall abgeschieden (Reduktion).

EXPERIMENT 2

Temperaturabhängigkeit des Elektrodenpotenzials

Zwei gleiche Cu/Cu^{2+}-Halbzellen (Xn) werden miteinander kombiniert. Nach Anschließen eines Spannungsmessgeräts wird eine Halbzelle erwärmt und die elektrische Spannung gemessen.

2 pH-Wert-Abhängigkeit der Elektrodenpotenziale von Wasserstoff und Sauerstoff

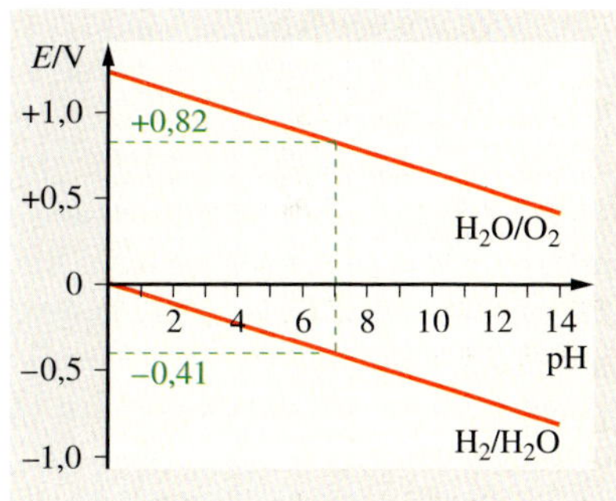

EXPERIMENT 3

Verlaufsrichtung elektrochemischer Reaktionen

Überprüfen Sie, ob beim Eintauchen der Metalle Magnesium, Zink, Eisen und Kupfer in Salzlösungen, die jeweils Magnesium-, Zink-, Eisen(II)- (Xn), Kupfer(II)- (Xn) oder Silber-Ionen (Xi) enthalten, elektrochemische Fällungen stattfinden.

AUFGABEN

1 Entscheiden Sie anhand der elektrochemischen Spannungsreihe, ob Kupfer durch Eisen aus einer Kupfer(II)-salzlösung gefällt werden kann. Entwickeln Sie für die vermutete Redoxreaktion die chemische Gleichung.

2 Erklären Sie, warum Kupfer nicht mit verdünnten Säuren reagiert.

$Zn(s) \rightarrow Zn^{2+}(aq) + 2\,e^-$ Oxidation

$Cu^{2+}(aq) + 2\,e^- \rightarrow Cu(s)$ Reduktion

$Zn(s) + Cu^{2+} \rightarrow Zn^{2+}(aq) + Cu(s)$ Redoxreaktion

Im umgekehrten Fall wird keine Reaktion beobachtet (Exp. 3).

Die elektrochemische Fällung von Metallen heißt in der Technik **Zementation**. Sie wird technisch z. B. zur Gewinnung von Edelmetallen angewandt. So wird bei der Goldgewinnung durch „Cyanidlaugerei" (↑Kap. „Komplexverbindungen") das Gold durch Reduktion mit Zinkpulver gewonnen, was wegen der Giftigkeit von Cyanid-Ionen aber ein ernstes Umweltproblem darstellen kann. Die Zementation wird aber auch im Umweltschutz verwendet, um toxische Cu^{2+}-Ionen aus Abwässern zu entfernen bzw. gegen unbedenkliche Fe^{2+}-Ionen zu tauschen.

Reaktion von Säuren mit Metallen Metalle, die ein negativeres Standard-Elektrodenpotenzial als das Redoxsystem $H_2/2\,H_3O^+$ haben, nennt man unedle Metalle. Sie bilden in sauren Lösungen Metall-Ionen. Diese allgemeine Aussage trifft allerdings nicht zu, wenn ein unedles Metall (z. B. Aluminium) eine Schutzschicht aus dem betreffenden Metalloxid besitzt.
Auch edle Metalle (z. B. Kupfer, Silber) können durch Säuren oxidiert werden. Dazu muss es sich allerdings um eine „oxidierende" Säure (z. B. konzentrierte Salpetersäure) handeln, die ein positiveres Elektrodenpotenzial aufweist.

AUFGABEN

1 Berechnen Sie die Masse an Zinkpulver, die mindestens eingesetzt werden muss, um aus 50 Liter verbrauchtem Fixierbad mit einer Massenkonzentration an Silber-Ionen von $5\ g \cdot l^{-1}$ das Silber zu fällen. Entwickeln Sie für die Redoxreaktion die chemische Gleichung.

2 Die Herstellung von Leiterplatten erfolgt in vielen Fällen dadurch, dass man frei liegendes Kupfer mit Eisen(III)-Ionen reagieren lässt. Entwickeln Sie für diese Reaktion die chemische Gleichung. Erklären Sie mithilfe der Standard-Elektrodenpotenziale den freiwilligen Ablauf dieser chemischen Reaktion.

ZUSAMMENFASSUNG

Eine **Metall/Metall-Ionen-Elektrode** setzt sich aus einer metallischen Phase und einer Elektrolytlösungsphase zusammen. Chemische Reaktionen zwischen beiden Phasen führen zu einer elektrischen Potenzialdifferenz zwischen Metall und Elektrolytlösung. Dabei bildet sich an der Phasengrenze eine elektrochemische Doppelschicht aus.
Das **Standard-Elektrodenpotenzial** einer Metall/Metall-Ionen-Elektrode ist die elektrische Spannung zwischen der Standard-Wasserstoffelektrode und der standardisierten Metall/Metall-Ionen-Elektrode.
Die **elektrochemische Spannungsreihe der Metalle** stellt die Metall/Metall-Ionen-Elektroden (Redoxpaare) in der Reihenfolge der Standard-Elektrodenpotenziale dar.
Das **Elektrodenpotenzial** einer Metall/Metall-Ionen-Elektrode hängt von der Art des Metalls, von der Konzentration der hydratisierten Metall-Ionen in der Elektrolytlösung und von der Temperatur ab. Mithilfe der **Nernst'schen Gleichung** werden aus dem Standard-Elektrodenpotenzial die jeweiligen Elektrodenpotenziale berechnet.

$$E = E^0 + \frac{0{,}059\ V}{z} \cdot \lg \frac{c(Ox)}{c(Red)}$$

Die Elektrodenpotenziale dienen dazu, Redoxreaktionen in wässriger Lösung zu deuten und vorauszusagen. Bei der Redoxreaktion zweier Redoxpaare wird das Redoxpaar mit dem niedrigeren (negativeren) Elektrodenpotenzial oxidiert und das mit dem höheren (positiveren) Elektrodenpotenzial reduziert.
Die **Zellspannung** einer galvanischen Zelle wird aus der Differenz der Elektrodenpotenziale berechnet.

$$U = \Delta E = E(\text{Kathode}) - E(\text{Anode})$$

Mobile elektrochemische Spannungsquellen

In galvanischen Zellen (Elementen) wird chemische Energie von Stoffen in nutzbare elektrische Energie umgewandelt. Als elektrochemische Spannungsquellen (Stromquellen) sind sie vielseitig und unabhängig von anderen Energiequellen einsetzbar.
Bei vielen elektrochemischen Spannungsquellen ist nur die Umwandlung chemischer Energie in elektrische Energie technisch nutzbar. Diese galvanischen Zellen heißen **Primärzellen**. Sie sind nur so lange einsetzbar, bis die Ausgangsstoffe (Oxidations- und Reduktionsmittel) umgesetzt sind.
Einige galvanische Zellen können durch Zufuhr von elektrischer Energie wieder in den Ausgangszustand zurückverwandelt werden. Solche **Sekundärzellen** oder **Akkumulatoren** sind dann erneut als elektrochemische Spannungsquellen einsetzbar.

Primärzellen

Zink-Kohle-Zelle (Leclanché-Element) 1867 stellte der französische Ingenieur Georges Leclanché (1839 bis 1882) anlässlich der Weltausstellung in Paris erstmalig eine Zink-Kohle-Zelle vor. Es löste damals wegen seiner höheren Leistungsfähigkeit das Daniell-Element ab. Die Zink-Kohle-Zelle müsste eigentlich „Zink-Braunstein-Zelle" heißen. Stattdessen bezieht man sich in der Bezeichnung auf die Ableiter Zink für den Minuspol und Kohle für den Pluspol. Der Kohlestift ist von einem fein verteilten Gemisch aus Braunstein MnO_2 und Graphitpulver (zur Erhöhung der Leitfähigkeit) getränkt mit Elektrolyt umgeben. Als Elektrolytlösung dient eine Ammoniumchloridlösung, die durch Zusatz von Quellmitteln (z. B. Stärke) zu einer Paste verdickt ist. Daher stammt auch die Bezeichnung „Trockenelement". Zink bildet die Anode und dient gleichzeitig als Behälter. Zur Erhöhung der Auslaufsicherheit ist der Zinkbecher von einem Stahlmantel umgeben (Abb. 1).
Bei Stromfluss laufen vereinfacht folgende Reaktionen ab:

Anode: (Minuspol) $Zn(s) \rightarrow Zn^{2+}(aq) + 2\,e^-$

Kathode: (Pluspol) $2\,MnO_2(s) + 2\,H_3O^+(aq) + 2\,e^- \rightarrow \underset{\text{Mangan(III)-oxid}}{Mn_2O_3(s)} + 3\,H_2O(l)$

Die zur Reduktion des Braunsteins erforderlichen Protonen stammen aus den NH_4^+-Ionen des Elektrolyten. Das durch die Protonenabgabe gebildete NH_3 verbindet sich mit den Zn^{2+}-Ionen und bildet schwerlösliches Diamminzinkchlorid (Abb. 2).
Die Zellspannung einer frischen Zink-Kohle-Zelle beträgt $U \approx 1{,}5$ V. Sie ist unter den Primärzellen eine der am meisten angewandten elektrochemischen Spannungsquellen und wird in Form von Einzelzellen unter den Bezeichnungen „Mignonzelle R6", „Babyzelle R14" und „Monozelle R20" hergestellt.

1 Zink-Kohle-Zelle

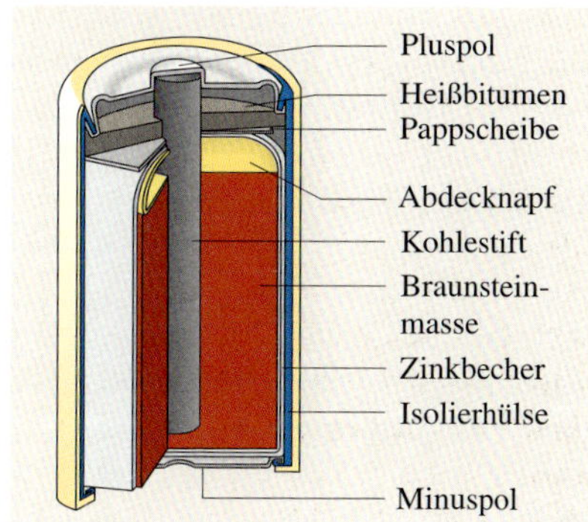

2 Reaktionen in der Zink-Kohle-Zelle

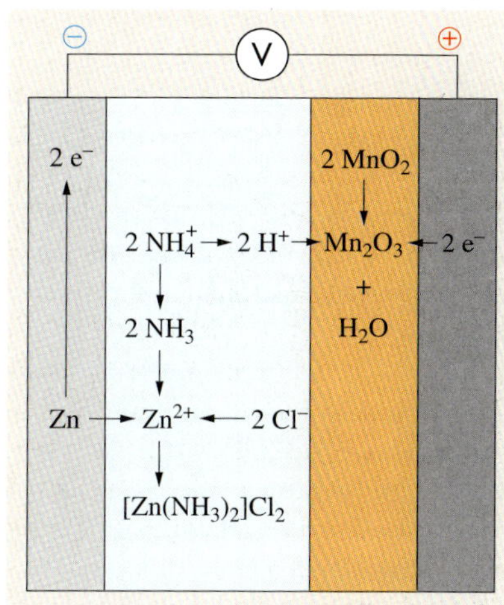

AUFGABEN

1 Nennen Sie Anwendungsbeispiele für elektrochemische Spannungsquellen.
2 Vergleichen Sie das Daniell-Element mit der Zink-Kohle-Zelle.

Alkali-Mangan-Zelle Diese Zelle (Abb. 1) ist eine Weiterentwicklung der Zink-Kohle-Zelle und seit etwa 1950 auf dem Markt. Durch die große Zinkoberfläche beim Zinkgel ist der Innenwiderstand niedriger als bei der Zink-Kohle-Zelle.
Weil die als Elektrolytlösung eingesetzte Kalilauge erst bei –60 °C erstarrt, können diese Zellen auch bei tiefen Temperaturen eingesetzt werden. Die Elektrodenreaktionen verlaufen, vereinfacht betrachtet, wie bei der Zink-Kohle-Zelle.
Die Alkali-Mangan-Zelle liefert bei einer Spannung von 1,5 V eine höhere Stromstärke und ist für Geräte mit hohem Strombedarf (z. B. Fotoapparate) und mit Dauernutzung besser geeignet. Im Handel ist sie als „Mignonzelle LR6", „Babyzelle LR14" und „Monozelle LR20" erhältlich.

1 Alkali-Mangan-Zelle

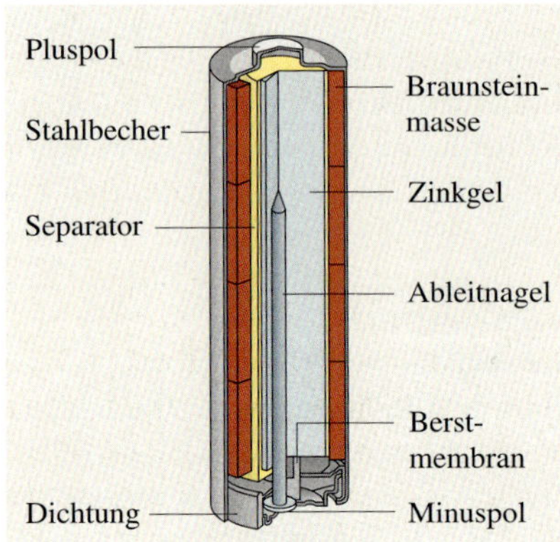

Zink-Luft-Zelle Bei dieser galvanischen Zelle dient nicht Mangan(IV)-oxid, sondern Luftsauerstoff als Oxidationsmittel (Abb. 2). Als Elektrolyt wird Kalilauge angewendet.

Anode (Minuspol): $2\,Zn(s) \rightarrow 2\,Zn^{2+}(aq) + 4\,e^-$
Kathode (Pluspol): $O_2(g) + 2\,H_2O(l) + 4\,e^- \rightarrow 4\,OH^-(aq)$

Die Zink-Luft-Zelle ist aufgrund ihrer geringen Selbstentladung lange lagerfähig. Sie liefert eine Spannung von 1,4 V, hat eine hohe Energiedichte (Wattstunden pro Kubikzentimeter) und kommt in Form von Knopfzellen, z. B. in Hörgeräten, zur Anwendung.

2 Zink-Luft-Zelle

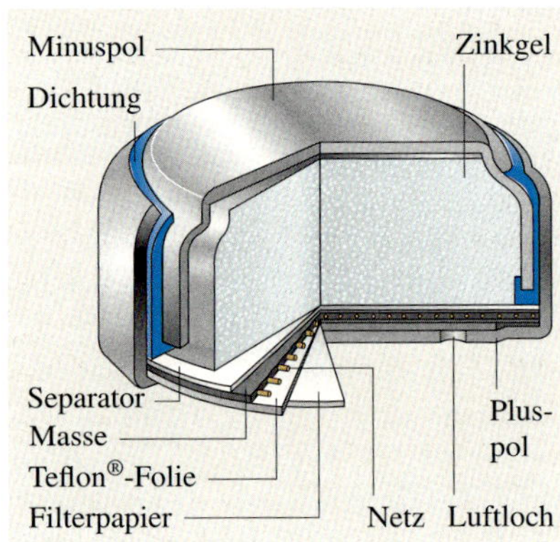

Zink-Silberoxid-Zelle Bei diesen Zellen dient Silberoxid als Oxidationsmittel und Kalilauge als Elektrolyt (Abb. 3).

Anode (Minuspol): $Zn(s) \rightarrow Zn^{2+}(aq) + 2\,e^-$
Kathode (Pluspol): $Ag_2O(s) + H_2O(l) + 2\,e^- \rightarrow 2\,Ag(s) + 2\,OH^-(aq)$

Der Vorteil dieser Zellen ist ihre hohe Spannungskonstanz ($U = 1{,}55$ V) bei Stromfluss. Sie werden vor allem als Knopfzellen in Taschenrechnern oder Armbanduhren genutzt.

3 Zink-Silberoxid-Zelle

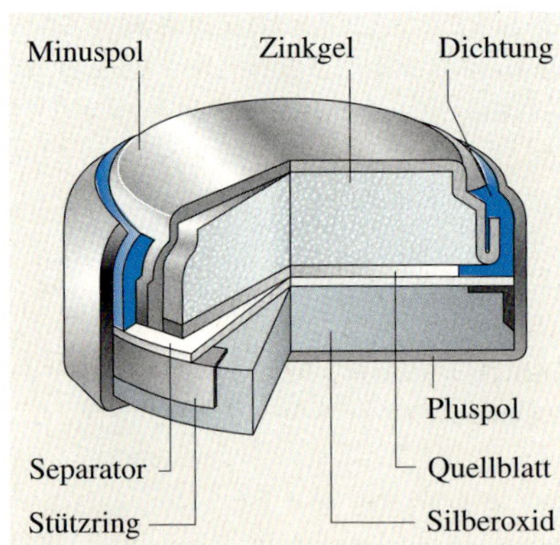

Lithium-Zelle Lithium eignet sich aufgrund seines hohen negativen Standard-Elektrodenpotenzials ($E^0 = -3{,}04$ V) besonders gut als Anode (Reduktionsmittel). Da Lithium heftig mit Wasser reagiert, müssen nichtwässrige Elektrolyte angewendet werden. Als Elektrolyt dient z. B. eine Lösung von Lithiumperchlorat $LiClO_4$ in einem polaren organischen Lösemittel. Als Kathodenmaterial können verschiedene Stoffe eingesetzt werden. Sehr häufig wird Braunstein MnO_2 verwendet.

Anode (Minuspol): $Li(s) \rightarrow Li^+ + e^-$
Kathode (Pluspol): $MnO_2(s) + e^- \rightarrow MnO_2^-$

Lithium-Zellen zeichnen sich durch besonders lange Lagerfähigkeit (bis 10 Jahre) und Spannungen von ca. 3 V aus. Sie sind

AUFGABE

1 Berechnen Sie die theoretische Zellspannung einer Zink-Silberoxid-Zelle aus den Standard-Elektrodenpotenzialen.

bis −40 °C arbeitsfähig. Hauptanwendungsgebiete sind Datenspeicher, Herzschrittmacher, Fotoapparate, Camcorder oder Armbanduhren. Eine Neuentwicklung ist die ultradünne (0,4 mm) Lithium-Flachzelle, auch Lithium-Papierzelle (Abb. 4) genannt. Sie wird z. B. in Smartcards verwendet (aktive Karten mit batteriebetriebenen Mikrochips und integriertem Display).

4 Lithium-Papierzelle

Brennstoffzellen Galvanische Zellen, bei denen Oxidations- und Reduktionsmittel kontinuierlich von außen zugeführt werden, nennt man **Brennstoffzellen**. Ein einfaches Beispiel ist die **Wasserstoff-Sauerstoff-Zelle** (Abb. 5). Hier wird die chemische Energie der Ausgangsstoffe nicht – wie bei der Knallgasreaktion – in thermische Energie, sondern in elektrische Energie umgewandelt. Die Oxidation des Wasserstoffs und die Reduktion des Sauerstoffs finden räumlich getrennt statt:

5 Schematische Darstellung einer alkalischen Wasserstoff-Sauerstoff-Zelle

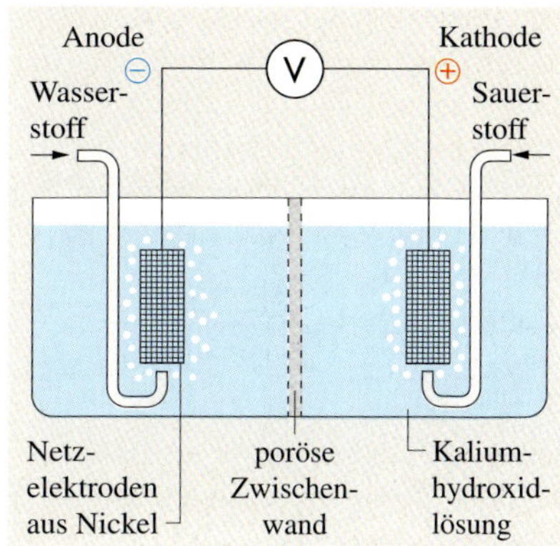

Anode (Minuspol): $2\,H_2 + 4\,OH^- \rightarrow 4\,H_2O + 4\,e^-$
Kathode (Pluspol): $O_2 + 2\,H_2O + 4\,e^- \rightarrow 4\,OH^-$

Gesamtreaktion: $2\,H_2 + O_2 \rightarrow 2\,H_2O$

Als Elektrolytlösung dient oft Kaliumhydroxidlösung. Die Zellspannung beträgt theoretisch 1,23 V, in der Praxis allerdings nur 0,6–0,9 V. Um technisch nutzbare Spannungen zu erreichen, müssen also mehrere Zellen in Reihe geschaltet werden.

EXPERIMENT 1
Bildung einer Wasserstoff-Sauerstoff-Zelle
2 Kohle- oder Platinelektroden werden in einem U-Rohr befestigt. Als Elektrolytlösung dient Schwefelsäure ($c = 0{,}5\ mol \cdot l^{-1}$). An die Elektroden wird eine Gleichspannung angelegt, bis eine Gasentwicklung zu beobachten ist. Messen Sie nach dem Abschalten der Spannungsquelle die elektrische Spannung zwischen den Elektroden.

Als einziges Reaktionsprodukt entsteht bei einer Wasserstoff-Sauerstoff-Zelle nur das ökologisch unbedenkliche Wasser. Außerdem ist der Wirkungsgrad von Brennstoffzellen höher als z. B. der von herkömmlichen Wärmekraftwerken. Da auch der Brennstoff Wasserstoff prinzipiell in unbegrenzten Mengen verfügbar gemacht werden kann, stellen Brennstoffzellen aus ökologischer Sicht grundsätzlich eine sehr vielversprechende Alternative dar. Andererseits erfordert die praktische Anwendung von Brennstoffzellen einen erheblichen technischen Aufwand:
- Brennstoff und Sauerstoff müssen kontinuierlich zugeführt werden.
- Die Reaktionsprodukte müssen aus dem Elektrolyten entfernt werden.
- Bestimmte Temperaturbereiche müssen eingehalten werden.

Umwelt

Moderne Brennstoffzellen

Mit Brennstoffzellen sind große Hoffnungen verbunden, da sie das Kernstück einer zukünftigen Technik ohne Verbrennungsmotoren und Abgase sein könnten. In den letzten Jahren wurde daher verstärkt in Erforschung und Entwicklung von Brennstoffzellen investiert. Inzwischen existieren zahlreiche Typen von Brennstoffzellen für diverse Anwendungen, vom Betrieb eines Handys bis zum Kraftwerk mit 10 MW Leistung.
Die verschiedenen Zelltypen unterscheiden sich auch in ihrer Betriebstemperatur: Niedertemperaturzellen nutzen z.B. Kalilauge als Elektrolyt und arbeiten auch bei Raumtemperatur. Hochtemperaturzellen nutzen z.B. geschmolzene Salze als Elektrolyt und benötigen Betriebstemperaturen von bis zu 1000 °C.
Trotz der Vielfalt der „Fuel Cells" handelt es sich letztlich immer um das gleiche chemische Grundprinzip: An der Anode wird ein energiereiches Gas (Wasserstoff, Methanol, Methan oder Kohlegas) oxidiert, an der Kathode Sauerstoff reduziert. Dies gilt beispielsweise auch für die häufig genutzte PEMFC, die Polymer Elektrolyte Membrane Fuel Cell (Abb. 2):
Eine Polymerfolie, die protonenleitend ist, trennt zwei poröse Kohlenstoffmatten, die mit Platin bedampft und über einen äußeren Stromkreis verbunden sind. An der Anode wird Wasserstoff mithilfe des Platins in Elektronen und Protonen gespalten.

2 Schematische Darstellung einer PEMFC

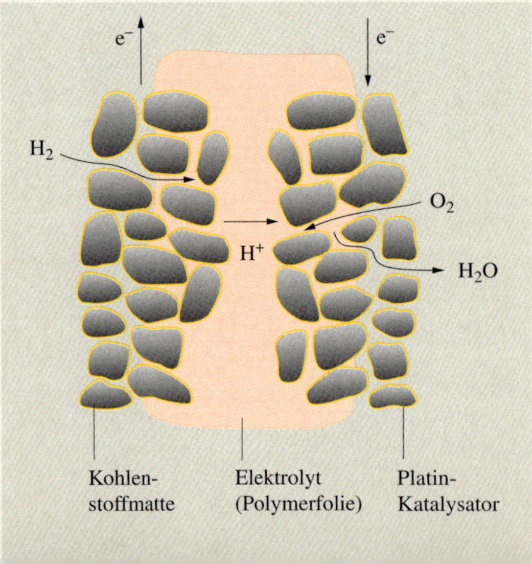

1 Tanken mit Wasserstoff

Während die Elektronen über den Stromkreis zur Kathode gelangen, diffundieren die Protonen durch die Membran zur Kathode. An der Kathode reagieren dann Sauerstoffmoleküle, Elektronen und Protonen zu Wasser.
Ein großes Problem der Brennstoffzellentechnologie liegt allerdings in der effektiven und sicheren Speicherung von Wasserstoff. Eine Möglichkeit stellen dabei Hochdruckzylinder dar, die allerdings verhältnismäßig groß sind. Ferner können Kryotanks genutzt werden, in denen Wasserstoff bei −253 °C flüssig gespeichert wird. In dieser Form kann Wasserstoff jedoch nicht lange gespeichert werden, da er sich langsam erwärmt und dann verflüchtigt.
Alternativ forscht man derzeit an der Verwendung von Metallhydriden, die aufgrund einer speziellen Legierung temperaturabhängig Wasserstoff aufnehmen und wieder abgeben können. Problematisch hierbei ist allerdings das hohe Gewicht dieser Aggregate (bis zu 450 kg).
Eine Lösung für das Speicherproblem könnten Kohlenstoff-Nanoröhren sein. Nachweislich können Kohlenstoff-Nanofasern mit Fischgrätenstruktur erstaunlich große Mengen Wasserstoff speichern und haben dann höhere Energiedichten als Benzin.
Das fundamentalste Problem der Brennstoffzellentechnologie ist jedoch die Gewinnung des Brennstoffs. Wasserstoff kommt in der Natur fast nur in gebundener Form vor, z.B. als Wasser, und kann nur unter Einsatz von Energie freigesetzt werden. Momentan wird diese Energie vorrangig aus fossilen Quellen gewonnen, weshalb Wasserstoff noch nicht als klimafreundliche Alternative bezeichnet werden kann. Das Ziel ist es also, Wasserstoff in Zukunft mithilfe von erneuerbaren Energiequellen (Wind, Sonne usw.) in großen Mengen durch Elektrolyse von Wasser zu gewinnen.

Die Kosten für aus Brennstoffzellen gewonnene Energie sind daher noch meist höher als beim herkömmlichen Weg. Eine Ursache dafür ist auch der relativ hohe Preis des Wasserstoffs. Brennstoffzellen werden daher bislang vor allem in Spezialanwendungen wie etwa in der Raumfahrt genutzt, wo z. B. eine hohe Leistung pro Masse entscheidend wichtig ist.

Sekundärzellen

Bleiakkumulator Der Bleiakkumulator wurde von dem deutschen Arzt J. SINSTEDEN (1854) und dem französischen Physiker G. PLANTÉ (1859) entwickelt und wird immer noch häufig in Kraftfahrzeugen als Starterbatterie verwendet. Im geladenen Zustand besteht die Oberfläche der einen Elektrode (Minuspol) aus metallischem Blei, die Oberfläche der anderen Elektrode (Pluspol) aus Blei(IV)-oxid. Als Elektrolytlösung dient 32%ige Schwefelsäure. Bei ungefähr dieser Konzentration hat die Schwefelsäure ihr Leitfähigkeitsmaximum. Die Blei(IV)-oxid-Platten sind von Glasfaserseparatoren umhüllt, die die Berührung mit den negativen Platten und damit einen Kurzschluss verhindern.
Beim **Entladen** eines Bleiakkumulators laufen folgende chemische Reaktionen ab:

Minuspol (Anode): $\overset{\pm 0}{Pb} + SO_4^{2-} \rightarrow \overset{+2}{Pb}SO_4 + 2\,e^-$

Pluspol (Kathode): $\overset{+4}{Pb}O_2 + 4\,H_3O^+ + SO_4^{2-} + 2\,e^- \rightarrow \overset{+2}{Pb}SO_4 + 6\,H_2O$

Die an beiden Elektroden gebildeten Blei(II)-Ionen reagieren mit Sulfat-Ionen zu schwerlöslichem Blei(IV)-sulfat, das sich an den Elektroden ablagert. Beim Entladen erfolgt im Bleiakkumulator ein insgesamt freiwillig verlaufender Redoxprozess, bei dem eine Umwandlung von chemischer Energie in elektrische Energie stattfindet. Die Elektrodenprozesse (ein Plattensatz) liefern eine Zellspannung von $U = 2$ V. In einer 12-Volt-„Autobatterie" werden 6 dieser Blöcke in Reihe geschaltet.
Beim **Laden** eines Bleiakkumulators verlaufen die chemischen Reaktionen unter Übertragung von elektrischer Energie in umgekehrter Richtung. Dabei ist der Minuspol die Kathode und der Pluspol die Anode.

Minuspol (Anode): $\overset{+2}{Pb}SO_4 + 2\,e^- \rightarrow \overset{\pm 0}{Pb} + SO_4^{2-}$

Pluspol (Kathode): $\overset{+4}{Pb}SO_4 + 6\,H_2O \rightarrow \overset{+2}{Pb}O_2 + 4\,H_3O^+ + SO_4^{2-} + 2\,e^-$

Beim Laden eines Bleiakkumulators wird durch Anlegen einer elektrischen Spannung der Ablauf der Rückreaktion erzwungen: Elektrische Energie wird in chemische Energie umgewandelt.

EXPERIMENT 2 L

Funktionsweise eines Bleiakkumulators

Zwei gereinigte Bleiplatten (T, N) werden in ein mit Schwefelsäure (20 %, C) gefülltes Becherglas gestellt. Dabei ist darauf zu achten, dass sich die Bleiplatten nicht berühren.
Mit einer Gleichspannung, die so gewählt wird, dass an den Bleiplatten gerade eine Gasentwicklung zu beobachten ist, wird ca. 5 min lang elektrolysiert.
Nach Beenden der Aufladung wird anstelle der Spannungsquelle ein Spannungsmessgerät oder ein geeigneter Elektromotor mit den Elektroden verbunden.

AUFGABEN

1 Erläutern Sie die Funktionsweise eines Bleiakkumulators.
2 Berechnen Sie bei einer konstanten Leistungsentnahme von 15 W die Entladedauer einer 12-V-Starterbatterie, die eine Ladung von 42 Ah besitzt.
3 Vergleichen Sie Primär- mit Sekundärzellen.

Die Reaktionen beim Laden und Entladen des Bleiakkumulators können durch folgende chemische Gleichung zusammengefasst werden:

$$PbO_2 + Pb + 4\,H_3O^+ + 2\,SO_4^{2-} \underset{\text{Laden}}{\overset{\text{Entladen}}{\rightleftharpoons}} 2\,PbSO_4 + 6\,H_2O$$

Nach der elektrochemischen Spannungsreihe müsste sich beim Laden an der Kathode zunächst Wasserstoff (Redoxpaar $H_2/2\,H_3O^+$) bilden. Diese Reaktion wird jedoch wegen der relativ hohen Überspannung (↑S. 231) des Wasserstoffs am Blei unterdrückt. Dieser Effekt wird noch durch Zusatz von Antimon verstärkt, wodurch heutige Bleiakkumulatoren praktisch wartungsfrei sind.

Nickel-Cadmium-Akkumulator Für Kleingeräte werden häufig NiCd-Akkus (Abb. 1) eingesetzt. Sie haben eine größere Nutzungsdauer, sind kleiner und pflegeleichter als der Bleiakkumulator. Die Spannung der Zelle beträgt $U = 1{,}35$ V. Als Elektrolytlösung wird Kalilauge verwendet.

Minuspol: $\overset{\pm 0}{Cd} + 2\,OH^- \rightarrow \overset{+2}{Cd}(OH)_2 + 2\,e^-$

Pluspol: $2\,\overset{+3}{Ni}O(OH) + 2\,H_2O + 2\,e^- \rightarrow 2\,\overset{+2}{Ni}(OH)_2 + 2\,OH^-$

Beim Nickel-Cadmium-Akkumulator tritt bei häufiger Überladung und mangelnder Entladung eine Verringerung der zur Verfügung stehenden Kapazität auf. Dies wird auch als „Memory-Effekt" bezeichnet. Ursache des klassischen „Memory-Effekts" sind Eigenschaftsveränderungen der negativen Cadmium-Elektrode. Er tritt also nur bei NiCd-Akkus auf und wird durch moderne Ladegeräte vermieden.

Nickel-Metallhydrid-Akkumulatoren Nickel-Metallhydrid-Akkumulatoren kommen für fast alle Anwendungen als Ersatz für das NiCd-System infrage. Die Hauptvorteile liegen darin, dass sie cadmiumfrei sind – Cadmium ist ein sehr toxisches Schwermetall – und pro Gewichtseinheit mehr Energie speichern können. Allerdings weisen sie niedrigere maximale Entladeströme und ein schlechteres Verhalten bei niedrigen Temperaturen auf.

NiCd-Akku und NiMH-Akku haben einen sehr ähnlichen Aufbau. Sie unterscheiden sich im Wesentlichen nur dadurch, dass der Minuspol anstelle des Cadmiums eine Metalllegierung enthält, die Wasserstoff absorbieren kann und somit ein Metallhydrid bildet. Die Zellspannung des NiMH-Akkumulators beträgt $U = 1{,}2$ V.

Minuspol: $MeH + OH^- \rightarrow Me + H_2O + e^-$

Pluspol: $NiO(OH) + H_2O + e^- \rightarrow Ni(OH)_2 + OH^-$

1 Nickel-Cadmium-Akkumulator

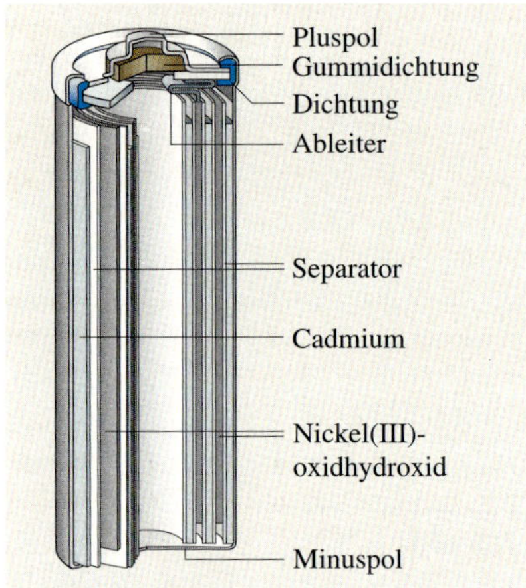

2 Vorgänge im NiMH-Akku

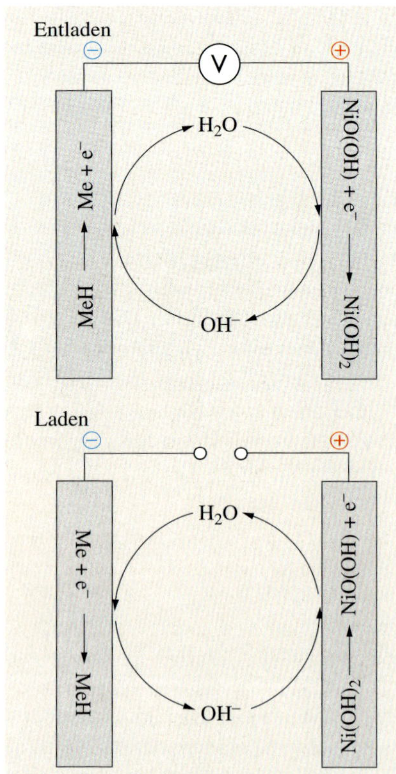

Lithium-Ionen-Akkumulator Der Lithium-Ionen-Akkumulator (Abb. 3) wird vor allem bei elektronischen Geräten mit hohem Energiebedarf genutzt, da er eine sehr hohe Energiedichte aufweist. Außerdem liefert er mit $U = 3{,}7$ V eine sehr hohe Zellspannung.

Der Minuspol besteht aus einer Lithium-Graphit-Verbindung, wobei die Lithiumatome zwischen den Graphitschichten eingelagert sind. Den Pluspol bilden Metalloxide, z. B. Cobalt(IV)-oxid, die „Hohlräume" besitzen, in die Lithium-Ionen reversibel eingelagert werden können. Dabei laufen vereinfacht folgende Reaktionen ab:

Minuspol: $LiC \underset{\text{Laden}}{\overset{\text{Entladen}}{\rightleftharpoons}} Li^+ + C + e^-$

Pluspol: $Li^+ + CoO_2 + e^- \underset{\text{Laden}}{\overset{\text{Entladen}}{\rightleftharpoons}} LiCoO_2$

Da elementares Lithium heftig mit Wasser reagiert, müssen Lithium-Ionen-Akkumulatoren völlig wasserfrei sein. Daher werden als Elektrolyte Mischungen aus organischen Verbindungen mit Lithiumsalzen eingesetzt.

Lithium-Polymer-Akkumulator Diese Weiterentwicklung des Lithium-Ionen-Akkumulators (Abb. 4) enthält keinen flüssigen Elektrolyten, sondern einen Elektrolyten auf Polymerbasis, der als feste bis gelartige Folie vorliegt. Dadurch lassen sich beliebige Formen realisieren, um beispielsweise Hohlräume zu nutzen.

3 Lithium-Ionen-Akkumulator

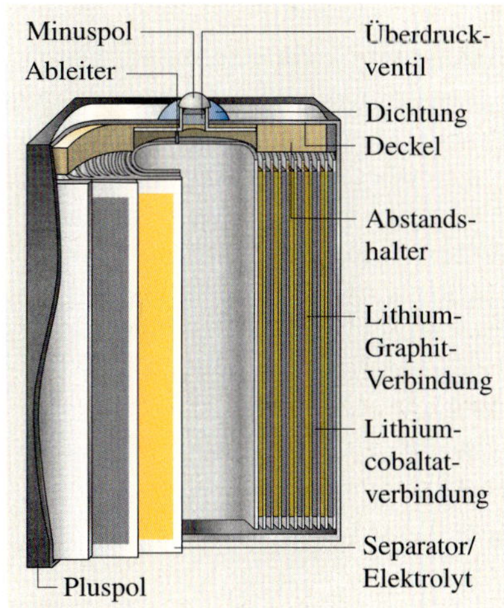

4 Lithium-Polymer-Akkumulator

ZUSAMMENFASSUNG

Galvanische Zellen (galvanische Elemente) sind ortsunabhängige elektrochemische Spannungsquellen (Stromquellen), die durch Kombination von zwei Halbzellen hergestellt werden.

Primärzellen (-elemente) sind als Spannungsquellen nur so lange einsetzbar, bis die für die Umwandlung chemischer Energie in elektrische Energie notwendigen Ausgangsstoffe umgesetzt sind. Die heute am häufigsten verwendeten Primärzellen sind Zink-Kohle-Zellen, Alkali-Mangan-Zellen, Zink-Luft-Zellen, Silberoxid-Zellen und Lithium-Zellen.

Brennstoffzellen sind galvanische Zellen, bei denen Brennstoff und Sauerstoff kontinuierlich zugeführt werden. Sie sind funktionsfähig, solange Ausgangsstoffe zugeführt und Reaktionsprodukte abgeführt werden. In Brennstoffzellen wird chemische Energie der Ausgangsstoffe in elektrische Energie umgewandelt. Die einfachste Brennstoffzelle ist die Wasserstoff-Sauerstoff-Zelle, die z. B. in der Raumfahrt eingesetzt wird.

Sekundärzellen (-elemente) oder Akkumulatoren sind galvanische Zellen (Elemente), die durch Zufuhr von elektrischer Energie wieder geladen werden können. Am häufigsten wird immer noch der Bleiakkumulator als Spannungsquelle eingesetzt. Nickel-Metallhydrid-Akkumulatoren und Lithium-Ionen-Akkumulatoren finden jedoch in vielen Bereichen immer mehr Anwendungsmöglichkeiten. Je nach Einsatzbedingungen erreicht man heute bei Akkumulatoren etwa 500 bis 3000 Ladezyklen.

▶ Energie-Konzept

Elektrochemische Korrosion

Bildung von Lokalelementen Durch chemische, insbesondere elektrochemische Reaktionen entstehen an Metallen jährlich große Schäden im Wert von mehreren Milliarden Euro. Im Verlauf solcher Reaktionen erfolgt eine Zerstörung metallischer Werkstoffe meist von der Oberfläche her. Dieser Prozess wird als **Korrosion** bezeichnet. Etwa ein Viertel der jährlichen Produktion an metallischen Werkstoffen wird durch Korrosion zerstört. Hauptursache für die **elektrochemische Korrosion** ist die Bildung galvanischer Zellen.

EXPERIMENT 1
Korrosion durch Lokalelementbildung
In verdünnte Salzsäure taucht man einen Stab aus reinem Zink. Das Zink wird dann in der Salzsäure mit einem Kupferstab berührt (Abb. 2). Erläutern Sie die entsprechenden Beobachtungen.

1 Drei Arten von galvanischen Zellen

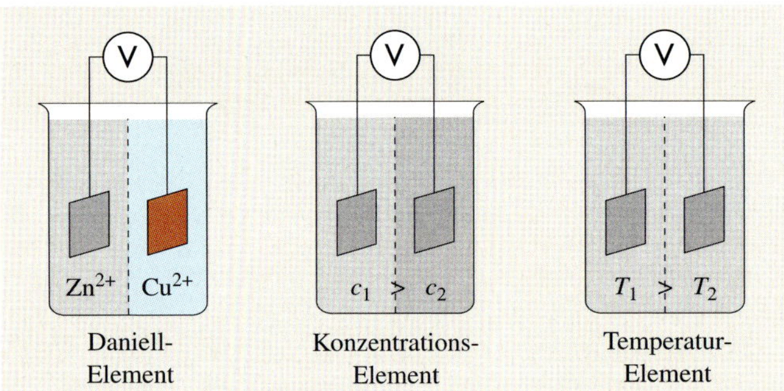

2 Zink-Kupfer-Lokalelement

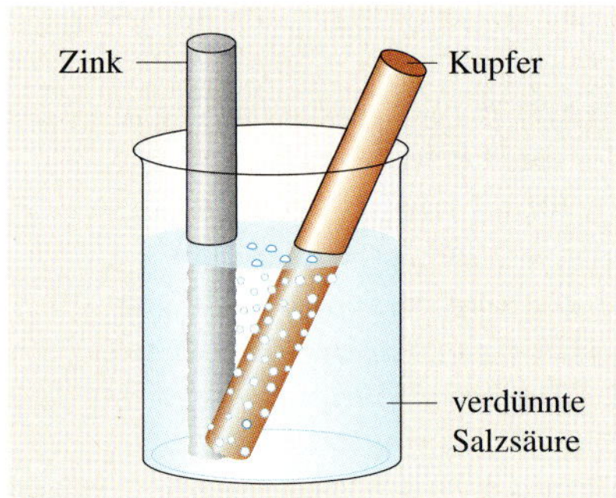

Die galvanischen Zellen, die die Korrosion hervorrufen, heißen **Lokalelemente**, weil sie einen eng begrenzten Raum einnehmen. Am häufigsten sind Lokalelemente mit unterschiedlichem Elektrodenmaterial; ihre Wirkungsweise entspricht der des Daniell-Elements. Bei einer schlechten Verarbeitung eines Metalls kann es zur Bildung von Einschlüssen (z. B. eingewalzte Fremdmetallpartikel) kommen, die ein anderes Elektrodenpotenzial besitzen. Ein Lokalelement entsteht z. B., wenn Zink und Kupfer bei Anwesenheit von Elektrolytlösung elektrisch kurzgeschlossen in einem Werkstück vorhanden sind. Aus dem Zink bilden sich Zink-Ionen, während die Kupferelektrode als Elektronenüberträger praktisch unverändert bleibt und sich Wasserstoff entwickelt (Exp. 1 und Exp. 2).
Außerdem kann an Schraub- und Nietverbindungen von Metallen Korrosion auftreten, wenn Wasser (Elektrolytlösung) in die Spalten eindringt. Es kommt zur Ausbildung eines Konzentrations-Elements: Außen wird die Elektrolytlösung belüftet und enthält mehr gelösten Sauerstoff als im Innern des Spalts, wo der Sauerstoff die Oxidation des Metalls bewirkt. Lokalelemente können auch entstehen, wenn beim gleichen Metall Stellen mit verschiedener Temperatur vorliegen (Temperatur-Element). Elektrochemische Korrosion kann nur eintreten, wenn auf der Metalloberfläche eine Elektrolytlösung vorhanden ist. Eine Elektrolytlösung kann sich auch durch Kondensation von Luftfeuchtigkeit mit anderen Bestandteilen der Luft, wie Kohlenstoffdioxid, Schwefeldioxid und Sauerstoff, bilden.

EXPERIMENT 2
Lokalelementbildung und Reaktionsgeschwindigkeit
In 2 Reagenzgläsern mit Seitenansatz (Abb. 3) werden Zinkgranalien mit verdünnter Salzsäure zur Reaktion gebracht. Das Stoffgemisch in einem der Reagenzgläser ist mit einigen Kristallen Kupfer(II)-sulfat (Xn, N) zu versetzen. Die Zeit bis zur Entwicklung von 20 ml Wasserstoff aus beiden Reagenzgläsern wird gemessen.

3 Aufbau von Experiment 2

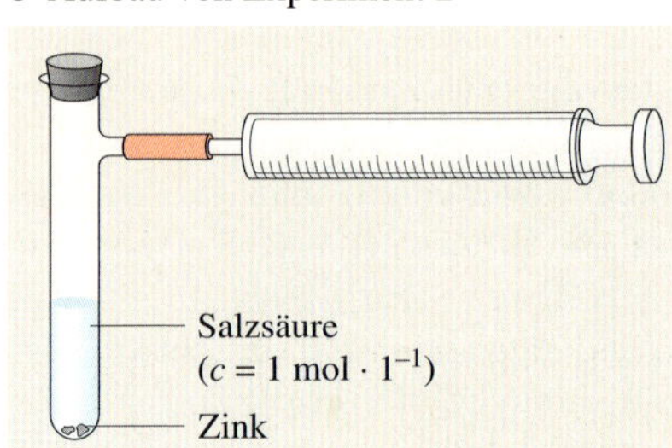

Sauerstoff-Korrosion In unserer Atmosphäre steht reichlich Sauerstoff als Oxidationsmittel zur Verfügung. In Elektrolytlösungen gelöster Sauerstoff kann zur Sauerstoff-Korrosion führen. Vor allem in neutralen oder alkalischen Elektrolytlösungen kann er unter Bildung von Hydroxid-Ionen als Elektronenakzeptor auftreten (Abb. 4).

Säure-Korrosion In sauren Lösungen können Hydronium-Ionen als Elektronenakzeptor wirken. Dabei wird Wasserstoff gebildet (Abb. 5). Daher nennt man diesen Korrosionstyp auch Wasserstoff- oder Säure-Korrosion.

Rosten von Eisenwerkstoffen Eisenwerkstoffe, wie unlegierter Stahl oder Gusseisen, unterliegen der Korrosion im ungeschützten Zustand relativ stark. Der kompliziert verlaufende Prozess der Korrosion an Eisenwerkstoffen heißt **Rosten**. Ursache für das Rosten sind Sauerstoff, Luftfeuchtigkeit und Kohlenstoffdioxid sowie die Bildung von Lokalelementen in Wasserinseln auf der Metalloberfläche. Schon nach wenigen Stunden ist am Rand von Wasserinseln auf Eisenoberflächen die beginnende Rostbildung zu beobachten.
Die Reaktion zwischen Eisen und gelöstem Sauerstoff führt zu einer Konzentrationserniedrigung des Sauerstoffs im Zentrum der Wasserinsel. Dadurch entsteht eine galvanische Zelle, weil das Konzentrationsgefälle durch Sauerstoffumsatz im Zentrum und Sauerstoffzufuhr an der Grenze zwischen Luft und Wasser aufrechterhalten wird. Das Metall im Zentrum der Wasserinsel wird zur Anode, am Rand zur Kathode (Abb. 6).

4 Sauerstoff-Korrosion an einem Lokalelement

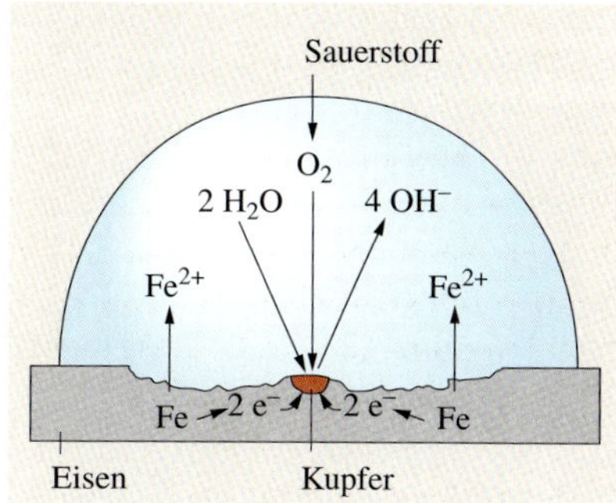

5 Säure-Korrosion an einem Lokalelement

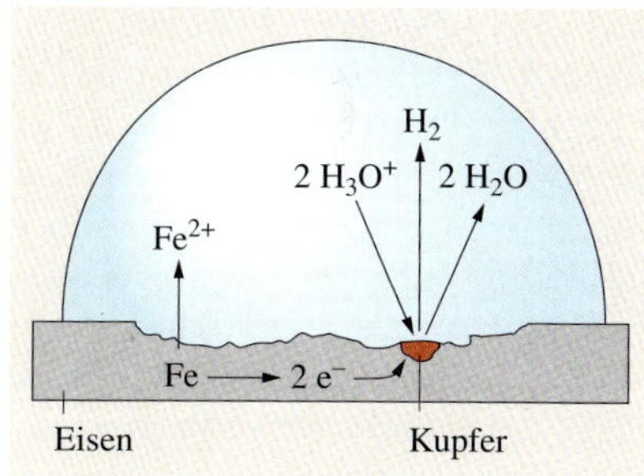

6 Korrosion am beschädigten Eisenwerkstück

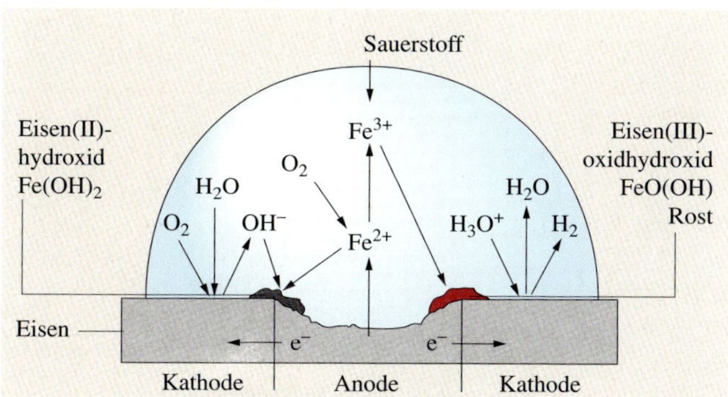

Sehr vereinfacht laufen folgende Reaktionen ab:

Anode:	$2\,Fe(s)$	$\rightarrow 2\,Fe^{2+}(aq) + 4\,e^-$	Oxidation
Kathode:	$O_2(g) + 2\,H_2O(l) + 4\,e^-$	$\rightarrow 4\,OH^-(aq)$	Reduktion

und bei Vorhandensein von Hydronium-Ionen teilweise auch

Kathode:	$2\,H_3O^+(aq) + 2\,e^-$	$\rightarrow H_2(g) + 2\,H_2O(l)$	Reduktion

AUFGABEN

1 Erläutern Sie das Wesen und die Ursachen der Korrosion von Metallen.

2 Erläutern Sie den Vorgang des Rostens bei Eisenwerkstoffen.

Eisen(II)-Ionen bilden mit Hydroxid-Ionen schwer lösliches Eisen(II)-hydroxid, das in einer Folgereaktion mit weiterem Sauerstoff zum rotbraunem Eisen(III)-oxidhydroxid (Rost) oxidiert wird und sich am Rand der Wasserinsel absetzt.

$Fe^{2+}(aq) + 2\,OH^-(aq) \rightarrow Fe(OH)_2(s)$
$4\,Fe(OH)_2(s) + O_2(g) \rightarrow 4\,FeO(OH)(s) + 2\,H_2O(l)$

Da die Größe der Wasserinseln durch Kondensieren und Verdampfen zeitlich wechselt, wird durch die Korrosion allmählich die gesamte Eisenoberfläche überzogen.
Rost ist ein poröser Stoff mit geringer Festigkeit. Daher wird die weitere Korrosion durch gebildete Rostschichten nicht behindert.

Korrosion an verzinntem Stahlblech Zinn hat ein relativ hohes Standard-Elektrodenpotenzial von $E^0(Sn/Sn^{2+}) = -0{,}14\ V$. Es wird von Lebensmitteln praktisch nicht angegriffen und beeinträchtigt nicht deren Geschmack. Zinn ist daher als Überzugsmetall für Stahlblechgefäße geeignet, in denen Lebensmittel aufbewahrt werden sollen, z. B. Konservendosen.
Zinn verleiht dem Stahlblech einen zuverlässigen **Korrosionsschutz**. Sobald aber die Zinnschicht beschädigt wird, kommt es an der betreffenden Stelle zur Korrosion. Bei saurer Elektrolytlösung tritt bevorzugt Säure-Korrosion auf. Da Eisen ein kleineres Standard-Elektrodenpotenzial als Zinn hat, bildet Eisen die Anode. An der beschädigten Zinnschicht laufen vereinfacht folgende chemische Reaktionen ab (Abb. 1):

1 Korrosion am verzinnten Eisenwerkstück

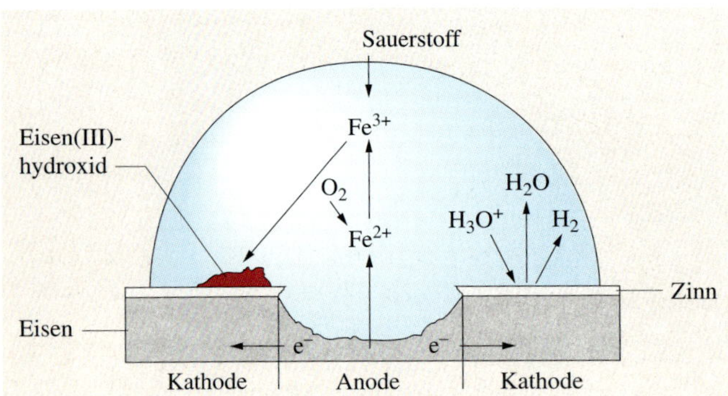

Anode:	$Fe(s)$	$\rightarrow Fe^{2+}(aq) + 2\,e^-$	Oxidation
Folgereaktion:			
	$4\,Fe^{2+}(aq) + 18\,H_2O(l) + O_2(g)$	$\rightarrow 4\,Fe(OH)_3(s) + 8\,H_3O^+(aq)$	
Kathode:	$2\,H_3O^+(aq) + 2\,e^-$	$\rightarrow H_2(g) + 2\,H_2O(l)$	Reduktion

In ähnlicher Weise tritt Korrosion bei allen Metallen auf, die ein größeres Standardpotenzial haben als Eisen, z. B. bei Kupfer oder Nickel.

EXPERIMENT 3
Korrosion und Korrosionsschutz
Unter Erwärmen und ständigem Rühren stellt man aus ca. 2 g Agar-Agar (Gel-Bildner), 100 ml Wasser, einem Spatel Natriumchlorid, einer Spatelspitze Kaliumhexacyanoferrat(III) und einigen Tropfen Phenolphthaleinlösung eine klare „Agar-Agar-Mischung" her. Die noch heiße Agar-Agar-Mischung wird in 4 Petrischalen gegossen. In je eine Petrischale werden folgende Gegenstände gegeben:
1. ein unbehandelter Eisennagel
2. ein Eisennagel, dessen vordere Hälfte in der Flamme oxidiert wurde
3. ein Eisennagel, der in der Mitte fest mit einem blanken Kupferdraht umwickelt ist
4. ein Eisennagel, der in der Mitte leitend mit einem blanken Zinkstreifen verbunden ist

Erklären Sie die Beobachtungen.
Hinweis: Fe^{2+}-Ionen bilden mit Hexacyanoferrat(III)-Ionen Turnbulls Blau.

AUFGABEN
1 Erläutern Sie die ständig fortschreitende Korrosion (Rosten) beim Eisen, während bei Zink und Aluminium außer einer oberflächlichen Oxidation keine weitere Korrosion zu beobachten ist.
2 Vergleichen Sie die Korrosionserscheinungen an verzinntem und verzinktem Stahlblech.

Korrosion an verzinktem Stahlblech Zink dient als Überzugsmetall vor allem bei Stahlteilen, bei denen ein Langzeitschutz gegen Luft und Wasser gewährleistet werden soll, wie bei Dachrinnen und Gittermasten. Unter Einwirkung von Sauerstoff und Wasser bildet sich auf der Zinkoberfläche eine dichte, gut schützende Oxidschicht. Bei Beschädigung der Zinkschicht schreitet die Korrosion nur langsam voran, weil bei der Ausbildung von Lokalelementen das Eisen hier die Kathode bildet (Abb. 2).

2 Korrosion am verzinkten Eisenwerkstück

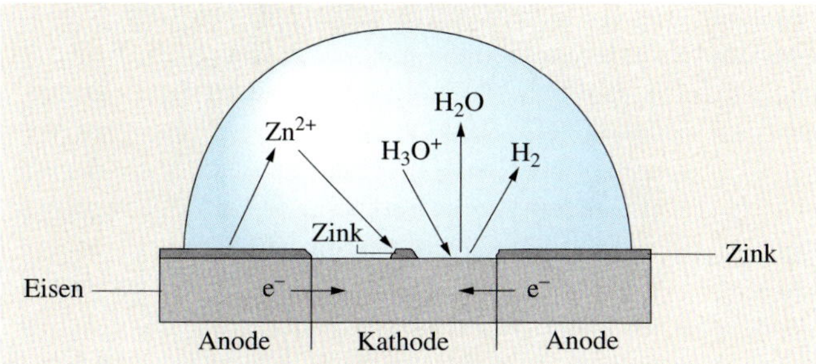

Das Zink wird zu Zink-Ionen oxidiert, am Eisen findet z. B. die Reduktion von Hydronium-Ionen zu Wasserstoff statt. Es kommt bei kleinen Oberflächenbeschädigungen daher nicht zum Rosten des Stahls. Unter günstigen Umständen können sogar Zink-Ionen an der Eisenoberfläche reduziert werden. Die Schadstelle „verheilt" wieder, allerdings nur mit einer sehr dünnen und porösen Zinkschicht. Vereinfacht laufen folgende Reaktionen ab:

Anode: $Zn(s) \rightarrow Zn^{2+}(aq) + 2\,e^-$ Oxidation

Kathode: $2\,H_3O^+(aq) + 2\,e^- \rightarrow H_2(g) + 2\,H_2O(l)$ Reduktion

und gegebenenfalls:

Kathode: $Zn^{2+}(aq) + 2\,e^- \rightarrow Zn(s)$ Reduktion

EXPERIMENT 4

Korrosionsschutz durch „Feuerverzinkung"

Ein Eisentiegel wird zu drei Vierteln mit Zinkgranalien gefüllt. Dann erhitzt man den Eisentiegel, bis das Zink geschmolzen ist. Ein mit Sandpapier sorgfältig gereinigter Eisennagel wird etwa 10 min in die Zinkschmelze getaucht. Den Eisentiegel erhitzt man dabei mit kleiner Flamme.

AUFGABEN

1 Nennen Sie Maßnahmen zur Verhinderung oder Verzögerung der Korrosion von Metallen.

2 Erklären Sie das Prinzip des elektrochemischen Korrosionsschutzes.

3 Erläutern Sie anhand von Beispielen die Bedeutung des Korrosionsschutzes.

ZUSAMMENFASSUNG

Korrosion ist die zerstörende Wirkung chemischer, insbesondere elektrochemischer Reaktionen eines Metalls mit Stoffen der Nachbarphasen. Hauptursache für die elektrochemische Korrosion ist die Bildung von **Lokalelementen**.

Das **Rosten** von Eisenwerkstoffen beruht vor allem auf der Einwirkung von Sauerstoff und der Ausbildung von Lokalelementen. Rost ist ein Gemenge von Oxiden, Hydroxiden und Oxidhydroxiden des Eisens. Ein Hauptbestandteil ist Eisen(III)-oxidhydroxid.

Der **Korrosionsschutz** (↑S. 228/29) beginnt mit der Auswahl geeigneter Werkstoffe und bei der Konstruktion von Maschinen und Geräten. Wichtige **Methoden des Korrosionsschutzes** sind:

- Aufbringen von Anstrichen
- Phosphatieren (bei Eisenwerkstoffen)
- Emaillieren (bei Stahlblech)
- Aufbringen von Metallüberzügen durch Eintauchen in geschmolzenes Metall, durch Aufdampfen von Metall, durch Aufspritzen von flüssigem Metall, durch Aufwalzen von Metallblechen, durch Galvanisieren
- Eloxieren (bei Aluminium)
- Anwenden von Opferanoden als elektrochemischem Schutz

Technik

Korrosionsschutz

Um ein Werkstück vor Korrosion zu schützen, müssen die Korrosionsursachen vermieden werden. Neben der geeigneten Werkstoffauswahl, einer sachgemäßen Werkstoffverarbeitung und der Verwendung korrosionsbeständiger Legierungen kann man durch Aufbringen von Schutzschichten und auf elektrochemischem Weg die Oberfläche des Metalls schützen.

Tab. 1 Möglichkeiten des Korrosionsschutzes

Metallische Schutzschichten	– Galvanisieren – Feuerverzinken – Plattieren mit Metallen
Schutzschichten aus anorg. Verbindungen	– Eloxieren – Chromatieren – Phosphatieren – Emaillieren
Schutzschichten aus org. Überzügen	– Lackieren – Kunststoffüberzüge
Kathodischer Korrosionsschutz	– Opferanode – Fremdspannung

Beim **Galvanisieren** werden **metallische Schutzschichten** elektrochemisch abgeschieden. Dabei schaltet man in einer entsprechenden Metallsalzlösung das Werkstück als Kathode und das aufzubringende Metall als Anode. Damit die aufgetragene Metallschicht fest auf dem zu schützenden Metall haftet, ist eine völlig saubere, fett- und oxidfreie Metalloberfläche erforderlich.

1 Korrosionsschutz durch Glanzverchromung

Kupfer wird in der Regel als 1 bis 20 µm dicke Grundschicht („Unterkupferung") aufgalvanisiert. Dies verbessert die Haftfähigkeit weiterer Schutzschichten und schließt das Untergrundmaterial dicht ab. Die galvanischen Bäder enthalten meist cyanidische Komplexsalze, z. B. $Na_3[Cu(CN)_4]$.
Nickel ergibt harte, glänzende Überzüge, die jedoch bald durch oberflächliche Oxidation („Anlaufen") den metallischen Glanz verlieren. Daher verwendet man Nickel meist als Zwischenschicht vor der Verchromung. Als galvanische Nickelbäder verwendet man z. B. $NiCl_2$ oder $NiSO_4$.
Chrom wird wegen seines Glanzes und seiner relativ guten Beständigkeit häufig als äußere Schutzschicht verwendet (Abb. 1). Obwohl es ein negativeres Standardpotenzial als Eisen hat, bietet es mit seiner passivierenden Oxidschicht einen guten Korrosionsschutz. Die Oxidschicht kann jedoch durch Chlorid-Ionen (Streusalz) zerstört werden.

Bei der Glanzverchromung wird aus Kostengründen nur eine dünne Chromschicht von 0,5 bis 2 µm abgeschieden. Zur Verbesserung der mechanischen Eigenschaften von Maschinenteilen kann man aber durch Hartverchromen auch eine dickere Chromschicht (bis zu 0,4 mm) erzeugen. In beiden Fällen arbeitet man mit Anoden aus Bleilegierungen und einem Bad, das Chrom(VI)-oxid und Schwefelsäure enthält. Vereinfacht läuft an der Kathode, parallel zur Wasserstoffbildung, folgende Reaktion ab:

$$CrO_4^{2-} + 8\ H_3O^+ + 6\ e^- \rightarrow Cr + 12\ H_2O$$

Um giftigen Bleischlamm zu vermeiden, wird bei modernen Anlagen die Bleilegierung durch platiniertes Titan als Anodenmaterial ersetzt. Elektrolyte auf Basis des ungiftigen Chrom(III) werden derzeit erforscht.
Zink dient häufig als Korrosionsschutz für Eisen. Es ist durch eine zusammenhängende Oxidschicht trotz des relativ negativen Standardpotenzials recht korrosionsbeständig. Beim Zink bietet Galvanisieren den Vorteil, mit wesentlich dünneren Überzügen als bei der **Feuerverzinkung** im Schmelztauchverfahren auszukommen.

Bei manchen Metallen ist es sinnvoll, eine **Passivierungsschicht** (z. B. Oxidschicht) durch ein definiertes Verfahren technisch zu erzeugen. Ein solches Beispiel ist Aluminium, man spricht vom **Eloxal-Verfahren** (**el**ektrolytische **Ox**idation von **Al**uminium). Auf Aluminiumoberflächen bildet sich spontan eine 0,02 bis 0,1 µm dicke Oxidschicht, die das Metall im pH-Bereich von 4,5 bis 8,3 schon hinreichend vor weiterer Oxidation schützt. Eine dickere und wirksamere Schutzschicht erreicht man durch anodische Oxidation von Aluminium, mit Schwefelsäure oder Oxalsäure als Elektrolyt. Dabei entstehen harte und bis zu 0,2 mm dicke Schichten. Die Oxidbildung führt zu einer geringfügigen Volumenvergrößerung (Abb. 2). Eloxal-Schichten enthalten Poren, die mit Farbstoffen gefüllt werden können.

2 Vergleich von Galvanisieren und Eloxieren

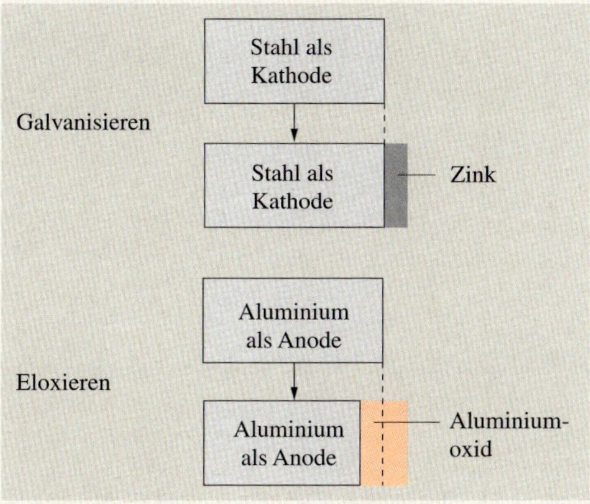

Als effektives und kostengünstiges Nachbehandlungsverfahren für galvanisch abgeschiedene Zinkschichten ist das **Chromatieren** bedeutsam. Die so erzeugten meist chromathaltigen Oxidschichten können die Korrosion des Zinks (Weißrost) deutlich hinauszögern und einen guten Haftgrund für Lackierungen liefern. Je nach Herstellungsverfahren enthalten die Schichten allerdings krebserregendes Chrom(VI). In den letzten Jahren wurden Passivierungen auf Chrom(III)-basis weiterentwickelt, die aber noch nicht die gleiche Korrosionsbeständigkeit erreichen. Diese Schichten zeigen z. B. keinen „Chromat-Selbstheilungseffekt", bei dem sich defekte Stellen durch herausgelöstes Chromat nachchromatieren.

Neben Oxiden können auch Phosphate Passivierungsschichten bilden. Vor allem Eisenwerkstoffe können durch **Phosphatierung** geschützt werden. Durch Eintauchen in eine Lösung, die Zinkphosphat und Phosphorsäure enthält, wird auf dem Metall eine fest haftende Eisenphosphatschicht erzeugt. Die Phosphatschicht bietet zwar keinen dauerhaften Korrosionsschutz, aber eine gute Haftgrundlage für Lackierungen.

Flächenmäßig haben **organische Überzüge** und Anstrichsysteme den größten Anteil am Korrosionsschutz. Jährlich werden weltweit etwa 30 Mio. Tonnen Anstrichstoffe produziert. Ihre enorme Einsatzbreite verdanken sie der einfachen Anwendungstechnik bei geringen Kosten. Die Entwicklung wasserverdünnbarer, lösemittelarmer Anstrichsysteme hat auch die Umweltverträglichkeit des Korrosionsschutzes erheblich gesteigert.

Ein wirksamer Korrosionsschutz ist besonders an Metallteilen notwendig, die sich im Wasser oder Boden befinden. Diese Teile werden zur Kathode eines galvanischen Elements gemacht, indem man sie mit einem unedleren Metall (der **„Opferanode"**) leitend verbindet (Abb. 3). Durch Prozesse an der Opferanode (z. B. $Mg \rightarrow Mg^{2+} + 2\,e^-$) wird das zu schützende Metall so aufgeladen, dass daran Ionenbildung und Korrosion weitgehend unterbleiben. Ein solcher **kathodischer Korrosionsschutz** wird bei Schiffen, unterirdischen Behältern und Rohrleitungen oder bei Stahlkonstruktionen im Meer eingesetzt.

3 Kathodischer Korrosionsschutz

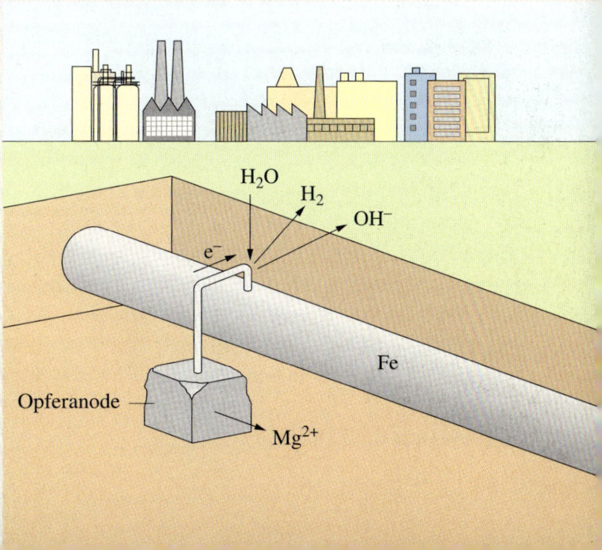

Elektrolyse

Die Wirkungen des elektrischen Stroms auf Elektrolytlösungen und Elektrolytschmelzen führen zu einem wichtigen Anwendungsgebiet der Elektrochemie. Die elektrochemischen Reaktionen bei Stromfluss durch galvanische Zellen werden zur Produktion von Stoffen (z. B. Natronlauge, Chlor, Aluminium und Zink), zur Feinreinigung von Metallen (z. B. Kupfer, Zink und Aluminium) sowie zur quantitativen Bestimmung von Bestandteilen in Elektrolyten genutzt.

Elektrolyse in wässriger Lösung

Begriff der Elektrolyse Wird an zwei elektrolytisch miteinander verbundene Elektroden eine elektrische Gleichspannung angelegt, die die Zellspannung der galvanischen Zelle überkompensiert, so erfolgt zwischen den Elektroden ein Ladungstransport durch die gerichtete Bewegung der vorhandenen hydratisierten Kationen und Anionen. An den Elektroden finden elektrochemische Reaktionen statt. Dabei wird elektrische Energie in chemische Energie umgewandelt. Es wird eine Redoxreaktion erzwungen, die an den Elektroden freiwillig nicht ablaufen würde. Der Gesamtvorgang wird als **Elektrolyse** bezeichnet.
Bei der Elektrolyse einer Zinkchloridlösung mit Graphitelektroden finden folgende elektrochemische Reaktionen statt (Exp. 1):

Anode (Pluspol):	$2\ Cl^-$	$\rightarrow Cl_2 + 2\ e^-$	Oxidation
Kathode (Minuspol):	$Zn^{2+} + 2\ e^-$	$\rightarrow Zn$	Reduktion
Gesamtreaktion:	$Zn^{2+} + 2\ Cl^-$	$\rightarrow Zn + Cl_2$	Redoxreaktion

Die Elektrodenvorgänge laufen nur unter Zwang einer ausreichend großen Gleichspannung ab. Es handelt sich um eine erzwungene, endergonische Redoxreaktion.
Unterbricht man die Elektrolyse, so kann man für kurze Zeit eine Spannung zwischen den Elektroden messen. Durch die Abscheidung der Elektrolyseprodukte an den Graphitelektroden hat sich eine galvanische Zelle aus einer Zink/Zink-Ionen- und einer Chlorid-Ionen/Chlorelektrode gebildet. In dieser galvanischen Zelle läuft die Redoxreaktion exergonisch ab.

Zersetzungsspannung U_z Sind verschiedene Kationen, Anionen und Moleküle (z. B. Wasser) in einer Elektrolytlösung vorhanden, so läuft hauptsächlich diejenige Redoxreaktion ab, die die geringste Spannung erfordert. Die Spannung, bei der die Zersetzung des Elektrolyts beginnt, bezeichnet man als **Zersetzungsspannung**. Theoretisch ergibt sich die Zersetzungsspannung aus der Differenz der entsprechenden Elektrodenpotenziale.

$$U_z = E(\text{Anode}) - E(\text{Kathode})$$

EXPERIMENT 1

Elektrolyse einer Zinkchloridlösung

Abzug! In einem U-Rohr wird eine Zinkchloridlösung ($c = 1\ mol \cdot l^{-1}$; Xi) mit Graphitelektroden einige Minuten bei U = 2–3 V elektrolysiert (Abb. 1).
Das entstandene Chlor (T, N) kann mit Kaliumiodidpapier nachgewiesen werden.
Erläutern Sie die Beobachtungen.

1 Elektrolyse einer Zinkchloridlösung

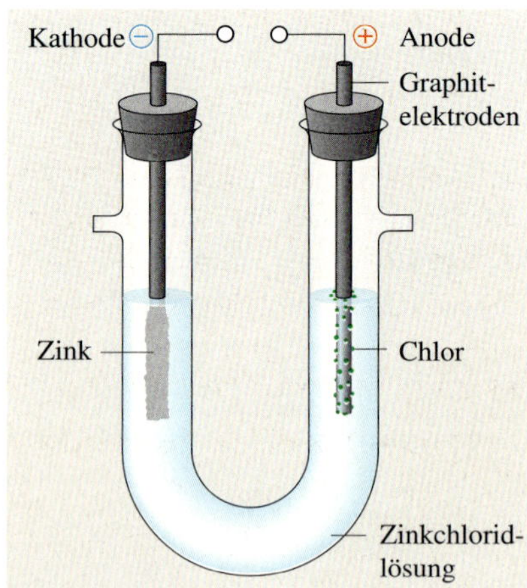

AUFGABEN

1 Erläutern Sie die Funktionsweise einer Elektrolysezelle.
2 Vergleichen Sie die Elektrolysezelle mit einer galvanischen Zelle.

Auch bei der Elektrolyse einer Zinkchloridlösung sind mehrere Reaktionen möglich. Zur Abschätzung der möglichen Elektrodenreaktionen können die Standard Elektrodenpotenziale betrachtet werden:

Mögliche Oxidationen an der Anode (Chlorid-Ionen, Wasser)

$2\,Cl^-(aq) \rightarrow Cl_2(g) + 2\,e^-$ $\quad E^0 = +1{,}36\ V$

$4\,OH^-(aq) \rightarrow O_2(g) + 2\,H_2O(l) + 4\,e^-$ $\quad E = +0{,}82\ V\ (pH = 7)$

Mögliche Reduktionen an der Kathode (Zink-Ionen, Wasser)

$Zn^{2+}(aq) + 2\,e^- \rightarrow Zn(s)$ $\quad E^0 = -0{,}76\ V$

$2\,H_3O^+(aq) + 2\,e^- \rightarrow H_2(g) + 2\,H_2O(l)$ $\quad E = -0{,}41\ V\ (pH = 7)$

Die kleinste Elektrodenpotenzialdifferenz ergibt sich somit nach $U_z = E(\text{Anode}) - E(\text{Kathode})$ für die Bildung von Sauerstoff an der Anode und Wasserstoff an der Kathode.

$$U_z = (+0{,}82\ V) - (-0{,}41\ V) = +1{,}23\ V$$

In der Praxis entstehen Sauerstoff und Wasserstoff jedoch erst bei deutlich höheren Spannungen. Diese Erscheinung ist bei vielen Stoffabscheidungen durch Elektrolyse zu beobachten; man nennt sie **Überspannung (E^*)**. Sie tritt bevorzugt bei Elektrodenreaktionen auf, bei denen Gase entwickelt werden. Die Überspannung hat ihre Ursache darin, dass manche Reaktionen an den Elektroden kinetisch gehemmt sind. Um diese Hemmung zu überwinden, muss mehr Energie aufgewendet werden. Beeinflusst wird die Überspannung von dem Elektrodenmaterial, der Oberflächenbeschaffenheit der Elektrode, der Stromdichte (Quotient aus Stromstärke und Elektrodenfläche) und natürlich dem abgeschiedenen Stoff (Tab. 1). Demnach errechnet sich die praktische Zersetzungsspannung aus der Differenz der um die Überspannung erhöhten Elektrodenpotenziale (Abb. 2).

$$U_z = [E(\text{Anode}) + E^*] - [E(\text{Kathode}) + E^*]$$

Die Elektrolyse einer Zinkchloridlösung (Exp. 1) hat unter Berücksichtigung der Überspannung der beteiligten Gase eine Zersetzungsspannung U_z von ca. 2,37 V, bei der es zur Chlorbildung an der Anode und Zinkabscheidung an der Kathode kommt.

AUFGABEN

1 Berechnen Sie die theoretische Zersetzungsspannung einer Kupfer(II)-chloridlösung.

2 Kaliumchloridlösung wird elektrolysiert. Notieren Sie die Reaktionen, die an Anode und Kathode prinzipiell möglich sind. Bestimmen Sie die Zersetzungsspannung für den Fall der Verwendung von Graphitelektroden bei einer Stromdichte von $10^{-3}\ A \cdot cm^{-2}$.

2 Potenzialdiagramm zur Elektrolyse einer Zinkchloridlösung (pH = 7) an Graphitelektroden (bei $0{,}1\ A \cdot cm^{-2}$)

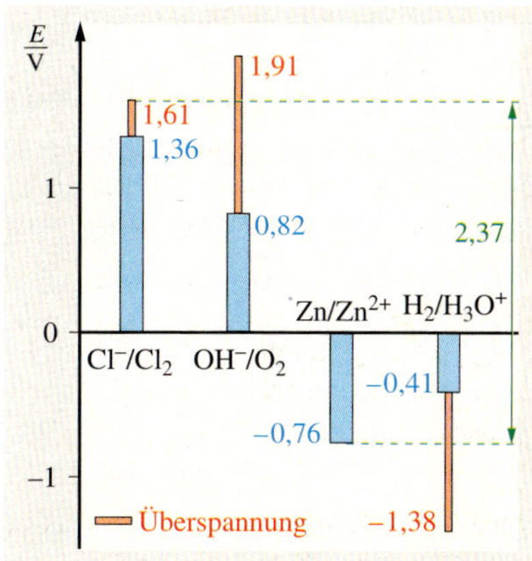

Tab. 1 Überspannung E^* in V für die Abscheidung einiger Gase

Elektrolyseprodukt	Elektrodenmaterial	Stromdichte in $A \cdot cm^{-2}$			
		10^{-3}	10^{-2}	10^{-1}	10^{0}
Wasserstoff	Platin (platiniert)	−0,02	−0,04	−0,05	−0,07
	Platin (blank)	−0,12	−0,23	−0,35	−0,47
	Graphit	−0,60	−0,78	−0,97	−1,03
	Quecksilber	−0,94	−1,04	−1,15	−1,25
Sauerstoff	Platin (blank)	+0,72	+0,85	+1,28	+1,49
	Graphit	+0,53	+0,69	+1,09	+1,24
Chlor	Platin (blank)	+0,01	+0,03	+0,05	+0,24
	Graphit	+0,10	+0,16	+0,25	+0,50

Faraday'sche Gesetze

Für technische Elektrolysen sind neben der Zersetzungsspannung vor allem der Strombedarf und der Stoffumsatz von grundlegendem Interesse. Untersuchungen dazu führte der englische Physiker und Chemiker M. FARADAY durch (Abb. 1). 1833/34 stellte er die nach ihm benannten Faraday'schen Gesetze auf.

1 MICHAEL FARADAY (1791 bis 1867), der Sohn eines Londoner Schmieds, war ein erfolgreicher Naturforscher. Eine seiner bedeutendsten Entdeckungen ist die elektromagnetische Induktion. Von ihm wurden auch eine Reihe bis heute noch gültiger grundlegender Begriffe für die Elektrochemie eingeführt, wie Elektrolyse, Elektrolyt, Elektrode, Anode, Kathode, Anion und Kation.

EXPERIMENT 2

Elektrolyse von Wasser

Verdünnte Schwefelsäure ($c = 0{,}1\ mol \cdot l^{-1}$) wird mit Inertelektroden im Hofmann'schen Elektrolyseapparat elektrolysiert (Abb. 2). Bei konstanter Stromstärke werden die Volumina an Wasserstoff und Sauerstoff in bestimmten Zeitabständen gemessen. Stellen Sie die Messergebnisse grafisch dar und erläutern Sie diese unter Beachtung der an den Elektroden ablaufenden Reaktionen.

1. Faraday'sches Gesetz Das erste Faraday'sche Gesetz lautet:

Die bei der Elektrolyse einer Lösung oder Schmelze abgeschiedenen Stoffmengen n sind zu dem durch den Elektrolyt geflossenen Produkt aus Stromstärke I und Zeit t proportional. Das Produkt $I \cdot t$ bezeichnet man als elektrische Ladung Q.

$$n \sim Q = I \cdot t$$

2 Hofmann'scher Elektrolyseapparat

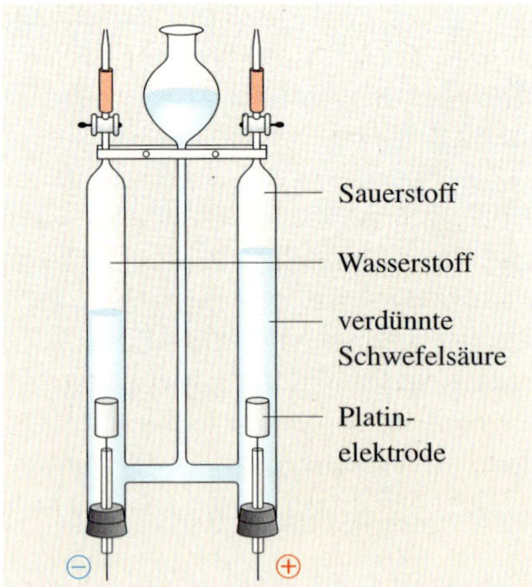

2. Faraday'sches Gesetz Bei gleicher Elektrolysedauer und gleicher Stromstärke stehen die an den Elektroden umgesetzten Stoffmengen in einem bestimmten Verhältnis zueinander. Die umgesetzte Stoffmenge hängt bei gleicher zur Verfügung stehender Ladung von der Anzahl der Elementarladungen z ab, die für einen Formelumsatz erforderlich sind.

$Ag^+ + e^- \rightarrow Ag \quad z = 1$

$Al^{3+} + 3\ e^- \rightarrow Al \quad z = 3$

Um beispielsweise die Stoffmenge von 1 mol Aluminium-Ionen zu entladen, ist die dreifache Ladung wie für die Entladung von 1 mol Silber-Ionen notwendig. Daraus ergibt sich das zweite Faraday'sche Gesetz:

Die von der gleichen Ladung Q an den Elektroden umgesetzten Stoffmengen n unterschiedlicher Stoffe verhalten sich umgekehrt proportional zu der jeweils erforderlichen Anzahl der Elementarladungen z.

$$\frac{n_1}{n_2} = \frac{z_2}{z_1}$$

Untersuchungen zeigen, dass eine Ladung von 96485 C nötig ist, um 1 mol einfach geladener Ionen abzuscheiden. Die stoffmengenbezogene Ladung $Q_m = 96485\ C \cdot mol^{-1}$ bezeichnet man als **Faraday-Konstante *F***.

$$Q_m = \frac{Q}{n};\ Q_m = z \cdot F;\ Q = n \cdot z \cdot F$$

Die Faraday-Konstante ergibt sich auch als Produkt aus der Elementarladung e und der Avogrado-Konstante N_A:

$$F = e \cdot N_A = 1{,}602 \cdot 10^{-19}\ C \cdot 6{,}022 \cdot 10^{23}\ mol^{-1} = 96485\ C \cdot mol^{-1}$$

Für die abgeschiedene Stoffmenge n ergibt sich nach den Faraday'schen-Gesetzen:

$$n = \frac{I \cdot t}{z \cdot F}$$

Technische Elektrolysen in wässriger Lösung

Chlor-Alkali-Elektrolyse Wird an eine Natriumchloridlösung eine Gleichspannung angelegt (Exp. 3), so könnten folgende Reaktionen stattfinden:

Mögliche Oxidationen an der Anode (Chlorid-Ionen, Wasser)

$2\ Cl^-(aq) \rightarrow Cl_2(g) + 2\ e^-$ $\quad E^0 = +1{,}36\ V$

$6\ H_2O(l) \rightarrow O_2(g) + 4\ H_3O^+(aq) + 4\ e^-$ $\quad E = +0{,}82\ V\ (pH = 7)$

Mögliche Reduktionen an der Kathode (Natrium-Ionen, Wasser)

$Na^+(aq) + e^- \rightarrow Na(s)$ $\quad E^0 = -2{,}71\ V$

$2\ H_2O(l) + 2\ e^- \rightarrow H_2(g) + 2\ OH^-(aq)$ $\quad E = -0{,}41\ V\ (pH = 7)$

Entsprechend den Elektrodenpotenzialen sollten bei der Elektrolyse Sauerstoff und Wasserstoff entstehen. Durch Einsatz von Kohleelektroden wird aufgrund der deutlich größeren Überspannung des Sauerstoffs (↑Tab. 1, S. 231) im Anodenraum aber gasförmiges Chlor gebildet. An der Kathode wird erwartungsgemäß Wasser reduziert. Dies führt zur Bildung von gasförmigem Wasserstoff und gleichzeitig zu einer Erhöhung der Konzentration an Hydroxid-Ionen in der verbleibenden Lösung.

Die großtechnisch durchgeführte Elektrolyse von Natriumchloridlösung heißt **Chlor-Alkali-Elektrolyse**. Ihre wirtschaftliche Bedeutung liegt in der Produktion der wichtigen Grundchemikalien Natriumhydroxidlösung (Natronlauge) und Chlor. Als ebenfalls nutzbares Nebenprodukt fällt Wasserstoff an.
Bei der Chlor-Alkali-Elektrolyse wird das Phänomen der verschiedenen Überspannungen von Gasen an bestimmten Elektrodenmaterialien ausgenutzt. Derzeit gibt es drei technische Varianten der Chlor-Alkali-Elektrolyse.

AUFGABEN

1 Berechnen Sie die elektrische Ladung, die für die Abscheidung einer Masse $m = 190{,}5$ mg Kupfer aus einer Kupfer(II)-Salzlösung erforderlich ist.

2 Die Abscheidung von Silber diente früher zur Definition der Einheit der Stromstärke. Berechnen Sie die Masse an Silber, die in der Zeit $t = 1$ s durch eine Stromstärke $I = 1$ A an der Kathode abgeschieden wird.

3 Ein metallischer Gegenstand von 100 cm^2 Oberfläche soll elektrolytisch mit einer 20 mm dicken Kupferschicht überzogen werden. Die elektrolytischen Bäder für die sogenannte Kupfergalvanisierung enthalten meist cyanidische Komplexsalze, z. B. $Na_3[Cu(CN)_4]$. Berechnen Sie die theoretisch erforderliche Stromstärke, wenn der Vorgang in 30 min abgeschlossen sein soll.

EXPERIMENT 3 •

Elektrolyse einer Natriumchloridlösung

Abzug! Natriumchloridlösung mit einem Zusatz einiger Tropfen Phenolphthaleinlösung wird mit Kohleelektroden elektrolysiert. Die Erscheinungen nach Umkehr der Stromrichtung sind zu beobachten und zu deuten. Nach Abschalten der Spannungsquelle wird die Spannung zwischen den Elektroden bestimmt. Das Experiment kann mithilfe eines mit Natriumchloridlösung und 1 Tropfen Phenolphthaleinlösung getränkten Filterpapierstreifens wiederholt werden.

Beim **Diaphragmaverfahren** werden Anoden- und Kathodenraum durch ein Diaphragma getrennt (Abb. 1). Als Elektrodenmaterialien werden für die Anode Titan, für die Kathode Stahl eingesetzt. Aufgrund von Überspannungen finden folgende Reaktionen statt:

Anode: $2\ Cl^-(aq) \rightarrow Cl_2(g) + 2\ e^-$
Kathode: $2\ H_2O(l) + 2\ e^- \rightarrow H_2(g) + 2\ OH^-(aq)$

Das eingesetzte Diaphragma, ein Geflecht aus Teflon® (früher aus Asbest) ist für Gasbläschen undurchlässig und verhindert dadurch die Bildung von Chlorknallgas. Gleichzeitig behindert es kaum die Wanderung der Natrium- und Chlorid-Ionen im elektrischen Feld und gewährleistet damit den elektrischen Kontakt der Halbzellen. Eine unerwünschte Diffusion von Hydroxid-Ionen zur Anode wird durch einen hydrostatischen Überdruck der Reinsole (310 g/l NaCl) im Anodenraum erschwert. Im Kathodenraum erhält man eine etwa 12%ige Natronlauge, die noch ca. 16 % Natriumchlorid enthält. Durch Eindampfen dieser Lösung, wodurch das schwerer lösliche Natriumchlorid ausfällt, erhält man eine 50%ige Natronlauge. Zusätzlich gewinnt man Wasserstoff und Chlor, das allerdings durch geringe Mengen von Sauerstoff verunreinigt ist.

Das **Membranverfahren** ist eine moderne Variante des Diaphragmaverfahrens. Die Lösungen in den Halbzellen werden hier durch eine Polymermembran abgetrennt, die nach dem Prinzip der Ionenaustauscher nur für Kationen durchlässig ist (Abb. 1). Für Gase sowie für Chlorid- bzw. Hydroxid-Ionen ist sie nahezu undurchlässig. Die produzierte etwa 35%ige Natriumhydroxidlösung ist daher kaum mit Chlorid-Ionen verunreinigt. Ein Nachteil dieses Verfahrens besteht derzeit noch darin, dass die NaCl-Sole sehr aufwendig gereinigt werden muss. Schon Spuren von mehrfach geladenen Kationen (z. B. Ca^{2+}) können die sehr teure Membran funktionsunfähig machen.

AUFGABEN

1 Berechnen Sie die benötigte Zeit für die Produktion von 1 t Natriumhydroxid, wenn mit einer Stromstärke von 30 kA gearbeitet wird.

2 Berechnen Sie:

a die elektrische Ladung, die theoretisch erforderlich ist, um eine Masse m = 150 t Natriumhydroxid zu produzieren

b die Volumina an Wasserstoff und Chlor im Normzustand, die dabei entstehen

Entwickeln Sie für alle Reaktionen die chemischen Gleichungen.

3 Erklären Sie, warum zwischen den Elektroden bei der Elektrolyse von Natriumchlorid mit Kohleelektroden nach Abschalten der Spannungsquelle eine Spannung nachgewiesen werden kann.

1 Schematischer Vergleich von Diaphragma- und Membranverfahren

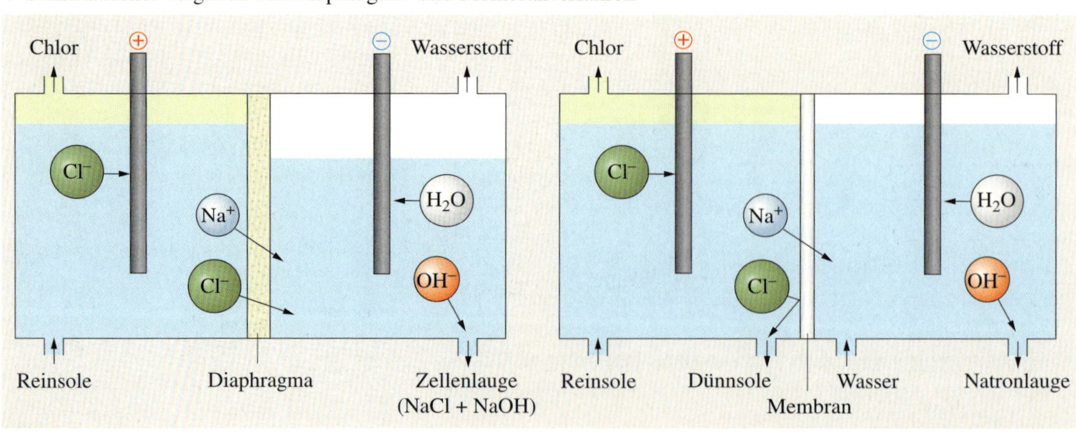

Auch beim **Amalgamverfahren** dienen Titanelektroden als Anoden. Die Kathode ist eine langsam am Boden der schwach geneigten Elektrolysezelle auf einer Eisenplatte fließende Quecksilberschicht von 3 bis 5 mm Dicke (Abb. 3):

Anode: $2\,Cl^-(aq) \rightarrow Cl_2(g) + 2\,e^-$
Kathode: $2\,Na^+(aq) + 2\,e^- \rightarrow 2\,Na(s)$

Die Abscheidung von Natrium erfolgt, weil die Bildung von Wasserstoff an der Quecksilberoberfläche durch eine hohe Überspannung stark gehemmt ist und das Elektrodenpotenzial von Natrium durch Natriumamalgambildung deutlich positiver wird.

$Na(s) + x\,Hg(l) \rightarrow NaHg_x(l)$

Das gebildete Natriumamalgam gelangt anschließend in eine Zersetzungszelle, in der es mit Wasser reagiert.

$2\,NaHg_x(l) + 2\,H_2O(l) \rightarrow 2\,Na^+(aq) + 2\,OH^-(aq) + H_2(g) + 2x\,Hg(l)$

Graphitstäbe in der Zersetzungszelle helfen dabei, die Reaktionshemmung der Wasserstoffabscheidung am Quecksilber zu überwinden. Endprodukte sind Wasserstoff, reines Chlor und hochreine, konzentrierte (50 %) Natronlauge. Um Umweltbelastungen durch Quecksilber weitgehend auszuschließen, ist allerdings eine sorgfältige Überwachung und Wartung der Anlage erforderlich.
Der große Bedarf an Natronlauge sowie der preiswerte Ausgangsstoff Natriumchlorid sind immer wieder Anreize, die Chlor-Alkali-Elektrolyse in wachsendem Ausmaß zu betreiben. Angesichts steigender Umweltbelastungen ist es aber notwendig, über ein vernünftiges Maß der Elektrolyse von Natriumchloridlösung nachzudenken und die gewonnenen Produkte umweltfreundlich einzusetzen.

2 Zellensaal einer Amalgamanlage

AUFGABE

1 Das Membranverfahren ist das derzeit energieeffizienteste und umweltfreundlichste Verfahren. Recherchieren Sie im Internet, warum in Europa dennoch weiterhin das Amalgamverfahren dominiert, das die Umwelt auch noch mit Quecksilberemissionen belastet.

3 Schematische Darstellung des Amalgamverfahrens

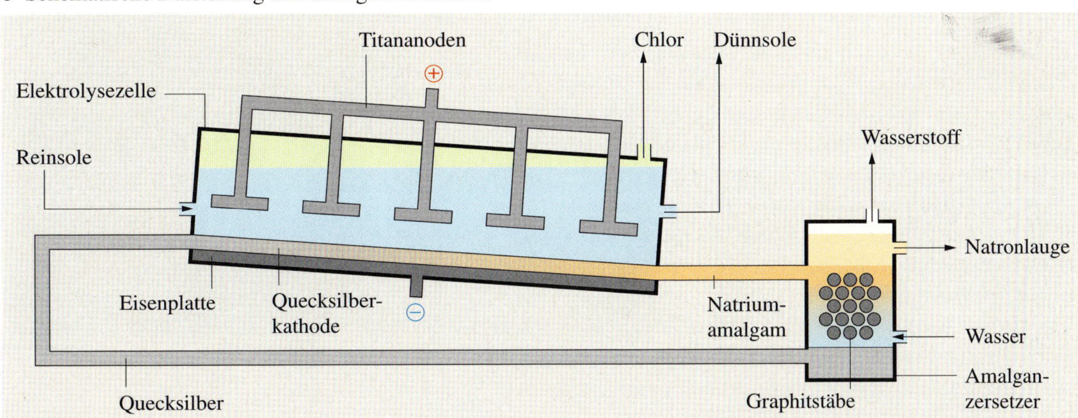

Elektrolytische Raffination von Kupfer Das auf pyrometallurgischem Weg (↑ S. 199) aus sulfidischen Kupfererzen hergestellte Rohkupfer enthält neben 98 % Kupfer vor allem Eisen, Zink, Nickel sowie kleine Anteile wertvoller Edelmetalle (z. B. Silber und Gold). Für die Verwendung von Kupfer als elektrischem Leiter ist aber eine Reinheit von über 99,9 % erforderlich, da sich sonst der elektrische Widerstand deutlich erhöht. Die Reinigung des Rohkupfers erfolgt durch **elektrolytische Raffination** (franz. raffiner – verfeinern), bei der Platten aus Rohkupfer als Anode verwendet werden. Bleche aus reinem Kupfer dienen als Kathode. Beide tauchen in einen Elektrolyten aus schwefelsaurer Kupfer(II)-sulfatlösung. Wird eine Gleichspannung angelegt, so könnten folgende Reaktionen stattfinden:

Anode:	$Cu \rightarrow Cu^{2+} + 2\,e^-$	$E^0 = +0{,}35$ V
Anode:	$6\,H_2O \rightarrow O_2 + 4\,H_3O^+ + 4\,e^-$	$E^0 = +1{,}23$ V (pH = 0)
Kathode:	$Cu^{2+} + 2\,e^- \rightarrow Cu$	$E^0 = +0{,}35$ V
Kathode:	$2\,H_3O^+ + 2\,e^- \rightarrow H_2 + 2\,H_2O$	$E^0 = 0{,}00$ V (pH = 0)

Entsprechend der geringsten Elektrodenpotenzialdifferenz sollte die Oxidation des Kupfers an der Anode und die Reduktion der Kupfer(II)-Ionen an der Kathode bei einer Zersetzungsspannung von $U_z = 0$ V erfolgen. In der Praxis ist jedoch eine Spannung von ca. 0,3 V erforderlich, um den elektrischen Widerstand der Elektrolytlösung zu überwinden. Zudem ist die Konzentration der Kupfer(II)-Ionen in der Umgebung der Anode höher als an der Kathode, sodass sich geringe Unterschiede in den Elektrodenpotenzialen ergeben.

Bei der Elektrolyse werden neben Kupfer alle Verunreinigungen aus unedleren Metallen in der Rohkupferelektrode oxidiert und gehen ebenfalls in Lösung. Andererseits nehmen sie an der Ka-

AUFGABE

1 Erläutern Sie die Reaktionen an den Elektroden bei der elektrolytischen Raffination von Kupfer.

1 Bildung eines „Kupferbäumchens“

EXPERIMENT 4

Elektrolyse einer Kupfer(II)-sulfatlösung an Kupferelektroden (Kupferbäumchen)

Die Versuchsanordnung ist nach Abb. 1 aufzubauen. In die Petrischale wird zuerst ein Rundfilter gegeben. Der am Pluspol des Netzgeräts angeschlossene runde Kupferdraht wird am Rand auf das Filterpapier gelegt. Der andere Kupferdraht wird mit der Spitze möglichst genau in der Mitte positioniert und mit dem Minuspol verbunden.
Nun gießt man vorsichtig Kupfer(II)-sulfatlösung ($c = 1$ mol · l^{-1}) in die Petrischale, bis die Ringelektrode vollständig bedeckt ist. Man elektrolysiert ca. 20 min bei einer Spannung von $U = 5$ V.
Bevor das „Kupferbäumchen“ die Ringelektrode erreicht, wird der Strom abgeschaltet, das Filterpapier herausgenommen, mit destilliertem Wasser abgespült und getrocknet.

thode keine Elektronen auf, da sich Kupfer(II)-Ionen leichter reduzieren lassen. Nach ca. einem Monat hat sich die Anode zu 90 % aufgelöst und ist damit verbraucht.
Die edleren Verunreinigungen (Silber und Gold) fallen bei der Auflösung der Anode als unlöslicher Anodenschlamm herab. Der Anodenschlamm bildet ein wertvolles Nebenprodukt – neben dem eigentlichen Produkt, dem **Elektrolytkupfer** mit einem Kupferanteil von mindestens 99,98 %.

2 Schematische Darstellung der Kupferraffination

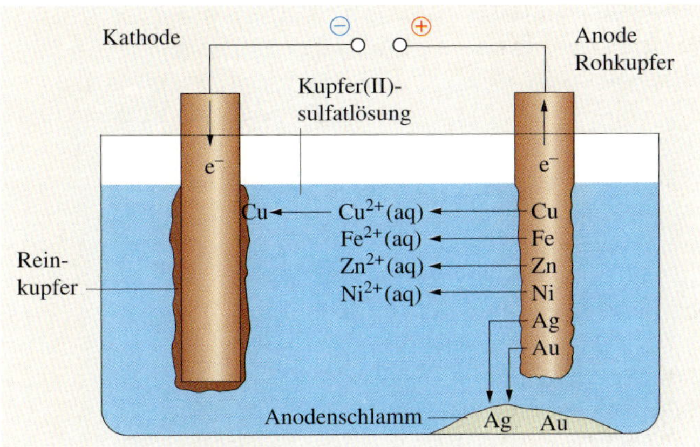

3 Frisches reines Elektrolytkupfer

Schmelzflusselektrolyse zur Aluminiumherstellung

Herstellung von Metallen Mit Ausnahme der Edelmetalle kommen Metalle nicht in technisch nutzbarem Umfang als elementare Stoffe vor. Vorwiegend sind die für die Technik bedeutsamen Metalle in natürlichen Lagerstätten in Form von Oxiden, Sulfiden und Carbonaten anzutreffen (Tab. 1).
Zur Herstellung dieser Metalle werden Redoxreaktionen angewandt (↑ Kap. „Redoxreaktionen“, S. 198). Der technische Prozess wird in Schacht-, Flamm- oder Hochöfen durchgeführt und heißt Verhüttung.

Tab. 1 Beispiele von Mineralien, die zur Metallgewinnung genutzt werden

Metall	Wichtiges Erzmineral	Hauptbestandteil
Al	Bauxit	$Al_2O_3 \cdot H_2O$
Pb	Galenit (Bleiglanz)	PbS
Fe	Hämatit	Fe_2O_3
	Magnetit	Fe_3O_4
	Pyrit	FeS_2
Cu	Chalkopyrit (Kupferkies)	$CuFeS_2$
	Chalkosin (Kupferglanz)	Cu_2S
Zn	Sphalerit (Zinkblende)	ZnS
Mg	Dolomit	$CaMg(CO_3)_2$
Ti	Ilmenit (Titaneisenerz)	$FeTiO_3$

Tab. 2 Geschätzte Rohstoffvorräte der Erde, die derzeit rentabel abbaubar wären

Rohstoff	Vorräte (in 10^3 t)	Weltförderung 2006 (in 10^3 t)
Eisen	70 000 000	1 530 000
Bauxit	25 000 000	185 600
Kupfer	600 000	15 000
Zink	140 000	10 600
Blei	200 000	3 540
Silber	288	20
Gold	55	2

AUFGABE

1 Berechnen Sie das theoretische Ende der Rohstoffressourcen bei gleichbleibender Weltförderungsmenge für die in Tab. 2 angegebenen Metalle und diskutieren Sie die Ergebnisse.

Eine Reihe von Metallen wird heute nicht oder nicht mehr ausschließlich durch Verhüttung, sondern durch Elektrolyse hergestellt. Die elektrolytische Herstellung gestattet es, mit wenigen Prozessstufen relativ reine Stoffe zu produzieren. Außerdem werden bei Anwendung der Elektrolyse die Rohstoffe besser ausgenutzt. Vielfach können dabei wertvolle Nebenprodukte gewonnen werden.
Die Elektrolyse in wässriger Lösung ist nur anwendbar, wenn das Standardpotenzial der Metalle nicht wesentlich kleiner ist als das des Wasserstoffs. Metalle mit sehr kleinem Standardpotenzial, wie Aluminium, Magnesium und Natrium, stellt man daher durch Elektrolyse geschmolzener Verbindungen dieser Metalle her. Dieses Verfahren heißt **Schmelzflusselektrolyse**.

Herstellung von Aluminium Der Ausgangsstoff für die Herstellung von Aluminium ist **Bauxit**, das nach seinem ersten Fundort Les Baux in Südfrankreich benannt wurde. Dieses Mineral enthält durchschnittlich 55 % Aluminiumoxid, 20 % Eisen(III)-oxid, 3 % Siliciumdioxid, 2 % Titan(IV)-oxid und 20 % Wasser. Große Lagerstätten befinden sich in Afrika, Südamerika und Australien. Da die Nebenbestandteile bei der Schmelzflusselektrolyse stören, ist es erforderlich, aus Bauxit zunächst reines Aluminiumoxid (Tonerde) herzustellen und die anderen Stoffe abzutrennen (Abb. 2).

Schmelzflusselektrolyse von Aluminiumoxid Aluminiumoxid hat eine Schmelztemperatur von 2045 °C. Reines Aluminiumoxid ist daher für die Schmelzflusselektrolyse nicht geeignet, da ein unvertretbar hoher ökonomischer Aufwand notwendig wäre, um diese Schmelztemperatur aufrechtzuerhalten. Außerdem würde bei dieser Temperatur das entstehende Aluminium einen erheblichen Dampfdruck haben. Bei einer so hohen Temperatur treten darüber hinaus hohe Abbranderscheinungen an den Elektroden auf. Um die Schmelztemperatur der Schmelze auf ca. 960 °C herabzusetzen, wird Kryolith (Natriumhexafluoroaluminat $Na_3[AlF_6]$) zugesetzt. Zusätzlich wird dadurch die elektrische Leitfähigkeit der Schmelze erhöht.

1 Schmelzflusselektrolysezelle zur Aluminiumgewinnung

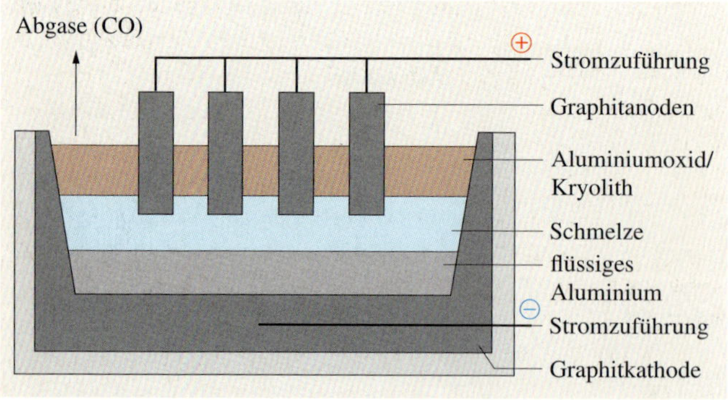

AUFGABEN

1 Erläutern Sie an Beispielen einige Prinzipien zur Gewinnung von Metallen.
2 Vergleichen Sie die Elektrolyse wässriger Lösungen mit der Schmelzflusselektrolyse.
3 Zur Herstellung von Elektrolytzink wird eine elektrische Leistung $P = 3000$ kW eingesetzt. Berechnen Sie die Masse des in einer Zeit $t = 24$ h produzierten Zinks, wenn mit einer Elektrolysespannung $U = 4{,}5$ V gearbeitet wird und für unvermeidbare Nebenreaktionen 10 % der aufgewandten elektrischen Ladung erforderlich sind.

2 Vom Bauxit zum Aluminium

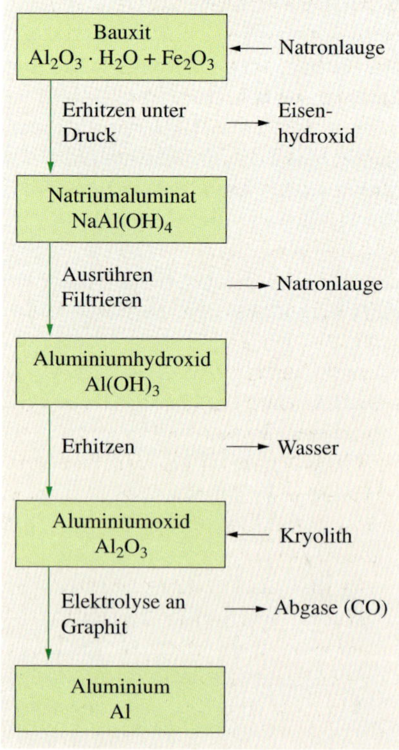

Die Schmelzflusselektrolyse findet in einer Elektrolysezelle (Abb. 1) statt, in der Graphitblöcke an der inneren Zellenwand als Kathode dienen. Von einem Elektrodenträger aus ragen von oben Graphitelektroden (Anode) in die Schmelze. Die elektrische Spannung beträgt $U = 5$ V und die Stromstärke $I = 150$ kA.
Das gebildete flüssige Aluminium hat eine größere Dichte als die Elektrolytschmelze. Es sammelt sich am Boden der Elektrolysewanne und wird periodisch abgesaugt. Das so hergestellte Aluminium hat eine Reinheit von 99,5 bis 99,9 %.
Die **Reaktionen an den Elektroden** sind sehr kompliziert. Vereinfacht dargestellt finden folgende Reaktionen statt:

Kathode (Minuspol): $4\ Al^{3+} + 12\ e^- \rightarrow 4\ Al$
Anode (Pluspol): $6\ O^{2-} \rightarrow 3\ O_2 + 12\ e^-$
$3\ O_2 + 6\ C \rightarrow 6\ CO$

An der Anode reagiert Sauerstoff bei den hohen Temperaturen unmittelbar mit der Graphitelektrode zu Kohlenstoffmonooxid. Dadurch werden die Graphitanoden verbraucht und müssen ständig ergänzt werden. Bei ca. 980 °C liegt aufgrund des Boudouard-Gleichgewichts ($CO_2 + C \rightleftharpoons 2\ CO$) kein CO_2, sondern fast ausschließlich CO vor. Das in den Abgasen enthaltene giftige Kohlenstoffmonooxid erfordert aufwendige Arbeitsschutzmaßnahmen. Die Verbrennung des CO-Anteils liefert aber auch einen Anteil zur Deckung des hohen Energiebedarfs.
Die zugeführte elektrische Ladung wird bei Elektrolysen bis auf wenige Ausnahmen nur zum Teil für die Bildung des gewünschten Stoffes wirksam. Ein Teil der aufgewandten elektrischen Ladung bewirkt unerwünschte, aber unvermeidbare Nebenreaktionen. Der Quotient aus der erhaltenen Stoffmenge n und der für den vollständigen Stoffumsatz berechneten Stoffmenge n' dieses Stoffes heißt **Ausbeute (η)**.

AUFGABEN

1 Erläutern Sie anhand chemischer Gleichungen die Reaktionen an den Elektroden und die Gesamtreaktion bei der Schmelzflusselektrolyse von Aluminiumoxid.
2 Berechnen Sie den Bedarf an Elektroenergie für die Produktion einer Masse $m = 1$ t Aluminium bei einer Elektrolysespannung $U = 5$ V und einer Stromausbeute $h = 85$ %.
3 Berechnen Sie die Tagesproduktion ($t = 24$ h) an Aluminium einer Elektrolysezelle, wenn mit einer Stromstärke von $I = 150$ kA gearbeitet wird und die Stromausbeute $h = 0{,}85$ beträgt.
4 Weltweit wird der Bedarf an Metallen immer mehr durch Recycling von Altmetallen gedeckt. Recherchieren und nennen Sie dafür mehrere Gründe.

ZUSAMMENFASSUNG

Die Elektrolyse ist eine Redoxreaktion, die durch Zufuhr von elektrischer Energie erfolgt. Durch das Anlegen einer elektrischen Spannung an zwei elektrolytisch miteinander verbundene Elektroden wird eine Redoxreaktion erzwungen, die an den Elektroden freiwillig nicht ablaufen würde. Räumlich getrennt finden dabei **Oxidationsreaktionen** an der **Anode** und **Reduktionsreaktionen** an der **Kathode** statt.
Aus den Elektrodenpotenzialen kann man abschätzen, welches der möglichen Teilchen an der Anode oxidiert bzw. an der Kathode reduziert wird. Reaktionshemmungen (**Überspannung**) können die Rangfolge verändern.

Die umgesetzte Stoffmenge elektrochemischer Reaktionen bei Elektrolysen ist gleich dem Quotienten aus der eingesetzten elektrischen Ladung $I \cdot t$ und dem Produkt aus **Faraday'scher Konstante *F*** und der Anzahl der je Elementarakt übertragenen Elektronen z.

$$n = \frac{m}{M} = \frac{I \cdot t}{F \cdot z}$$

Großtechnisch können Elektrolysen zur Gewinnung oder Raffination von Metallen sowie zum Korrosionsschutz eingesetzt werden.

▶ Energie-Konzept

Leitfähigkeitstitration und Potentiometrie

Elektrochemische Analysemethoden haben in den vergangenen Jahrzehnten ständig an Bedeutung gewonnen. Ursache dafür sind vor allem die Genauigkeit und Reproduzierbarkeit der Messergebnisse, der geringe Bedarf an Analysesubstanz, der gegenüber herkömmlichen Analyseverfahren niedrige Zeitaufwand und nicht zuletzt die Möglichkeit der Automatisierbarkeit. Zu den ältesten elektroanalytischen Messprinzipien zählen die Leitfähigkeitstitration (oder Konduktometrie) und die Potentiometrie. Während Leitfähigkeiten besonders für die Indikation von Äquivalenzpunkten bei der Titration von Bedeutung sind, dienen potentiometrische Messungen auch direkt zur Bestimmung von Konzentrationen.

Leitfähigkeitstitration

Grundlagen Werden Säure-Base-Titrationen mit Farbindikatoren durchgeführt, ist das Erkennen des Äquivalenzpunkts häufig schwierig, z. B. bei farbigen Lösungen. Dadurch bedingte Titrationsfehler werden bei einer **Leitfähigkeitstitration** vermieden. Zur Bestimmung des Äquivalenzpunkts wird hier die Veränderung der Leitfähigkeit im Titrationsverlauf verfolgt.
Die Leitfähigkeit einer Elektrolytlösung ist abhängig von der Temperatur, der Konzentration und der Art der in der Elektrolytlösung enthaltenen Ionen. Mit einer Konzentrationserhöhung der Ionen steigt die Leitfähigkeit der Elektrolytlösung. Von der Art der Ionen und der Temperatur hängt die Beweglichkeit der Ionen in der Elektrolytlösung ab. Bei der Leitfähigkeitstitration muss deshalb bei konstanter Temperatur und möglichst bei konstantem Volumen der Analysenlösung gearbeitet werden.
Der **Leitwert *G*** kann als Maß für die Leitfähigkeit einer Lösung dienen. Er ist der Kehrwert des elektrischen Widerstands R.

$$\boldsymbol{G = 1/R}, \quad [G] = \mathrm{S} = \Omega^{-1}, \ \mathrm{S} = \text{Siemens}$$

Um eine Elektrolyse der Elektrolytlösung zu verhindern, muss eine Wechselspannung angelegt werden. Bei konstanter Spannung und Elektrodenanordnung kann statt der Leitfähigkeit auch die Stromstärke gemessen werden, da Leitfähigkeit und Stromstärke unter diesen Bedingungen direkt proportional sind.

Durchführung einer Leitfähigkeitstitration Zu Beginn der Säure-Base-Titration von Salzsäure mit Natronlauge (Exp. 1)

$$H_3O^+ + Cl^- + Na^+ + OH^- \rightarrow Na^+ + Cl^- + 2\,H_2O$$

tragen nur die Hydronium-Ionen und die Chlorid-Ionen zur Leitfähigkeit bei (Tab. 1). Im Verlauf der Titration sinkt die Konzentration der Hydronium-Ionen und die der Natrium-Ionen

Tab. 1 Relative Ionenbeweglichkeiten ($H_3O^+ = 1$)

Ion	Relative Ionenbeweglichkeit
H_3O^+	1,00
OH^-	0,57
Na^+	0,14
K^+	0,21
Ag^+	0,18
Cu^{2+}	0,15
Zn^{2+}	0,15
Cl^-	0,22
Br^-	0,22
NO_3^-	0,20
SO_4^{2-}	0,23
CrO_4^{2-}	0,24
CH_3COO^-	0,12
$C_2O_4^{2-}$	0,21

AUFGABEN

1 Erläutern Sie die Schwierigkeiten, die durch die Verwendung von Farbindikatoren beim Erkennen des Äquivalenzpunkts einer Titration auftreten können.

2 Erläutern Sie, warum es genügt, am Messgerät anstelle der Leitfähigkeit die Stromstärke in Skalenteilen abzulesen.

steigt. Da die Hydronium-Ionen eine größere Ionenbeweglichkeit als die Natrium-Ionen besitzen, verringert sich die Leitfähigkeit der Lösung. Die große Ionenbeweglichkeit der Hydronium- bzw. Hydroxid-Ionen ist darauf zurückzuführen, dass in Wasser stets viele Moleküle über Wasserstoffbrückenbindungen zu größeren räumlichen Assoziaten verbunden sind. Durch Auf- und Abbau dieser Wasserstoffbrückenbindungen wird im angelegten elektrischen Feld ein schnellerer Ladungstransport ermöglicht, ohne dass für die Hydronium- bzw. Hydroxid-Ionen eine wirkliche Ionenwanderung, wie bei den übrigen Ionen, stattgefunden hat (Abb. 1).

1 Ladungstransport (H_3O^+) in Wasser unter Einfluss eines äußeren elektrischen Feldes

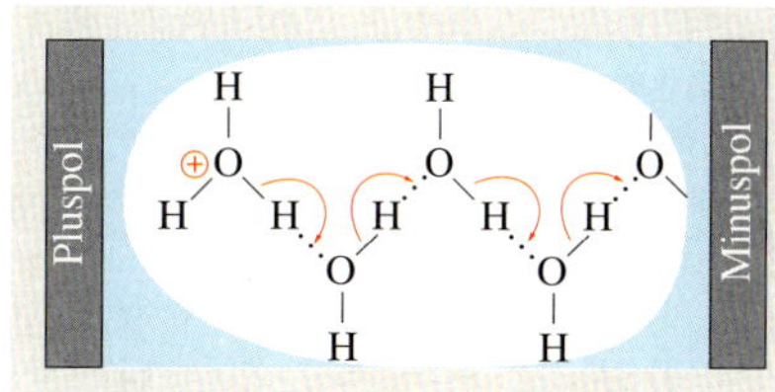

EXPERIMENT 1

Leitfähigkeitsitration

Der Versuch wird nach Abb. 2 aufgebaut.

a) 10 ml Salzsäure ($c \approx 0{,}1\ mol \cdot l^{-1}$)
b) 10 ml Schwefelsäure ($c \approx 0{,}05\ mol \cdot l^{-1}$)
c) 10 ml Essigsäure ($c \approx 0{,}1\ mol \cdot l^{-1}$)
d) 10 ml Oxalsäure ($c \approx 0{,}05\ mol \cdot l^{-1}$)

werden jeweils in einem 250-ml-Becherglas (hohe Form) mit destilliertem Wasser auf etwa 150 ml aufgefüllt und mit Natronlauge ($c = 0{,}1\ mol \cdot l^{-1}$) titriert. Dabei wird die Stromstärke tabellarisch erfasst.

Ermitteln Sie die Äquivalenzpunkte und die Konzentrationen der Analyseproben auf grafischem Weg.

2 Versuchsanordnung für die Leitfähigkeitstitration

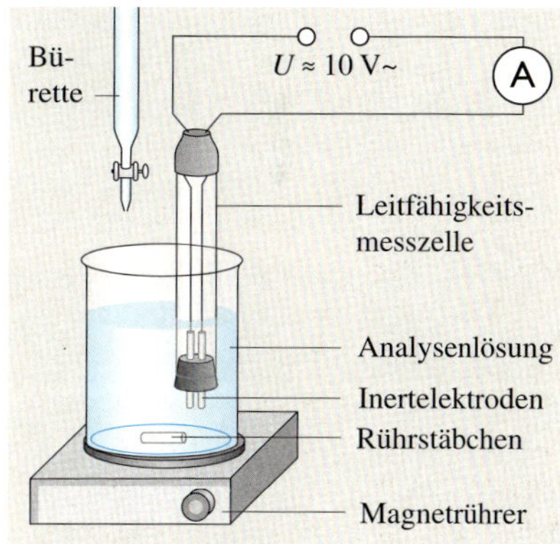

Wird der Äquivalenzpunkt erreicht und dann weiterhin Natronlauge zugegeben, steigen die Konzentrationen der Natrium- und Hydroxid-Ionen. Die Konzentration der Chlorid-Ionen bleibt konstant, die der Hydronium-Ionen ist ohnehin sehr niedrig. Die Leitfähigkeit der Lösung steigt durch den Überschuss an Hydroxid-Ionen. Der Äquivalenzpunkts wird grafisch bestimmt, er entspricht dem Schnittpunkt der beiden Geraden (Abb. 3).

3 Schematischer Kurvenverlauf der Leitfähigkeitstitration von Salzsäure mit Natriumhydroxidlösung

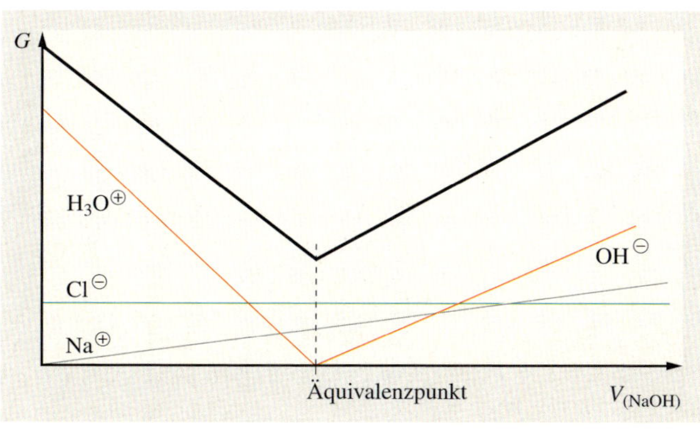

AUFGABEN

1 Werten Sie die bei den Titrationen erhaltenen Diagramme unter Nutzung der gegebenen relativen Ionenbeweglichkeiten aus.

2 Begründen Sie die Notwendigkeit der grafischen Auswertung einer Leitfähigkeitstitration. Welcher Unterschied besteht zu einer Säure-Base-Titration mit Farbindikatoren?

3 Zeichnen Sie den prinzipiellen Kurvenverlauf für die konduktometrische Fällungstitration einer Natriumchloridlösung mit Silbernitratlösung.

Potentiometrie

Prinzip der Potentiometrie Mithilfe der **Potentiometrie** können Konzentrationen von Ionen in Elektrolytlösungen direkt bestimmt werden. Hierbei wird die Konzentrationsabhängigkeit der Elektrodenpotenziale genutzt. Da nur die Zellspannung einer galvanischen Zelle gemessen werden kann, wird neben der Messelektrode aus metallischer Phase und Elektrolytlösung eine **Bezugselektrode** benötigt. Als eine solche, auch als **Referenzelektrode** bezeichnete Elektrode könnte die Wasserstoffelektrode (↑S. 210) verwendet werden. Deren Handhabung ist aber aufwendig und die Potenzialeinstellung erfolgt relativ langsam. Deshalb wurden Elektroden entwickelt, die diese Nachteile nicht besitzen. Eine früher im Labor häufig eingesetzte Bezugszelektrode ist die **Kalomelelektrode** (Abb. 1; Kalomel = Quecksilber(I)-chlorid Hg_2Cl_2). Die Halbzelle hat den Aufbau $Hg/Hg_2Cl_2, Cl^-$. Die Elektrodenreaktion lautet:

$$2\,Hg(l) + 2\,Cl^-(aq) \rightleftharpoons Hg_2Cl_2(s) + 2\,e^-$$

Das Potenzial dieser Elektrode ist damit nur von der Konzentration der Chlorid-Ionen abhängig. Da an eine Bezugszelektrode die Anforderung gestellt wird, dass sie ein konstantes Elektrodenpotenzial hat, muss die Konzentration der Chlorid-Ionen konstant gehalten werden. Das gelingt am einfachsten durch die Verwendung einer gesättigten Kaliumchloridlösung als Elektrolytlösung. Eine solche Elektrode, bei der die metallische Phase mit einem schwer löslichen Salz dieses Metalls in Kontakt steht, wird als **Elektrode 2. Art** bezeichnet.

Eine weitere Elektrode 2. Art ist die **Silber-Silberchlorid-Elektrode**: $Ag/AgCl, Cl^-$ (Abb. 2). Sie wird heute wegen der Toxizität des Quecksilbers in der Kalomelelektrode als Bezugselektrode bevorzugt. Als Elektrolytlösung wird ebenfalls Kaliumchloridlösung verwendet. Die Elektrodenpotenziale dieser Elektroden betragen bei Verwendung von gesättigter Kaliumchloridlösung als Elektrolytlösung bei 25 °C:

Kalomelelektrode:	$E = +0{,}241$ V
Silber-Silberchlorid-Elektrode:	$E = +0{,}196$ V

Genaue potentiometrische Messungen werden mit Präzisionskompensatoren stromlos durchgeführt. Spannungsmessgeräte mit einem hohen Eingangswiderstand $R \geq 10\ M\Omega$ gewährleisten eine fast stromlose Messung.

Potenzialmessung an einer Metall/Metall-Ionen-Elektrode Das Prinzip einer potentiometrischen Messung lässt sich am Beispiel der galvanischen Zelle (Abb. 3) $Cu/Cu^{2+}(aq)//KCl(aq, gesättigt), Hg_2Cl_2/Hg$ zeigen. Mit dieser galvanischen Zelle kann die Konzentrationsabhängigkeit eines Elektrodenpotenzials untersucht werden (Exp. 2).

1 Kalomelelektrode

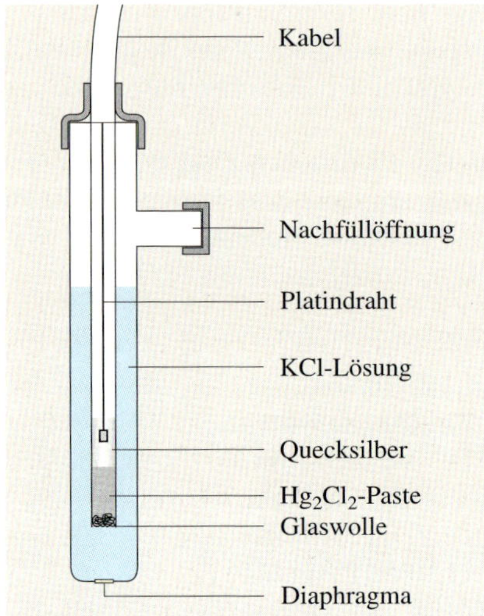

2 Silber-Silberchlorid-Elektrode

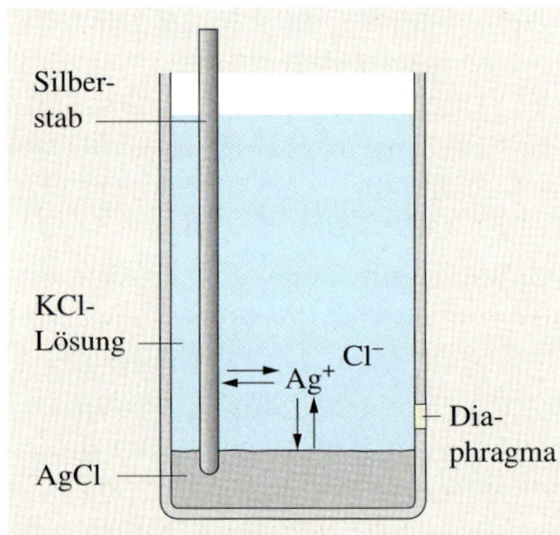

3 Aufbau von Experiment 2

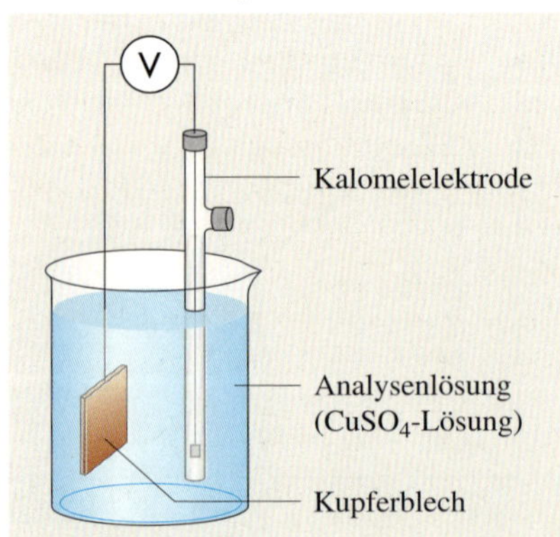

EXPERIMENT 2

Konzentrationsabhängigkeit des Elektrodenpotenzials

Bauen Sie eine galvanische Zelle nach Abb. 3 auf und messen Sie die Zellspannungen bei Kupfer(II)-Ionenkonzentrationen von $c = 0{,}5\ \text{mol} \cdot \text{l}^{-1}$, $c = 0{,}05\ \text{mol} \cdot \text{l}^{-1}$ und $c = 0{,}005\ \text{mol} \cdot \text{l}^{-1}$. Vergleichen Sie die gemessenen Zellspannungen mit denen, die sich mit der Nernst'schen Gleichung berechnen lassen ($E_{\text{Kalomel}} = +0{,}241\ \text{V}$).

Potentiometrische pH-Wert-Messung Zur potentiometrischen Messung von pH-Werten hat sich die Verwendung von Elektroden 2. Art als Messelektroden bewährt. Häufig wird eine **Glaselektrode** eingesetzt. Diese Elektrode ist universell einsetzbar, aber gegen mechanische Beanspruchung empfindlich.

Das für die pH-Wert-Messung entscheidende Funktionsteil ist der Kolben aus einer dünnen Glasmembran. Der Glaskolben ist mit einer Pufferlösung gefüllt, in die eine Silber-Silberchlorid-Elektrode als Ableitelektrode taucht. Die Bezugselektrode ist meist ebenfalls eine Silber-Silberchlorid-Elektrode. Die Gesamtanordnung aus Glaskolben mit Ableitelektrode und Bezugselektrode wird als **Glaselektrodenmesskette** bezeichnet. Die kompakte Anordnung mit Ableit- und Bezugselektrode in einem einzigen Bauteil nennt man **Einstabmesskette** (Abb. 4).

Zwischen den Oberflächen der Glasmembran des Glaskolbens und der inneren Pufferlösung sowie der äußeren Messlösung mit der unbekannten Hydronium-Ionenkonzentration stellt sich jeweils ein nur von der Hydronium-Ionenkonzentration abhängiges Elektrodenpotenzial ein. Bei konstantem pH-Wert der Innenlösung ist das Potenzial an der Oberfläche der Glasmembran zur Innenlösung konstant. Da auch die Elektrodenpotenziale der Ableit- und der Bezugselektrode konstant sind, ist die messbare Zellspannung der Messkette nur eine Funktion der unbekannten Hydronium-Ionenkonzentration.

4 Einstabmesskette

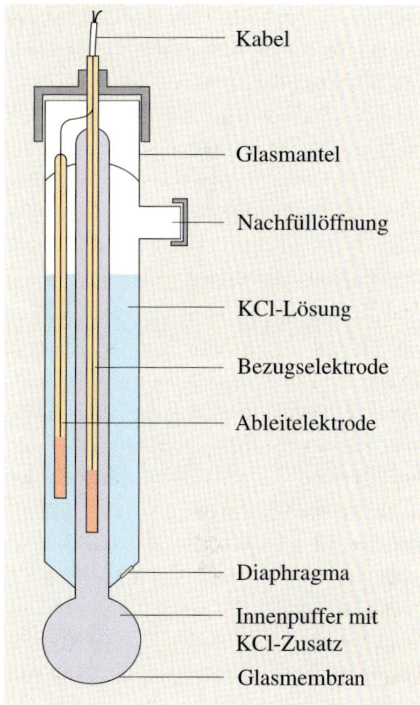

ZUSAMMENFASSUNG

Die **Leitfähigkeitstitration (Konduktometrie)** beruht auf der Abhängigkeit der Leitfähigkeit einer Elektrolytlösung von der Art der enthaltenen Ionen und von deren Konzentration. Als Maß für die Leitfähigkeit kann bei konduktometrischen Titrationen der Leitwert dienen. Die Bestimmung des Äquivalenzpunkts erfolgt durch grafische Auswertung der Leitwert-Volumen-Kurve.

Die **Potentiometrie** nutzt die Konzentrationsabhängigkeit von Elektrodenpotenzialen zur Konzentrationsbestimmung einer Analysenlösung. Dabei werden Spannungen an galvanischen Zellen, die aus Messelektrode und Referenzelektrode bestehen, gemessen.

Als **Bezugselektroden** sind Elektroden 2. Art (Kalomel- oder Silber-Silberchlorid-Elektrode) wegen ihres konstanten Potenzials geeignet.

Die **Messelektrode** wird durch die Ionenart bestimmt, deren Konzentration ermittelt werden soll.

Für die pH-Wert-Bestimmung wird meist eine **Glaselektrodenmesskette** verwendet.

ZUSAMMENFASSUNG

Metall/Metall-Ionen-Elektroden setzen sich aus einer metallischen Phase und einer Elektrolytlösungsphase zusammen. Chemische Reaktionen zwischen beiden Phasen führen zu einer elektrischen Potenzialdifferenz zwischen Metall und Lösung und zur Ausbildung einer elektrochemischen Doppelschicht.

Das **Elektrodenpotenzial** (oder Redoxpotenzial) einer solchen Elektrode hängt von der Art des Metalls, der Temperatur und der Konzentration der hydratisierten Metall-Ionen in der Lösung ab.

Das **Standard-Elektrodenpotenzial** ist die elektrische Spannung zwischen der Standard-Wasserstoffelektrode und einer Standard-Metall-Ionen-Elektrode.

Mithilfe der **Nernst'schen Gleichung** können aus dem Standardpotenzial und den Konzentrationen der Reaktionspartner die jeweiligen Elektrodenpotenziale berechnet werden:

$$E = E^0 + \frac{0{,}059\ \text{V}}{z} \cdot \lg \frac{c(\text{Ox})}{c(\text{Red})}$$

Galvanische Zellen sind ortsunabhängige elektrochemische Spannungsquellen, die durch Kombination von Elektroden hergestellt werden:

Primärzellen (z. B. das Daniell-Element, das Zink-Kohle-Element, die Alkali-Mangan-Zelle, die Zink-Luft-Zelle, die Silberoxid-Zelle oder die Lithium-Zelle) sind nur so lange einsetzbar, bis die für die Umwandlung chemischer Energie in elektrische Energie notwendigen Ausgangsstoffe umgesetzt sind.

Brennstoffzellen (z. B. die Wasserstoff-Sauerstoff-Zelle oder die Methanolbrennstoffzelle) sind galvanische Zellen, bei denen die Ausgangsstoffe kontinuierlich zu- und die Reaktionsprodukte abgeführt werden.

Sekundärzellen (z. B. der Bleiakkumulator, der Nickel-Metallhydrid-Akkumulator oder der Lithium-Ionen-Akkumulator) sind galvanische Zellen, die durch Zufuhr elektrischer Energie wieder geladen werden können.

Korrosion ist die zerstörende Wirkung chemischer, insbesondere elektrochemischer Reaktionen eines Metalls mit Stoffen der Nachbarphasen. Hauptursache für die elektrochemische Korrosion ist die Bildung von Lokalelementen.

Das Rosten von Eisenwerkstoffen beruht vor allem auf der Einwirkung von Sauerstoff und der Ausbildung von Lokalelementen. Es bildet sich Eisen(III)-oxidhydroxid mit unterschiedlichem Wasseranteil.

Elektrolysen sind Redoxreaktionen, die durch Zufuhr von elektrischer Energie erzwungen werden. Räumlich getrennt finden dabei Oxidationsreaktionen an der Anode und Reduktionsreaktionen an der Kathode statt.

Aus den Elektrodenpotenzialen kann man abschätzen, welches der möglichen Teilchen an der Anode oxidiert bzw. an der Kathode reduziert wird. Reaktionshemmungen können die Rangfolge verändern.

1 Vorgänge in einer galvanischen Zelle

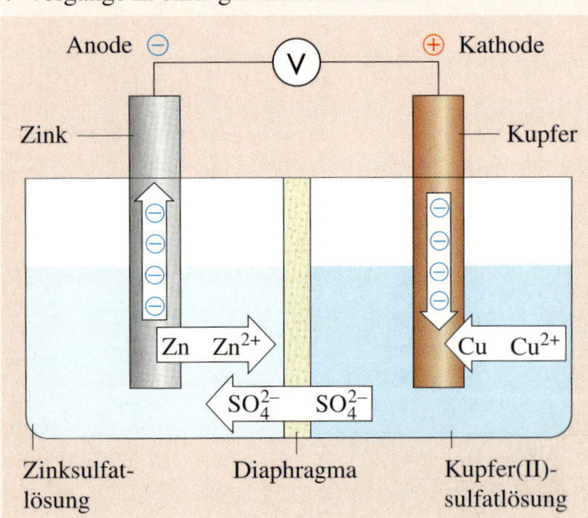

2 Vorgänge bei einer Elektrolyse

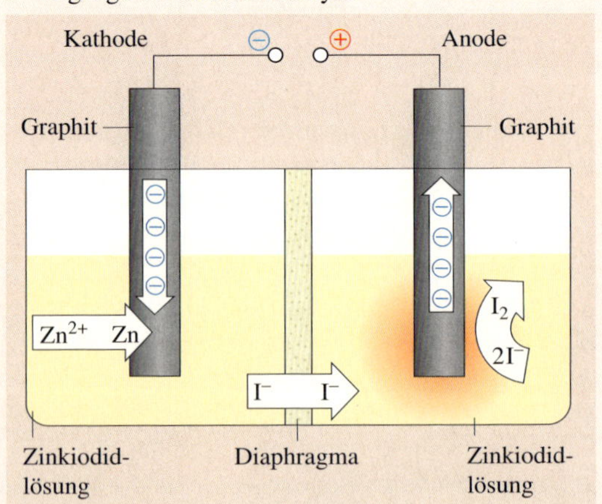

Das Donator-Akzeptor-Konzept im Vergleich

Das Wesen der Säure-Base-Reaktion ist der Protonenübergang, das Wesen der Redoxreaktion der Elektronenübergang.
Protonen und Elektronen sind elektrisch geladene Teilchen von außerordentlich geringer Größe. Daraus resultieren eine sehr hohe Ladungsdichte und die Eigenschaft dieser Elementarteilchen, in Lösungen nicht frei zu existieren. Geben also auf der einen Seite Moleküle oder Ionen Protonen oder Elektronen ab, müssen gleichzeitig Moleküle oder Ionen eines Reaktionspartners vorliegen, die die Protonen oder Elektronen aufnehmen können. Teilchen, die Protonen bzw. Elektronen abgeben, werden als Protonen- bzw. Elektronendonatoren bezeichnet. Die Teilchen, die in der chemischen Reaktion Protonen bzw. Elektronen aufnehmen, heißen Protonen- bzw. Elektronenakzeptoren. Bei einem Vergleich von Säure-Base-Reaktionen und Redoxreaktionen fallen viele Analogien (Tab. 1) auf, die zur Formulierung des Donator-Akzeptor-Konzepts führten. Mithilfe des Donator-Akzeptor-Konzepts lässt sich eine sehr große Anzahl chemischer Reaktionen vergleichend betrachten und verstehen.

Tab. 1 Analogien zwischen Säure-Base- und Redoxreaktion

Säure-Base-Reaktion	**Redoxreaktionen**
Protonenübergang	Elektronenübergang
Säure ist Protonendonator	Reduktionsmittel ist Elektronendonator
Base ist Protonenakzeptor	Oxidationsmittel ist Elektronenakzeptor
Korrespondierendes Säure-Base-Paar: $HA \rightleftharpoons H^+ + A^-$	Korrespondierendes Redoxpaar: $Red \rightleftharpoons Ox + z e^-$
Säure-Base-Reaktion: $HA + B \rightleftharpoons HB^+ + A^-$	Redoxreaktion: $z_2 Red_1 + z_1 Ox_2 \rightleftharpoons z_2 Ox_1 + z_1 Red_2$
Säureexponent pK_S	Standardpotenzial E^0
pK_S-Reihe	Elektrochemische Spannungsreihe
pH-Wert der Lösung	Elektrodenpotenzial der Lösung E
Konzentrationsabhängigkeit des pH-Werts	Konzentrationsabhängigkeit des Elektrodenpotenzials
$\mathbf{pH = pK_S + lg \frac{c(A^-)}{c(HA)}}$ **Henderson-Hasselbalch-Gleichung**	$\mathbf{E = E^0 + \frac{0{,}059\ V}{z} \cdot lg \frac{c(Ox)}{c(Red)}}$ **Nernst'sche Gleichung**
Nivellierung sehr starker Protolyte durch Wasser $HA + H_2O \rightarrow H_3O^+ + A^-$ $B + H_2O \rightarrow HB^+ + OH^-$	Begrenzung sehr starker Reduktions- und Oxidationsmittel durch Wasser $2\,Red + 2z\,H_2O \rightarrow 2\,Ox + 2z\,OH^- + z\,H_2$ $4\,Ox + 6z\,H_2O \rightarrow 4\,Red + 4z\,H_3O^+ + z\,O_2$

KOMPLEX GEDACHT

1 Über ein Metall A wurden mithilfe verschiedener Experimente folgende Informationen gesammelt:
Das Metall A wird aufgelöst, wenn es in eine Lösung getaucht wird, die Eisen(II)-Ionen enthält, während es mit einer Lösung, die Mangan(II)-Ionen enthält, keine Reaktion zeigt.
Bei Spannungsmessung zwischen den Halbzellen A/A^{z+} und Mg/Mg^{2+} wurde eine Spannung von $U = 1{,}6$ V gemessen, zwischen A/A^{z+} und Pb/Pb^{2+} eine Spannung von $U = 0{,}63$ V.
Benennen Sie das Metall A und begründen Sie Ihre Entscheidung.

2 Die elektrische Leitfähigkeit einer Lösung ist von der Konzentration und der Beweglichkeit der vorhandenen Ionen abhängig. In Tab. 1 sind einige relative Ionenbeweglichkeiten dargestellt:

Tab. 1 Relative Ionenbeweglichkeiten

Ion	H_3O^+	OH^-	SO_4^{2-}	Ba^{2+}	Na^+
Relative Ionenbeweglichkeit	1,00	0,57	0,23	0,18	0,14

1 Versuchsaufbau zu Aufgabe 2

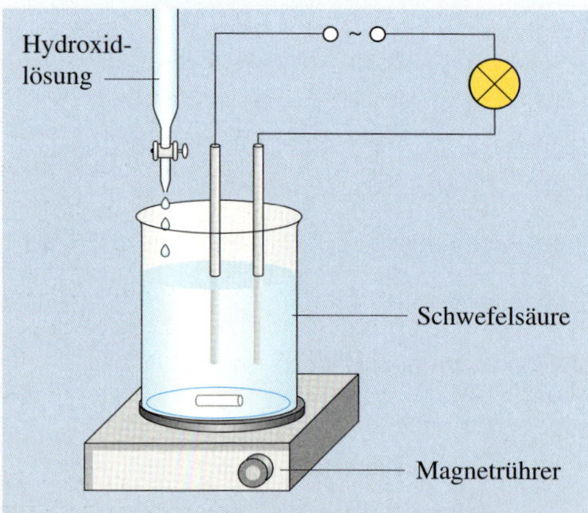

Eine Versuchsanordnung wird nach Abb. 1 aufgebaut. Die Glühlampe leuchtet zunächst hell.
Versuch 1: Bei der kontinuierlichen Zugabe von Natronlauge wird das anfangs helle Leuchten der Glühlampe zunächst schwächer und dann wieder stärker.
Versuch 2: Der Schwefelsäure wird kontinuierlich Bariumhydroxidlösung zugeführt. Das anfangs helle Leuchten der Glühlampe wird zunächst schwächer, dann geht die Lampe völlig aus, leuchtet allerdings später wieder auf.
Erklären Sie die jeweiligen Beobachtungen.

3 Zur Hebung der *Titanic* wurde vor einigen Jahren ein ungewöhnlicher Vorschlag unterbreitet. Mithilfe eines ferngesteuerten U-Boots wollte man Schwimmblasen innerhalb des Wracks anbringen. Diese sollten mit Wasserstoff gefüllt werden, den man durch Elektrolyse von Wasser auf dem Meeresboden produzieren wollte.
Die *Titanic* liegt in einer Tiefe von ca. 3700 m. Dort herrscht ein Druck von 370 bar bei ca. 2 °C. Schätzungen ergaben, dass man ungefähr $7 \cdot 10^8$ mol Wasserstoff benötigen würde, um dem Schiff genügend Auftrieb zu geben.
Stellen Sie die Elektrodenreaktionen für die Produktion von Wasserstoff auf und berechnen Sie die Standard-Zersetzungsspannung U_z^0. Berechnen Sie dann die übertragene elektrische Energie (elektrische Arbeit), die mindestens erforderlich ist, um die Hebung durchzuführen. Berechnen Sie die Kosten für die Erzeugung des benötigten Wasserstoffs, wenn man davon ausgeht, dass 1 kWh 0,20 € kostet, und diskutieren Sie den Vorschlag.

4 Gold und Kupfer werden aufgrund ihres positiven Standardpotenzials als „Edelmetalle" bezeichnet. Das „Königswasser" („aqua regia", das den „König der Metalle" löst), ein Gemisch von konzentrierter Salzsäure und konzentrierter Salpetersäure (im Volumenverhältnis 3 : 1), kann selbst Gold oxidieren. Die beiden Säuren reagieren miteinander unter Bildung von reaktionsfreudigen Chloratomen, Nitrosylchlorid NOCl und Wasser.

a Stellen Sie die Reaktionsgleichung für die im „Königswasser" stattfindende Reaktion zwischen den Säuren auf.

b Entscheiden Sie, ob Gold bzw. Kupfer unter dem Einfluss nur von konzentrierter Salzsäure oder nur durch konzentrierte Salpetersäure oxidiert werden können. Begründen Sie Ihre Entscheidung.

11 Komplexverbindungen

Neben den einfachen Salzen bilden Metalle auch komplizierte, zusammengesetzte Komplexverbindungen. In der Natur spielen solche Metallkomplexe eine entscheidende Rolle bei der Steuerung von Lebensprozessen. So sind Assimilation und Atmung von Reaktionen mit Metallkomplexen abhängig. Das für die Fotosynthese notwendige Chlorophyll sowie das für den Sauerstofftransport bei Wirbeltieren bedeutsame Hämoglobin sind derartige Komplexverbindungen.

Nicht nur in der Natur, sondern auch bei chemisch-technischen Reaktionen kommt Komplexverbindungen eine große Bedeutung zu. Sie sind bei der Metallgewinnung aus ihren Erzen, der Enthärtung von Wasser, dem Herstellen von Metallüberzügen durch Galvanisieren, bei der Erzeugung von Schwarz-Weiß-Fotografien oder katalytisch gesteuerten Reaktionen in entscheidendem Maße beteiligt.

Bildung, Aufbau und Benennung von Komplexverbindungen

Bildung von Komplexverbindungen Versetzt man eine Aluminiumsalzlösung mit Natronlauge, so fällt zwar zunächst schwer wasserlösliches Aluminiumhydroxid aus, aber entgegen dem Prinzip des kleinsten Zwangs wird bei weiterer Zugabe der Natronlauge die Bildung des Niederschlags nicht erhöht, sondern der Niederschlag löst sich wieder auf (Exp. 1; ↑S. 156).

$$Al(OH)_3(s) + NaOH(aq) \rightarrow Na[Al(OH)_4](aq)$$

Ähnlich verhält sich eine Kupfer(II)-salzlösung, in der sich nach Zugabe von Ammoniaklösung zunächst ein Niederschlag von Kupfer(II)-hydroxid bildet. Gibt man aber Ammoniaklösung im Überschuss dazu, entsteht unter Auflösung des Niederschlags eine tiefblaue Lösung (↑Exp. 2, S. 248).

$$CuSO_4(aq) + 4\ NH_3(aq) \rightarrow [Cu(NH_3)_4]SO_4(aq)$$

In beiden Beispielen wird das chemische Gleichgewicht der Metallhydroxidfällung durch die Bildung von Komplexverbindungen gestört.
Viele nach außen neutrale Metallverbindungen sind in der Lage, Moleküle oder Ionen anzulagern und **Verbindungen höherer Aggregation** zu bilden.

EXPERIMENT 1
Reaktion von Aluminium- mit Hydroxid-Ionen
Aluminiumsalzlösung ($w = 5\,\%$) wird tropfenweise mit konzentrierter Natriumhydroxidlösung (C) versetzt. Es fällt ein Niederschlag aus. Danach wird konzentrierte Natriumhydroxidlösung (C) im Überschuss zugegeben.

1 Fällung von Aluminiumhydroxid (links); Auflösung des Niederschlags (rechts)

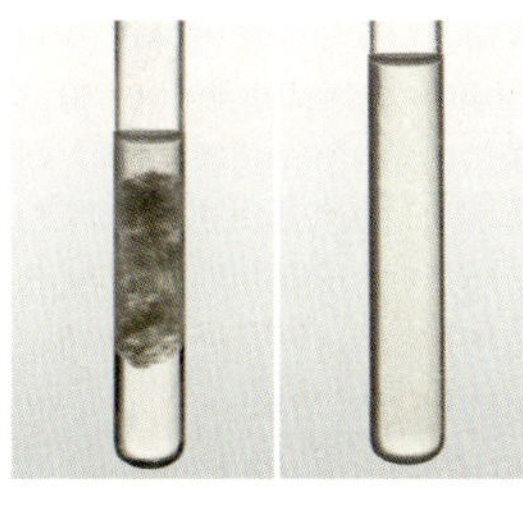

Es bilden sich Teilchen besonderer Struktur, die **Komplexteilchen**. Diese werden häufig auch kurz als **Komplexe** bezeichnet.
Verbindungen, an deren Aufbau Komplexteilchen beteiligt sind, heißen **Komplexverbindungen**. In den Formeln von Komplexverbindungen werden die charakteristischen Atomgruppen als Komplexteilchen in eckigen Klammern zusammengefasst.
In der Aluminiumsalzlösung (↑Exp. 1, S. 247) liegen **komplexe Anionen** vor.

$Al^{3+} + 3\ OH^- \rightleftharpoons Al(OH)_3$
$Al(OH)_3 + OH^- \rightleftharpoons [Al(OH)_4]^-$

In der Kupfer(II)-salzlösung (Exp. 2, Abb. 1) entstehen unter Beteiligung von Ammoniakmolekülen **komplexe Kationen**.

$Cu^{2+} + 2\ OH^- \rightleftharpoons Cu(OH)_2$
$Cu^{2+} + 4\ NH_3 \rightleftharpoons [Cu(NH_3)_4]^{2+}$

Die komplexen Ionen sind Bestandteil von Komplexverbindungen, die z. B. durch Eindampfen der Lösungen undissoziiert vorliegen können: $Na[Al(OH)_4]$, $[Cu(NH_3)_4]SO_4$.

Die Ladung eines Komplexes ergibt sich als Summe der Ladungen aller im Komplex enthaltenen Ionen und Moleküle. Gleichen sich die Ladungen gegenseitig aus, entstehen **Neutralkomplexe** wie z. B. $[PtCl_2(NH_3)_2]$ (Tab. 1).

Tab. 1 Komplexe Ionen und Neutralkomplexe

Komplexe Kationen	Komplexe Anionen	Neutralkomplexe
$[Fe(H_2O)_6]^{2+}$	$[Fe(CN)_6]^{4-}$	$[PtCl_2(NH_3)_2]$
$[Ag(NH_3)_2]^+$	$[Ag(S_2O_3)_2]^{3-}$	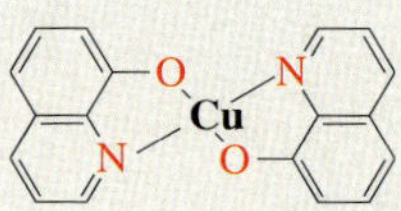
$[Al(H_2O)_6]^{3+}$	$[Al(OH)_4]^-$	

Aufbau der Komplexe Komplexverbindungen sind bereits seit dem 18. Jahrhundert bekannt, hierzu gehört z. B. das Berliner Blau $Fe_4[Fe(CN)_6]_3$ (↑S. 258). Lange Zeit fehlten aber exakte Vorstellungen über die Bindungsverhältnisse und Strukturen dieser Verbindungen. 1893 entwickelte der Schweizer Chemiker ALFRED WERNER, ausgehend von strukturellen Betrachtungen, eine umfassende, noch heute gültige Theorie vom Aufbau der Komplexe.
Er ging davon aus, dass sich bei der Komplexbildung stets eine bestimmte Anzahl von Molekülen oder Ionen, die **Liganden**, in definierter geometrischer Ausrichtung an ein **Zentralteilchen** (**Zentralion** oder **Zentralatom**) anlagern und ein Komplexteilchen bilden.

EXPERIMENT 2
Reaktion von Kupfer(II)-salzlösung mit Ammoniaklösung
Zu einer Lösung von 5 g $CuSO_4 \cdot 5\ H_2O$ (Xn, N) in 6 ml Wasser wird so lange tropfenweise konzentrierte Ammoniaklösung (C) zugegeben, bis sich der gebildete hellblaue Niederschlag gerade wieder auflöst. Zu der jetzt dunkelblauen Lösung gibt man unter ständigem Rühren 15 ml 96%iges Ethanol (F).

1 a) Kupfer(II)-sulfatlösung
b) Niederschlag von Kupfer(II)-hydroxid
c) Tetramminkupfer(II)-sulfatlösung

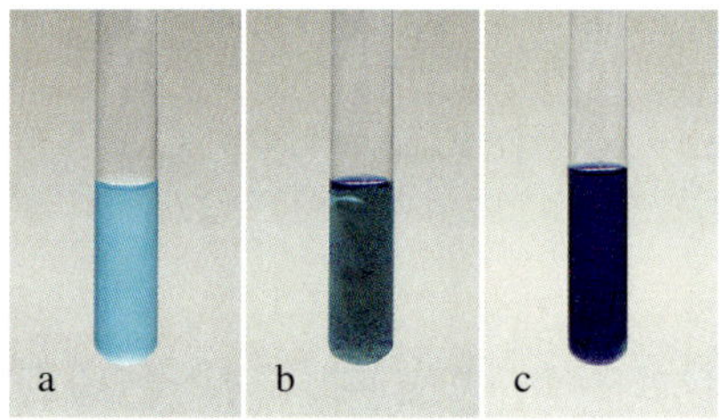

EXPERIMENT 3
Reaktion von Silbernitratlösung mit Salzsäure
Eine Silbernitratlösung ($w = 1\ \%$) wird tropfenweise erst mit wenig, dann mit einem Überschuss an konzentrierter Salzsäure (C) versetzt.

Meist fungieren Metall-Kationen der Haupt- und Nebengruppenelemente als Zentralteilchen. Aber auch die Atome einiger Nebengruppenelemente können als Zentralteilchen auftreten. Die Liganden sind entweder Ionen (z. B. Halogenid-Ionen, Hydroxid-Ionen) oder Moleküle (z. B. Wasser- oder Ammoniakmoleküle), die über mindestens ein freies Elektronenpaar verfügen (↑S. 252).

Die Bindung der Liganden an das Zentralteilchen erfolgt durch geeignete **Haftatome** (**Donatoratome**; Abb. 2). Dafür kommen hauptsächlich Atome von Nichtmetallen in Betracht. Häufig ist das Haftatom Bestandteil eines Moleküls (z. B. Ammoniakmolekül; Abb. 3) oder zusammengesetzten Ions (z. B. Thiocyanat-Ion, Cyanid-Ion).

Die Anzahl aller Haftatome in den Liganden, mit denen das Zentralteilchen verbunden ist, wird als **Koordinationszahl** bezeichnet. Die Koordinationszahl ist vom Größenverhältnis zwischen Zentralion (-atom) und Liganden, von der Elektronenkonfiguration des Zentralions (-atoms) sowie von den Anziehungs- und Abstoßungskräften zwischen den Liganden abhängig. Viele Zentralteilchen haben unterschiedliche Koordinationszahlen, am häufigsten sind 6 und 4. Im Komplex nehmen die Liganden eine symmetrische Anordnung um das Zentralteilchen ein (Tab. 2).

2 Eisenkomplex mit Fluorid-Ionen als Liganden

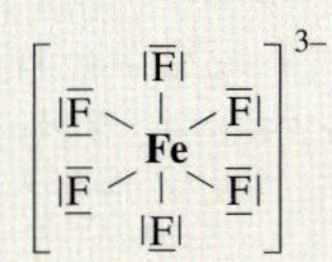

3 Kupferkomplex mit Ammoniakmolekülen als Liganden

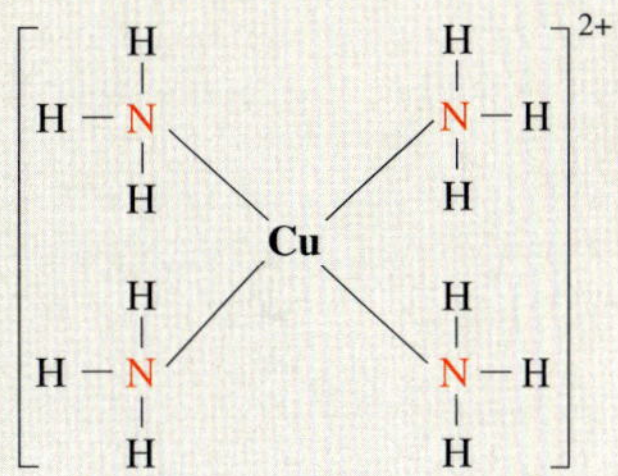

Tab. 2 Struktur von Komplexteilchen

Koordinationszahl	Anordnung der Liganden • Zentralteilchen ● Ligand		Beispiele
2		linear	$[Ag(NH_3)_2]^+$
4	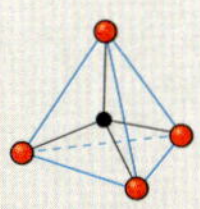	tetraedrisch	$[Al(OH)_4]^-$ $[CoCl_4]^{2-}$
	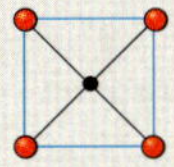	quadratisch-planar	$[Ni(CN)_4]^{2-}$ $[Pt(NH_3)_4]^{2+}$
5	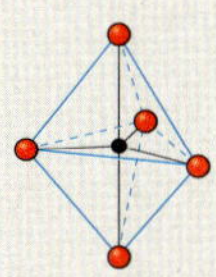	trigonal-bipyramidal	$[SnCl_5]^-$ $[Fe(CO)_5]$
	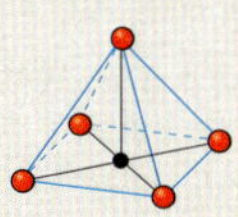	quadratisch-pyramidal	$[SbCl_5]^{2-}$
6	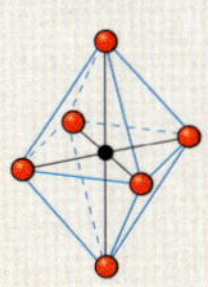	oktaedrisch	$[Fe(CN)_6]^{4-}$ $[Co(H_2O)_6]^{2+}$

AUFGABEN

1 Geben Sie die Formel der komplexen Ionen an, die beim Versetzen von Eisen(III)-salzlösung mit konzentrierter Salzsäure entstehen. Die Koordinationszahl des Eisen(III)-Ions beträgt dabei 4.

2 Ermitteln Sie die Ladung der aus Silber(I)-Ionen und Ammoniakmolekülen entstehenden komplexen Ionen.

3 Welche Ladung haben die komplexen Ionen, die aus Eisen(III)-Ionen, Thiocyanat-Ionen und Wassermolekülen im Verhältnis 1 : 1 : 5 entstehen?

4 Formulieren Sie die Reaktionsgleichungen für die Dissoziation der Komplexverbindungen $Na_3[FeF_6]$ und $[Zn(NH_3)_4]Cl_2$.

5 Geben Sie die Formel des komplexen Eisen(II)-Ions an, das als Liganden Wassermolekül(e) und Stickstoffmonooxidmolekül(e) enthält und dessen molare Masse 176 g · mol⁻¹ beträgt.

Namen von Komplexverbindungen In den Formeln der Komplexe steht das Zentralteilchen vor den Liganden. Es folgen anionische und neutrale Liganden. Die Formeln werden in eckige Klammern gesetzt. Der Name eines Komplexes setzt sich aus folgenden Bestandteilen zusammen:

1. Anzahl der Liganden

Die Anzahl der Liganden wird durch griechische Zahlwörter (di, tri, tetra, penta, hexa, octa) ausgedrückt. Bei Liganden mit komplizierten Namen verwendet man die multiplikativen Zahlworte bis, tris, tetrakis usw. vor dem in Klammern gesetzten Liganden.

2. Art der Liganden

Die Namen der Liganden werden in alphabetischer Reihenfolge genannt. Anionische Liganden erhalten die Endung -o am Namen des Ions (Tab. 1). Bei einer Reihe häufiger Liganden werden Kurzbezeichnungen verwendet. Die Namen neutraler Liganden bleiben unverändert. Einige Neutralliganden erhalten besondere Bezeichnungen (Tab. 1)

3. Name des Zentralatoms oder -ions

Bei Neutralkomplexen und bei komplexen Kationen entspricht der Name des Zentralatoms (-ions) dem Namen des jeweiligen Elements. Bei komplexen Anionen dient dazu der lateinische Wortstamm des Elements, der noch die Endung -at erhält.

4. Oxidationszahl des Zentralatoms oder -ions

Die Oxidationszahl wird durch eine in Klammern nachgestellte römische Ziffer bzw. arabische 0 angegeben.

Tab. 1 Namen von anionischen Liganden und Neutralliganden

Formel des Ions/Moleküls	Name des Ions/Moleküls	Name des Liganden in Komplexen
Anionische Liganden		
F^-	Fluorid	fluoro
Cl^-	Chlorid	chloro
Br^-	Bromid	bromo
OH^-	Hydroxid	hydroxo
O^{2-}	Oxid	oxo
S^{2-}	Sulfid	thio
CN^-	Cyanid	cyano
O_2^{2-}	Peroxid	peroxo
SCN^-	Thiocyanat (Rhodanid)	thiocyanato
$S_2O_3^{2-}$	Thiosulfat	thiosulfato
SO_4^{2-}	Sulfat	sulfato
Neutralliganden		
NH_3	Ammoniak	ammin
H_2O	Wasser	aqua
NO	Stickstoffmonooxid	nitrosyl
CO	Kohlenstoffmonooxid	carbonyl

AUFGABEN

1 Komplexverbindungen werden im Labor häufig verwendet.
Geben Sie die Formeln der folgenden Komplexverbindungen bzw. komplexen Ionen an:

a In verbrauchten Fixierbädern in der Schwarz-Weiß-Fotografie liegen Di(thiosulfato)-argentat(I)-Ionen vor.

b In einer wässrigen Aluminiumsalzlösung liegen u. a. Pentaaquahydroxo-aluminium(III)-Ionen vor.

c Zum Nachweis von Ammoniakspuren im Brauchwasser wird Kaliumtetraiodo-mercurat(II)-lösung verwendet.

d In „technischer Salzsäure" liegt ein Anteil an Hexachloroeisen(III)-säure vor, die diese gelblich färbt.

2 Geben Sie die Namen der folgenden Komplexverbindungen bzw. komplexen Ionen an:

a $Cu_2[HgI_4]$; wird als optisches Thermometer verwendet, da es unterhalb von 71 °C rot, oberhalb dieser Temperatur braun ist.

b „Cisplatin" $[PtCl_2(NH_3)_2]$; wird in der Medizin als Chemotherapeutikum zur Behandlung von z. B. Tumoren des Bindegewebes eingesetzt.

c Im Labor sind „rotes Blutlaugensalz" $K_3[Fe(CN)_6]$ und „gelbes Blutlaugensalz" $K_4[Fe(CN)_6]$ wichtige Reagenzien.

Die Namen salzartiger Komplexverbindungen setzen sich aus dem Namen der beteiligten komplexen Ionen und den zugehörigen Kationen oder Anionen zusammen, wobei wie bei den einfachen Salzen zuerst die Kationen, dann die Anionen genannt werden. Kationen und Anionen werden durch Bindestrich getrennt. Zur besseren Übersichtlichkeit können auch Bindestriche zwischen unterschiedlichen Bestandteilen von Komplexen gesetzt werden (Tab. 2).

Tab. 2 Benennung von Komplexverbindungen

Komplexverbindung mit komplexem Kation: $[Cu(NH_3)_4]SO_4$					
Komplexes Kation					Anion
Anzahl der Liganden	Name des Liganden	Name des Zentralions	Oxidationszahl des Zentralions		Name des Anions
Tetra	ammin	kupfer	(II)		sulfat
Tetraamminkupfer(II)-sulfat					
Komplexverbindung mit komplexem Anion: $Na[Al(OH)_4]$					
Kation	Komplexes Anion				
Name des Kations	Anzahl der Liganden	Name des Liganden	Kennzeichnung des Zentralions		Oxidationszahl des Zentralions
Natrium	tetra	hydroxo	aluminat		(III)
Natrium-tetrahydroxoaluminat(III)					
Neutralkomplex: $[CuCl_2(H_2O)_2]$					
Anzahl der Liganden	Name des Liganden	Anzahl der Liganden	Name des Liganden	Zentralion	Oxidationszahl des Zentralions
Di	aqua	di	chloro	kupfer	(II)
Diaquadichlorokupfer(II)					

ZUSAMMENFASSUNG

Komplexteilchen (Komplexe) sind aus **Zentralteilchen** (**Zentralionen** oder **-atome**) und **Liganden** aufgebaut. Es gibt komplexe Kationen, komplexe Anionen und Neutralkomplexe.
Die Bindung der Liganden an die Zentralteilchen erfolgt über Haftatome (Donatoratome). Die **Koordinationszahl** bezeichnet die Anzahl der gebundenen Haftatome.
Die Benennung von Komplexverbindungen erfolgt nach der Anzahl und Art der Liganden, der Art des Komplexteilchens und seines Zentralteilchens sowie seiner Oxidationszahl (Tab. 2).

▶ Stoff-Teilchen-Konzept

Chemische Bindung in Komplexen

Die chemische Bindung zwischen einem Zentralion bzw. Zentralatom und seinen Liganden lässt sich nach verschiedenen Modellen der Bindungstheorie beschreiben.

Elektrostatische Wechselwirkungen Jedes geladene Teilchen ist der Ausgangspunkt eines elektrischen Feldes, das sich nach allen Richtungen des Raumes erstreckt. Daher sind alle Ionen in der Lage, entgegengesetzt geladene Ionen oder Dipolmoleküle anzuziehen (↑ Ionensubstanzen, S. 28; Dipole, S. 34, 42 f.). Meist finden an den Zentralionen mehr ionische Liganden Platz, als zum Ausgleich der Ladung eines Zentralions erforderlich sind. Ionische Liganden stoßen einander stärker ab als Neutralliganden. Daher haben Komplexe mit Neutralliganden meist höhere Koordinationszahlen als Komplexe mit ionischen Liganden (Tab. 1). Eisen(III)-Ionen und Aluminium-Ionen bilden mit Wassermolekülen Komplexe mit der Koordinationszahl 6 $[Fe(H_2O)_6]^{3+}$, $[Al(H_2O)_6]^{3+}$, während mit Chlorid- und Hydroxid-Ionen bevorzugt Komplexe mit der Koordinationszahl 4 $[ZnCl_4]^{2-}$, $[Al(OH)_4]^-$ entstehen.

Die Grenzen dieses Modells werden durch folgende Beispiele verdeutlicht:

- Elektrostatische Wechselwirkungen als Grundlage der Anziehungskraft zwischen Zentralteilchen und Liganden erklären nicht die große Stabilität der meisten Komplexverbindungen. In wässriger Lösung einer Komplexverbindung liegen die komplexen Ionen nahezu unverändert vor, ein Zerfall in Zentralion (-atom) und Liganden findet kaum statt.
- Das Modell beschreibt nicht die Anziehung zwischen einem Zentralatom und seinen Liganden.
- Die elektrostatische Wechselwirkung in einem Komplex erklärt zwar die symmetrische Anordnung der Liganden entsprechend dem Elektronenpaar-Abstoßungsmodell (↑ S. 32 f.), nicht aber die Struktur von dieser Regel abweichender Komplexe.

Koordinative Bindung Diese Modellvorstellung beschreibt die chemische Bindung in Komplexteilchen durch die Ausbildung gemeinsamer Elektronenpaare zwischen Zentralion (-atom) und Ligand (Abb. 2, 3). Alle Liganden enthalten **freie Elektronenpaare** an den Haftatomen, mit denen sie am Zentralion (-atom) angreifen können, sodass Elektronenpaarbindungen entstehen. Die bindenden Elektronen stammen aber nur von einem Reaktionspartner.

1 Liganden mit freien Elektronenpaaren

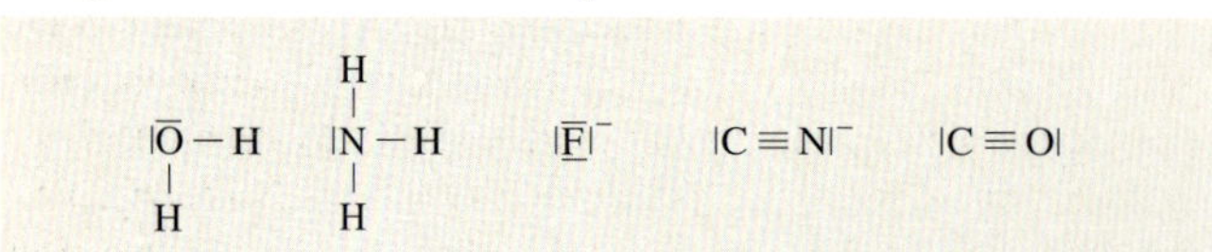

Diese Art der Elektronenpaarbindung (Atombindung) kann mit dem **Donator-Akzeptor-Konzept** (↑ vorderer Buchdeckel) erklärt werden, bei dem die Liganden als Elektronenpaardonator

Tab. 1 Typische Koordinationszahlen einiger Liganden

Ligand	Typische Koordinationszahl	Beispiele
Cl^- Br^- I^-	4	$[FeCl_4]^{2-}$
OH^-	4	$[Al(OH)_4]^-$
H_2O	6	$[Co(H_2O)_6]^{3+}$
F^-	6	$[FeF_6]^{3-}$

2 Donator-Akzeptor-Prinzip der koordinativen Bindung

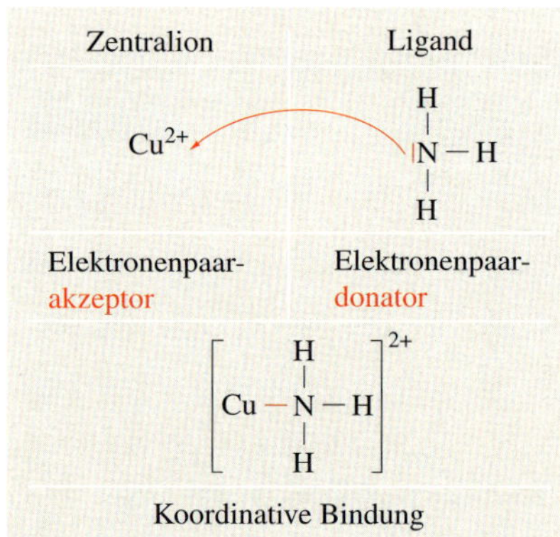

3 Koordinative Bindung im Tetrachlorocobaltat(II)

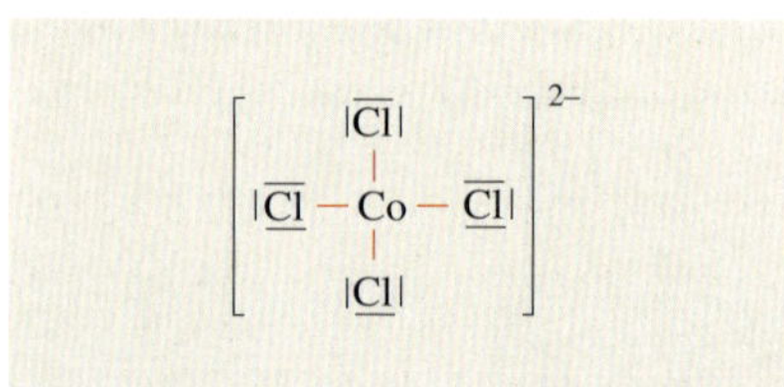

mit dem Zentralion (-atom) als Elektronenpaarakzeptor eine **koordinative Bindung** ausbilden (Abb. 2).
Nach den Vorstellungen über die koordinative Bindung ist die Ladung der Liganden für die Komplexbildung nur von untergeordneter Bedeutung. Entscheidend für die chemische Bindung ist lediglich die Möglichkeit der Liganden, Elektronenpaare an das Zentralion (-atom) abzugeben.
Zum Verständnis der koordinativen Bindung trug besonders das Werk *The Nature of the Chemical Bond* (1939) von LINUS PAULING bei (Abb. 4).
Die Elektronenkonfiguration des Zentralteilchens im Komplex ergibt sich als Summe der Elektronen des Zentralteilchens und der durch die Liganden für die koordinative Bindung zur Verfügung gestellten Elektronen. In vielen Fällen erreichen die Zentralionen (-atome) in den Komplexen dadurch **Edelgaskonfiguration** (Tab. 2; ↑ S. 32).
Die Hexammin-Komplexe von Cobalt(II)- und Cobalt(III)-Ionen haben unterschiedliche Stabilität. Die Elektronenkonfiguration des Cobalt(III)-Ions im Komplex $[Co(NH_3)_6]^{3+}$ entspricht der Edelgaskonfiguration der Kryptonatome. Dieser Komplex ist der stabilere, sodass Cobalt(II)-Ionen in Gegenwart von Ammoniak in diese Verbindung übergehen können.

4 LINUS PAULING (1901 bis 1994), amerikanischer Chemiker, entwickelte Theorien der chemischen Bindung (Nobelpreis 1954), setzte sich engagiert für den Frieden der Welt und gegen Kernwaffen (Friedensnobelpreis 1963) ein.

Tab. 2 Elektronenkonfiguration der Cobalt-Ionen in den Komplexen $[Co(NH_3)_6]^{2+}$ und $[Co(NH_3)_6]^{3+}$

Elektronenanzahl	Cobalt(II)-Ion	Cobalt(III)-Ion
Elektronenanzahl in den Cobalt-Ionen	25	24
Anzahl der in den Liganden verfügbaren Elektronen	12	12
Gesamtanzahl der Elektronen	37	36

Zentralionen (-atome) der Nebengruppenelemente erreichen Edelgaskonfiguration durch vollständig besetzte s- und p-Orbitale des höchsten Energieniveaus (2 + 6 Elektronen) sowie vollständig besetzte d-Orbitale des zweithöchsten Energieniveaus (10 Elektronen). Die Elektronenkonfiguration der Zentralionen (-atome) in solchen Komplexen entspricht der in den Atomen der Edelgase Krypton, Xenon bzw. Radon und wird deshalb auch als **18-Elektronen-Regel** bezeichnet.

Das Ziel, immer mehr Eigenschaften von Komplexverbindungen erklären zu können, wurde mit neuen Modellvorstellungen zur chemischen Bindung erreicht. So ist es möglich, mit der *Valenzbindungstheorie* die Struktur von Komplexen zu klären, die sich nicht entsprechend dem Elektronenpaar-Abstoßungsmodell verhalten. Dazu gehören z. B. die quadratisch-planaren und pyramidalen Komplexe. Die *Ligandenfeldtheorie* liefert dagegen eine Erklärung der Farbigkeit von Komplexverbindungen.

AUFGABEN

1 Erläutern Sie den Nutzen einfacher Modellvorstellungen zur Beschreibung der Bindungsverhältnisse in Komplexen.
2 Welche Struktur ist als Folge der elektrostatischen Wechselwirkungen für den Komplex $[CoCl_4]^{2-}$ zu erwarten?
3 In vielen Zink-Komplexen hat Zink die Koordinationszahl 4.
Begründen Sie die Stabilität solcher Komplexe aus der Elektronenkonfiguration der Zink-Ionen am Beispiel des Komplexes $[Zn(NH_3)_4]^{2+}$.
4 Welche Stabilitätsunterschiede sind aus der Elektronenkonfiguration der Molybdän-Ionen in den beiden Komplexen $[Mo(CN)_8]^{4-}$ und $[Mo(CN)_8]^{3-}$ zu erwarten?

ZUSAMMENFASSUNG

Die Stabilität und die Eigenschaften von Komplexverbindungen lassen sich mithilfe verschiedener Modellvorstellungen beschreiben.
Nach dem **elektrostatischen Modell** hängen Zusammensetzung und Struktur der Komplexteilchen von den Größenverhältnissen und den elektrostatischen Kräften zwischen den beteiligten Ionen und Dipolmolekülen ab. Bevorzugt sind Komplexteilchen mit gerader Koordinationszahl, bei denen die Liganden symmetrisch um die Zentralionen (Zentralatome) angeordnet sind.

► Struktur-Eigenschafts-Konzept

Nach dem **Modell der koordinativen Bindung** lässt sich die hohe Bindungsstärke zwischen dem Zentralion (Zentralatom) und seinen Liganden erklären. Eine koordinative Bindung ist eine Art der **Elektronenpaarbindung**, bei der das gemeinsame Elektronenpaar nur von einem der beiden Bindungspartner stammt.
In Komplexteilchen ist der Ligand der **Elektronenpaardonator**, das Zentralion (Zentralatom) ist der **Elektronenpaarakzeptor**.

► Donator-Akzeptor-Konzept

Reaktionen von Komplexverbindungen

Wassermoleküle als Liganden – Aquakomplexe In vielen Salzen sind in das Ionengitter Wassermoleküle eingeschlossen, es entstehen Salzhydrate. Die Wassermoleküle können dabei aufgrund ihres Dipolcharakters an den Kationen oder den Anionen fixiert sein. Die regelmäßige Anordnung von Wassermolekülen um ein Metall-Ion in einem Salz führt zur Bildung von **Aquakomplexen**.
Bildung und Zerfall der Komplexe sind oft von charakteristischen Veränderungen der Eigenschaften begleitet. So beruht der Nachweis von Wasser in Ethanol oder anderen organischen Lösemitteln mit wasserfreiem Kupfer(II)-sulfat auf der Bildung einer blauen Komplexverbindung.

$$\underset{\text{weiß}}{CuSO_4 + 5\,H_2O} \rightarrow \underset{\text{blau}}{[Cu(H_2O)_4]SO_4 \cdot H_2O}$$

Auch wasserfreies Cobalt(II)-chlorid zeigt einen Farbumschlag bei der Reaktion mit Wasser.

$$\underset{\text{blau}}{CoCl_2 + 6\,H_2O} \rightleftharpoons \underset{\text{rosa}}{[Co(H_2O)_6]Cl_2}$$

Diese Reaktion wird zur Feuchtigkeitsanzeige, z. B. im Exsikkator, genutzt.
Auch an andere Metall-Ionen werden leicht Wassermoleküle angelagert, sodass viele Metallsalze Kristallwasser enthalten.

In wässriger Lösung liegen komplexe Ionen wie $[Al(H_2O)_6]^{3+}$, $[Fe(H_2O)_6]^{3+}$, $[Cu(H_2O)_6]^{2+}$ oder $[Zn(H_2O)_6]^{2+}$ vor, in denen das Zentralion meist die Koordinationszahl 6 hat.

1 Verwendung des Feuchtigkeitsindikators Cobalt(II)-chlorid in einem Exsikkator

Ligandenaustausch und Stabilität von Komplexen Die in den Komplexen gebundenen Wassermoleküle lassen sich schrittweise durch andere Liganden verdrängen. Dies wird als **Ligandenaustausch** bezeichnet und geht häufig mit einer Farbänderung einher (Exp. 1). Für die Reaktion von Hex(a)aquakupfer(II)-Ionen mit Ammoniakmolekülen ergibt sich folgende ausführliche Reaktionsgleichung:

$[Cu(H_2O)_6]^{2+} + 4\ NH_3 \rightarrow [Cu(NH_3)_4(H_2O)_2]^{2+} + 4\ H_2O$
hellblau — blauviolett

In vereinfachter Schreibweise werden die an den Metall-Ionen koordinierten Wassermoleküle in der Reaktionsgleichung vernachlässigt.

$Cu^{2+} + 4\ NH_3 \rightarrow [Cu(NH_3)_4]^{2+}$

Eisen(III)-Ionen bilden mit Thiocyanat-Ionen SCN^- verschiedene Verbindungen von intensiv roter Farbe. Diese empfindliche Reaktion dient zum Nachweis von Eisen(III)-Ionen. Die Reaktion kann durch die Reaktionsgleichung

$[Fe(H_2O)_6]^{3+} + 3\ SCN^- \rightarrow [Fe(SCN)_3(H_2O)_3] + 3\ H_2O$

ausgedrückt werden (Exp. 2). Bei Anwesenheit von Fluorid-Ionen bleibt diese Farbreaktion aus, weil Fluorid-Ionen mit Eisen(III)-Ionen stabile Komplexe wie $[FeF_6]^{3-}$ bilden. Fluorid-Ionen können sogar aus entstandenem Eisen(III)-thiocyanat Thiocyanat-Ionen wieder verdrängen.

$[Fe(SCN)_3(H_2O)_3] + 6\ F^- \rightarrow [FeF_6]^{3-} + 3\ SCN^- + 3\ H_2O$

Die Eisen(III)-Ionen werden „maskiert" – ein Nachweis dieser Ionen mit Thiocyanat-Ionen ist bei Anwesenheit von Fluorid-Ionen nicht mehr möglich (Exp. 2).
Bei vielen analytischen Trenn- und Nachweisreaktionen können störende Metall-Ionen durch die Bindung in Komplexen entfernt werden. Dies wird als **Maskierung** bezeichnet. Für die Maskierung von Eisen(II)- oder Eisen(III)-Ionen sind auch Cyanid-Ionen geeignet, weil sie mit diesen besonders stabile Hexacyanoferrat-Komplexe bilden (Exp. 2).
Komplexe weisen stets eine große, aber doch unterschiedliche **Stabilität** auf. Bei Bildung und Zerfall von Komplexen stellt sich ein chemisches Gleichgewicht ein, das mithilfe des Massenwirkungsgesetzes quantitativ beschrieben wird (↑S. 125 f.).

$Fe^{3+} + 6\ CN^- \rightleftharpoons [Fe(CN)_6]^{3-}$

Die **Komplexstabilitätskonstante *K*** für diese Reaktion lautet:

$$K = \frac{c([Fe(CN)_6]^{3-})}{c(Fe^{3+}) \cdot c^6(CN^-)} = 10^{44}\ l^6 \cdot mol^{-6}$$

EXPERIMENT 1

Farbänderung durch Ligandenaustausch

Cobalt(II)-nitratlösung ($w = 4\,\%$; Xn) wird mit konzentrierter Salzsäure (C) versetzt.

EXPERIMENT 2

Maskierung von Ionen

a) Eisen(III)-chloridlösung ($w = 5\,\%$), Ammoniumthiocyanatlösung ($w = 5\,\%$) und Natriumfluorid (T) werden in folgender Reihenfolge zur Reaktion gebracht:
- Eisen(III)-chloridlösung + Ammoniumthiocyanatlösung
- Eisen(III)-chloridlösung + Ammoniumthiocyanatlösung + 1 Spatelspitze Natriumfluorid (T)
- Eisen(III)-chloridlösung + 1 Spatelspitze Natriumfluorid (T) + Ammoniumthiocyanatlösung

b) Ammoniumthiocyanatlösung ($w = 5\,\%$) wird zu
- Eisen(III)-chloridlösung ($w = 5\,\%$)
- Kaliumhexacyanoferrat(III)-lösung ($w = 1\,\%$)

gegeben.

EXPERIMENT 3

Beeinflussung der Gleichgewichtslage

Zu Kupfer(II)-chloridlösung ($w = 1\,\%$) wird so lange konzentrierte Salzsäure (C) getropft, bis die Farbe der Flüssigkeit nach Grün umschlägt. Dann wird mit destilliertem Wasser bis zur Blaufärbung der Lösung verdünnt. Die Farbumschläge werden nun durch Erhitzen der Lösung in der Brennerflamme und nachfolgendem Abkühlen mit kaltem Wasser ausgelöst.

Die **Komplexzerfallskonstante K_D** für diese Reaktion lautet:

$$K_D = \frac{c(Fe^{3+}) \cdot c^6(CN^-)}{c([Fe(CN)_6]^{3-})} = 10^{-44}\ mol^6 \cdot l^{-6}$$

$$K_D = K^{-1}$$

Eisen(III)-Ionen bilden mit Cyanid-Ionen so stabile Komplexe, dass in einer wässrigen Lösung z. B. des roten Blutlaugensalzes [Kaliumhexacyanoferrat(III)] so gut wie keine freien Cyanid-Ionen vorliegen. Für die beschriebenen Reaktionen der Eisenverbindungen (↑Exp. 2, S. 255) ergibt sich folgende Stabilitätsfolge:

$K\,[Fe(H_2O)_6]^{3+} < K\,[Fe(SCN)_3(H_2O)_3] < K\,[FeF_6]^{3-}$ bzw.
$K_D\,[Fe(H_2O)_6]^{3+} > K_D\,[Fe(SCN)_3(H_2O)_3] > K_D\,[FeF_6]^{3-}$

Wie jede Gleichgewichtskonstante sind auch die Komplexstabilitätskonstante und die Komplexzerfallskonstante temperaturabhängig (↑Exp. 3, S. 255).

Löslichkeit Bei der Komplexbildung tritt häufig eine Veränderung der Löslichkeitsverhältnisse ein. So werden viele schwer lösliche Metallhydroxide nach erfolgter Ausfällung durch überschüssige Hydroxidlösung unter Bildung von Hydroxo-Komplexen wieder gelöst.

$Al^{3+} + 3\,OH^- \rightarrow Al(OH)_3 \downarrow$
$Al(OH)_3 + OH^- \rightarrow [Al(OH)_4]^-$

Silber-Ionen bilden mit Thiosulfat-Ionen eine stabile, gut wasserlösliche Komplexverbindung (Exp. 4). Auf diese Weise kann das in Wasser und in Säuren schwer lösliche Silberbromid leicht gelöst werden (↑Prinzip des Fixierens in der Fotografie, S. 197).

$AgBr + 2\,S_2O_3^{2-} \rightleftharpoons [Ag(S_2O_3)_2]^{3-} + Br^-$

Chelate – Chelateffekt Viele, meist organische Liganden enthalten mehrere Haftatome und greifen deshalb bei der Komplexbildung mehrfach am Zentralteilchen an (Abb. 1). Dabei entstehen ringförmige Verbindungen, **Chelatkomplexe**, kurz **Chelate** (griech. chele – Krebsschere), in denen der Ligand das Zentralteilchen zangenartig umschließt. Komplexverbindungen mit polycylischen Ringsystemen sind z. B. Chlorophyll und Hämoglobin (↑S. 258 f.). Die Anzahl der im Liganden vorhandenen Haftatome bezeichnet man als **Zähnigkeit**.
Kennzeichnend für Chelate ist das Auftreten von **mehrzähnigen Liganden**.
Chelate sind bei gleichem Zentralteilchen stabiler als Komplexe mit Einzelliganden gleicher Haftatome (**Chelateffekt**). Die größere Stabilität der Chelate wird durch einen **Entropieeffekt** bei

EXPERIMENT 4
Fixieren beim fotografischen Prozess
Aus 1%iger Silbernitratlösung wird mit 2 Tropfen Natriumbromidlösung (w = 1 %) Silberbromid ausgefällt. Das Gemisch wird mit Natriumthiosulfatlösung (w = 5 %) versetzt.

EXPERIMENT 5
Beeinflussung der Löslichkeit
Zu Kupfer(II)-sulfatlösung (w = 2 %) werden zunächst wenige Tropfen Ammoniumcarbonatlösung (w = 5 %) gegeben. Danach gibt man unter Schütteln Ammoniumcarbonatlösung im Überschuss dazu, bis sich der gebildete Niederschlag wieder löst.

AUFGABEN
1 Geben Sie den Namen und die Formel der Komplexverbindung an, die bei der Reaktion von Zinksulfat und Natriumcyanid entsteht.
2 Ermitteln Sie mithilfe des Löslichkeitsprodukts und der Komplexstabilitätskonstante, ob Silberiodid in Ammoniaklösung löslich ist:
$K_L(AgI) = 10^{-16}\ mol^2 \cdot l^{-2}$,
$K([Ag(NH_3)_2]^+) = 1{,}6 \cdot 10^7 \cdot l^2 \cdot mol^{-2}$

1 Kupfer-Komplex mit Ethylendiamin – ein Chelatkomplex

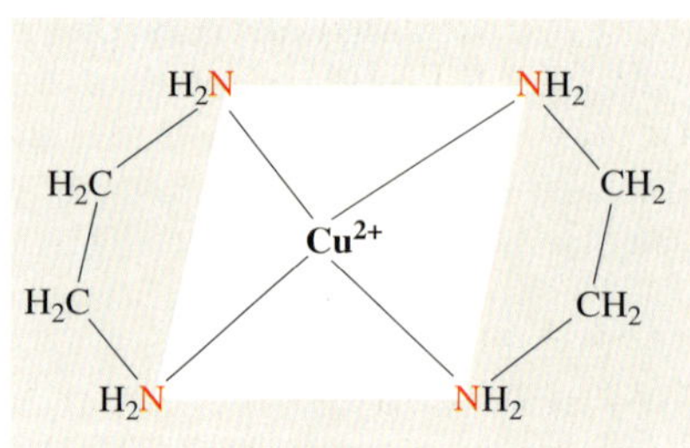

der Bildung der Chelate begünstigt: Hat ein mehrzähniger Ligand mit einem Haftatom am Zentralteilchen angegriffen, ist die Wahrscheinlichkeit groß, dass weitere Bindungen geknüpft werden. Weiterhin führt die Verdrängung von Wassermolekülen durch den Chelatbildner zur Vergrößerung der Teilchenanzahl und zur gleichzeitigen Abnahme des Ordnungszustands.

AUFGABEN

1 Welche komplexen Ionen liegen in wässrigen Lösungen von Silbernitrat und Eisen(III)-chlorid vor?
2 Benennen Sie alle Ionen, die in einer wässrigen Lösung der Komplexverbindung $Na_3[Ag(S_2O_3)_2]$ vorhanden sind.
3 Wodurch unterscheiden sich Pentaammin-bromo-cobalt(III)-sulfat und Pentaammin-sulfatocobalt(III)-bromid?
4 Formulieren Sie für die folgenden Reaktionen die Reaktionsgleichungen: Eine wässrige Cobalt(III)-chloridlösung wird mit Ammoniak versetzt. Die tiefblaue Lösung färbt sich nach Zugabe von festem Natriumchlorid unter Bildung eines Dichlorotetrammin-Komplexes orange.
5 Eine Lösung von Cobalt(II)-chlorid in 2-Propanol und etwas Wasser ist rosa gefärbt. Beim Erhitzen färbt sich die Lösung blau (Abb. 2). Begründen Sie diesen Unterschied.

2 Temperaturabhängigkeit der Gleichgewichtskonstante (zu Aufgabe 5)

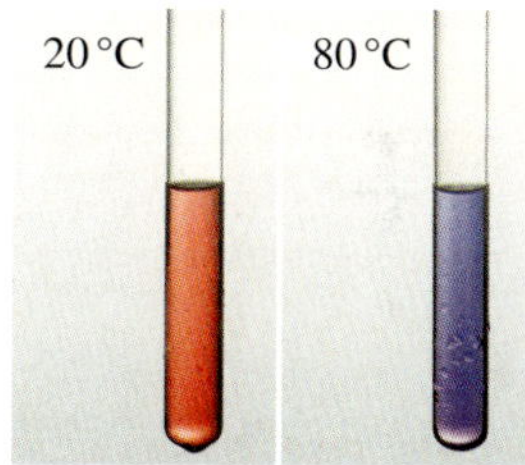

Bedeutung von Komplexverbindungen

Qualitative Nachweisreaktionen von Metall-Ionen durch Komplexverbindungen Farbreaktionen und Löslichkeitsänderungen, die mit der Komplexbildung verbunden sind, dienen häufig zum qualitativen und quantitativen Nachweis von Stoffen. So wird die Reaktion mit Ammoniak zum **Nachweis von Kupfer(II)-Ionen**, die Reaktion mit Thiocyanat-Ionen zum **Nachweis von Eisen(III)-Ionen** herangezogen. Mit **Cobalt(II)-Ionen** bilden Thiocyanat-Ionen eine blaue Verbindung, die auch in Gegenwart von Fluorid-Ionen stabil ist.

3 Ditartratocuprat(II)-Komplex

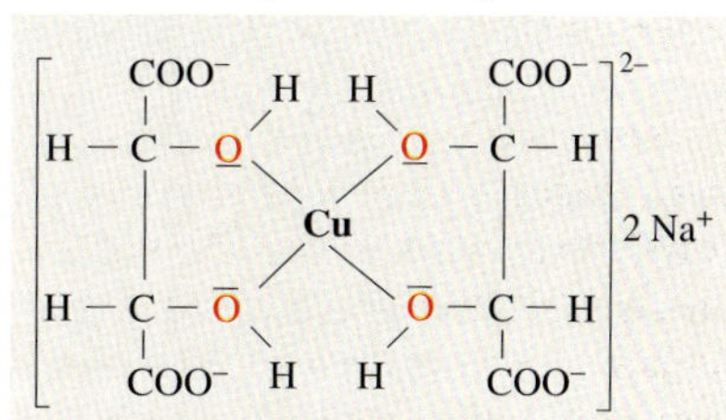

Beim **Nachweis von Glucose** mit Fehling'scher Lösung wird durch Bildung eines Kupfertartrat-Komplexes (Abb. 3) die Ausfällung von Kupfer(II)-hydroxid verhindert (Exp. 1). Die Reduktion der Kupfer(II)-Ionen hebt diese Maskierung auf und führt zur Bildung des schwer löslichen gelbroten Kupfer(I)-oxids.

EXPERIMENT 1

Nachweis von Glucose mit Fehling'scher Lösung

Fehling'sche Lösung I (5%ige Kupfersulfatlösung) wird mit Fehling'scher Lösung II (C; alkalische, 10%ige Kalium-Natriumtartratlösung) versetzt. Dann gibt man eine Spatelspitze Glucose zu und erwärmt.

4 Abbildung zu Experiment 1

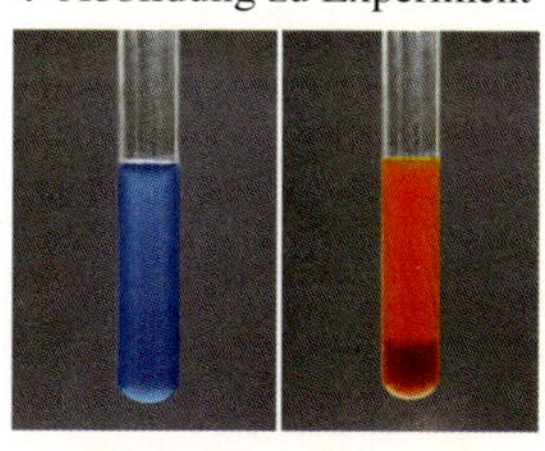

Metall-Ionen können auch durch Fällungsreaktionen unter Beteiligung von Komplexbildungen nachgewiesen werden. So bilden Hexacyanoferrat(II)-Ionen mit Eisen(III)-Ionen einen intensiv blauen, mit Kupfer(II)-Ionen einen braunen Niederschlag (Exp. 3, 4).

$4\ Fe^{3+} + 3\ [Fe(CN)_6]^{4-} \rightarrow Fe_4[Fe(CN)_6]_3 \downarrow$ Berliner Blau

$2\ Cu^{2+} + [Fe(CN)_6]^{4-} \rightarrow Cu_2[Fe(CN)_6] \downarrow$

Sehr oft erfolgt der Nachweis von Metall-Ionen durch Farb- oder Fällungsreaktionen mit organischen Verbindungen. Ein Beispiel dafür ist der **Nachweis von Nickel(II)-Ionen** mit Diacetyldioxim (Exp. 2).

EXPERIMENT 2

Nachweis von Nickel in Euromünzen

Ein Wattestäbchen wird mit einer Dimethylglyoximlösung gesättigt in 96 % Ethanol (F) getränkt und anschließend getrocknet. Das getrocknete Stäbchen wird mit 3 Tropfen Ammoniaklösung (w = 10 %, C) befeuchtet und wiederum kurz getrocknet. Mit dem Teststäbchen reibt man einige Sekunden kräftig über die Oberfläche einer Euromünze.

Physiologie

Komplexverbindungen ermöglichen zentrale Lebensprozesse

1 Rote Blutkörperchen

In der Natur haben viele Komplexverbindungen lebenserhaltende Funktionen.

Durch den roten Blutfarbstoff Hämoglobin erfolgen Transport und Speicherung von Sauerstoff bei den Wirbeltieren. Das Protein **Hämoglobin** besteht aus vier Polypeptidketten (Globinketten) und jeweils einem Eisen-Komplex, der Hämgruppe. Im Häm ist Porphyrin, ein polycyclisches, vierzähniges Ligandensystem, an ein Eisen(II)-Ion als Zentralion gebunden. Die fünfte Koordinationsstelle des Eisen(II)-Ions wird vom Globinrest besetzt, der über die Aminosäure Histidin koordinativ bindet. An der noch verfügbaren sechsten Koordinationsstelle kann ein Sauerstoffmolekül reversibel binden (Abb. 2).

Neben Sauerstoff können aber auch andere Liganden an das Eisen(II)-Ion gebunden werden. Die hohe Giftigkeit von Kohlenstoffmonooxid ergibt sich aus der Tatsache, dass Kohlenstoffmonooxidmoleküle an der sechsten Koordinationsstelle binden können und somit den Sauerstofftransport behindern oder gar unterbinden. Nur durch Beatmung mit reinem Sauerstoff kann das gebundene Kohlenstoffmonooxid wieder gegen Sauerstoff ausgetauscht werden. Auch im Myoglobin der Muskeln ist die Komplexverbindung Häm enthalten.

Einen ähnlichen Aufbau wie das Häm besitzt **Chlorophyll**, der Blattfarbstoff der grünen Pflanzen. Das Zentralion ist hier ein Magnesium-Ion. Das blaugrüne Chlorophyll a und das gelbgrüne Chlorophyll b sind die häufigsten grünen Pflanzenfarbstoffe (Abb. 3) und ermöglichen durch ihre Fähigkeit zur Lichtabsorption die Fotosynthese der grünen Pflanzen.

2 Struktur des Häms und des Hämoglobins

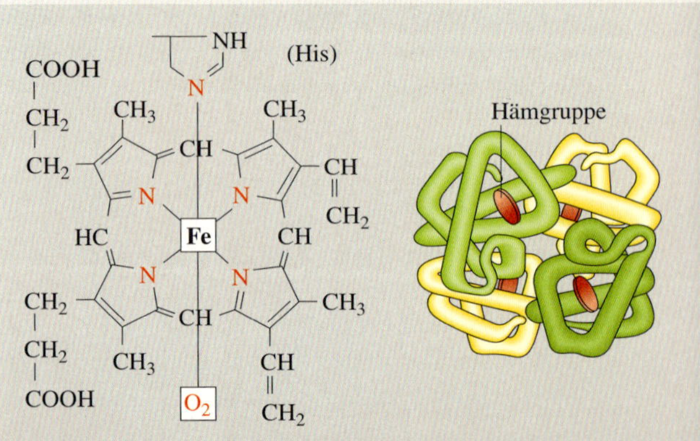

EXPERIMENT 3

Gelbes Blutlaugensalz als Nachweismittel

Einige Tropfen Kaliumhexacyanoferrat(II)-lösung ($w = 1\,\%$) werden zugegeben zu:

a) einer Eisen(III)-chloridlösung ($w = 5\,\%$)

b) einer Kupfer(II)-sulfatlösung ($w = 5\,\%$) .

EXPERIMENT 4

Rotes Blutlaugensalz als Nachweismittel

Eine frisch zubereitete Eisen(II)-sulfatlösung ($w = 5\,\%$) wird mit einigen Tropfen Kaliumhexacyanoferrat(III)-lösung ($w = 1\,\%$) versetzt.

Tab. 1 Fakten zur 1-Euro-Münze

Durchmesser	23,25 mm	
Stärke	2,33 mm	
Masse	7,50 g	
Farbe	**außen**	**innen**
	metallisch gelb	metallisch weiß
Zusammensetzung	Nickel-Messing	dreischichtig: – Kupfer-Nickel – Nickel – Kupfer-Nickel

3 In den Chloroplasten der Pflanzenzellen erfolgt die Fotosynthese (Aufnahme mit einem Transmissionselektronenmikroskop).

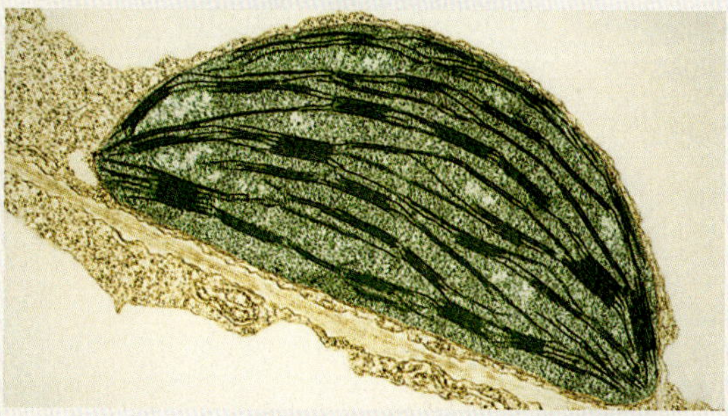

Metallkomplexe werden auch in der Medizin eingesetzt. Besondere Bedeutung hat cis-Platin $[PtCl_2(NH_3)_2]$ zur Behandlung von Tumoren bei Krebserkrankungen erlangt. Durch Ligandenaustausch kann sich diese Verbindung an die Stickstoffatome von Nucleinbasen der Erbsubstanz anlagern und damit das Wachstum von Krebszellen hemmen, indem die Zellteilung von Tumorzellen behindert wird.

5 Struktur des Chemotherapeutikums cis-Platin und des therapeutisch unwirksamen trans-Platins

cis-Platin trans-Platin

4 Struktur von Chlorophyll a und b

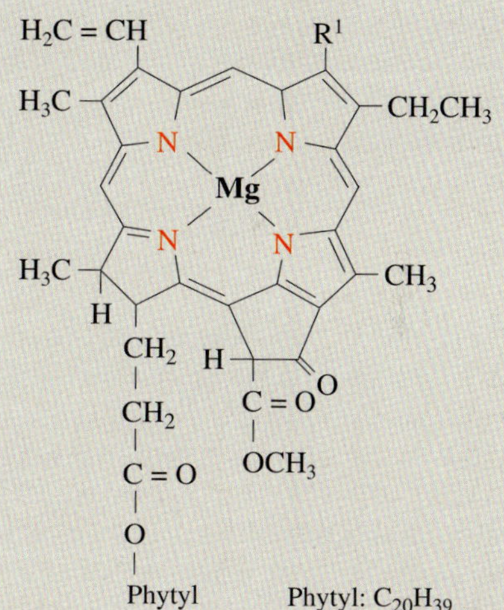

Phytyl: $C_{20}H_{39}$

R^1: CH_3 im Chlorophyll a; CHO im Chlorophyll b

AUFGABEN

1 Beschreiben Sie die Bindungsverhältnisse in den Komplexen Häm und Chlorophyll.

2 Die giftige Wirkung von Cyaniden beruht wie bei Kohlenstoffmonooxid auf der Fähigkeit der Cyanid-Ionen, als Liganden an biologisch wichtige Moleküle gebunden zu werden. Ihre Bindungskraft an Hämoglobin ist allerdings eher gering. Informieren Sie sich über die Wirkung von Cyaniden im menschlichen Organismus.

Wasserenthärtung Erdalkalimetall-Ionen im Wasser mindern die Wirkung waschaktiver Substanzen. So reagieren besonders Magnesium- und Calcium-Ionen mit den Säurerest-Ionen der Seifen zu schwer wasserlöslichen Kalkseifen.

$$Ca^{2+} + 2\, C_{17}H_{35}COO^- \rightarrow Ca(C_{17}H_{35}COO)_2 \downarrow$$

In Waschmitteln sind deshalb Enthärter enthalten, die Erdalkalimetall-Ionen binden, z.B. durch die Bildung von Komplexen mit den Erdalkalimetall-Ionen als Zentralionen.
In Feinwaschmitteln können beispielsweise Citrate (Salze der Citronensäure, Abb. 1) eingesetzt werden, die als dreizähnige Liganden zur Bildung stabiler Chelate führen. Die Bedeutung von Nitrilotriessigsäure (Abb. 2) als Komplexbildner bei der Wasserenthärtung ist aufgrund des Verdachts seiner krebserregenden Wirkung stark zurückgegangen.

Komplexometrische Bestimmung der Wasserhärte Komplexbildungsreaktionen können auch zur **quantitativen Bestimmung von Metall-Ionen** durch Titration dienen (**Komplexometrie**). Dafür sind Komplexe geeignet, die über eine hohe Stabilität verfügen und sich mit hoher Geschwindigkeit in möglichst wenigen Schritten bilden. Ligand und Komplex müssen wasserlöslich sein. Diese Voraussetzung erfüllt vor allem die **Ethylendiamintetraessigsäure H_4edta**.

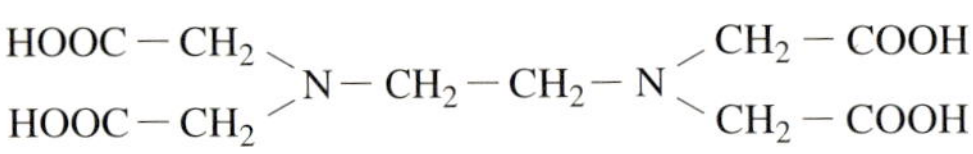

Verwendet wird meist das Natriumsalz Na_2H_2edta · 2 H_2O. H_4edta ist nach Abgabe der Protonen ein sechszähniger Ligand. Die Komplexbildung mit den zu bestimmenden Metall-Ionen erfolgt in einem Schritt. Die Komplexe sind wegen des Chelateffekts sehr stabil (Exp. 5). Zur Erkennung des Äquivalenzpunkts werden **Metallindikatoren** wie Eriochromschwarz T (symbolisiert durch NaH_2In) benötigt. Metallindikatoren sind komplexbildende Farbstoffe, deren Metallkomplexe eine andere Farbe haben als der freie Farbstoffligand.

EXPERIMENT 6
Bestimmung der Gesamthärte von Wasser
100 ml des zu untersuchenden Wassers werden mit 2 bis 3 Tropfen 1%iger Natriumsulfidlösung versetzt, um vorhandene Schwermetall-Ionen zu binden. Danach werden zwei Indikatorpuffertabletten zur komplexometrischen Härtebestimmung des Wassers und 1 ml Ammoniaklösung (w = 25 %; C) hinzugefügt. Die Lösung färbt sich rosa. Es wird sofort mit Na_2H_2edta-Lösung (c = 0,02 mol · l^{-1}) bis zum Farbumschlag nach Blaugrün titriert.

EXPERIMENT 5
Reaktion von Calciumcarbonat mit Ethylendiamintetraessigsäure
Aus 5%iger Calciumchloridlösung wird mit Natriumcarbonatlösung (w = 5 %) Calciumcarbonat ausgefällt. Danach gibt man eine Spatelspitze des Natriumsalzes der Ethylendiamintetraessigsäure zu.

1 Strukturformel der Citronensäure

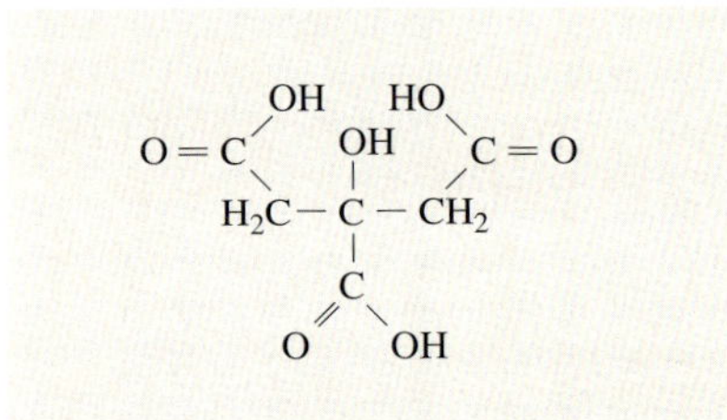

2 Strukturformel der Nitrilotriessigsäure

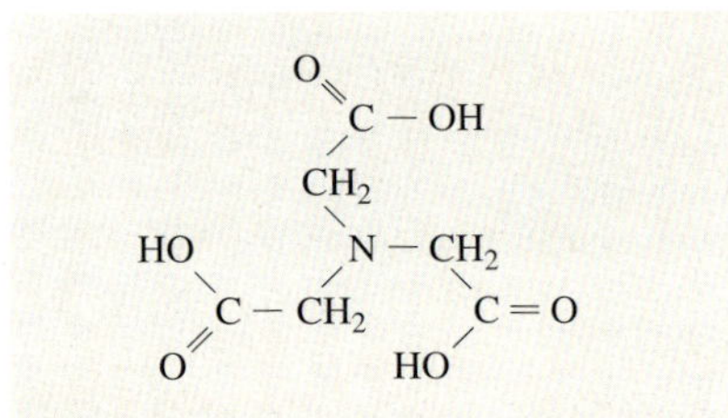

3 Metallkomplex mit $edta^{4-}$

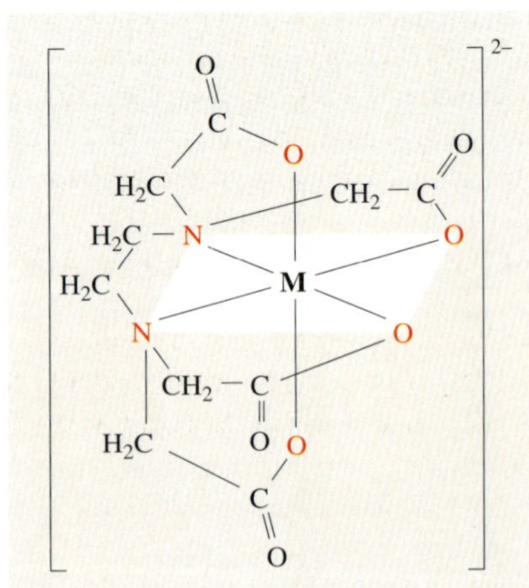

Bei der komplexometrischen Titration von zweiwertigen Metall-Ionen, z. B. von Magnesium-Ionen, liegt vor dem Äquivalenzpunkt der rot gefärbte Metallindikatorkomplex vor.

Indikatorreaktion:

$$\underset{\text{blaugrün}}{Mg^{2+} + HIn^{2-}} \rightleftharpoons \underset{\text{rot}}{[MgIn]^{-}} + H^{+}$$

Bei der Titration reagieren zusätzlich die noch freien Magnesium-Ionen mit H_2edta^{2-}. In der Nähe des Äquivalenzpunkts erfolgt der Ligandenaustausch an Magnesium-Ionen. Es bildet sich der Metallindikator als freier Farbstoffligand, der den Äquivalenzpunkt durch Blaugrünfärbung anzeigt.

Titration:

$$Mg^{2+} + H_2edta^{2-} \rightleftharpoons [Mg\,edta]^{2-} + 2\,H^{+}$$

$$\underset{\text{rot}}{[MgIn]^{-}} + H_2edta^{2-} \rightleftharpoons [Mg\,edta]^{2-} + \underset{\text{blaugrün}}{HIn^{2-}} + H^{+}$$

Auf komplexometrischem Wege ist es möglich, die **Gesamthärte**, d. h. die im Wasser enthaltene Stoffmenge an Calcium- und Magnesiumsalzen (umgerechnet auf Calciumoxid) zu bestimmen (Exp. 6).

Die Wasserhärte wird meist in deutschen Härtegraden °dH angegeben:

$$1\,°dH \mathrel{\hat{=}} \beta(CaO) = 10\ mg \cdot l^{-1}$$

$$c(Ca^{2+}) = 0{,}178\ mmol \cdot l^{-1}$$

Metallgewinnung Die Eigenschaft komplexbildender Stoffe, Metallverbindungen aufzulösen, wird in der Technik zum **Aufschluss von Erzen und Mineralien** genutzt. So ist der Aufschluss von Bauxit, einem Aluminiumerz, nach dem Bayer-Verfahren die Grundlage für die Aluminiumproduktion: Neben den gewünschten Aluminiummineralien enthält Bauxit viele weitere Metallverbindungen, besonders Eisenoxide. Durch Behandlung mit Natronlauge bei etwa 180 °C entsteht als wasserlösliche Aluminiumkomplexverbindung Natriumtetrahydroxoaluminat,

$$Al_2O_3 + 2\,Na^{+} + 2\,OH^{-} + 3\,H_2O \rightarrow 2\,Na^{+} + 2\,[Al(OH)_4]^{-}$$

während schwer lösliches Eisenhydroxid als Rotschlamm durch Filtration abgetrennt werden kann. Nach dem Abkühlen und Animpfen kristallisiert Aluminiumhydroxid aus.

$$Na^{+} + [Al(OH)_4]^{-} \xrightarrow{Al(OH)_3} Al(OH)_3 + Na^{+} + OH^{-}$$

Beim Erhitzen des Aluminiumhydroxids auf 1300 °C in Drehrohröfen entsteht durch Wasserabspaltung reines Aluminiumoxid, das für die elektrolytische Herstellung von Aluminium genutzt werden kann (↑ Schmelzflusselektrolyse, S. 237).

4 Abbau von Bauxit

5 Carl Josef Bayer (1847 bis 1904) entwickelte das nach ihm benannte Verfahren zur Herstellung von Aluminium.

AUFGABEN

1 Bei der Bestimmung des Nickelgehalts in einer Nickel(II)-chloridlösung mit Dimethylglyoxim (↑ S. 258) werden 200 mg der Komplexverbindung ausgefällt. Welche Masse Nickel enthielt die Probelösung?

2 Erklären Sie, warum bei tropfenweiser Zugabe von Salzsäure zu einer Silbernitratlösung sich zuerst ein Niederschlag bildet, der sich dann aber wieder auflöst.

3 Berechnen Sie den Anteil an Aluminiumoxid in einer Bauxit-Probe, wenn im Bayer-Verfahren aus zwei Tonnen Bauxit drei Tonnen Natriumtetrahydroxoaluminat entstehen.

Umwelt

Goldgewinnung durch Cyanidlaugerei

„Der gelbe Kern der Erde, das Gold, hat alle Macht“ (FRIEDRICH VON LOGAU, 1654).

Bis heute steckt viel Wahrheit in diesem Zitat, gerade weil Gold eines der seltensten Elemente auf unserer Erde ist. Schon ein Vorkommen von einem Gramm pro Tonne Gestein gilt in den größten Goldminen der Welt in Australien und Südafrika als abbauwürdig. Auch wenn es überwiegend **gediegen** vorkommt, muss es chemisch angereichert und gereinigt werden.

Das am weitesten verbreitete Verfahren zur Anreicherung beruht auf der Nutzung komplexchemischer Reaktionen und dabei der Verwendung eines starken Giftes – dem Kaliumcyanid (Cyankali).

Verfahren Das fein gemahlene, in Wasser aufgeschlämmte goldhaltige Gestein wird mit einer etwa 0,2%igen Kaliumcyanidlösung versetzt. Nach dem Einblasen von Pressluft löst sich Gold langsam unter Bildung eines Dicyanoaurat(I)-Komplexes.

$$4\,Au + 2\,H_2O + O_2 + 8\,K^+ + 8\,CN^- \rightarrow 8\,K^+ + 4\,[Au(CN)_2]^- + 4\,OH^-$$

Nach dem Abtrennen der Verunreinigungen kann aus der klaren Lösung durch Zusatz von Zinkstaub im Überschuss elementares Gold ausgefällt werden.

$$Zn + 2\,[Au(CN)_2]^- \rightarrow 2\,Au \downarrow + [Zn(CN)_4]^{2-}$$

Die Gewinnung von Metallen durch Reduktion mithilfe unedlerer Metalle wird als **Zementation** bezeichnet. Das erhaltene Rohgold hat einen Reinheitsgrad von etwa 90 % und muss durch elektrochemische Prozesse weiter aufbereitet werden.

Risiken Die durch die Nutzung giftiger Cyanide möglichen Gefahren für die Umwelt zeigten sich am 30. Januar 2000 in der nordrumänischen Stadt **Baia Mare** bei einem der größten **Chemieunfälle** in Europa.

In einem Absetzbecken einer Goldaufbereitungsanlage brach ein Damm und über 300 000 m³ cyanidhaltige Lauge ergoss sich in die Landschaft. Über kleinere Flüsse gelangte die Lösung schließlich in die Flüsse Theiß und Donau und vergiftete über 2000 km Flussstrecke in Rumänien, Ungarn, Serbien und Bulgarien.

Die Konzentration an Natriumcyanid betrug in den Flüssen zwischen 0,1 und 33 $mg \cdot l^{-1}$. Weil schon eine Konzentration von 0,01 $mg \cdot l^{-1}$ zu einem Fischsterben führen kann, tötete das Gift in den darauffolgenden Wochen die meisten Wasserlebewesen.

Dauerhafte Schädigungen z. B. auch des Grundwassers blieben wegen der leichten Oxidierbarkeit von Cyanid durch den Sauerstoff der Luft glücklicherweise aus.

1 Die ökologische Katastrophe von Baia Mare

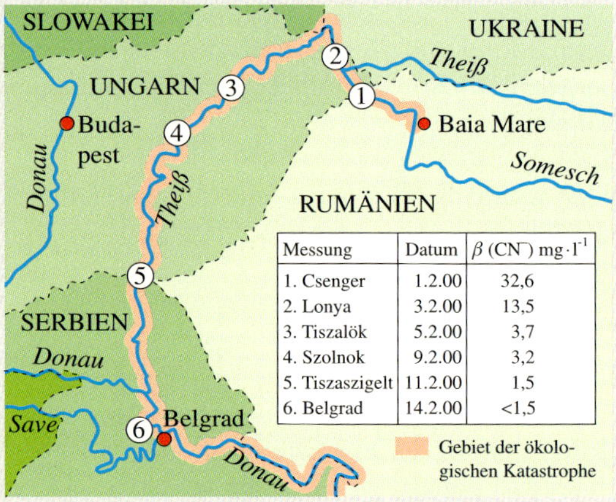

Messung	Datum	$\beta(CN^-)\ mg \cdot l^{-1}$
1. Csenger	1.2.00	32,6
2. Lonya	3.2.00	13,5
3. Tiszalök	5.2.00	3,7
4. Szolnok	9.2.00	3,2
5. Tiszaszigelt	11.2.00	1,5
6. Belgrad	14.2.00	<1,5

AUFGABEN

1 Stellen Sie die Strukturformel des Dicyanoaurat(I)-Komplexes auf. Geben Sie die geometrische Struktur des Komplexes an.

2 Begründen Sie die Reaktionsart bei der Bildung des Dicyanoaurat(I)-Komplexes.

3 Nach der durch die Zugabe von Zink erfolgten Ausfällung von Gold wird das Gemisch mit Schwefelsäure versetzt. Begründen Sie diese Maßnahme und formulieren Sie für die ablaufende Reaktion eine Reaktionsgleichung.

4 Bei dem Unfall in Baia Mare versetzte man als Gegenmaßnahme das Wasser mit Natriumhypochlorit NaOCl. Es oxidiert Cyanide zu Stickstoff und Kohlenstoffdioxid. Entwickeln Sie unter Nutzung von Teilgleichungen die Reaktionsgleichung für diese Redoxreaktion.

ZUSAMMENFASSUNG

Bedeutung von Komplexverbindungen für analytische Chemie, Technik und Natur

Bedeutung von Komplexverbindungen	Beispiel		Komplexverbindung
In der qualitativen Analytik	Nachweis von Ionen	Eisen(II)-Ionen	$Fe_3[Fe(CN)_6]_2$
		Eisen(III)-Ionen	$Fe_4[Fe(CN)_6]_3$ (Berliner Blau) $[Fe(SCN)_3(H_2O)_3]$
		Kupfer(II)-Ionen	$Cu_2[Fe(CN)_6]$ $[Cu(NH_3)_4]^{2+}$
		Nickel(II)-Ionen	Bis(diacetyldioximato)-nickel(II)
	Maskierung von Ionen	Eisen(III)-Ionen	$[FeF_6]^{3-}$ $[Fe(CN)_6]^{3-}$
In der quantitativen Analytik	titrimetrische Bestimmung von Metall-Ionen	Wasserhärtebestimmung	$[Ca(edta)]^{2-}$
Zur Beeinflussung der Löslichkeit	Fixieren in der Schwarz-Weiß-Fotografie		$[Ag(S_2O_3)_2]^{3-}$
	Aufschluss von Bauxit		$[Al(OH)_4]^-$
	Cyanidlaugung zur Goldgewinnung		$[Au(CN)_2]^-$
Zur Regulation von Lebensprozessen	Transport von Sauerstoff		Häm (gebunden im Hämoglobin)
	Fotosynthese		Chlorophylle
	Redoxreaktionen in der Atmungskette		Cytochrome
	Tumortherapie bei Krebserkrankungen		cis-$[PtCl_2(NH_3)_2]$

KOMPLEX GEDACHT

1 Für die Ammin-Cobalt-Komplexe
(A) $CoCl_3 \cdot 6\ NH_3$
(B) $CoCl_3 \cdot 5\ NH_3$
(C) $CoCl_3 \cdot 4\ NH_3$
wurde eine elektrische Leitfähigkeit ermittelt, die der Leitfähigkeit von
$AlCl_3$
$BaCl_2$
NaCl
entsprechen. Bei der Dissoziation entsteht somit die gleiche Anzahl von Ionen.

a Geben Sie die Formeln der drei Cobalt-Komplexe an.

b 100 ml einer Lösung des Stoffes B werden mit Silbernitratlösung ($c = 0{,}2\ mol \cdot l^{-1}$) titriert. Bis zum Erreichen des konduktometrisch bestimmten Äquivalenzpunkts werden 32 ml Maßlösung verbraucht.
Berechnen Sie die Konzentration der Ionen in der Lösung sowie die Stoffmenge und Masse des in 100 ml der Lösung vorhandenen Stoffes B.

c Begründen Sie die Stabilität der komplexen Ionen.

2 Bei der Cyanotypie (Blaudruck) – einem alten fotografischen Verfahren – nutzt man die Bildung des Berliner Blaus zur Bilderzeugung. Dabei wird als lichtempfindliche Schicht Papier mit einem Gemisch aus Ammoniumeisen(III)-citrat und Kaliumhexacyanoferrat(III) getränkt. Nach der Trocknung erfolgt durch Auflegen eines Negativs oder einer Schablone an den durch Sonnenlicht beschienenen Stellen die Bildung des blauen Farbstoffs.

1 Blaudruck

a Formulieren Sie die chemischen Gleichungen für:
– die lichtempflindliche Reduktion der Eisen(III)-Ionen durch die Citrat-Ionen als Reduktionsmittel
– die Bildung des Berliner Blaus

b Wie kann das Bild nach seiner Fertigstellung fixiert werden?

2 Oxidationsprodukte der Citronensäure

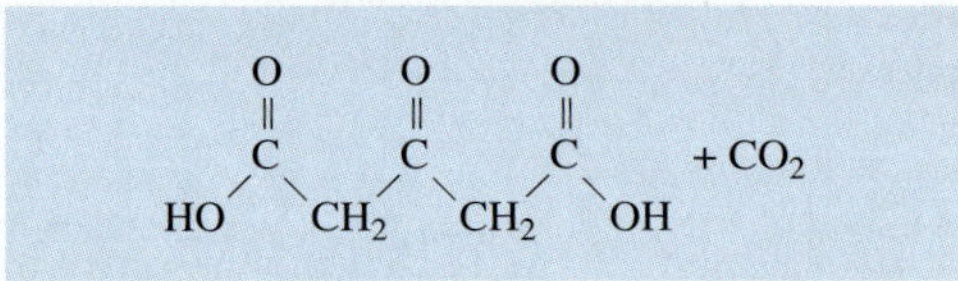

3 Die Stabilität des Chelatkomplexes Tri(ethylendiamin)-nickel(II)-Ion $[Ni(en)_3]^{2+}$ ist deutlich höher als die des komplexen Kations Hexaamminnickel(II)-Ion $[Ni(NH_3)_6]^{2+}$. In beiden Komplexen sind die Liganden über insgesamt sechs Stickstoffatome an das Nickel(II)-Ion gebunden, sodass der Stabilitätsunterschied nicht mit den Bindungsverhältnissen erklärt werden kann.

$[Ni(H_2O)_6]^{2+} + 6\ NH_3 \rightarrow [Ni(NH_3)_6]^{2+} + 6\ H_2O$

$[Ni(H_2O)_6]^{2+} + 3en \rightarrow [Ni(en)_3]^{2+} + 6\ H_2O$

Begründen Sie den Stabilitätsunterschied beider Komplexe, indem Sie auf den Chelateffekt eingehen.
Leiten Sie aus diesem Sachverhalt eine allgemeingültige Regel für die hohe Stabilität der Chelate ab.

4 Entsprechend der deutschen Mineral- und Tafelwasserverordnung muss Mineralwasser mit einem Gehalt an Eisen(II)-Ionen über $1\ mg \cdot l^{-1}$ als „eisenhaltig" gekennzeichnet werden.
Um den Gehalt an Eisen(II)-Ionen in einem so gekennzeichneten Mineralwasser zu bestimmen, werden 250 ml mit Na_2H_2edta-Lösung ($c = 0{,}01\ mol \cdot l^{-1}$) bis zum Äquivalenzpunkt titriert. Dabei werden 18 ml Maßlösung verbraucht.
Berechnen Sie, um welchen Faktor in diesem Mineralwasser der für die Kennzeichnung „eisenhaltig" notwendige Mindestgehalt überschritten ist.

Glossar wichtiger Fachbegriffe

A

Absorption: Eindringen von Stoffen oder >elektromagnetischer Strahlung in einen anderen Stoff.

Akkumulator: >Sekundärzelle

Aktivierungsenergie: die zu einer chemischen Reaktion mindestens erforderliche kinetische Energie der Teilchen (Definition nach ARRHENIUS); wird auch als molekulare Aktivierungsenergie bezeichnet.

Arrhenius-Base: Stoff, der in wässriger Lösung oder in Schmelzen frei bewegliche, positiv geladene Ionen und negativ geladene >Hydroxid-Ionen bildet.
Base $\rightarrow$ Metall-Ionen + OH^-

Arrhenius-Säure: Stoff, der in wässriger Lösung positiv geladene Wasserstoff-Ionen (>Protonen) abspaltet.
Säure $\rightarrow$ Säurerest-Ionen + H^+

Arrhenius-Gleichung: bestimmt den quantitativen Zusammenhang zwischen Temperatur und Reaktionsgeschwindigkeit durch die Temperaturabhängigkeit der Geschwindigkeitskonstante:
$k = A \cdot e^{-\frac{E_A}{R \cdot T}}$

Atombindung: >Elektronenpaarbindung

Atomorbital: räumlicher Bereich um den Atomkern, in dem die Aufenthaltswahrscheinlichkeit eines Elektrons mit einer bestimmten Energie 90 % beträgt.

Autokatalyse: >Katalyse

Autoprotolyse des Wassers: chemische Reaktion, bei der durch Übergang von >Protonen zwischen Wassermolekülen >Hydronium-Ionen und >Hydroxid-Ionen gebildet werden. Es stellt sich ein >chemisches Gleichgewicht ein, das als Autoprotolysegleichgewicht des Wassers bezeichnet wird.
$H_2O + H_2O \rightleftharpoons H_3O^+ + OH^-$

B

Base: >Arrhenius-Base, >Brönsted-Base, >Lewis-Base

Basekonstante K_B: Gleichgewichtskonstante für die Reaktion einer Base mit Wasser (>chemisches Gleichgewicht, >Massenwirkungsgesetz). Der pK_B-Wert ist der negative dekadische Logarithmus der Basekonstante.

Batterie: >Primärzelle

Bildungsenthalpie: Die für die Bildung eines Mols einer Verbindung aus den Elementen erforderliche molare >Reaktionsenthalpie heißt molare Bildungsenthalpie $\Delta_f H_m$.

Bindigkeit: Anzahl der >Elektronenpaarbindungen, die von einem Atom in einer Verbindung ausgehen. Atome der Elemente der 2. Periode sind maximal vierbindig, solche höherer Perioden sind auch höherbindig.

Brönsted-Base: Teilchen, die >Protonen aufnehmen können (Protonenakzeptoren). Die Säure-Base-Theorie von J. N. BRÖNSTED kann auf Vorgänge in wässrigen und nichtwässrigen Lösungen angewendet werden. Zu jeder Base existiert eine Säure, die ein Proton mehr besitzt (und umgekehrt).
Base + $H^+ \rightleftharpoons$ Säure

Brönsted-Säure: Teilchen, die >Protonen abgeben können (Protonendonatoren). Die Säure-Base-Theorie von J. N. BRÖNSTED kann auf Vorgänge in wässrigen und nichtwässrigen Lösungen angewendet werden. Zu jeder Säure existiert eine Base, die ein Proton weniger besitzt (und umgekehrt).
Säure $\rightleftharpoons$ Base + H^+

C

Chelate: >Komplexverbindungen aus Metall-Ionen und mehrzähnigen Liganden (jeder Ligand besitzt mindestens zwei Koordinationsstellen am zentralen Ion).

Chemisches Gleichgewicht: stabiler und zeitunabhängiger Zustand eines Reaktionssystems. Es bleibt bei konstanten Bedingungen (Temperatur, Druck) beliebig lange bestehen (stabiles dynamisches Gleichgewicht).
Voraussetzungen für die Ausbildung eines chemischen Gleichgewichts sind die Umkehrbarkeit der chemischen Reaktion, deren Hin- und Rückreaktion in einem abgeschlossenen oder geschlossenen >System ungehemmt ablaufen können.

D

Disproportionierung: >Redoxreaktion, bei der die Atome einer Verbindung von einer mittleren Oxidationsstufe gleichzeitig in eine höhere und eine niedrigere Oxidationsstufe übergehen.

Dissoziation: Spaltung von Molekülen in Atome, Atomgruppen oder Ionen; Bildung von Ionen beim Lösen von Säuren, Basen oder Salzen in Wasser.

E

Edelgaskonfiguration: Elektronenkonfiguration der Edelgasatome (2 bzw. 8 Elektronen in der äußeren Elektronenschale).
Der Begriff Oktettregel (Erreichen von 8 Elektronen auf der äußeren Schale) kann streng nur für die Atome der 2. Periode angewendet werden. Die Edelgaskonfiguration ist ein stabiler, energiearmer Zustand, der häufig bei der Bildung von Verbindungen erreicht wird.

Elektrochemische Doppelschicht: Ladungsdoppelschicht an der Phasengrenze zwischen Metall und Elektolytlösung als Folge der Ausbildung einer elektrischen Potenzialdifferenz zwischen beiden >Phasen.

Elektrodenpotenzial E: elektrische Potenzialdifferenz zwischen der metallischen >Phase und der Lösungsphase einer Halbzelle. Das relative Elektrodenpotenzial wird gegen eine Bezugselektrode (z. B. Standard-Wasserstoffelektrode) gemessen.

Elektrolyse: Abscheidung von Stoffen aus Lösungen oder Schmelzen mithilfe von Gleichstrom. Die >Redoxreaktion wird erzwungen. Anionen geben am Pluspol (Anode) Elektronen ab, Kationen nehmen am Minuspol (Kathode) Elektronen auf.

Elektromagnetische Strahlung: gerichtete, räumliche und zeitliche Ausbreitung von Energie in Form von Wellen. In Abhängigkeit von der Wellenlänge λ der elektromagnetischen Strahlung wird zwischen verschiedenen Arten der Strahlung unterschieden.

Elektron: elektrisch negativ geladenes Teilchen mit sehr geringer Masse in der Atomhülle des Atoms.

Elektronegativität: Eigenschaft eines Atoms, gemeinsame Elektronenpaare einer > Elektronenpaarbindung anzuziehen. Der Elektronegativitätswert ist ein Vergleichswert für die Anziehungskräfte von Atomen unterschiedlicher Elemente auf gemeinsame Elektronenpaare. Es gibt unterschiedliche Elektronegativitätsskalen (z. B. nach PAULING, MULLIKEN, ALLRED-ROCHOW).

Elektronenaffinität: Energie, die bei der Aufnahme von Elektronen abgegeben wird.

Elektronenkonfiguration: Bezeichnung für die Elektronenverteilung auf die > Orbitale eines Atoms.

Elektronenpaarbindung (Atombindung, kovalente Bindung): Art der chemischen Bindung, die durch gemeinsame Elektronenpaare zwischen den Atomen eines Moleküls gekennzeichnet ist. Sie kann sowohl zwischen gleichartigen als auch zwischen verschiedenartigen Atomen von (meist) Nichtmetallen auftreten. Die Elektronenpaarbindung entsteht durch Kombination (Überlappung) von > Atomorbitalen unter Bildung von > Molekülorbitalen.

Emission: Abgabe von elektromagnetischer Strahlung oder Schadstoffen (Luftverunreinigungen wie Kohlenstoffdioxid) in die Luft.

Endotherme Reaktion: chemische Reaktion, die unter Aufnahme von Wärme verläuft. Die chemische Energie der Ausgangsstoffe ist kleiner als die chemische Energie der Reaktionsprodukte.

Enthalpie *H*: Summe aus der inneren Energie U und dem Produkt aus Druck p und Volumen V eines stofflichen Systems.
$H = U + p \cdot V$
Die Enthalpie ist eine Zustandsgröße. Bestimmbar sind nur Enthalpieänderungen ΔH, bei chemischen Reaktionen die > Reaktionsenthalpie $\Delta_r H$.

Entropie *S*: thermodynamische Zustandsgröße, die als ein Maß für die Wahrscheinlichkeit eines bestimmten Zustands eines stofflichen Systems verstanden werden kann. Die Entropie eines stofflichen Systems vergrößert sich, wenn sich Energie und Materie, d. h. Teilchen, möglichst gleichmäßig – also ungeordnet – verteilen. Die Entropie aller Stoffe am absoluten Nullpunkt ($T = 0$, entspricht $\vartheta = -273{,}15\,°C$) kann null gesetzt werden. Die Änderung der Entropie ΔS eines stofflichen Systems gestattet Aussagen über die Richtung bzw. über die Wahrscheinlichkeit einer Zustandsänderung.

Exotherme Reaktion: chemische Reaktion, die unter Abgabe von Wärme verläuft. Die chemische Energie der Ausgangsstoffe ist größer als die chemische Energie der Reaktionsprodukte.

F

Freie Enthalpie *G*: thermodynamische Zustandsgröße, die als Differenz aus der > Enthalpie H und dem Produkt aus Temperatur T und > Entropie S eines stofflichen Systems definiert ist.
$G = H - T \cdot S$
Bestimmbar sind nur Änderungen der freien Enthalpie ΔG eines stofflichen Systems, bei chemischen Reaktionen die freie Reaktionsenthalpie $\Delta_r G$.

G

Geschwindigkeitsgleichung (Zeitgesetz): beschreibt die Abhängigkeit der Reaktionsgeschwindigkeit v von den (momentanen) Konzentrationen der Reaktionspartner. Die Exponenten der Konzentrationen im Zeitgesetz einer chemischen Reaktion a, b usw. werden als > Reaktionsordnung der chemischen Reaktion in Bezug auf den Ausgangsstoff A, B usw. bezeichnet.

$$v = -\frac{dc(A)}{dt} = k \cdot c^a(A) \cdot c^b(B)$$

k – Geschwindigkeitskonstante

Gleichgewicht, chemisches: > chemisches Gleichgewicht

H

Henderson-Hasselbalch-Gleichung: Größengleichung zur Berechnung des pH-Wertes von > Pufferlösungen.

$$pH = pK_S + \lg \frac{c(A^-)}{c(HA)}$$

Heterogenes System: stoffliches System, das aus mehreren > Phasen besteht und bei dem die Phasen durch Grenzflächen getrennt sind.

Homogenes System: stoffliches System, das nur aus einer > Phase besteht.

Hydratation: Vorgang beim Lösen eines Salzes oder salzartigen Stoffes in Wasser, wobei die polaren Wassermoleküle zwischen die Kationen und Anionen des Ionenkristalls treten und die > Ionenbindung lösen. Zwischen den Ionen und den Dipolmolekülen des Wassers wirken > zwischenmolekulare Kräfte. Es entstehen frei bewegliche > Ionen, die von einer Hülle von Wassermolekülen (Hydrathülle) umgeben sind.

Hydrolyse: > Protolyse

Hydronium-Ion (Oxonium-Ion): Das in verdünnten wässrigen Lösungen hydratisierte Proton $H^+(aq)$ ist das Hydronium-Ion H_3O^+. Das Hydronium-Ion ist eine > Brönsted-Säure.

Hydrophile Stoffe: „wasserliebende" Stoffe (griech. hydro – Wasser, philein – lieben).

Hydrophobe Stoffe: „wasserabstoßende" Stoffe (griech. hydro – Wasser, phobos – Angst).

Hydroxid-Ion: Hydroxid-Ionen OH^- bilden sich z. B. bei der Reaktion von Hydroxiden mit Wasser. Das Hydroxid-Ion ist eine > Brönsted-Base.

Hydroxylgruppe: Name der –OH-Gruppe; funktionelle Gruppe der Alkohole.

I

Immission: Einwirkung von Schadstoffen aus der Luft, dem Wasser oder dem Boden auf Lebewesen.

Indikator (Säure-Base-Indikator): organischer >Farbstoff, der in wässrigen Lösungen >protolysiert und dessen Säure jeweils eine andere Farbe besitzt als die korrespondierende Base.
Indikatorsäure: HIn
Indikatorbase: In^-
$HIn + H_2O \rightleftharpoons H_3O^+ + In^-$

Ion: positiv oder negativ elektrisch geladenes Teilchen. Ionen entstehen aus Atomen durch Aufnahme oder Abgabe von >Elektronen der äußeren Elektronenschale (des höchsten Energieniveaus).
Nach ihrer Ladung werden Anionen (negativ geladen) und Kationen (positiv geladen) unterschieden.
Neben einfachen Ionen (z. B. Natrium-Ionen Na^+) gibt es auch zusammengesetzte Ionen (z. B. Hydroxid-Ionen OH^-).

Ionenaustauscher: Stoffe, die in der Lage sind, Ionen durch andere Ionen auszutauschen. Dadurch können störende Ionen entfernt werden. Ionenaustauscher finden Anwendung z. B. bei der Herstellung von entmineralisiertem Wasser, beim Entkalken von Wasser oder auch bei der Herstellung von Wirkstoffen in der Medizin.

Ionenbindung: Art der chemischen Bindung, die durch Anziehungskräfte entgegengesetzt elektrisch geladener >Ionen und Abstoßungskräfte gleichartig elektrisch geladener Ionen bewirkt wird. Die Kräfte wirken in alle Richtungen des Raumes. Die Ionenbindung liegt in Kristallen mit Ionengitter sowie in der Schmelze solcher Verbindungen vor.

Ionisierungsenergie: Energie, die zur Abspaltung eines oder mehrerer >Elektronen aus einem Atom, Ion oder Molekül aufgewendet werden muss.

Isotop: Atomsorte eines chemischen Elements mit einer bestimmten Neutronenanzahl. Isotope sind >Nuklide mit gleicher Protonenanzahl (Ordnungszahl) aber unterschiedlicher Neutronenanzahl. Alle Isotope eines Elements verhalten sich chemisch gleich.

K

Katalysator: Stoff, der die Geschwindigkeit einer chemischen Reaktion (>Reaktionsgeschwindigkeit) erhöht. Katalysatoren sind an der chemischen Reaktion beteiligte Reaktionspartner, die nach der Reaktion in unveränderter Form wieder vorliegen. Sie verändern den Reaktionsverlauf einer chemischen Reaktion.
Die >Aktivierungsenergien der Teilschritte einer mit Katalysator verlaufenden Reaktion sind geringer als die Aktivierungsenergie der unkatalysierten Reaktion.

Katalyse: chemische Reaktion, die unter Einwirkung eines >Katalysators verläuft. Dabei verläuft die Reaktion mit höherer >Reaktionsgeschwindigkeit als ohne Katalysator. Bei der Autokatalyse wirkt eines der im Reaktionsverlauf gebildeten Reaktionsprodukte als Katalysator auf diese Reaktion.

Komplexbildungsgleichgewichte: Lösungsgleichgewichte, die sich bei der Reaktion von (hydratisierten) Metall-Ionen mit Komplexbildnern (Liganden) einstellen. Bei der Reaktion mit einzähnigen Liganden erfolgt eine stufenweise Verdrängung von Wassermolekülen. Die Lage des Gleichgewichts und damit die Stabilität der Komplexe wird durch die Stabilitätskonstante beschrieben. Mit mehrzähnigen Liganden werden unter Ausbildung von Ringstrukturen (>Chelate) besonders stabile Komplexe in einem Reaktionsschritt erhalten.

Komplexe Ionen und Moleküle: >Komplexverbindungen

Komplexteilchen: >Komplexverbindungen

Komplexverbindungen: Verbindungen höherer Aggregation, in denen bestimmte Gruppierungen als Einheit betrachtet werden können. Dabei entstehen Komplexteilchen (komplexe Ionen oder Moleküle), die durch Anlagerung von Molekülen oder Ionen an andere Atome oder Ionen entstanden sind. Man unterscheidet zwischen Zentralteilchen (Zentralionen oder Zentralatome) und Liganden: Bei Zentralteilchen handelt es sich um Ionen oder Atome in Komplexverbindungen, an die eine bestimmte Anzahl von Molekülen oder Ionen angelagert ist. Unter Liganden versteht man Moleküle oder Ionen, die an ein Zentralteilchen einer Komplexverbindung angelagert sind.
Komplexes Kation: $[Cu(NH_3)_4]^{2+}$
Zentralion: Cu^{2+}; Liganden: 4 NH_3

Komproportionierung: >Synproportionierung

Koordinationszahl: gibt die Anzahl der direkten Nachbarn eines Atoms oder >Ions in einem Gitter (Ionen- oder Metallgitter) oder einer Komplexverbindung an. Sie hängt von den Größenverhältnissen der Teilchen und den zwischen ihnen wirkenden Anziehungs- und Abstoßungskräften ab.

Koordinative Bindung: Sonderfall der >Elektronenpaarbindung, bei der alle Bindungselektronen von einem Bindungspartner stammen. Sie ist charakteristisch für die Bindungsverhältnisse der Liganden an das Zentralatom (oder Zentralion) in >Komplexverbindungen.

Kovalente Bindung: >Elektronenpaarbindung

L

Legierung: homogenes Gemisch verschiedener Metalle.

Lewis-Base: Elektronenpaar-Donator.
Lewis-Basen sind nucleophile Teilchen, d. h. Teilchen mit mindestens einem freien Elektronenpaar, z. B. Wasser H_2O

Lewis-Säure: Elektronenpaar-Akzeptor.
Lewis-Säuren sind elektrophile Teilchen, d. h. Teilchen mit einer Elektronenlücke in ihrer äußeren Elektronenschale, z. B. Aluminiumchlorid $AlCl_3$.

Liganden: >Komplexverbindungen

Ligandenaustauschreaktion: Austausch von Liganden einer >Komplexverbindung durch andere Liganden; diese Reaktionen zeigen häufig Farbänderungen.

Löslichkeitsprodukt K_L: Gleichgewichtskonstante für das Löslichkeitsgleichgewicht von schwerlöslichen Salzen, Produkt der Konzentrationen der >Ionen eines gelösten Stoffes in der gesättigten Lösung.
Für das allgemeine Löslichkeitsgleichgewicht
$A_mB_n(s) \rightleftharpoons m\,A^{a+}(aq) + n\,B^{b-}(aq)$
gilt:
$K_L(A_mB_n) = c^m(A^{a+}) \cdot c^n(B^{b-})$

M

Maskierung: Entfernen von störenden Metall-Ionen durch Bildung von >Komplexverbindungen bei analytischen Trenn- und Nachweisverfahren.

Massenanteil *w*: Anteil eines Stoffes an der Gesamtmasse einer Mischphase; wird durch den Quotienten aus der Masse *m*(B) des Stoffes B und der Gesamtmasse *m*(Gem) der Mischphase beschrieben.

$$w(B) = \frac{m(B)}{m(Gem)}$$

Einheiten: 1, %, ‰, ppm

Massenkonzentration *β*: Quotient aus der Masse *m*(B) des gelösten Stoffes *B* und dem Volumen *V*(Ls) der Lösung (Gesamtvolumen nach dem Mischen/Lösen).

$$\beta(B) = \frac{m(B)}{V(Ls)}$$

Einheit: $g \cdot l^{-1}$

Massenwirkungsgesetz: Im >chemischen Gleichgewicht ist der Quotient aus dem Produkt der Stoffmengenkonzentrationen (>Partialdrücke) der Reaktionsprodukte und dem Produkt der Stoffmengenkonzentrationen (Partialdrücke) der Ausgangsstoffe bei einer bestimmten Temperatur eine Konstante (GULDBERG und WAAGE, 1867).
Für die allgemeine chemische Reaktion
$A + B \rightleftharpoons C + D$
gilt:

$$K_c = \frac{c(C) \cdot c(D)}{c(A) \cdot c(B)}$$

K_c – Gleichgewichtskonstante

Metallbindung: chemische Bindung in Metallen, die durch elektrostatische Kräfte zwischen den positiv geladenen Metall-Ionen und frei beweglichen >Elektronen bewirkt wird; diese stammen aus den äußersten Schalen der Metallatome (Elektronengasmodell der Metallbindung).

Mol: Einheit der Stoffmenge. Das Mol ist die Stoffmenge eines Systems, das aus gleich vielen Teilchen oder Formeleinheiten eines Stoffes besteht, wie Atome in 12 g des Kohlenstoffnuklids $^{12}_{6}C$ enthalten sind.
Die Art der Teilchen muss bei der Verwendung der Einheit angegeben werden.
Die Avogadro-Konstante N_A gibt an, wie viele Einzelteilchen in einem Mol eines Stoffes enthalten sind:
$N_A = 6{,}02214 \cdot 10^{23}\ mol^{-1}$

Molare Masse *M*: Quotient aus der Masse *m* und der Stoffmenge *n* einer Stoffportion.

$$M = \frac{m}{n}$$

Einheit: $g \cdot mol^{-1}$

Molares Volumen V_m: Quotient aus dem Volumen *V* und der Stoffmenge *n* einer Stoffportion.

$$V_m = \frac{V}{n}$$

Einheit: $l \cdot mol^{-1}$

Molekülformel: >Summenformel eines Moleküls.

Molekülorbital: Bei der Kombination zweier >Atomorbitale entstehen zwei energetisch unterschiedliche Molekülorbitale: ein energieärmeres bindendes Molekülorbital und ein energiereicheres antibindendes Molekülorbital. Näherungsweise kann das Molekülorbital als Aufenthaltsbereich zweier Elektronen in einem Molekül beschrieben werden.
Die Kombination von Atomorbitalen führt zur Ausbildung von >Elektronenpaarbindungen.

N

Nernst'sche Gleichung: ermöglicht die Berechnung von >Elektrodenpotenzialen *E* aus den Konzentrationen der an den Elektrodenreaktionen beteiligten Stoffe.
Für die allgemeine Elektrodenreaktion
$Red \rightleftharpoons Ox + z\,e^-$
gilt:

$$E = E^0 + \frac{R \cdot T}{z \cdot F} \cdot \ln \frac{c(Ox)}{c(Red)}$$

Bei $T = 298$ K und $z = 1$ gilt:

$$E = E^0 + 0{,}059\ V \cdot \lg \frac{c(Ox)}{c(Red)}$$

Neutralisation: Reaktion von >Hydronium-Ionen mit >Hydroxid-Ionen zu Wassermolekülen.
$OH^- + H_3O^+ \rightleftharpoons 2\,H_2O$

Neutron: elektrisch neutrales Masseteilchen im Atomkern. Die Anzahl der Neutronen kann für Atomkerne gleicher Elemente unterschiedlich sein (>Isotope).

Normbedingungen: Normtemperatur $T = 273{,}15$ K (entspricht 0 °C)
Normdruck $p = 101{,}325$ kPa

Nuklid: Atomart eines chemischen Elements mit einer bestimmten Protonen- und Neutronenanzahl.

O

Oktettregel: >Edelgaskonfiguration

Orbital: beschreibt den Raum um den Atomkern, in dem die Aufenthaltswahrscheinlichkeit eines >Elektrons mit einer bestimmten Energie sehr hoch ist.

Ordnungszahl: Zahl, die die Reihenfolge der Elemente im Periodensystem kennzeichnet. Dabei gilt:
Ordnungszahl ≙ Kernladungszahl = Protonenanzahl = Elektronenanzahl

Ostwald'sches Verdünnungsgesetz: Der >Protolysegrad einer schwachen Säure oder Base nimmt mit zunehmender Verdünnung der wässrigen Lösung zu.

Oxidation: Teilreaktion einer >Redoxreaktion, bei der Atome oder >Ionen >Elektronen an andere Atome oder Ionen abgeben. Die >Oxidationszahl der Atome oder Ionen wird durch die Elektronenabgabe größer.

Oxidationsmittel: chemische Verbindungen, deren Teilchen die >Elektronen von anderen Teilchen aufnehmen können (Elektronenakzeptoren).

Oxidationszahl: fiktive Ladung eines Atoms in einer Verbindung. Zur Ermittlung der Oxidationszahl werden die bindenden >Elektronen dem jeweils elektronegativeren Atom zugeordnet.

P

Partialdruck p_i: Druck eines Gases i in einer Gasmischung, der von diesem Gas ausgeübt wird. Demnach ist der Partialdruck p_i der Druck, der in dem System herrschen würde, wenn das Gas i bei der gleichen Temperatur allein im Volumen vorläge. Die Summe aller Partialdrücke ist der Gesamtdruck p.

Phase: in sich homogener Bereich eines Stoffes, der räumlich eine konstante Beschaffenheit aufweist und von anderen Bereichen durch Grenzflächen getrennt ist. Phasen können nach Aggregatzuständen eingeteilt werden: feste, flüssige und gasförmige Phasen. Sie werden nach ihrer Zusammensetzung in reine Phasen (nur aus einem Stoff bestehend) und Mischphasen (aus mehreren Stoffen zusammengesetzt) unterschieden.

pH-Wert: negativer dekadischer Logarithmus des Zahlenwerts der Konzentration der >Hydronium-Ionen in wässriger Lösung.

$$\mathrm{pH} = -\lg \frac{c(\mathrm{H_3O^+})}{\mathrm{mol \cdot l^{-1}}}$$

Pi-Bindung (π-Bindung): Art der >Elektronenpaarbindung, bei der die Aufenthaltswahrscheinlichkeit der Bindungselektronen symmetrisch zu einer Ebene der Verbindungslinie zwischen zwei Atomkernen am größten ist. Sie entsteht durch die Überlappung zweier gleich orientierter, senkrecht zur Kernverbindungslinie stehender p-Orbitale (>Orbital). C–C-Mehrfachbindungen enthalten π-Bindungen.

Polare Elektronenpaarbindung (polare Atombindung): >Elektronenpaarbindung, bei der gemeinsame Elektronenpaare von miteinander verbundenen Atomen unterschiedlicher >Elektronegativität verschieden stark angezogen werden.

Potentiometrie: Bestimmungsmethode für den Äquivalenzpunkt einer Reaktion, bei der die Konzentrationsabhängigkeit der Elektrodenpotentiale ausgenutzt wird (>Nernst'sche Gleichung).

Primärzelle (Batterie): elektrochemische Energiequelle, die nach dem Prinzip einer galvanischen Zelle funktioniert. Die Zellreaktion ist nicht umkehrbar, nach der Entladung ist die Wiederverwendung nicht möglich.

Prinzip des kleinsten Zwanges (Prinzip von Le Chatelier und Braun): Wird auf ein stoffliches System, das sich im >chemischen Gleichgewicht befindet, ein Zwang ausgeübt, dann weicht dieses System dem Zwang aus, sodass die Wirkungen des Zwanges verringert werden (Le Chatelier, Braun, 1884). Der Zwang kann durch Temperatur und/oder Druckänderung herbeigeführt werden.

Quantenzahlen: Vier charakteristische Größen zur Beschreibung des Zustands eines Elektrons in einem Atom.

Protolyse: allgemein eine >Säure-Base-Reaktion, wobei die Protonenabgabe und die Protonenaufnahme miteinander gekoppelt sind. Unter der Protolyse (Hydrolyse) von >Ionen in wässriger Lösung wird die Reaktion von Anionen bzw. Kationen mit Wassermolekülen verstanden.

$CH_3COO^- + H_2O \rightleftharpoons CH_3COOH + OH^-$

$NH_4^+ + H_2O \rightleftharpoons NH_3 + H_3O^+$

>Brönsted-Säure, >Brönsted-Base

Protolysegrad α: beschreibt den Anteil einer Säure oder Base, der nach der Reaktion der Säure oder Base mit Wasser protolysiert vorliegt.

Proton: elektrisch positiv geladenes Masseteilchen im Atomkern. Die Protonenanzahl (Kernladungszahl) ist für alle Atome eines Elements charakteristisch und legt die Stellung des Elements im Periodensystem der Elemente fest.

Puffergleichung: >Henderson-Hasselbalch-Gleichung

Pufferlösung: Lösung, deren >pH-Wert sich bei Zusatz beliebiger Säuren oder Basen nur wenig verändert.

R

Radikal: Atome oder Moleküle mit mindestens einem ungepaarten >Elektron. Radikale sind sehr reaktionsfähige Teilchen.

Radioaktivität: Radioaktivität ist die spontan auftretende Umwandlung von Atomkernen radioaktiver Nuklide unter Aussendung radioaktiver Strahlung (α-, β- oder γ-Strahlung).

Reaktionsenthalpie $\Delta_r H$: Änderung der >Enthalpie H eines stofflichen Systems bei einer chemischen Reaktion. Bei isobarer Prozessführung (Index p; p = konst.) ist die Reaktionsenthalpie gleich der >Reaktionswärme Q_p

Reaktionsgeschwindigkeit v: pro Zeiteinheit umgesetzte Stoffmenge von Ausgangsstoffen. Sie ist von den Konzentrationen (>Partialdrücken) der reagierenden Stoffe, der Temperatur, der Art der Reaktion und vom >Reaktionsmechanismus abhängig.
Die durchschnittliche Reaktionsgeschwindigkeit wird durch den negativen Quotienten der Änderung der >Stoffmengenkonzentration (des >Partialdrucks) eines Ausgangsstoffs und dem zugehörigen Zeitintervall beschrieben. Die momentane Reaktionsgeschwindigkeit bezieht sich auf einen Zeitpunkt einer chemischen Reaktion und ist als Differentialquotient definiert.

Reaktionsmechanismus: Modellhafte Vorstellung zum Verlauf einer chemischen Reaktion in verschiedenen Teilschritten.
Nach der Art der reagierenden Teilchen können radikalisch verlaufende Reaktionen (an der Reaktion sind >Radikale beteiligt) und ionisch verlaufende Reaktionen (im Verlauf der Reaktion bilden sich >Ionen) unterschieden werden.

Reaktionsordnung: Summe der Exponenten der Konzentrationen im Zeitgesetz einer chemischen Reaktion. Die Gesamtordnung n der Reaktion ergibt sich aus der Summe der Einzelordnungen als $n = a + b + c + \ldots$
Die Reaktionsordnung gibt an, in welcher Potenz die Konzentrationen der Ausgangsstoffe der >Reaktionsgeschwindigkeit proportional sind.

Reaktionswärme Q: die von einem stofflichen System bei einer chemischen Reaktion aufgenommene oder abgegebene Wärme.

Redoxreaktion: chemische Reaktion, bei der eine >Oxidation und eine >Reduktion miteinander gekoppelt sind.

Reduktion: Teilreaktion der >Redoxreaktion, bei der Atome oder Ionen Elektronen von anderen Atomen oder Ionen aufnehmen. Die >Oxidationszahl der Atome oder Ionen wird durch die Elektronenaufnahme kleiner.

Reduktionsmittel: chemische Verbindungen, deren Teilchen Elektronen an andere Teilchen abgeben können (Elektronendonatoren). Das Reduktionsmittel wird bei der >Redoxreaktion oxidiert.

RGT-Regel (Reaktionsgeschwindigkeits-Temperatur-Regel): besagt, dass sich die >Reaktionsgeschwindigkeit bei Temperaturerhöhung um 10 K verdoppelt bis vervierfacht.

S

Säure: >Arrhenius-Säure, >Brönsted-Säure, >Lewis-Säure

Säure-Base-Reaktion: (nach BRÖNSTED) chemische Reaktion, bei der Protonenabgabe und Protonenaufnahme miteinander gekoppelt sind (>Protolyse).

Säurekonstante K_S: Gleichgewichtskonstante für die Reaktion einer Säure mit Wasser (>chemisches Gleichgewicht, >Massenwirkungsgesetz).
Der pK_S-Wert ist der negative dekadische Logarithmus der Säurekonstante. Die Säurekonstante ist ein Maß für die Stärke einer Säure.

Sekundärzelle (Akkumulator): elektrochemische Energiequelle, die nach dem Prinzip einer galvanischen Zelle funktioniert. Die Zellreaktion ist umkehrbar, Entlade- und Ladevorgänge können wiederholt werden.

Sigma-Bindung (σ-Bindung): Art der >Elektronenpaarbindung, bei der die Aufenthaltswahrscheinlichkeit der Bindungselektronen rotationssymmetrisch um die Verbindungslinie zwischen zwei Atomkernen am größten ist. Sie entsteht z. B. durch die Überlappung von zwei s-Orbitalen (>Orbital).

Silicone (Polysiloxane): siliciumorganische Verbindungen, die aus Makromolekülen bestehen.

Spannungsreihe, elektrochemische: tabellarische Anordnung der Elektrodenpotenziale von Redoxpaaren im Standardzustand.

Standardbedingungen: Temperatur $T = 298$ K (entspricht 25 °C); Druck $p = 101{,}325$ kPa; Stoffmengenkonzentration $c = 1\ \text{mol} \cdot \text{l}^{-1}$.
Größen, die sich auf Stoffe im Standardzustand beziehen, werden mit dem oberen Index 0 gekennzeichnet, z. B. Standard-Elektrodenpotenzial E^0.

Stöchiometrie: Lehre von der mengenmäßigen Zusammensetzung chemischer Verbindungen sowie deren Stoffmengen, Volumen-, Massen- und Ladungsverhältnissen bei chemischen Reaktionen.

Stoffmengenanteil x: Quotient aus der Stoffmenge $n(\text{B})$ des Stoffes B und der Gesamtstoffmenge $n(\text{Gem})$ der Mischphase.

$$x(\text{B}) = \frac{n(\text{B})}{n(\text{Gem})}$$

Einheiten: 1, %, ‰, ppm

Stoffmengenkonzentration c: Quotient aus der Stoffmenge $n(\text{B})$ des gelösten Stoffes B und dem Volumen $V(\text{Ls})$ der Lösung (Gesamtvolumen nach dem Mischen/Lösen).

$$c(\text{B}) = \frac{n(\text{B})}{V(\text{Ls})}$$

Einheiten: $\text{mol} \cdot \text{m}^{-3}$, $\text{mol} \cdot \text{l}^{-1}$

Stoßtheorie: begründet die Temperatur- und Konzentrationsabhängigkeit der >Reaktionsgeschwindigkeit aus der ungeordneten Bewegung der Teilchen und der zwischen ihnen stattfindenden Stoßwechselwirkung.
Die Gesamtzahl der Zusammenstöße der Teilchen steigt mit der Temperatur (Teilchen bewegen sich schneller) und der Konzentration (Teilchendichte steigt).
Dabei führen nur Zusammenstöße zwischen Teilchen mit einer bestimmten Mindestenergie zu einer chemischen Reaktion.

Strukturformel: gibt Auskunft über die Zusammensetzung von Verbindungen aus den Elementen sowie über die Anzahl und Anordnung der Elektronenpaare zwischen den Atomen eines Moleküls. In Halbstrukturformeln werden bestimmte Atomgruppen eines Moleküls zusammengefasst.

Sublimation: direkter Übergang von dem festen in den gasförmigen Aggregatzustand.

Summenformel: Formel, die die Zusammensetzung einer chemischen Verbindung mit der Anzahl der Atome, die am Aufbau eines Moleküls oder Ions beteiligt sind, angibt.

Suspension: heterogenes Gemisch, bei dem ein Feststoff in einer Flüssigkeit aufgeschlämmt wird.

Synproportionierung (Komproportionierung): Redoxreaktion, bei der die Atome eines Elements von einer niedrigen und einer hohen Oxidationszahl in eine mittlere übergehen.

Systeme: Nach der Art der Abgrenzung zwischen dem betrachteten System und seiner Umgebung werden verschiedene Arten stofflicher Systeme unterschieden:
Abgeschlossenes (isoliertes) System: Es finden kein Stoffübergang und kein Energieübergang über die Systemgrenzen statt.
Geschlossenes System: Es findet kein Stoffübergang über die Systemgrenzen statt. Ein Energieübergang über die Systemgrenzen findet jedoch statt.
Offenes System: Stoff- und Energieübergang über die Systemgrenzen finden statt.

T

Titration: maßanalytisches Verfahren zur Konzentrationsbestimmung. Zu einer Analysenlösung (enthält den Titranden mit unbekannter Konzentration) wird so lange die Maßlösung (enthält den Titrator mit bekannter Konzentration) gegeben, bis die vollständige Reaktion (Äquivalenzpunkt) erreicht ist.

U

Überspannung: die zur Durchführung einer >Elektrolyse benötigte höhere Spannung als nach den Elektrodenpotenzialen der beteiligten Stoffe zu erwarten ist.

V

Valenzelektronen: Elektronen, die auf unvollständig besetzten Energieniveaus angeordnet sind. Sie bewirken bei chemischen Reaktionen vor allem die Veränderungen der Bindungsverhältnisse.

Van-der-Waals-Kräfte: Dipolwechselwirkungen, die u. a. bewirken, dass sich Gase bei tiefen Temperaturen und/oder hohem Druck verflüssigen und verfestigen.
Zu unterscheiden sind:
- Wechselwirkungen zwischen Molekülen mit permanenten Dipolen (Dipol-Dipol-Kräfte)
- Wechselwirkungen zwischen unpolaren Molekülen oder Atomen über induzierte Dipole (Dispersionskräfte).

Van-der-Waals-Kräfte werden allgemein den >zwischenmolekularen Wechselwirkungen zugeordnet.

Verhältnisformel: Formel, die das Zahlenverhältnis der Atome, Atomgruppen oder Ionen in einer chemischen Verbindung angibt, ohne eine Aussage über die Anzahl der Atome in einem Molekül oder Ion zu machen. Für salzartige Stoffe ist sie gleich der kleinsten Formeleinheit (Baueinheit).
Verhältnisformel für Natriumchlorid: NaCl
Verhältnisformel für Benzol: CH

Volumenanteil φ: Quotient aus dem Volumen $V(\mathrm{B})$ des Stoffes B und der Summe der Volumen V_j aller Einzelkomponenten der Mischphase vor dem Mischungsvorgang.

$$\varphi(\mathrm{B}) = \frac{V(\mathrm{B})}{\Sigma V_\mathrm{j}}$$

Einheiten: 1, %, ‰, ppm

W

Wasserhärte: gibt den Anteil der in einer Wasserprobe enthaltenen Calcium- und Magnesiumsalze (Chloride, Sulfate, Hydrogencarbonate; Gesamthärte) an.
Angaben heute in mmol/l Erdalkalimetall-Ionen; früher Angabe in Deutschen Härtegraden:
1 °d entspricht
$\beta(\mathrm{CaO}) = 10\ \mathrm{mg \cdot l^{-1}}$
bzw. entspricht
$c(\mathrm{Ca^{2+}}) = 0{,}178\ \mathrm{mmol \cdot l^{-1}}$

Wasserstoffbrückenbindung: elektrostatische Wechselwirkung, bei der elektrisch positiv polarisierte Wasserstoffatome, die an Atome von Elementen hoher >Elektronegativität (z. B. Fluor, Sauerstoff, Stickstoff) gebunden sind, Brücken zu anderen stark elektrisch negativ geladenen Atomen von Nachbarmolekülen oder innerhalb desselben Moleküls ausbilden. Wasserstoffbrückenbindungen werden allgemein den >zwischenmolekularen Wechselwirkungen zugeordnet.

Z

Zeitgesetz: >Geschwindigkeitsgleichung

Zwischenmolekulare Wechselwirkungen: schwache Wechselwirkungskräfte zwischen Molekülen und Edelgasatomen, die die Ausbildung von Molekülgittern, den Zusammenhalt der Moleküle in Flüssigkeiten und die Eigenschaften realer Gase bewirken. Zu den zwischenmolekularen Wechselwirkungen werden die >Wasserstoffbrückenbindungen und die >Van-der-Waals-Kräfte gezählt.

Hinweise zur Arbeit mit Gefahrstoffen

Beim Arbeiten mit Chemikalien sind die geltenden Rechtsvorschriften (Chemikaliengesetz, Gefahrstoffverordnung, Technische Regeln für den Umgang mit Gefahrstoffen, Arbeits- und Unfallschutzvorschriften) einzuhalten. Dies gilt in gleichem Maße für die Entsorgung der beim Arbeiten anfallenden Gefahrstoffabfälle; das grundlegende Gesetz hierfür ist das Kreislaufwirtschafts- und Abfallgesetz. Alle in diesem Buch bei Experimenten angeführten Gefahrstoffe werden in einer Liste Seite 274 f. mit den jeweils zutreffenden R-, S- und E-Sätzen aufgeführt.

Gefahrensymbole, Kennbuchstaben und Gefahrenbezeichnungen (Auswahl)

Die Gefahrenbezeichnungen werden durch die Gefahrenhinweise (R-Sätze) für die einzelnen Stoffe präzisiert (↑unten).

Explosionsgefährliche Stoffe können unter bestimmten Bedingungen explodieren.
Was tun? Schlag, Stoß, Reibung, Funkenbildung und Hitzeeinwirkung vermeiden!

Brandfördernde Stoffe können brennbare Stoffe entzünden oder ausgebrochene Brände fördern.
Was tun? Kontakt mit brennbaren Stoffen vermeiden!

Leichtentzündliche Stoffe (hochentzündliche Stoffe F+) entzünden sich von selbst an heißen Gegenständen. Zu ihnen gehören selbstentzündliche Stoffe, leichtentzündliche gasförmige Stoffe, brennbare Flüssigkeiten und Stoffe, die mit Feuchtigkeit brennbare Gase bilden.
Was tun? Vorsicht beim Umgang mit offenen Flammen und Wärmequellen! Keine Berührung mit brandfördernden Stoffen!

Giftige Stoffe (sehr giftige Stoffe T+) verursachen durch Einatmen, Verschlucken oder Aufnahme durch die Haut meist erhebliche Gesundheitsschäden oder gar den Tod.
Was tun? Nicht direkt berühren! Unwohlsein sofort dem Lehrer melden!

Gesundheitsschädliche Stoffe können durch Einatmen, Verschlucken oder Aufnahme durch die Haut gesundheitsschädigend wirken.
Was tun? Nicht direkt berühren! Unwohlsein sofort dem Lehrer melden!

Ätzende Stoffe zerstören das Hautgewebe oder die Oberfläche von Gegenständen.
Was tun? Berührung mit der Haut, Augen und Kleidung vermeiden! Dämpfe nicht einatmen!

Reizende Stoffe haben Reizwirkung auf Haut, Augen und Atmungsorgane.
Was tun? Berührung mit Haut, Augen und Atmungsorganen vermeiden! Nicht einatmen!

Umweltgefährliche Stoffe sind sehr giftig, giftig oder schädlich für Wasserorganismen und können in Gewässern längerfristig schädliche Wirkungen haben. In der nichtaquatischen Umwelt sind sie giftig für Pflanzen, Tiere, Bodenorganismen und Bienen, können auf die Umwelt längerfristig schädliche Wirkungen haben und für die Ozonschicht gefährlich sein.
Was tun? Freisetzung der Stoffe in die Umwelt vermeiden, Stoffe der Problemabfallentsorgung zuführen!

Gefahrenhinweise (R-Sätze)

R 1 In trockenem Zustand explosionsgefährlich
R 2 Durch Schlag, Reibung, Feuer oder andere Zündquellen explosionsgefährlich
R 3 Durch Schlag, Reibung, Feuer oder andere Zündquellen besonders explosionsgefährlich
R 4 Bildet hochempfindliche explosionsgefährliche Metallverbindungen
R 5 Beim Erwärmen explosionsfähig
R 6 Mit und ohne Luft explosionsfähig
R 7 Kann Brand verursachen
R 8 Feuergefahr bei Berührung mit brennbaren Stoffen
R 9 Explosionsgefahr bei Mischung mit brennbaren Stoffen
R 10 Entzündlich
R 11 Leichtentzündlich
R 12 Hochentzündlich
R 14 Reagiert heftig mit Wasser
R 15 Reagiert mit Wasser unter Bildung hochentzündlicher Gase
R 16 Explosionsgefährlich in Mischung mit brandfördernden Stoffen
R 17 Selbstentzündlich an der Luft
R 18 Bei Gebrauch Bildung explosionsfähiger/leicht entzündlicher Dampf-Luft-Gemische möglich
R 19 Kann explosionsfähige Peroxide bilden
R 20 Gesundheitsschädlich beim Einatmen
R 21 Gesundheitsschädlich bei Berührung mit der Haut
R 22 Gesundheitsschädlich beim Verschlucken
R 23 Giftig beim Einatmen
R 24 Giftig bei Berührung mit der Haut
R 25 Giftig beim Verschlucken
R 26 Sehr giftig beim Einatmen
R 27 Sehr giftig bei Berührung mit der Haut
R 28 Sehr giftig beim Verschlucken
R 29 Entwickelt bei Berührung mit Wasser giftige Gase
R 30 Kann bei Gebrauch leicht entzündlich werden
R 31 Entwickelt bei Berührung mit Säure giftige Gase
R 32 Entwickelt bei Berührung mit Säure sehr giftige Gase
R 33 Gefahr kumulativer Wirkungen
R 34 Verursacht Verätzungen
R 35 Verursacht schwere Verätzungen
R 36 Reizt die Augen
R 37 Reizt die Atmungsorgane
R 38 Reizt die Haut
R 39 Ernste Gefahr irreversiblen Schadens
R 40 Verdacht auf krebserzeugende Wirkung
R 41 Gefahr ernster Augenschäden
R 42 Sensibilisierung durch Einatmen möglich
R 43 Sensibilisierung durch Hautkontakt möglich
R 44 Explosionsgefahr bei Erhitzen unter Einschluss
R 45 Kann Krebs erzeugen
R 46 Kann vererbbare Schäden verursachen
R 48 Gefahr ernster Gesundheitsschäden bei längerer Exposition
R 49 Kann Krebs erzeugen beim Einatmen
R 50 Giftig für Wasserorganismen
R 52 Schädlich für Wasserorganismen
R 53 Kann in Gewässern längerfristig schädliche Wirkungen haben
R 54 Giftig für Pflanzen
R 55 Giftig für Tiere
R 56 Giftig für Bodenorganismen

R 57 Giftig für Bienen
R 58 Kann längerfristig schädliche Wirkungen auf die Umwelt haben
R 59 Gefährlich für die Ozonschicht
R 60 Kann die Fortpflanzungsfähigkeit beeinträchtigen
R 61 Kann das Kind im Mutterleib schädigen
R 62 Kann möglicherweise die Fortpflanzungsfähigkeit beeinträchtigen
R 63 Kann das Kind im Mutterleib möglicherweise schädigen
R 64 Kann Säuglinge über die Muttermilch schädigen
R 65 Gesundheitsschädlich: kann beim Verschlucken Lungenschäden verursachen
R 66 Wiederholter Kontakt kann zu spröder und rissiger Haut führen
R 67 Dämpfe können Schläfrigkeit und Benommenheit verursachen
R 68 Irreversibler Schaden möglich

Sicherheitsratschläge (S-Sätze)

S 1 Unter Verschluss aufbewahren
S 2 Darf nicht in die Hände von Kindern gelangen
S 3 Kühl aufbewahren
S 4 Von Wohnplätzen fernhalten
S 5 Unter … aufbewahren (geeignete Flüssigkeit vom Hersteller anzugeben)
S 6 Unter … aufbewahren (inertes Gas vom Hersteller anzugeben)
S 7 Behälter dicht geschlossen halten
S 8 Behälter trocken halten
S 9 Behälter an einem gut gelüfteten Ort aufbewahren
S 12 Behälter nicht gasdicht verschließen
S 13 Von Nahrungsmitteln, Getränken und Futtermitteln fernhalten
S 14 Von … fernhalten (inkompatible Substanzen sind vom Hersteller anzugeben)
S 15 Vor Hitze schützen
S 16 Von Zündquellen fernhalten – Nicht rauchen
S 17 Von brennbaren Stoffen fernhalten
S 18 Behälter mit Vorsicht öffnen und handhaben
S 20 Bei der Arbeit nicht essen und trinken
S 21 Bei der Arbeit nicht rauchen
S 22 Staub nicht einatmen
S 23 Gas/Rauch/Dampf/Aerosol nicht einatmen (geeignete Bezeichnung[en] vom Hersteller anzugeben)
S 24 Berührung mit der Haut vermeiden
S 25 Berührung mit den Augen vermeiden
S 26 Bei Berührung mit den Augen sofort gründlich mit Wasser abspülen und Arzt konsultieren
S 27 Beschmutzte, getränkte Kleidung sofort ausziehen
S 28 Bei Berührung mit der Haut sofort abwaschen mit viel … (vom Hersteller anzugeben)
S 29 Nicht in die Kanalisation gelangen lassen
S 30 Niemals Wasser hinzugießen
S 33 Maßnahmen gegen elektrostatische Aufladungen treffen
S 35 Abfälle und Behälter müssen in gesicherter Weise beseitigt werden
S 36 Bei der Arbeit geeignete Schutzkleidung tragen
S 37 Geeignete Schutzhandschuhe tragen
S 38 Bei unzureichender Belüftung Atemschutzgerät anlegen
S 39 Schutzbrille/Gesichtsschutz tragen
S 40 Fußboden und verunreinigte Gegenstände mit … reinigen (Material vom Hersteller anzugeben)
S 41 Explosions- und Brandgase nicht einatmen
S 42 Bei Räuchern/Versprühen geeignetes Atemschutzgerät anlegen (geeignete Bezeichnung[en] vom Hersteller anzugeben)
S 43 Zum Löschen … (vom Hersteller anzugeben) verwenden (wenn Wasser die Gefahr erhöht, anfügen: „Kein Wasser verwenden“)
S 45 Bei Unfall oder Unwohlsein sofort Arzt hinzuziehen (wenn möglich dieses Etikett vorzeigen)
S 46 Bei Verschlucken sofort ärztlichen Rat einholen und Verpackung oder Etikett vorzeigen
S 47 Nicht bei Temperaturen über … °C aufbewahren (vom Hersteller anzugeben)
S 48 Feucht halten mit … (geeignetes Mittel vom Hersteller anzugeben)
S 49 Nur im Originalbehälter aufbewahren
S 50 Nicht mischen mit … (vom Hersteller anzugeben)
S 51 Nur in gut gelüfteten Bereichen verwenden
S 52 Nicht großflächig für Wohn- und Aufenthaltsräume verwenden
S 53 Exposition vermeiden – vor Gebrauch besondere Anweisungen einholen
S 56 Dieses Produkt und seinen Behälter der Problemabfallentsorgung zuführen
S 57 Zur Vermeidung einer Kontamination der Umwelt geeigneten Behälter verwenden
S 59 Information zur Wiederverwendung/Wiederverwertung beim Hersteller/Lieferanten erfragen
S 60 Dieses Produkt und sein Behälter sind als gefährlicher Abfall zu entsorgen
S 61 Freisetzung in die Umwelt vermeiden. Besondere Anweisungen einholen/Sicherheitsdatenblatt zurate ziehen
S 62 Bei Verschlucken kein Erbrechen herbeiführen. Sofort ärztlichen Rat einholen und Verpackung oder dieses Etikett vorzeigen
S 63 Bei Unfall durch Einatmen: Verunfallten an die frische Luft bringen und ruhig stellen
S 64 Bei Verschlucken Mund mit Wasser ausspülen (nur wenn Verunfallter bei Bewusstsein ist)

Entsorgungsratschläge (E-Sätze)

E 1 Verdünnen, in den Ausguss geben (WGK 0 bzw. 1)
E 2 Neutralisieren, in den Ausguss geben
E 3 In den Hausmüll geben, gegebenenfalls im Polyethylenbeutel (stäube)
E 4 Als Sulfid fällen
E 5 Mit Calcium-Ionen fällen, dann E 1 oder E 3
E 6 Nicht in den Hausmüll geben
E 7 Im Abzug entsorgen
E 8 Der Sondermüllbeseitigung zuführen (Adresse zu erfragen bei der Kreis- oder Stadtverwaltung), Abfallschlüssel beachten
E 9 Unter größter Vorsicht in kleinsten Portionen reagieren lassen (z. B. offen im Freien verbrennen)
E 10 In gekennzeichneten Behältern sammeln:
1 „Organische Abfälle – halogenhaltig“
2 „Organische Abfälle – halogenfrei“
dann E 8
E 11 Als Hydroxid fällen (pH = 8), den Niederschlag zu E 8
E 12 Nicht in die Kanalisation gelangen lassen (S-Satz S 29)
E 13 Aus der Lösung mit unedlem Metall (z. B. Eisen) als Metall abscheiden (E 14, E 3)
E 14 Recycling-geeignet (Redestillation oder einem Recyclingunternehmen zuführen)
E 15 Mit Wasser *vorsichtig* umsetzen, frei werdende Gase absorbieren oder ins Freie ableiten
E 16 Entsprechend den speziellen Ratschlägen für die Beseitigungsgruppen beseitigen

Liste der Gefahrstoffe

Gefahrstoff	Kennbuchstabe	R-Sätze	S-Sätze	E-Sätze
Aluminium, Grieß	F	10-15	(2)-7/8-43	6-9
Aluminium, Pulver	F	15-17	(2)-7/8-43	6-9
Aluminiumchlorid	C	34	(1/2)-7/8-28-45	2
Aluminiumchloridlösung $5\,\% \leq w < 10\,\%$	Xi	36/38	(2)-28/45	2
Aluminiumsulfat-18-Wasser			24/25	2
Ammoniak, wasserfrei	T, N	10-23-34-50	(1/2)-9-16-26-36/37/39-45-61	2-7
Ammoniaklösung $10\,\% \leq w < 25\,\%$	C	34	(1/2)-26-36/37/39-45-61	2
$5\,\% \leq w < 10\,\%$	Xi	36/37/38	(1/2)-26-36/37/39-45-61	2
Ammoniumchlorid	Xn	22-36	(2)-22	1
Ammoniumthiocyanat	Xn	20/21/22-32-52/53	13-61	2
Bariumchlorid	T	20-25	(1/2)-45	1-3
Bariumchloridlösung $3\,\% \leq w < 25\,\%$	Xn	22	(1/2)-45	1
Bariumhydroxid	C	20/22-34	26-36/37/39-45	1-3
Bariumhydroxid-8-Wasser	C	20/22-34	26-36/37/39-45	1-3
Benzin	F, Xn, N	11-38-48/20-51/53-62-65-67	9-16-23-24-33-36/37-61-62	10-12
Blei	T, N	61-20/22-33-50/53-62	53-45-60-61	8
Blei(II)-nitrat	T, N	61-20/22-33-50/53-62	53-45-60-61	8
Bleinitratlösung $0{,}1\,\% \leq w < 0{,}5\,\%$	Xn	33	53-45	4-8
Brennspiritus	F	11	(2)-7-16	1-10
Brom	T+, C, N	26-35-50	(1/2)-7/9-26-45-61	16
Calciumchlorid	Xi	36	(2)-22-24	1
Calciumchlorid-6-Wasser	Xi	36	(2)-22-24	1
Chlor	T, N	23-36/37/38-50	(1/2)-9-45-61	16
Chlorwasser $w \approx 0{,}7\,\%$	Xn	20	9-45	16
Chlorwasserstoff	T, C	23-35	(1/2)-9-26-36/37/39-45	2
Citronensäure	Xi	36	26	1-10
Cobalt(II)-chlorid	T, N	49-22-42/43-50/53	53-22-45-60-61	11-12
Cobalt(II)-nitrat	Xn	22-40-43	36/37	11-12
Cobalt(II)-nitratlösung $1\,\% \leq w < 10\,\%$	Xn	43	36/37	11-12
Dimethylglyoximlösung, gesättigt in Ethanol	F	11	(2)-7-16	1-10
Distickstofftetraoxid	T+	26-34	(1/2)-9-26-28-36/37/39-45	7
Eisen(III)-chlorid	Xn	22-38-41	26-39	2
Eisen(III)-nitrat-9-Wasser	O, Xi	8-36/38	26	2
Essigsäure (Eisessig) $w \geq 90\,\%$	C	10-35	(1/2)-23-26-45	2-10
Essigsäure $25\,\% \leq w < 90\,\%$	C	34	(1/2)-23-26-45	2-10
$10\,\% \leq w < 25\,\%$	Xi	36/38	23-26	2-10
Ethanol (Brennspiritus)	F	11	(2)-7-16	1-10
n-**H**eptan	F, Xn, N	11-38-50/53-65-67	(2)-9-16-29-33-60-61-62	10-12
n-Hexan	F, Xn, N	11-38-48/20-51/53-62-65-67	(2)-9-16-29-33-36/37-61-62	10-12

Gefahrstoff	Kennbuchstabe	R-Sätze	S-Sätze	E-Sätze
Iod	Xn, N	20/21-50	(2)-23-25-61	1-16
Kaliumhydroxid (Ätzkali)	C	22-35	(1/2)-26-36/37/39-45	2
Kaliumhydroxidlösung (Kalilauge) $w \geq 25\,\%$	C	22-35	(1/2)-26-36/37/39-45	2
$5\,\% \leq w < 25\,\%$	C	35	(1/2)-26-36/37/39-45	2
$2\,\% \leq w < 5\,\%$	C	34	(1/2)-26-36/37/39-45	2
$0{,}5\,\% \leq w < 2\,\%$	Xi	36/38	26	1
Kaliumnitrat	O	8	16-41	1
Kupfer(II)-oxid	Xn, N	22-50/53	22-61	8-16
Kupfer(II)-sulfat	Xn, N	22-36/38-50/53	(2)-22-60-61	11
Lithiumchlorid	Xn	22-36/38	26-36	1
Natriumcarbonat-10-Wasser	Xi	36	(2)-22-26	1
Natriumfluorid	T	25-32-36/38	22-36-45	5
Natriumfluoridlösung $3\,\% \leq w < 20\,\%$	Xn	22-32	36-45	5
Natriumhydroxid (Ätznatron)	C	35	(1/2)-26-37/39-45	2
Natriumhydroxidlösung (Natronlauge) $w \geq 5\,\%$	C	35	(1/2)-26-37/39-45	2
$2\,\% \leq w < 5\,\%$	C	34	(1/2)-26-37/39-45	2
$0{,}5\,\% \leq w < 2\,\%$	Xi	36/38	26	1
Natriumnitrat	O, Xn	8-22	22-41	1
Oxalsäure	Xn	21/22	(2)-24/25	5
Perchlorsäure $w \geq 50\,\%$	O, C	5-8-35	(1/2)-23-26-36/37/39-45	2
$10\,\% \leq w < 50\,\%$	C	34	23-28-36	2
$1\,\% \leq w < 10\,\%$	Xi	36/38	28-36	2
Petroleumbenzin	F	11	9-16-29-33	10-12
Phenolphthaleinlösung		10		1-10
Salpetersäure $w \geq 70\,\%$	C	8-35	(1/2)-23-26-36-45	2
$20\,\% \leq w < 70\,\%$	C	35	(1/2)-23-26-36	2
$5\,\% \leq w < 20\,\%$	C	34	(1/2)-23-26-36	2
Salzsäure $w \geq 25\%$	C	34-37	(1/2)-26-45	2
$10\,\% \leq w < 25\,\%$	Xi	36/37/38	(2)-28	2
Schwefelsäure $w \geq 15\,\%$	C	35	(1/2)-26-30-45	2
$5\,\% \leq w < 15\,\%$	Xi	36/38	(2)-26	2
Silbernitrat	C, N	34-50/53	(1/2)-26-45-60-61	12-13-14
Silbernitratlösung $5\,\% \leq w < 10\,\%$	Xi	36/38	(1/2)-26-45-60	12-13-14
Stickstoffdioxid	T+	26-34	(1/2)-9-26-28-36/37/39-45	7
Stickstoffmonooxid	T+	26/27	45	7
Wasserstoff	F+	12	(2)-9-16-33	7
Wasserstoffperoxidlösung $w \geq 60\,\%$	O, C	8/34	(1/2)-3-28-36/39-45	1-16
$20\,\% \leq w < 60\%$	C	34	(1/2)-28-36/39-45	1
$5\,\% \leq w < 20\,\%$	Xi	36/38	(1/2)-28-36/39-45	1
Zink, Pulver (stabilisiert)	N	50/53	60-61	3
Zink, Staub	N	50/53	60-61	3
Zinkchlorid	C, N	22-34-50/53	(1/2)-26-36/37/39-45-60-61	1-11
Zinkchloridlösung $5\,\% \leq w < 10\%$	Xi	36/38	(1/2)-26-45	1-11

Register

F

G

H

I

K

Bildquellen

Agentur Focus, Hamburg: 11/4 | Agentur Focus/Berger, J./MPI/SPL: 258/1 | Argus/Rudhart: 261/4 | aventis research & technologies: Vorsatz | BASF: 120 | Berliner Wasserbetriebe: 180/1 | Bildarchiv Preußischer Kulturbesitz: 136/2 | bridgemanart.com: 16/1 | Centerpulse/dpa: 201/2c | CERN, Genf: 9/1 | Corbis/Design Pics/Hochachka, Corey: 247/oben | Corbis/Scott T. Smith: 26/oben | Corbis/Zefa/Hackenberg, Rainer: 176 | Cornelsen Experimenta: 53 | Daimler AG: 59/4, 220/1 | Deutsches Museum, München: 137/2, 211/1 | Digitalstock/Naumann, R.: 203/4 | Döring, V., Hohen Neuendorf: 27/2, 93/2, 103/1, 119/1, 150/1, 154/1, 167/2, 175/1, 201/2d,e, 203/3, 247/1, 248//1, 257/2,4 | EURONDA Deutschland GmbH, Altenberge: 71/2 | European Community: 259/Euro | Finke, Susanne, Berlin: 197/3 | Geologische Forschung und Erkundung – GFE GmbH, Halle: 49/4 | Grimmer, A., Wörmlitz: 228/1, 236/1 | IKA-Werke GmbH & CO. KG, Staufen: 79/1 | Kirsten-neumann.de: 201/2f | Kleinig, H., Freiburg: 259/3 | Knopfe, M., Freiberg: Vorsatz | Landesamt für Denkmalpflege und Archäologie Sachsen-Anhalt/Lipták, J.: 201/1 | Lawrence Berkeley National Laboratory/Science Photo Library: 147/2 | Lehrstuhl für Technische Chemie, Ruhr-Universität Bochum: 115/3 | Manhattan Airborn Project: 201/2b | NASA: 6, 9/2, 41/2 | Norddeutsche Affinerie: 237/3 | picture-alliance/dpa: 142/oben, 204/1 | picture-alliance/medicalpicture: 179/4 | picture-alliance/OKAPIA KG/Vock, Karl Gottfried: 102 | Picture-alliance/OKAPIA/ Lichtenberger, Jürgen: 88/1 | Science Photo Library: 142/1, 147/1 | Science Photo Library/Andrew Syred: Titel | Science Photo Library/Hays Chemicals/Holmes, J.: 235/2 | Science Photo Library/Will & Deni McIntyre : 56 | Seilnacht, Th., Bern: Vorsatz, 26/1, 124/1, 190 | Siemens AG, München: 64/1 | Ströck, Michael, Wien: 40/1 | Superbild: Vorsatz | Thyssen Krupp AG: 91/1 | V+I+S+K, Berlin: 157 | Vario Images/McPhoto: 198/2 | Varta AG: 219/4, 223/4 | Vattenfall Europe AG: 64 | Verlag Werbung und Foto Fabry GmbH, Rüdersdorf: 65/3 | VISUM/Sobotta, S.: 203/1 | Wikipedia/gemeinfrei: 136/1, 262/Gold | Wikipedia/Grobe, H.: 254/1 | Wikipedia/Luigi Chiesa: 211/2 | Wikipedia/Zwiebeltuete: 264/1.

Alle anderen Fotos: Cornelsen Verlag, Berlin

Periodensystem der Elemente

Farbe	Bedeutung
blau	Metall
grün	Halbmetall
gelb	Nichtmetall

schwarz = Feststoff
weiß = Flüssigkeit
rot = Gas
hellblau = künstliches Element
* = radioaktives Element
1 = Gruppennummerierung IUPAC (1989): Gruppennummern 1 bis 18
2 = vorläufiges IUPAC-Symbol

Periode	1[1] I. Hauptgruppe	2 II. Hauptgruppe	3 III. Nebengruppe	4 IV. Nebengruppe	5 V. Nebengruppe	6 VI. Nebengruppe	7 VII. Nebengruppe	8 VIII. Nebengruppe	9 VIII. Nebengruppe
1	1 1,008 2,1 H Wasserstoff $1s^1$								
2	3 6,94 1,0 Li Lithium $[He]2s^1$	4 9,01 1,5 Be Beryllium $[He]2s^2$							
3	11 22,99 0,9 Na Natrium $[Ne]3s^1$	12 24,31 1,2 Mg Magnesium $[Ne]3s^2$							
4	19 39,10 0,8 K Kalium $[Ar]4s^1$	20 40,08 1,0 Ca Calcium $[Ar]4s^2$	21 44,96 1,3 Sc Scandium $[Ar]3d^14s^2$	22 47,88 1,5 Ti Titan $[Ar]3d^24s^2$	23 50,94 1,6 V Vanadium $[Ar]3d^34s^2$	24 51,996 1,6 Cr Chrom $[Ar]3d^54s^1$	25 54,94 1,5 Mn Mangan $[Ar]3d^54s^2$	26 55,85 1,8 Fe Eisen $[Ar]3d^64s^2$	27 58,93 1,8 Co Cobalt $[Ar]3d^74s^2$
5	37 85,47 0,8 Rb Rubidium $[Kr]5s^1$	38 87,62 1,0 Sr Strontium $[Kr]5s^2$	39 88,91 1,3 Y Yttrium $[Kr]4d^15s^2$	40 91,22 1,6 Zr Zirconium $[Kr]4d^25s^2$	41 92,91 1,6 Nb Niob $[Kr]4d^45s^1$	42 95,94 1,8 Mo Molybdän $[Kr]4d^55s^1$	43 [98] 1,9 Tc* Technetium $[Kr]4d^65s^1$	44 101,07 2,2 Ru Ruthenium $[Kr]4d^75s^1$	45 102,91 2,2 Rh Rhodium $[Kr]4d^85s^1$
6	55 132,91 0,7 Cs Caesium $[Xe]6s^1$	56 137,33 0,9 Ba Barium $[Xe]6s^2$	57 138,91 1,1 La Lanthan ● $[Xe]5d^16s^2$	72 178,49 1,3 Hf Hafnium $[Xe]4f^{14}5d^26s^2$	73 180,95 1,5 Ta Tantal $[Xe]4f^{14}5d^36s^2$	74 183,84 1,7 W Wolfram $[Xe]4f^{14}5d^46s^2$	75 186,21 1,9 Re Rhenium $[Xe]4f^{14}5d^56s^2$	76 190,23 2,2 Os Osmium $[Xe]4f^{14}5d^66s^2$	77 192,22 2,2 Ir Iridium $[Xe]4f^{14}5d^76s^2$
7	87 [223] 0,7 Fr* Francium $[Rn]7s^1$	88 226,03 0,9 Ra* Radium $[Rn]7s^2$	89 227,03 1,1 Ac* Actinium ●● $[Rn]6d^17s^2$	104 [261] Rf* Rutherfordium $[Rn]5f^{14}6d^27s^2$	105 [262] Db* Dubnium $[Rn]5f^{14}6d^37s^2$	106 [266] Sg* Seaborgium $[Rn]5f^{14}6d^47s^2$	107 [264] Bh* Bohrium $[Rn]5f^{14}6d^57s^2$	108 [267] Hs* Hassium $[Rn]5f^{14}6d^67s^2$	109 [268] Mt* Meitnerium $[Rn]5f^{14}6d^77s^2$

Ordnungszahl	7
Atommasse in u	14,007
Elektronegativitätswert	3,0
Symbol	N
Name	Stickstoff
Elektronenkonfiguration	$[He]2s^22p^3$

Die Atommassen in eckigen Klammern beziehen sich auf das längstlebige gegenwärtig bekannte Isotop des betreffenden Elements.

● Elemente der Lanthanreihe (Lanthanoide)

Periode					
6	58 140,12 1,1 Ce Cer $[Xe]4f^26s^2$	59 140,91 1,1 Pr Praseodym $[Xe]4f^36s^2$	60 144,24 1,2 Nd Neodym $[Xe]4f^46s^2$	61 [145] 1,2 Pm* Promethium $[Xe]4f^56s^2$	62 150,36 1,2 Sm Samarium $[Xe]4f^66s^2$

●● Elemente der Actiniumreihe (Actinoide)

Periode					
7	90 232,04 1,3 Th* Thorium $[Rn]6d^27s^2$	91 231,04 1,5 Pa* Protactinium $[Rn]5f^26d^17s^2$	92 238,03 1,7 U* Uran $[Rn]5f^36d^17s^2$	93 [237] 1,2 Np* Neptunium $[Rn]5f^46d^17s^2$	94 [244] 1,3 Pu* Plutonium $[Rn]5f^67s^2$